元坝高含硫气田高效开发技术论文集

孙天礼　青 鹏◎主编

中国石化出版社

图书在版编目(CIP)数据

元坝高含硫气田高效开发技术论文集/孙天礼,
青鹏主编.—北京:中国石化出版社,2020.12
ISBN 978-7-5114-6101-8

Ⅰ.①元… Ⅱ.①孙…②青… Ⅲ.①高含硫原油-
气田开发-广元-文集 Ⅳ.①TE38-53

中国版本图书馆 CIP 数据核字(2021)第 013426 号

中国石化出版社出版发行

地址:北京市东城区安定门外大街 58 号
邮编:100011 电话:(010)57512446
发行部电话:(010)57512575
http://www.sinopec-press.com
E-mail:press@sinopec.com
北京柏力行彩印有限公司印刷
全国各地新华书店经销

*

787×1092 毫米 16 开本 31.5 印张 794 千字
2021 年 2 月第 1 版 2021 年 2 月第 1 次印刷
定价:258.00 元

编 委 会

元坝气田位于四川省苍溪县、阆中市、巴中市等地，是中国石化勘探开发的第二个高含硫气田，也是世界上第一个气藏埋藏深度大于7000m、采用水平井开发的高含硫生物礁气田，具有气藏埋藏超深，高温、高压、高含硫，礁体与储层复杂、天然气组分复杂、气水关系复杂、压力系统复杂、地形地貌复杂等"一超三高五复杂"的特点。

元坝气田从2007年被发现，到2016年全面建成投产，再到如今平稳、高效运行，是数万西南石油人14年艰难探索和顽强拼搏取得的成果，元坝气田的高产、稳产极大地助力了中国石化西南油气分公司油气事业发展和效益质量提升，促进了西南油气分公司科技创新从"跟跑"变为"并跑、领跑"、从"慢跑、小跑"变为"快跑"，推动西南油气分公司加快实现从"陆相走向海相，从创新走向创效，从跨越走向一流"。

《元坝高含硫气田高效开发技术论文集》分为气藏工程、采油（气）工程、地面集输工程、气田水处理工程4部分，共收集整理了元坝气田自开发投产以来的66篇科技论文，内容涵盖油气地质、开发动态、采气工艺、集输工艺、腐蚀监测、电控仪讯、气田水处理等，全面反映了元坝高含硫气田科技研究发展历程，具有较高的学术价值，对指导川东北油气勘探开发、海相气田建设具有良好的借鉴意义。

本论文集的出版得到了中国石化西南油气分公司有关领导、专家的大力支持，中国石化西南油气分公司勘探开发研究院、工程技术研究院、元坝净化厂等兄弟单位提供了大量的研究资料，孙天礼、青鹏、谭永生、袁先勇、邢东平、刘成川、刘殷韬、梁中红、黄仕林、朱国等同志为本论文集编纂付出了辛勤的汗水！

特别说明的是，本论文集作者是元坝气田从建设开发到平稳运行的参与者和见证者。前言由侯剑锋、王彬执笔，气藏工程由王彬、严黎、张明迪、詹国卫、罗扬、贾晓静、柯光明、杨丽娟、徐守成、曾焱等执笔；采油（气）工程由骆仕洪、陈曦、柯玉彪、袁淋、杨云徽、苏镖、刘徐慧、伍强、刘通、胡大梁、丁咚、罗伟、王希勇、薛丽娜、郑义、潘宝凤、钟敬敏等执笔；地面集输工程由陈伟、黄元和、唐均、曹臻、冯宴、姚广聚、姜林希、高凯旭、徐岭灵、李莉、高洋洋等执笔；气田水处理工程由姚华弟、朱国、何海、郭威、宋玲、肖仁杰、刘鹏刚等执笔；全书由朱国、曹廷义进行了整理。在此，向参与本论文集编纂出版的所有人员表示衷心的感谢。同时，向所有参与元坝气田开发建设及投产运行的工作者，表示深深的敬意。

由于笔者水平有限，书中难免有不足之处，敬请读者批评和指正。

Contents 目录

· 气 藏 工 程 ·

· 地面集输工程 ·

• 气田水处理工程 •

QICANG GONGCHENG

气藏工程

气藏工程是气田开发中的一门重要学科，是在气藏描述的基础上着重研究天然气在各种空隙（孔隙、洞、喉）介质中的渗流规律，并采用各种工程措施，把天然气最经济、最大限度地从地层中驱向井底直至井口。本部分从川东北地区柏垭区块、河坝区块、元坝海相区块开发实际出发，着重介绍天然气方面的气藏工程、研究方法、计算方法和应用实例，使读者易于理解和掌握文中所涉及的各种方法。本部分旨在为从事气田开发、气藏工程工作的研究人员、工程技术人员提供参考。

元坝高含硫气藏凝析水含量计算

蔡锁德　汪旭东

(中国石化西南油气分公司采气二厂)

摘　要　在高温、高压、存在边底水且进行大型酸化、压裂气藏开发过程中,气藏开发初期井口产水成分较多,可能存在地层水、凝析水和入井液,如何区分井口产出水的水样成分,对于气藏开发初期的水侵早期识别,合理调整气藏配产、延长气井的无水采气期和提高气藏的最终采收率至关重要,而气井凝析水含量的确定是气藏开发初期水侵早期识别的基础。本文基于前人研究的凝析水相态机理实验[1][5][6],同时结合元坝气田PVT取样分析结果及现场测定数据,对元坝气田部分礁带的凝析水含量进行确定,对经验公式进行了校正,提出了适用于元坝气田凝析水含量的经验公式,为气田的高效开发奠定了基础。

关键词　高温;含硫气藏;凝析水含量;经验公式

在元坝海相气藏投产初期,气井水气比在 $0.15 \sim 0.20 \mathrm{m^3/10^4 m^3}$,部分井生产一段时间后,产出液已大于入井液,但水气比仍然居高不下,前期研究成果表明产出液成分为残酸+凝析水。为此,本文结合相态机理、凝析水含量确定的经验公式、PVT实验数据,建立了适合元坝高含硫气藏凝析水含量计算的公式。

1　凝析水产出的相态机理

真实的地层油气藏流体相态变化是油气储层多孔介质中大量地层水(束缚水、边底水或可动隙间水)与油气烃类体系长期共存条件下的多相平衡过程。

假设地层水在地下没有运移,利用气-液-液三相相平衡模型,模拟计算凝析水在 $150℃$、$40\mathrm{MPa}$ 下的相体积分数变化[1]。在一定的地层压力下,温度增加地层水相体积降低,温度低于水的临界温度 $370℃$ 时,体系始终呈气、水两相。当温度超过临界温度后,地层全是气相。从地层压力 $40\mathrm{MPa}$ 开始,随着压力的降低,地层水的体积减小,气相体积增加。随着地层压力的继续降低,地层水的相对体积继续减少,蒸发速度加快。当达到大气压时,理论上地层水被完全蒸发,此时,地层全是气相,气相中的凝析水含量达到最大。

生产过程中近井区域存在压降漏斗,设近井温度与地层温度一致,通过模拟计算不同压力下的烃水相平衡[1]。近井带气相中饱和凝析水含量高于地层远处,越靠近井筒,含量越高,表明压力的降低使得近井带地层水蒸发加剧。

根据凝析水相态机理实验结论表明,在 $150℃$ 时,随着地层压力升高,地层水以气、液

第一作者简介:蔡锁德,男(1964—),毕业于同济大学道路工程专业,现工作于西南油气分公司采气二厂,教授级高工,主要从事工程建设及油气田开发工作。

两相共存于地层中，元坝长兴组气藏地层温度150℃，地层压力70MPa，地层水以气、液两相状态共存于地层中。

2 常用凝析水含量确定的经验公式

2.1 常用的经验公式调研

根据调研，目前已有10余种方法用于计算天然气中的凝析水含量。对于温度压力偏高的气藏来说，一些经验公式具有一定的局限性，如Bukacek的经验公式只适用于压力为1.4~21MPa，针对元坝地层压力、温度范围，调研出较为适合的两种计算方法。

2.1.1 经验公式1

基于水蒸气的饱和蒸汽压，导出了天然气含水量的计算公式[2]，并对盐类和酸气组成根据拉乌尔定律进行了修正。其适用于：温度在0~200℃，压力在5~100MPa。

$$W_{H_2O} = 804 \times \frac{P_{SW}(1 - S - y_{H_2S} - y_{CO_2})}{P - P_{SW}(1 - S - y_{H_2S} - y_{CO_2})}$$

$$P_{SW} = P_C \exp\left[f\left(\frac{T_{SW}}{T_C}\right) \times \left(1 - \frac{T_C}{T_{SW}}\right)\right]$$

当 $T_C < T_{SW}$ 时：

$$f\left(\frac{T_{SW}}{T_C}\right) = 7.21275 + 3.981\left(0.745 - \frac{T_{SW}}{T_C}\right)^2 + 1.05\left(0.745 - \frac{T_{SW}}{T_C}\right)^3$$

当 $T_C > T_{SW}$ 时：

$$f\left(\frac{T_{SW}}{T_C}\right) = 7.21275 + 4.33\left(\frac{T_{SW}}{T_C} - 0.745\right)^2 + 185\left(\frac{T_{SW}}{T_C} - 0.745\right)^3$$

2.1.2 经验公式2

针对最常用的天然气中气中水含量图（Mcketta—Wehe图）进行了数学模拟[3]，模拟系统由关联函数和函数间插值两部分构成，最终以简单的程序完成所反映的复杂过程，以比较简单的形式给出了计算公式。适用范围为：温度-50~200℃，压力在5~100MPa。

$$W_{H_2O} = C_g C_s W_o$$

$$C_g = 1.01532 + 0.00141T - 0.0182 - 0.00142Td$$

$$C_s = 1 - 0.02247S$$

$$\ln W_o = a_0 + a_1 T + a_2 T^2$$

2.2 经验公式的结果

基于上述两种经验公式，选择元坝长兴组3口井进行凝析水含量计算，计算结果见表1。

表 1   经验公式计算凝析水含量结果表

公 式	井 号		
	元坝 X-2	元坝 X3H	元坝 X-1
经验公式 1/(m³/10⁴m³)	0.037	0.033	0.037
经验公式 2/(m³/10⁴m³)	0.0109	0.012	0.0108

3   元坝凝析水含量研究和确定

3.1   PVT 实验

元坝 X-2 井进行过 *PVT* 相态实验，实验装置采用 CCD 图像系统和先进的锥型活塞设计，能直观地观察露点的形成和计量反凝析液量以及流体体积变化。元坝 X-2 井气藏温度为 153.43℃，原始气藏压力为 68.34MPa，从测定结果看，该井地层中含水饱和度（凝析水含量）为 15.661g/m³。

3.2   基于现场数据对水凝析水含量的确定

现场取样测定将 pH=7 左右，氯根含量在 100mg/L 以下的产出水定义为凝析水（表 2）。

表 2   元坝长兴组单井凝析水含量测定表

井 号	水样个数	阶段水气比(氯根 100mg/L 以下、pH=7)		
		阶段产气/ 10⁴m³	阶段产水/ m³	水气比/ (m³/10⁴m³)
元坝 X-1	4	214.02	32.39	0.151
元坝 X3H	2	91.95	15.26	0.166

4   经验公式检验校正

根据元坝 X-2 井进行了凝析水含量的实验测定结果，结合元坝 X-1、元坝 X3H 井现场取样分析数据，对两个经验公式进行验证评价。

经验公式 1 校正前：$W_{H_2O} = 804 \times \dfrac{P_{SW}(1 - S - y_{H_2S} - y_{CO_2})}{P - P_{SW}(1 - S - y_{H_2S} - y_{CO_2})}$

校正后：$W_{H_2O} = 3200 \times \dfrac{P_{SW}(1 - S - y_{H_2S} - y_{CO_2})}{P - P_{SW}(1 - S - y_{H_2S} - y_{CO_2})}$

经验公式 2 系数校正（表 3）：

表 3   经验公式 2 校正系数对比

类　型	系　数		
	a_0	a_1	a_2
校正前	−20.5002	0.0845	−7.1151×10⁻⁵
校正后	−20.5002	0.1615	−7.1151×10⁻⁵

由表 4 凝析水含量结果对比表可以看出：通过校正结果与测定值比较，对于元坝 X-2 井，两个经验公式计算结果与测试值结果基本一致；对于元坝 X3H 井，两个经验公式计算结果均略偏小，经验公式 2 计算结果与测试值相对一致；对于元坝 X-1 井，经验公式 1 计算结果与测定值基本一致，经验公式 2 计算结果偏小。

表 4   元坝海相长兴组气藏单井凝析水含量结果对比

井　号	元坝 X-2	元坝 X3H	元坝 X-1
地层压力/MPa	68.34	68.5	66.20
地层温度/℃	153.43	154	151~154
凝析水含量 经验公式 1/(m³/10⁴m³)	0.149	0.131	0.150
凝析水含量 经验公式 2/(m³/10⁴m³)	0.150	0.162	0.131
凝析水含量 PVT 测试/(m³/10⁴m³)	0.149	—	—
凝析水含量 现场值/(m³/10⁴m³)	—	0.166	0.151

5   结果讨论分析

由上述对比结果可以看出，元坝 X-2 井与元坝 X-1 井用校正的经验公式 1 计算的结果与测试值较为接近，元坝 X3H 井用校正的经验公式 2 计算的结果与测试值较为接近。因此，认为不同的区域单井用不同的经验公式计算结果存在不同程度的偏差。主要由于经验公式 1 来源于理论推导，经验公式 2 来源于实验数据回归。理论推导的经验公式其适用范围要广泛些，实验回归的经验公式针对性强，但适用范围相对较小。针对元坝海相长兴组气藏计算凝析水含量的计算，本次研究成果认为：③号礁带选择校正的经验公式 1 计算结果相对准确，②号礁带选择校正的经验公式 2 计算结果相对准确。

6   结论与认识

（1）元坝海相长兴组气藏为高温气藏，地层温度达到 150℃、压力达到 65MPa 以上，地层中的水以气、液两相形式存在。

（2）对经验公式 1、经验公式 2 进行校正后，经验公式 1 对元坝 X-2 井、元坝 X-1 井凝析水含量分别为 0.149m³/10⁴m³、0.150m³/10⁴m³，计算结果较为可靠，经验公式 2 对计算元坝 X3H 井凝析水含量均为 0.162m³/10⁴m³，计算结果较为可靠。

（3）前期地质研究认为，元坝海相各礁带成藏背景较为相似，同时后期并未出现大型地质运动的改造，因此认为各礁带含水率比较接近。本次研究认为，将经验公式 1 用于计算③号礁带各井凝析水含量，经验公式 2 用于计算②号礁带各井凝析水含量是可行的。

参 考 文 献

[1] 石德佩，孙雷，刘建仪，等．高温高压含水凝析气相态特征研究[J]．天然气工业，2006，26(3)：95~97.

[2] 王俊奇．天然气含水量计算的简单方法[J]．石油与天然气化工，1994，23(3)：192~193.

[3] 宁海男，张海燕．天然气含水量图数学模拟与程序[J]．石油与天然气化工，2000，29(2)：75~77.

[4] 诸林，白剑，王治红．天然气含水量的公式化计算方法[J]．天然气工业，2003，23(3)：118~120.

[5] 刘建仪，郭平，李士伦，等．异常高温凝析气藏地层水高压物性实验研究[J]．西南石油学院学报，2002，24(2)：9~11.

[6] 汤勇，孙雷，戚志林，等．异常高温凝析气藏饱和凝析水的确定[J]．天然气工业，2006，（增刊）：108~110.

长兴组气藏地层水判别标准及早期水侵识别研究

严 黎　汪旭东　孙天礼　易 枫　蒋曙光

(中国石化西南油气分公司采气二厂)

摘 要 对于有水气藏开发，地层出水会直接影响气井产能和气藏采收率，给气藏开发带来不利，因此，提高有水气藏的无水开采期与采收率十分重要。而气藏地层水判别标准及水侵早期识别是充分利用无水期采气与主动实施治水措施的前提。本文在前人生产资料统计和不稳定试井识别早期水侵研究成果的基础上，结合元坝长兴组气藏早期水侵生产特征，建立了长兴组气藏地层水判别标准，寻找出一套有效识别长兴组气藏地层水早期水侵的方法，将对长兴组气藏实施治水措施及提高气藏采收率起到重要作用。

关键词 判别标准；地层水；水侵识别；长兴组

引言

元坝长兴组气藏的储层非均质性强、气水关系复杂，目前地层水已成为影响气田开发的主要因素之一，一旦气井出水，不仅增加气藏开采难度，而且会造成气井产能损失、降低气藏采收率、增加开采成本、影响气藏开发效益。因此，对于有水气藏开发，尽最大可能地阻止地层水入侵气藏是有水气藏重要的开发策略，而产液性质及水侵动态的准确判断，特别是早期水侵识别，是主动、有效地开发有水气藏的基础。基于不同的原理，目前的识别方法主要有生产动态资料、物质平衡法、不稳定试井法识别等。本文在较系统地分析识别方法原理、适用条件与局限性的基础上，结合元坝长兴早期水侵特征，找出一套适合元坝长兴组气藏水侵早期识别方法。

1　气藏地质概况

元坝气田位于四川盆地东北部川北坳陷与川中低缓构造带结合部，是世界上已发现的埋藏最深的高含硫生物礁大气田。长兴组主体为位于开江-梁平陆棚西侧的缓坡型台缘生物礁沉积，礁体具有小、散、多期的特点，储层厚度薄、物性差、非均质性强、存在边底水。气藏埋深 6240 ~ 7250m，为低孔、中低渗礁滩相白云岩储层，气层中部地层压力 66.66 ~ 70.62MPa，属于高含硫化氢、中含二氧化碳、孔隙型、局部存在边(底)水、受礁滩体控制的构造-岩性气藏。

第一作者简介：严黎，女(1985—)，四川达州人，毕业于西南石油大学，石油工程专业，获学士学位，现工作于西南油气分公司采气二厂，工程师，主要从事油气藏地质与动态研究。

2 地层水判别标准研究

元坝长兴组气藏目前共有 33 口生产井，自 2014 年底投产以来，气井普遍产水，气井产水主要有三个方面的成因：一是在天然气从地层到井筒的流动过程中，随着压力和温度的降低，天然气中饱和的水蒸气在凝析作用下凝结为液态水；二是在钻井、完井及酸化措施等作业过程中，部分入井液未返排出来，残留在井筒和近井地带；三是在生产压差的作用下，在采出天然气的同时，高含水饱和度区的孔隙水或边底水区的地层水从地层流入井筒。据此，可将气井的产出水分为三大类：凝析水、地层水和入井液。

2.1 凝析水

当产出水以凝析水为主时，气井的生产水气比稳定，在 $0.15 \sim 0.2 \text{m}^3/10^4\text{m}^3$ 波动，气井的产水特征表现为：pH 值基本呈中性，$Na^+ + K^+$ 含量小于 2000mg/L，氯根含量小于 4000mg/L，总矿化度含量小于 6000mg/L（图 1）。

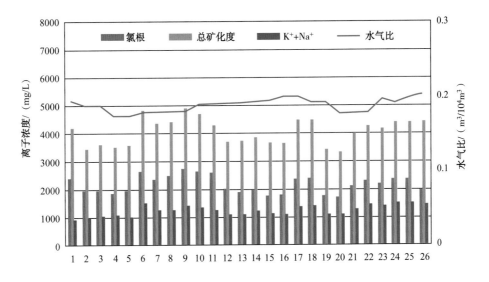

图 1 凝析水化学性质及水气比变化趋势图

2.2 地层水

当产出水主要为地层水时，由于地层水主要为边底水或高含水饱和度区的孔隙水。气井的产水量一般较大，水气比大于 $1\text{m}^3/10^4\text{m}^3$，水化学性质特征主要表现为：$Na^+ + K^+$ 含量大于 13000mg/L，氯根含量大于 20000mg/L，总矿化度含量大于 40000mg/L（图 2）。

2.3 凝析水+入井液返排

当产出水以入井液为主时，由于入井液的量有限，投产初期生产水气比相对较高，但随着入井液的排出，生产水气比快速降低至 $0.15\text{m}^3/10^4\text{m}^3$ 左右趋于平稳。气井的产水特征表现为：pH 值呈弱酸性，Ca^{2+} 含量大于 5000mg/L，Mg^{2+} 含量大于 2000mg/L，氯根含量大于

30000mg/L，总矿化度含量大于50000mg/L，均高于地层水指标，并伴随生产过程，离子含量逐渐降低(图3)。

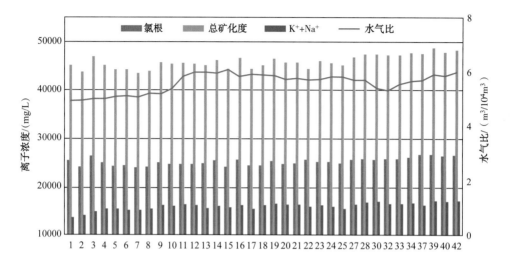

图2　地层水化学性质及水气比变化趋势图

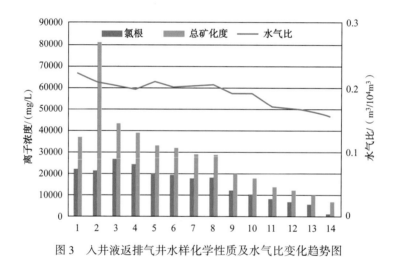

图3　入井液返排气井水样化学性质及水气比变化趋势图

2.4　产出水判别标准划分

根据气井产水特征及产出水化学特征，结合气藏地质特征进行综合分析。确定元坝长兴组气井产水来源判别指标的划分界限(表1)。可以看出，界定为地层水的水样指标：pH呈中性，$Na^+ + K^+$含量大于13000mg/L，氯根含量大于20000mg/L，总矿化度大于40000mg/L，水气比大于$1m^3/10^4m^3$，4项判别指标值均明显高于凝析水。

利用表1给出的判别指标界限，对元坝长兴组部分典型气井的产液进行判断(表2)，以③号礁带气井为例，元坝X4-2井等多数前期酸压施工的气井投产初期产出水为凝析水与入井液的混合液；元坝X8井、元坝X9-1井目前产出水为地层水；元坝X4-1井、元坝X9井、元坝X5井等产出水为凝析水。

表 1　元坝长兴组气井产水来源判别指标界限

产出液类型	水气比/（m³/10⁴m³）	化学性质/（mg/L）				
		Na⁺+K⁺	Ca²⁺	Mg²⁺	Cl⁻	总矿化度
凝析水	0.15~0.2	<2000	少量	少量	<4000	<6000
凝析水+入井液	0.2~0.4	—	>5000	>2000	>30000	>50000
地层水	>1	>13000	0~5000	0~5000	>20000	>40000

表 2　③号礁带气井产水来源综合判别

井　号	产水量/（m³/d）	水气比/（m³/10⁴m³）	K⁺+Na⁺/（mg/L）	Cl⁻/（mg/L）	总矿化度/（mg/L）	产水来源
元坝 X4-1	9.70	0.19	304	361	904	凝析水
元坝 X5	14.12	0.20	1104	1326	5669	凝析水
元坝 X5-1	7.73	0.15	2	89	1120	凝析水
元坝 X5-3	5.68	0.20	557	735	2145	凝析水
元坝 X9	8.24	0.15	1040	3558	5599	凝析水
元坝 X9-2	4.91	0.16	1325	1748	4502	凝析水
元坝 X4-2	10.29	0.28	3326	36387	57086	凝析水+入井液返排
元坝 X9-1	43.36	1.66	18205	15249	50777	地层水
元坝 X8	114.33	17.72	18065	28202	50752	地层水

3　水侵早期识别

目前，对于气井水侵早期识别方法主要包括气井生产动态资料识别、物质平衡法识别、不稳定试井法识别、气组分分析识别、生产动态资料综合判别等方法，各方法的优缺点见表 3。

表 3　气井早期识别方法技术

识别方法			机　理	适用条件	优　点	缺　点
生产动态资料识别[1]	井口压力、产量识别		早期水侵导致储层渗透率下降，严重影响储层渗流特征，使气井生产异常	井口数据，三次以上工作制度调整	数据易获取，结论较可靠	影响储层渗透率下降因素众多，不易排除其他因素
	产出水识别	水气比识别	利用水气比变化判断	地层水显示时间长出水类型气井适用	分析直观，可靠	适用范围窄，仅对前面提及的出水类型井适用
		水样分析	利用产出水性质变化判断			

续表

识别方法	机 理	适用条件	优 点	缺 点
物质平衡法识别 — 视地层压力法	由于边底水作用，水侵气藏的视地层压力与累计产气是非线性关系	三次以上的静压数据	方法简单，结果准确	水侵初期曲线呈线性关系，不敏感
物质平衡法识别 — 采出程度法	水侵指示曲线 ψ 值在 $\psi-R$ 曲线对角线以上	气藏动态储量		初期动态储量难以获取
物质平衡法识别 — 视地质储量法	视地质储量与累计产气量的关系曲线是一条向上弯曲的曲线	三次以上的静压数据，高压物性数据		初期资料难达到三次以上静压数据
不稳定试井法识别	水侵后试井分析结果气井边界向内移动	两次以上试井解释结果	依靠试井资料即可判断	需要两次以上不稳定试井资料，试井结果的可靠性亦是问题
气组分分析识别的方法	水侵后水体释放气体引起天然气组分变化	天然气组分变化较大的气井，特别是含 H_2S 气井	依靠气样分析数据，资料要求少	该方法存在一定的区域性经验，结果不唯一
生产动态资料综合识别法	综合运用前面的水侵识别机理	生产动态数据，压力测试数据	结果准确，可靠	工作量较大

3.1 生产动态资料识别

利用已产水井生产资料，开展元坝长兴组气藏水侵早期识别研究，寻求水侵识别方法。

通过对元坝长兴组气藏已出水的 6 口井(元坝 X-1H 井、X9-1 井、X8 井、X2-1H 井、X4 井、X-C1 井)开展水样性质及水气比分析，发现 6 口井的水样性质在出水前 1~5 个月有变化，钾钠离子、氯根、总矿化度含量明显增加，水气比也同步上升，可见此方法具有一定的普遍性，可用于识别气藏水侵。

以元坝 X4 井为例，该井在早期水侵过程中，2017 年 2 月，钾钠离子含量分别从 1006mg/L 上升到 5991mg/L，氯根含量从 7063mg/L 上升到 16728mg/L，总矿化度从 11682mg/L 上升到 27704mg/L，产水量由前期 8m³ 上升到 15m³，水气比从 0.12m³/10⁴m³ 上升到 0.6m³/10⁴m³。历经 2 个月左右，水样指标逐渐上升至长兴组地层水指标，水气比同步上升至 1.2m³/10⁴m³ 左右趋于稳定，2017 年 4 月，确定产地层水。因此，通过水样指标和水气比分析可以有效识别气井水侵(图 4)。

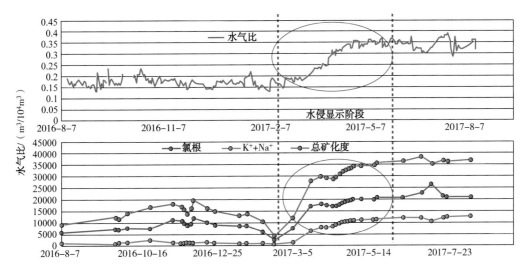

图 4　元坝 X4 井水气比、水样指标变化曲线

3.2　气组分分析识别

　　利用气组分分析识别，发现除元坝 X-1H 井 H_2S 含量呈现上升趋势外，其余各井 H_2S 含量均无明显趋势性特征，因此气组分分析识别早期水侵在长兴组气藏不具备代表性(图5、图6)。

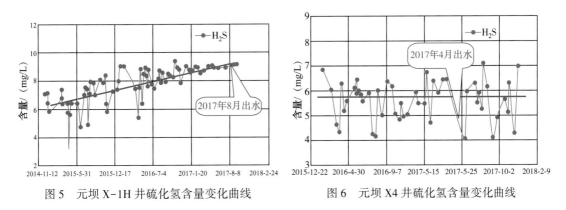

图 5　元坝 X-1H 井硫化氢含量变化曲线　　　　　图 6　元坝 X4 井硫化氢含量变化曲线

3.3　物质平衡法识别

3.3.1　视地层压力法识别

　　以元坝 X3 井为例，通过绘制视地层压力与累计产气的关系曲线，可以看出视地层压力与累计产气明显呈线性关系(图7)，未见水侵，但该井 2019 年 2 月水样性质监测，发现已进入早期水侵显示阶段，说明视地层压力法在长兴组气藏不敏感，适用性较差。

3.3.2　视地质储量法识别

　　以元坝 X-1H 井为例，通过绘制视地质储量与气井累计产气量的关系图，可以看出，在出水前，视地质储量未见上翘的特征（图8），在产水后的一定周期内才能识别出上翘的趋势性特征，鉴于该方法要求时间间隔较长，无法及时对水侵早期阶段进行识别，适用性较差。

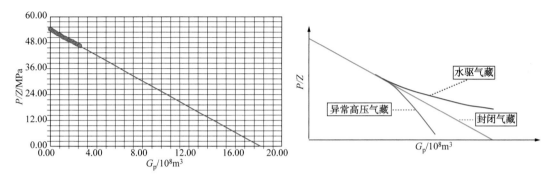

图7　元坝 X3 井视地层压力法水侵指示曲线

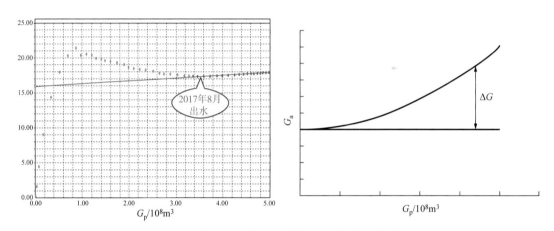

图8　元坝 X-1H 井视地质储量法水侵指示曲线

3.4　不稳定试井法识别

元坝 X3 井于 2018 年 8 月 7 日开展压恢试井，从压恢曲线看，未发现水侵，但是该井在 6 个月后（2019 年 2 月），根据流体性质监测，发现进入出水显示阶段，压恢识别受测试的间隔时间限制，也不能及时发现早期水侵（图9、图10）。

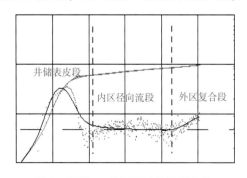

图9　元坝 X3 井压恢试井解释曲线

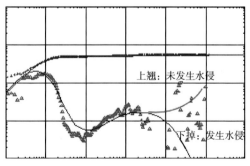

图10　复合地层模型解释曲线示例

4 结论

（1）利用水样性质数据，通过对产出液分析对比，形成了地层水的判别标准，确定了长兴组气藏 10 口产水井。

（2）通过开展生产动态资料法、气组分分析法、物质平衡法、不稳定试井法对长兴组气藏早期水侵进行了识别，发现生产动态资料法对早期水侵具有一定识别作用，其他三种方法不敏感。

（3）长兴组气藏目前已有 4 口低部位前期地质认识无水的产水井，建议生产上加强低部位气井流体性质监测，尽早识别早期水侵，延长无水采气期。

参 考 文 献

［1］段金宝，黄春，程胜辉．川东北元坝地区长兴期飞仙关期碳酸盐岩台地沉积体系及演化［J］．成都理工大学学报：自然科学版，2008，35（6）：663～668.

［2］毕永斌，张梅，马桂芝，等．复杂断块油藏水平井见水特征及影响因素研究［J］．断块油气田，2011，18（1）：79～82.

［3］刘辉，董俊吕，崔勇．水相相态变化规律及气井产水成因研究［J］．钻采工艺，2011，34（3）：52～55.

［4］汤勇，孙雷，戚志林，等，异常高温凝析气藏饱和凝析水的确定［J］．天然气工业，2006，（增刊）：108～110.

［5］李贤庆，侯读杰，唐友军，等．地层流体化学成分与天然气藏的关系初探：以鄂尔多斯盆地中部大气田为例［J］．断块油气田，2002，9（5）：1～4.

［6］刘斐，陆正元，黄河．X8 井气水产出关系分析［J］．断块油气田，2007，14（2）：42～43.

［7］郭春华，周文，康毅力，等．靖边气田气井产水成因综合判断方法［J］．天然气工业，2007，27（10）：97～99.

［8］康晓东，李相方，张国松．气藏早期水侵识别方法［J］．天然气地球科学，2004，15（6）：637～639.

气藏高矿化度地层水盐析相态及生产影响因素

王彬

（中国石化西南油气分公司采气二厂）

摘　要　针对高温、高压气藏高矿化度地层水开展了盐析相态和生产影响因素分析。由于地层水含有电解质，采用 Pitzer 模型表征固相氯化钠热力学平衡，建立气–凝析油–地层水–固体的四相相平衡模型。高矿化度地层水在降压开采过程中，气中水含量增加，密度先增加后略微降低，密度极大值将降压过程分为"非盐析过程"和"盐析过程"，矿化度抑制地层水蒸发，却加速地层水盐析。储层渗透率越低、束缚水饱和度越高或矿化度越大，地层盐析量越大。生产动态分析中确定采气速度越大或井底压力越低，盐析发生时间越早，盐析量越大。地层水盐析对单井产能有较大影响，造成储层孔隙度和渗透率降低。本文为含高矿化度地层水的高温、高压气藏盐析预测奠定了基础。

关键词　高温、高压气藏；高矿化度地层水；盐析相态；影响因素

引言

随着天然气勘探开发不断向纵向发展，世界范围内陆续发现了许多高温、高压气藏。由于高温、高压特性，气藏储层物性、开采动态及相态特征均与常规气藏有一定的差别，特别是对于含高矿化度地层水气藏，生产过程中可能发生地层水盐析效应，减损井的产能。Kleinitz 首次发现地层水盐析现象，评价了盐析效应对气井生产的影响。Graham 等预测了实际气田盐析现象，认为北海油田地层水蒸发 40% 时氯化钠析出。Jasinkieh、Dorp 和 Due Le 等人建立了多个盐析数学模型预测盐析过程。国内方面，汤勇开展了系列地层水蒸发和盐析的物理实验，定量描述了盐析对储层物性的影响。林启才分析了加重压裂液在储层改造中盐析的可能性。在实际生产中，中原油田文 23 气田 62% 的井均出现了结盐效应，严重威胁了气田的高效开发。对于地层水盐析，国内外研究主要以数学模型、物理实验和预防措施为主，较少研究相态特征和气井生产动态。

本文从气藏相态理论出发，对影响气藏生产的储层物性、生产动态进行因素分析，确定地层水盐析对单井产能和储层物性的影响，为高效开发该类气藏奠定了基础。

1　高矿化度地层水盐析模型

对于气藏体系来说，考虑地层水盐析的相平衡模型最复杂的体系是存在凝析油的气–液–液–固四相模型。由于痕量理论，不考虑固体在气相和凝析油相中的存在。将凝析油作

作者简介：王彬，男（1990—），四川自贡人，毕业于西南石油大学，获硕士硕士，现工作于西南油气分公司采气二厂，主要从事天然气开发管理与设计工作。

为第一液相，地层水作为第二液相，建立物质平衡方程：

$$\sum_{i=1}^{n-1} \frac{z_i\left(k_i^{WL} - k_i^{WV}\right)}{Vk_i^{VL}k_i^{VW} + (1-W-S-V)k_i^{VW} + Wk_i^{VL}} = 0 \tag{1}$$

$$\sum_{i=1}^{n-1} \frac{z_i k_i^{VL}\left(k_i^{VW} - 1\right)}{Vk_i^{VL}k_i^{VW} + (1-W-S-V)k_i^{VW} + Wk_i^{VL}} - k_{NaCl}^{WS} = 0 \tag{2}$$

$$g_{NaCl}^{S} = \frac{g_{NaCl}^{W}}{k_{NaCl}^{WS}} = \frac{z_{NaCl} - S}{Wk_{NaCl}^{WS}} = 1 \tag{3}$$

式中　　V、L、W、S——平衡气、凝析油、地层水（电解质溶液）和固态氯化钠的摩尔含量；

　　　　g_{NaCl}^{S}、g_{NaCl}^{W}——氯化钠在固相和地层水相中的含量；

　　　　k_i^{WV}、k_i^{WL}、k_i^{WS}——平衡时气–地层水、凝析油–地层水、氯化钠–电解质溶液平衡常数；

　　　　z_i、z_{NaCl}——体系第 i 组分和氯化钠组分的总体系组成。

以地层水为参考相，体系中气体和凝析油相采用逸度系数计算热力学平衡；由于地层水含盐，地层水相采用 Pitzer 模型修正。地层水相中的非盐组分用平衡水活度系数表示，固相氯化钠采用单一固相组分逸度方式求取。

2　高矿化度地层水气藏相态特征

以西部 X 气藏为例，含盐体系组成见表 1，储层温度 150℃，储层压力 60MPa，以改变体系压力的方式分析该气藏的相态特征。

表 1　X 气藏组成

组　成	CH_4	C_2	CO_2	N_2	H_2O	NaCl
物质的量含量/%	32.01	1.99	0.51	0.30	57.90	7.29

图 1 为体系降压过程气相和液相变化，体系压力降低，水相蒸发作用加强，气相中水含量增加，液相中甲烷含量略有增加。低压条件下，固相氯化钠逐渐析出，地层水中氯化钠逐渐减少，地层水密度先增加后减小。图 2 为地层水密度变化曲线，当体系压力降至 10MPa 时，地层水密度出现极大值，并将降压过程分为"盐析过程"和"非盐析过程"，压力继续下降，地层水进一步蒸发，氯化钠析出量逐渐增加。

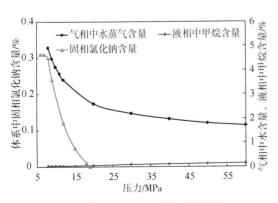

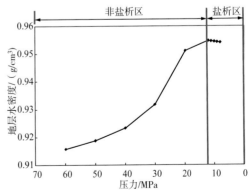

图 1　降压过程中气相及液相变化　　　　图 2　气藏体系变化过程中地层水密度变化

忽略储层温度的影响，另外一个影响地层水盐析的重要因素是矿化度。图 3 为不同矿化度体系气相中水蒸气含量变化，矿化度越高，气相中水含量越低，说明矿化度对地层水蒸发有抑制作用。图 4 为不同矿化度体系液相密度，随着不同体系中氯化钠的析出，地层水矿化度逐渐接近，液相密度和气相中水含量逐渐接近。

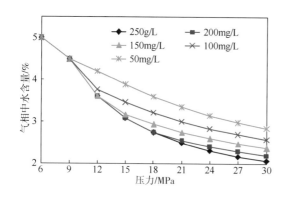

图 3　不同矿化度体系气相中水含量　　　　图 4　不同矿化度体系液相密度

3　储层物性对地层水盐析的影响

以西部 X 气藏某井为例，气藏组成见表 1，基础参数见表 2，建立单井数值模拟模型，模型网格 19×1×5，模型考虑氯化钠的溶解平衡。单井定产气量 12×10⁴m³/d，最小井底压力 6MPa，模拟开始时间 2000 年 1 月 1 日，预测生产 30 年。

表 2　X 气藏基础参数

储层参数	数　值	储层参数	数　值
储层深度/m	6000	储层压力/MPa	60
孔隙度/%	15	渗透率/$10^{-3}\mu m^2$	20
储层厚度/m	50	地层水矿化度/(g/L)	200

3.1　储层渗透率的影响

分别设置储层渗透率为 $10×10^{-3}\mu m^2$、$20×10^{-3}\mu m^2$ 和 $30×10^{-3}\mu m^2$，其他参数保持不变。图 5 为不同渗透率方案气相中水含量，储层渗透率越低，单位时间内压降越大，蒸发作用越明显，气相中水蒸气含量越大。图 6 为不同渗透率方案地层盐析产量，渗透率越低，盐析效应越明显，结盐速度越大，盐析产量越大。

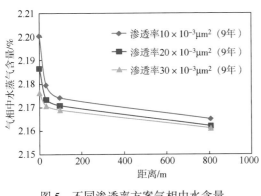

图 5 不同渗透率方案气相中水含量

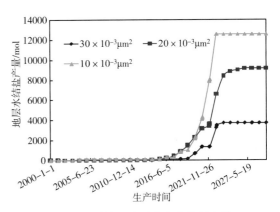

图 6 不同储层渗透率方案盐析产量

3.2 束缚水饱和度的影响

分别设置束缚水饱和度为 35%、30% 和 25%，其他参数保持不变。束缚水饱和度的大小决定了气体流动空间，进而影响气相流动过程。图 7 为不同束缚水地层盐析产量，在相同产气量情况下，束缚水饱和度越高，气藏压力下降越多，地层水蒸发作用越强，气相中水蒸气含量越大，盐析时间越早，盐析量越大。

3.3 地层水矿化度的影响

分别设置地层水矿化度为 100g/L、200g/L 和 300g/L，其他参数保持不变。图 8 为不同矿化度方案盐析产量，矿化度越高，地层水密度越大，地层蒸发作用越不明显，但地层结盐量越大，说明地层水矿化度对储层盐析具有促进作用。地层水自身性质对盐析的影响大于水蒸发对盐析的影响。

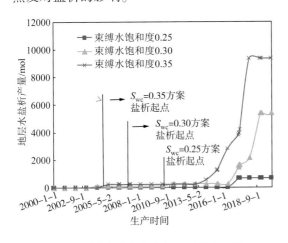

图 7 不同束缚水方案的地层盐析产量

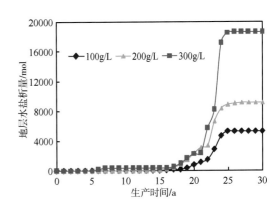

图 8 不同地层水矿化度方案盐析量

4 生产动态对地层水盐析的影响

4.1 产气速度的影响

设置日产气量为 $15 \times 10^4 m^3$、$12 \times 10^4 m^3$、$9 \times 10^4 m^3$，其他条件保持不变，图9为网格（3，1，1）的气相中水蒸气含量变化，产气速度越大，气体流动速度越大，单位时间内压降也越大，液相表面蒸汽压降低越多，气中水含量越大，地层水蒸发作用越明显。图10为不同产气量方案结盐量，产气速度越大，盐析量越大。

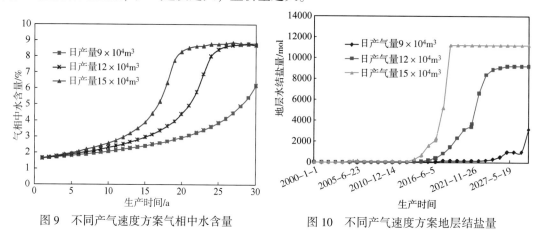

图 9　不同产气速度方案气相中水含量　　　　图 10　不同产气速度方案地层结盐量

4.2 井底压力的影响

分别设置井底压力为 10MPa、8MPa 和 6MPa，气井初期以定产气量生产，生产一段时间后变为控制最小井底压力，单井产量出现差异。井底压力越低，气相中水蒸气的变化越快，地层水蒸发量越大，矿化度变化越大，地层盐析情况越严重。盐析产量出现差异的时机即为生产制度改变的时机，生产制度对地层结盐动态有较大影响（图11）。

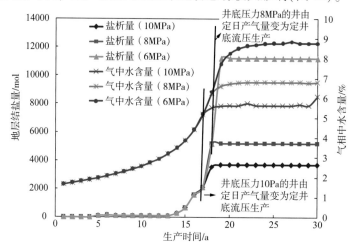

图 11　不同井底压力方案地层结盐量和气相中水含量

5 地层水盐析对气井生产的影响

5.1 对单井产能的影响

分别模拟地层发生盐析和未发生盐析时单井产能，方案均定最小井底压力 20MPa。模拟结果表明：发生盐析的方案，单井初期产能降低了 60% 左右，说明盐析对单井的生产具有严重影响，后期产量逐渐接近，但未盐析气井产量始终高于发生盐析气井（图12）。

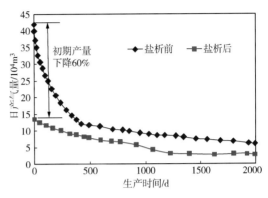

图 12　盐析前后单井产能对比

5.2 对储层孔隙度的影响

储层发生结盐，盐颗粒可能发生沉降、桥堵或者捕获，堵塞孔隙和喉道，造成储层孔隙体积减小，损伤储层物性。图 13 为不同距离地层盐析造成孔隙度减小情况，模型孔隙体积降低了 3.14%，不同距离，孔隙度的减少程度不一样，随着生产时间的增加，损伤程度扩大，平均损伤程度为 1%。

5.3 对储层渗透率的影响

储层渗透率受到孔隙度的影响，满足 Kozeny-Carman 方程，图 14 为盐析过程中渗透率变化情况，储层渗透率随着生产的进行，逐渐向外扩展，盐析半径在 10m 左右，储层渗透率的损伤程度在 2.5%~8.5%，与相关文献基本一致。

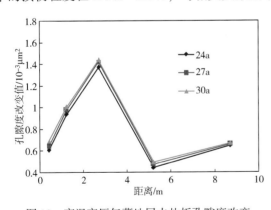

图 13　高温高压气藏地层水盐析孔隙度改变

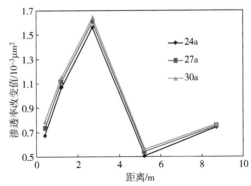

图 14　高温高压气藏地层水盐析渗透率改变

6 结论

（1）含高矿化度地层水气藏降压过程中，气中水含量增加，地层水密度先增加后略微降低，密度极大值将降压过程分为："非盐析过程"和"盐析过程"；压力降落促进地层水蒸发和盐析，而矿化度抑制地层水蒸发，促进地层水盐析。

（2）储层渗透率越低、束缚水饱和度越高或者矿化度越高，盐析量越大。储层渗透率和束缚水饱和度与地层水蒸发呈正相关。

（3）采气速度越大，地层盐析量越大；井底压力越低，盐析时间越早，盐析量越大，说明生产制度影响地层结盐。

（4）地层水盐析影响单井产能，造成储层孔隙度降低，渗透率下降；对于含高矿化度地层水气藏开发，需要关注地层水盐析效应的影响。

参 考 文 献

[1] 汤勇，杜志敏，张哨楠，等.高温气藏近井带地层水蒸发和盐析研究[J].西南石油大学学报，2007，29（2）：96~99.

[2] Kleintiz, Kohler M, Dietzsch, G. The Precipitation of salt in Gas Producing Wells[C]. SPE 68953.

[3] Zuluaga E, Lake L W. Semi-Analytical Model for Water Vaporization in Gas Producers[C]. SPE 93862.

[4] 王利生.高矿化度油气藏流体相平衡的模型化研究进展[J].化工学报，2015，11：4297~4303.

[5] 汤勇，杜志敏，蒋红梅，等.高温高压气藏地层水盐析引起的储层伤害[J].石油学报，2012，05：859~863.

[6] 林启才，林应之，李建忠.加重液在高温高压气藏增长作业中的盐析伤害及预防措施[J].天然气工业，2012，32（5）：30~35.

[7] 李闽，郭平，张茂林，等.气液固三相相平衡热力学模型与计算方法[J].断块油气田，2002，05：33~36+91.

[8] 吕蓓，马庆，陈文龙，等.凝析气田注气吞吐解除近井污染可行性研究[J].天然气与石油，2013，01：60~62+68+3.

[9] 汤勇，杜志敏，孙雷，等.考虑地层水存在的高温高压凝析气藏相态研究[J].西安石油大学学报（自然科学版），2010，04：28~31+110.

[10] W. Kleinitz, G. Dietzsch, M. Kohler. Halite scale formation in gas-producing wells[J]. Institution of Chemical Engineers，2003，352~358.

[11] 石德佩，孙雷，刘建仪，等.高温高压含水凝析气相态特征研究[J].天然气工业，2006，26（3）：95~97.

[12] 熊健，于路均，郭平.非线性渗流低渗气藏压裂井的产能方程[J].天然气与石油，2012，06：42~45+4.

[13] 栾艳春，汪海，汪召华，等.文23气田清防盐工艺技术[J].断块油气田，2010，04：506~508.

[14] 文守成，何顺利，陈正凯，等.气田地层结盐机理实验研究与防治措施探讨[J].钻采工艺，2010，01：86~89+127~128.

[15] 顾岱鸿，文守成，汪海.气田地层结盐机理实验研究[J].大庆石油地质与开发，2008，27（2）：94~96.

[16] Zuluaga E, Lake L W. Semi-Analytical Model for Water Vaporization in Gas Producers[C]. SPE 93862.

[17] 彭壮，汪国琴，徐磊，等.水平井筒气水两相流动压降规律研究[J].天然气与石油，2015，03：74~78+11.

[18] 汤勇，孙雷，杜志敏，等.注干气吞吐提高凝析气井产能研究[J].石油天然气学报，2006，28（5）：85~87.

[19] 王彬，周彪，王新宇，等.沁水盆地柿庄南区块煤层气藏自改造动态分析[J].石油化工应用，2016，02：20~23.

长兴组生物礁气藏水侵早期识别及调整对策研究

张明迪[1]　赵　勇[1]　王本成[1]　陈华生[2]　李晓明[1]

(1. 中国石化西南油气分公司勘探开发研究院；
2. 中国石油新疆油田分公司工程技术研究院)

摘　要　元坝长兴组气藏为发育底水的复杂礁滩体高含硫气藏，气藏开发过程中，发生水侵，会导致气井产能降低，影响气藏最终采收率，开展气藏早期水侵识别，有利于提前开展治水措施。结合气藏地质特征，深入分析了物质平衡方法、生产动态判别方法、产出水的矿化度判别方法、试井监测识别法等水侵识别方法的适用性并进行优选。利用研究成果成功地识别了两口气井存在水侵，及时有效地调整了气井的生产制度，延长了气井的无水产气期。

关键词　礁滩体；水侵识别；矿化度；物质平衡；生产动态

引言

多数气藏存在地层水，在开发过程中，气井发生水侵，会影响气井产能，增加气藏的开发难度，降低气藏的采收率，特别是高含硫气藏，地层水危害更大。开展气藏水侵动态研究，准确识别气藏早期水侵，进而及时制定防水策略，是积极有效开发气藏的关键。通过系统地分析目前常用水侵识别方法(产出水判别、物质平衡分析、生产动态判别等)的优缺点以及适用性，并基于元坝长兴组气藏地质特征及早期开发现状，开展气井早期水侵识别，明确适合于复杂礁滩体气藏早期水侵识别方法。

1　区块状况

元坝气田为受礁滩体控制、底水发育、高含硫的岩性气藏，气藏主体包含了 6 部分：①号礁带、②号礁带、③号礁带、④号礁带、礁滩叠合区以及滩区(图 1)。储层岩性为白云岩，总体呈低孔、中低渗，主要以生物礁相储层为主，礁体储层复杂，纵向上多期发育、横向同期多个礁体叠置，目前共刻画出了 21 个礁群、90 个单礁体。元坝气藏气水关系继承了礁体储层复杂性，具有"一礁一滩一水体"的特征，不同礁、滩体气水系统各自独立，水体以底水的形态展布。从静态资料(地震、取心、测井等)分析表明：四条礁带与滩区均有水体发育，但水体规模有限，规律性不强。目前，气藏部分气井的产水量逐渐增加，水气比呈台阶式上升，且产量下降，综合分析表明气井产出地层水，该类气井主要分布在滩区。

第一作者简介：张明迪，男(1982—)，2010 年获西南石油大学硕士学位，现为中国石化西南油气分公司勘探开发研究院工程师，主要从事气藏工程及数值模拟研究。

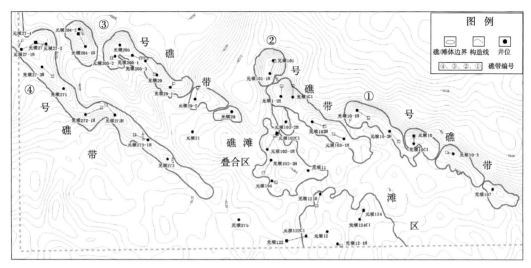

图 1　元坝气藏开发区域分布图

2　气藏水侵早期识别方法

2.1　水侵机理

礁滩体储层的性质决定地层水以底水为主，主要通过裂缝侵入储层，若储层中发育大裂缝，地层水优先选择沿着高渗透率的裂缝窜流至储层孔隙内，导致很多气井投产短时间就见地层水，危害较大；若裂缝欠发育，无大缝，底水沿微裂缝网侵入含气区，水侵活跃程度主要取决于储层非均质性的强弱以及供水区域水体能量的大小，长兴组气藏属于该种类型。

2.2　水侵影响因素分析

分析确定影响气藏水侵活动的主要因素，对准确预测有水气藏的水侵动态至关重要。从现阶段来看，影响元坝长兴组气藏底水水侵的因素主要包含两方面：一是以储层储渗空间分布为主的地质因素；二是气藏投产过程中，以气藏的采气速度为主的开发因素。

2.2.1　储渗空间分布

元坝气田各个礁体、滩体储层空间展布不一，大小各异，同时受白云石化、溶蚀作用控制，储层物性差异较大，非均质性较强；造成发育水体不同储渗单元，能量不一样，水侵动力强弱不均，渗透能力较高的储渗单元，最先开始水侵，水侵速度最快。通过数值模型模拟表明：裂缝渗透率越高、水体体积越大、气井见水时间越早，且裂缝渗透率起主导地位，如裂缝欠发育，水体倍数即便很大，气井水侵也较缓慢，这与气藏开发实际基本相符。

2.2.2　采气速度

开采速度是影响气藏水侵的主要动态因素。采气速度越高，所需的生产压差越大，底水锥进也越快。模拟气井在不同采气速度的水侵动态，结果表明：随着气井采气速度提高，气井见水时间逐渐加快，且气井见水后，采气速度越高，产水量越大，表明气井可通过摸索合理采气速度，来达到有效控水(图2)。

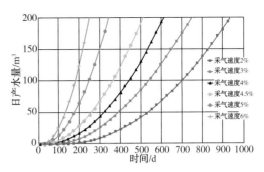

图2　气井采气速度与日产水量关系图

2.3　水侵早期识别方法

在水驱气藏中，常用产出水分析、物质平衡法、生产动态判别法、试井监测识别法等方法进行水侵识别，但鉴于不同的水侵识别方法的优缺点，需对不同的水侵识别方法进行分析，优选出适于复杂生物礁气藏的早期水侵识别方法。

2.3.1　气井产出水识别水侵

鉴于气藏地层水的化学特征与凝析液存在较大的差异，可通过地层水 Cl^- 的含量及 STIFF 图版法，进行水侵识别。地层水含有有机盐，Cl^- 的含量远远高于不含矿物质或含少量矿物质的凝析液，根据产出水样中氯离子的含量测定，分析气井产水情况；STIFF 图版法主要按照 $Na^+ + K^+$ 与 Cl^-、Ca^{2+} 与 SO_4^{2-}、Mg^{2+} 与 HCO_3^- 三类进行图版绘制，分析气井不同时间下 $K^+ + Na^+$、Ca^{2+}、Mg^+、Cl^-、SO_4^{2-}、HCO_3^{2-} 等的变化，若 $Na^+ + K^+$ 与 Cl^- 呈分离状并开口逐渐增大，则气井发生水侵，反之亦然。产出水识别水侵法需地层水流入井筒，才能对其识别，因此该方法识别水侵存在一定的滞后性。

2.3.2　物质平衡法识别水侵

基于物质平衡原理，通过分析水体能量的侵入，造成气藏压力与产量的线性关系发生上翘，识别水侵。若气井生产时间不长、水驱作用不强，则不能出现上翘段，影响水侵识别，故该方法存有较大的局限性。

2.3.3　生产动态判别法

主要利用气藏生产过程中，不同时间内水气比变化、H_2S 含量变化以及产量递减曲线的分析判别气藏水侵。

气藏生产初期，气井产出地层中的凝析水，生产中表现为产水量、水气比均较小并且稳定，对于有边底水的气藏，气井生产一段时间以后，如果伴随着生产水气比、产水量上升、产气量、油压明显下降，说明此时边底水可能已经侵入气藏。水气比变化判别可有效确认气井是否发生水侵，但判别前提是地层水已进入井筒，引起产水量变化，并产生了部分水封气，影响了气井生产动态。

H_2S 在水中的溶解度随压力的降低而减小，随气井生产，水逐渐侵入井筒，压力下降，H_2S 从水中逸出，则天然气中 H_2S 的含量会逐渐升高，但若气井生产初期就含 H_2S 的，适用性较差。

产量递减曲线主要是针对边底水气井，基于不同水侵时期的生产特征以及产量递减分析曲线特征(表1),进行水侵识别。产量递减曲线法可准确识别气井的水侵程度,但需气井产量、压力数据准确,不影响曲线形态。

表1 产量递减曲线识别水侵

类　　型		生产特征	产量递减分析曲线特征
未见水型	未水侵型	产量:稳定 压力:降低趋势较一致	Blasingame曲线:与某条典型曲线吻和 FMB曲线:直线
	水侵初期型	产量:稳定或升高 压力:低于前期,有明显拐点	Blasingame曲线:数据点偏离典型曲线向右上偏移 FMB曲线:偏离直线上翘
已见水型	水侵中后期型	产量:逐渐降低稳定 压力:降低速度高于前期	Blasingame曲线:数据点偏离典型曲线向左下偏移 FMB曲线:偏离直线下掉
	已产水型	产量:逐渐减低 压力:压力降低	Blasingame曲线:数据点向下偏移 FMB曲线:先偏离直线上翘后下掉

2.3.4 试井监测识别法

基于试井理论,静态地质因素引起的试井曲线边界特征反映,在一口井的多次试井中不会改变。通过对气井进行多次试井监测,分析试井双对数曲线变化情况,来识别水侵快慢及强弱。该方法可以准确、快速地识别气井是否发生水侵,但需要进行多次试井,限制了该方法的使用。

3 元坝礁滩体气藏水侵识别及调整对策

以元坝气田某礁带气井YBx3为例,开展水侵早期识别,YBx3井是位于某礁带东南端的一口水平井,在钻井过程中,气井斜导眼在储层下方钻遇一气水同层(未钻穿),其水线位置距离气井水平段58.2m,水体规模有限,气井生产中具有出水风险。通过产出液分析来看,该井Cl^-含量低于10000mg/L,STIFF图版中$Na^+ + K^+$与Cl^-分离开口未见增大,无法分辨是否发生水侵;并且由于气井生产时间较短且未开展多次试井监测,物质平衡法及试井监测法也无法使用;故采用生产动态方法对气井进行分析。

气井生产过程中,H_2S含量及液气比相对稳定,前期配产$40×10^4m^3/d$,压力下降较快($0.05MPa/d$),但后期配产$45×10^4m^3/d$,生产更稳定,油压下降速度低($0.001MPa/d$),表现为能量充足。结合该井地质特征,分析气井的能量补充可能来源于下部水体能量的补充,也可能为生产压差增大后三类储层储量的补充。

绘制气井关井期间的井口油压恢复曲线,油压恢复较缓慢(图3)。如果气井在三类储层储量有效补充下,井口油压的恢复趋势应更快。因此,推测气井的能量补充可能主要来源于下部水体。采用Blasingame、FMB产量递减曲线开展YBx3井水侵早期识别的诊断(图4与图5),从图中可以看出:YBx3井Blasingame与FMB特征曲线均发生上翘,判断气井发生了早期水侵,处于能量补充阶段。

结合YBx3井的测井情况,初步认为YBx3礁群储层未发育大裂缝,以微裂缝为主,渗透率为$(1\sim5)\times10^{-3}\mu m^2$，主要从水体能量及采气速度方面分析对气井水侵的影响，制定防水策略。

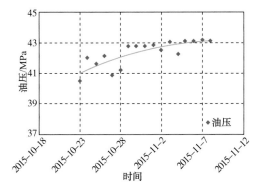

图3　YBx3井油压恢复曲线

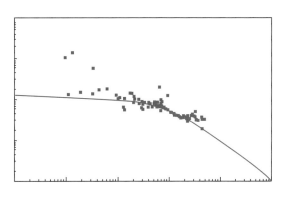

图4　YBx3井Blasingame递减曲线

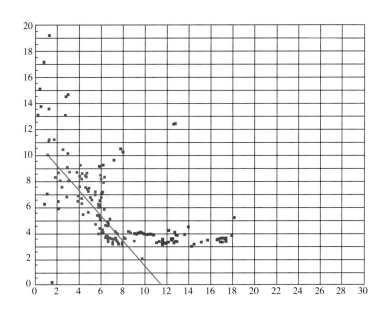

图5　YBx3井FMB递减曲线图

　　YBx3井礁群研究认为由多个小礁体叠置组成，礁体之间储层相互连通。将YBx3礁群作为一个连通体整体考虑，基于气井斜导眼参数，仅分别选取气水同层不同含水饱和度，利用静态法估算水体大小为$(80.1\sim190.7)\times10^4 m^3$。

　　基于YBx3井所处礁群发育水体厚度变化引起的体积增加，地质模型中考虑两种水体大小对气井进行生产模拟预测：① 考虑$190.7\times10^4 m^3$水体。预测结果表明，该井受水体影响较小，配产$(30\sim45)\times10^4 m^3/d$时，要6年以后才产水（表2），且最大产水量为$2.6\sim3.8 m^3/d$；② 考虑附加一个10倍的数值水体。预测结果表明，水体对气井开发指标影响较大，配产$45\times10^4 m^3/d$时，产水时间提前到3年左右（表3），且最大产水量也增加到$50\sim65 m^3/d$。

　　综上分析，认为YBx3井下部存在水层，且生产动态中反映出气藏早期水侵特性，为延长气井的无水采气期、增加气井稳产年限,调整该井配产到 $30\times10^4\mathrm{m}^3/\mathrm{d}$(采气速度 4%),从目前生产来看,产量、产液、油压处于稳定状态,调整对策切实可行。

表 2　YBx3 井不同配产下生产指标预测

配产/($10^4\mathrm{m}^3/\mathrm{d}$)	稳产时间/年	稳产期末累产/$10^8\mathrm{m}^3$	出水时间/年	最高日产水/m^3
30	6.6	7.01	8.0	3.8
35	5.6	6.69	7.6	3.2
40	4.6	6.04	6.9	2.8
45	4.1	5.80	6.5	2.6

表 3　YBx3 井不同配产下生产指标预测(补充 10 倍水体)

配产/($10^4\mathrm{m}^3/\mathrm{d}$)	稳产时间/年	稳产期末累产/$10^8\mathrm{m}^3$	出水时间/年	最高日产水/m^3
30	4.6	5.34	4.4	65.0
35	4.1	5.25	3.7	63.0
40	3.6	4.99	3.2	58.0
45	3.5	5.20	3.0	50.0

通过对目前常用的水侵识别方法适用性分析,针对气藏的不同开发阶段、水侵程度,应考虑采用不同的方法进行识别;元坝长兴组气藏投产时间不长,多数气井处于水侵早期,水侵程度低且目前所获得资料有限,产量递减曲线对判断处于水侵早期阶段气井适应性最强,利用该方法识别目前元坝气田 YBx4 井与 YBx3 井都处水侵早期能量补充阶段,针对 2 口水侵气井,现场及时制定防水策略,调低产量,控制采速,延长气井无水采气期。

4　结论

(1)气藏早期水侵识别是气藏高产稳产的关键因素,而针对元坝气田影响其水侵的主要因素是储渗空间及采气速度。

(2)产出水识别法主要用于气井出水后的水侵识别;物质平衡法主要适用于压降图出现曲线段,部分气井存在识别风险;试井监测识别法需多次试井监测资料;生产动态法以生产数据为依据,其中产量递减曲线判断水侵早期阶段适应性最强。

(3)针对元坝气藏处于水侵早期阶段,采用产量递减曲线开展水侵早期识别,应用效果较好,且此方法可推广应用于类似的生物礁气藏的水侵早期识别。

参 考 文 献

[1] 李涛,袁舟,陈伟,等. 气藏水平井边水突破时间预测[J]. 断块油气田,2014,21(3):341~343.
[2] 李治平. 气藏动态分析与预测方法[M]. 石油工业出版社,2002. 122~131.
[3] 邹宇,戴磊. 水驱气藏水侵量的计算方法[J]. 西南石油大学学报(自然科学版),1997,19(1):102~108.
[4] 陶诗平,冯曦,肖世洪. 应用不稳定试井分析方法识别气藏早期水侵[J]. 天然气工业,2003,23(4):68~70.

［5］李云波，李相方，李开鸿．高含硫气田硫磺储量计算方法的修正［J］．天然气工业，2007，27（7）：92～94.

［6］刘华勋，任东，高树生，等．边、底水气藏水侵机理与开发对策［J］．天然气工业，2015，35（2）：47～53.

［7］张新征，张烈辉，李玉林，等．预测裂缝型有水气藏早期水侵动态的新方法［J］．西南石油大学学报自然科学版，2007，29（5）：82～85.

［8］何云峰，姚田万，张艾，等．凝析气井见水特征及控制对策［J］．石油实验地质，2013，35（S1）：37～40.

［9］Fetkovich M J. A Simplified Approach to Water Influx Calculations–Finite Aquifer Systems［J］. Journal of Petroleum Technology，1971，23（7）：814～828.

［10］Ancell K L，Manhart T A. Secondary Gas Recovery From a Water-Drive Gas Reservoir：A Case Study［M］. The culture and social institutions of ancient Iran，Cambridge University Press. 1987：113～115.

［11］程开河，江同文，王新裕，等．和田河气田奥陶系底水气藏水侵机理研究［J］．天然气工业，2007，27（3）：108～110.

超深、高含硫底水气藏动态分析技术
——以四川盆地元坝气田长兴组生物礁气藏为例

詹国卫　王本成　赵　勇　张明迪

（中国石化西南油气分公司勘探开发研究院）

摘　要　四川盆地元坝气田长兴组生物礁气藏(以下简称为元坝长兴组气藏)为高含硫、局部存在底水的条带状生物礁气藏，储层非均质性强、气水关系复杂，常规的动态分析技术并不完全适用。为此，通过在该气藏开展井筒压力折算、动态产能评价、动态法储量评价，以及水侵早期识别与水侵动态评价等研究，落实了气井产能、动态法储量以及水侵动态等关键问题。研究结果表明：①所建立的井筒压力折算模型计算的压力误差小于1%，温度误差小于5%，满足现场要求；②在元坝长兴组气藏开发初期，建立了考虑硫沉积的稳态产能方程及一点法产能公式，在开发中期，对气井产能进行动态评价以指导气井的优化配产及气藏合理采速的确定；③建立了单井动态法储量评价图版，并针对同一连通单元内的气井，建立"虚拟井"以计算区域内动态法储量，并形成了相应动态法储量评价技术，从而明确了气藏的储量动用程度；④综合考虑高含硫、双重介质、底水等因素，建立了气藏非稳态水侵量计算模型，并形成了生物礁底水气藏水侵动态评价技术；⑤元坝长兴组气藏平均单井动态储量为 $24.55 \times 10^8 \, m^3$，气藏整体的储量动用程度较高，在3个动用程度较低的区域还可部署调整井；⑥该气藏目前水侵量整体较小，地层水相对不活跃，水体能量为弱—中等。结论认为，所取得的研究成果为元坝长兴组气藏的高效开发提供了有力支撑，可以为其他同类型气藏提供有意义的借鉴。

关键词　超深气井；高含硫；生物礁气藏；底水气藏；动态分析；四川盆地

引言

元坝气田位于四川省苍溪县南部及阆中市东北部。该气田的长兴组生物礁气藏属于台地边缘生物礁沉积，发育4个礁带、21个礁群、90个单礁体，单个生物礁规模小，纵向上多期发育、横向同期多个礁体叠置。元坝气田长兴组生物礁气藏(以下简称为元坝长兴组气藏)储层岩性主要为白云岩，且具有"一超、三高、五复杂"的地质特点，为高含硫、局部存在底水、受礁滩体控制的构造——岩性气藏。针对以上特征，采用一套不规则井网进行开采，针对生物礁的储层展布特征采用适宜的井型进行开采，以大斜度井、水平井为主，水平井水平段长度介于 $600 \sim 800m$，气藏于2014年12月投入开发，2016年11月全面建成，形成每年净化气量达 $34 \times 10^8 m^3$ 的生产规模。

由于该气藏具有较强的储层非均质性、埋藏深(介于 $6240 \sim 7250 \, m$)、气水关系复杂及高含硫的特征，同时气藏处于开发初期，获取的动态资料少，给动态分析工作带来了较大的

第一作者简介：詹国卫，男(1976—)，高级工程师，中国石化西南油气分公司勘探开发研究院副院长；主要从事气田开发综合研究工作。

难度，导致分析结果具有一定的不确定性，具体表现在以下 4 个方面：①井下测压风险大，导致井筒压力折算精度低，无法满足压力计算的精度要求；②多采用单点试气，测试时开井、关井压力恢复时间均较短，气井产能评价的准确性还有待验证；③现有的动态法储量计算方法具有不适应性；④缺乏有效的水侵早期识别技术及水侵动态评价关键参数——水侵量的计算方法。

因此，通过深入开展超深、高含硫气井井筒压力折算、动态产能评价、动态法储量评价以及水侵动态评价等研究，形成了适合于复杂礁滩相气藏的一体化动态分析技术，进而准确掌握了气藏的压力分布状况，落实了气井产能、气藏动态法储量与水侵动态特征等关键性问题，保障了元坝长兴组气藏的高产、稳产。目前，该气藏平均日产气为 $1\,092.76 \times 10^4\ \mathrm{m}^3$，平均日产液为 $423.23\ \mathrm{m}^3$，气井平均井口油压为 $27.67\ \mathrm{MPa}$、压降速率为 $0.016\ \mathrm{MPa/d}$，生产稳定。

1 超深、高含硫气井井筒压力折算技术

气井井底压力计算的精度直接影响动态分析工作的开展。目前井筒压力的折算均假设井筒中温度为线性分布，对井筒进行分段处理后计算各段的平均温度，然后结合压缩系数法、修正偏差系数法以及 Cullender-Smith 法计算井筒中的压力分布。然而针对超深、高含硫气井，其井筒结构以及井筒内流体的流动特征复杂，目前方法所考虑的因素还不够完善，导致井底压力的计算精度不高。

根据超深、高含硫气井传热与流体流动变化特征，运用质量、动量及能量守恒原理，综合考虑高含硫、多管柱以及多个热物理性质参数（油管内流体传热系数、环空对流传热系数、环空辐射传热系数、油管导热系数、套管导热系数、水泥环导热系数）的影响，分别建立井筒压力场和温度场模型，对其进行耦合后求解，形成了超深、高含硫气井井筒压力折算技术。

1.1 井筒压力计算模型

根据元素硫沉积实验，当压力低于 20 MPa 时液态硫则会析出，高含硫气体在从井底到井口的流动过程中会发生复杂的相态变化。因此，利用微元法，建立了考虑气井产水、发生硫沉积的气-水-液态硫井筒压力计算模型，表达式为：

$$p_{\mathrm{out}} = p_{\mathrm{in}} - \left[C_1{}^2 C_2 (C_{3\ \mathrm{out}} - C_{3\ \mathrm{in}}) + \frac{C_2 g \Delta z \cos\theta}{2} \times \right.$$
$$\left. \left(\frac{1}{C_{3\ \mathrm{out}}} + \frac{1}{C_{3\ \mathrm{in}}} \right) + \frac{\Delta z f C_1{}^2 C_2}{4 d_{\mathrm{ti}}} (C_{3\ \mathrm{out}} + C_{3\ \mathrm{in}}) \right] \times 10^{-6} \tag{1}$$

其中

$$C_1 = \frac{5 \times 10^{-9} q}{d_{\mathrm{ti}}^2}$$

$$C_2 = 3484.48\gamma$$

$$C_3 = \frac{Z_{\mathrm{g}} T}{p}$$

1.2 井筒温度计算模型

在开采过程中，井筒中流体向周围地层传热主要经过以下 5 个环节，①高温流体经热对流把热量传到油管内壁；②通过热传导把热量从油管内壁传到外壁；③以热对流和辐射的形式将热量从油管外壁经油套环空传到套管内壁；④以热传导形式把热量从套管内壁传到套管外壁；⑤通过热传导形式把热量从套管外壁经水泥环传到地层。假设井筒内的热传递为稳态，井筒与周围地层的热传递为非稳态，分别建立井筒流体热传递模型与地层——井筒瞬态热传递模型，从而获得井筒温度计算模型，具体表达式为：

$$T_{\text{f, out}} = T_{\text{e, out}} + \exp(C_4 \cdot \Delta z) \times$$
$$\left(T_{\text{f, in}} - T_{\text{e, in}} - \frac{G_t \cos\theta}{C_4} \right) + \frac{G_t \cos\theta}{C_4} \quad (2)$$

其中

$$C_4 = \frac{2\pi r_{\text{to}} U_t k_e}{W_q C_p [k_e + f(t) r_{\text{to}} U_t]}$$

$$U_t = \left[\frac{r_{\text{to}}}{r_{\text{ti}} h_f} + \frac{r_{\text{to}} \ln\left(\frac{r_{\text{to}}}{r_{\text{ti}}}\right)}{k_t} + \frac{1}{h_{\text{ac}} + h_{\text{ar}}} + \right.$$

$$\left. \frac{r_{\text{to}} \ln\left(\frac{r_{\text{co}}}{r_{\text{ci}}}\right)}{k_c} + \frac{r_{\text{to}} \ln\left(\frac{r_h}{r_{\text{co}}}\right)}{k_m} \right]^{-1}$$

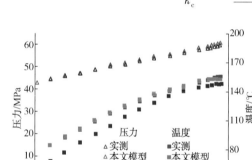

图 1 YB11 井井筒压力、温度实测与计算结果对比图

1.3 结果分析

井筒压力计算模型［式（1）］和井筒温度计算模型［式（2）］之间有着十分密切的联系，需对两式进行耦合后求解。将所建立模型的计算结果和 IPM 商业软件计算结果、气井实测数据进行对比，结果表明：所建立模型的计算结果与气井实测数据更接近，其误差小于 IPM 商业软件的计算误差（图 1），本文模型计算的压力误差小于 1%，温度误差小于 5%，满足现场要求。

2 超深高含硫气井产能评价技术

对气井产能的准确预测是气井工作制度优化、调整的基础。目前评价气井产能主要是采用一点法产能公式及通过系统测试获得气井的产能方程。一点法产能公式为经验公式，不同地区的经验参数 α 值差异较大，目前常用的一点法产能公式应用于元坝长兴组气藏误差大；由于元坝长兴组气藏超深、高含硫，井下测试的风险大，开展系统测试的气井较少且测试资料质量差；目前建立的产能方程大都针对常规气藏，对高含硫气藏气井产能的评价缺乏适应性。因此,笔者针对元坝长兴组气藏开发初期,建立了考虑硫沉积的稳态产能方程及一点法产能公式;针对开发中期,对气井产能进行动态评价,指导了气井的优化配产及气藏合理采速的确定。

2.1 一点法产能公式

建立一点法产能公式的关键是确定系数 α,系数 α 通常是根据系统测试获得气井的二项式产能方程,选取代表井通过加权平均求得。由于元坝长兴组气藏中开展了产能系统测试的气井计算得到的一点法产能公式系数 α 波动较大(介于 $0.05 \sim 0.45$ 之间),无明显的规律,不能直接进行加权平均处理。根据气井二项式产能方程,其系数 A、B 都跟地层系数 Kh 相关,故系数 α 也应与 Kh 相关,不同的气藏 α 值应存在差异,对于非均质性强的气藏,各气井的 α 值也不同。利用气井测试资料,对系数 α 与 Kh 进行相关性分析,两者之间的关系式为:

$$\alpha = 0.2235 \mathrm{e}^{-0.024Kh} \tag{3}$$

由此,根据气井的有效渗透率和有效储层厚度,确定系数 α 值,即可获得气井的一点法产能公式。

2.2 考虑硫沉积的稳态产能方程

由于高含硫气井随生产的持续,地层压力逐渐降低,单质硫会逐渐析出,而硫沉积主要发生在近井地带,因此可以考虑采用两区复合的数学模型来进行描述。模型假设条件为:各区的物性参数(孔隙度、渗透率等)均不相同;硫沉积发生在内区,外区无硫沉积,且无过渡带。

针对直井,当气井达到拟稳态流动时,由于内区发生硫沉积,其内外两区渗透率的关系式为:

$$K_1 = K_2 \mathrm{e}^{aS_s} \tag{4}$$

分别建立内、外区的二项式产能方程,并结合式(4),即得到考虑元素硫沉积的二项式产能方程,表达式为:

$$p_e^2 - p_{wf}^2 = Aq + Bq^2 \tag{5}$$

其中

$$A = 1.291 \times 10^{-3} \frac{\mu_g Z_g T}{Kh} \left(\ln \frac{0.472r_e}{r_d} + \right.$$

$$\left. \mathrm{e}^{-aS_s} \ln \frac{0.472r_d}{r_w} + S \right)$$

$$B = 2.828 \times 10^{-21} \frac{\beta \gamma_g Z_g T}{h^2} \left(\frac{1 - \mathrm{e}^{-1.5\alpha S_s}}{r_d} + \frac{\mathrm{e}^{-1.5\alpha S_s}}{r_w} \right)$$

针对水平井,考虑硫沉积的产能方程为:

$$q = \frac{774.6Kh}{\mu_g Z_g T} \times \frac{p_e^2 - p_{wf}^2}{\left[\left(\ln \frac{0.472r_e}{r_d} + \mathrm{e}^{-aS_s} \ln \frac{0.472r_d}{r_p} \right) + \frac{h}{L} \left(\ln \frac{0.472r_b}{r_d} + \mathrm{e}^{-aS_s} \ln \frac{0.472r_d}{r_w} \right) \right]} \tag{6}$$

2.3 气井产能的动态评价

气井的产能主要受地层系数 Kh、天然气高压物性参数(天然气黏度、天然气压缩因子等)、完井参数、气井的供气半径及井底折算半径等因素的影响。随着开发的进行，地层压力逐渐下降，上述参数将发生变化，建立的初始产能方程则不再适用，因此，需对气井的产能进行动态评价。

基于前述建立的一点法产能公式与考虑硫沉积的稳态产能方程，对元坝长兴组气藏在开发初期进行气井产能的评价，气井无阻流量介于 $(5 \sim 619) \times 10^4 \ m^3/d$，平均为 $290 \times 10^4 \ m^3/d$，该评价结果有效支撑了气井的初期配产。根据"低产高配，高产低配"的配产原则，对产能较高的气井，其初期配产设置为其无阻流量的 $1/11 \sim 1/9$，而对产能较低的气井，其初期配产设置为其无阻流量的 $1/7 \sim 1/5$。通过对气井产能开展动态评价，目前该气藏气井的平均无阻流量为 $257 \times 10^4 \ m^3/d$，大于 $250 \times 10^4 \ m^3/d$ 的气井占比为 52%。

3 动态法储量评价技术

气田的合理高效开发必须建立在通过动态法储量计算对地质储量进行复核的基础之上。目前动态法储量主要通过物质平衡法、弹性二相法、产量累积法、不稳定试井分析法及产量不稳定分析法等方法计算得到，但每种方法的适用条件及所需的参数均不同，且大部分适用于气藏开发的中后期。由于元坝长兴组气藏投产时间短，可获取的资料有限，现有的计算方法出现了不适应性。因此，基于动态法储量随生产逐渐递增的规律，结合井底压力波扩散的原理，建立了单井动态法储量评价图版；另外，针对同一连通单元内的气井，建立"虚拟井"以计算区域内动态法储量，形成了相应动态法储量评价技术，明确了元坝长兴组气藏的动态法储量与储量动用程度。

3.1 单井动态法储量评价图版

若生产井两侧存在不渗透边界，井与边界相距分别为 r_1 和 r_2（假设 $r_1 \leqslant r_2$），其余方向则无边界设置（图5）。基于动态法储量递增的规律，结合井底压力波扩散原理，将气井生产分为以下3个阶段：第①阶段，压力激动尚未波及到边界；第②阶段，压力激动波及到距离较近的边界，但尚未波及到较远的边界；第③阶段，压力激动波及到较远的边界后。通过建立渗流偏微分方程，推导出对应于该3个阶段的无因次动态法储量计算式。

针对第①阶段有：

$$G_D = \pi t_D \tag{7}$$

针对第②阶段有：

$$G_D = (0.5 + \frac{\theta_1}{180}) \pi t_D + r_{D1} (t_D - r_{D1}{}^2)^{0.5} \tag{8}$$

针对第③阶段有：

$$G_D = (\frac{\theta_1 + \theta_2}{180}) \pi t_D + r_{D1} \sqrt{t_D - r_{D1}{}^2} + r_{D2} B_g \varphi \sqrt{t_D - r_{D2}{}^2} \tag{9}$$

其中：

$$t_D = \frac{0.048598 K t}{\mu_g C_t \varphi r_w^2}$$

$$R_D(t_D) = \frac{R(t)}{r_w}$$

$$G_D = \frac{G}{r_w^3 \varphi h B_g}$$

$$r_{D1} = \frac{r_1}{r_w}$$

$$r_{D2} = \frac{r_2}{r_w}$$

如图 2 所示,当压力激动未波及到边界时,无因次动态法储量与无因次时间的关系曲线为斜率为 π 的直线,当压力激动波及到边界后,关系曲线逐渐偏离斜率为 π 的直线,最终趋于一水平直线,此时可对应计算出气井的动态法储量。该方法评价动态法储量的步骤与试井方法类似,适用于气藏的各个开发阶段,仅需井口压力与累计产气量,有效解决了元坝长兴组气藏尚处于开发初期动态资料有限的问题。

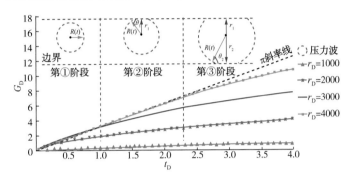

图 2 气井无因次动态法储量评价图版

3.2 连通单元动态法储量的计算

若一个连通单元内的所有气井均保持稳定生产,一段时间后,该连通单元则进入拟稳定流动状态,此时,将连通单元内的所有气井(假设一共有 n 口井)等效为 1 口"虚拟井"进行生产。

将"虚拟井"产气量 q_{vgs} 设置为连通单元内所有气井产气量之和,即

$$q_{vgs} = \sum_{m=1}^{n} q_m \tag{10}$$

"虚拟井"的井底压力采用日产气量的加权平均法进行处理,即

$$p_{wf} = \frac{q_1}{\sum\limits_{m=1}^{n} q_m} \times p_{wf1} + \cdots + \frac{q_m}{\sum\limits_{m=1}^{n} q_m} \times p_{wfm} + \cdots + \frac{q_n}{\sum\limits_{m=1}^{n} q_m} \times p_{wfn} \tag{11}$$

采用上述方法,计算得到单井平均动态法储量为 24.55×10^8 m³,气藏动态法储量为 712.04×10^8 m³;气藏的储量动用程度较高,多数区带的储量动静比(即动态法储量与地质储量的比值)较高,大于 70%,在气藏内部存在 3 个储量动用程度较低的区域,为下步调整井的部署指出了方向。

4 生物礁底水气藏水侵动态评价技术

在底水气藏的开发过程中，随底水的侵入气井逐渐产出地层水，导致气藏开发难度增加，采收率降低，特别是高含硫气藏，地层水的产出带来的危害更大。目前水侵的识别方法很多，但鉴于不同水侵识别方法的适应性有一定限制，需根据气藏实际对不同的水侵识别方法进行优选。研究水侵动态的模型主要分为稳态水侵模型和非稳态水侵模型两类，而关于稳态水侵模型的研究较多，但在气藏的实际开发过程中，水侵是一个非稳态过程，且目前尚无考虑高含硫影响的底水气藏的水侵量计算模型。

为此，通过深入分析不同水侵识别方法的适用性，优选出适用于气藏水侵早期的识别方法；并综合考虑高含硫、双重介质、底水等因素，建立气藏非稳态水侵量计算模型，形成了生物礁底水气藏水侵动态评价技术以保障气藏的高效开发。

4.1 水侵早期识别

结合元坝长兴组气藏现处的开发阶段以及资料收集状况，气井压力恢复试井和关井压力资料录取较少，而产量、压力和水分析资料录取较多，开展气藏早期水侵识别的研究，其中采用流动物质平衡（FMB）特征曲线、产出水矿化度与水质 Stiff 图对水侵进行早期识别的效果较好。基于上述方法，成功识别出 4 口气井存在早期水侵征兆，通过及时制订防水措施，调低产气量，抑制了水侵的加剧，目前 2 口气井（YB9、YB10 井）的防水、控水效果较好，一直保持无水采气。

4.2 水侵动态评价

气藏水侵动态评价指标主要包括水侵量、水侵强度、水侵替换系数及水驱指数等。针对水侵量建立了双孔三相非稳态水侵量计算模型。模型考虑了双重介质、底水气藏储层基质孔隙中的地层水向裂缝系统窜流，经裂缝系统到井底，而后产出；单质硫仅在气层中析出，且沉降在原地。根据渗流力学理论，建立双重介质底水气藏渗流偏微分方程，引入表皮效应处理硫沉积问题，并通过拉普拉斯变换、分离变量及叠加原理，获得了水侵量在拉氏空间下的表达式，即

$$\bar{W}_{eD}(u) = \frac{r_{aD}^2}{u^4 2h_{aD}} \times$$

$$\frac{1}{\dfrac{\coth\left[h_{aD}\sqrt{f(u)}\right]}{\sqrt{f(u)}} + \sum_{n=1}^{\infty} \dfrac{4\coth\left[h_{aD}\sqrt{f(u)+\beta_n}\right]}{\beta_n\sqrt{f(u)+\beta_n}}\left[\dfrac{J_1(\sqrt{\beta_n})}{J_0(\sqrt{\beta_n}h_{aD})}\right]^2} \quad (12)$$

其中

$$f(u) = \left(\frac{\omega_m\lambda}{u\omega_m+\lambda} + \omega_f\right)ue^{-2S}$$

元坝长兴组气藏目前已有 8 口气井出水，通过开展水侵动态评价，见表 1，水侵量整体较小（介于 $1.732\times10^4 \sim 7.772\times10^4 m^3$ 之间），地层存水量较少，地层水相对不活跃（水侵替换指数小于 0.15），水体能量为弱—中等（水驱指数小于 0.3），仅元坝 10-1 井区（YB1 井、YB2 井）的水侵强度相对较强（水侵强度小于 3）。

表 1　元坝长兴组气藏气井水侵动态评价结果统计表

井　号	累产气/ 10^8 m³	累产水/ 10^4 m³	水侵量/ 10^4 m³	水侵替换系数	水侵强度	水驱指数	存水量/ 10^4 m³
YB1	0.796	2.212	3.766	0.071	2.5563	0.140	1.765
YB2	0.443	0.848	1.732	0.050	2.0547	0.127	0.925
YB3	1.325	2.013	6.408	0.119	5.6518	0.159	4.531
YB4	5.080	2.109	7.772	0.011	5.8618	0.039	6.256
YB5	4.695	1.887	5.471	0.027	4.8204	0.034	4.085
YB6	0.885	0.833	1.824	0.039	11.2668	0.065	1.244
YB7	3.705	1.600	4.723	0.031	3.5504	0.040	3.554
YB8	3.175	1.123	4.025	0.034	4.6930	0.038	3.250

5　结论

（1）所建立的井筒压力折算模型计算的压力误差小于1%，温度误差小于5%，满足现场要求。

（2）在元坝长兴组气藏开发初期，建立了考虑硫沉积的稳态产能方程及一点法产能公式，在开发中期，对气井产能进行动态评价以指导气井的优化配产及气藏合理采速的确定。

（3）建立了单井动态法储量评价图版，并针对同一连通单元内的气井，建立"虚拟井"以计算区域内动态法储量，并形成了相应动态法储量评价技术，从而明确了气藏的储量动用程度。

（4）综合考虑高含硫、双重介质、底水等因素，建立了气藏非稳态水侵量计算模型，并形成了生物礁底水气藏水侵动态评价技术。

（5）元坝长兴组气藏平均单井动态储量为 24.55×10⁸ m³，气藏整体的储量动用程度较高，在3个动用程度较低的区域还可部署调整井。

（6）该气藏目前水侵量整体较小，地层水相对不活跃，水体能量为弱—中等。

随着天然水驱气藏的开采，地层压力逐渐下降，边底水在压差的作用下不断进入气层，降低气相渗透率，影响气井的正常生产，准确计算出水侵量对于气藏的生产动态预测尤为重要。针对元坝长兴组气藏实际地质特征，综合考虑高含硫、双重介质、底水等因素，建立气藏非稳态水侵量计算模型。

符　号　说　明

p 表示井筒内压力，MPa；g 表示重力加速度，m/s²；z 表示油管长度，m；θ 表示井斜角，（°）；f 表示摩阻系数，无量纲；d_{ti} 表示油管内径，m；q 表示标准状况下的产气量，m³/d；γ 表示气体相对密度，无量纲；Z_g 表示气体压缩因子，无量纲；T_f 表示微元段的流体温度，℃；T_e 表示计算段的地层温度，℃；G_t 表示地温梯度，℃/m；U_t 表示总传热系数，J/(s·m²·℃)；C_p 表示井筒流体定压比热，J/(kg·℃)；W_q 表示流体质量流量，kg/s；k_e 表示地层导热系数，J/(s·m·℃)；k_t 表示油管导热系数，J/(s·m·℃)；k_c 表示套管导热系数，

J/(s·m·℃)；k_m表示水泥环导热系数，J/(s·m·℃)；h_f表示油管内流体的传热系数，J/(s·m²·℃)；h_{ac}表示环空对流传热系数，J/(s·m²·℃)；h_{ar}表示环空辐射传热系数，J/(s·m²·℃)；r_{to}表示油管外半径，m；r_{ci}表示套管内半径，m；r_{co}表示套管外半径，m；t表示表示生产井激动时间，d；r_w表示表示井眼半径，m；K_1、K_2分别表示两区复合模型中内、外区的渗透率，mD；K表示表示储层渗透率，mD；μ_g表示表示气体黏度，mPa·s；φ表示表示孔隙度；C_t表示表示综合压缩系数，1/MPa；G表示表示控制储量，m³；h表示表示储层厚度，m；B_g表示天然气体积系数；$f(t)$表示瞬态传热函数，无量纲；$R(t)$表示压力传播距离，m；C_1、C_2、C_3、C_4分别表示中间变量；S_s表示元素硫在多孔介质中的饱和度；r_{ti}表示油管内半径，m；r_h表示井眼半径，m；p_e表示地层压力，MPa；p_{wf}表示井底流压，MPa；A、B分别表示二项式系数；T表示地层温度，K；r_e表示供给半径，m；r_d表示内区半径，m；r_p表示水平井水平方向上的等效半径，m；L表示水平段长度，m；r_b表示水平井垂向上的等效半径，m；θ_1、θ_2分别表示井与压力波边界夹角，弧度；r_1、r_2分别表示井与平行边界的距离，m；B_g表示天然气体积系数；q_{vgs}表示"虚拟井"产气量，m³/d；W_{eD}表示无因次累计水侵量；u表示拉普拉斯变量；ω_m、ω_f分别表示基质、裂缝系统弹性储容比；λ表示基质向裂缝窜流的窜流系数，无因次；S表示综合表皮系数，无因次；r_{aD}表示无因次水区半径；h_{aD}表示无因次水层厚度；$f(u)$表示中间函数；J_1、J_0分别表示第一类零阶、一阶贝塞尔函数；β_n表示方程J_1的根；下标 in 和 out 分别表示流入和流出；下标 D 表示无因次；下标 m 表示第 m 口井。

参 考 文 献

［1］武恒志，吴亚军，柯光明．川东北元坝地区长兴组生物礁发育模式与储层预测［J］．石油与天然气地质，2017，38（4）：645~657．

［2］尹邦堂，李相方，李骞，等．高温高压气井关井期间井底压力计算方法［J］．石油钻探技术，2012，40（3）：87~91．

［3］刘宁，杨蕾，王英敏，等．高含硫气井井底流动压力计算新方法［J］．天然气技术，2010，4（4）：14~15．

［4］Cullender MH & Smith RV. Practical solution of gas flow equations for wells and pipelines with large temperature gradients［C］//paper 696-G presented at the Petroleum Branch Fall Meeting，14~17 October 1956，Los Angeles，USA.

［5］苏爱武，洪玲，阮宝涛．双坨子地区气井井底压力编程计算［J］．断块油气田，2004，11（5）：49~51．

［6］王富平，黄全华，孙雷，等．低渗透气藏气井一点法产能预测公式［J］．新疆石油地质，2010，31（6）：651~653．

［7］段永刚，陈伟，李允，等．罗家寨气藏非稳态产能预测新方法研究［J］．西南石油大学学报，2007，29（1）：64~66．

［8］Rahman MM. Productivity prediction for fractured wells in tight sand gas reservoirs accounting for non-darcy effects［C］//paper 115611 presented at the 2008 SPE Russian Oil & Gas Technical Conference and Exhibition，28-30 October 2008，Moscow，Russia.

［9］郭金城，王怒涛，吴明，等．物质平衡与非稳态产能方程结合计算气井动态储量［J］．天然气勘探与开发，2010，33（4）：29~31．

［10］胡俊坤，李晓平，宋代诗雨．水驱气藏动态储量计算新方法［J］．天然气地球科学，2013，24（3）：628~632．

［11］杜凌云，王怒涛，陈晖，等．计算水驱气藏水侵量及动态地质储量的集成方法［J］．天然气地球科学，2018，29(12)：1803~1808.

［12］张延晨，刘竞成，毛宾．异常高压气藏储量和水侵量计算新方法［J］．油气田地面工程，2010，29(2)：25~27.

［13］陈恒，杜建芬，郭平，等．裂缝型凝析气藏的动态储量和水侵量计算研究［J］．岩性油气藏，2012，24（1）：117~120.

［14］Jia YL，Fan XY，Nie RS，et al．Flow modeling of well test analysis for porous-vuggy carbonate reservoirs［J］．Transport in Porous Media，2013，97(2)：253~279.

［15］吴克柳，李相方，许寒冰，等．考虑反凝析的凝析气藏水侵量计算新方法［J］．特种油气藏，2013，20（5）：86~88.

储层速度建模分析及域转换

孙 伟[1] 刘远洋[2] 高 蕾[2] 景小燕[2]

(1. 中国石油化工股份有限公司；2. 中国石化西南油气分公司勘探开发研究院)

摘 要 通过建模的方法建立全三维空变网格速度体进行时深转换。首先对井筒、地震速度谱数据进行质控，利用残差分析工具充分理解其地质与地震属性的意义；然后优选体趋势约束方法将单井速度内插外推。结果表明该方法可以将井筒速度和地震速度谱高效地融合为一体，包含了丰富的横向和纵向速度的变化信息。从而实现速度体与构造形态、井筒以及井间速度变化趋势更加合理；最终使深度域构造模型更加真实地反映地下构造的变化趋势，提高域转换后数据的相关性。

关键词 地震速度谱；残差分析；三维网格速度体；域转换

元坝气田地理位置位于四川省苍溪县东北部及巴中市西部，是目前国内埋藏最深的复杂条带状生物礁大气藏(图1)。该气藏开发动用储量达千亿方，为了尽可能地提高储量动用程度及开发效益，需要建立精度相对较高的储层模型，为数值模拟以及开发方案的制定提供有力的支撑，以适应该阶段生产科研工作的需要。

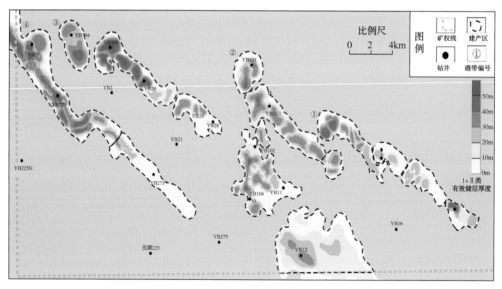

图 1 元坝地区长兴组气藏 I+II 类储层厚度预测图

储层建模是气藏描述的最终表达方式，是在三维空间内对储层展布进行精细刻画。"多级双控"技术方法是对生物礁滩相储层建模的初步探索，在很多方面还需要进一步深入研究，其中构造模型的精度和地震数据体的时深转换一直是建模人员十分关心的重要内容。

第一作者简介：孙伟，男(1975—)，博士，高级工程师，主要从事天然气开发研究。

1　速度模型难点及技术对策

目前大部分地质物探所取得的成果都是在时间域，一个准确的速度模型能够将不同域的数据统一在一起。目前对于速度建模的综合研究方法还比较少，技术手段单一，主观性强。这主要是由于测井、VSP 和地震信息的速度求取受到精度的限制，从而导致存在多解性和误差。为此，许多学者进行了研究（Gerritsma，1977；May，1981；Lynn，1982；Bishop，1985；Keydar，1989；Brian，2006）。由于速度模型的建立是针对不同的需求阶段反复迭代提高精度的过程，这些研究对于处于开发阶段的速度模型精度要求仍存在明显不足，主要表现在以下三个方面：

（1）储层建模是以井数据为依托在三维空间进行内插外推，这就要求构造模型（深度域）一方面可以更加真实地反映地下构造的变化趋势；另一方面与井点地质分层完全吻合，并且没有所谓的"牛眼"现象。这就必须充分利用时间域地震解释层位信息，将时间域面数据转换到深度域，并且结合井筒等其他来源的资料进行刻度，以消除有些时间域的构造特征存在的假象。该阶段如果单纯考虑转化时间域面数据从而完成构造模型的建立，那么仅需要对应的平均速度面即可。

（2）碳酸盐岩与碎屑岩相比，埋藏深度大，受断裂及裂缝系统影响更大。断裂及裂缝系统一方面有效地加强了储层中溶蚀孔洞的发育和改善了储层的渗流情况，另一方面也造成了断层上下盘断距大，并受到压实效应影响，导致速度差异大。断层可以近似于三维空间的一个体，该阶段由转换层面数据延伸到转换"体"数据，这就需要速度模型才能实现。速度模型中最关键的是几个速度面，模型靠其组装起来，层间选择合适的算法公式对井筒速度进行插值。如不合适，则根据地质认识合理修改速度面即可。

（3）元坝气田长兴组气藏具有"礁带内储层连通性差、纵横向非均质性强、气水关系复杂、井网密度低"等特点。当开发区井网分布不规则或井网分布范围远小于储层展布范围时，资料样本点难以符合地质统计学的数学要求。在难以利用测井或岩心资料精确预测井间储层参数分布时，就必须充分发挥地震波阻抗反演数据大面积的覆盖性和很好的横向对比性的优点。地震波阻抗资料为时间域的信息，而储层参数模型是深度域的，此时需要将时间域体数据转换到深度域中，达到井震协同约束建模的目的。常规速度模型方法对纵向上速度的变化描述过于简化，该阶段最好的方法就是建立三维网格速度属性体（据斯伦贝谢公司培训资料，2016）。它具有三大优点：一是实现了真正的全三维空变的速度建模。地震速度谱富含速度横向变化信息，但受资料本身的限制，纵向分辨率不够高。测井速度在井点处具有极高的纵向分辨率，但受井点限制造成横向信息不够。三维速度属性体可以将井筒速度和地震速度谱高效地融合为一个整体，包含了丰富的横向和纵向速度的变化信息。二是可以刻画地下复杂的构造情况，使得层位与断层组合更好地体现断层展布特征。由于构造模型的存在，断层上下盘速度就控制得比较精确了。三是在三维可视化平台里面所有误差均为可视的，可以及时调整，反复迭代优化。

2 质控及适用性分析

在速度建模过程中用到的速度来自于地震和井上，井上的速度更加精确，地震覆盖了井间无数据的位置，可以为井间位置的速度提供趋势。人们通常希望得到这两方面的信息进行对比，相互质控。因此速度建模最主要的工作就是对输入数据的质控和对输出结果的验证。

2.1 井筒速度质控

一般认为井筒的速度信息是最可靠的，能够准确反映地下速度，例如来自垂直地震（VSP）等采集手段的时深关系数据。元坝地区没有进行 VSP 资料的采集，所以仅通过声波合成地震记录标定生成井筒上的时深关系和速度数据。实践经验表明，利用速度模型进行时深转换时主要的问题是钻井分层与地震解释层位不一致，必须经过检查核实原因，不可盲目校正。

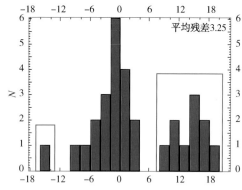

图 2　分层与时间域解释层面残差分布直方图

残差分析是个有效的技术手段，将贯穿整个速度建模的各个环节。通过直方图或交会图统计井分层与层位（包括时间域、深度域）之间的异常点。关键是要理解异常点背后的地质与地震属性的意义，这样才知道如何调整哪些参数来得到想要的、接近地质真实的结果（据 iPetrel 微信公众号，2016）。井分层与时间域层面残差校正前直方图显示平均残差为 3.25，只有当调整到平均残差接近"0"时才可以与井分层作校正（图 2）。在三维窗口中可以更直观地进行误差分析，主要有三类异常点分布对应不同的校正方法（图 3）。

（1）井况较好，在建产区范围内的直井异常点（图 3 上蓝色箭头，红色虚线范围内）。经查找资料发现主要受采集脚印影响。其解决办法是在深度域校正由随机噪声引起的错误。

（2）井况复杂，在建产区范围内，且多数为大斜度井或水平井（图 3 上黄色箭头）。井上速度是沿着井筒测量出来的。对于直井而言时深序列是完全一一对应，即每一个采样点都有唯一的速度。

但是对于斜井，特别是水平井，在水平段同一个速度对应着多个采样点，得到的层速度与直井得到的层速度在时深转换时差别较大。其解决办法是将该类型井作为最终速度模型的验证井。

（3）资料齐全，井况较好，且在建产区外（图 3 上红色箭头），地质物探综合分析表明，钻遇长兴组顶面高部位岩性以生屑灰岩为主，低部位以泥灰岩为主。无论生屑灰岩还是泥灰岩均与上覆飞仙关组底面地层含泥灰岩岩性差异较小，导致波阻抗差异小，层位地震反射特征不明确（对于建产区礁盖白云岩储层，波阻抗差异大，强反射轴清晰反射特征相反）。其解决办法是由于层位拾取时存在相位误差，将时间域地震解释层位做整体偏移。

利用三种剔除异常点方法对残差进行归"0"化处理后，运用收敛算法将井分层与解释层

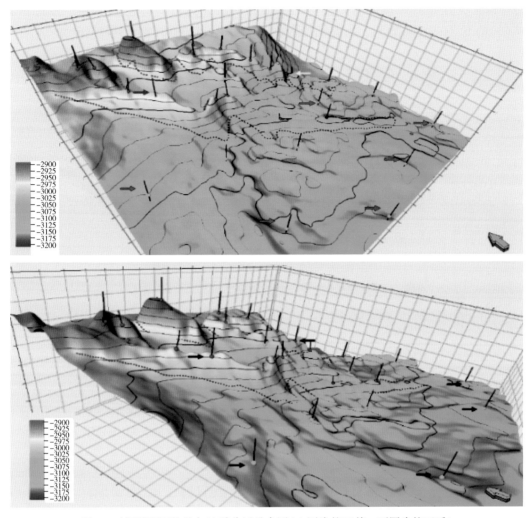

图 3　时间域顶面构造与地质分层叠合图(上图为校正前；下图为校正后)

位在时间域进行校正。如图 3 下所示，校正后井分层与时间域构造面接触关系更加合理(图 3 下黑色箭头指示对应左图中异常点所在位置)，可以将其作为速度模型的分界面。

2.2　适用性分析

　　速度模型的建立整体上以层状介质来近似描述地下情况，以时间域地震解释层位作为层状介质的分界面，模型靠其组装起来，就可以由浅至深完成速度模型的创建(据斯伦贝谢微信公众号，2016)。从图 4 可以看出速度模型由五个分界面组成，其中①分界面设定为基准面，一般使用"0"深度，对应的时间起点也是"0"；②③④分界面为经校正后的时间域地震解释层位；⑤分界面的设定低于④一定范围即可，主要为了避免边界效应。速度主要依靠三个公式来求取，下面从算法公式原理角度出发，以求取长兴组上段某点(图 4 红色圆点)处速度为例进行适用性分析(表 1)。为了求取更加准确的速度，在此优选了公式(3)，式中 K 为压缩因子。由于井筒速度变化比较剧烈，用最小二乘法回归成一条斜线来近似表达，需要找到最佳的 K 值，使得回归出的斜线与井筒速度匹配为最好。当利用公式(3)所求出的速度

V 值与相应位置井筒处速度的残差值最小时，则认为优选出最佳的 K 值。经过估算，公式(3) K_2 值为 -0.82(图5)。由此将井筒处速度利用公式内插外推得到速度模型。

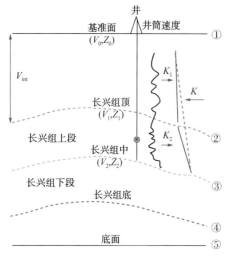

图4　速度模型横截面示意图　　　　　　图5　K 值优选误差估算图

表1　速度公式适用性分析表

公式	优点	缺点	原理
$V=V_1=V_{int}$ 公式(1)	简单快速，假设纵向上速度变化较小或没变化	过于粗糙不精确	V_1 为长兴组顶面沿层层速度，V_{int} 为基准面到长兴组顶面层速度，该公式认为 Z_1 到 Z 纵向上速度变化可以忽略
$V=V_0+K\times Z$ 公式(2)	认为速度纵向上是变化的，可以用一个斜率 K 来表达	仅用一个 K 值难以表达圆点到基准面速度纵向变化趋势，基准面层速度面难以求准确	V_0 为上图4中基准面处沿层层速度，该公式认为 Z_0 到 Z 纵向上速度变化是遵循线性变化的，用最小二乘法做线性回归求出 K 值，K 值表达线性变化的斜率
$V=V_1+K_2\times(Z-Z_1)$ 公式(3)	认为速度纵向上在不同分界面之间变化是不同的，对应不同的 K 值，如 K_1、K_2 等	实际操作过程中常常把 K 值作一个常数，能反映沉积体趋势即可，然而纵向上速度不是线性递变的，简单 K 值难以表达复杂的速度变化趋势	V_1 为长兴组顶面沿层层速度，该公式认为 Z_1 到 Z 纵向上速度变化斜率用对应分界面处的 K_2

　　从图6可以看出几个比较明显的问题：一是原本期待速度至少在构造图上井点处可与地质分层吻合得较好(图中数字为井点处地质分层与构造图的残差值)，实际上整体差异还是比较大。究其原因，主要是由于实际工作中声波测井不是从钻井平台开始测量，这就导致浅层声波测井数据的缺失。如果有 VSP 测井资料，可以校正声波测井时深关系，并且将起测点到基准面处缺失的浅层速度补齐。如果不做校正，那么所缺失的浅层速度就由起测点平均速度推算到基准面，受到累加效应影响，导致长兴组顶面平均速度出现较大误差，则构造图失真，无法完成构造模型建立(图7)。

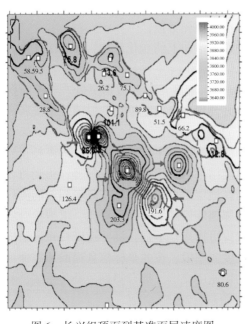

图 6 长兴组顶面到基准面层速度图

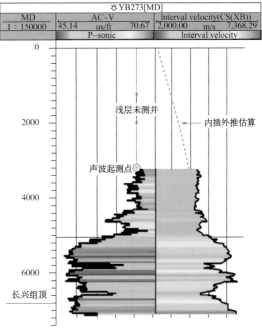

图 7 声波测井柱状图

二是井筒点速度插值过于理想，在构造变化大的地方显示不出来，此外在局部地区仍然存在异常值，即所谓的"牛眼"现象。为了尽可能多穿越礁盖优质储层、增加井控储量面积、提高单井产量，建产区井型以大斜度井、水平井为主。该特点决定了井网稀疏且不规则，平均井距达 4km。除了受井距这个客观原因影响之外，还从影响速度的几个要素对"牛眼"现象做分析。资料调研表明，影响速度的因素非常多，且大致可分成以下几方面：岩性、物性、流体和压实作用。通过元坝气田地质背景分析和钻井资料统计，牛眼井与非牛眼井的岩性主要为云岩和灰质云岩，平均孔隙度一般为 5%，无明显的差异。如果岩性差异不大又没断层，速度变化不会这么剧烈，因此牛眼现象不是由地层本身引起，其存在是不符合实际地质变化规律。

三是速度纵向上变化极其复杂，难以用一个线性公式简单地表达出来。

综上可见，仅利用井筒速度建立速度模型的可操作性非常差。则需要建立一个速度模型，与构造趋势匹配，同时既满足井上精度又满足井间需求。地震速度谱含有丰富的地层横向变化信息，可以起到区域速度趋势约束的作用，既能减小纵向累计误差，又可以降低"牛眼"的影响。同时，它具有完整的时深关系序列，即每一个采样点都有唯一的速度，这样就解决了 K 值难以估算准确的问题，可以用作建立高精度速度模型的基础数据。

2.3 参数优选

充分结合地震速度谱数据比单独应用井筒数据所建立的速度模型效果更好。在实际工作中需要注意以下几个问题：

（1）高密度自动拾取的地震速度谱数据为均方根速度，时深转换需要平均速度或层速度，这就涉及 Dix 公式转换。Dix 公式假设地下地层是水平层状介质具有各相同性，而实际地质情况是地层高低起伏且具有各相异性，随着深度的增加，受噪声影响也增加，易产生异常值。如果速度突变，各向异性比较明显，就会对构造产生较大的影响。希望得到的区域速度趋势是一个缓慢变化的，因此需要强过滤使其平滑去掉异常值。

（2）地震速度谱具有各向异性特征，常常反映速度横向上的变化趋势，而井筒速度一般反映的是速度纵向上的变化，通常比井筒速度变化快 0～20%（主要是由于页岩矿物的影响存在各向异性）。并且从理论上讲，地震速度谱的精度和可信度相对井数据更低。对于时深转换而言更需要的是纵向上速度变化的特性，因此有必要用井上速度校正，以消除地震各向异性，并且校正后保持速度的平面趋势。

通常有三种校正方法：层速度、相邻速度谱和测井速度约束校正。层速度约束校正是利用岩性组合及其速度变化范围修正层速度，由层速度结果再对速度谱进行解释，得到符合基本地质规律的层速度；相邻速度谱约束校正是根据在地层组合相同、沉积环境相似的测线上相邻的速度谱应具有一定的相似性和渐变性，将相邻速度谱的解释结果对比，求得符合实际情况的速度资料。前两种方法在实际工作中应用较少可操作性不强，测井速度校正方法应用较为广泛。它是统计井筒层速度高切滤波到地震速度频率段，按井坐标信息提取地震速度谱对应位置的速度曲线，再对抽取的伪曲线和井上的层速度交汇，拟合得到一个关系式，利用拟合关系式，校正地震的层速度（据 Jason 公司培训资料，2015）。

由于本次使用的速度谱资料在时间上的每个采样点都自动拾取一个速度，在大大提高均方根速度在空间和时间精度的同时，也增加了机器运行的时间。上述三种方法均是在整个地震速度谱体上运算，实际应用中受人为影响较大，难以做到有效质控。如果想找到合理的参数是一件很费时费力的工作，这就需要找到一种更加高效的校正方法。

本文根据多年的实践经验，在实际工作中将复杂问题尽量简单处理。平面上针对不同的地质背景和生产需要，选择有代表性的实验工区开展技术攻关。元坝地区整个 CRP 道集速度自动分析面积达 1200km²，极大地影响了运算效率。建立实验工区后，横向面积可缩小至 430km²（图 1 蓝色虚线右侧 I 区）。此时如果直接对试验工区体进行参数的选取也是一项很复杂繁琐的工作，则需要进一步简化处理，先将面上参数优化再应用到试验工区体上。

首先提取试验工区体分界面处对应的层速度作为区域速度趋势面，通过对"面"参数进行优化，进而优化"体"参数。从图 8 右上可以看出趋势面细节过于丰富且有棱角，难以看出速度的整体变化趋势。需要强过滤使其平滑去掉异常值以到达渐变的效果。采用平滑步长方法能有效平滑速度之间异常变化，对步长样本内数据做统计平均。

利用残差分析工具寻找最优的平滑过滤参数，从而使其满足区域速度变化的趋势。统计表明，大的步长参数并不是最好的，步长过大会导致与地质认识相差甚远，还极大地增加计算量。如图 8 左下所示，当平滑步长为 21 时，此时利用残差分析手段得到的残差平均值最小。如图 8 右下所示，为平滑过滤后满足了速度随海相地层变化的规律剔除速度的异常点。

由于地震层速度趋势面存在各向异性，利用残差分析表明其与井筒相对应位置平均残差达−616.07（图 9）。所以不能直接用井筒速度做校正，否则会造成以井点为中心一定半径内速度的聚变。与处理整个体数据相比，消除或减少趋势面各向异性要相对容易得多，即对趋势面作整体漂移直至平均残差接近"0"，然后运用能携带趋势面的克里金算法对井筒速度进行内插外推，该算法最大的优点在于可以携带次变量，即可以实现井筒数据（通常称为主变量）和趋势数据（次变量）的整合。该方法的关键在于如何优选最合适的变差参数，变差函数

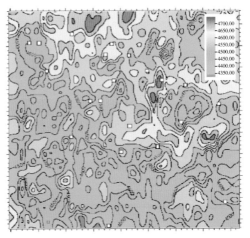

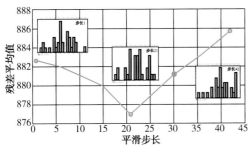

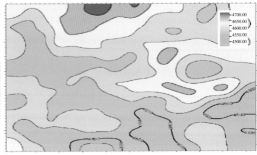

图 8　长兴组顶面到基准面层速度平滑过滤对比图(右上未过滤前 左下平滑步长优选 右下过滤后)

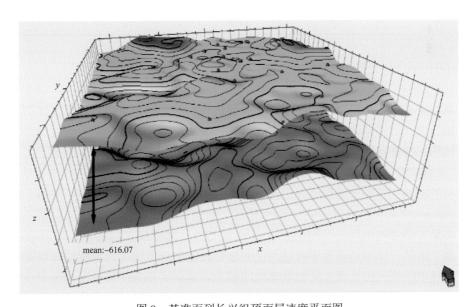

图 9　基准面到长兴组顶面层速度平面图

注：上部红色圆点表示井筒处层速度，彩色图表示插值后的层速度；

下部灰色透视图为未校正前层速度，黑色双箭头表示井筒与趋势面速度的差异。

控制着井筒数据在三维空间内插外推的展布范围。参数主要包括主(次)方向变程,主(次)方向。以主变程为例,通常有三种方法寻找最优主变程:一是通过井筒数据点直接统计,该方法要求样本点满足统计学要求才能找到稳定可信的变差函数。如图 10 左所示受井网不规则、井距较大影响,总体上表现出较强的随机噪声难以分析。

二是通过野外露头结合已获得的地质认识,受限于出露范围和地质认识的阶段性,常常用来做辅助参考。三是利用与井筒数据相关的次变量,主要的依据是次变量样本点足够充足,做归一化处理后即可容易分析出主变程大致范围(图 10 右)。

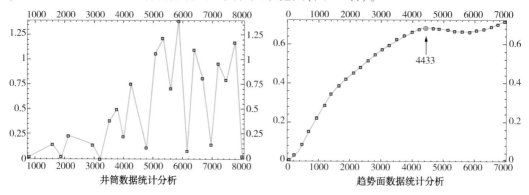

图 10　变差函数主方向变程示意图

最终得到的分界面处层速度既保留了井筒速度的精度,又有区域速度趋势的特征(图 9 中彩色图)。通过面数据的优化最终得到了试验体优化的关键参数(表 2)。

表 2　试验体优化参数统计表

平滑步长	主变程/m	次变程/m	主方向/(°)	次方向/(°)
21	4433	1960	−51	39

3　三维网格速度属性体

通过属性建模的方法建立三维速度属性模型进行时深转换,可以将井筒速度和地震速度谱高效地融合为一个整体,它包含了丰富的横向和纵向速度的变化信息。经过对井筒质控及关键参数优选,已准备好的数据包括:精细标定合成地震记录、时间域解释层面(地质分层校正后)、地震速度谱以及对其校正的优选参数(主变程、平滑步长)等。

首先对时间域三维网格进行划分,网格大小参考地震速度谱纵横向采样间隔,横向网格采用 25m×25m,纵向网格在非目的层段为 50ms,目的层段为 10ms。网格方向参考层速度趋势面分析结果,结合地质认识将网格主方向设为−51°。再将校正后的地震解释层面作为模型的构造面。由于三维构造模型中的层面在创建时已经充分考虑了与断层的交切关系以及层与层之间的接触关系,因此建立的网格模型能够更好地满足复杂地质情况的需要。

然后将地震速度谱重采样进入模型中。注意时深转换需要平均速度或层速度,平均速度仅仅展示平滑后的速度变化(图 11 左),层速度反映物理属性在纵向上的变化,层信息突出,因此需将地震速度谱速度用 Dix 公式转换成层速度。从剖面上可以查看速度异常点,方便质控(图 11 中),经平滑过滤后更能反映地层变化趋势(图 11 右)。

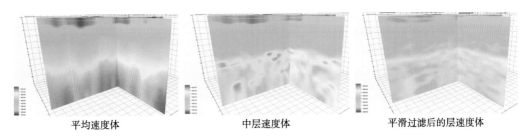

平均速度体   中层速度体   平滑过滤后的层速度体

图 11　速度体数据示意图

备注：图 11 右"体"平滑过滤参数参考图 8 中"面"数据平滑参数，平滑步长同样选 21。

　　同时将井筒层速度也重采样进入模型中。由于在实际应用中的声波测井中心频率一般为 20kHz，大大高于地震速度谱频率，不同频率波的传播速度存在频散效应，具有各向异性特征。声波测井计算的层速度一般要小于实际地震层速度体。

　　井筒、地震层速度体经过重采样后可以统一到同频率带宽下分析速度数据的规律，才可进行速度的校正。通过各向异性因子对校正后的地震层速度进行质控，各向异性因子为井筒层速度与过井筒处对应位置层速度体的比值，两者越接近"1"且呈近水平展布表明井震速度在一个数量级别上。如图 12 左显示随着双程旅行时的增加各向异性特征更加明显，可以拟合出多个关系式，需要对这些关系式进行优选。如图 12 右所示为最终优选出来的关系式，此时数据点由分散到相对集中聚集且最接近水平展布，则利用该公式对层速度体进行校正，

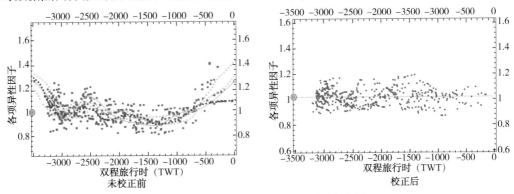

图 12　双程旅行时与各向异性因子交会图

备注：左图中虚线表示拟合出的多个关系式，右图中蓝色实线对应左图中蓝色关系式。

　　最后利用体趋势约束方法将井筒速度进行内插外推建立网格速度属性体，该方法能最大限度地结合现有数据。如图 13 所示，速度场用三维属性模型的方式计算出来了，与构造匹配且过渡自然无突兀，容易质控。

　　通过属性建模的方法建立速度的三维属性模型进行时深转换，可以将井筒速度和地震速度谱高效地融合为一体，包含了丰富的横向和纵向速度的变化信息。与现在通用的建模方法相比，它的精度高，实现了真正的全三维空变的速度建模（表 3）。

图 13　三维属性速度模型过井剖面图

表3 速度建模方法适用性分析表

类 型	适用范围	实际效果			备 注
		地质分层	断层	波阻抗体	
点数据 (测井速度插值)	井网规则，井距较小，有VSP测井资料校正	×	×	×	实际工作中存在"牛眼"现象，浅层非目的层段速度缺失
面数据 (层速度面)	构造相对简单，纵向速度变化相对缓慢	√	×	×	速度纵向变化规律归于简单，无法体现出断层的存在
体数据 (层速度体)	现阶段主流软件使用方法	√	√	×	利用公式回归后，整体效果较好，局部存在异常
三维网格速度属性体	几乎满足各种复杂地质情况	√	√	√	精度高，效果好，可以实现空变速度建模

备注："√"号表示可以实现，"×"表示难以实现或效果较差。

4 实际应用及验证

速度建模最核心的两项工作就是对输入数据的质控和对输出结果的验证。前面阐述了对输入数据进行质控，最终形成三维网格速度属性模型可以直接用于时深转换，进而完成构造模型的建立和地震波阻抗数据体的转换。下面介绍实际应用和对输出结果的验证。

以元坝④号礁带为例，参与建模的井均为直井或导眼井，水平井作为盲井验证。YB27-1H采用测井插值速度、层速度面、层速度体和三维网格属性体四种方式建立速度模型预测深度，并与实钻深度对比（表4）。除了测井插值预测深度与实钻深度的误差大于1%之外，其余三种方法均满足构造模型建立的精度要求，可以实现对面数据的时深转换，其中融合了井震速度的三维网格属性体深度误差最小。

表4 YB27-1H井误差统计表

层 位	实钻测深/m	测井插值预测深度/m	误差/%	层速度面预测深度/m	误差/%	层速度体预测深度/m	误差/%	三维网格速度属性体预测深度/m	误差/%
长兴顶	6318	6144	2.7	6309	0.14	6289	0.45	6312	0.009

域转换时，时间域体数据在三维空间上均有采样点，三维网格属性体包含了丰富的横向和纵向速度的变化信息，可以满足体数据时深转换的需要。

从图14左时间域反演剖面上储层表现为低阻抗至中阻抗，丘状反射，在长兴组顶部发育的特征。图14右为时深转换后的④号礁带的波阻抗深度域数据，可以看出水平井井轨迹沿着中低阻抗反射轴穿过，转换的深度域剖面与时间域剖面在形态上总体具有较好的一致性。提取井旁道的波阻抗数据与储层类型进行概率相关分析，相关系数达0.68。前人研究结果表明，当主变量（井）与因变量（深度域波阻抗体）之间的相关系数大于0.4时，可以对储层预测结果起到有效的空间约束和指示作用。此时可以应用深度域波阻抗体进行储层精细建模。

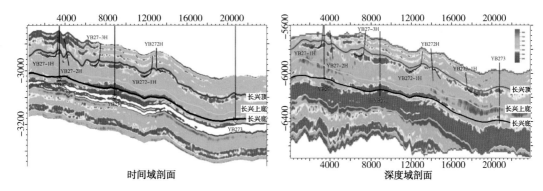

图 14　过井波阻抗反演剖面图

5　结论

通过地震属性建模的方法建立三维速度属性模型是一种新的速度建模途径,可以更加灵活地融合多学科数据。应用该方法对地震解释层面进行时深转换,与实钻井构造深度相对误差最小(小于 1%)。应用该方法对时间域波阻抗体进行时深转换,总体上具有较好的一致性,可对储层预测结果起到有效的空间约束和指示作用。

速度模型的建立是一个不停优化反复迭代的过程,严格的质控和精细的数据分析是整个工作的核心之一。残差分析是个有效的技术手段,将贯穿整个速度建模的各个环节中。

本文速度模型建立过程中质控方法和校正步骤对于井网密度不高、储层非均质性强的同类型油气藏具有一定的参考价值。

参 考 文 献

[1] 蔡希源. 川东北元坝地区长兴组大型生物礁滩体岩性气藏储层精细刻画技术及勘探实效分析[J]. 中国工程科学, 2011, 13(10): 28~33.

[2] 郭彤楼. 元坝深层礁滩气田基本特征与成藏主控因素[J]. 天然气工业, 2011, 31(10): 12~16.

[3] 郭彤楼, 胡东风. 川东北礁滩天然气勘探新进展及关键技术[J]. 天然气工业, 2011, 31(10): 6~11.

[4] 胡伟光, 蒲勇, 易小林, 等. 川东北元坝地区生物礁识别[J]. 物探与化探, 2010, 34(5): 635~642.

[5] 龙胜祥, 刘成川, 游瑜春, 等. 元坝气田 17 亿开发方案[R]. 成都: 中国石化西南油气分公司, 2011.

[6] 曾焱, 刘远洋, 景小燕, 等. 元坝长兴组生物礁气藏三维精细地质建模技术[J]. 天然气工业, 2016, 36(增刊 1): 8~14.

[7] 潘宏勋, 方伍宝. 地震速度分析方法综述[J]. 勘探地球物理近展, 2006, 29(5): 305~332.

[8] 魏嘉. 地质建模技术[J]. 勘探地球物理进展, 2007, 30(1): 1~6.

[9] 陈恭洋. 碎屑岩油气储层随机建模[M]. 北京: 地质出版社, 2000: 35~39.

[10] 刘钰铭, 侯加根. 缝洞型碳酸盐岩油藏三维地质建模—以塔河油田奥陶系油藏为例[M]. 北京: 石油工业出版社, 2016: 1~50.

[11] Agterberg F P. 地质数学[M]. 张中民译. 北京: 科学出版社, 1980. 10~145.

[12] 姜贻伟, 刘红磊, 杨福涛, 等. 震控储层建模方法及其在普光气田的应用[J]. 天然气工业, 2011, 31(3): 14~17.

[13] 万方, 崔文彬, 李士超. RMS 提取技术在溶洞型碳酸盐岩储层地质建模中的应用[J]. 现代地质,

2010，24（2）：279~286.

［14］杨敏芳，杨瑞召，张春雷．地震约束地质建模技术在松辽盆地古537区块储层预测中的应用［J］．石油物探，2010，49（1）：58~61.

［15］张连进，朱占美，郑伟，等．龙岗地区礁滩气藏地质建模方法探索［J］．天然气工业，2012，32（1）：45~48.

［16］王磊，林建东．三维地震勘探中叠加速度成图［J］．中国煤田地质，2000，12（2）：57~59.

［17］2013 Velocity Modeling，斯伦贝谢软件配套教材［R］.

［18］王香文．东岭地区三位速度模型的建立和应用［J］．勘探地球物理进展，2006，29（6）：412~418.

［19］李幸粟，刘文利，马涛．新疆Y区三维资料速度场研究与应用［J］．石油地球物理勘探，1997，21（1）：75~85.

［20］马涛．塔里木速度场的建立和应用［J］．石油地球物理勘探，1996，31（3）：382~393.

［21］白尘，瞿国平．三参数速度分析［J］．石油物探，1994，33（3）：68~76.

［22］王浩，王荐．地震数据体时深转换关键技术研究［R］．成都：中国石化西南油气分公司，2015.

［23］范菊芬，邵吉华，等．元坝三维叠前时间偏移处理成果报告［R］．成都：中国石化西南油气分公司，2010.

［24］李少华，伊艳树，张昌民．储层随机建模系列技术［M］．北京：石油工业出版社，2007：3~178.

［25］任殿星，田昌炳，等．多条件约束油藏地质建模［M］．北京：石油工业出版社，2012：14~50.

［26］靳国栋，刘衍聪，等．距离加权反比插值法和克里金插值法的比较［J］，长春工业大学学报，2003，24（3）：53~55.

川东北元坝地区长兴组生物礁发育模式与储层预测

武恒志[1]　吴亚军[2]　柯光明[2]

(1. 中国石化西南油气分公司；2. 中国石化西南油气分公司勘探开发研究院)

摘　要　元坝气田长兴组气藏主体为埋藏超深的缓坡型台缘生物礁气藏，为解决气藏开发评价面临的生物礁发育模式复杂多样、储层分布规律不清、超深薄储层精确预测难度大等问题，探讨了海平面升降变化与生物礁发育模式的关系，分析了礁相白云岩储层发育主控因素，提出了生物礁储层预测的思路与方法，明确了生物礁储层平面展布特征。研究表明：元坝地区长兴组地层中共发育四期生物礁，受古地貌和海平面升降变化控制，单礁体可分为单期礁和双期(多期)礁两种模式，礁群可分为纵向进积式、纵向退积式、横向迁移式、横向并列式、复合叠加式5种模式；元坝地区生物礁储层发育主要受沉积背景、海平面升降变化、建设性成岩作用及构造破裂作用控制，垂向上储层主要发育于礁盖，横向上主要发育于礁顶，礁后次之，礁前较差；生物礁储层预测首先采用古地貌分析、瞬时相位、频谱成像及三维可视化等技术精细刻画礁体边界，再采用地质、测井及地震方法相结合精细刻画生物礁微相展布，最后采用相控波阻抗反演、伽马拟声波反演和相控叠前地质统计学反演相结合对礁体内部储层进行精确预测。研究成果有力地指导了元坝气田开发建设，建成了我国第一个超深高含硫生物礁大气田，混合气产能达 $40 \times 10^8 \text{m}^3/\text{a}$。

关键词　元坝气田；长兴组；生物礁；礁体刻画；储层预测

元坝气田位于四川盆地东北部川北坳陷与川中低缓构造带结合部(图1)，是世界上已发现的埋藏最深的高含硫生物礁大气田，长兴组主体为位于开江-梁平陆棚西侧的缓坡型台缘生物礁沉积，礁体具有小、散、多期的特点，储层厚度薄、物性差、非均质性强。随着国内高含硫天然气资源的不断发现，开发该类气藏，一方面是国家能源战略的重点发展方向之一；另一方面，国内外尚无成功先例，气藏开发评价面临三大难题：一是缓坡型台缘生物礁发育模式复杂多样；二是礁相白云岩储层分布规律不清；三是超深薄储层精确预测难度大。本文针对上述三大难题探讨了海平面升降变化与生物礁发育模式的关系，分析了礁相白云岩储层发育主控因素及其分布规律，提出了小礁体与生物礁微相精细刻画以及超深薄储层精确预测的思路与方法。

1　生物礁发育模式

1.1　层序地层格架内生物礁发育特征

1.1.1　元坝长兴组层序划分及层序格架

元坝地区长兴组地层可分为上下两段，其岩电特征有明显差别：在岩性组合上，台地内

第一作者简介：武恒志，男(1964—)，博士、教授级高级工程师，主要从事油气田开发工作。

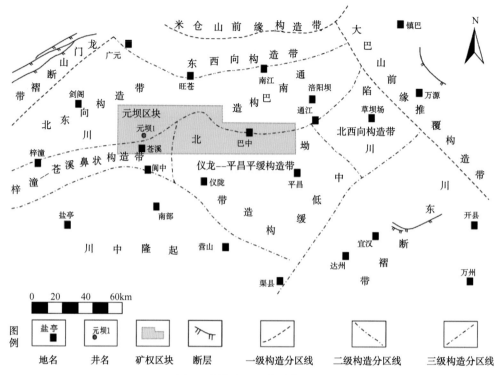

图 1　川东北地区构造位置图

部及台地边缘都反映出了两个旋回的特征，揭示了两个能量由低到高的沉积旋回；而在斜坡-陆棚相区其二分性不明显。在测井曲线上，自然伽玛曲线及铀、钍、钾曲线明显表现为两个由小→大→小的旋回，旋回界面附近的曲线值有轻微突变的特征，每个测井曲线旋回可反映岩石中泥质含量由低→高→低的变化以及海水深度由浅→深→浅的特征，揭示了两个三级层序的发育。在地震剖面上，不同相区层序界面及体系域地震反射特征存在着一定差异，从台内→台缘→斜坡，三级层序与四级层序均可以对比追踪，而陆棚相区由于沉积厚度太薄，三级层序难以对比追踪，四级层序难以识别。

根据岩性组合、测井曲线及地震反射特征将长兴组分为 2 个三级(SQ1、SQ2)和 4 个四级层序(SQ1-1、SQ1-2、SQ2-1、SQ2-2)，下部 SQ1 层序由低位体系域(LST)、海侵体系域(TST)和高位体系域(HST)组成，上部 SQ2 层序由海侵体系域(TST)、早期高位体系域(EHST)和晚期高位体系域(LHST)组成(图 2)。

1.1.2　层序地层格架内生物礁发育特征

元坝地区长兴组造礁生物主要为钙质海绵和藻类，其次为珊瑚、苔藓虫等；礁灰岩岩石类型包括骨架岩和障积岩两种，以障积岩为主：骨架岩造礁骨架生物含量较高，围绕造礁生物有藻包覆层发育，骨架间孔洞内海底胶结物柱状方解石生长充填特征清楚，代表能量较高的生物礁环境；障积岩造礁骨架生物及其骨架间为微晶灰泥和生屑微晶堆积，代表能量较低的生物礁环境。

通过岩心及全井段岩屑薄片观察分析，元坝地区长兴组上段及下段均有生物礁发育，共四期：第一期发育于 SQ1 层序高位体系域，第二期发育于 SQ2 层序海侵体系域，第三期发

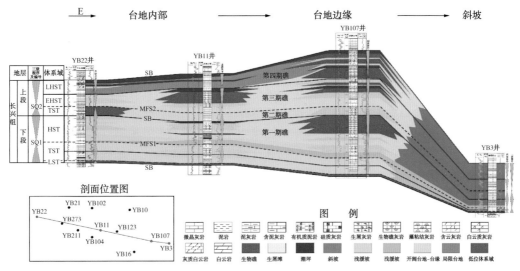

图 2　元坝地区长兴组地层格架及四期生物礁发育对比图

育于 SQ2 层序早期高位体系域，第四期发育于 SQ2 晚期高位体系域(图 2)。可以看出，不同级别层序反映了生物礁发育的旋回与期次：三级层序反映了生物礁的沉积旋回，四级层序反映了生物礁的沉积期次。

1.2　生物礁发育主控因素

已有研究成果表明，作为晚二叠长兴期生物礁形成、发育关键的生物体主要受如下因素控制：气候、养分供给、水体能量水平和循环情况、海底地形、地形构造高点、生物礁生长速率与盆地沉降速率之间的相互关系以及陆源碎屑物输入量等。通过对礁体发育位置、规模及期次的综合分析，川东北元坝地区长兴期生物礁发育受古地貌和海平面升降变化影响最大。

1.2.1　古地貌

古地貌高控制了生物礁发育的有利部位：对古今生物礁的研究发现，陆棚边缘、坡折带、台地边缘、台地内高地是生物礁最有利的发育环境，生物礁主要发育在这些环境的地形构造高点上；川东北元坝地区长兴组生物礁主要发育于台地边缘和台内古地貌高部位。元坝地区台地前缘斜坡的坡度小，海水在到达台地边缘前，由于与斜坡摩擦，能量有所降低，海水动力弱，带到台地边缘的营养物质较少，因此，礁体的生长速度较慢、厚度较小。由于礁体厚度较小，障壁作用较弱，海水在通过生物礁以后，能量没有明显的降低，水动力条件仍然很强，这样在生物礁向台地方向沉积了礁后浅滩及点礁。因此，晚二叠世构造运动留下的古地貌特征控制着川东北地区长兴组生物礁的生长速度，影响礁后浅滩及点礁的发育。

考虑到元坝地区长兴组上覆地层飞仙关组主要为补偿沉积方式(至飞三段已填平补齐)，可用印模法来编制古地貌图。具体的方法是在地震剖面上将最靠近地震反射异常体的上覆地层中比较稳定的标准地震反射同相轴(飞三段泥灰岩底)拉平，观察地震反射异常体是否处于生物礁发育的古地貌有利部位，目标层段是否有地层加厚现象，从而帮助判别生物礁体的位置，研究表明，元坝地区长兴组生物礁主要发育台地边缘构造高部位，礁带呈北西南东方向，越靠近东南段，古地貌位置越低，生物礁越不发育。

1.2.2 海平面升降变化

海平面的变化控制了生物礁在旋回中的沉积位置和生物礁的迁移：①在海侵体系域的早期到海平面上升到足以产生足够的循环前，碳酸盐岩处在不饱和状态，碳酸盐岩的沉积滞后于初始海侵，这时，即使有生物礁，其生长速度也小于海平面上升速度。随后，海平面快速上升，海水淹没早期生长的礁体，造礁生物死亡或生长缓慢。因此，某些地方的海侵体系域底部，会沉积薄层生物礁。②高位体系域早期，海平面上升速度减慢，继而静止。在适当的水深条件下，台地边缘生物礁开始快速加积生长，生物礁的生长速度大于海平面上升速度。当生物礁生长接近海平面时，生物礁停止加积生长。此时，生物礁开始向水动力强，水体较深的斜坡方向迁移。③高位体系域晚期，海平面下降，生物礁顶部暴露在海平面上，接受大气淡水的淋滤，礁顶发育白云岩。可见，在一次海平面升降的旋回中，最利于生物礁生长的时期是高位体系域沉积时期。根据生物礁生长速率与海平面升降速率之间的关系，生物礁的生长方式可分为终止型、追补型和并进型三种类型(图2)。

1. 终止型礁

终止型礁一般形成于镶边台地沉积模式下的海侵期，而缓坡沉积模式的海侵期不发育。其主要特征为：相对海平面快速上升，多数地区水体较深；仅在远离台缘的远端台内局部古地貌高部位发育，礁体因后期水体持续变深淹没而死亡；礁体规模小，沉积厚度薄。YB22井、YB224井SQ2层序海侵期形成的生物礁为典型的终止型礁。

2. 追补型礁

追补型礁一般形成于早期高位体系域(元坝地区长兴下段SQ1层序属于缓坡沉积环境，由于分辨率原因未划分出早、晚期高位体系域)，其主要特征为：相对海平面缓慢上升，水体较浅，可容纳空间缓慢增加，以垂向加积为主；台缘生物礁生长较快，生物礁厚度较大；在近端台内局部古地貌高部位发育点礁(厚度一般小于台缘礁)。YB104井、YB11井SQ2层序高位早期形成的生物礁为典型的追补型礁。

3. 并进型礁

并进型礁一般形成于晚期高位体系域，其主要特征为：海水缓慢下降，常见侧积特征，富颗粒沉积；生物礁生长速度快，生物礁规模大，厚度大；主要发育于台缘地区，台内欠发育。YB107、YB205、YB27井SQ2层序高位晚期形成的生物礁为典型的并进型礁。

1.3 生物礁发育模式

元坝地区长兴组在沉积背景上属缓坡型台地边缘礁滩相沉积，受沉积期古地貌及海平面频繁升降影响，礁滩体具有小、散、多期的特点，由此导致生物礁发育模式复杂多样。在上述生物礁地质特征分析的基础上，首先建立生物礁地质模型，再通过对生物礁地震剖面结构特征的综合分析，分别建立长兴组单礁体及礁群发育模式。

1.3.1 生物礁地震识别模式

通过已钻井实钻岩性数据建立起生物礁地质模型，并以该模型进行生物礁地震响应特征进行模型正演，建立了生物礁的地震识别模式(图3)：

（1）造礁生物生长速度快，生物礁的厚度比四周同期沉积物明显增大，生物礁外形在地震剖面上的反射特征多表现为"丘状"或"透镜状"凸起的反射特征。

（2）由于生物礁是由丰富的造礁生物和附礁生物形成的块状格架地质体，不显沉积层理，因此生物礁内部在地震剖面上多表现为断续、杂乱或无反射空白区等特征。但当生物礁在生长发育过程中伴随海水的进退而出现礁、滩互层，礁、滩沉积显现出旋回性时，也可出现层状反射结构。

（3）由生物礁的波形剖面上均可看出，生物礁礁盖呈强波谷-波峰"亮点"反射，同相轴连续平滑；表现在相位剖面上礁盖相位包络完整、期次明显。

（4）生物礁的外边界表现为礁间低能带高连续、平滑稳定强波峰反射的终止或分叉，同时在相位剖面上同样表现为相位的分叉，礁基与礁盖强连续相位形成生物礁丘状外形包络，礁核内部则表现为弱连续相位特征。

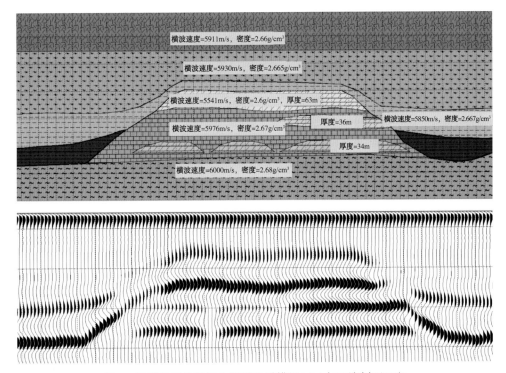

图3　元坝地区长兴组生物礁地质模型(上)与正演剖面(下)

1.3.2　单礁体发育模式

元坝地区长兴组生物礁单礁体可分为单期礁和双(多)期礁两种模式：单期礁纵向上仅发育一个礁基-礁核-礁盖成礁期，一般位于海侵体系域和早期高位体系域(表1)；双(多)期礁纵向上发育两个(或两个以上)成礁期次，生物礁最发育的SQ2层序高位体系域以双期礁为主，即礁基-礁核-礁盖(位于早期高位体系域)+礁核-礁盖(位于晚期高位体系域)(表1)。

表1 元坝地区长兴组生物礁发育模式及对应特征表

类型		地震剖面	生物礁发育地质模式	备 注
单礁体	单期礁			纵向上仅发育一个礁基-礁核-礁盖成礁期(一般位于海侵体系域和早期高位体系域)
	双(多)期礁			纵向上发育礁基-礁核-礁盖(位于高位早期)+礁核-礁盖(位于高位晚期)两(多)个成礁期次
礁群	纵向进积式			垂直礁带方向2个礁体;礁盖包络构造变化剧烈;礁体生长速率高于海平面升降速率,后期礁在早期礁基础是向海进积生长
	纵向退积式			垂直礁带方向2个礁体;礁盖包络构造变化较大;礁体生长速率低于海平面升降速率,后期礁体在早期礁体基础是向陆退积生长
	横向迁移式			垂直礁带方向多个礁体;礁盖包络有一定变化;礁盖振幅发生多次强弱变化,振幅变弱伴有复波反射;晚期礁体顺礁带方向迁移生长
	横向并列式			垂直礁带方向多个礁体;礁盖包络变化剧烈;礁盖振幅发生多次强弱变化,振幅变弱伴有复波反射;晚期礁体顺礁带方向迁移生长
	复合叠加式			垂直礁带方向多个礁体;礁盖包络变化较大;礁盖振幅发生多次强弱变化,振幅变弱伴有复波反射;更晚期礁在横向迁移式礁群上生长

1.3.3 礁群发育模式

在建立单礁体发育模式的基础上,根据沉积古地貌的变化、生物礁构造起伏的变化、生物礁发育期次、礁盖包络振幅与阻抗的变化、复波反射等特征以及礁体间彼此的截切关系分析礁群的生长方式，总结出元坝地区生物礁最发育的长兴组上部 SQ2 层序高位期 5 种礁群发育模式，即纵向进积式、纵向退积式、横向迁移式、横向并列式、复合叠加式，每种模式对应特征见表 1。

2 生物礁储层发育主控因素及分布规律

2.1 生物礁储层发育主控因素

2.1.1 沉积背景差异影响储层的平面展布

沉积背景的差异对生物礁储层的平面展布影响重大：元坝地区长兴组下部成礁旋回属碳酸盐缓坡背景下的点礁沉积，礁体发育局限、规模小、储层厚度薄、物性差；上部成礁旋回属缓坡型台地边缘沉积，礁体规模较大，储层较厚、物性较好。

2.1.2 海平面升降变化影响储层的纵向展布

元坝地区长兴组储层发育受三级层序控制，上部三级层序储层好于下部三级层序，这与海平面变化密不可分。长兴组下部三级层序发育时期处于海平面长期快速上升的过程，高位期海平面上升缓慢或有相对下降，但因处于快速海侵的背景之下，导致碳酸盐岩生产速率小于相对海平面上升的速率，从而在台地边缘形成追补型生物礁。碳酸盐岩暴露出海平面概率较小，不利于同生期白云石化作用的大范围发生，未能给后期溶蚀作用提供基础，所以储层发育程度相对较弱。上部三级层序处于由海侵到海退的过渡期，海平面上升速度有所下降，碳酸盐岩的生产速率基本和海平面上升速率保持一致，从而形成并进型生物礁，并在纵向上相互叠置。此时，高水位体系域海平面可出现多次短期升降波动，导致碳酸盐岩相应暴露出海平面概率较下部三级层序增高，有利于礁滩体中上部发生同生期白云石化作用并影响后期溶蚀作用，形成较好的储层(图 4)。

2.1.3 建设性成岩作用控制储层质量

岩相学及地球化学等研究表明，元坝地区长兴组储层形成过程中建设性成岩作用包括三期白云石化作用和四期溶蚀作用：三期白云石化作用分别为同生期高盐度白云石化作用、成岩早期浅埋藏白云石化作用及成岩早期热液白云石化作用；四期溶蚀作用分别为同生期及早成岩期大气水溶蚀作用、早成岩期热液溶蚀作用、中成岩期与有机酸有关的溶蚀作用及晚成岩期与 TSR 有关的溶蚀作用。其中早、中期白云石化作用是储层形成的基础，而中、晚期溶蚀作用是储层形成的关键。而差异性成岩作用控制了台地边缘生物礁储层纵横向变化与分布。垂向上，单期礁礁盖比礁基与礁核更易暴露，发生早、中期白云石化作用与中、晚期溶蚀作用的概率大，礁盖储层最发育；双期礁发育过程中，晚期礁盖更易暴露，发生早、中期白云石化作用与中、晚期溶蚀作用的几率更大，晚期礁盖储层更发育。横向上，礁前早期高盐度白云石化作用程度低，储层以微粉晶白云岩为主，储层相对较差；礁顶早期高盐度白云石化作用与溶蚀作用均较发育，储层以细中晶白云岩为主，储层最好；礁后主要发育成岩早期浅埋藏白云石化作用，储层以细晶白云岩为主，储层较发育。

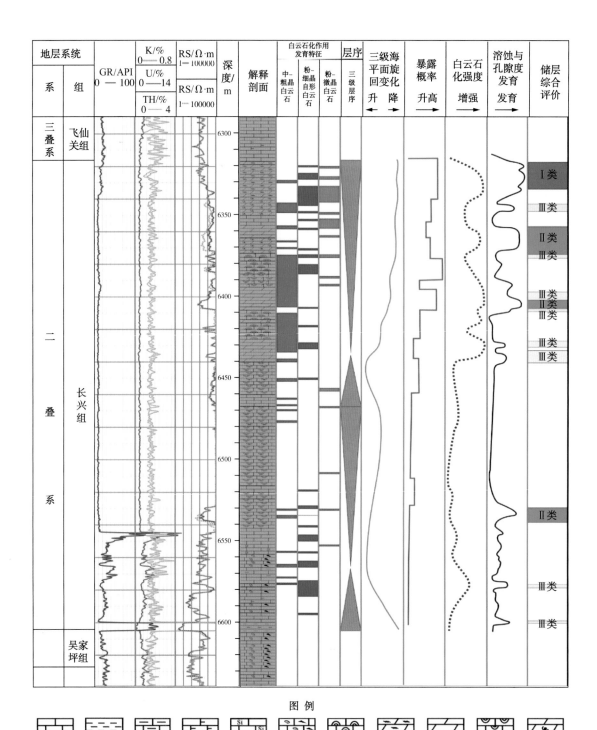

图 4　元坝地区长兴组 YB271 井海平面变化与储层评价综合柱状图

2.1.4 喜山期破裂作用改善储层质量

喜山期构造裂缝形成于气烃充注的成岩阶段，破裂强度较强，裂缝发育，几乎全部未被充填。有效裂缝形成了一定的储集空间，局部破裂严重，大大改善了储层岩石物性，对于长兴组储层渗透性的改善有重要意义。

2.2 生物礁储层分布规律

2.2.1 生物礁储层分布特征

在储层发育主控因素分析的基础上，通过对元坝地区长兴组30余口井测井解释储层厚度的统计，结果表明，平面上，台地边缘是生物礁储层发育的最有利相带，台地边缘生物礁储层均厚58.8m，而台内生物礁储层均厚仅27.7m。纵向上，储层集中发育和分布于上部成礁旋回(SQ2层序)高位体系域，尤以晚期高位体系域最为发育，储层均厚42.9m，早期高位体系域储层均厚21.6m；下部成礁旋回(SQ1层序)储层较差，仅高位体系域发育礁相储层，均厚16.1m；上部成礁旋回海侵体系域生物礁储层最差，均厚约11.6m。

2.2.2 礁体内部储层分布规律

在单井储层评价的基础上，分析横向上不同相区之间及垂向上不同微相储层发育特征，可以看出，生物礁储层，特别是优质I+II类储层集中发育于礁顶(盖)，礁后次之，礁前相对较差。

单期礁体垂向上可分为礁基、礁核和礁盖，储层主要发育于礁盖，均厚39.9m，礁核储层均厚14.8m，礁基储层均厚0.6m；双期礁以上部II期礁盖为主，II期礁盖储层均厚42.9m，下部I期礁盖储层均厚21.6m。

生物礁横向上可分为礁前、礁顶和礁后，储层主要分布于礁顶，礁后次之，礁前相对较差，其中，礁前钻遇储层平均厚32.6m，I+II类储层9.5m；礁顶钻遇储层平均厚77.0m，I+II类储层37.0m；礁后钻遇储层平均厚度38.3m，I+II类储层11.0m。

3 生物礁精细刻画与储层精确预测

3.1 礁体精细刻画

元坝地区长兴组生物礁具有礁体规模小、分布散的特点，礁体边界的识别是礁体精细刻画的关键。在生物礁地质发育模式及地震剖面识别研究的基础上，采用古地貌分析恢复沉积期古地貌高低变化初步确定礁群之间及礁群内礁体的边界[图5(a)]，再采用瞬时相位在剖面上精细反映岩性变化[图5(b)]，使得礁体之间的岩性边界更清晰，而频谱成像可以有效描述地质反射层厚度的非连续性和岩性的非均质性[图5(c)]，三维可视化技术可直观地展现礁带、礁群、礁体的边界及单礁体的空间分布[图5(d)]。

采用古地貌分析、瞬时相位、频谱成像及三维可视化等技术相结合精细刻画礁体边界，针对元坝长兴组4条礁带和礁滩复合区，共刻画出21个礁群、90个单礁体，单礁体相对较小，礁盖面积0.12~3.62km^2。

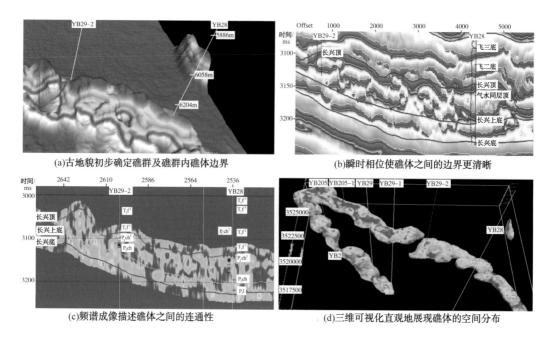

(a)古地貌初步确定礁群及礁群内礁体边界

(b)瞬时相位使礁体之间的边界更清晰

(c)频谱成像描述礁体之间的连通性

(d)三维可视化直观地展现礁体的空间分布

图5　元坝地区长兴组礁体精细刻画流程示意图

3.2　生物礁微相精细刻画

3.2.1　生物礁沉积微相识别

1. 生物礁微相岩性识别

生物礁纵向上可划分为礁基、礁核、礁盖三种微相：礁基主要生屑灰岩和泥微晶灰岩，礁核主要为生物骨架灰岩，礁盖主要溶孔、针孔白云岩；横向上可划分为礁前、礁顶、礁后三种微相：礁前以礁前角砾岩、砂屑灰岩为主要特征，礁顶主要为溶孔、针孔白云岩，礁后以生屑灰岩、残余生屑云岩为主 [图6(a)]。

2. 生物礁微相测井识别

纵向上：礁盖以箱状中高电阻率、锯齿状高声波为特征，礁核电阻率高，礁基以极高电阻率，较低声波，曲线总体较平直为特征；横向上：礁前电阻率极高，曲线平直，礁顶电阻率较高，曲线呈箱状，礁后电阻率高，曲线呈锯齿状 [图6(b)]。

3.2.2　生物礁沉积微相预测与描述

1. 礁体内幕纵横向反射结构特征

元坝地区长兴组生物礁垂向上一般呈"丘状"或"透镜状"，礁体顶面为较明显的强振幅反射界面，礁体底面可能出现断续反射现象，礁体内部杂乱反射 [图6(c)]；横向上具"亮点"特征，不同微相区有不同的反射结构特征，礁顶具强幅、低阻的"亮点"特征，礁后具较强幅、较低阻的"亮点"特征，礁前具弱幅、中高阻的特征 [图6(d)]。

2. 生物礁微相精细刻画结果

通过对礁体内幕纵向、横向反射结构特征的综合分析，结合单井礁体微相划分可以看

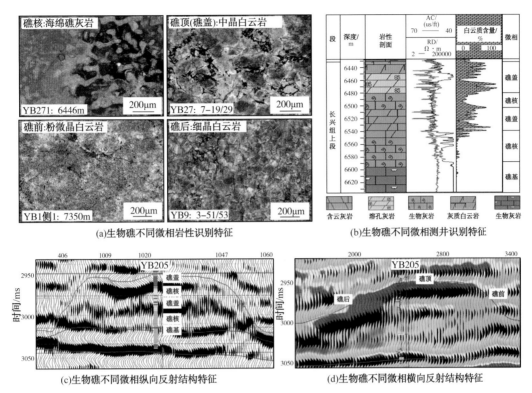

(a)生物礁不同微相岩性识别特征

(b)生物礁不同微相测井识别特征

(c)生物礁不同微相纵向反射结构特征

(d)生物礁不同微相横向反射结构特征

图6 元坝地区长兴组生物礁微相划分、识别及预测流程图

出,元坝地区长兴组生物礁微相平面展布具有如下特征:②号、③号、④号礁带礁顶分布面积最大,①号礁带礁前面积大,礁滩叠合区礁后面积最大。

3.3 生物礁储层精确预测

3.3.1 礁体内幕纵向反射结构特征

元坝地区长兴组礁体内幕纵向反射结构可归纳为三种类型,即双强反射型、单强反射型和弱反射型。双强反射型是两期礁体纵向上叠置的响应,两期礁储层均发育,反映礁体规模大、储层厚、物性好(YB205井礁体反射结构为典型双强反射型);单强反射型也是两期礁体纵向上叠置的响应,但储层仅发育于晚期礁,反映礁体规模中等,储层较厚、物性中等(YB10井礁体反射结构为典型双强反射型);弱反射型仅发育早期礁,且礁盖储层欠发育,反映礁体规模小,储层较薄、物性较差(YB22井礁体反射结构为典型双强反射型)。

3.3.2 生物礁储层厚度精确预测

在礁体精细刻画的基础上,集成应用沉积微相相控波阻抗反演、伽马拟声波反演、叠前地质统计学反演和相控叠前地质统计学反演,对礁体内部储层进行精确预测。沉积微相相控波阻抗反演预测储层总厚度;伽马拟声波反演去除泥质影响,提高Ⅰ类、Ⅱ类储层预测精度;叠前地质统计学反演剔除致密灰岩,提高Ⅲ类储层预测精度;相控叠前地质统计学反演充分考虑生物礁内部非均质性,提高生物礁内部储层预测精度(图7)。

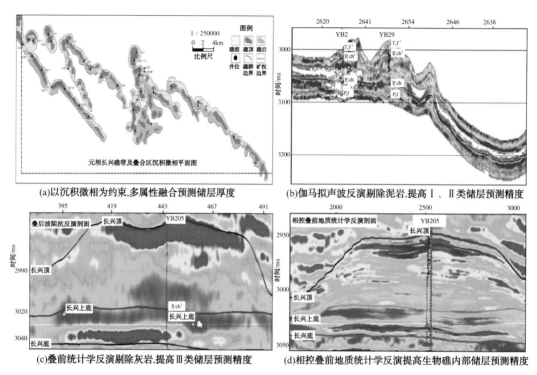

(a)以沉积微相为约束,多属性融合预测储层厚度

(b)伽马拟声波反演剔除泥岩,提高Ⅰ、Ⅱ类储层预测精度

(c)叠前统计学反演剔除灰岩,提高Ⅲ类储层预测精度

(d)相控叠前地质统计学反演提高生物礁内部储层预测精度

图7 元坝地区长兴组生物礁储层厚度预测流程图

储层预测结果表明:生物礁储层面积约 155.19km²;Ⅰ类+Ⅱ类储层主要发育于②号、③号、④号礁带西北段,①号礁带和叠合区次之,礁带东南端最差。①号礁带Ⅰ类+Ⅱ类储层均厚25m;②号礁带Ⅰ类+Ⅱ类储层均厚30m;③号礁带Ⅰ类+Ⅱ类储层均厚40m;④号礁带Ⅰ类+Ⅱ类储层均厚35m;礁滩叠合区Ⅰ类+Ⅱ类储层均厚20m(图8)。

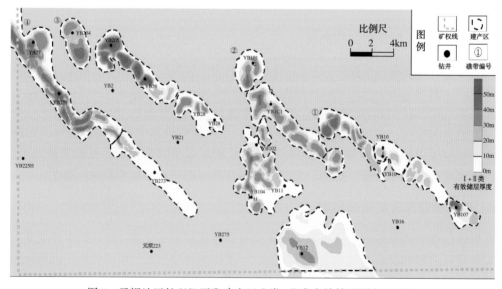

图8 元坝地区长兴组开发建产区Ⅰ类+Ⅱ类有效储层厚度预测图

4　应用效果

上述研究成果有力指导了元坝气田开发方案编制、井位部署、钻井实施及跟踪优化调整，方案设计 37 口生产井已全部完钻，开发部署新井(19 口)实施效果好，储层预测符合率达 95%，水平井储层钻遇率达 82%，单井平均无阻流量 $297×10^4 m^3/d$，建成了我国第一个超深高含硫生物礁大气田，混合气产能达 $40×10^8 m^3/a$。目前已有 24 口井投入生产，平均日产气 $813.65×10^4 m^3$，最高日产气 $1089.61×10^4 m^3$。

参 考 文 献

[1] 马永生，蔡勋育，赵培荣．深层、超深层碳酸盐岩油气储层形成机理研究综述[J]．地学前缘，2011，18(4)：181～192.

[2] 贾承造，庞雄奇．深层油气地质理论研究进展与主要发展方向[J]．石油学报，2015，36(12)：1457～1469.

[3] 黄福喜，杨涛，闫伟鹏，等．四川盆地龙岗与元坝地区礁滩成藏对比分析[J]．中国石油勘探，2014，19(3)：12～20.

[4] 张光亚，马锋，梁英波，等．全球深层油气勘探领域及理论技术进展[J]．石油学报，2015，36(9)：1156～1166.

[5] 马永生，牟传龙，谭钦银，等．关于开江-梁平海槽的认识[J]．石油与天然气地质，2006，27(3)：326～331.

[6] 徐安娜，汪泽成，江兴福，等．四川盆地开江-梁平海槽两侧台地边缘形态及其对储层发育的影响[J]．天然气工业，2014，34(4)：37～43.

[7] 张兵，郑荣才，文华国，等．开江-梁平台内海槽东段长兴组礁滩相储层识别标志及其预测[J]．高校地质学报，2009，15(2)：273～284.

[8] 陈辉，郭海洋，徐祥恺，等．四川盆地剑阁-九龙山地区长兴期与飞仙关期古地貌演化特征及其对礁滩体的控制[J]．石油与天然气地质，2016，37(6)：854～861.

[9] 马永生，牟传龙，郭旭升，等．四川盆地东北部长兴期沉积特征与沉积格局[J]．地质论评，2006，52(1)：25～31.

[10] 马永生，蔡勋育，赵培荣．元坝气田长兴组-飞仙关组礁滩相储层特征和形成机理[J]．石油学报，2014，35(6)：1001～1011.

[11] 王国茹，郭彤楼，付孝悦．川东北元坝地区长兴组台缘礁滩体系内幕构成及时空配置[J]．油气地质与采收率，2011，18(4)：40～43.

[12] 赵文光，郭彤楼，蔡忠贤，等．川东北地区二叠系长兴组生物礁类型及控制因素[J]．现代地质，2010，24(5)：951～956.

[13] 李宏涛，肖开华，龙胜祥，等．四川盆地元坝地区长兴组生物礁储层形成控制因素与发育模式[J]．石油与天然气地质，2016，37(5)：744～755.

[14] 龙胜祥，游瑜春，刘国萍，等．元坝气田长兴组超深层缓坡型礁滩相储层精细刻画[J]．石油与天然气地质，2015，36(6)：994～1000.

[15] 王一刚，文应初，张帆，等．川东地区上二叠统长兴组生物礁分布规律[J]．天然气工业，1998，18(6)：10～15.

[16] 何鲤，罗潇，刘莉萍，等．试论四川盆地晚二叠世沉积环境与礁滩分布[J]．天然气工业，2008，28(1)：28～32.

［17］刘治成，张廷山，党录瑞，等．川东北地区长兴组生物礁成礁类型及分布［J］．中国地质，2011，38（5）：1298～1311.

［18］赵邦六，朴小弟．生物礁地质特征与地球物理识别［M］．北京：石油工业出版社，2009：29～30.

［19］邱燕，陈泓君，欧阳付成．南海新生代盆地第三纪生物礁层序地层分析［J］．南海地质研究，1999，00：53～66.

［20］覃建雄，曾允孚，陈洪德，等．右江盆地二叠纪生物礁层序地层学研究［J］．地质科学，1999，34（4）：506～517.

［21］李秋芬，苗顺德，江青春，等．四川宣汉盘龙洞长兴组生物礁沉积特征及成礁模式［J］．吉林大学学报（地球科学版），2015，45（5）：1322～1331.

［22］牟传龙，谭钦银，余谦，等．川东北地区上二叠统长兴组生物礁组成及成礁模式［J］．沉积与特提斯地质，2004，24（3）：65～71.

［23］马永生，牟传龙，郭彤楼，等．四川盆地东北部长兴组层序地层与储层分布［J］．地学前缘，2005，12（3）：179～185.

［24］李宏涛，龙胜祥，游瑜春，等．元坝气田长兴组生物礁层序沉积及其对储层发育的控制［J］．天然气工业，2015，35（10）：1～10.

碳酸盐岩酸压自支撑裂缝导流能力影响因素研究

罗扬 青鹏 唐均 柯玉彪

(中国石化西南油气分公司采气二厂)

摘　要　四川盆地元坝气田是世界上已发现埋藏最深的高含硫碳酸盐岩气田，酸压是碳酸盐岩储层增产改造的重要技术。由于酸液有效作用距离有限，在裂缝尖端普遍存在仅依靠壁面滑移提供支撑作用的自支撑裂缝，其导流能力变化规律尚不明确。采用碳酸盐岩露头岩板人工剖缝形成自支撑裂缝，表征粗糙裂缝表面形貌，并测试不同滑移量和闭合应力条件下碳酸盐岩自支撑裂缝导流能力。结果表明：在对数坐标中高粗糙度裂缝导流能力随闭合应力增加易呈现"折线型"降低趋势，而低粗糙度裂缝更倾向于表现出"直线型"降低趋势；低闭合应力下高粗糙度裂缝更容易形成高导流能力，而裂缝滑移量与导流能力之间则无直接相关关系；在 55.2MPa 闭合应力下，碳酸盐岩自支撑裂缝导流能力十分有限，平均仅 $0.69\mu m^2 \cdot cm$。研究结果为元坝气田酸压工艺设计提供了重要参考。

关键词　碳酸盐岩；酸压；自支撑裂缝；导流能力；闭合应力

引言

元坝气田位于四川盆地东北部，矿区面积 3251km²，探明天然气地质储量 $1943.1 \times 10^8 m^3$，是目前世界上埋藏最深的高含硫碳酸盐岩气田。元坝气田开发前期主要采用大规模酸压工艺解除钻完井过程中的储层污染，并沟通不同的缝洞储集体。

酸压是碳酸盐岩储层增产改造的重要技术，该工艺是以超过地层吸收能力的排量将酸液泵入地层来产生裂缝，并通过酸液非均匀刻蚀裂缝壁面以形成凹凸不平的沟槽和一定的导流能力。对于高温地层，由于酸岩反应速度较快，酸液有效作用距离有限，在裂缝尖端仍存在大部分未经酸液溶蚀作用的区域。该区域内裂缝主要依靠壁面本身剪切滑移以形成自支撑作用，但其导流能力大小和变化规律尚不明确。

目前，国内外学者主要以页岩和砂岩为对象，建立了自支撑裂缝导流能力测试方法，对比了自支撑裂缝与填砂裂缝之间导流能力的差异，并分析了自支撑裂缝导流能力的变化规律和影响因素；但针对碳酸盐岩自支撑裂缝导流能力的相关研究尚未见报道。本文以碳酸盐岩为对象，测试在不同闭合应力、表面粗糙度和裂缝滑移量情况下碳酸盐岩自支撑裂缝的导流能力，并具体分析了其影响因素和变化规律。

第一作者简介：罗扬，男(1992—)，四川南充人，毕业于西南石油大学，油气田开发工程专业，硕士学位。现工作于西南油气分公司采气二厂，助理工程师，主要从事采气地质研究。

1 裂缝导流能力实验测试

1.1 实验材料

本次实验用岩石样品取自川中地区震旦系灯影组四段碳酸盐岩露头，孔隙度 2.1% ~ 8.59%，平均 4.34%，渗透率（0.0054 ~ 76）× 10^{-3} μm²，平均 2.08 × 10^{-3} μm²；杨氏模量 79.67GPa，泊松比 0.289，抗压强度 534.83MPa。全岩矿物分析显示，岩样黏土含量 0.5%、石英含量 7.74%、白云石含量 91.76%。将取样露头加工成 API 标准岩板，岩板长 14cm（两端粘补 3.8cm 直径的半圆弧垫块）、宽 38cm、高 50cm。

1.2 实验方法

（1）裂缝滑移量。自支撑裂缝需具备一定滑移量才能形成相对较高的导流能力。实际裂缝滑移量非常复杂，主要受裂缝方位、原地应力差、杨氏模量、泊松比等因素影响，现场施工也难以精确控制。Fredd 在研究美国棉花谷砂岩自支撑裂缝导流能力时将滑移量取为 2.54mm；李士斌指出页岩自支撑裂缝滑移量在 2~8mm 之间，一般为 3mm；Hill 在研究美国 Barnett 页岩导流能力时将滑移量取为 2.54mm；张士诚在研究四川须家河组页岩导流能力时则将滑移量定为 1mm。本实验裂缝滑移量取为 1mm、2.5mm、3mm、4mm，在每种滑移量条件下进行 2 组实验，以形成 8 组不同的碳酸盐岩自支撑裂缝。

（2）裂缝闭合应力。川中地区震旦系灯影组四段碳酸盐岩储层埋深 5100m 左右，最小水平主应力 110MPa，孔隙压力 56.7MPa，对应的裂缝有效闭合应力为 53.3MPa。学者们在研究自支撑裂缝内流体流动时曾指出，其导流能力在低闭合应力下具有较强应力敏感性，并且与有效闭合应力之间近似呈指数关系。因此，本次实验裂缝闭合应力上限设为 55.2MPa，闭合应力点在低压下密集、高压下稀疏。具体实验条件如表 1 所示。

表 1 裂缝编号及对应实验条件

裂缝编号	滑移量/mm	闭合应力/MPa
1号、5号	1	
2号、6号	2.5	1.725~55.2
3号、7号	3	
4号、8号	4	

2 裂缝表面粗糙程度表征

裂缝表面粗糙程度直接决定着裂缝流动通道形态和导流能力，需要对其进行定量表征。目前，国内外学者对于粗糙面的表征方法有很多，较为经典的是结构面粗糙度系数（JRC）方法。裂缝表面轮廓具有统计自相似性和仿射性特征，可以先根据表面凸起分布和凸起高度计算其分形维数，再利用分形维数与 JRC 的经验关系式最终确定裂缝面的 JRC。JRC 值越大，裂缝表面越粗糙。

裂缝表面凸起点之间的增量函数可表示为:

$$V(r) = \frac{1}{2\frac{N}{J}}\sum_{i=1}^{\frac{N}{J}}\left[Z(y_i + r) - Z(y_i) \right]^2 \qquad (1)$$

式中,$V(r)$ 为增量函数;r 为增量步长,m;J 为步长中的样本点数;N 为该"均分线"上总的样本点数;y_i 为岩板上 y 方向任意一点坐标;$Z(y_i)$ 为 y_i 点处断面粗糙点的高度,m。

在双对数坐标中,$V(r)$ 与 r 之间存在一定线性关系,可用 $\lg[V(r_i)] = \delta\lg(r_i) + A$ 表达,而分形维数 D 与其斜率 δ 之间存在如下关系:

$$D = 2 - \frac{\delta}{2} \qquad (2)$$

JRC 与分形维数之间的经验关系式可表示为:

$$JRC = 85.2671(D - 1)^{0.5679} \qquad (3)$$

本文先采用三维激光轮廓仪扫描裂缝表面形貌;然后沿宽度方向对裂缝进行五等分,以获取 5 条表面轮廓线,并分别计算其 JRC 值,如图 1 所示;最后取 5 条轮廓线的 JRC 平均值,以此作为该裂缝面粗糙程度的表征参数。同时,由于裂缝面具有对称性,可直接采用单壁面的平均 JRC 来表征整条裂缝的粗糙程度。

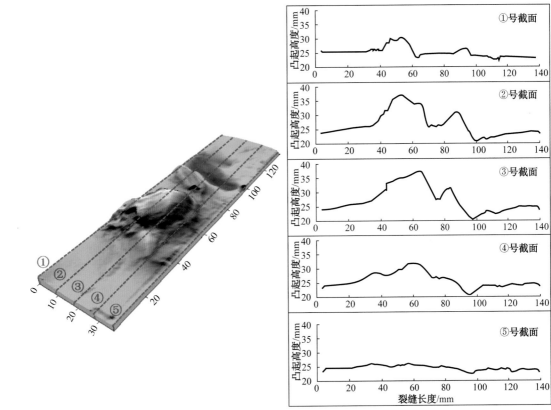

(a)1号岩板表面形貌图　　　　　　　　(b)1号岩板表面5等分截面轮廓线

图 1　岩板表面轮廓线获取(注:凸起高度为凸点与岩板底面距离)

本实验中的 8 组自支撑裂缝表面平均 JRC 计算结果如图 2 所示,从结果可以看出,不同裂缝之间的粗糙度差异较为明显,JRC 均值达 13.3。

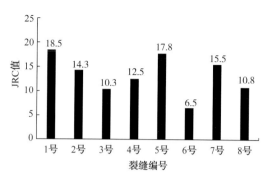

图2　8 组自支撑裂缝表面 JRC 计算结果

3　裂缝导流能力影响因素分析

3.1　闭合应力的影响

不同闭合应力条件下自支撑裂缝导流能力对比如图 3 所示。27.6MPa 闭合应力以下,导流能力随闭合应力增加迅速下降,最大降幅达 99.5%,平均为 94.4%;27.6MPa 闭合应力以上,导流能力则几乎保持不变,最大降幅 9.4%,平均为 4.0%。在 55.2MPa 闭合应力下,裂缝导流能力处于 $0.08 \sim 1.93 \mu m^2 \cdot cm$ 之间,平均仅 $0.69 \mu m^2 \cdot cm$。这主要是因为在低闭合应力下裂缝表面以点状支撑为主,具有较强应力敏感性;而在高闭合应力下裂缝表面大量微凸起被压碎,裂缝几乎完全闭合,由点支撑转变为面支撑,应力敏感程度降低,如图 4 所示。

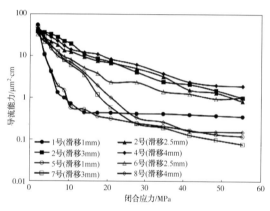

图3　不同闭合应力条件下导流能力对比

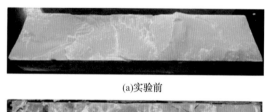

(a)实验前

(b)实验后

图4　5 号岩板实验前后裂缝表面形貌对比

由图 3 所示,对数坐标中导流能力随着闭合应力增加表现出"直线型"(2 号、3 号、4 号、6 号、7 号、8 号)和"折线型"(1 号、5 号)两种降低趋势。"直线型"导流能力下降速率稳定,与页岩自支撑裂缝导流能力变化规律具有较好的一致性,而"折线型"存在应力敏感临界值,低于 13.8MPa 时导流能力下降速率明显较快,且普遍低于"直线型"导流能力。基于 JRC 计算结果(图 2),"折线型"裂缝 JRC 值要明显高于"直线型",从扫描云图也可以看出(图 5),"折线型"裂缝表面凸起较为集中,凸起高度较大,而"直线型"裂缝表面则较平整。因此,在低闭合应力下"折线型"裂缝面间点状支撑所占的比例更大,应力集中现象更为明显(图 6),从而导致其导流能力初始值较高,但下降速率也更快。

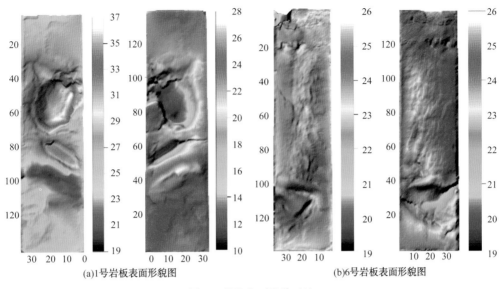

(a)1号岩板表面形貌图　　　　　　　(b)6号岩板表面形貌图

图5　裂缝表面形貌对比

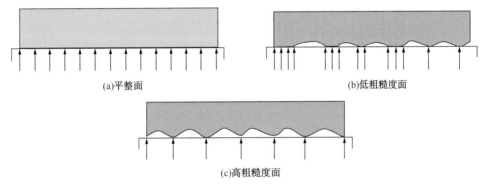

(a)平整面　　　　　　　　　　(b)低粗糙度面

(c)高粗糙度面

图6　不同裂缝面粗糙度情况下的应力集中

3.2　表面粗糙程度的影响

进一步分析不同闭合应力下裂缝表面粗糙程度与其导流能力之间的相关性。分别对比 8 组自支撑裂缝在初始闭合应力（1.725MPa）、中等闭合应力（27.6MPa）、高闭合应力（55.2MPa）条件下的导流能力（图7），由于不同闭合应力下导流能力相差 3~4 个数量级，因此采用无因次导流能力表示。同一闭合应力下的无因次导流能力定义为导流能力与该闭合应力下导流能力最大值的比值。

结果表明：裂缝表面粗糙程度与导流

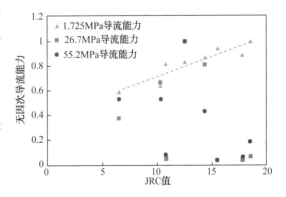

图7　不同闭合应力和 JRC 条件下导流能力对比

能力在初始闭合应力条件下存在正相关关系，但在中等、高闭合应力条件下并没有明显相关性，这与页岩自支撑裂缝具有一定相似性。初始闭合应力条件下，高粗糙度裂缝面相互接触后更容易形成较宽的裂缝间隙，裂缝面之间流动通道的连通性较好，导流能力也较高；但中等、高闭合应力条件下，大量裂缝表面凸起被压碎(图4)，裂缝间隙减小、接触面积增加，并且不同裂缝的接触面积都趋于一致，因此表面粗糙程度对导流能力的影响将明显减弱。

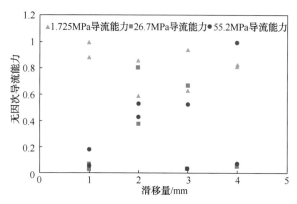

图8　不同闭合应力和滑移量下裂缝导流能力对比

3.3　滑移量的影响

滑移量对导流能力的影响主要体现在不同滑移量所对应的裂缝流动通道具有一定差异。考虑在不同闭合应力条件下裂缝表面形貌的显著区别，分别分析初始闭合应力(1.725MPa)、中等闭合应力(27.6MPa)和高闭合应力(55.2MPa)下裂缝导流能力与滑移量之间的相关性(图8)。结果表明：裂缝导流能力与滑移量在不同闭合应力下均没有明显相关关系。影响自支撑裂缝导流能力的直接因素是裂缝面之间的流动通道形态，而流动通道受裂缝滑移量、裂缝表面粗糙程度、闭合应力以及岩石力学性质等因素共同影响，滑移量与裂缝宽度、流动通道连通情况以及最终裂缝导流能力之间并没有明确相关关系。受表面粗糙程度影响，滑移量增加时裂缝面之间的啮合程度反而可能会增加，从而导致裂缝流动通道堵塞，导流能力下降。

4　结论

(1)受表面粗糙度影响，碳酸盐岩自支撑裂缝导流能力随闭合应力增加在对数坐标中呈现出"直线型"降低和"折线型"降低两种趋势。"折线型"导流能力初始值较高，但下降速率也更快，在低于27.6MPa闭合应力条件下普遍小于"直线型"。

(2)低粗糙度裂缝易呈现"直线型"趋势，而高粗糙度裂缝则更倾向于表现"折线型"趋势。

(3)在1.725MPa初始闭合应力条件下，高粗糙度裂缝更容易形成高导流能力，而裂缝滑移量与导流能力之间则无直接相关关系。

(4)碳酸盐岩自支撑裂缝在高闭合应力条件下所提供的导流能力十分有限，以川中地区震旦系灯影组四段碳酸盐岩为例，在55.2MPa地层有效闭合应力条件下导流能力为$0.08 \sim 1.93\mu m^2 \cdot cm$，平均仅$0.69\mu m^2 \cdot cm$。

参 考 文 献

[1] 季川疆，袁飞. 前置液酸压技术在石炭系油藏改造中的应用[J]. 新疆石油天然气，2005，1(2)：69~73.

[2] Zhang J, Kamenov A, Zhu D, et al. Laboratory measurement of hydraulic fracture conductivities in the barnett

shale[J]. Spe Production & Operations, 2013, 29(3).

[3] Fredd C N, Mcconnell S B, Boney C L, et al. Experimental study of hydraulic fracture conductivity demonstrates the benefits of using proppants[J]. Spe Rocky Mountain Regional/low-permeability Reservoirs Symposium & Exhibition. Denver, Colorado: Society of Petroleum Engineers, 2000.

[4] 李士斌, 张立刚, 高铭泽, 等. 清水不加砂压裂增产机理及导流能力测试[J]. 石油钻采工艺, 2011, 33 (6): 66~69.

[5] 赵海峰, 陈勉, 金衍, 等. 页岩气藏网状裂缝系统的岩石断裂动力学[J]. 石油勘探与开发, 2012, 39 (4): 465~470.

[6] 邹雨时, 张士诚, 马新仿. 页岩压裂剪切裂缝形成条件及其导流能力研究[J]. 科学技术与工程, 2013, 13(18): 5152~5157.

[7] Fredd C N, Mcconnell S B, Boney C L, et al. Experimental study of fracture conductivity for water-fracturing and conventional fracturing applications[J]. Spe Journal, 2001, 6(3): 288~298.

[8] 刘超, 卢聪, 苟兴豪, 等. 用于油气田开发的自支撑裂缝测试分析装置及方法 [J]. 201210239135. 4. 2012-10-24.

[9] 李士斌, 李磊, 张立刚. 清水压裂多场耦合下裂缝扩展规律数值模拟分析[J]. 石油化工高等学校学报, 2014, 27(1): 42~47.

[10] 邹雨时, 张士诚, 马新仿. 四川须家河组页岩剪切裂缝导流能力研究[J]. 西安石油大学学报(自然科学版), 2013; 28(4): 69~72.

[11] Louis C. A study of groundwater flow in jointed rock and its influence on the stability of rock masses[J]. Imperial College of Science and Technology, 1969.

[12] Press P, Incorporated. Suggested methods for the quantitative description of discontinuities in rock masses [J]. International Journal of Rock Mechanics & Mining Science & Geomechanics Abstracts, 1978, 15(6): 319~368.

[13] 王金安, 谢和平, M. A. 科瓦西涅夫斯基. 应用激光技术和分形理论测量和描述岩石断裂表面粗糙度 [J]. 岩石力学与工程学报, 1997, 16(4): 354~361.

[14] 谢和平. 岩石节理粗糙系数(JRC)的分形估计[J]. 中国科学(B辑), 1994(5): 524~530.

超深层复杂碳酸盐岩滩相储层发育特征
——以 YB 地区长兴组为例

贾晓静　柯光明　徐守成　周贵祥

（中国石化西南油气分公司勘探开发研究院）

摘　要　YB 地区长兴组为超深层高含硫生物礁气藏，属于台地边缘礁滩沉积，礁滩多期叠致，气水关系复杂。通过岩心、测井和地震等资料开展滩体发育期次、沉积特征及储层发育特征研究，结果表明，长兴组纵向上发育三期生屑滩，分属三种不同的成因类型：浅缓坡高能滩、礁后低能滩和开阔台地低能滩；浅缓坡高能滩是储层发育的有利相带，滩相储层有利区主要分布在 Y12 井和 Y5 井区；综合评价滩区高含水，不具备开发潜力，但滩体产水对礁相生产井影响很大，滩体发育的礁相气井随着生产有一定产水风险。

关键词　长兴组；YB 地区；生屑滩；储层特征；复杂碳酸盐岩

YB 地区长兴组气藏是国内规模开发的、埋藏最深的超深层高含硫生物礁气藏，具有埋藏超深，高温、高压、高含硫，礁滩储层复杂，天然气组分复杂，气水关系复杂，压力系统复杂，地形、地貌复杂等"一超三高五复杂"的特点。其中，气藏埋深约 6500~7300m，气井平均完钻井深 7650m，滩体主要发育在长兴组中下部，埋深均在 6800m 以下。天然气组分复杂，H_2S 平均含量约 5.32%，CO_2 平均含量约 6.56%，甲硫醇平均含量约 172.27mg/m^3，羰基硫平均含量约 144.25mg/m^3，总有机硫含量约 582mg/m^3。礁滩展布复杂，生物礁单体规模小，礁盖面积 0.12~3.62km^2，平均约 0.99km^2；纵向上礁滩多期叠置，平面上组合方式不一，礁滩体类型多，优质储层薄，厚度约 10~40m，储层物性差，非均质性强，滩相储层平均孔隙度 4.1%，平均渗透率为 0.180×10^{-3}μm^2。气水关系复杂，各礁滩体具有相对独立的气水系统，具有"一礁一滩一藏"的特点。

YB 地区长兴组开发区以礁相生产为主，前期研究认为生屑滩主要发育在长兴组早期，生物礁还没大规模生长之前，滩相储层发育比礁相差，平面上分布相对局限。长兴组滩相提交探明储量 438×10^{8}m^3，其中 YB12 井区滩面积最大，目前该区生产井因含水高均已关井。礁相区随着开发深入也不同程度产水，很多出水井测井、测试时均不含水，导致分析水体来源难度大，难以提出针对性的治水控水对策，随着出水井数增多，长兴组气藏稳产难度越来越大。开发初期滩区评价井多数产水，针对滩区储层研究相对较少，滩体平面展布规律不清，缺乏不同期次滩体沉积相平面展布及储层厚度预测。目前生产井产能低且不同程度含水，导致滩区动用程度低，开发潜力需要进一步评价。

综合地质、地震资料研究不同期次滩体成因类型及储层发育特征，明确储层发育的滩体类型及储层平面展布，进一步评价滩相开发潜力，确保长兴组气藏高产稳产。

第一作者简介：贾晓静，工程师(1984—)，2014 年毕业于西南石油大学开发地质专业，现从事开发地质研究工作。

1 研究区概况

1.1 区域地理构造位置

YB 区块位于四川盆地东北部巴中、广元、南充市境内，为川北坳陷与川中低缓构造带结合部(图 1)，自下而上发育长兴组、须家河组、珍珠冲段、大安寨段等多套含气层系，以海相长兴组气藏为主，气藏埋深约 6500～7100m，为世界上已发现并成功开发的埋藏最深的高含硫生物礁大气田。

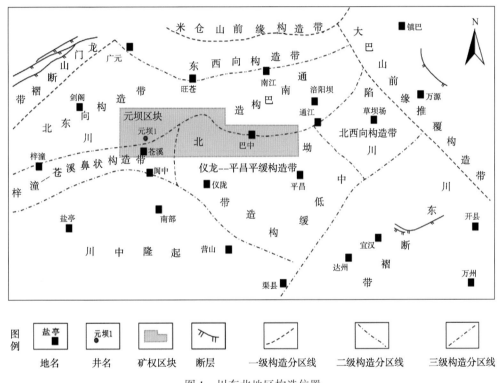

图 1 川东北地区构造位置

1.2 长兴组沉积特征

在四川盆地东北部，晚二叠世至早三叠世为飞仙关组沉积时期，始于东吴运动形成的茅口组侵蚀面上，由盆地北部、东部向西南方向海侵，经历了两个完整的由海侵到海退的沉积旋回。峨嵋地裂运动导致的拉张动力学背景影响到了川东北地区，自晚二叠世吴家坪组沉积时期，川东北地区开始处于构造拉张状态，开江-梁平陆棚开始发育，吴家坪组沉积含燧石结核灰岩；由于构造拉张和差异沉积，局部地区快速下沉，成为深水盆地，沉积大隆组硅质岩，部分地区下沉慢，为台地沉积环境，沉积长兴组碳酸盐岩。

YB 地区长兴组早期台地与盆地间地形坡度小，表现为碳酸盐缓坡沉积模式，中晚期演变为碳酸盐台地沉积模式，在台地边缘发育生物礁及浅滩相，沉积生物碎屑灰岩、砂屑灰岩，生物礁虽小，但与其共生的浅滩面积广，形成规模巨大的台缘礁滩相储层。

长兴组早期碳酸盐缓坡划分为深缓坡和浅缓坡，发育浅缓坡生屑滩和深缓坡泥；长兴组中晚期台地划分为开阔台地和台地边缘相，发育台地边缘生物礁、台内滩、台地边缘浅滩等亚相以及礁基、礁核、礁盖、滩核、滩缘等多种微相。生屑滩是浅水生物碎屑密集堆积的一种高能微相，可沉积于浅缓坡、台地边缘、开阔台地内等背景，岩性为生屑滩灰岩或白云岩。生物礁是台地边缘由造礁生物原地密集生长构成岩石的一类微相，以能量较高、高速生长、块状构造、规模较大、组分复杂为特征，生物礁的典型岩性是骨架岩和障积岩。

YB 地区长兴组整体属于缓坡型台地边缘礁滩相沉积，纵向上具"早滩晚礁"的沉积特征，早期以生屑滩沉积为主，晚期以生物礁沉积为主；平面上具"南滩北礁"的展布特征，早期生屑滩主要分布于南部，呈片状展布，晚期生物礁主要分布于北部，呈条带状展布；受缓坡型台地边缘沉积背景的影响，礁滩体具有小、散、多期的特点。

2 滩相沉积特征

2.1 滩体发育期次

综合岩心、录井、测井等资料开展单井生屑滩划分，Y12 等井长兴组岩心可见生屑滩发育，生物碎屑包括有孔虫、蜓、珊瑚、腕足等，其中有孔虫是最主要的生物碎屑类型，生物碎屑间可被粒状亮晶方解石、微晶灰岩胶结，局部可见藻黏结结构。测井曲线上，生屑滩灰岩层段表现为自然伽马值低、声波时差值较小、密度值较大、电阻率较高的特征；生屑滩云岩层段表现为自然伽马值低、密度值较低、电阻率较低、声波时差升高的特征。

通过对 YB 地区钻井及地震资料综合分析，长兴组纵向上划分为两个三级层序 SQ1 和 SQ2，分别对应长兴组下段及长兴组上段；根据长兴组内部各级层序界面（主要是岩性突变面）的发育特征，每个三级层序又细分为两个四级层序，长兴组内部不同期次礁、滩之间的界面一般为岩性突变的四级层序界面。

根据层序划分成果，长兴组纵向上共发育三期生屑滩。Ⅰ 期生屑滩发育在长兴组下段底部，属于 SQ1-1 层序高位体系域；Ⅱ 期生屑滩发育在长兴组下段顶部，属于 SQ1-2 层序高位体系域；Ⅲ 期生屑滩发育在长兴组上段，属于 SQ2-1 层序海侵体系域、高位体系域。

2.2 滩相沉积特征

YB 地区长兴组礁滩生长发育与沉积环境关系密切。通过长兴组沉积古地貌和不同期次生屑滩沉积特征分析，长兴组 Ⅰ 期、Ⅱ 期生屑滩为缓坡沉积环境，此时，生物礁还未大规模生长，利于缓坡高能滩沉积；晚期长兴组演化为开阔台地沉积，有利于台地边缘生物礁生长发育，Ⅲ 期滩受生物礁影响较大，发育环境受限，滩体分布在台内和礁后。因此，根据 YB 地区长兴组生屑滩沉积环境划分为三种成因类型，分别为浅缓坡高能滩、礁后低能滩和开阔台地低能滩，建立三种生屑滩发育模式（图2），并分析不同类型滩体平面展布特征。

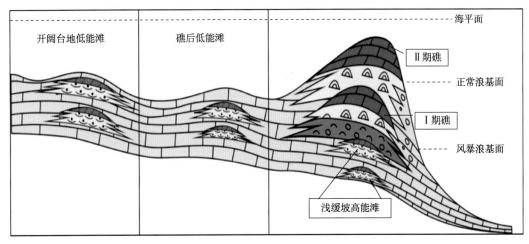

图 2　YB 地区长兴组不同类型滩体沉积模式

2.2.1　浅缓坡高能滩

　　YB 地区长兴组下段Ⅰ期、Ⅱ期滩均属浅缓坡高能滩。Ⅰ期滩体是在长兴早期碳酸盐缓坡沉积、整体地形较平缓的背景下，局部地形较高、能量较强的地区发育的一种生屑滩，缓坡沉积背景下生屑滩易发生白云石化，甚至完全白云石化，岩性以白云岩和灰质白云岩为主。平面上分布局限，处于深、浅缓坡转折带，滩体呈北西—南东向条带状展布，主要分布在 Y25、Y5 等井区。Ⅱ期滩属于台地边缘礁发育初期还未形成障壁之前的高能生屑滩沉积，岩性以含生屑白云质灰岩、含云质生屑灰岩为主；电性特征表现为自然伽马值低、曲线平直、变化平缓、电阻率值低的特点。平面上滩体具有由西向东、由南向北前积的特征，与Ⅰ期滩相比，滩体分布范围较大、厚度较大、连片性好(图 3)。

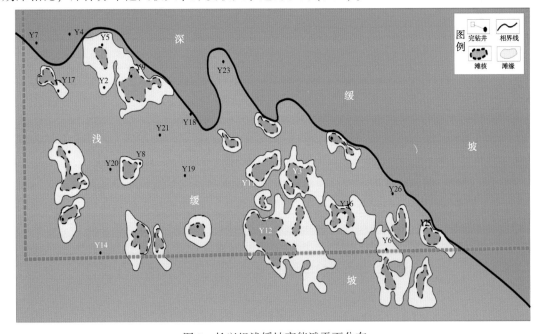

图 3　长兴组浅缓坡高能滩平面分布

2.2.2 礁后低能滩、开阔台地低能滩

长兴组沉积中晚期 YB 地区演化为台地边缘-开阔台地，生物礁开始大量生长，生屑滩沉积环境受限，主要发育在生物礁后与开阔台地内，由于生物礁的障壁作用，水体能量较弱，形成低能滩，白云岩化作用弱。长兴组沉积中晚期大致可分为两个短期沉积旋回，早期沉积旋回的海侵体系域为长兴期生物礁生长的繁盛期，这一时期台地镶边格局并未形成，表现为前礁后滩的沉积特征；礁后低能滩是在生物礁后发育的一种低能滩，当台地边缘开始出现生物礁礁基沉积，由生屑加积及礁屑不断向礁后充填形成。台地边缘生屑滩发育在生物礁形成之前的相对高部位，后期一部分生屑滩适合生物生长，演化为生物礁而快速生长，一部分礁体被波浪破碎，产生礁屑或生屑，进一步堆积。晚期旋回在早期礁滩的基础上发育了第Ⅱ期礁滩沉积，随礁的生长和海平面下降在礁后部分地区形成局限环境，为滩后泻湖相沉积。

长兴组沉积中晚期第Ⅲ期滩平面分布较分散，礁后滩发育在 Y12 井区、Y3-Y16 井区等，台内滩发育在 Y24、Y13、Y14 等井区(图4)。

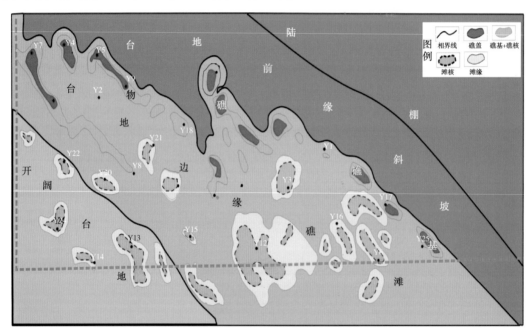

图4 长兴组礁后滩和台内滩平面分布

通过生屑滩沉积环境分析认为，浅缓坡高能滩发育于长兴组沉积早中期的坡折带，局部地形较高、沉积能量强、白云石化程度高、储层厚度大、物性较好、储层最发育，为储层发育有利沉积相带。礁后低能滩发育于长兴组沉积中晚期生物礁后，水体相对较深、沉积能量较小、白云石化程度低、储层欠发育。开阔台地低能滩发育于长兴组沉积中晚期开阔台地内，水体较深、沉积能量弱、基本未白云石化，储层不发育。

3 滩相储层特征

3.1 储层基本特征

长兴组滩相储层岩石类型主要为灰色溶孔晶粒白云岩、残余生屑细粉晶白云岩、灰质白云岩、白云质灰岩等，前三种为主要的储层岩石类型。晶粒白云岩白云石化程度强烈，粉-细晶白云石及细-粗晶白云石常具雾心亮边结构，晶间孔和溶蚀孔洞发育，可形成优质储层；残余生屑晶粒白云岩为生屑灰岩白云石化形成，晶间孔、溶孔发育，也形成优质储层。

YB 地区长兴组滩相岩心统计表明滩相储层孔隙度为 0.6% ~ 24.7%，平均值为 4.3%；渗透率为（0.002 ~ 2571.903）$\times 10^{-3} \mu m^2$，平均值为 0.254$\times 10^{-3} \mu m^2$，主峰值位于（0.002 ~ 0.250）$\times 10^{-3} \mu m^2$。

测井资料解释表明单井孔隙度为 2.1% ~ 8.1%，平均值为 4.1%；单井渗透率为（0.010 ~ 15.900）$\times 10^{-3} \mu m^2$，平均值为 0.180$\times 10^{-3} \mu m^2$。YB 地区长兴组储层物性分类标准为：Ⅰ类储层孔隙度≥10.0%，Ⅱ类储层孔隙度为 5.0% ~ 10.0%，Ⅲ类储层孔隙度为 2.0% ~ 5.0%。储层岩石类型和物性之间关系密切，晶粒白云岩、残余生屑白云岩以Ⅰ类、Ⅱ类储层为主，灰质白云岩、白云质灰岩、生屑（生物）灰岩主要为Ⅲ类储层。总体上，YB 长兴组滩相储层物性比礁相差，表现为低孔、低渗特征。

3.2 储层平面展布特征

通过钻井标定、地震反射结构等多属性分析及正演模拟进行滩体识别，长兴组生屑滩地震响应特征为波峰强振幅，表现为"断续、短轴-微幅丘状"地震反射特征，其中缓坡型生屑滩在地震剖面上表现为"低频、中强振幅、微幅丘状复波"的特征，开阔台地台内滩在地震剖面上表现为"低幅度丘状外形、杂乱或亮点"的反射特征。滩相白云岩储层具有"亮点"反射、中低波阻抗特征。

3.2.1 浅缓坡高能滩储层展布特征

浅缓坡高能滩共发育两期，Ⅰ期滩储层相对较薄，物性较好。储层主要发育于 Y25 井、Y5-Y9 井区；测井解释储层厚度 10.0 ~ 25.7m，孔隙度 4.1% ~ 12.3%；Y5-Y9 井区滩体面积 5.31km²，Y25 井区滩体面积 15.00km²。Ⅱ期滩储层预测厚度为 4.0 ~ 57.0m，孔隙度为 2.0% ~ 14.3%。平面上，由东往西、自南而北，储层厚度逐渐变薄，西区储层厚度小（4.0 ~ 12.0m），东区储层厚大（12.0 ~ 57.0m）；测井孔隙度 2.0% ~ 7.5%。Y5 井滩区面积 28.30km²，Y12 井滩区面积 31.76km²，Y3-Y16 滩区面积 24.10km²（图 5）。

3.2.2 礁后滩、台内滩储层展布特征

礁后滩、台内滩总体储层物性差，以Ⅲ类储层为主，分布面积 158.94km²，最厚 60.0m，平均厚 35.0m 左右，可分为东西两个滩区。西区共发育 4 个滩体，Y22、Y21 井钻遇滩体边缘，预测储层厚度薄（<20m），均为Ⅲ类储层。东区发育两个滩体：Y12-Y24-Y16 滩体储层厚度 15.0 ~ 35.0m，孔隙度 1.6% ~ 3.4%；Y3 滩体储层厚度 30.0m，孔隙度 5.0%，

酸化压裂后日产气 $5.3 \times 10^4 \mathrm{m}^3$、日产水 $290 \mathrm{m}^3$。

通过滩体储层特征研究，沉积相是储层发育的基础，白云岩化是储层发育的主要控制因素。早期浅缓坡高能滩受古地貌控制，水体能量强，白云岩化作用强，储层物性好；长兴组沉积晚期礁滩共生，滩体发育受限，沉积于礁后和开阔台地，水动力较弱，白云岩化作用弱，储层发育差。综合评价滩相储层有利区主要分布于 Y5 井区和 Y12 井区（表1）。

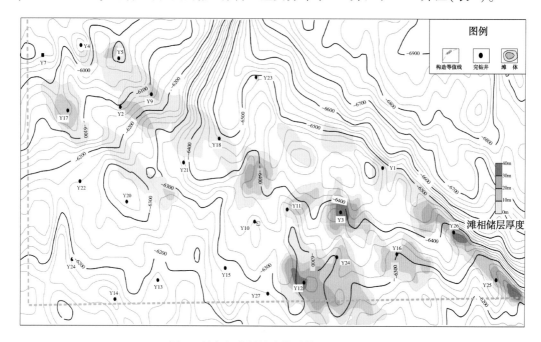

图5 长兴组浅缓坡高能滩储层预测厚度

表1 长兴组滩区储层发育特征

滩 区	储层厚度/m	孔隙度/%	滩体期次	沉积环境	备 注
Y5	10.0~18.0	2.0~14.3	Ⅰ期、Ⅱ期	缓坡滩	
Y25	17.0~46.0	2.3~14.6	Ⅰ期、Ⅱ期	缓坡滩	产水
Y11	12.0~22.0	3.2~4.5	Ⅱ期	缓坡滩	
Y12	23.0~57.0	2.3~6.7	Ⅱ期、Ⅲ期	缓坡滩、礁后滩	后期产水
Y16	28.0~35.0	5.8~7.5	Ⅱ期、Ⅲ期	缓坡滩、礁后滩	产水
西区滩	<20	2.2~2.5	Ⅲ期	礁后滩、台内滩	

4 滩相开发潜力评价

通过以上研究成果认为，Y5 井区和 Y12 井区发育浅缓坡高能滩，滩体连片展布，面积大，为储层发育有利区。根据 YB 地区长兴组滩相储层测井解释、测试及试采情况分析，除研究区西北部构造高部位含气外，其他区域均不同程度含水。通过气水界面分析认为，长兴组Ⅰ期、Ⅱ期生屑滩具有大致统一水线-6300m 左右，Y5 井区为边水气藏，Y12 井区为底水气藏，其余滩体均为高含水区或纯水区。

4.1 Y5 井滩区

通过对滩相平面展布特征分析，Y5-Y9 井区发育 I 期生屑滩，滩体连片展布。通过对 Y5 井和 Y9 长兴组下段滩进行射孔酸化压裂测试，分别日产气 82.00×10⁴m³、53.00×10⁴m³。目前 Y5 井长兴组上下段礁滩合采，累计产气 7.60×10⁸m³。Y18 井为明显含水特征，Y9-1 井长兴组上下段礁滩合采，产地层水，分析认为 Y9-1 水体来自下部 I 期生屑滩，礁带构造高部位 Y5 井和 Y9 井不产地层水。

综合评价认为 Y5 井区滩体分布局限、单井产能高、物性好，但储层较薄、储量规模小。由于滩体发育边水，构造高部位 Y5 井随着生产有一定产水风险，根据滩体展布面积及储层参数计算水体规模 768×10⁴m³，结合数值模拟可以预测 Y5 井见水时间，为礁相生产井水侵预测提供依据。

4.2 Y12 井滩区

Y12 井区滩体平面分布范围相对较大，储层厚度大，物性好，储层较发育、有一定储量规模。根据测试、试采评价，Y12 井日产气 11.60×10⁴m³、日产水 15.00m³；Y24 井日产气 57.00×10⁴m³、日产水 43m³。Y12 井滩区累计产气 552.00×10⁴m³、产水 0.21×10⁴m³，由于发育边（底）水，目前生产井均已高含水，难以实现效益开发，不具备开发潜力。

5 结论

（1）YB 地区长兴组纵向上发育三期生屑滩，I 期、II 期为浅缓坡高能滩，III 期滩为礁后低能滩和开阔台地低能滩。其中，浅缓坡高能滩是储层发育有利相带，生屑滩易发生白云岩化，物性最好，单井产能高。

（2）浅缓坡高能滩平面上沿缓坡古地貌高呈条带状展布，分布局限，主要分布于 Y5 井区和 Y12 井区；礁后低能滩和开阔台地低能滩平面分布相对较广，分为东西两个滩区，共发育 6 个滩体。

（3）滩区目前高含水，不具备开发潜力，滩区产水对礁相生产井影响很大，滩体发育的礁相气井随着生产有一定产水风险，因此，根据滩的水体大小可以指导礁相气井水侵预测。

参 考 文 献

[1] 马永生，蔡勋育，赵培荣．深层、超深层碳酸盐岩油气储层形成机理研究综述[J]．地学前缘，2011，18(4)：181～192.

[2] 郭旭升，郭彤楼，黄仁春，等．普光-元坝大型气田储层发育特征与预测技术[J]．中国工程科学，2010，12(10)：82～96.

[3] 郭彤楼．川东北地区碳酸盐岩层系孔隙型与裂缝型气藏成藏差异性[J]．石油与天然气地质，2011，32(3)：311～317.

[4] 罗志立．峨眉地裂运动和四川盆地天然气勘探实践[J]．新疆石油地质，2009，30(4)：419～424.

[5] 马永生，牟传龙，谭钦银，等．关于开江-梁平海槽的认识[J]．石油与天然气地质，2006，27(3)：326～331.

[6] 马永生，牟传龙，郭旭升，等．四川盆地东北部长兴期沉积特征与沉积格局[J]．地质论评，2006，52

（1）：25~31.

［7］蔡忠贤，贾振远．碳酸盐岩台地三级层序界面的讨论［J］．地球科学，1997，41（5）：456~459.

［8］奥克塔文·卡图尼努．层序地层学原理［M］．北京：石油工业出版社，2009，17~70.

［9］武恒志，吴亚军，柯光明．川东北元坝地区长兴组生物礁发育模式与储层预测［J］．石油与天然气地质，2017，38（4）：645~657.

［10］王兴志，张帆，马青，等．四川盆地东部晚二叠世-早三叠世飞仙关期礁、滩特征与海平面变化［J］．沉积学报，2002，20（2）：249~254.

［11］马永生，牟传龙，郭彤楼，等．四川盆地东北部长兴组层序地层与储层分布［J］．地学前缘，2005，12（3）：179~185.

［12］郭彤楼．元坝气田长兴组储层特征与形成主控因素研究［J］．岩石学报，2011，27（8）：2381~2391.

［13］马永生，牟传龙，谭钦银，等．达县-宣汉地区长兴组-飞仙关组礁滩相特征及其对储层的制约［J］．地学前缘，2007，14（1）：182~192.

［14］朱光有，张水昌等．TSR对深部碳酸岩储层的溶蚀改造-四川盆地深部碳酸盐岩优质储层形成的重要方式［J］．岩石学报，2006，22（8）：2182~2193.

［15］蔡希源．川东北元坝地区长兴组大型生物礁滩体岩性气藏储层精细刻画技术及勘探实效分析［J］．中国工程科学，2011，13（10）：28~33.

［16］刘殊，唐建明，等．川东北地区长兴组-飞仙关组礁滩相储层预测［J］．石油与天然气地质，2006，27（3）：332~347.

［17］敬朋贵．川东北地区礁滩相储层预测技术与应用［J］．石油物探，2007，46（4）：363~369.

［18］贺振华，蒲勇，熊晓军，等．川东北长兴-飞仙关组礁滩储层的三维地震识别［J］．物探化探计算技术，2009，31（1）：1~5.

［19］关新，陈世加，苏旺，等．四川盆地西北部栖霞组碳酸盐岩储层特征及主控因素［J］．岩性油气藏，2018，30（2）：67~76.

［20］韩波，何治亮，任娜娜，等．四川盆地东缘龙王庙组碳酸盐岩储层特征及主控因素［J］．岩性油气藏，2018，30（1）：75~85.

元坝超深高含硫生物礁气田地质综合评价与应用

柯光明　吴亚军　徐守成

(中国石化西南油气分公司勘探开发研究院)

摘　要　元坝气田长兴组生物礁气藏分布范围广，白云岩储层厚度薄、纵横向变化大，气水分布复杂，早期直井产能偏低，气藏高效开发的基础是开展气藏地质综合评价，明确优质储层形成机理与分布规律，建立生物礁发育与储层分布模式，精细刻画生物礁及其储层平面分布，建立气藏三维精细地质模型，科学论证开发井并优化实施，为实现提高储量动用程度和单井产能提供技术支撑。本文系统总结了元坝长兴生物礁气藏地质综合评价过程中的关键做法：建立单礁体及礁群发育与储层分布模式，指导开展礁体精细刻画与储层展布预测，并建立气藏三维精细地质模型；以井型优选、井轨迹优化为核心设计井网，气田开发以水平井为主。在水平井实施过程中，采用超深薄储层水平井轨迹实时优化调整技术，确保水平段长穿优质储层。技术成果为元坝气田长兴组气藏 40 亿立方米混合含气/年产能建设及投产奠定了坚实的基础，也可以为海相深层及超深层高含硫天然气领域勘探开发提供可借鉴的成功经验和技术支撑。

关键词　发育模式；礁体刻画；储层预测；地质建模；水平井设计；轨迹优化

引言

元坝地区长兴组沉积期处于开江—梁平陆棚西侧的缓坡型台地边缘，坡度为 $8° \sim 10°$，在此背景下，水动力相对较弱，生物礁生长速度慢，礁体沉积以垂向加积、侧向迁移为主，形成了单礁体规模小、垂向多期叠置，平面分布广而散的格局。气藏含气面积近 $600 km^2$，白云岩储层厚度薄、纵横向变化大，气水分布复杂，早期直井产能偏低。气藏高效开发的基础是开展气藏地质综合评价，明确优质储层形成机理与分布规律，建立生物礁发育与储层分布模式，精细刻画生物礁及其储层平面分布，建立气藏三维精细地质模型，科学论证开发井并优化实施。本文系统总结了元坝长兴生物礁气藏地质综合评价过程中的关键做法，以期为同类气藏的开发提供指导与借鉴。

1　礁相白云岩储层分布规律与发育模式

元坝地区长兴组储层主要为台缘礁相白云岩，具有厚度薄、非均质性强的特点，为建立生物礁储层发育模式，首先明确储层发育特征、主控因素及形成机理，再根据生物礁在岩性剖面、测井曲线及地震剖面上的反映特征，建立元坝长兴生物礁发育与储层分布模式。

第一作者简介：柯光明，男(1979—)，博士，高级工程师；2007 年毕业于成都理工大学沉积学专业，现主要从事开发地质研究工作。

1.1　生物礁纵横向不同微相及其储层特征

生物礁在垂向上分为礁基、礁核、礁盖 3 种微相，在横向上分为礁前、礁顶、礁后 3 种微相，不同微相具有不同的岩性特征(图 1)。层序地层及沉积微相研究表明，元坝地区长兴组纵向上发育四期生物礁，顶部第四期礁储层最发育，次为第三期，第三四期礁相储层为主要目的层。对于同一期礁，垂向上，储层主要发育于礁盖，校核次之，礁基储层不发育，储层均厚礁盖 39.9m、礁核 14.8m、礁基 0.6m。横向上，礁顶储层最发育，礁后次之，礁前最差，储层均厚礁顶 77.0m、礁后 38.3m、礁前 32.6m。

1.2　生物礁储层发育主控因素及形成机理

元坝地区长兴组储层发育控制因素众多，主要包括有利沉积相带、海平面升降变化、建设性成岩作用以及构造破裂作用等。有利沉积相带是储层发育的基础，元坝地区长兴组最有利沉积相带为位于古地貌高处的台地边缘生物礁；沉积期高频旋回控制了储层发育的层位，储层主要发育于各四级层序下降半旋回中部、上部；建设性成岩作用提高了储层的孔隙度，元坝地区长兴发育三期白云石化作用和三期溶蚀作用，其中最主要的建设性成岩作用为早期、中期白云石化作用与中期、晚期溶蚀作用；构造破裂作用改善了储层的渗透能力和连通性，元坝地区长兴组破裂作用主要表现为三期裂缝，有效裂缝以第三期为主。

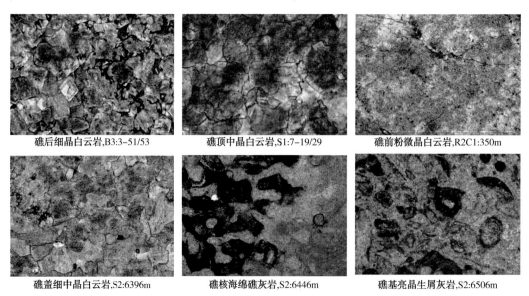

礁后细晶白云岩,B3:3-51/53　　礁顶中晶白云岩,S1:7-19/29　　礁前粉微晶白云岩,R2C1:350m

礁盖细中晶白云岩,S2:6396m　　礁核海绵礁灰岩,S2:6446m　　礁基亮晶生屑灰岩,S2:6506m

图 1　元坝地区长兴组生物礁纵横向不同微相岩性特征

礁相白云岩储层是上述多种控制因素综合作用的结果，而储层纵向、横向非均质性是由差异性成岩作用造成的。在垂向上，晚期礁比早期礁更容易暴露，同一期礁礁盖比礁核、礁基暴露概率大，更容易发生早中期白云化作用与早期溶蚀作用，因此，储层主要发育于礁盖，尤其是晚期礁盖。在横向上，礁前早中期白云化作用与早期溶蚀作用不发育，储层以粉微晶白云岩为主；礁顶早期蒸发泵白云岩化作用与溶蚀作用发育，储层以细中晶白云岩为主；礁后早期蒸发泵白云化作用与同生期溶蚀作用欠发育，储层以粉细晶白云岩为主。因此，储层集中发育于礁顶和礁后，礁前相对较差。

1.3 生物礁发育与储层分布模式

元坝地区长兴组生物礁发育与储层分布模式复杂多样，在不同微相及其展布特征研究的基础上，首先根据纵向生物礁不同微相发育特征，建立单礁体发育模式，可归纳为单期礁和双期礁两种：单期礁纵向上仅发育一个礁基-礁核-礁盖成礁旋回，双期礁纵向上发育两个成礁期次，即礁基-礁核-礁盖+礁核-礁盖。再根据地震剖面上礁盖包络振幅与阻抗的变化、内部复波反射特征及礁体间的截切关系，分析生物礁生长方式，建立礁群发育模式，垂直礁带方向可归纳为进积型与退积型 2 种，顺礁带方向可归纳为并列型、迁移型与复合叠加型 3 种。

上述研究丰富了碳酸盐岩生物礁储层形成与分布的理论基础，建立的生物礁发育与储层分布模式，为礁体精细刻画、储层定量预测、井位部署设计及轨迹优化调整提供了理论指导。

2 小礁体精细刻画与薄储层定量预测

元坝长兴组气藏埋藏超深，地震资料分辨率低，加之礁体规模小、储层厚度薄、非均质性强，为精确预测有效储层厚度及展布，主要从如何识别单礁体边界、如何提高薄储层预测精度以及如何预测储层含气性等方面开展技术攻关。

2.1 小礁体精细刻画

通过古地貌分析、瞬时相位、频谱成像及三维可视化等技术精细刻画小礁体边界及空间展布：首先通过古地貌分析恢复确定礁带及礁群之间的边界；再根据瞬时相位剖面所反映的岩性变化特征，确定单礁体尤其是礁顶的边界，最后采用频谱成像分析技术进一步分析单礁体间储层的连通性；而三维可视化技术则可用以直观展示礁带、礁群及单礁体在三维空间发育状况。通过上述方法将元坝长兴礁相区划分为 5 个相带、21 个礁群、90 个单礁体，单个礁体礁顶面积较小，平均约 $1km^2$。

2.2 薄储层定量预测

在礁带-礁群-单礁体展布精细刻画的基础上，以相控叠前地质统计学反演技术为核心，对生物礁储层厚度进行分类定量预测：首先以沉积微相作为约束条件，采用相控波阻抗反演技术，优选敏感属性预测储层总厚度；其次采用伽马拟声波反演技术剔除泥岩对优质Ⅰ类+Ⅱ类储层影响，采用叠前地质统计学反演技术剔除致密灰岩对Ⅲ类储层的影响，提高储层厚度预测的可靠程度；最后在岩石物理建模的基础上，充分考虑储层非均质性，提高纵向分辨率和储层厚度预测精度。预测结果表明：元坝长兴生物礁储层厚度平面变化大，总厚 40~100m，Ⅰ类+Ⅱ类储层厚 20~40m，优质储层主要发育于②号、③号、④号礁带西北段，①号礁带和叠合区次之，礁带东南端最差。实钻表明，开发评价及开发井实钻储层预测符合率达 95%。

2.3 储层含气性检测

集成弹性阻抗、泊松比反射、Lame 系数、地震数据结构体等方法，进行多属性融合的储层含气性检测：元坝长兴礁相储层含气响应特征表现为叠前 Lame 系数低异常、叠后高频吸收衰减异常和地震数据结构体异常，在此基础上，采用多属性融合技术很好的攻克了 7000m 以深储层流体识别难度大的问题。实钻及生产动态资料与预测结果吻合程度较高：有利含气区主要分布于②号、③号、④号礁带、礁滩叠合区西部和①号礁带西北部，不同礁、滩体气水界面均不一致，具有相对独立的气水系统。

3 复杂生物礁气藏三维精细地质建模

元坝气田长兴组气藏为复杂条带状生物礁底水气藏，具有分布范围广、井网密度低、储层纵横向变化快、流体分布复杂等特点，建立气藏三维精细地质模型对开展气藏数值模拟、开发指标预测及开发方案优化调整与稳产对策研究意义重大。

3.1 元坝长兴复杂生物礁气藏建模难点

鉴于元坝长兴组气藏复杂的地质特点，地质建模工作具有如下难点：一是元坝气田长兴组气藏建产区井型以水平井、大斜度井为主，平均井距达 4km，仅靠单井资料难以准确反映储层参数变化情况；二是元坝地区长兴组地震纵向可分辨储层厚度为 35~40m，薄储层的精细描述较难；三是利用波阻抗反演成果将地震信息带入地质建模的模拟计算中，探索两者之间对应性最好的参数难度大。

3.2 元坝长兴复杂生物礁气藏建模技术对策

针对上述难点，以分区、等时、相控、震控、确定性结合随机性等建模原则为基础，充分结合生产动态资料，以礁群为单元，采用多级双控三维地质建模技术建立气藏精细地质模型。多级包含两个方面的涵义：一是指纵向上从以三级层序为单元细化到以四级层序为单元，二是指剖面上从以礁带为单元细化到以礁群或单礁体为单元，不断提高模型精度。双控的涵义是在建模过程中，采用地质、地震双概率体进行双重约束，不断提高模型的可靠程度。

3.3 元坝长兴复杂生物礁气藏地质模型优化

多级双控三维精细地质建模技术可以有效提高在稀井网条件下复杂条带状生物礁气藏建模精度，建立符合气藏实际生产情况的储层模型，为气藏数值模拟、开发方案优化及稳产对策研究提供更加可靠的地质基础。目前，元坝气田长兴组气藏已进入稳产阶段，随着气田的持续开发，需不断完善气藏三维地质模型，其中很重要的一点是要更充分地体现礁体的空间展布形态。

为更充分体现礁体的空间展布形态，一是调研速度建模方法，优选全三维空变网格速度建模技术，建立速度模型；速度模型包含了丰富的横向和纵向速度的变化信息，能更真实地反映地下构造的变化趋势，为储层空间雕刻提供深度域属性体，深度域转换后阻抗体与实钻更加吻合。二是鉴于倾角体能显示礁体堆积的位置和几何形态，采用倾角体将时间切片垂向堆积起形成完整的生物礁背斜形态，在此基础上，利用波阻抗体进一步雕刻储层内幕接触关系，充分展示了动静态资料对生物礁气藏的认识成果。

4 小礁体底水气藏水平井优化设计

元坝长兴组气藏具有直井产能偏低、控制储量较少的特点，为有效提高单井产能及储量动用程度，以储层预测成果为基础，以优质储层分布规律为指导，结合单井技术经济界限测算结果，开展井型、井距及井轨迹优化设计研究，形成了条带状、小礁体底水气藏水平井优化设计技术。

4.1 小礁体底水气藏井型优选

根据元坝气田长兴组气藏不同礁带储层发育特点，开发井井型以水平井为主，大斜度井为辅：对于平面上发育多个连通性较差的礁体，但单个礁体规模较小的礁群，鉴于单个礁体储量不足以部署一口井，宜采用长水平段水平井穿多个礁体，提高平面上储量控制程度；对于纵向上发育多期礁相储层，且每期储层均有较厚的礁群，宜采用大斜度井穿多期礁相储层，提高纵向上储量控制程度；对于局部可能存在底水的礁群，宜采用水平井以避开水层、控制底水锥进、延长无水采气期。

4.2 小礁体底水气藏井距与水平段长度优化设计

礁体的大小及连通性决定了井距的大小及水平段长度。针对礁体间连通性好、储量大的礁群，采用常规方法确定的井距及水平段长度：根据经济合理井距、气井波及范围、规定单井产能以及数模结合经济评价等方法确定元坝地区长兴组直井合理井距为 1800~2000m，大斜度井合理井距 2000~2400m，水平井合理井距 2400~3000m。针对单礁体规模较小，地质储量不足以部署 2 口以上开发井的礁体，采用一礁一井。针对单礁体规模小，地质储量小于单井控制地质储量界限的礁群，采用一井多礁，此情况下水平段穿多个礁体，长度一般较大。

4.3 小礁体薄储层水平井轨迹优化设计

水平井轨迹设计原则：根据元坝地区长兴组生物礁储层发育特点及优质储层分布规律，有利目标区以白云岩储层相对发育的台地边缘生物礁为主，目的层以优质储层发育的晚期成礁旋回为主，靶点位于礁顶或礁后，水平段轨迹尽可能沿礁盖储层脊部。此外，为避开可能的水层，优选相对构造高部位部署。

水平井轨迹设计技术：在剖面上，优选优质储层最发育、连续性最好、含气性最佳的方位为水平段方位，确保钻遇更多的礁体、更长的优质储层。对于在垂向上不发育水层的礁体，A 靶点宜位于最有利储层中上部，便于中靶，而 B 靶点宜位于储层段中下部，以最大限度穿过有利储层，提高纵向储量控制程度；如穿多个相对独立的礁体，则 A、B 靶点间尽可能增加控制点，确保井轨迹位于礁盖优质储层内部。而对于在垂向上发育水层的礁体或礁群，水平段轨迹应尽量靠近储层的中上部(图 2)。

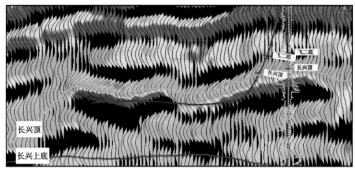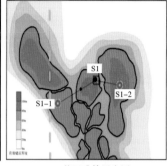

S1-1过井轨迹反演剖面图　　　　　　S1-1井区礁体展布图

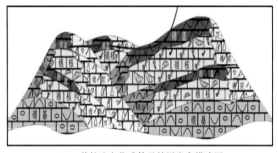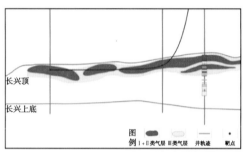

S1-1井轨迹方位礁体及储层发育模式图　　　S1-1过井轨迹气藏剖面图

图 2　元坝气田 S1-1 井轨迹设计示意图

5　超深薄储层水平井轨迹优化调整

围绕水平段如何有效避开水层和长穿优质储层，提高单井产量和井控储量以实现开发井全面达产的目的，从做好储层精细刻画入手，着力攻克超深水平井地质精确导向、轨迹实时优化和精准控制等难题，应用地质、测井和地球物理研究成果，结合钻、录井新技术，创新形成了具有元坝特色的超深薄储层水平井轨迹实时优化调整技术。在水平井实施过程中，需不断调整钻井轨迹，确保实现地质目的。

5.1　入靶前轨迹优化调整

标志层逼近控制技术：超深水平井非目的层段实钻与设计有一定的差距，在进入目的层之前，需要调整好井斜，防止进入目的层时井斜偏大或偏小，导致钻不到储层或钻穿储层，对此可通过标志层对比和随钻预测技术的结合，在入窗前对轨迹进行优化调整。首先要掌握钻井区域目的层分布、走向、厚度、深度等基本情况，选取控制对比井，建立起邻井海拔垂深和岩电对比图；再通过区域上的构造和地层情况，选取横向上分布稳定的标志层来做对比分析，随钻预测目的层垂深。

储层埋深随钻精细预测技术：针对元坝长兴储层埋深普遍超过 6500m 的地质特点，为准确预测储层埋深，为水平井轨迹优化提供准确依据，通过对钻井与地震匹配关系的深入研究，创新性的探索出超深礁滩相储层深度预测的两步法：首先利用同一礁群或礁带内已完钻井建立的速度场初步预测正钻井非目的层段关键地层组段的深度；其次在正钻井四开中完测井后，采用正钻井建立的速度场进一步提高储层埋深预测精度，精确预测目的层，尤其是A、B靶点处储层深度范围。

5.2 目的层轨迹优化调整

以生物礁发育模式及储层分布规律为指导，同时考虑气藏地质特征与工程工艺技术的结合，建立"找寻白云岩、长穿优质储层、控制迟到井深与钻头井深差、精细微调井斜确保中靶"的超深薄储层水平井目的层轨迹实时优化调整技术，指导轨迹调整具体实施，技术要点包括：

随钻储层快速综合评价：钻井实施过程中，需通过各种技术及时准确判断岩性、物性及含油气性的变化，以确定是否需要调整轨迹，并为后续井轨迹如何调整提供数据支持。一是采用化学试剂法、镜下薄片法及元素录井技术进行岩屑岩性快速识别；二是采用镜下薄片鉴定及核磁共振分析技术开展随钻物性快速分析；三是采用气测录井对钻井液中天然气的组分和含量进行分析，依此来判断地层流体性质。

控制迟到井深与钻头井深差：元坝长兴水平井井深为7500m左右，钻井迟到时间较长（200min左右）、迟到井深与钻头井深相差20m左右，为实时分析与落实岩性、物性等储层特性的细微变化，需严格控制水平段钻进过程中钻头井深与迟到井深差，当二者井深差达到一定时采取地质循环、采样分析，预测可能储层有变化时控制二者井深相差5~8m。

精细微调井斜确保中靶：水平井实施过程中，在进入目的层后派遣经验丰富的地质研究人员现场驻井，根据邻井小层划分、储层特征对比研究，结合实钻录井及近井约束反演等工作，同时与工程施工队伍紧密结合，提出增加或降低井斜角等优化调整建议是确保快速钻进、准确入靶及长穿优质储层。

5.3 不同类型储层水平井轨迹优化调整方法

长兴组气藏不同礁带、不同井区具有不同的储层组合特征，以前述目的层轨迹优化调整模式为指导，针对不同的储层组合特征，形成了系列水平井轨迹优化调整方法：

针对具底水型储层，最重要的就是有效避开水层，以避免钻采过程中的底水突进，水平井轨迹优化调整首要为沿构造高部位，控制轨迹位于礁盖储层顶部，以保证足够大的避水厚度。

针对台阶型储层，水平井轨迹优化调整首要为沿礁带走向多设控制点，使轨迹位于礁盖储层内，此外要严格控制钻井过程中的迟到井深，及时发现储层变化情况，以判断轨迹是否需要调整。

针对穿多礁体型储层，水平井轨迹优化调整首要沿礁带方向穿越多个礁体，其次在不同礁体之间增设控制点，根据今地貌的起伏增加或降低井斜角，控制轨迹均位于不同礁体礁盖储层之内，此外要严格控制钻井过程中的迟到井深，及时发现储层变化情况，以判断轨迹是否需要调整。

针对薄互层型储层，水平井轨迹优化调整首要为沿滩体走向多设控制点，使轨迹尽量位于礁盖优质储层内，此外要严格控制迟到井深，及时发现储层变化情况，以判断轨迹是否需要调整。

上述技术成果在近20口水平井中应用取得了很好的地质成果，成功实现了"蛇行"长穿

2~3个礁盖优质储层，储层平均钻遇率达 82.1%，较推广应用前提高了 42 个百分点，有 8 口井储层钻遇率达到 80% 以上，最高（N3-2 井）达 92.1%，为开发评价及开发井实现地质目的提供了技术保障。

6 结语

上述技术成果为元坝气田长兴组气藏每年 $40×10^8m^3$ 混合气产能建设的顺利实施奠定了坚实的基础，气藏于 2014 年 12 月 10 日正式投产，截至 2018 年 12 月底，已投产井 33 口，累产混合气 $120.8×10^8m^3$（净化气 $110.6×10^8m^3$），实现了气藏的高效开发。同时，目前四川盆地兴起了新一轮的海相深层及超深层高含硫天然气勘探开发热潮。中国石化在川西彭州地区深层雷口坡组勘探取得重大突破，目前正实施产能建设；在川东北阆中地区以灯影组为目的层部署了 CS1 井，在元坝地区以茅口组为目的层部署了 MK7 井。此外，中国石油针对震旦系在川东地区麻柳场部署实施了 WT1 井。本项目研究成果可以为这些海相深层及超深层高含硫天然气领域勘探开发提供了可借鉴的成功经验和技术支撑。

参 考 文 献

[1] 马永生，牟传龙，谭钦银，等．关于开江-梁平海槽的认识[J]．石油与天然气地质，2006，27（3）：326~331.

[2] 徐安娜，汪泽成，江兴福，等．四川盆地开江-梁平海槽两侧台地边缘形态及其对储层发育的影响[J]．天然气工业，2014，34（4）：37~43.

[3] 张兵，郑荣才，文华国，等．开江-梁平台内海槽东段长兴组礁滩相储层识别标志及其预测[J]．高校地质学报，2009，15（2）：273~284.

[4] 范小军．元坝地区长兴组沉积特征及对储层的控制作用[J]．西南石油大学学报（自然科学版），2015，37（2）：39~48.

[5] 邓剑，段金宝，王正和，等．川东北元坝地区长兴组生物礁沉积特征研究[J]．西南石油大学学报（自然科学版），2014，36（4）：63~72.

[6] 马永生，蔡勋育，赵培荣．元坝气田长兴组-飞仙关组礁滩相储层特征和形成机理[J]．石油学报，2014，35（6）：1001~1011.

[7] 王国茹，郭彤楼，付孝悦．川东北元坝地区长兴组台缘礁滩体系内幕构成及时空配置[J]．油气地质与采收率，2011，18（4）：40~43.

[8] 赵文光，郭彤楼，蔡忠贤，等．川东北地区二叠系长兴组生物礁类型及控制因素[J]．现代地质，2010，24（5）：951~956.

[9] 武恒志，李忠平，柯光明．元坝气田长兴组生物礁气藏特征及开发对策[J]．天然气工业，2016，36（9）：11~19.

[10] 武恒志，吴亚军，柯光明．川东北元坝地区长兴组生物礁发育模式与储层预测[J]．石油与天然气地质，2017，38（4）：645~657.

[11] 石兴春，武恒志，刘言．元坝超深高含硫生物礁气田高效开发技术与实践[M]．北京：中国石化出版社，2018：1~3.

[12] 刘言，吴亚军，龙开雄，等．超深高含硫生物礁气田安全高效开发技术[J]．天然气工业，2016，第 36 卷增刊 1：48~52.

[13] 刘言．元坝超深高含硫气田开发关键技术[J]．特种油气，2015，22（4）：94~97.

[14] 李宏涛，龙胜祥，游瑜春，等．元坝气田长兴组生物礁层序沉积及其对储层发育的控制[J]．天然气工业，2015，35(10)：1~10.

[15] 王一刚，张静，杨雨，等．四川盆地东部上二叠统长兴组生物礁气藏形成机理[J]．海相油气地质，2000，5(2)：145~152.

[16] 郑荣才，胡忠贵，冯青平，等．川东北地区长兴组白云岩储层的成因研究[J]．矿物岩石，2007，27(4)：78~84.

[17] 吴亚军，刘言，毕有益，等．元坝长兴组生物礁储层发育特征及预测技术[J]．天然气工业，2016，第36卷增刊1：1~7.

[18] 刘殊，唐建明，马永生，等．川东北地区长兴组-飞仙关组礁滩相储层预测[J]．石油与天然气地质，2006，27(3)：332~347.

[19] 周刚，郑荣才，王炯，等．川东-渝北地区长兴组礁、滩相储层预测[J]．岩性油气藏，2009，21(1)：15~21.

[20] 曾焱，刘远洋，景小燕，等．元坝长兴组生物礁气藏三维精细地质建模技术[J]．天然气工业，2016，第36卷增刊1：8~14.

[21] 刘言，王剑波，龙开雄，等．元坝超深水平井井身结构优化与轨迹控制技术[J]．西南石油大学学报(自然科学版)，2014，36(4)：131~136.

[22] 刘言，王剑波，彭光明，等．复杂礁滩体超深水平井地质导向关键技术[J]．钻采工艺，2014，3(4)：1~4.

元坝超深高含硫生物礁气田高效开发技术与实践

刘成川　柯光明　李 毓

（中国石化西南油气分公司勘探开发研究院）

摘　要　元坝气田长兴组气藏具有埋藏超深、高温高压高含硫、礁体与储层复杂、天然气组分复杂、气水关系复杂、压力系统复杂、地形地貌复杂等特点，气田开发面临地质规律认识不清、气藏精细描述难度大、早期直井产能偏低、有效提高单井产能难度大、方案抗风险能力弱、如何实现降本增效难度大、地面工程条件复杂、绿色安全开发难度大等问题。针对这些难题，中国石化西南油气分公司从积极开展先导试验、积极组织技术调研、创新管理运行机制、精心组织科研攻关、科学编制开发设计、精心组织工程施工、强化严细管理六个方面推进元坝气田开发建设。攻关形成了超深层小礁体气藏精细描述、小礁体底水气藏水平井部署优化、超深高含硫气藏水平井钻完井、高含硫气藏天然气深度净化及高含硫气田安全生产控制等技术。建成了全球首个埋深近7000m、年产$40×10^8 m^3$亿方混合气的超深层高含硫生物礁大气田和具有中国石化自主知识产权的净化厂，实现了元坝气田的安全生产和效益开发。

关键词　问题与挑战；思路与对策；高效开发；实践；超深；高含硫

引言

　　元坝气田地理位置位于四川省苍溪县、阆中市、巴中市等地，构造位置位于四川盆地川北坳陷北东向构造带与仪陇-平昌平缓构造带之间，是国内外已建成开发的、埋藏最深的超深层高含硫生物礁气田。从2007年发现元坝气田开始，到2016年全面建成投产，经过近10年的不懈努力和持续攻关，形成了系列超深层高含硫生物礁气田开发关键技术，建成了全球首个埋深近7000m、年产$40×10^8 m^3$混合气的大气田和具有中国石化自主知识产权的净化厂，实现了元坝气田的安全生产和高效开发。本文系统总结了元坝气田开发过程中在气藏精细描述、气田高效开发、气田安全控制等领域面临的困难、挑战、对策，以及攻关形成的超深高含硫生物礁气田高效开发系列技术。

1　气藏地质特点

　　与国内其他深层、高含硫气田相比，元坝长兴超深层高含硫生物礁气田具有如下特点：①埋藏超深，长兴组气藏埋深近7000m，已完钻井井深平均约7200m。②高温、高压、高含硫化氢：长兴组气藏温度平均约150℃、压力平均约70MPa、硫化氢含量平均约5.5%。③生物礁发育复杂：纵向上发育多期生物礁，平面组合叠置方式不一；单个生物礁发育规模

第一作者简介：刘成川，男（1966—），博士，教授级高级工程师，2008年毕业于成都理工大学，现主要从事气田开发综合研究工作。

小，礁顶面积平均约 1.0km²；生物礁储层厚度薄(平均约 58m)、物性差(孔隙度平均约 4.8%、渗透率平均约 $1.0\times10^{-3}\mu m^2$)、非均质性强(渗透率变异系数平均约 48.6)。天然气组分复杂：硫化氢含量平均约 5.5%，二氧化碳含量平均约 6.5%，甲硫醇含量平均约 172mg/m³，羰基硫含量平均约 144mg/m³，总有机硫含量平均约 582mg/m³。流体分布复杂：同一礁带、礁群内不同生物礁体气水界面不一致。压力系统复杂，纵向上发育多套压力系统，不同地层之间压力变化大。地理位置复杂：气田处于川东北海拔 600m 左右的山区，地势不平且河流较多。

2 开发面临的挑战与对策

2.1 气田开发面临的挑战

2.1.1 地质规律认识不清，礁滩气藏储层表征难度大

1. 礁滩储层发育模式认识不明

元坝气田长兴组主体为位于开江—梁平陆棚西侧的缓坡型台地边缘礁滩相沉积，气藏含气面积近 600km²，生物礁具有垂向多期叠置、平面发育规模小、分布散的特点，不同期次礁、滩体之间、同一期次礁、滩体之间、同一礁、滩体内部储层发育差异大。在如何确定礁滩相白云岩储层形成机理、主控因素并建立发育模式，进而指导开发选区及井位部署等工作上面临巨大的挑战。

2. 储层及流体精准预测难度大

元坝气田长兴组礁滩相储层厚度薄、不同类型储层纵向及平面变化大(图1)，且由于埋藏超深，地震剖面上可分辨的储层厚度约 40m，优质Ⅰ类+Ⅱ类储层与泥岩、Ⅲ类差储层与致密灰岩波阻抗叠置严重、生物礁内部储层非均质性强，如何预测优质Ⅰ类+Ⅱ类薄储层、剔除泥灰岩，准确识别和预测Ⅲ类储层面临巨大的挑战。同时气藏复杂的气水分布特点给流体的准确预测带来了巨大挑战。

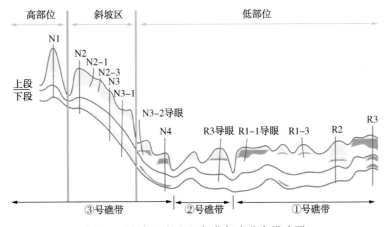

图 1 元坝气田长兴组气藏气水分布模式图

2.2.2 早期直井产能偏低，有效提高单井产能难度大

元坝气田长兴组气藏在早期测试的 8 口直井中，除 S1 井外，其余 7 口井测试无阻流量普遍偏低。如何提高单井产能主要有以下三个方面的挑战。

1. 如何制定科学的开发井网系统难度大

面对礁带、礁群、礁体之间及礁体内部储层非均质性强的特点，如何采用科学的开发井网系统是提高单井产能面临的首要环节。如何制定科学的开发井网系统面临的挑战主要包括两个方面。一是优选最优部位部署井点，二是确定合理的开发井网系统，控制底水锥进、提高储量动用程度。

2. 如何做好适时轨迹优化与控制难度大

面对成礁期次多、礁体小、储层薄、埋藏超深及高温高压的复杂地质特征与工程条件，如何做好随钻跟踪，适时进行井轨迹优化调整与准确控制，提高长水平段水平井优质储层钻遇率、实现油气成果最大化是提高单井产能面临的又一巨大挑战。

3. 超深长水平段水平井酸化改造难度大

长兴组气藏主力产层厚度薄、非均质性强的特点决定了气藏开发需要采用水平井为主的开发方式，同时由于埋藏超深、钻井周期及完井后暂封时间长，储层污染严重。超深长水平段储层酸化在准确、均匀铺置酸液有效解除泥浆对储层的伤害与深度改造工艺两个方面面临巨大的挑战。

2.2.3 方案抗风险能力弱，如何实现降本增效难度大

1. 超深水平井全井段优快钻井难度大

超深、上覆地层压力系统复杂、钻井周期长，同类型气田实施水平井国内外尚无成功先例，安全优快钻井面临极大挑战，这将直接影响开发进程和投资效益。

2. 抗硫物资和关键设备国产化难度大

进口抗硫物资及设备价格昂贵、供货周期长，是制约高含硫气田高效开发的瓶颈，打破国外技术封锁，实现抗硫物资和设备国产化面临极大挑战。

2.2.4 地面工程条件复杂，气藏绿色安全开发难度大

1. 高含硫酸性天然气深度净化难度大

天然气组分复杂，高含硫化氢和有机硫，硫化氢浓度高达 50000ppm 以上，总有机硫达 $582mg/m^3$，常规脱硫溶剂与净化技术的脱硫效率低，高含硫天然气（酸气）深度净化面临极大挑战。同时，在尾气排放要求严的今天，环境保护面临极大挑战。

2. 复杂山区湿气集输安全控制难度大

气田位于川东北复杂山区及长江上游水源保护地，地貌复杂，人口稠密，环保要求高；气田分布范围广、集输管线长，大范围、长距离湿气输送给集输环保带来挑战，安全控制难度大。

2.2 开发思路与对策

1. 总体思路

元坝气田开发建设的重要性以及面临的巨大挑战，决定了气田的开发必须按照"科学规

范、安全高效、绿色低碳、和谐一流"的思路，以创新管理模式为基础，以创新理论和技术为支撑，以"打造一流酸性气田、创建国家优质工程"为目标，以质量和效益为核心，以安全为保障，推进气田开发建设。

2. 主要对策

针对元坝气田开发面临的世界性难题，开发工作提前介入，在积极开展先导试验、系统测试与短期试采的同时，组织国内外超深高含硫气田开发技术调研，创新决策、管理、科研与控制运行模式，形成了"集团化决策，项目化管理，集成化创新，精神化传承"的元坝项目管理模式，针对开发面临的难点开展理论和技术攻关，创新形成了一套高效、安全的超深层高含硫生物礁气田的开发关键技术系列，解决了元坝气田产能建设中的主要技术难题，为元坝气田的安全高效开发提供了技术支撑。

3 主要开发实践

3.1 积极开展先导试验、推进开发准备

1. 优选先导实验区部署先导试验井

在已有勘探成果的基础上，优选已提交了探明储量的 R2~T1 井区作为先导试验区，并于 2009 年 7 月在区内同时部署了 R3、T2 两口开发先导试验井，以验证元坝地区长兴组礁滩相储层分布规律与地震响应模式，评价储量规模和单井产能，并探索超深长水平段水平井开发的工程工艺技术。

2. 强化系统测试和短期试采

受高含硫化氢影响，元坝气田早期测试主要采用单点测试方式，单个工作制度开井时间短，产量和压力波动大，井底流压未达到稳定，关井恢复时间较短，对于渗透性较差的长兴组储层压力恢复不充分，这些因素都直接影响产能评价的结果。为进一步落实单井产能，中国石化积极组织、强化单井系统测试和短期试采工作。2010 年 10 月 19 日至 11 月 3 日，采用四个工作制度对 N1 井进行了系统测试，之后开展了焚烧试采，配产 $41\times10^4m^3/d$、$32\times10^4m^3/d$，井口油压稳定在 44MPa、47MPa，初步表面该井具备 $40\times10^4m^3/d$ 的稳产能力。

3.2 积极组织技术调研、指导开发评价

为更好、更快推进元坝气田开发工作，积极组织开展国内外超深高含硫生物礁气田开发技术调研。2011 年 11 月，中国石化油田勘探开发事业部组织了历时 10d 的澳大利亚现代生物礁考察。考察内容是澳大利亚东部海域现代珊瑚生长环境、生物礁微相沉积特征、现代礁与古代西澳泥盆系礁对比分析。考察取得了丰硕成果，对生物礁生长模式、沉积微相展布及储层发育主控因素研究具有重要的指导意义。

3.3 创新管理运行机制、推进元坝会战

为加快元坝气田开发节奏，提高元坝气田开发效益，2009 年 5 月中国石化成立了集团公司一体化领导小组，统一指导、组织、协调和部署勘探评价和开发准备工作，并提出了明

确要求：勘探评价工作不仅要满足提交探明储量资料录取的要求，还要为开发评价、探井利用等提供依据；开发准备工作要提前开展，加快部署开发评价井，落实气藏开发建产潜力，探索适合气藏地质特点的钻、完井工艺技术。2011 年 8 月中国石化成立了集团公司产能建设领导小组，构建了集团总部决策、天然气工程项目管理部督导、西南油气分公司监管、元坝项目部组织实施的项目管理与控制体系；从项目可行性研究、方案设计、计划调整、过程拍板到组织实施，运用"集团化决策、项目化管理"的新体制、新模式，推进气田高效开发。

3.4　精心组织科研攻关、实施集成创新

针对元坝气田开发建设中的难点和挑战，以问题为导向，以攻关团队为支撑，以强化一体化研究为抓手，实施集成化创新，攻关超深高含硫生物礁气田高效开发理论关键技术。

1. 以问题为导向，明确攻关方向与技术路线

为做好元坝气田高效开发技术攻关和技术准备，在科学认识元坝气田复杂地质特点与工程条件、认真梳理开发存在问题和难点的基础上，以问题为导向，明确攻关方向和技术路线，确定了 1 个国家科技重大专项和 9 个省部级科技攻关项目。

2. 以攻关团队为支撑，开展多学科联合攻关

以上述 1 个国家科技重大专项和 9 个省部级科研项目为基础，逐步形成并建立了为元坝气田开发建设服务的多学科联合攻关团队。这个团队以中国石化西南油气分公司为主体，以中国石化科研院所为核心，汇集了成都理工大学、西南石油大学、四川大学等多家院校的技术力量。

3. 以强化一体化研究为抓手，实施集成创新

一体化研究是缩短气藏评价周期、客观认识气藏、科学开展产能建设的必然选择，其内容包括地质与地球物理、地质与工程、科研与生产一体化。

地质与地球物理一体化贯穿于气藏描述、方案编制与优化调整的全过程，其目的是不断提高储层预测精度、科学编制开发方案、合理部署井位并不断优化，确保实现地质目的。地质与工程一体化贯穿于井位部署与钻、完井施工的全过程，其目的是减少工程复杂程度，确保钻井成功率，提高储层钻遇率和单井产能。科研必须服务于生产，是科研与生产一体化的基本内涵，它贯穿于气田开发生产全生命周期。

中国石化通过持续强化的一体化研究为抓手，坚持自主创新、引进吸收再创新，实施集成化创新，攻关超深高含硫生物礁气田开发理论和关键技术，解决了元坝气田产能建设中的主要技术难题，为元坝气田的安全高效开发提供了技术支撑，保障了气田地高效开发。

3.5　科学编制开发方案、实时跟踪优化

开发方案是指导油气田开发的指导性技术文件，是气田开发工程项目成败和效益的关键，是气田产能建设的重要依据，气田投入开发必须要有正式批准的开发方案。中国石化高度重视元坝气田开发方案的组织、论证、编制和审查工作。为确保开发方案设计的超前性、科学性和指导性，一方面，以中国石化西南油气分公司为主体、以中国石化上游科研院所为核心的开发设计专业队伍，根据集成化创新攻关成果，按照"先礁后滩、整体部署、分步实施、滚动调整"的总体原则和分期建成产能目标的思路，基于一体化平

台开展专项论证。二是强化跟踪开发井实钻资料，不断深化构造、储层发育分布模式与气水分布规律、储量动用情况等认识，适时调整钻井轨迹，优化开发设计与井位部署，力争"少井高产"，保证气田开发效益。三是采用多种机制严格控制方案设计与施工质量，以专家组论证审查为主要形式，建立了严格的开发设计两级审查机制，即"西南油气分公司-股份公司油田部"两级审查机制，充分发挥国内外石油天然气上游领域专家队伍的技术把关作用和中国石化主管部门的组织保障作用，确保气田开发设计科学合理、应用技术先进实用，安全保障措施切实可行。

3.6 精心组织工程施工、强化严细管理

围绕"打造一流酸性气田、创建国家优质工程"目标，策划整体国家级创新先进工程，严格控制施工质量。健全项目部→业务部室→工程监理→施工单位四级质量管理体系，推行第三方责任监理模式；从严格合同管理入手，抓好承包方质保体系，提高工程建设质量的自控性。严格工程控制程序，严格工序作业标准规程，对每道工序做到严格检测，认真分析，正确判断和措施纠偏。抓好隐蔽工程、关键工序旁站监理制度的落实，强化现场质量跟踪签认和隐蔽工程监理评价，严把工序效果质量。试采集输管线一次焊接合格率98.7%，净化厂工艺管线一次焊接合格率98%。

4 攻关形成的系列高效开发技术

4.1 超深层小礁体气藏精细描述技术

1. 复杂小礁体气藏单礁体及礁群发育模式

生物礁在垂向上可分为礁基、礁核、礁盖，在横向上可分为礁前、礁顶、礁后，元坝地区长兴组生物礁发育单期礁和双期礁两种类型。在分析单期礁储层发育特征的基础上，根据礁盖包络振幅与阻抗的变化、内部复波反射特征及礁体间的截切关系，分析生物礁生长方式，建立了元坝长兴5种礁群发育，分别是垂直礁带方向的进积型与退积型，顺礁带方向的并列型、迁移型与复合叠加型。不同模式下单礁体叠置方式及储层分布特征为礁体刻画、储层预测、开发井部署和井轨迹优化等提供了重要支撑。

2. 礁体刻画、储层预测及含气性检测技术

以生物礁发育与储层分布模式为指导，综合采用古地貌分析、瞬时相位、频谱成像和三维可视化等技术，对礁带、礁群和单礁体展布进行精细刻画；元坝地区长兴组礁相区可分为四条礁带和一个礁滩叠合区，进一步精细刻画为21个礁群和90个单礁体，单礁体礁顶面积$1km^2$左右(图2)。

在单礁体识别与精细刻画的基础上，综合应用相控波阻抗反演、伽马拟声波反演、相控叠前地质统计学反演等技术，对生物礁储层进行分类预测和精细描述；元坝地区长兴组礁相储层总厚40~100m，Ⅰ类+Ⅱ类储层厚20~40m，实钻表明，元坝长兴生物礁储层预测符合率超95%。

在储层厚度预测及精细描述的基础上，综合采用叠前Lame系数、叠后吸收衰减及地震数据结构体等开展多属性融合的储层含气性检测，①号礁带整体含水、②号、③号、④号礁

带尾部构造低部位含水、滩区大部含水，实钻及测试、生产结果与含气性预测结果吻合程度较高。

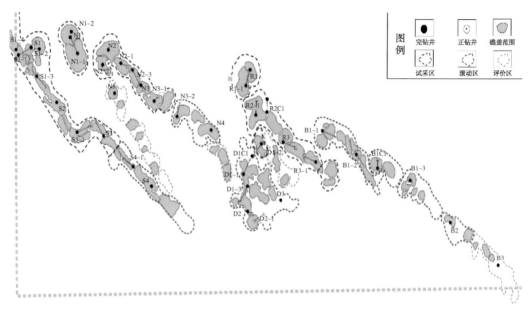

图2　元坝气田长兴组生物礁精细刻画礁顶分布范围及井位分布图

4.2　小礁体底水气藏水平井部署优化技术

1. 超深层小礁体底水气藏水平井部署技术

针对直井普遍难以达产的特点，以经济极限产量和井控储量为前提，结合元坝长兴生物礁储层分布规律、小礁体精细刻画、储层分类预测和含气性检测成果，进行气田开发井型优化与井网设计。针对单个礁体规模较小、礁体间连通性较差的礁群，采用水平井穿多个礁体，提高平面储量动用程度；针对纵向发育多期礁相储层的礁群，采用大斜度井提高纵向储量动用程度；针对局部发育底水的礁群，采用水平井以有效避开水层。元坝长兴组气藏开发以水平井为主，大斜度井为辅。

根据礁体的连通性及可动用储量优化水平段长度：连通性好、储量大的礁体，设计井间距2000~3000m，水平段长度800m；储量达不到2口以上井控储量指标的礁体部署一口井；单礁体储量小于极限经济储量的采用一井多礁；水平井方位主要沿礁带走向设计，多穿单礁体和礁相优质储层。

根据气藏精细描述成果，优选四条礁带、礁滩复合区和元坝12滩区为产能建设区，分一期试采工程和二期滚动建产两期编制了元坝长兴组气藏$34 \times 10^8 m^3/a$(净化气)开发方案。方案部署开发评价及开发井27口，其中水平井17口，大斜度井10口(图2)。

2. 超深薄储层水平井轨迹实时优化调整技术

在水平井实施过程中，要保证钻井实现地质目的，必须要做好入靶前的轨迹控制和目的层的轨迹调整。入靶前采用标志层逼近控制技术随钻预测目的层垂深，进一步采用储层埋深随钻精细预测技术提高储层埋深预测精度，看是否需要调整轨迹以确保水平段在设计的位置着陆。

进入目的层之后，采用 X 射线荧光分析和核磁共振分析新技术，随钻快速识别岩性，定量评价储层物性，及时判断轨迹是否需要调整；如轨迹需要调整，采用"寻找白云岩、穿优质储层、控制迟到井深、精细调整靶点"的水平段轨迹优化调整方法，指导水平段增斜或降斜钻进，完钻水平井均实现了"蛇行"长穿两个以上单礁体的优质薄储层，平均有效储层长度 743.7m，有效储层钻遇率 82.1%。

4.3 超深高含硫气藏水井平钻完井技术

1. 超深高含硫水平井安全优快钻井技术

通过技术引进、集成和创新，形成了以复杂多压力系统减应力-减压差井身结构设计技术、全井段钻井提速技术、裂缝性储层保护技术、预应力固井技术为核心的超深水平井安全优快钻井技术，解决了超深水平井直井段提速、斜井段中靶、水平段受控、裂缝层保护、窄间隙长裸眼固井等问题，实现了"十个月完钻一口超深水平井"（D1-3 井，完钻井深 7728m，钻井周期 282d）的提速新目标。

2. 超深长水平段多级暂堵分流酸化增产技术

研发了温控-酸控可降解纤维+固体颗粒的复合暂堵剂，研制了 160℃高温胶凝酸体系，创新形成了以"多级交替注入、纤维+固体颗粒暂堵转向深度酸化"为核心的超深长水平段多级暂堵分流酸化增产技术，突破了多级暂堵分流酸化增产措施应用极限，解决了超深、高温、高压下酸岩反应速度快、液体滤失高，长水平段难以充分改造的问题，气井酸化增产效果明显，平均增产 311%。

4.4 高含硫气藏天然气深度净化工艺包

研制了具有中国石化自主知识产权的高含硫气藏天然气深度净化工艺包，主要技术特点包括 UDS 复合溶剂深度脱除 H_2S、CO_2 和甲硫醇、羰基硫等有机硫的工艺技术的首次工业化应用、常规克劳斯非常规分流法硫黄回收工艺、国产化制硫与尾气加氢催化剂开发、超重力尾气脱硫技术、旋流分离过滤技术。该工艺包应用于元坝气田 $1200×10^4 m^3/d$ 的高含硫天然气净化装置，净化后产品气达到国标一类气指标，混合气中有机硫脱除率 93.7%，总硫回收率达 99.96%，尾气中二氧化硫浓度低于 0.02mg/L。

4.5 复杂山区高含硫气田安全生产控制技术

针对元坝高含硫气田地处复杂山区、分布范围广、集输管线长、生态环境敏感、安全控制与应急处置难度大的问题，集成了钻完井安全控制技术、改良的全湿气加热保温混输工艺技术、安全联锁控制优化技术、腐蚀监测与控制优化技术、复杂山区分址调频广播应用技术、多远信息集成技术、预处理+预蒸发+多效蒸发处理等综合水处理工艺技术、集中监控智能化管理技术等，形成了一套绿色气田建设的环境保护与安全控制技术，保障了气田生产安全平稳运行。

4.6 实现了涉酸关键设备及物资国产化

针对气田开发技术要求高、投资控制难度大，开展了涉酸关键设备及物资的国产化技术攻关，在完井物资、天然气净化厂大型尾气焚烧、采输设备、管材、机泵等的国产化方面，通过开发、应用采气井口装置国产化技术、钛合金油管技术、电镀钨合金衬管技术、机械式镍基合金复合管技术、净化厂大型尾气焚烧技术、抗硫天然气加热炉、燃气发电机电控技术等国产化技术，实现了关键设备、物资国产化，国产化率85%以上，缩短供货周期、节约了投资，保证了元坝项目提速增效。

5 结语

元坝气田开发建设攻关形成的超深层小礁体气藏精细描述技术、小礁体底水气藏水平井部署优化技术、超深高含硫水平井全井段安全优快钻井与长水平段多级暂堵分流酸化增产技术、高含硫气藏天然气深度净化工艺包、复杂山区高含硫气田安全生产控制技术等创新成果整体优于国际同类水平。元坝气田的高效安全开发为"盘活"更多的超深高含硫天然气资源开辟出了一条成功的路径；元坝气田高效开发的实践工作，以及所形成的先进管理理念和技术创新成果，可为同类型气田的开发提供有益的借鉴。

参 考 文 献

[1] 武恒志，李忠平，柯光明．元坝气田长兴组生物礁气藏特征及开发对策[J]．天然气工业，2016，36(9)：11~19.

[2] 戴金星，吴伟，房忱琛，等．2000年以来中国大气田勘探开发特征[J]．天然气工业，2015，35(1)：1~9.

[3] 赵文智，胡素云，刘伟，等．再论中国陆上深层海相碳酸盐岩油气地质特征与勘探前景[J]．天然气工业，2014，34(4)：1~9.

[4] 马永生，蔡勋育，赵培荣．深层、超深层碳酸盐岩油气储层形成机理研究综述[J]．地学前缘，2011，18(4)：181~192.

[5] 贾承造，庞雄奇．深层油气地质理论研究进展与主要发展方向[J]．石油学报，2015，36(12)：1457~1469.

[6] 李鹭光．高含硫气藏开发技术进展与发展方向[J]．天然气工业，2013，33(1)：18~24.

[7] 石兴春，武恒志，刘言．元坝超深高含硫生物礁气田高效开发技术与实践[M]．北京：中国石化出版社，2018：1~3.

[8] 马永生，牟传龙，郭旭升，等．四川盆地东北部长兴期沉积特征与沉积格局[J]．地质论评，2006，52(1)：25~31.

[9] 黄福喜，杨涛，闫伟鹏，等．四川盆地龙岗与元坝地区礁滩成藏对比分析[J]．中国石油勘探，2014，19(3)：12~20.

[10] 马永生，牟传龙，谭钦银，等．关于开江-梁平海槽的认识[J]．石油与天然气地质，2006，27(3)：326~331.

[11] 徐安娜，汪泽成，江兴福，等．四川盆地开江-梁平海槽两侧台地边缘形态及其对储层发育的影响[J]．天然气工业，2014，34(4)：37~43.

[12] 张兵，郑荣才，文华国，等．开江-梁平台内海槽东段长兴组礁滩相储层识别标志及其预测[J]．高校地质学报，2009，15(2)：273~284.

[13] 王国茹，郭彤楼，付孝悦．川东北元坝地区长兴组台缘礁滩体系内幕构成及时空配置[J]．油气地质与采收率，2011，18(4)：40~43.

[14] 赵文光，郭彤楼，蔡忠贤，等．川东北地区二叠系长兴组生物礁类型及控制因素[J]．现代地质，

2010，24（5）：951~956.

［15］刘言，吴亚军，龙开雄，等 . 超深高含硫生物礁气田安全高效开发技术［J］. 天然气工业，2016，第36卷增刊1：48~52.

［16］刘言 . 元坝超深高含硫气田开发关键技术［J］. 特种油气，2015，22（4）：94~97.

［17］刘言，王剑波，龙开雄，等 . 元坝超深水平井井身结构优化与轨迹控制技术［J］. 西南石油大学学报（自然科学版），2014，36（4）：131~136.

［18］刘言，王剑波，彭光明，等 . 复杂礁滩体超深水平井地质导向关键技术［J］. 钻采工艺，2014，3（4）：1~4.

元坝地区长兴组～飞仙关组沉积特征

柯光明　张世华　张小青　吴清杰

(中国石化西南油气分公司勘探开发研究院)

摘　要　元坝及周边地区上二叠统长兴组~下三叠统飞仙关组为一套海相碳酸盐岩地层，纵向上共发育7种沉积相类型，分别为：盆地、陆棚、台地前缘斜坡、台地边缘礁滩、开阔台地、局限台地和蒸发台地。其中长兴组为陡斜坡的盆地-斜坡-台地沉积模式，飞一~飞二为缓斜坡的盆地-斜坡-台地沉积模式；飞三~飞四为开阔台地-局限台地-蒸发台地沉积模式。元坝地区长兴组主要为台地前缘斜坡-台地边缘礁滩沉积组合，有效储集体主要为台地边缘生物礁，主要发育于元坝1井-元坝9井一线的南西方向；飞仙关组为台地前缘斜坡-台地边缘礁滩-开阔台地-局限台地-蒸发台地沉积组合，有效储集体主要为台地边缘浅滩，次为开阔台地台内滩，各滩体主要发育于元坝101井-元坝3井一线的南西方向。

关键词　沉积相；沉积模式；有利储集层；长兴组；飞仙关组；元坝地区

1　区域地质概况

元坝地区在行政上隶属于四川省南江、通江、广元、旺苍四县市，中国石化持证勘探面积4653 km²(图1)。在区域上处于米仓山前缘褶皱带与川中平缓褶皱带的过渡带，其北侧为米仓山冲断构造带；东北侧为大巴山弧形冲断构造带；西北侧为龙门山造山带。在局部构造上，其西-西北部为九龙山背斜构造，东北部为通南巴构造带，南部则是川中平缓褶皱带。通过前期的勘探评价综合研究认为元坝地区存在长兴组-飞仙关组礁滩储层发育的沉积背景及良好的油气成藏配置关系，并已得到了实钻的证实。该区可能成为川东北继普光气田之后又一具有形成特大型气藏的有利目标，是中国石化"十一五"勘探突破重点区块，是增储上产的主要资源阵地。

2　沉积相划分及各沉积相特征

2.1　沉积相划分

通过对元坝及周边地区元坝1、元坝1-侧1、元坝2、元坝3、元坝4、元坝5、龙4井和河坝1井等多口钻井的岩性、岩性组合和沉积构造特征等方面的综合分析研究，结合前人研究成果，认为元坝及周边地区长兴组至飞仙关组为发育蒸发台地、局限台地、开阔台地、台地边缘礁滩，台地前缘斜坡、陆棚和盆地共7种沉积相的盆地-斜坡-台地沉积体系组合(表1)。

第一作者简介：柯光明，男(1979—)，博士，高级工程师；2007年毕业于成都理工大学沉积学专业，现主要从事开发地质研究工作。

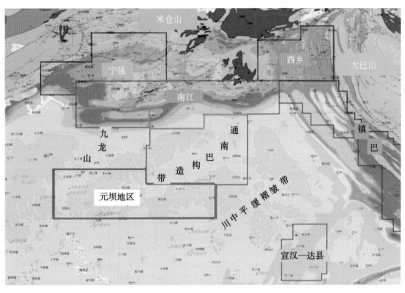

图 1　四川盆地川东北地区地理及构造位置图

表 1　元坝及周边地区上二叠统长兴组～下三叠统飞仙关组沉积相划分简表

沉积相	亚相	微相	分布主要层位
蒸发台地	蒸发潮坪、蒸发盐湖、台内滩	膏坪、云坪、膏云坪、蒸发盐湖及砂屑滩等	飞仙关组四段
局限台地	潮坪、泻湖、台内滩	灰坪、云坪、砂屑滩及泻湖等	飞仙关组四段
开阔台地	台内滩、滩间海	鲕粒滩、砂屑滩及滩间海等	飞仙关组三段
台地边缘礁滩	生物礁、台缘滩礁间、滩间海	礁基、礁核、礁翼、礁盖、鲕粒滩及砂屑滩等	长兴组、飞二段
台地前缘斜坡	台地前缘斜坡	灰岩、含泥灰岩及灰质泥岩等	长兴组、飞一段
陆棚	陆棚泥	灰岩、泥灰岩、灰泥岩	大隆组、吴家坪组
盆地	次深水盆地、深水盆地	硅质岩、页岩、泥灰岩	大隆组、吴家坪组

2.2　各沉积相特征

2.2.1　盆地相

　　盆地相为开阔的沉积盆地，水体较深，主要沉积了大套的灰黑色、黑色泥岩、硅质泥岩以及灰黑色泥质灰岩等。由于该环境处于波基面以下，无任何强烈的水动力影响，所以总体处于强还原环境，沉积物颜色暗。盆地沉积在研究区内不是很发育，主要出现在通南巴地区上二叠统大隆组及元坝地区上二叠统吴家坪组上部。

2.2.2　陆棚相

　　陆棚相是指盆地到台地前缘斜坡之间的宽缓地带，其主要的岩石类型为灰岩、含泥灰岩和灰质泥岩等。研究区内钻遇的地层中陆棚相不发育。

2.2.3 台地前缘斜坡相

台地前缘斜坡相是指碳酸盐岩台地到陆棚之间的斜坡地带，其主要的岩石类型为灰岩、含泥灰岩和灰质泥岩，局部地区发育有含云灰岩。元坝地区不同钻井上二叠统长兴组及下三叠统飞仙关组一段发育最具特色的台地前缘斜坡沉积(图2)。

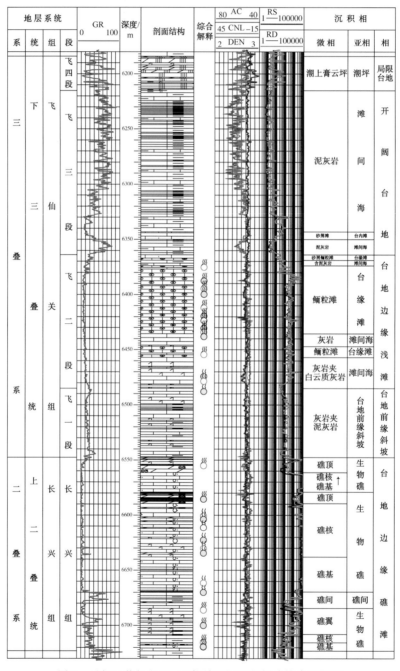

图2　元坝2井长兴组~飞仙关组沉积相划分综合柱状图

2.2.4 台地边缘礁滩相

台地边缘礁滩相位于台地前缘斜坡与台地之间的过渡地带，礁滩相复合体的组成特征取决于可供利用的有机质类型及水体条件。岩性以颗粒灰岩、生物礁灰岩为主，发育有生物礁、礁间、台缘滩及滩间海等几个亚相，进一步可划分出礁基、礁核、礁翼、礁盖、鲕粒滩及砂屑滩等多个微相。台地边缘礁滩相沉积区为最有利储集相带发育位置，研究区内于不同钻井中主要发育于长兴组中上部和飞仙关组二段(图2)。

2.2.5 开阔台地相

开阔台地指发育在台地边缘礁滩与局限台地之间的广阔海域沉积环境，海域广阔，海水循环畅通，盐度基本正常，水体深度数米至数十米。开阔台地内生物数量相对较为丰富，发育的生物主要有棘皮、腕足、三叶虫、介形虫等。主要由泥晶灰岩、砂屑灰岩所组成，一般缺乏白云岩。根据台地内地形高低及沉积水体能量大小可进一步将开阔台地划分为台内滩及滩间海两个亚相，台内滩又可进一步划分出砂屑滩、鲕粒滩、砂屑鲕粒滩等微相。开阔台地台内滩为较有利储集相带发育位置，研究区内开阔台地相主要发育于飞仙关组三段，嘉陵江组一、三段也有不同程度的发育(图2)。

2.2.6 局限台地相

局限台地是指障壁岛后向陆一侧十分平缓的海岸地带和浅水盆地，一直延伸到蒸发台地。水体循环不畅，水体极浅、能量总体不高，盐度不正常。和开阔台地相比，生物种类单调、稀少，生物为蓝绿藻、介形虫及瓣鳃；岩性主要为白云岩、白云质灰岩、灰质白云岩夹藻叠层石灰岩、泥晶灰岩，各种潮汐层理如透镜状层理、脉状层理及波状层理极为丰富。根据水动力条件和地形变化，可进一步识别出潮坪、泻湖、台内滩三个亚相和云坪、灰坪和砂屑滩等多个微相。元坝地区该沉积体系主要见于下三叠统飞仙关组飞四段、嘉陵江组嘉二段和嘉四+五段中(图2)。

2.2.7 蒸发台地相

蒸发台地位于局限台地向陆一侧的潮上沉积区，盐度高、水流循环受限制，古地貌较高或长期出露地表，蒸发作用强烈，以沉积石膏岩、盐岩、白云岩为主，各种潮汐层理、暴露溶蚀构造常见。按岩石类型的不同可进一步细分为蒸发潮坪、蒸发盐湖、台内滩等亚相和膏坪、云坪等微相。蒸发台地在研究区内主要发育于飞仙关组四段以及嘉陵江组二段、四段和五段。

3 沉积相对比

3.1 长兴组沉积相对比

从北东-南西向长兴组对比剖面(图3)可以看出，长兴组早期海水分别沿东西和北东-南西方向向元坝和通南巴方向侵入，元坝地区大致以元坝5井为例，往西为台地前缘斜坡-台地边缘礁滩沉积体系组合，往东为台地前缘斜坡-陆棚沉积体系组合；长兴组在通南巴地区相变为大隆组，以硅质岩沉积为主，为盆地-陆棚沉积体系组合。长兴组中晚期海水向盆地方向回退，在此过程中，元坝地区大致以元坝 5 井为界，以西沉积了较厚的台地边缘礁滩相地层，已有钻井的油气显示结果表明该套地层为元坝地区非常重要的有利储集层。从北西-南东向长兴组对比剖面(图 4)可以看出，龙岗地区龙岗 2 井、龙岗 1 井长兴组沉积相带展布规律与元坝地区相似，为台地前缘斜坡-台地边缘礁滩沉积体系组合，钻井油气显示及测试结果也表明该套地层为非常有利的储集层。龙 4 井沉积特征与通南巴地区相似，为长兴组相变的大隆组沉积，属盆地-陆棚沉积体系组合。

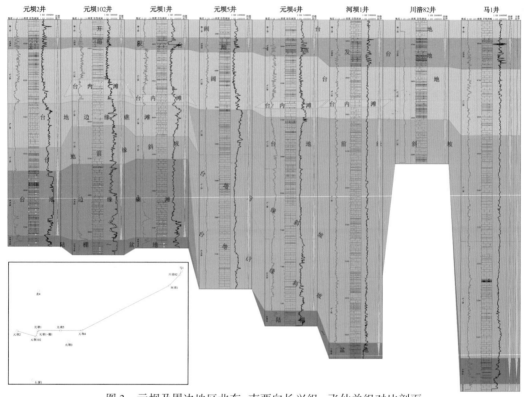

图 3　元坝及周边地区北东-南西向长兴组~飞仙关组对比剖面

3.2　飞仙关组沉积相对比

从北东-南西向飞仙关组对比剖面(图 3)可以看出，飞一段沉积时海水依旧沿东西和北东-南西方向分别向元坝和通南巴方向侵入，该时期元坝地区主要为台地前缘斜坡沉积，通南巴及龙岗地区沉积相发育特征与元坝地区基本一致，亦为台地前缘斜坡沉积。飞二段沉积时海水向盆地方向回退，元坝地区在此过程中形成了厚度变化较大的台地边缘礁滩相地层，一个明显的规律是越往西礁滩相地层沉积厚度越大，元坝 4 井礁滩相地层沉积厚度最小，飞二段总体上属于台地前缘斜坡沉积，仅在高位晚期沉积了较薄的礁滩相地层，该套台地边缘礁滩相地层为元坝地区又一套非常重要的有利储集层；通南巴地区在该时期主要为台地前缘斜坡沉积；龙岗地区则与元坝地区相似，为台地前缘斜坡-台地边缘礁滩沉积体系组合(图4)。飞三段沉积时海水从东偏南方向相通南巴和元坝地区侵入，形成一套开阔台地相沉积的灰岩地层，地层厚度变化不大，发育较稳定。在该套地层中间夹发育的鲕粒灰岩、砂屑灰岩、鲕粒砂屑灰岩为开阔台地相台内滩亚相沉积，为研究区较为有利的储集层之一，该套储集层在通南巴地区更为发育，元坝地区零星发育且厚度较薄。飞四段沉积时海水向盆地方向回退，沉积了一套较薄的白云岩加膏岩地层，属局限台地－蒸发台地沉积体系组合，该时期沉积特征在元坝、通南巴和龙岗地区基本相似，沉积厚度变化也不大。

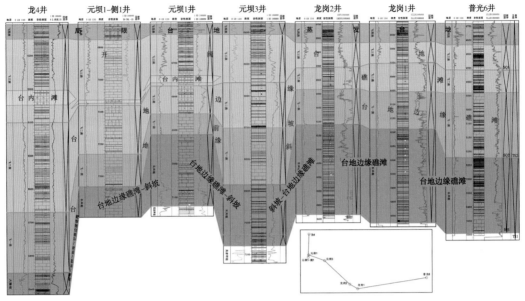

图 4　元坝及周边地区北西－南东向长兴组～飞仙关组对比剖面

4　沉积模式及演化

4.1　长兴组沉积模式

通过地震剖面建立元坝地区长兴组沉积模式(图5)。如图显示，元坝地区长兴组为发育陡斜坡的盆地－斜坡－台地沉积模式，台地－斜坡位于盆地的西侧，台地边缘发育生物礁或浅滩，台地内发育台内滩。位于盆地东部的通南巴地区礁滩相带已经得到证实，分布于铁厂河林场及椒树塘等地，林场发育生物礁，生物礁厚大于45m，顶部发育一套礁盖白云岩，是很好的储层；椒树塘以浅滩为主，由鲕粒灰岩及鲕粒白云岩组成。位于盆地西侧的元坝地区目前还没有剖面揭示生物礁或浅滩的发育，钻井揭示元坝1井位于台地边缘礁滩与斜坡之间的过渡地带，由浅滩相亮晶生屑灰岩、亮晶鲕粒灰岩及斜坡相泥晶灰岩组成；元坝1-侧1及元坝2井位于台地边缘礁滩相带，主要由生屑灰岩、含云灰岩及溶孔白云岩组成；元坝3、元坝4及元坝5井位于斜坡相带，由灰岩、含泥灰岩及泥灰岩组成。

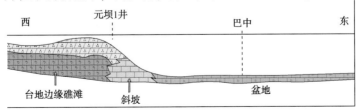

图 5　元坝地区长兴组沉积模式

4.2 飞仙关组沉积模式

4.2.1 飞仙关组一~二段沉积模式

与长兴组沉积模式不同，元坝地区飞一~飞二为发育缓斜坡的盆地-斜坡-台地沉积模式（图6），此时的沉积作用主要表现为对长兴期陆棚进行填平补齐，飞二末期早期陆棚已经基本填平。位于盆地西部的元坝地区发育缓斜坡，地震剖面上缓斜坡由大量前积构造组成，每个前积构造由斜坡及浅滩组成，中下部代表斜坡，推测岩性为泥晶灰岩、泥质灰岩夹瘤状灰岩，顶部代表浅滩，岩性以鲕粒灰岩为主。飞仙关组由两个海平面升降旋回组成，飞二段形成于早期旋回的海退时期。海退过程中，斜坡及浅滩不断地由西部向东部陆棚迁移（图7），

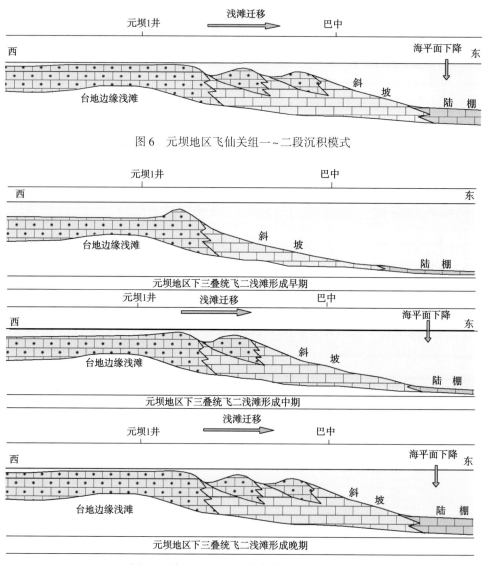

图6　元坝地区飞仙关组一~二段沉积模式

图7　元坝地区飞二段浅滩形成过程示意图

后期形成的浅滩沉积在前期斜坡沉积之上，钻井揭示元坝地区元坝2井、元坝1井及元坝1-侧1井飞二段以鲕粒灰岩为主，为台地边缘浅滩相沉积，元坝3、元坝4及元坝5井仅上部发育少量鲕粒灰岩，下部仍以灰岩、泥灰岩为主，鲕粒灰岩为海平面下降过程中后期形成的台地边缘礁滩沉积，但其主体仍为台地前缘斜坡沉积。

4.2.2 飞三~飞四段沉积模式

因海平面上升，飞三段时元坝地区总体演变为开阔台地沉积环境(图8)，继续对飞二末期较深水区填平补齐。飞三段由开阔台地台内滩及滩间组成，岩性为灰色泥晶灰岩夹亮晶鲕粒灰岩及亮晶砂屑灰岩。由于台内滩形成于海侵地质背景，一般不暴露，因而岩石没有发生白云石化，储集性能较飞二段差。飞四段时，元坝-通南巴地区演变为局限台地-蒸发台地沉积环境，岩性为白云岩、膏质白云岩及膏岩。

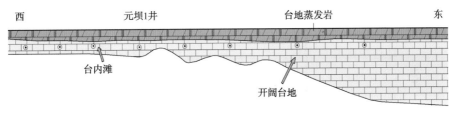

图 8　元坝地区飞仙关组三~四段沉积模式

4.3　沉积模式演化

沉积模式的形成及演化主要受大地构造性质及演化阶段控制。元坝-通南巴地区长兴期-飞仙关期沉积环境及沉积模式演化主要与元坝-通南巴之间海槽的形成与关闭有关。长兴期，位于盆地(海槽)西侧的元坝地区为发育陡斜坡的盆地-斜坡-台地沉积模式，在台地边缘发育礁滩。飞仙关组一~二段时，受构造运动影响，发生了由西向东的掀斜作用，元坝地区演变为发育缓斜坡的盆地-斜坡-台地沉积模式，沉积物不断地由西向东迁移，由于沉积物的加积作用，飞二末期早期起伏不平的地貌已在很大程度上得到了填平。飞三段时发生海侵，全区演变为开阔台地，至飞四时发生大规模海退，全区高低不平的地貌已全部填平，逐渐演变为蒸发台地(图9)。

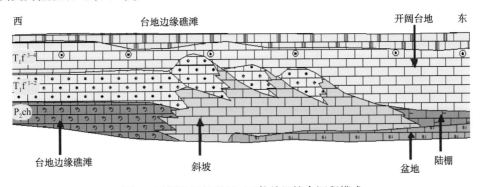

图 9　元坝地区长兴组~飞仙关组综合沉积模式

5 有利储层段沉积相平面展布特征

5.1 长兴组沉积相平面展布特征

已有研究成果表明，晚二叠世长兴期时，米仓山南缘的广元~南江一带为盆地相深水硅质岩沉积，该相带向东与鄂西至城口海槽相连，向东南可一直延伸到宣汉至达县地区(此即为川局所称的"开江—梁平"海槽)。在盆地(海槽)边缘发育斜坡-台地相灰岩沉积，有些地方还发育生物礁建造，由此形成了台地-斜坡-盆地(海槽)的沉积格局，此沉积格局控制了长兴期台地边缘礁滩相储层的分布。在此大的沉积背景下，阆中-南部~巴中~通南巴地区长兴期以盆地-陆棚以及台地前缘斜坡-台地边缘礁滩沉积为主(图10)，阆中-南部~巴中区块和通南巴区块分属两个不同的沉积体系组合。该时期通南巴地区主体位于盆地-陆棚沉积区，长兴组相变的大隆组(河坝1井)即为典型的盆地深水相沉积，往北东方向逐渐过渡为台地前缘斜坡-台地边缘礁滩相沉积，于马2井-黑池1井一带发育生物礁建造。阆中-南部至巴中地区主体位于台地边缘礁滩相沉积区，元坝-龙岗一带为台地边缘生物礁发育区，往南西方向阆中-南部为台地边缘浅滩沉积，再往南西方向则过渡为开阔台地沉积。依据地震、钻井等资料对巴中区块元坝地区沉积相平面展布特征进行更精细的研究(图11)，从中我们可以看出元坝地区长兴期主体为台地前缘斜坡-台地边缘礁滩沉积，元坝1井和元坝1-

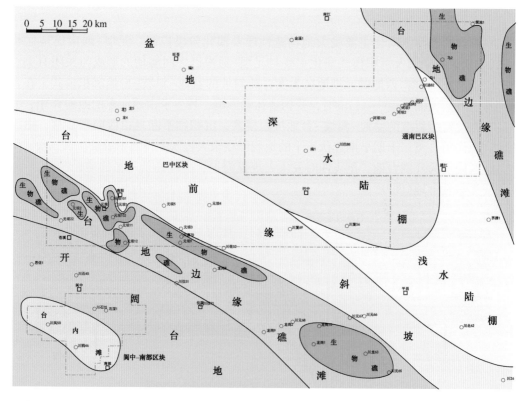

图10 元坝及周边地区长兴组沉积相平面展布图

侧1井刚好位于台地前缘斜坡-台地边缘礁滩的过渡带上，大致以元坝1井-元坝9井一线为界，往北东方向为台地前缘斜坡沉积，往南西方向则为台地边缘礁滩相沉积，沿此线发育规模较大的生物礁建造，往南西方向礁体规模减小，且出现规模亦较小的台地前缘浅滩沉积，各礁、滩体发育位置如图11所示。

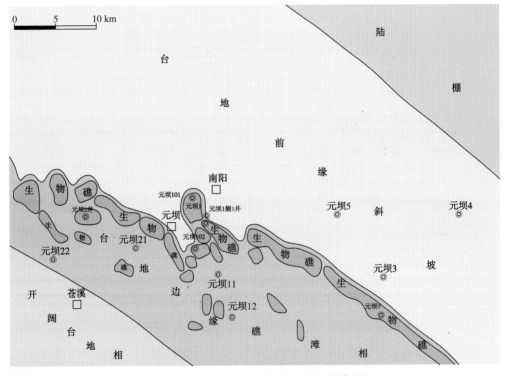

图11　元坝地区长兴组沉积相平面展布图

5.2　飞仙关组沉积相平面展布特征

川东北地区在晚二叠世所形成的台地-斜坡-盆地（海槽）的沉积格局，不仅控制了长兴期生物礁、滩的发育，还控制了飞仙关组早、中期滩体的发育和分布，直到飞仙关中晚期飞三段沉积时，海槽才基本夷平补齐，沉积环境演变为开阔台地相。在此沉积背景下，以整个飞仙关组为研究对象，阆中-南部至巴中、通南巴地区各种滩体发育，包括飞二段台地边缘浅滩以及飞三段开阔台地的台内滩，其中台地边缘浅滩主要发育于阆中-南部及巴中地区，开阔台地台内滩则主要发育于通南巴地区，此外在龙4井及碥1井一带也有开阔台地台内滩的发育，各滩体发育位置及规模如图12所示。依据地震、钻井等资料对巴中区块元坝地区飞二段沉积相平面展布特征进行更精细的研究（图13），从中我们可以看出元坝地区飞二段主体为台地前缘斜坡-台地边缘浅滩沉积，大致以元坝101井-元坝3井一线为界，往北东方向为台地前缘斜坡沉积，往南西方向则为台地边缘浅滩沉积，各滩体发育规模相差较大，以鲕粒滩为主，砂屑滩、鲕粒砂屑滩、砂屑鲕粒滩次之。需特别说明的是，元坝3、元坝4以及元坝5井飞二段主体为灰岩夹泥灰岩，属台地前缘斜坡沉积，但其上部均发育有厚度不等的鲕粒灰岩或砂屑灰岩，且具由西往东逐渐减薄的趋势，此乃海退过程中台地边缘浅滩向盆地方向延伸覆盖在前期形成的斜坡沉积之上所造成。

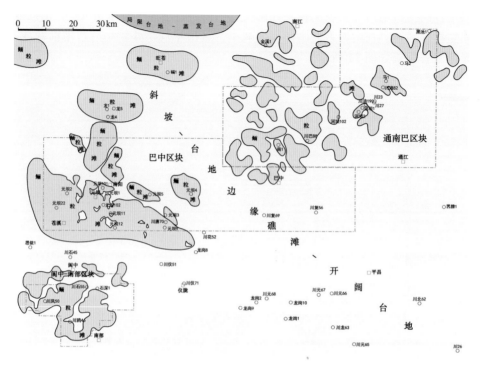

图 12　元坝及周边地区飞仙关组滩体平面展布图

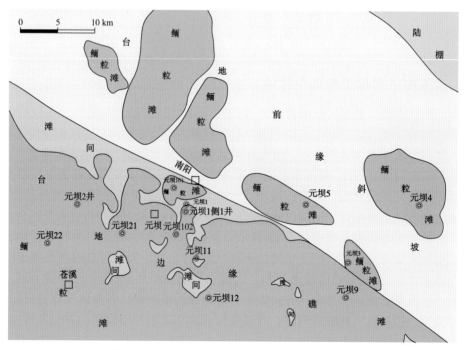

图 13　元坝地区飞一、二段沉积相平面展布图

6 结论

元坝及周边地区上二叠统长兴组至下三叠统飞仙关组为一套海相碳酸盐岩地层，纵向上共发育 7 种沉积相类型，分别为：盆地、陆棚、台地前缘斜坡、台地边缘礁滩、开阔台地、局限台地和蒸发台地。其中长兴组为陡斜坡的盆地–斜坡–台地沉积模式，飞一至飞二为缓斜坡的盆地–斜坡–台地沉积模式；飞三至飞四为开阔台地–局限台地–蒸发台地沉积模式。元坝地区长兴组主要为台地前缘斜坡–台地边缘礁滩沉积组合，有效储集体主要为台地边缘生物礁，主要发育于元坝 1 井–元坝 9 井一线的南西方向；飞仙关组为台地前缘斜坡–台地边缘礁滩–开阔台地–局限台地–蒸发台地沉积组合，有效储集体主要为台地边缘浅滩，次为开阔台地台内滩，各滩体主要发育于元坝 101 井–元坝 3 井一线的南西方向。

参 考 文 献

[1] 顾家裕，朱筱敏，贾进华，等. 塔里木盆地沉积与储层[M]. 北京：石油工业出版社，2003.

[2] 郭正吾，邓康龄，韩永辉，等. 四川盆地形成与演化[M]. 北京：地质出版社，1996.

[3] 何莹，黎平，杨宇，等. 通南巴地区上二叠统–下三叠统层序地层划分[J]. 天然气工业，2007，27（6）：22~26.

[4] 姜在兴. 沉积学[M]. 北京：石油工业出版社，2003.

[5] 刘诗荣，孔德秋. 川东北达县–宣汉地区气藏描述[R]. 中国石化股份公司西南油气分公司勘探开发研究院，2006.

[6] 马永生，牟传龙，郭彤楼，等. 四川盆地东北部飞仙关组层序地层与储层分布[J]. 矿物岩石，2005，25(4)：73~79.

[7] 马永生，牟传龙，谭钦银，等. 关于开江–梁平海槽的认识[J]. 石油与天然气地质，2006，27(3)：326~331.

[8] 牟传龙，余谦，谭钦银，等. 四川盆地东北部二叠–侏罗系沉积与层序地层研究[R]. 中石化西南油气分公司物探研究院及成都地质矿产研究所，2003.

[9] 王一刚，张静，刘兴刚，等. 四川盆地东北部下三叠统飞仙关组碳酸盐岩蒸发台地沉积相[J]. 古地理学报，2005，7(3)：357~371.

[10] 吴亚军，黎平. 川东北地区通南巴构造带气藏描述[R]. 中国石化股份公司西南油气分公司勘探开发研究院，2007.

元坝地区长兴组层序地层及沉积相特征

柯光明

(中国石化西南油气分公司勘探开发研究院)

摘　要　本文通过对川东北元坝地区露头剖面、钻井、录井、测井及地震资料的综合分析，对长兴组进行了地层、层序及沉积相研究。以约5m厚的含泥灰岩和约3m厚的炭质泥岩分别作为飞一底、长兴底的标志层来划分长兴组；其厚度在南北向表现为南薄北厚的特征，在东西向北部厚度稳定，南部则为西薄东略厚的特征。根据不同级别层序界面将元坝地区长兴组划分为2个中期和6个短期旋回层序，各层序均稳定发育但沉积厚度变化较大，明显受沉积相带展布控制。元坝地区长兴组发育陆棚、台地前缘斜坡、台地边缘礁滩和开阔台地等多种沉积相类型；层序地层格架中有利储层发育的台地边缘浅滩及生物礁礁盖沉积主要发育于短期旋回层序下降半旋回及中期旋回层序下降半旋回上部(晚期高位体系域)。平面上元坝地区长兴组表现为典型的礁、滩沉积组合，自北东向南西依次为陆棚相、斜坡相、台地边缘礁滩相、开阔台地相，礁滩发育带为有利储集相带。

关键词　岩石地层；层序地层；地震相；沉积相；长兴组；元坝地区

1　研究区概况

元坝气田位于四川省苍溪县南部及阆中市东北部，构造位于四川盆地川东北部，其南为川中低缓构造带北部斜坡，东为通南巴构造带西南端、北为九龙山背斜南端(图1)。截至2011年2月，元坝长兴组完钻井25口，其中气藏区内完钻井21口(含3口侧钻井)，正钻12口井。截至2010年10月，已对元坝长兴组气藏10口井13个层段进行产能测试，其中8口井获工业气流，测试气产量$(4.36 \sim 120.2) \times 10^4 \mathrm{m}^3/\mathrm{d}$，硫化氢含量2.64% ~ 6.87%，平均4.9%，局部产水。

2　岩石地层特征

2.1　区域地层特征

川东北地区地层自上而下依次为白垩系剑门关组，侏罗系蓬莱镇组、遂宁组、上沙溪庙组、下沙溪庙组、千佛崖组、自流井组，三叠系须家河组、雷口坡组、嘉陵江组、飞仙关组、二叠系长兴组、吴家坪组、茅口组、栖霞组、梁山组，石炭系黄龙组，志留系韩家店组。受构造运动的影响，志留系韩家店组与石炭系黄龙组、石炭系黄龙组与二叠系梁山组、

作者简介：柯光明，男(1979—)，博士，高级工程师；2007年毕业于成都理工大学沉积学专业，现主要从事开发地质研究工作。

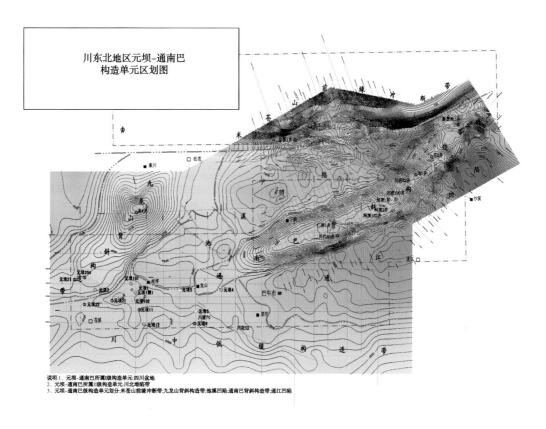

说明: 1. 元坝-通南巴所属I级构造单元: 四川盆地
2. 元坝-通南巴所属II级构造单元: 川北坳陷带
3. 元坝-通南巴III级构造单元划分: 米苍山前缘冲断带; 九龙山背斜构造带; 池溪凹陷; 通南巴背斜构造带; 通江凹陷

图 1　元坝气田区域构造位置图

龙潭组与茅口组、雷口坡组与须家河组、须家河组与侏罗系自流井组、侏罗系蓬莱镇组与白垩系剑门关组之间呈不整合接触关系。

2.2　长兴组标志层特征

据已有研究成果元坝地区长兴组位于台缘相带, 不存在跨相带的问题, 因此对于长兴组顶、底的划分主要依据标志层控制来进行。本文选择了区域稳定发育, 测井曲线具有显著特征的含泥灰岩、炭质泥岩分别作为飞一底、长兴底标志层。

2.2.1　长兴底炭质泥岩标志层

从目前已钻穿长兴组各井来看, 长兴组底部均发育一套厚 5m 左右的炭质泥岩层, 在电测曲线上表现为高 GR、高 AC、低 RT 的特征(图2), 与上部的灰岩、生屑灰岩特征明显不同。

2.2.2　飞一底含泥灰岩标志层

从目前已有钻井来看, 飞一段底部均发育一套 3m 左右厚的含泥灰岩层, 在电测曲线上表现为 GR 增大, RT 减小, DEN 曲线由锯齿状变为光滑的特征(图2), 反映了从海平面下降(局部暴露)到海侵的突变关系。

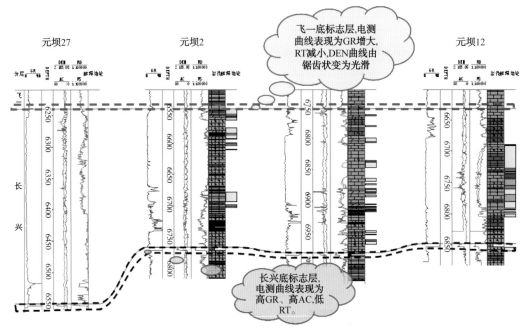

图 2　长兴顶、底标志层岩性、电性特征

2.3　长兴组岩石组合特征

　　长兴组区域地层厚度 40～360m，位于礁滩相带的长兴组地层厚度多为 130～210m，局部可达 360m。元坝地区台地边缘礁滩主体相带长兴组可分为上、下两段，分别对应两套储层，岩电特征明显，可对比性好。上段地层岩性组合底部为深灰色含泥灰岩、灰色灰岩、生屑灰岩、礁灰岩和云质灰岩，顶部为浅灰色白云岩、溶孔白云岩、生屑白云岩、生屑灰岩。受生物礁影响，处于礁体中心的厚度大于礁体边部。测井上长兴组上段均为平直低伽马，部分井早期伽马值较高，电阻率曲线整体呈高阻状，在储层发育部位呈相对低阻；下段地层岩性组合为灰色白云岩、灰质白云岩、含灰白云岩、含云生屑灰岩、生屑灰岩，测井上段和上段相似电阻率曲线整体呈高阻状，在储层发育部位呈相对低阻；在仅发育滩相地区不易将长兴组区分上下段，储层主要发育于长兴组中部，岩性以亮晶生屑白云质灰岩及亮晶生屑含云灰岩为主。

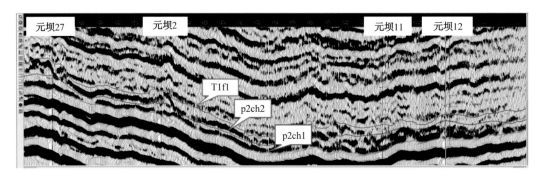

图 3　过元坝 27-元坝 2-元坝 11-元坝 12 连井地震剖面图

2.4　长兴组地层对比

利用标志层控制，对元坝地区台缘相带的元坝 1-侧 1、元坝 2、101、102、12、27、204、11、22、9、102-侧 1、2-侧平 1 及近期完钻的元坝 10、123、124、29、21 等 18 口井进行了地层划分对比。并将对比结果在地震上进行了标定，与地震比较吻合(图 3)。从地层对比图(图 4、图 5)可以看出元坝地区长兴组台缘相带地层厚度表现为南薄北厚；北部生物礁发育区东西向厚度较稳定；南部礁、滩发育区则为西薄东略厚的特征。

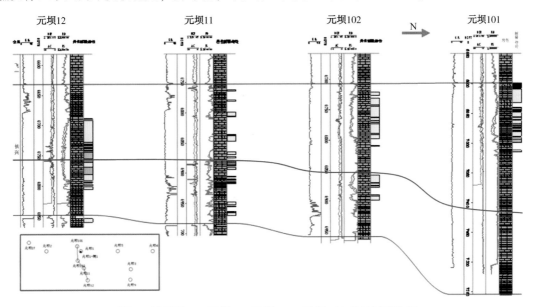

图 4　过元坝 12-元坝 11-元坝 102-元坝 101 井地层对比图

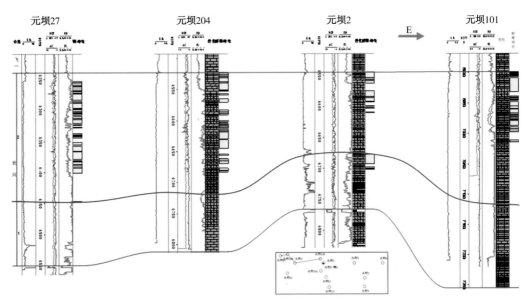

图 5　过元坝 27-元坝 204-元坝 2-元坝 101 井地层对比图

3 层序地层特征

3.1 层序界面特征

3.1.1 层序界面的成因类型

通过对川东北地区野外露头、钻井、测井和地震资料的综合分析，元坝地区上二叠统-下三叠统地层中可识别出两种类型的层序界面，其特征见表1：

表1 川东北元坝地区上二叠统长兴组-下三叠统飞仙关组层序界面类型划分表

层序界面类型	发育位置	对应于 Vail 界面类型	界面形成机理	界面标识
暴露不整合层序界面	侵蚀区	Ⅰ型层序界面(SB1)	区域海平面下降，使沉积区暴露于地表	台地或滩的暴露、侵蚀作用发育，在陆棚边缘，上覆地层上超、向盆地进积
岩性突变层序界面	沉积区	Ⅱ型层序界面(SB2)	海平面升降造成沉积环境突然转变	界面多平直，上下岩性有明显的宏观差异

1. 暴露侵蚀不整合层序界面

暴露侵蚀不整合面是以海平面相对下降为主导因素，使原沉积区暴露地表或处于渗滤带与大气带之间，造成原岩部分溶蚀或溶解而形成的。如上、下二叠统之间以及上二叠统与下三叠统之间的界面。

2. 岩性突变层序界面

岩性突变面是因海平面升降变化造成沉积环境发生改变，使沉积界面上下沉积物产生明显的差异而形成的。如长兴组内部的各次级层序界面。

3.1.2 层序界面的级别划分

已有研究成果表明，在不同性质盆地的构造-沉积演化序列中均可识别出6类具不同控制因素、发育规模和识别标志的界面，分别为：①区域性构造运动形成的不整合界面(Ⅰ级界面)；②局部构造运动形成的不整合界面(Ⅱ级界面)；③大型冲刷间断界面(Ⅲ级界面)；④结构转变界面(Ⅳ级界面)；⑤间歇暴露面与相关整合面(Ⅴ级级界面)；⑥弱冲刷面与相关整合界面(Ⅵ级界面)。其中同类界面的各项特征及其所限定的层序结构、叠加样式和时间跨度基本一致，由此可以认为此6类界面可作为划分旋回级次的基本标准。元坝地区长兴组地层中发育的不同级别层序界面特征如下：

1. 局部构造运动形成的不整合界面(Ⅱ级界面)

此类界面为对应构造演化各个阶段的不整合面，具较大幅度的穿时性。如发育于长兴组和飞仙关组之间的不整合面为典型的Ⅱ级界面(图6)。

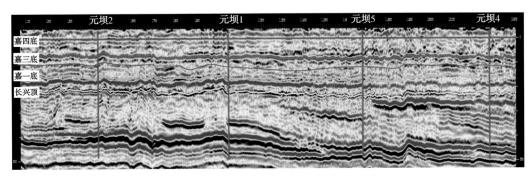

图 6　元坝地区各层序界面地震剖面表现特征

2. 大型冲刷间断界面（Ⅲ级界面）

此类界面主要表现为上、下地层呈大型冲刷接触的岩性、岩相突变关系，虽然在盆地范围内往往具有低幅穿时界面性质，但仍具有重要的等时对比意义。如长兴组与下伏吴家坪组之间的界面为典型的Ⅲ级界面。

3. 结构转变界面（Ⅳ级界面）

此类界面主要表现为间歇暴露面，较大规模的侵蚀冲刷面和与之相关的整合面，界面上常可见到岩性或岩相突变的现象，此类界面有时具有低幅穿时的界面性质，但由于在坳陷范围内广泛发育，于盆地内基本等时，识别标志大多数非常清晰，因而具极其重要的等时对比意义。如长兴组内部上亚段与下亚段之间的界面为典型的Ⅳ级界面。

4. 间歇暴露面与相关整合界面（Ⅴ级界面）

此类界面主要表现为局部发育的沉积不整合面和与之相关的整合面，其等时性仅限于坳陷的局部范围内，或于同一沉积体系中具有较好的等时对比意义。在侵蚀、搬运和沉积作用活跃的地区，此类界面往往具有间歇暴露或冲刷作用形成的短暂间断面性质，界面之下与之上的地层大多数具有岩性或岩相突变关系。而在侵蚀、搬运和沉积作用相对静滞的沉积区，此类界面主要表现为相关整合面，识别标志不清楚。在长兴组内部可识别出 4~5 个表现为岩性突变的Ⅴ级界面。

3.1.3　海泛面

一般来讲，海泛面包括初始海泛面和最大海泛面。初始海泛面是划分低水位体系域或陆棚边缘体系域与上覆海侵体系域之间的关键界面；最大海泛面是划分海侵体系域与上覆高位体系域之间的界面。元坝地区长兴组内部初始海泛面和最大海泛面的主要特征为几套发育规模不等的页岩、灰质泥岩和含泥灰岩沉积。

3.2　层序地层划分

根据界面类型的不同，可将层序分为两种类型，即Ⅰ型层序和Ⅱ型层序；根据界面级别的不同，又可将层序划分为不同的级别，其中由Ⅱ级、Ⅲ级、Ⅳ级和Ⅴ级界面所确定的层序分别为超长期、长期、中期、短期旋回层序，本文研究对象主要为中期和短期旋回层序。

通过对元坝及周边地区野外露头、钻井岩心、测井和地震资料的综合分析，重点考虑前述各界面特征在不同地区及不同钻井剖面中的发育情况，对元坝地区长兴组进行层序地层划分，可识别出 1 个长期、2 个中期(MSC1、MSC2)和 6 个短期(SSC1~SSC2)旋回层序，其各级别层序划分及其与不同岩石地层单元之间的对应关系如图 7 所示。

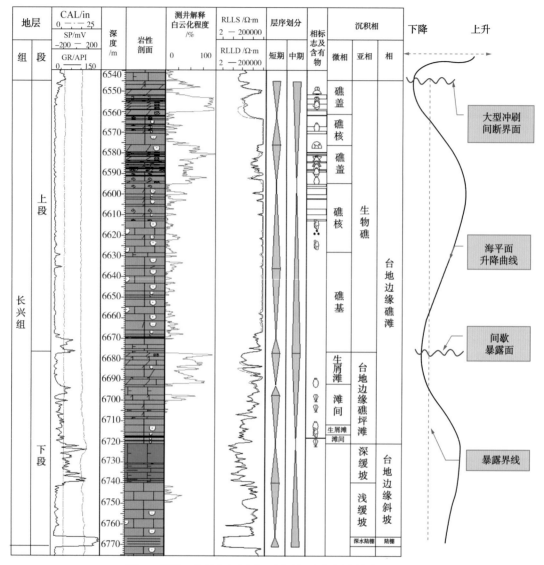

图 7　元坝 2 井长兴组层序地层及沉积相划分综合柱状图

3.3　层序地层对比

通过对元坝地区 21 口钻井的单剖面层序分析，选择资料相对齐全，并能控制整个研究区纵横向特征的单井创建连井剖面，对各单井的旋回层序从岩性、电性以及连通性等方面进行详细对比，建立层序地层格架，可为研究区沉积相对比及不同时期沉积相平面展布特征的研究奠定基础。

从元坝地区近南北向元坝 12-元坝 11-元坝 102-元坝 101 井剖面层序地层对比分析(图 8)可以看出：长兴组下部 MSC1 层序沉积厚度较稳定，而上部 MSC2 层序沉积厚度，具明显的南薄北厚的特点。通过其他对比剖面(图 9)的综合分析可以看出：①地层厚度的变化受沉积相带控制明显，生物礁发育区厚度明显增大。②层序地层格架中有利储层发育的溶孔云岩、生屑云岩主要发育于各中期旋回层序下降半旋回的中、上部；中期旋回层序上升半旋回及下降半旋回下部有利储层形成的白云岩不发育。这可能与下降半旋回沉积过程中海平面下降、前期形成的源岩更容易发生白云岩化作用有关。

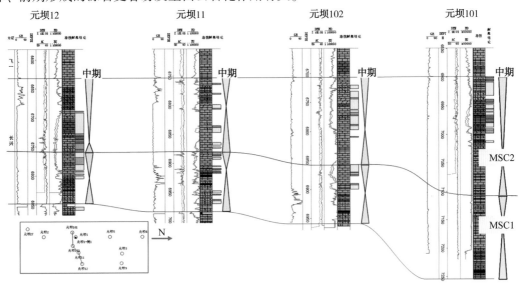

图 8 元坝地区元坝 12-元坝 11-元坝 102-元坝 101 井层序地层划分及对比图

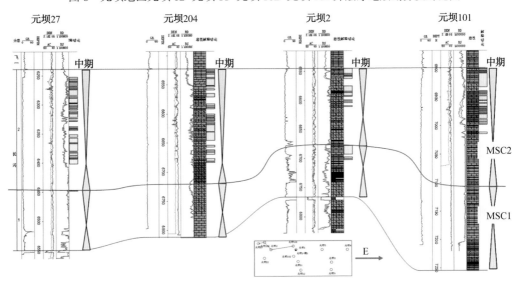

图 9 元坝地区元坝 27-元坝 204-元坝 2-元坝 101 井层序地层划分及对比图

4 沉积相特征

4.1 区域沉积相特征

区域上长兴期川东北地区古地理面貌呈北西-南东展布，呈现陆棚-台地相间格局。中部为梁平–开江陆棚，向北与广旺–鄂西深水陆棚相通，沉积大隆组炭质页岩夹硅质岩，沿梁平–开江陆棚东西侧两台地边缘发育边缘礁滩相沉积(图10)。陆棚西侧沿元坝–龙岗–铁山南一带发育生物礁；陆棚东侧沿铁厂河(林场、椒树塘及稿子坪)、普光2井、5井、6井、黄龙1井、4井及天东1井等地分布。元坝地区位于梁平–开江陆棚西侧，主要发育开阔台地、台地边缘礁滩、斜坡、浅水陆棚、深水陆棚沉积相带，古地形总体为西南高东北低，西南部为台地，东北为浅水–深水陆棚。

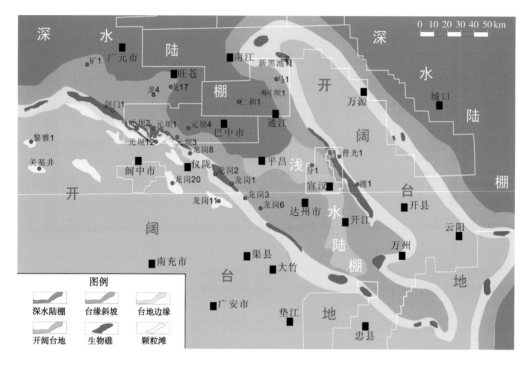

图10　川东北地区长兴期沉积相平面展布图

4.2　元坝地区长兴组沉积相特征

4.2.1　单井沉积相划分

在对区域地质背景认识的基础上，综合利用岩心、测井及地震资料分析，将元坝2井长兴组划分为陆棚、台地前缘斜坡和台地边缘礁滩3种沉积相类型(图7)。

陆棚相：平面上指盆地到台地前缘斜坡之间的宽缓地带，纵向上发育于长兴组下部MSC1层序上升半旋回底部，本井及其他钻井揭示为一套深灰–灰黑色炭质泥岩，在电测曲线上表现为高 GR、高 AC，低 RT 的特征(图2、图7)。

台地前缘斜坡相：台平面上指碳酸盐岩台地到陆棚之间的斜坡地带，纵向上主要发育于长兴组中下部MSC1层序上升半旋回，其主要的岩石类型为灰岩、含泥灰岩和生屑灰岩，局部地区发薄层灰质泥岩(图7)。

台地边缘礁滩相：平面上位于台地前缘斜坡与台地之间的过渡地带，纵向上位于长兴组中、上部MSC1层序下降半旋回及MSC2层序，在本井发育台缘浅滩和台缘生物礁亚相，台缘浅滩亚相岩性为灰色浅灰色溶孔白云岩、灰质白云岩、含灰白云岩、云质灰岩；电性上表现为低伽马，中、低电阻的特征，FMI 为暗色厚层状，溶孔发育；台缘生物礁亚相岩性为灰色含云生屑灰岩、云质生屑灰岩、生屑砂屑灰岩、浅灰色溶孔白云岩、溶孔砂屑白云岩、含灰云岩、含云灰岩等(图11)。进一步可细分为礁基、礁核及礁盖微相，礁盖在电测曲线上表现为低伽马、中高电阻的特征，FMI 为暗色厚层状，反映溶孔发育；礁基、礁核在电测曲线上表现为低伽马、极高电阻的特征，FMI 为亮色块状特征。

| 灰色生物礁灰岩 | 浅灰色针孔状白云岩 | 浅灰色溶孔白云岩 |

图 11　元坝地区元坝 2 井长兴组岩心照片

4.2.2　层序地层格架中的沉积相对比

1. 剖面地震相特征

通过对元坝地区长兴组地层地震反射影象研究，结合单井相分析，在长兴组地层中可识别出以下 4 种主要沉积相的地震标志。分别为斜坡相、台地边缘生物礁相、早期生屑滩相、晚期礁后浅滩相。

(1)斜坡相：斜坡相位于工区的东部，呈北西—南东向展布，地震剖面上，斜坡相沉积具有低频、单轴强振幅、连续性好的特征(图12)。

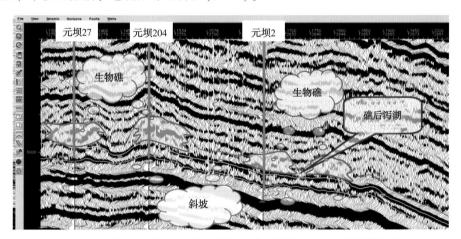

图 12　元坝地区斜坡相、生物礁相、礁后泻湖相地震反射影像特征

(2)台地边缘生物礁相：在地震剖面上表现为明显的"底平顶凸"丘状外形、内部空白或杂乱反射结构、两翼同相轴中断、上超的特征(图12)。

(3)礁后泻湖相：在地震剖面上表现为底部短轴中-强振幅、上部空白弱反射的特征

（图 12）。

（4）早期生屑滩相：在地震剖面上表现为"低频、中强变振幅、微幅蚯蚓状复波"的特征（图 13）。

（5）晚期礁后浅滩相：在地震剖面上表现为"低幅度丘状外形、中强振幅、低频"的特征（图 13）。

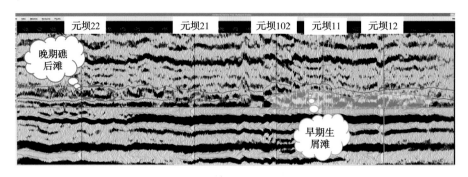

图 13　早期生屑滩、晚期礁后浅滩相地震反射影像特征

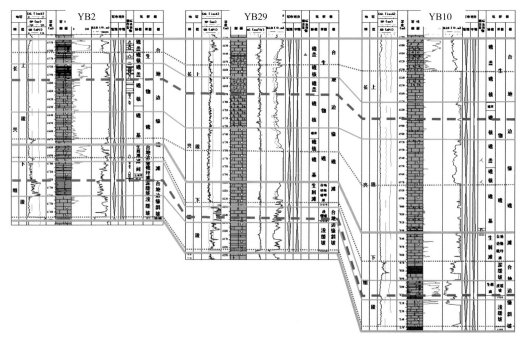

图 14　元坝地区东西向元坝 2-元坝 209-元坝 10 井长兴组沉积相对比图

2. 剖面沉积相特征

在层序地层、沉积相及剖面地震相分析的基础上，选择能控制整个研究区纵横向特征的连井剖面进行层序地层格架中的沉积相对比。以过元坝 2 井-元坝 29 井-元坝 10 井为例（图 14）：长兴组下部 MSC1 层序上升半旋回底部（低位体系域）为稳定的陆棚沉积，上部（海侵体系域）为比较稳定的台地前缘斜坡沉积；随着海平面达最大位置后开始下降，MSC1 层序下降半旋回在东西向发生了相变，下降半旋回下部（早期高位体系域）在元坝地区中、东部为斜坡沉积，往西逐渐过渡为台地边缘浅滩沉积，随着海平面的进一步下降，下降半旋回上

部(晚期高位体系域)在东西方向上表现为较稳定的台地边缘浅滩沉积。长兴组上部为又一期的海侵-海退沉积旋回,上部 MSC2 层序上升半旋回下部(低位体系域)为较稳定的礁基沉积,上升半旋回上部(海侵体系域)为礁基-礁核沉积;由于海平面的下降,MSC2 层序下降半旋回为一套礁核-礁盖的沉积组合,下降半旋回下部(早期高位体系域)仍为较稳定的礁核沉积,由于海平面的进一步下降导致元坝地区产生了间歇暴露,下降半旋回上部(晚期高位体系域)沉积了一套白云岩化了的溶孔白云岩,为礁盖沉积,且西部元坝 2 井区白云岩化程度较中、东部白云岩化更为强烈,更有利于有效储层的形成。

4.2.3 沉积相平面展布特征

1. 平面地震相及古地貌分析

1)长兴早期地震相及古地貌分析

图15 为长兴早期地震相及古地貌图,从地震相图可以看出紫色带对应的是古地貌高带区,结合单井相分析结果,确定此带即为早期高能生屑滩发育带。

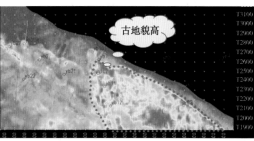

图 15　长兴早期地震相(左)-古地貌(右)图

2)长兴晚期地震相及古地貌分析

图16 为长兴晚期地震相及古地貌图,结合单井相分析及古地貌图可知,地震相图外缘杂色带为生物礁发育区,浅紫色区为礁后浅滩发育带。从古地貌图可知,各礁带上的生物礁可能并不都相连。

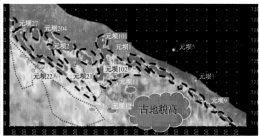

图 16　长兴晚期地震相(左)-古地貌(右)图

2. 长兴组沉积相平面展布特征

在综合利用岩心、录井、测井、地震各种资料的基础上,选择储层较发育的 SSC2、SSC3、SSC5、SSC6 为单元编制沉积相平面分布图(图17),可以看出:SSC2 层序仅在局部微古地貌高部位发育了低能的生屑滩沉积;SSC3 层序滩相分布范围明显扩大,但高能相带的滩体分布于南部工区;SSC5 层序在台地边缘部位发育了高能台地边缘生物礁,礁后发育礁坪滩；SSC6 层序基本继承了 SSC5 层序的沉积格局，但台地边缘明显向西南方向迁移。

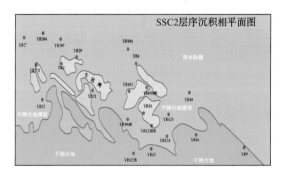

图 17　元坝地区长兴组 SSC2、SSC3、SSC5、SSC6 层序沉积相平面分布图

在此基础上，结合前人研究成果，以长兴组为编图单元编制元坝长兴组沉积相平面分布图，可以看出：元坝地区长兴组表现为典型的礁、滩沉积组合，自北东向南西为陆棚相、斜坡相、台地边缘礁滩相、开阔台地相(图 18)。

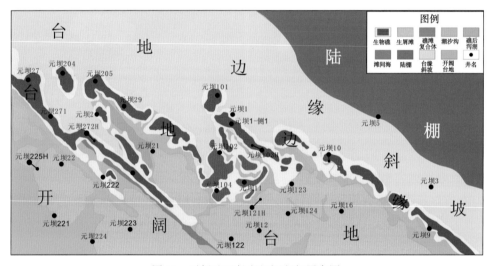

图 18　元坝地区长兴组沉积相展布图

长兴组早期西南部(元坝 12 井—元坝 11 井)为开阔台地沉积，东北部(元坝 1 井以东)为斜坡和陆棚沉积，开阔台地内局部发育薄层生屑滩、砂屑滩，除元坝 12 井外整体水体较深，储层不甚发育。随着沉积地形分异加剧，西南部逐渐演化成台地边缘，在元坝 101 井—元坝 102 井—元坝 11 井一带发育高能生物礁滩沉积(图 18)。

长兴组晚期随着沉积作用的进行，沉积地形分异进一步加剧，此时沿着开江—梁平陆棚边缘带开始形成生物礁，元坝地区长兴组生物礁主要发育在台地边缘外侧的元坝 27 井、204 井、29 井、101 井、102 井、10 井、9 井区，呈条带状分布，各个礁带之间可能并不完全相连(图 21)。同时，随着生屑加积及礁屑不断向礁后充填，在生物礁后发育礁后浅滩沉积。生物礁、礁后浅滩微相也是长兴组上部最有利的储集相带。

5 结论

通过前述分析我们可以得出以下结论：

（1）元坝地区可以约 5m 厚的含泥灰岩和约 3m 厚的炭质泥岩分别作为飞一底、长兴底的标志层来划分长兴组；长兴组厚度在南北向表现为南薄北厚的特征，在东西向北部厚度稳定，南部则为西薄东略厚的特征。

（2）元坝地区长兴组可划分为 2 个中期和 6 个短期旋回层序，各层序均稳定发育但沉积厚度变化较大，明显受沉积相带展布控制。

（3）元坝地区长兴组发育陆棚、台地前缘斜坡、台地边缘礁滩和开阔台地等多种沉积相类型；层序地层格架中有利储层发育的台地边缘浅滩及生物礁礁盖沉积主要发育于短期旋回层序下降半旋回及中期旋回层序下降半旋回上部（晚期高位体系域）。

（4）平面上元坝地区长兴组表现为典型的礁、滩沉积组合，自北东向南西依次为陆棚相、斜坡相、台地边缘礁滩相、开阔台地相，礁滩发育带为有利储集相带。

参 考 文 献

[1] 顾家裕，朱筱敏，贾进华，等．塔里木盆地沉积与储层[M]．北京：石油工业出版社，2003．
[2] 郭正吾，邓康龄，韩永辉，等．四川盆地形成与演化[M]．北京：地质出版社，1996．
[3] 何莹，黎平，杨宇，等．通南巴地区上二叠统–下三叠统层序地层划分[J]．天然气工业，2007，27（6）：22～26．
[4] 姜在兴．沉积学[M]．北京：石油工业出版社，2003．
[5] 刘诗荣，孔德秋．川东北达县–宣汉地区气藏描述[R]．中国石化股份公司西南油气分公司勘探开发研究院，2006．
[6] 马永生，牟传龙，郭彤楼，等．四川盆地东北部飞仙关组层序地层与储层分布[J]．矿物岩石，2005，25（4）：73～79．
[7] 马永生，牟传龙，谭钦银，等．关于开江–梁平海槽的认识[J]．石油与天然气地质，2006，27（3）：326～331．
[8] 牟传龙，余谦，谭钦银，等．四川盆地东北部二叠–侏罗系沉积与层序地层研究[R]．中石化西南油气分公司物探研究院及成都地质矿产研究所，2003．
[9] 吴亚军，黎平．川东北地区通南巴构造带气藏描述[R]．中国石化股份公司西南油气分公司勘探开发研究院，2007．
[10] 吴亚军，吴清杰，何莹，等．元坝地区长兴组礁滩储层形成与分布预测[R]．中国石化股份公司西南油气分公司勘探开发研究院，2011．

元坝长兴组气藏一点法产能方程的建立

杨丽娟　赵　勇　詹国卫

（中国石化西南油气分公司勘探开发研究院）

摘　要　气井产能方程是认识气井生产规律和分析预测气藏动态的重要依据，是确定合理的气井产量或气藏产量的基础。元坝长兴组气藏已完成测试25口井（35个层），但大多数井为一点法测试，且部分系统测试资料异常；计算无阻流量时，主要借用陈元千一点法和川东北一点法进行计算。本文通过对长兴组气藏部分异常测试资料进行校正处理，利用建立的二项式产能方程，求取了各井的一点法产能方程系数；并根据无阻流量情况对一点法产能方程系数进行分类统计，推导出该气藏的一点法公式，其计算结果较其他一点法更接近二项式计算结果。

关键词　气井；测试资料；校正；一点法；产能方程；无阻流量

元坝长兴组气藏已进入开发建产初期，已完成测试25口井（35个层），但大多数井为一点法测试，且部分系统测试资料异常；计算无阻流量时，主要借用陈元千一点法和川东北一点法进行计算。而实际上每口气井的一点法系数 α 值均不同，因此气井的单点产能计算公式也应不同。对于一个新的探区，面对新的地层类型，新的井身条件，用一成不变的单点法公式进行产能计算，会带来一定的风险。因此，推导本地区或气藏的一点法系数 α 值显得很有必要。

1　资料情况及异常处理

1.1　测试资料情况

目前，元坝长兴组气藏有系统测试资料的井有 12 口（13层），但仅有 3 口井（4个层）的测试资料正常，可以直接利用计算无阻流量；其余的 8 口井的测试资料异常，不能得到正常的二项式产能方程（表1）。

由于受到诸多内外因素的影响，在现场实际工作中，气井在系统试井过程中所采集的产量和压力数据往往存在不同程度的偏差，导致产能曲线呈各种异常的形态，无法求出气井无阻流量等参数。因此，必须对试井的异常资料进行分析和处理，选择适当的模型对其进行校正，从而求得气井产能参数。

表1　元坝长兴组气藏系统测试资料情况统计

曲线类型	指示曲线特征	二项式曲线特征	含　义	处理方法	备　注
1	凹向压差轴过原点		测试资料正常	—	3口井 4个层

第一作者简介：杨丽娟，女（1981—），四川西充人，毕业于西南石油大学，油气田开发专业，硕士学位，现工作于西南油气分公司勘探开发研究院开发二所，高工，主要从事川东北气藏数值模拟综合研究。

曲线类型	指示曲线特征	二项式曲线特征	含 义	处理方法	备 注
2	凹向压差轴 截距>0	B 值为负	井筒积液、压力计未至产层中部等 情况，造成测取井底流压偏小	C_w 值校正	5 口井
3	凹向压差轴 截距<0	A 值为负	测取地层压力偏小	C_e 值校正	无
4	凸向压差轴		井筒或井底附近残留液体逐渐吸净， 渗流条件变好	暂无	3 口井

在实际的产能试井中，引起资料异常的因素有很多，但根据指示曲线特征可将异常资料归纳成三种情况，即①测试井底流压偏小时，指示曲线特征凹向压差轴、截距>0，且二项式系数 B 值为负；②测试地层压力偏小时，凹向压差轴、截距<0，且二项式系数 A 值为负；③渗流条件变好时，凸向压差轴。目前，前两种异常情况对资料进行一定校正处理后，可以得到用于产能计算的有效资料；而第三种异常情况，目前尚未有比较便捷的方法进行处理。

1.2 系统试井资料异常的处理

通过辨别、诊断三种异常情况的指示曲线特征，分析认为 8 口资料异常井中，有 3 口井（3 个层）属于第三种异常情况，无法进行校正处理（目前暂无有效手段进行校正）；其余 5 口（5 个层）均属于井底流压偏低的异常情况，因此，采用 C_w 值校正法对井底流压进行校正。

设 P_{wf} 为真实井底流压，P_w 为实测的或者计算的井底流压，则其误差 $\delta = P_{wf} - P_w$；当井筒内液柱不变时，有 $P_{wf} = P_w + \delta$，则 $p_{wf}^2 = p_w^2 + 2P_w\delta + \delta^2$，故流动方程 $p_R^2 - p_{wf}^2 = Aq + Bq^2$ 的真实流动方程为：

$$p_R^2 - p_w^2 - C_w = Aq + Bq^2$$

式中：
$$C_w = 2P_w\delta + \delta^2 \tag{1}$$

由式（1）求解二项式方程，即可以计算井底流压误差 δ，再利用修正后的井底流压进行无阻流量计算。

例如 Y7 井，其系统测试资料指示曲线凹向压差轴、截距>0，且二项式系数 B 值为负（图1）；采用 C_w 值校正法对井底流压进行校正后，其二项式曲线如图2，可以利用进行无阻流量计算。

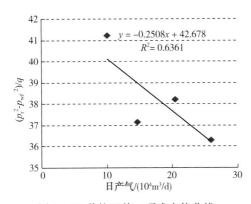

图 1　Y7 井校正前二项式产能曲线

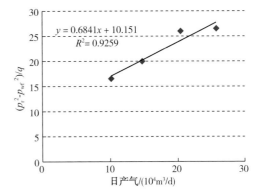

图 2　Y7 井校正后二项式产能曲线

1.3 二项式产能方程的建立

利用正常及校正后的系统测试资料，作出各井的二项式产能曲线，进行拟合可以得到各井产能方程(表2)。

表2 元坝长兴组气藏各井二项式产能方程及无阻流量

井 名	二项式产能方程	无阻流量/($10^4 \text{m}^3/\text{d}$)
Y1	$p_R^2 - p_{wf}^2 = 0.5216Q + 0.027Q^2$	401.10
Y2	$p_R^2 - p_{wf}^2 = 1.2384Q + 0.0142Q^2$	509.40
Y3	$p_R^2 - p_{wf}^2 = 0.9291Q + 0.0129Q^2$	563.50
Y4	$p_R^2 - p_{wf}^2 = 3.7Q + 0.0176Q^2$	408.30
Y5	$p_R^2 - p_{wf}^2 = 0.067Q + 0.0126Q^2$	607.59
Y6	$p_R^2 - p_{wf}^2 = 2.0982Q + 0.01124Q^2$	191.60
Y7	$p_R^2 - p_{wf}^2 = 2.54452Q + 0.1466Q^2$	180.74
Y8	$p_R^2 - p_{wf}^2 = 42.965Q + 1.0605Q^2$	48.60
Y9	$p_R^2 - p_{wf}^2 = 10.151Q + 0.6841Q^2$	74.30

2 一点法产能方程的建立

对于稳定试井的气井来说，气井的生产压差与产气量之间的关系，可由如下的二项式表示：

$$p_R^2 - p_{wf}^2 = Aq + Bq^2 \tag{2}$$

从定义出发，当取井底流动压力 $p_{wf} = 0.1013\text{MPa}$ 时，气井的最大潜在产能即为气井的绝对无阻流量，即 $q_{SC} = q_{AOF}$，则：

$$p_R^2 = Aq_{AOF} + Bq_{AOF}^2 \tag{3}$$

式(2)、式(3)两式相除得：

$$p_D = \alpha q_D + (1 - \alpha)q_D^2$$

式中：

$$p_D = \frac{p_r^2 - p_{wf}^2}{p_r^2}，无因次压力$$

$$q_D = \frac{q_{sc}}{q_{AOF}}，无因次流量$$

$$\alpha = \frac{A}{A + Bq_{AOF}}$$

根据建立的8口井9个层气井二项式产能方程(表2)，利用二项式系数 A、B 值，计算每口井的一点法系数 α。计算的一点法系数 α 从 0.05~0.45 不等，平均0.16，但高、低产井相差较大，因此，需要根据无阻流量大小与一点法系数 α 的相对关系，将气井进行分类统计，以便建立同类气井的一点法产能方程。

严格来讲，每口气井的 α 值均不同，其单点产能计算公式也应不同，但对同一类型气井而言，由于地质特征差异不大，其值 α 差异也不大。因此，参考川东北地区"一点法"产能计算经验公式的统计方法，元坝长兴组气藏对单井产能经验方程的推导，采用了分类方法，根据试气无阻流量将气井分为中低产井（$q_{AOF} < 300 \times 10^4 \mathrm{m}^3/\mathrm{d}$）和高产井（$q_{AOF} \geqslant 300 \times 10^4 \mathrm{m}^3/\mathrm{d}$）两类（图2，表3），其一点法系数 α 值平均值分别为 0.2 和 0.13，由此得出元坝长兴组"一点法"经验公式：

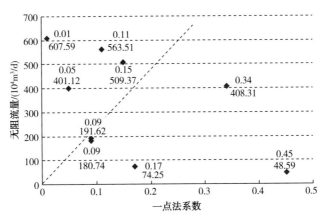

图3　各井一点法系数 α 与无阻流量的关系图

表3　各井一点法系数 α 统计表

无阻流量/($10^4\mathrm{m}^3/\mathrm{d}$)	<300	≥300	全　部
井次（口/层）	4	5	9
最小 α	0.09	0.01	0.01
最大 α	0.45	0.34	0.45
平均 α	0.20	0.13	0.16

（1）无阻流量 $1 \sim 300 \times 10^4 \mathrm{m}^3/\mathrm{d}$ 的井（$\alpha = 0.2$）：

$$q_{AOF} = \frac{8q_{\mathrm{g}}}{\sqrt{1 + 80P_{\mathrm{D}}} - 1} \tag{4}$$

（2）无阻流量大于 $300 \times 10^4 \mathrm{m}^3/\mathrm{d}$ 的井（$\alpha = 0.13$）：

$$q_{AOF} = \frac{13.15q_{\mathrm{g}}}{\sqrt{1 + 199.27P_{\mathrm{D}}} - 1} \tag{5}$$

3　应用分析

应用以上建立的元坝长兴组气藏的一点法产能公式（4）和公式（5），计算各井的无阻流量，并与由试井资料回归的二项式产能方程、陈元千一点法及川东北一点法的计算结果进行对比。

以试井资料回归的二项式产能方程计算结果作为对比标准，元坝长兴组一点法相对误差为 $0.16\% \sim 39.08\%$，平均为 12.42%；川东北一点法相对误差为 $1.43\% \sim 38.84\%$，平均为

13.42%，二者比较接近；而陈元千一点法相对误差为 3.39% ~ 40.1%，平均相对误差为 19.75%。结果表明元坝长兴组一点法比陈元千一点法计算准确度提高了 7.33 个百分点。

表 4　三种一点法产能方程计算结果对比

井　名	二项式 无阻流量/ ($10^4 m^3/d$)	陈元千一点法		川东北一点法		长兴组一点法	
		无阻流量/ ($10^4 m^3/d$)	相对误差/ %	无阻流量/ ($10^4 m^3/d$)	相对误差/ %	无阻流量/ ($10^4 m^3/d$)	相对误差/ %
Y1	401.12	561.96	40.10	451.97	12.68	459.36	14.52
Y2	509.37	604.05	18.68	495.59	2.71	502.89	1.27
Y3	563.51	733.77	30.21	551.02	2.22	563.3	0.04
Y4	408.31	357.73	12.39	291.96	28.50	296.38	27.41
Y5	607.59	688.6	13.33	509.64	16.12	521.68	14.14
Y6	191.62	198.11	3.39	188.88	1.43	191.92	0.16
Y7	180.74	201.06	11.24	197.66	9.36	188.34	4.2
Y8	48.59	29.69	38.90	29.72	38.84	29.6	39.08
Y9	74.25	67.13	9.59	67.61	8.94	66.14	10.92
平均			19.75		13.42		12.42

4　认识与结论

（1）利用系统测试资料，通过对异常资料的校正处理，建立了 8 口井 9 个层的二项式产能方程。

（2）建立的元坝长兴组气藏一点法产能计算公式，其计算结果与二项式产能方程计算结果比较接近。

（3）通过对比分析，认为元坝长兴组气藏一点法与川东北一点法准确性相当，而比陈元千一点法准确度更高；对于类似高产气井，推荐使用元坝长兴组气藏一点法和川东北一点法。

（4）考虑到气藏的非均质性以及各气井条件的不同，尤其在测试压差较小的情况下，一点法系数 α 可能在各单井存在差异。

参　考　文　献

[1] 黄炳光. 气藏工程分析方法[M]. 北京：石油工业出版社，2004，79~82.
[2] 陈元千. 油气藏工程计算方法 EM-I[M]. 北京：石油工业出版社，1990.
[3] 张培军. 一点法公式在川东气田的应用及校正[J]. 天然气勘探与开发，2004，24~25.

川东北元坝地区长兴组生物礁白云岩成因机理探讨

徐守成[1]　李国蓉[2]　张小青[1]　吴亚军[1]　景小燕[1]　刘远洋[1]

(1. 中国石化西南油气分公司勘探开发研究院；2. 油气藏地质及开发工程国家重点实验室)

摘　要　上二叠统长兴组生物礁白云岩为川东北元坝气田生物礁气藏主要储层岩石类型。长兴组生物礁白云岩储层形成，主要由白云石化作用和溶蚀作用影响控制。为了揭示生物礁白云岩成因机理，通过长兴组岩心观察、白云岩岩相学特征分析与地球化学特征分析，对白云岩的不同白云石类型及特征进行了深入研究，明确了白云岩储层的白云石化作用类型和期次。长兴组生物礁白云岩储层白云石化类型可划分为四类，主要为同生期高盐度条件蒸发白云石化作用及回流渗透白云石化作用、浅埋藏白云石化作用、早成岩期热液白云石化作用，这三期白云化作用控制了元坝地区长兴组生物礁白云岩储层质量和分布。

关键词　生物礁白云岩；白云石化作用；成因机理；长兴组；元坝地区

　　川东北元坝地区长兴组台缘生物礁勘探开发取得了重大突破，提交天然气探明储量 $1943.1 \times 10^8 \mathrm{m}^3$，对元坝气田全面评价与产能建设，并建成了国内首个超深生物礁大气田。对于本地区长兴组气藏白云岩储层成因机制，存在不同的认识，主要涉及白云石化作用和溶蚀作用两个方面。在白云石化成因研究方面，国内一些学者提出了一系列不同的白云石化模式。如蒸发白云石化和卤水渗透回流白云石化、混合水白云石化、埋藏白云石化等和正常海水白云石化模式，这些前期研究成果极大地促进了对元坝地区白云岩成因机理的认识，但是也存在一些异议。随着元坝地区长兴组气藏开发的全面展开，需要对生物礁白云岩的白云石化成因期次及模式进行深入总结归纳，以便为长兴组气藏的高效开发提供地质理论和实际指导。

　　本文充分利用元坝地区长兴组生物礁带上 15 口钻井的岩心和岩屑资料，利用白云岩岩相学特征与地球化学特征分析，对区内长兴组白云岩的白云石类型及特征进行了深入研究，进一步明确了长兴组生物礁白云岩的白云石化作用类型和期次，探讨了生物礁白云岩成因机理，尤其首次发现并提出本地区的早成岩期热液白云石化作用，是对元坝地区长兴组白云岩成因类型的重要补充。

1　地质背景

　　元坝气田构造位置位于四川盆地川北坳陷与川中低缓构造带结合部，西北与九龙山背斜构造带相接，东北与通南巴构造带相邻，南部与川中低缓构造带相连。整体具有埋藏超深、构造较平缓、断裂欠发育的特征(图1)。

　　晚二叠世长兴期，元坝地区位于上扬子地台，上扬子地台处于古特斯洋东缘，具有发育

第一作者简介：徐守成，男(1982—)，高级工程师，2010年毕业于西南石油大学，现主要从事碳酸盐岩储层地质学研究工作。

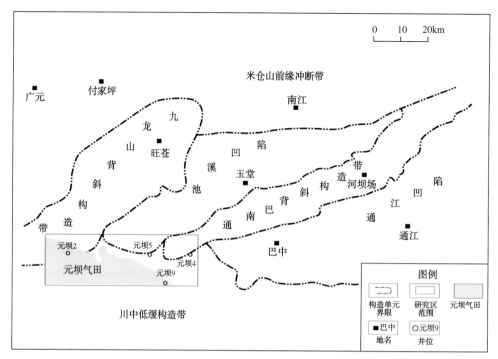

图1 川东北元坝地区构造位置图

生物礁的优越古地理环境。目前，二叠系长兴组生物礁主要分布于川东北开江—梁平海槽西缘，普光地区位于其东缘。长兴早期为缓坡型碳酸盐台地沉积，晚期为台地边缘生物礁滩沉积，在开阔台地内发育点礁和台内滩沉积，有利沉积相为台缘生物礁相，呈条带状分布于北部地区。礁相储层发育于礁顶(盖)和礁后，礁前相对较差。储层整体表现为"纵向不同类型储层不等厚互层、横向连通性差、平面厚度变化大"的强非均质性特点。

2 生物礁白云岩岩相学特征

储层岩石类型有(溶孔)残余生屑晶粒白云岩、(溶孔)晶粒白云岩、(溶孔)藻黏结微粉晶白云岩、生物礁白云岩、灰质白云岩。储层储集空间类型主要为晶间孔和晶间溶孔，其次为不规则溶孔及溶洞，少量粒间溶孔、粒内溶孔、铸模孔、微裂缝。储层总体属于低孔、中低渗储层，平均孔隙度为4.87%，平均渗透率$0.51\times10^{-3}\,\mu m^2$。具有中排驱压力和孔喉分选差的特征，孔喉组合主要为中孔细喉型，残余生屑白云岩和晶粒白云岩孔隙结构好。

白云石化作用是元坝长兴组储层形成的基础，不同白云石化作用类型的表现形式就是不同的白云石类型，通过对不同白云石类型特征分析，认为区内长兴组除了发育同生期高盐度条件下的微晶白云石、粉-细晶白云石，浅埋藏成因的粉-细晶自形白云石外，还存在一期早成岩期热液白云石化作用形成的白云石，该期热液白云石分为三种形式，分别是粉-细晶脏白云石、中粗晶脏白云石和鞍状白云石。

2.1 微晶白云石

白云石晶体细小，表面脏，结构较为均一，局部可见盐膏假晶形态，晶间孔不发育，岩石相对致密；可见岩石整体由微晶白云石组成构成微晶云岩、藻黏结云岩、颗粒云岩，也可见微晶白云石在岩石中呈斑状富集形成微晶白云石条带或斑块（图2a，b）。此类白云石仅交代改造微晶灰泥、生屑颗粒、藻黏结微晶、生物礁骨架等沉积组分。

该类白云石在阴极射线发光颜色为弱暗红色光（图2c，d），电子探针分析：MnO（%）0.01、Na_2O（%）0.07、MgO（%）19.36、CaO（%）33.85。为同生期高盐度条件下蒸发白云石化作用形成。

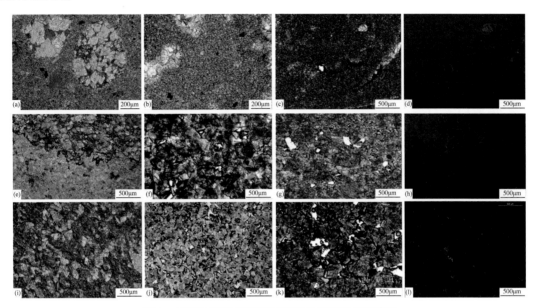

图2 元坝地区长兴组不同类型白云石岩相学特征

（a）—微晶白云石，可见盐膏假晶，元坝103H井，埋深6790m，单偏光；

（b）—微晶白云石呈斑块状分布，元坝271井，埋深6336m，单偏光；

（c）—微晶白云石均匀分布，元坝271井，埋深6325.60m，单偏光；

（d）—微晶白云石阴极发光呈弱暗红色，元坝271井，埋深6325.60m，阴极发光；

（e）—粉晶它形白云石呈斑状分布，元坝104井，埋深6705.50m，单偏光；

（f）—细晶它形脏白云石呈，元坝27井，埋深6294.41m，单偏光；

（g）—粉-细晶它形白云石，元坝28井，埋深6803.44m，单偏光；

（h）—粉-细晶它形白云石阴极发光呈暗红色光，元坝28井，埋深6803.44m，阴极发光；

（i）—分散状粉-细晶自形白云石，元坝11井，埋深6774.03m，，单偏光；

（j）—粉细晶自形白云石，元坝104井，埋深6708.94m，单偏光；

（k）—细晶自形白云石，少量半自形，元坝29井，埋深6642.50m，单偏光；

细晶自形白云石阴极发光呈暗玫瑰红色，局部晶体边缘为亮红色光环边，元坝29井，埋深6642.50m，阴极发光

2.2 粉-细晶它形白云石

此类白云石主要呈条带或斑状分布、以及构成白云岩；白云石晶体从粉晶到细晶，晶体自形程度普遍较差，呈它形晶，晶体表面普遍较脏，个别保留了原来颗粒结构的阴影，晶体之间为镶嵌状接触［图2（e）、图2（f）］。此类白云石仅交代微晶灰泥、生屑颗粒、藻黏结微晶、生物礁骨架等沉积组分。

该类白云石的阴极发光特征与微晶白云石相近，发暗红色光［图2（g）、图2（h）］，电子探针分析：MnO（%）0.01、Na_2O（%）0.06、MgO（%）20.66、CaO（%）31.64。为同生期高盐度条件回流渗透白云石化作用形成。

2.3 粉–细晶自形白云石

此类白云石在区内长兴组碳酸盐岩中最为常见，其在岩石中可呈整体云化、斑状分布、分散状分布、偶见分布等四种产状形式存在，分散状分布、斑状分布是此类白云石在岩石中的主要产出形式[图2(i)]，部分层段以整体云化形式产出[图2(j)]；白云石多呈自形晶，部分为半自形晶，多为粉–细晶级，常见晶间孔和晶间溶孔发育，部分孔洞中可见灰质和沥青等残余；白云石可交代微晶灰泥、生屑颗粒、藻黏结微晶等沉积组分和生屑粒间胶结物。

该类白云石阴极发光呈现出暗玫瑰红色的特征，局部晶体边缘为亮红色光的环边，可能是受到热液作用改造而形成[图2(k)，图2(l)]。电子探针分析：MnO(%)0.05、Na_2O(%)0.02、MgO(%)23.78、CaO(%)32.09，为浅埋藏白云石作用形成。

2.4 热液白云石

此类白云石在区内长兴组碳酸盐岩常见，具体表现为：生物礁灰岩骨架间孔洞海底胶结物末端热液白云石的沉淀和交代[图3(a)、图3(d)]、溶蚀孔洞边缘热液白云石的生长、不规则热液白云石斑块的发育[图3(b)]、生物体腔内的交代等[图3(c)]。从晶体特征上表现为三种细分类型，一类是粉–细晶白云石，与前述粉–细晶它形脏白云石明显不同，晶形怪异，局部具弧形晶面，表面较脏，实为晶体较细小的鞍状白云石；二类是中–粗晶脏白云石，晶体大小集中在0.25~1mm之间，晶形较差，多呈它形，局部呈自形–半自形，表面较脏，正交偏光下具弱波状消光特征[图3(e)]；三类是典型的鞍状白云石，晶体较粗大，可达中–粗–巨晶，晶面弯曲或弧形特征清楚，正交偏光下波状消光特征典型[图3(f)]。

图3 元坝地区长兴组热液成因白云石的微观岩石学特征
(a)—生物礁灰岩骨架间孔洞海底胶结物末端热液白云石，元坝107井，埋深6624.20m，单偏光；
(b)—不规则热液白云石斑块，元坝28井，埋深6806.48m，单偏光；
(c)—生物体腔内的交代粉晶白云石，元坝271井，埋深6325.60m，单偏光；
(d)—海底胶结物末端热液白云石，元坝102井，埋深6776.69m，单偏光；
(e)—它形中–粗晶脏白云石，元坝22井，埋深6566.97m，单偏光；
(f)—鞍状白云石，可达中–粗–巨晶，晶面弯曲或弧形特征清楚，元坝271井，埋深6434m，单偏光该类白云石阴极射线发光特征明显有别于前面所述的三类白云石，前三类白云石发光暗，此类白云石均发光强，呈桔红色-亮桔红色光[图4(a)~图4(h)]。

根据此类白云石其后受到第二期溶蚀作用(与有机酸性水有关的溶蚀作用)的改造，形成于液态石油充注之前，此期成岩作用属于早成岩期的成岩作用。结合此期热液白云石与川西北地区中二叠统内部受峨眉地裂运动影响的热液白云石的阴极发光特征具有相似性，可以认为长兴组热液白云石形成可能与受峨眉地裂运动影响的岩浆期后热液作用有关。

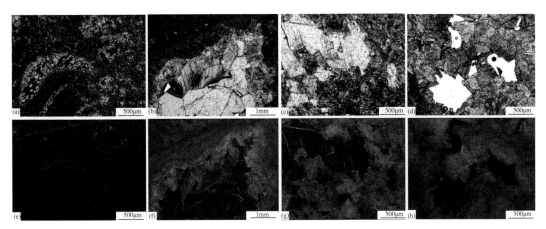

图4 元坝地区长兴组热液成因白云石的阴极发光特征

(a)、(e)—生物体腔内的交代粉晶白云石阴极发光呈桔红色，元坝271井，埋深6325.60m，(a)单偏光，(e)阴极发光；

(b)、(f)—溶蚀孔洞边缘热液白云石的阴极发光呈亮桔红色，方解石充填孔隙，

不发光，元坝10井，埋深7026.20.60m，(b)单偏光，(f)阴极发光；

(c)、(g)—溶蚀孔洞边缘热液白云石的阴极发光呈桔红色，元坝123井，埋深6997.46m，(c)单偏光，(g)阴极发光；

(d)、(h)—它形—它形—半自形中晶脏白云石的阴极发光呈亮桔红色，元坝102井，埋深6724.55m，(d)单偏光，(h)阴极发光

3 生物礁白云岩地球化学特征

3.1 白云石的有序度特征

白云石的有序度是反映白云石晶格中 Mg^{2+}、Ca^{2+} 和 CO_3^{2-} 的排列有序大小，用其(015)和(110)两个晶面衍射峰的峰强度比 $I_{(015)}/I_{(110)}$ 来表征的，比值越接近于1，表明有序度越高。一般在地表或近地表蒸发环境中，强烈的蒸发导致具有高 Mg^{2+}/Ca^{2+} 值的超浓缩孔隙流体在高盐度和较高温度条件下迫使白云石快速结晶，从而造成 Mg^{2+}、Ca^{2+} 和 CO_3^{2-} 来不及作有序排列而使形成的白云石有序度较低。相反，在埋藏条件下，由于镁离子的供给不充分，导致白云石结晶缓慢，有充足的时间形成有序的白云石晶格，有序度就高。

本次研究分未受热液改造的白云石(微晶白云石、粉-细晶他形脏白云石、粉-细晶自形白云石)以及热液成因及改造的白云石(粉-细晶白云石、中粗晶白云石)等五种类型，作出白云石X衍射有序度分布特征图(图5)。

微晶白云石有序度值为0.54~0.58，平均值为0.56，揭示其形成于蒸发环境，有序度低。粉-细晶它形脏白云石有序度低，为0.56~0.75，其平均值为0.64，表征其成岩环境与微晶白云石相似，仍是高盐度环境条件下快速白云化作用的产物。未受热液改造的粉-细晶

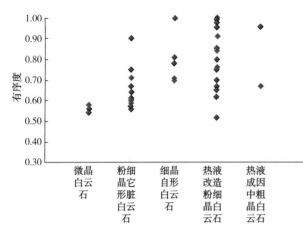

图 5　元坝地区长兴组不同类型白云石有序度分布特征

级自形白云石有序度相对较高，在 0.70~1.00 变化，平均值为 0.852，为浅埋藏成岩环境。

热液改造的粉-细晶白云石有序度相对于未受热液改造的粉-细晶它形和自形白云石有所升高，变化范围大，其可在 0.61~0.99 范围内变化，平均值为 0.78。热液成因的中粗晶白云石，有序度较高，介于 0.67~0.96，平均值为 0.82；这与广元西北乡剖面中二叠统典型热液成因的中-粗晶白云石及鞍状白云石的有序度极其相似，后者有序度在 0.68~0.90 范围内变化，平均值为 0.80。分析认为在热液作用过程中，白云石形成或先成的白云石重结晶改造，白云石结晶温度较高，但 Mg^{2+} 供给不充分，结晶速度慢，故形成较高有序度的白云石。热液作用有助于提高白云石的有序度。

3.2　白云石的碳、氧同位素组成特征

本次根据不同的白云石成因类型选送元坝长兴组白云岩全岩碳氧同位素分析 40 个样品，激光碳氧同位素分析 5 个样品。

微晶白云石 $\delta^{13}C$ 为 1.56‰~2.32‰PDB，平均值为 2.05‰PDB，$\delta^{18}O$ 值为 -3.32‰~ -3.87‰PDB，平均值为 -3.61‰PDB；粉-细晶它形脏白云石 $\delta^{13}C$ 为 2.07‰~5.56‰PDB，平均值为 4.17‰PDB，$\delta^{18}O$ 值为 -4.67‰~ -5.85‰PDB，平均值为 -5.29‰PDB（图 6）。微晶白云石和粉-细晶它形脏白云石的 $\delta^{13}C$ 和 $\delta^{18}O$ 值与长兴期正常海水相近，$\delta^{13}C$ 为 2.52‰~ 4.11‰PDB，平均值为 3.22‰PDB；$\delta^{18}O$ 值为 -4.23‰~ -6.98‰PDB，平均值为 -5.74‰ PDB（图 6）。表明白云石化流体为海水蒸发浓缩形成的高盐度水体，微晶白云石受微生物作用影响呈现 $\delta^{13}C$ 值偏轻。

未受到热液改造或热液改造较弱的粉-细晶自形白云石的分析结果，其 $\delta^{13}C$ 值在 3.64‰~4.82‰PDB 范围，平均值为 4.23‰PDB，明显较前述微晶白云石的 $\delta^{13}C$ 值高，与粉-细晶它形脏白云石大体相当；$\delta^{18}O$ 值为 -5.17‰~ -5.80‰PDB，平均值为 -5.49‰PDB（图 6），相对于前述粉-细晶它形脏白云石进一步有所降低，但降低幅度较小，揭示了白云石化流体为封存的高盐度海水，$\delta^{18}O$ 值降低与温度升高有关，但由于其 $\delta^{18}O$ 值相对于粉-细晶它形脏白云石没有较大幅度的降低，揭示了它们在埋藏深度和埋藏温度上没有大的变化，由粉-细晶它形脏白云石→粉-细晶自形白云石，可能是一个连续白云石化作用的过程（图 7），与普光地区长兴组白云岩的成因一致。与普光地区长兴组白云岩的碳氧稳定同位素组成具有较好的相似性，后者 $\delta^{13}C$ 值在 1.70‰~3.00‰PDB 范围，平均值为 2.45‰PDB，$\delta^{18}O$ 值为 -3.60‰~ -5.60‰PDB，平均值为 -5.00‰PDB。

受热液改造的粉-细晶白云石 $\delta^{13}C$ 值为 2.87‰~5.04‰PDB，平均值为 4.30‰PDB，$\delta^{18}O$ 值为 -4.75‰~ -7.27‰PDB，平均值为 -5.40‰PDB，与粉-细晶它形脏白云石和粉-细

晶自形白云石碳氧同位素非常相似，具有大范围重叠(图7)，表明先成的不同类型白云石发生程度不一的热液重结晶作用，并继承了改造前白云石的碳氧同位素特征。

中-粗晶白云石 $\delta^{13}C$ 值为 2.03‰~3.08‰PDB，平均值为 2.69‰PDB；$\delta^{18}O$ 值为 -5.15‰~-7.95‰PDB，平均值为-6.07‰PDB，相对上述各类型白云石(微晶白云石除外)的 $\delta^{13}C$ 值呈明显偏轻趋势，同时 $\delta^{18}O$ 值亦呈偏轻趋势(图6、图7)，与川北广元西北乡中二叠统碳酸盐岩中的中-粗晶白云石的 $\delta^{18}O$ 值变化特征具有相似性，中-粗晶白云石的 $\delta^{18}O$ 值在-6.09‰~-7.09‰PDB，平均值为-6.51‰PDB，结合中-粗晶白云石包裹体均一法温度测定结果，对区内长兴组中-粗晶白云石的成岩流体的 $\delta^{18}O$ 值进行了恢复，白云石化流体的 $\delta^{18}O$ 值为 11.00‰~13.00‰SMOW，与广元西北乡中二叠统中-粗晶白云石的成岩流体的$\delta^{18}O$值相近(图8)，指明这种热液白云石化流体是与二叠纪峨眉地裂运动有关的岩浆期后热液流体。

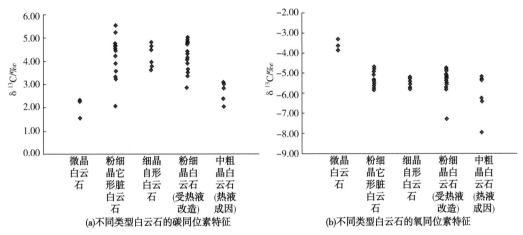

图6　元坝地区长兴组不同类型白云石的碳氧同位素特征

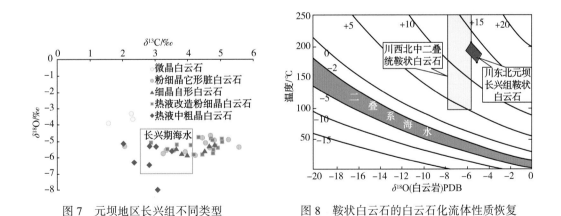

图7　元坝地区长兴组不同类型白云石碳—氧同位素交会图　　图8　鞍状白云石的白云石化流体性质恢复

热液来源的白云石化流体中的氧同位素同时受到温度和盐度的影响。热液成因白云石的 $\delta^{18}O$ 值与同期海水 $\delta^{18}O$ 同位素值相比，白云石化流体的 $\delta^{18}O$ 值，热液改造的 $\delta^{18}O$ 值和基质白云石的 $\delta^{18}O$ 值重叠较多，前者的包裹体温度高而且盐度高，可能与高盐度对氧同位素热分馏的抑制有关，尤其是在超咸卤水中，有可能掩盖真实的热液成因信息。

3.3 白云石的稀土元素组成特征

岩石或矿物中的稀土元素组成往往是成岩流体及物质来源、形成环境的指示剂，特别是识别热液作用的重要标志，通常，稀土元素 Eu 正异常、Ce 负异常指示了高温热液作用的发生。

本次研究通过阴极发光与稀土元素分析结果的对比分析对白云石的稀土元素组成进行归类，进而以球粒陨石为标准对测试数据作标准化处理并绘制出不同类型白云石与微晶灰岩的稀土元素配分模式图，同时结合 Eu、Ce 特征以及 ∑REE 值分析成岩流体和形成环境。研究发现不同类型白云石的稀土元素组成有差异，它们的成岩流体性质不一样。

3.3.1 微晶白云石

长兴组未受热液改造的微晶白云石与微晶灰岩稀土元素配分模式及元素组成对比[图9(a)]，可见此类微晶白云石与微晶灰岩 ∑REE 值较为相似，配分模式曲线基本一致，呈平缓型分布，LREE 相对弱富集，HREE 相对弱亏损，Ce、Eu 均呈负异常的特征。表征其成岩流体为正常海水或经蒸发浓缩的海水，故而对海水稀土元素组成具有一定的继承性，仅重稀土呈现少量亏损。

3.3.2 粉-细晶它形白云石

未受热液改造和受热液改造的粉-细晶它形白云石稀土元素组成及分配模式图[图9(b)、图9(e)]，该类样品中，共有15个粉-细晶他形脏白云石，其中8个样品受热液改造，由于热液作用影响稀土元素出现差异性. 未受热液改造的样品 ∑REE 值略有下降，配分模式与正常海相微晶灰岩较为相似，LREE 弱富集，HREE 弱亏损，Ce、Eu 均为负异常，表明成岩流体为正常海水或为经蒸发浓缩但较微晶白云石低的海水。受热液改造的样品 REE 特征呈现差异，表现为 Eu 为正异常，结合该层天青石等热液矿物的发现，也证实了受到后期热液的改造。

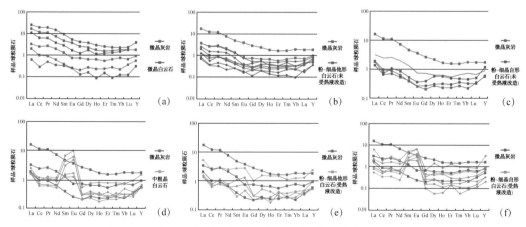

图9　元坝地区长兴组不同类型白云石的稀土元素配分模式图

(a)—微晶白云石(未受热液改造)；(b)—粉-细晶它形白云石(未受热液改造)；
(c)—粉-细晶自形白云石(未受热液改造)；(d)—中粗晶白云石；
(e)—粉-细晶它形白云石(受热液改造)；(f)—粉-细晶自形白云石(受热液改造)

3.3.3　粉-细晶自形白云石

未受热液改造和受热液改造的粉-细晶自形白云石稀土元素组成及分配模式图[图9(c)、图9(f)]，该类样品中，共有7件自形白云石样品，其REE元素组成、配分模式及Ce、Eu异常特征亦表现为两种特征：其中未受热液改造的4个白云石样品表现为与微晶灰岩相似的LREE弱富集，HREE弱亏损、Ce、Eu为负异常的特征，表明成岩流体为海水或与海水相似的地层水。受到热液改造的4个样品配分模式曲线呈现明显的差异，最明显的差异为Eu、Sm呈现正异常，结合对应井段白云石阴极发光特征，表明为热液作用改造的反映。

3.3.4　中粗晶白云石

中粗晶白云石稀土元素组成及分配模式图[图9(d)]，本次分析的5件中粗晶白云石样品，其REE元素组成、配分模式及Ce、Eu异常特征与正常海相微晶灰岩具有明显的差异性，微晶灰岩配分模式曲线相对更为平滑，而中粗晶白云石Eu正异常明显，揭示该类型白云石化流体为岩浆热液或岩浆期后热液。

3.4　白云石的包裹体特征

流体包裹体是在主矿物结晶生长过程中被捕获在晶体缺陷中，立即被继续生长的主矿物所封闭的成岩流体。因此，包裹体保存了原始成岩流体的信息和物理化学条件。流体包裹体主要被用来确定成岩古温度和成岩流体性质，从而恢复成岩环境、分析成岩演化过程。在包裹体研究中最常用的是均一温度(T_h)和盐度。通过冰点温度(T_m)测试，再利用NaCl等效溶液盐度换算公式估算成岩流体的盐度。

通过对元坝地区长兴组白云岩10个样品53个气液两相包裹体进行了均一温度(T_h)测定，以及16个冰点温度(T_m)测试。不同类型白云石包裹体均一温度差距较大。细晶白云石包裹体均一温度分布在63.3~76.5℃，而且其盐度平均5.16%。由于二叠系海水的盐度平均值大概为4.4% NaCl(陈轩，2012)，因此可以看出该期白云石化流体为浅埋藏阶段封存的地层水，盐度值略高于同期海水，细晶白云石为浅埋藏条件下的低盐度缓慢结晶过程。热液成因白云石，包裹体均一温度变化区间在100~140℃、140~200℃、220~240℃，以100~140℃范围为主[图10(a)]。白云石盐度范围为：8.55%~19.45%，平均13.00%，是同期海水盐度的三倍。长兴期元坝地区海水温度为35℃，地温梯度为3.17℃/100m计算，埋深2000m左右对应的温度约为100℃，已经处于生烃的初期阶段。而白云石与沥青的充填序列为：细晶白云石→热液成因中粗晶白云石→沥青，说明热液成因中粗晶白云石的形成时间早于油气的充注时间。故该阶段白云石化流体为地层外部的高温热液流体加入形成的超咸卤水。

广元西北乡中二叠统栖霞组白云石包裹体均一温度在90~250℃范围内变化，平均值为154℃，主要温度区间分布在110~190℃之间。鞍状白云石具有最高的包裹体均一温度，主要在96~250℃之间变化，平均值为156℃，最高可达250℃[图10(b)]，为典型受峨眉地裂运动控制与玄武岩喷发岩浆活动有关的热液成因白云石的包裹体均一温度分布特征，元坝地区长兴组热液白云石的包裹体均一法温度分布与之极其相似，可能也指明热液流体性质及来源与峨眉地裂运动控制的玄武岩喷发岩浆活动有关[21-23]。

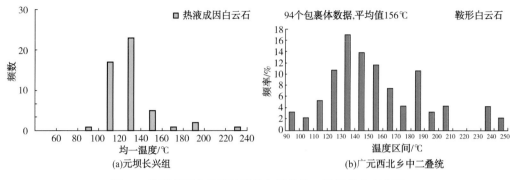

(a)元坝长兴组　　　　　　　　(b)广元西北乡中二叠统

图 10　热液成因白云石的流体包裹体均一温度分布直方图

4　白云岩成因机理分析

依据前述元坝长兴组白云岩储层的白云石类型及岩相学特征认识、白云石地球化学特征与白云石化流体性质分析与恢复。结合本地区长兴组储层的沉积相特征、成藏演化史与成岩作用史，总结出了本地区的白云岩成因机理模式，包括同生期高盐度蒸发白云石化及回流渗透白云石化作用模式、早成岩期浅埋藏白云石化模式、早成岩期热液白云石化模式。

4.1　同生期高盐度蒸发及回流渗透白云石化作用模式

晚二叠世长兴期，位于生物礁滩体、潮坪顶部的微晶白云石可与石膏、硬石膏假晶共生，其仅交代原始沉积组分，并且可被后期成岩作用改造，此时成岩流体盐度较高，Mg^{2+} 供给充分，白云石化流体为浓缩海水，揭示沉积环境为蒸发环境，可定为同生期蒸发泵白云石化的产物，由蒸发作用驱动形成毛细管作用带，导致海水不断地向上运动，被吸至沉积物内，产生毛细管蒸发作用，先期沉积的未经压实的细粒方解石，后期经浓缩的海水改造为白云石，模式图见图 11。

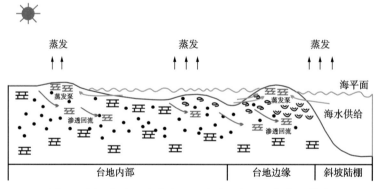

图 11　同生期高盐度蒸发及回流渗透白云石化作用模式

粉-细晶它形白云石交代特征与微晶白云石相似，在礁滩体、潮坪、滩间(礁间)均可发育，分析认为该类白云石为同生期渗透回流的产物，由于与海水的连通性不好，在蒸发作用下形成高盐度水体，富 Mg^{2+} 的水体密度较大，水体将在重力作用下向下运动，渗透进入到生物礁、生屑滩、潮坪碳酸钙沉积物的下部及滩间、礁间沉积物中，使这些沉积物发生白云石化，模式图见图11。

4.2 早成岩期浅埋藏白云石化模式

晚二叠世长兴期到早三叠世末，粉-细晶自形白云石交代原岩类型多样，可在生物礁灰岩、藻黏结灰岩、生屑灰岩、生屑微晶灰岩等中发育，不仅交代沉积组分，还交代早期成岩组分。该类白云石形成于 Mg^{2+} 相对不足，成岩流体为海水或与海水相似的高盐度地层水，由于上覆地层的压实作用，地层水在弱固结的沉积物中运动而发生白云石化，由于 Mg^{2+} 供给相对不足，白云石结晶缓慢，形成自形程度较好的白云石晶体，并致白云石往往呈斑状、分散状或偶见分布。具体模式见图12。

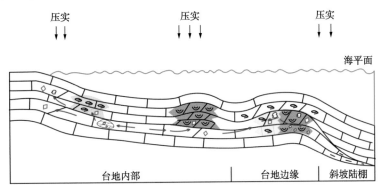

图12　早成岩期浅埋藏白云石化作用模式

4.3 早成岩期热液白云石化模式

元坝地区长兴组热液成因白云石表现形式多样，主要为生物礁灰岩骨架间孔洞海底胶结物末端热液白云石的沉淀和交代、生物体腔内的交代、溶蚀孔洞边缘热液白云石的生长、不规则热液白云石斑块的发育，该期热液作用形成的时间较早且持续时间较长，从晚二叠世至早三叠世末，为峨眉地裂运动期，此时张性断裂活动表现最强，同时伴随着大范围峨眉山玄武岩的喷发，研究区古热流值达到最高峰，与岩浆活动有关的富镁超咸热卤水沿着张性断裂体系进入长兴组地层中，富镁超咸热卤水实质上是上升热液与地层流体的混合物，Mg^{2+} 来源于上升热液和地层内部流体，流体运动不仅限于断裂附近，可在较广大的范围内活动，因此，形成较为广泛分布的热液成因的粉-细晶白云石和中粗晶白云石等，具体模式见图13。

5　结论

（1）元坝地区长兴组生物礁白云岩的不同类型白云石具有不同的岩相学、有序度、碳氧同位素、稀土元素等特征，反映了不同成岩阶段白云石化流体导致的白云石化作用。

（2）同生期高盐度蒸发和回流渗透白云石化作用、浅埋藏白云石化作用和早成岩期热液白云石化作用形成的白云岩控制了长兴组生物礁白云岩储层质量和分布。

（3）早成岩期热液白云石化作用的白云石化流体来源于峨眉地裂运动期间的玄武岩喷发岩浆活动有关的富镁超咸热卤水。

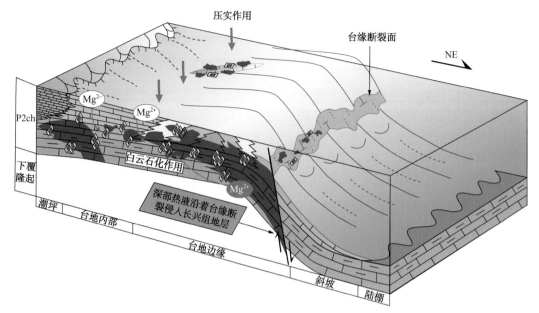

图 13　早成岩期热液白云石化作用模式

参 考 文 献

[1] 马永生，蔡勋育，赵培荣．元坝气田长兴组-飞仙关组礁滩相储层特征和形成机理[J]．石油学报，
2014，35(6)：1001~1011.

[2] 韩定坤，傅恒，刘雁婷．白云石化作用对元坝地区长兴组储层发育的影响[J]．天然气工业，2011，31
(10)：22~26.

[3] 田永净，马永生，刘波，等．川东北元坝气田长兴组白云岩成因研究[J]．岩石学报，2014，30(09)：
2766~2776.

[4] 龙胜祥，游瑜春，刘国萍，等．元坝气田长兴组超深层缓坡型礁滩相储层精细刻画[J]．石油与天然气
地质，2015，36(6)：994~1000.

[5] 武恒志，李忠平，柯光明．元坝气田长兴组生物礁气藏特征及开发对策[J]．天然气工业，2016，36
(9)：11~19.

[6] 赵文智，沈安江，郑剑锋，等．塔里木、四川及鄂尔多斯盆地白云岩储层孔隙成因探讨及对储层预测
的指导意义[J]．中国科学：地球科学，2014，44(9)：1925~1939.

[7] 孟万斌，武恒志，李国蓉，等．川北元坝地区长兴组白云石化作用机制及其对储层形成的影响[J]．岩
石学报，2014，30(03)：699~708.

[8] 赵锐，吴亚生，齐恩广，等．川东北上二叠统长兴组白云岩地球化学特征及形成机制[J]．古地理学
报，2014，16(5)：747~760.

[9] 黄思静．碳酸盐岩的成岩作用[M]．北京：地质出版社，2010：178~207.

[10] 朱东亚，金之钧，胡文瑄．塔北地区下奥陶统白云岩热液重结晶作用及其油气储集意义[J]．中国科
学：地球科学，2010，40(2)：156~170

[11] 江青春，胡素云，汪泽成，等．四川盆地中二叠统中—粗晶白云岩成因[J]．石油与天然气地质，
2014，35(4)：503~510.

[12] 张文．川西-北地区中二叠统白云岩储层成因及控制因素[D]．成都：成都理工大学，2014.

[13] 杜金虎，徐春春，汪泽成，等．四川盆地二叠—三叠系礁滩天然气勘探[M]．北京：石油工业出版社，

2010：66~88.

[14] 张继庆，李汝宁，官举铭，等．四川盆地及邻区晚二叠世生物礁[M]．成都：四川科学技术出版社，1990：105~108.

[15] 焦存礼，何冶亮，邢秀娟，等．塔里木盆地构造热液白云岩及其储层意义[J]．岩石学报，2011，27(01)：278~284.

[16] 李志明，徐二社，范明，等．普光气田长兴组白云岩地球化学特征及其成因意义[J]．地球化学，2010，39(4)：371~380.

[17] 刘伟，黄擎宇，王坤，等．塔里木盆地热液特点及其对碳酸盐岩储层的改造作用[J]．天然气工业，2016，36(3)：14~21.

[18] 赵彦彦，郑永飞．碳酸盐沉积物的成岩作用[J]．岩石学报，2011，27(02)：501~519.

[19] 王小林，金之钧，胡文瑄，等．塔里木盆地下古生界白云石微区REE配分特征及其成因研究[J]．中国科学：地球科学，2009，39(6)：721~733.

[20] 韩晓涛，鲍征宇，谢淑云，等．四川盆地西南中二叠统白云岩的地球化学特征及其成因[J]．地球科学，2016，41(1)：168~173.

[21] 王珏博，谷一凡，陶艳忠，等．川中地区茅口组两期流体叠合控制下的白云石化模式[J]．沉积学报，2016，34(2)：236~248.

[22] 李小宁，黄思静，黄可可，等．四川盆地中二叠统栖霞组白云石化海相流体的地球化学依据[J]．天然气工业，2016，36(10)：35~45.

[23] 邬铁，谢淑云，张殿伟，等．川南地区灯影组白云岩地球化学特征及流体来源[J]．石油与天然气地质，2016，37(5)：721~730.

[24] 李宏涛，肖开华，龙胜祥，等．四川盆地元坝地区长兴组生物礁储层形成控制因素与发育模式[J]．石油与天然气地质，2016，37(5)：744~755.

[25] 严丽，冯明刚，张春燕．川东北元坝地区长兴组油气藏成藏模式[J]．长江大学学报(自然科学版)，2011，8(10)：19~21.

[26] Philip W. CHOQUETTE, ERIC E. HIATT. Shallow-burial dolomite cement: a major component of many ancient sucrosic dolomites[J]. Sedimentology, 2008, 55: 423~460.

[27] 刘树根，王一刚，孙玮，等．拉张槽对四川盆地海相油气分布的控制作用[J]．成都理工大学学报(自然科学版)，2016，43(1)：1~23.

元坝长兴组生物礁气藏三维精细地质建模技术

曾 焱　刘远洋　景小燕　高 蕾

(中国石化西南油气分公司)

摘 要 元坝气田长兴组气藏是目前国内埋藏最深的条带状生物礁大气藏，现阶段开发井网已经基本完成，已进入气藏开发初期阶段。因此需要建立精度相对较高的储层模型，从而为气藏数值模拟、优化开发实施方案、优化配产及开发指标服务。针对礁相储层非均质性强、气水关系复杂、井少、井距大等难点，笔者以"分区""等时""相控""震控""确定性结合随机性"等建模原则为基础，并充分结合生产动态数据，形成了以礁群为建模单元的"多级双控"复杂生物礁气藏三维精细地质建模技术。该技术可以有效地提高在稀井网条件下复杂条带状生物礁气藏建模精度，建立符合气藏实际生产情况的储层模型，对同类型气藏建模工作具有一定的借鉴意义。

关键词 元坝长兴组；条带状；储层建模；多级双控

元坝气田地理位置位于四川省苍溪县东北部及巴中市西部，是目前国内埋藏最深的条带状生物礁大气藏。该气藏开发动用储量达千亿方，为了尽可能的提高储量动用程度及开发效益，需要建立精度相对较高的储层模型，以适应于该阶段生产科研工作的需要。

1 礁滩相储层建模难点及技术对策

经过几代学者的努力，碎屑岩储层建模已取得了长足的发展，并日趋完善，然而礁滩相储层建模研究则刚刚起步，并已成为当今地质建模研究的热点。元坝气田长兴组气藏具有"礁带内储层连通性差、纵横向非均质性强、气水关系复杂、井网密度低"等特点，储层建模工作具有如下难点：

(1) 元坝气田长兴组气藏埋藏深(平均6800m)，建产区主要分布于呈条带状展布的礁带及礁滩叠合区内。为了尽可能多穿礁盖优质储层，增加井控储量面积，提高单井产量。井型以大斜度井、水平井为主，该特点决定了井网稀疏且不规则，平均井距达4km。当开发区井网分布不规则或井网分布范围远小于储层展布范围时，资料样本点难以符合地质统计学的数学要求，难以利用测井或岩心资料精确预测井间储层参数分布，必须充分发挥三维地震资料大面积的覆盖性和很好的横向对比性的优点，利用地震资料进行约束建模。

(2) 任何一种地震属性是地下多种信息的综合反映，长兴组-飞仙关组地震纵向可分辨储层厚度约35~40m，薄储层的预测难度较大。对地震资料进行可行性分析后采用稀疏脉冲反演进行储层预测，虽然这种方法不能明显提高地震反演分辨率，但却可以比较好地保持地

第一作者简介：曾焱，(1973—)，博士研究生；主要从事气藏地质及气藏工程综合研究，四川省成都市高新区中国石化西南油气分公司。

震信号的原始特征，可以较好的展示储层的三维空间展布形态。

（3）利用波阻抗反演资料进行约束建模，如何选择合理的速度模型计算方法，将地震数据引入储层建模的模拟计算中，寻找两者之间对应性最好的参数是又一难点。

针对以上建模特点，综合考虑储层垂向厚度、平面连通性、及气水分布特征等研究成果，提出了"多级双控"超深复杂生物礁气藏三维精细地质建模技术。"多级"即建模单元在平面上由礁带到礁群再到单礁体逐级深入，在纵向上由低频的三级层序构造单元推进到高频的四级层序流动单元，模型精度逐级提高；"双控"指综合利用储层相和地震反演成果进行双重控制和约束。通过储量模拟及抽稀井验证等方法对模型进行优化筛选，进一步提高模型的精度及可靠程度。

2 多级双控精细建模方法

2.1 平面分区原则

平面分区原则主要依据不同礁带滩体具有不同的地质地球物理特征。在地质上表现在各个礁带不相连，每个礁带沿走向由多个礁群组成，且为相对独立的气水以及压力系统（图1）。在物探方面生物礁滩体边界刻画技术已经基本将各礁带滩体边界范围刻画清楚，通过对不同礁带滩体岩性波阻抗值域分布范围进行统计，发现各个礁带滩体之间门槛值不同以及对应着储层划分标准不同（表1）。笔者采取了平面分区原则进行建模，一方面可以相对解决面积大、井距不规则的问题；另一方面可以在横向上提高波阻抗与储层参数的相关系数。

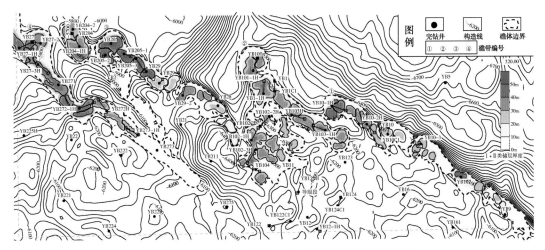

图 1 元坝地区长兴组气藏 I 类+II 类储层厚度预测图

表 1 各礁带不同岩性的阻抗识别标准

礁 带	细-中晶、微-粉晶白云岩	灰质云岩、云质灰岩	灰 岩
①号礁带	<16000	16000~17000	16500~19000
②号礁带	<16000	16000~17500	16500~19000

续表

礁　带	细-中晶、微-粉晶白云岩	灰质云岩、云质灰岩	灰　岩
③号礁带	<16000	16000～18000	17000～19000
④号礁带	<15000	16000～17000	16500～19000

2.2　纵向等时原则

纵向等时原则主要指应用高分辨率层序地层学原理在建模过程中进行等时地层约束。利用长兴组四级层序等时界面，纵向上划分为 5 个等时层、4 个沉积体现单元(图 2)。其中大斜度井、水平井以 zone1 为主要目的层。如图 3 所示纵向分区之后波阻抗值域分布特征更为清晰，对储层识别能力进一步增强。在建模时针对不同的等时层输入反映各自地质特征的不同的建模参数，在纵向上提高波阻抗与储层参数的相关系数(陈恭洋，2011)。

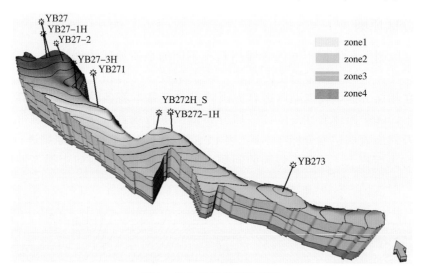

图 2　纵向建模单元示意图

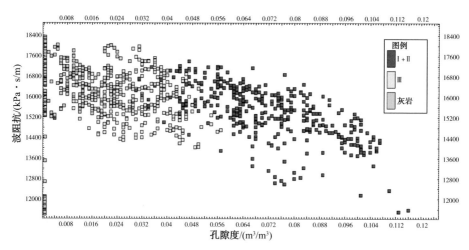

图 3　孔隙度与波阻抗交汇图(左全井段，右 zone1)

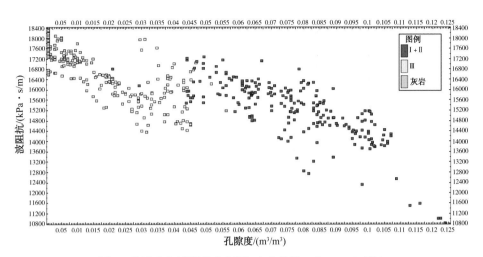

图3 孔隙度与波阻抗交汇图(左全井段,右 zone1)(续)

2.3 相控、震控原则

本次文章中的"相控"主要是指储层相控制[刘立峰等(2010)、姜贻伟等(2011)]。首先根据生产实际与建模研究的需要,依据研究区钻井揭示的储层发育实际情况及地震资料对储层的响应程度。综合岩心描述、测试资料、测井解释等多种资料对单井储层类型进行划分,将该区储层分为3种类型:第一类是可以获得工业产能(包括酸化压裂)的储层,代码用 0 表示(Ⅰ类+Ⅱ类储层);第二类是具有油气显示或是经过酸化压裂,能产出一定的油气,但油气产量一般达不到商业产能的标准(井深大于 6000m,产量低于 $40×10^4 m^3/d$)的储层,代码用 1 表示(Ⅲ类储层);第三类是非储层,代码用 2 表示(background),作为背景相(表2)。

表2 单井储层相类型划分

建模储层划分	代码名	岩 性	波阻抗范围③号礁带	孔隙度/%	渗透率/($10^{-3} μm^2$)	裂缝发育状况	测试状况
Ⅰ类+Ⅱ类储层	0	细-中晶白云岩	12000~15000	≥10	≥1	发育	高产工业气流
		微-粉晶白云岩	15000~16500	10~5	1~0.25	较发育	中产工业气流
Ⅲ类储层	1	灰质云岩		5~2	0.25~0.02	欠发育	低产气流
		云质灰岩					
非储层	2	灰岩	>16500	<2	<0.02	不发育	无

如图4所示,从④号礁带时间域反演剖面上看储层主要发育于长兴组顶部,表现为低阻抗至中阻抗、丘状反射。总体上已对储层的基本轮廓有了一定的反映,充分利用好波阻抗反演数据可以较好地反映储层三维空间展布形态,从而进行"震控"。

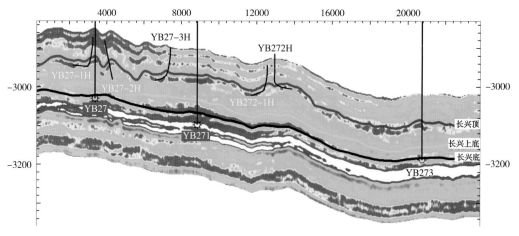

图 4　过 YB27 井～YB273 井时间域反演剖面图

3　应用实例

3.1　速度模型

　　构造模型是三维储层地质模型的格架和基础，构造模型的关键是要建立高精度的速度模型，高精度的速度模型不仅决定着构造模型的精度，而且在其后运用地震反演数据约束建模过程中起着至关重要的作用。储层建模的初衷是得到一个能够较为真实的反映地下油气藏在三维空间的展布形态，因此它是海拔以下深度域数据，而波阻抗数据为时间域数据两者并不匹配。最好的办法是将采集的地震数据在处理过程中处理成叠前或者叠后深度偏移数据，往往由于成本和过长的周期而放弃。

　　在勘探阶段通常选择利用地震处理的叠前速度进行相应的整理进行时深转换，在开发后期井网较密的情况下可采用制作合成记录的形式直接进行时深转换，这两种方式都不适合元坝地区的实际地质情况。本文通过单井时深关系与地震叠加速度谱相互校正的方法建立研究区速度模型。首先对叠加速度谱经过加载后，可直接利用迪克斯公式将均方根速度转换为初始的三维层速度体，其次将叠加速度谱加载进建模软件中转换成层速度，并将层速度采样到网格中，然后插值生成速度属性；最后用井上的速度（合成记录）插值，用已采样到网格中的层速度属性做协约束（叠加速度）建立速度模型。

　　利用前述所建立高精度速度模型，如图5所示为时深转换后的④号礁带的波阻抗深度域数据，可以看出水平井井轨迹沿着中低阻抗反射轴穿过，总体上具有较好的一致性，可以满足高精度建模对波阻抗数据的要求。

3.2　储层相模型

　　在构造模型的控制下，采用序贯高斯同位协同模拟方法，对长兴组气藏各礁带滩体进行了储层相模拟。如图6所示从③号礁带储层相三维分布图上看储层主要呈条带状展布，有效储层集中沿礁带走向发育；从过剖面图上看储层刻画更精细，储层集中发育与礁顶部位

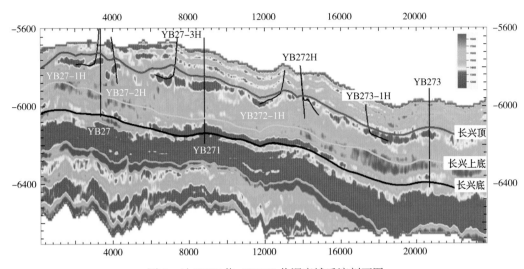

图 5 过 YB27 井~YB273 井深度域反演剖面图

（zone1），总体上与前期地质认识较为吻合。利用波阻抗约束测井信息既能在大尺度上保持各储层类型真实宏观分布，又能在一定程度上可以解决纵向分辨率问题。

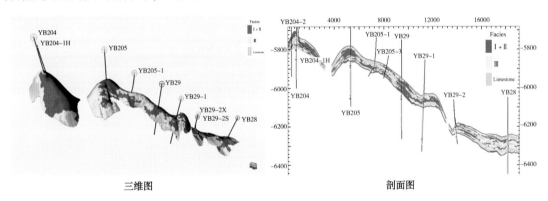

三维图 　　　　　　　　　　　　　　剖面图

图 6 元坝气田长兴组气藏③号礁带储集相分布模型

3.3 储层物性模型

　　如前所述不同岩石类型（储层相）已经和波阻抗值域分布范围建立起关系（表1），不同的储集相内具有不同的储层类型及物性参数分布规律，储集相分布模型为准确建立物性参数模型提供了基础保证。

　　孔隙度与储层相类型具有直接的联系（表2），从而可以间接建立起孔隙度与波阻抗之间的联系。采用序贯高斯协模拟方法，该算法易于利用次级变量适合于储层物性参数建模。前人研究表明当主变量与次变量之间的相关系数大于 0.4 时，主变量可以起到有效的空间约束和指示作用。如图7、图8所示孔隙度与渗透率、含气饱和度均具有较高的相关系数，可以以孔隙度模型为次变量进行渗透率、含气饱和度模型的模拟。由于储层相分布与物性参数变化有共同的数据来源，因此两者具有很好的一致性这样就避免了储集相与物性参数分布不匹配的"两层皮"现象。

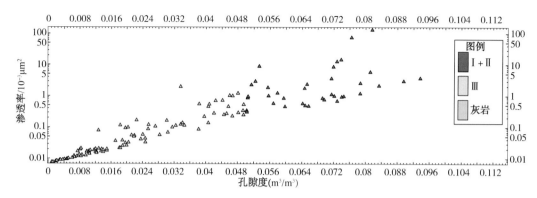

图 7　孔隙度与渗透率交汇图

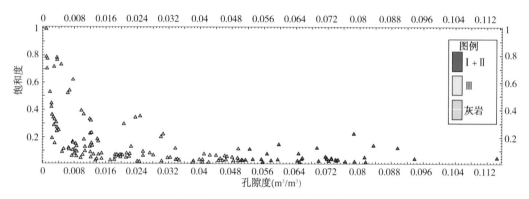

图 8　孔隙度与含水饱和度交汇图

如图9所示长兴组气藏气水关系复杂，不同礁、滩体具有独立的气水系统，气水界面不统一。水体展布主要受礁体发育范围和局部构造控制。以③号礁带为例 YB28 水体面积 0.79km²，气定厚度 50m 左右(图9)。

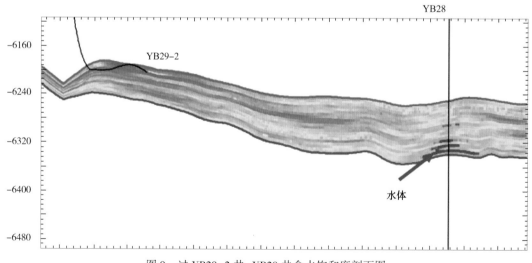

图 9　过 YB29-2 井-YB28 井含水饱和度剖面图

3.4 模型精度验证

模拟结果是否合理,是否比较真实地反映了地下的实际情况,可以利用抽稀井验证、储量拟合等多种方法进行检查。

对于模型来说最可靠的数据为井数据,通常验证模型可靠程度的重要手段之一就是利用井抽稀来验证。由于YB27-2井工程事故的影响没有测井数据,因此在本次项目中将该井作为④号礁带验证井。YB27-2井录井显示:共117m,其中:气层55m,含气层43m,微含气层19m(图10左)。

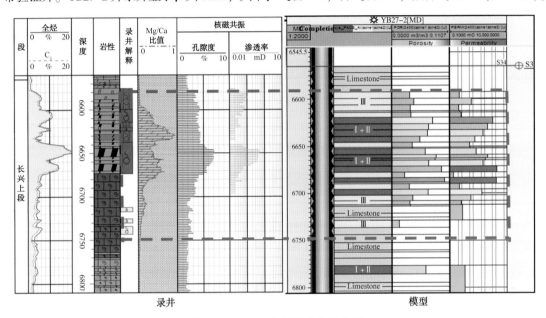

图10 YB27-1井储层综合评价图

如图10右所示YB27-2射孔段与储层综合评价图具有较高的一致性,从另一个方面来说我们认为模型精度较高是合理的。

通过对模型提取过YB27-2井合成曲线,统计表明该井处Ⅰ+Ⅱ类储层为55.627m,Ⅲ类储层63.971m,与录井显示结果相近(表3)。

表3 YB27-2井储层厚度对比表

类 别	Ⅰ+Ⅱ类储层/m	Ⅲ类储层/m	合计/m
录井显示	55	62	117
建模拟合	55.637	63.971	119.608

应用三维储层模型计算储量时,储量的基本计算单元是三维空间上的网格。经验表明地质储量与建模储量相对误差在5%~10%以内,可以认为这个模型是可靠的。分礁群、滩体计算了建产区的储量,与地质储量相对误差8.2%,满足规范要求。

3.5 开发指标预测

利用前述方法所建立的三维地质模型,以④号礁带为例对部署方案进行数值模拟研究,预测方案的稳产期及评价期各项开发指标。在优化配产的基础上,进行生产指标预测,单井稳产时间 7~9.3 年(图 11)。从生产指标上可以看出,该礁带具有较高的产能和一定的稳产年限,对整个元坝气田长兴组气藏产能建设具有重要的意义。

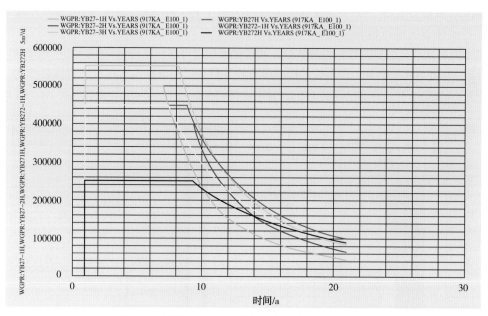

图 11　元坝气田④号礁带各口井配产及稳产时间

4　结论

(1)对井网密度不高、储层非均质性强的生物礁滩相碳酸盐岩储层可采用"多级两控"建模方法建立高精度三维精细地质模型。

(2)由于储集相分布与物性参数变化有共同的数据来源,因此两者具有很好的一致性,即模型中高孔隙度的地区都被控制在气层中,而向非储层物性变差,这样就避免了储集相与物性参数分布不匹配的"两层皮"现象。

(3)通过对建模成果的优化筛选降低其不确定,可为气藏精细描述、数值模拟、开发方案的制定提供合理的储层模型。

(4)地质模型最终目的是为了数值模拟服务,因此还需要随着生产数据的增加对模型进行进一步的优化调整。

笔者的研究工作只是对于礁滩相储层建模的初步探索,还存在很多的问题需要进一步研究:①地震资料为时间域的信息,而建模结果是深度域的,尤其是碳酸盐岩与碎屑岩相比埋藏深度大、速度高,速度场的准确求取一直是一难题,如何进一步提高速度模型精度是应用地震资料进行精细储层建模的必要前提;②孔隙度和渗透率的关系受多种因素的控制,由于裂缝的存在,孔隙度变化不大,而渗透率却成倍增大,因而在对渗透率模型计算时需引入裂缝指数数据体对渗透率进行裂缝校正;③储层地质建模是一项长期的、不断提高其精度的过程,随着油气田开发程度的进一步深入,各种地质资料进一步丰富、地质认识进一步提高,故应将最新研究成果引入到建模中以指导勘探开发工作。

参 考 文 献

[1] 蔡希源. 川东北元坝地区长兴组大型生物礁滩体岩性气藏储层精细刻画技术及勘探实效分析[J]. 中国工程科学, 2011, 13(10): 28~33.

[2] 郭彤楼. 元坝深层礁滩气田基本特征与成藏主控因素[J]. 天然气工业, 2011, 31(10): 12~16.

[3] 郭彤楼, 胡东风. 川东北礁滩天然气勘探新进展及关键技术[J]. 天然气工业, 2011, 31(10): 6~11.

[4] 胡东风. 普光气田与元坝气田礁滩储层特征的差异性及其成因[J]. 天然气工业, 2011, 31(10): 17~21.

[5] 蒲勇. 元坝地区深层礁滩储层多尺度地震识别技术[J]. 天然气工业, 2011, 31(10): 27~3.

[6] 郭彤楼. 川东北元坝地区长兴组一飞仙关组台地边缘层序地层及其对储层的控制[J]. 石油学报, 2011, 32(3): 387~394.

[7] 胡伟光, 蒲勇, 易小林, 等. 川东北元坝地区生物礁识别[J]. 物探与化探, 2010, 34(5): 635~642.

[8] 程锦翔, 谭钦银, 郭彤楼, 等. 川东北元坝地区长兴组一飞仙关组碳酸盐台地边缘沉积特征及演化[J]. 沉积与特提斯地质, 2010, 30(4): 29~36.

[9] 陈勇. 川东北元坝地区长兴组生物礁储层预测研究[J]. 石油物探, 2011, 50(2): 173~180.

[10] 胡伟光, 赵卓男, 肖伟, 等. 川东北元坝地区长兴组生物礁的分布与控制因素[J]. 天然气技术, 2010, 4(2): 14~16.

[11] 龙胜祥, 刘成川, 游瑜春, 等. 元坝气田17亿开发方案[R]. 成都: 中国石化西南油气分公司, 2011.

[12] 魏嘉. 地质建模技术[J]. 勘探地球物理进展, 2007, 30(1): 1~6.

[13] 万方, 崔文彬, 李士超. RMS提取技术在溶洞型碳酸盐岩储层地质建模中的应用[J]. 现代地质, 2010, 24(2): 279~286.

[14] 于兴河, 李剑峰. 碎屑岩系储层地质建模与计算机模拟[M]. 北京: 地质出版社, 1996: 1~275.

[15] 陈恭洋. 碎屑岩油气储层随机建模[M]. 北京: 地质出版社, 2000: 35~39.

[16] Agterberg F P. 地质数学[M]. 张中民译. 北京: 科学出版社, 1980. 10~145.

[17] Jeffrey M. Yarus, Richard L. Chambers. 随机建模和地质统计学-原理、方法和实例研究[M]. 穆龙新, 陈亮, 译. 北京: 石油工业出版社, 2000.

[18] 孙月成, 周家雄, 马光克等. 叠前随机反演方法及其在薄层预测中的应用[J]. 天然气工业, 2012, 30(12): 29~32.

[19] 刘立峰, 孙赞东, 杨海军. 塔中地区碳酸盐岩储集相控建模技术及应用[J]. 石油学报, 2010, 31(6): 952~957.

[20] 姜贻伟, 刘红磊, 杨福涛, 等. 震控储层建模方法及其在普光气田的应用[J]. 天然气工业, 2011, 31(3): 14~17.

[21] 杨敏芳, 杨瑞召, 张春雷. 地震约束地质建模技术在松辽盆地古537区块储层预测中的应用[J]. 石油物探, 2010, 49(1): 58~61.

[22] 崇仁杰, 刘静. 以地震反演资料为基础的相控储层建模方法在BZ25-1油田的应用[J]. 中国海上油气(地质), 2003, 17(5): 307~311.

[23] 王香文. 东岭地区三位速度模型的建立和应用[J]. 勘探地球物理进展, 2006, 29(6): 412~418.

[24] 陈恭洋, 胡勇, 周艳丽, 等. 地震波阻抗约束下的储层地质建模方法与实践[J]. 地学前缘, 2012, 19(2): 67~73.

[25] 胡勇, 陈恭洋, 周艳丽. 地震反演资料在相控储层建模中的应用[J]. 油气地球物理, 2011, 9(2):

41~43.

[26] 李少华，伊艳树，张昌民．储层随机建模系列技术[M]．北京：石油工业出版社，2007：3~178.

[27] 王西文．在相对波阻抗约束下的多井测井参数反演方法与应用[J]．石油地球物理勘探，2004，39（3）：291~299.

[28] 熊琦华，王志章，吴胜和等．现代油藏地质学理论与技术篇[M]．北京：科学出版社，2010：527~548.

元坝长兴组生物礁气藏特征及开发对策

武恒志[1]　李忠平[1]　柯光明[2]

(1. 中国石化西南油气分公司；2. 中国石化西南油气分公司勘探开发研究院)

摘　要　元坝气田是世界上已发现的埋藏最深的高含硫碳酸盐岩气田，长兴组生物礁气藏具有埋藏超深、礁体小、散、多期、储层薄、物性差、非均质性强、流体分布复杂、直井产量低等特点，气藏开发面临礁相白云岩储层时空展布规律研究需不断深化、小礁体精细刻画与薄储层定量预测困难、水平井部署与优化设计影响因素众多、长水平段水平井长穿优质薄储层难度大等诸多难题。为实现气田的高效开发，开展了生物礁储层分布规律与发育模式研究、小礁体精细刻画与薄储层定量预测、条带状小礁体气藏水平井优化设计、超深薄储层水平井轨迹实时优化调整等技术攻关。攻关成果有力支撑了元坝气田的开发建设，建成了我国首个超深高含硫生物礁大气田，混合气产能可达 $40 \times 10^8 \mathrm{m}^3/\mathrm{a}$。元坝气田的成功投产，一方面奠定了我国在高含硫气田开发领域的领先地位，另一方面，对保障"川气东送"沿线六省两市 70 多个城市的长期稳定供气，对促进中西部产业结构调整和沿江区域经济发展意义重大。

关键词　元坝长兴；生物礁气藏；储层发育模式；礁体刻画；储层预测；水平井设计；轨迹优化

元坝气田是世界上已发现的埋藏最深的高含硫碳酸盐岩气田，长兴组气藏主体为台地边缘礁滩沉积，储层主要为生物礁相白云岩。随着国内外高含硫天然气资源的不断发现，开发该类气藏，一方面是国家能源战略的重点发展方向之一，实现天然气大发展，并奠定我国在高硫气田开发领域的领先地位；另一方面，国内外尚无成功先例，有效开发面临诸多难题。笔者重点从储层分布规律与发育模式、小礁体精细刻画与薄储层定量预测、条带状小礁体气藏水平井优化设计、超深薄储层水平井轨迹实时优化调整等方面对气藏有效开发的对策做了分析与探讨。

1　气藏主要地质特征

元坝长兴组生物礁气藏整体具有埋藏超深、礁体小、散、多期、储层薄、物性差、非均质性强、流体分布复杂、直井产量低等特点。

1.1　气藏埋藏超深

元坝气田构造位置位于四川盆地川北坳陷与川中低缓构造带结合部，长兴组整体表现为向 NE 倾斜的单斜构造，气藏平均埋深超 6600m(实钻长兴组顶底 6239~7244m)，与国内近期深层油气藏勘探开发现状相比，元坝长兴组气藏是国内规模开发的埋藏最深的超深层气藏。与邻区龙岗气田相比深 700~1500m，比普光气田深 800~1500m，比五百梯气田深 2600m，比铁山气田深 3200~3700m。

第一作者简介：武恒志(1964—)，教授级高级工程师，博士，主要从事油气田开发工作。

1.2 礁体小、散、多期

钻井及区域地震资料揭示，元坝地区长兴组沉积时期处于开江-梁平陆棚西侧的缓坡型台地边缘，坡度为8°~10°，在此背景下，水动力相对较弱，生物礁生长速度慢，礁体沉积以垂向加积、侧向迁移为主，形成了单礁体规模小、垂向多期叠置，平面分布范围广而散的格局。根据Flood等于1993年对苍鹭岛生物礁灰岩沉积特征的研究，现代缓坡型台缘礁滩相沉积具有单礁体规模小、垂向多期叠置、平面分布散的特点。而郭彤楼等通过对元坝地区长兴组台缘礁滩体系内幕构成及时空配置的研究认为元坝地区发育多期、向不同方向迁移的生物礁。

1.3 储层非均质性强

1.3.1 储层物性差

通过16口井465个岩心样品分析资料统计，元坝长兴组气藏礁相储层孔隙度介于0.53%~23.59%，平均为4.87%，其中孔隙度>2%的样品平均为5.76%。主要分布于2%~5%、约占47%，孔隙度<2%和5%~10%次之，约占21%；渗透率介于(0.0007~1720.719)×10^{-3} μm^2，几何平均为0.5111×10^{-3} μm^2，存在(0.002~0.25)×10^{-3} μm^2和>1×10^{-3} μm^2两个峰值区间，渗透率级差大、非均质性强。23口井测井解释长兴组礁相储层孔隙度介于2.0%~14.2%之间，平均为4.8%，渗透率在(0.01~13483.89)×10^{-3} μm^2，几何平均值为0.99×10^{-3} μm^2。总体属于低孔、中低渗储层。

1.3.2 储层厚度薄

元坝地区23口井单井礁相储层平均厚度58.8m，其中：Ⅰ类气层厚0~15.8m，均厚2.66m，占储层总厚度的4.72%；Ⅱ类气层厚0~56.3m，均厚18.5m，占储层总厚度的32.85%；Ⅲ类气层厚2.1~67.3m，均厚25.8m，占储层总厚度的45.83%；含气层厚0~20.8m，均厚2.21m，占储层总厚度的3.92%；气水同层厚0~34.65m，均厚2.72m，占储层总厚度的4.82%；含气水层厚0~59.6m，均厚4.05m，占储层总厚度的7.19%；水层厚0~8.45m，均厚0.37m，占储层总厚度的0.65%。

1.3.3 非均质性强

元坝地区长兴组储层整体表现为"纵向不同类型储层不等厚互层、横向连通性差、平面厚度变化大"的强非均质性特点：纵向上层多、单层薄(0.1~30.8m，平均2.8m)、不同类型储层不等厚互层，渗透率变异系数平面及纵向分别达到334及47；横向上交错分布，连通性差；储层厚度平面变化大。

1.4 气水分布复杂

根据测井解释与测试成果，对元坝长兴组气藏气水关系进行了深入分析，认为元坝地区长兴组气藏具有"一礁一藏"的特征，不同礁体具有相对独立的气水系统，不存在区域性水体，水体展布形态总体表现为边水或底水。研究表明：②号、③号、④号礁带礁相储层气水分布受现今构造控制较明显，总体上构造低部位产水，水体主要分布于 YB273、YB28、YB103H 等井区，但①号礁带气水关系和构造位置无明显关系，YB9、YB107、YB10-1H 等井均不同程度产水(图 1)。

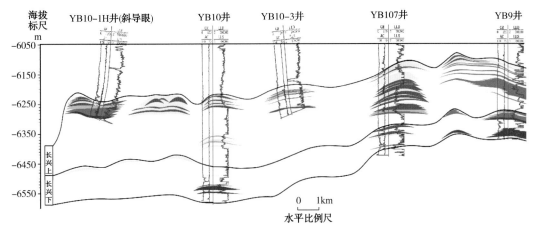

图 1　过 YB10-1H-YB10-YB107-YB9 井长兴组气藏剖面示意图

1.5　直井产能低

元坝地区长兴组生物礁气藏前期 15 口完钻井测试结果表明，直井测试产能偏低，无阻流量介于 $(7\sim318)\times10^4\text{m}^3/\text{d}$，平均 $149\times10^4\text{m}^3/\text{d}$。

2　气藏有效开发面临的挑战

气藏复杂的地质特点使得在生物礁储层分布规律与发育模式，小礁体精细刻画与薄储层定量预测，开发井部署与优化设计以及钻井实施过程中井轨迹实时优化调整等方面都具有复杂性，给气田高效开发带来了极大的技术难题。梳理气田开发中存在的难点，主要表现在以下四个方面：①元坝地区长兴组缓坡型台缘生物礁小、散、多期，储层非均质性强的特点使得有利储层时空展布规律研究需不断深化；②目的层埋藏超深，地震信号弱，信噪比和分辨率低，小礁体识别、精细刻画及薄储层分类定量预测十分困难；③直井产量较难达到经济极限指标，针对小礁体和薄储层，水平井部署与优化设计影响因素众多；④针对埋深近 7000m、水平段长度近 1000m 的水平井，长穿优质薄储层难度大。

3　主要开发技术对策

3.1　生物礁储层分布规律与发育模式研究

3.1.1　礁相白云岩储层主控因素

笔者及其他学者的大量研究结果表明：沉积期古地貌高控制了生物礁发育的有利部位，台地边缘-坡折带和台地内高地是元坝地区生物礁最有利的发育环境，生物礁主要发育在每一环境内部的地形构造高点上。元坝地区长兴组有利储集相带主要为台地边缘生物礁，有利沉积微相控制了储层的横向变化与分布，沉积期高频旋回控制了储层的纵向发育部位，储层主要发育于四级层序下降半旋回中、上部，这与四级层序下降半旋回沉积过程中海平面下降，前期形成的原岩更容易发生白云岩化作用有关。

对于台地边缘生物礁，礁体内部差异性成岩作用控制了储层纵横向变化与分布，造成了礁相白云岩储层的强非均质性。元坝地区白云岩储层的发育主要受白云石化及溶蚀作用的双重控制：同生期高盐度白云石化、中期浅埋藏白云石化控制了白云岩的形成，是白云岩储层形成的基础；中晚期与有机酸及硫酸盐还原作用有关的溶蚀作用，优先在白云石内发育，形成长兴组气藏的主要储集空间，是白云岩储层形成的关键。单个生物礁垂向上可分为礁基、礁核、礁盖，在横向上可分为礁前、礁顶、礁后：礁顶（礁盖）发育早期蒸发泵白云石化、浅埋藏白云石化作用，中晚期溶蚀作用强烈，储层最发育；礁后储层经历早期回流渗透白云化作用、浅埋藏白云石化作用，中晚期溶蚀作用较强烈，储层亦较发育（图2）。

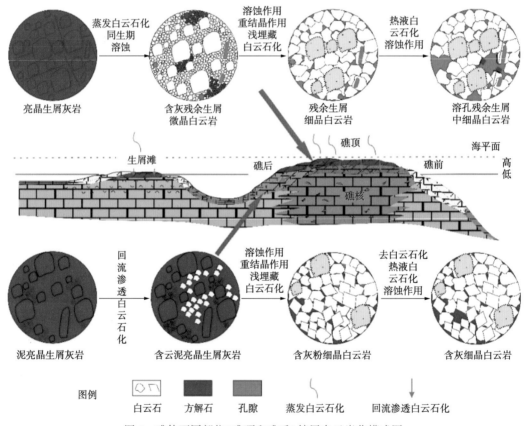

图2 礁体不同部位（礁顶和礁后）储层白云岩化模式图

3.1.2 礁相储层分布规律

元坝地区长兴组发育单期礁和双期礁两种类型（图3），垂向上，单期礁储层主要发育于礁盖（均厚39.9m），双期礁储层以上部Ⅱ期礁盖为主（均厚42.9m），下部Ⅰ期礁盖次之（均厚21.6m）；横向上，储层主要分布于礁顶（均厚77.0m，Ⅰ+Ⅱ类均厚37.0m），礁后次之

（均厚38.3m，Ⅰ+Ⅱ类均厚11.0m），礁前相对较差（均厚32.6m，Ⅰ+Ⅱ类均厚9.5m）。

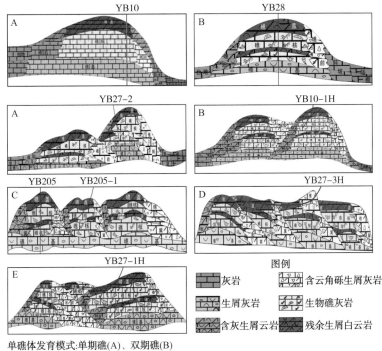

图3 元坝地区长兴组单礁体及礁群发育与储层分布模式图

3.1.3 礁群发育与储层分布模式

元坝地区长兴组生物礁在沉积背景上属缓坡型台缘生物礁沉积，受沉积期古地貌及海平面频繁升降影响，礁滩体具有小、散、多期的特点，由此导致生物礁发育模式复杂多样，储层展布特征复杂多变，开发井优化部署及轨迹优化调整难度大。通过对生物礁地层地质及地震剖面结构特征的综合分析，建立了5种礁群发育与储层分布模式，即纵向进积型、纵向退积型、横向并列型、横向迁移型、复合叠加型（图7）。不同模式下单礁体叠置方式及储层分布特征为礁体识别、储层定量预测与精细刻画、开发井部署和井轨迹优化等提供了重要支撑。

3.2 礁体精细刻画与储层定量预测

3.2.1 超深层小礁体识别与精细刻画

以生物礁发育与储层分布模式为指导，应用古地貌分析确定礁带、礁群分布范围，瞬时相位确定单礁体边界，频谱成像确定单礁体之间的连通性，三维可视化技术确定礁带、礁群的边界及单礁体的空间分布，对礁带、礁群和单礁体展布进行精细刻画。结果表明：元坝长兴组气藏发育4条礁带及1个礁体叠合区，可进一步刻画出21个礁群、90个单礁体；单礁体相对较小，礁盖面积0.12~3.62km² 不等，平均0.99km²。

3.2.2 生物礁薄储层分类定量预测

以生物礁发育与储层分布模式为指导，在礁体精细刻画基础上，集成应用沉积微相相控波阻抗反演、伽马拟声波反演、叠前地质统计学反演和三维可视化技术，对礁体内部薄储层进行分类定量预测和精细描述。通过沉积微相相控波阻抗反演预测储层总厚度，伽马拟声波反演去除泥质影响，叠前地质统计学反演有效预测不同微相带分类储层厚度，三维可视化技术清晰描述生物礁内部储层的空间分布。储层预测结果表明生物礁有利储层面积约155.19km^2，①号礁带优质储层（Ⅰ+Ⅱ类）均厚25m；②号礁带优质储层（Ⅰ+Ⅱ类）均厚30m；③号礁带优质储层（Ⅰ+Ⅱ类）均厚40m；④号礁带优质储层（Ⅰ+Ⅱ类）均厚35m；礁滩叠合区（Ⅰ+Ⅱ类）储层均厚20m(图4)。

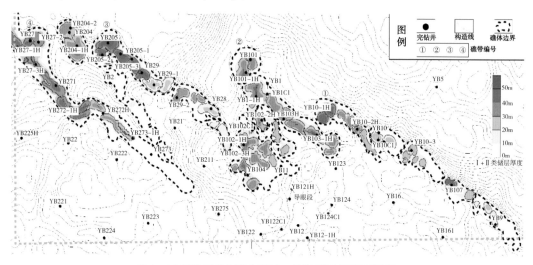

图4 元坝地区长兴组气藏Ⅰ+Ⅱ类储层厚度预测图

3.2.2 生物礁薄储层含气性检测技术

采用叠后吸收衰减、叠前弹性阻抗、泊松比反射、Lame系数等多属性融合以及数据结构体等方法预测储层含气性。实钻结果与含气性预测吻合：①号礁带整体含水、气水界面不统一；②号礁带局部含水；③号、④号礁带仅构造低部位含水。

3.3 条带状小礁体气藏水平井优化设计

3.3.1 井型优选

针对直井产能低、控制储量少的特点，结合长兴组气藏礁体分布特征、生物礁发育与储层分布模式、小礁体精细刻画和含气性检测成果，以经济极限产量和井控储量为前提，综合确定开发井井型：对于纵向上层数多、分布散或储层较厚的生物礁采用大斜度井；对于储层集中、横向上多礁盖发育或底部有水层的礁体，采用水平井。元坝地区长兴组气藏开发井井型以水平井为主，大斜度井为辅。

3.3.2 水平井优化设计

针对单礁体小、连通性差的礁群，采用水平井控制多个礁体，提高储量动用程度；针对纵向发育多期礁的礁体(群)，采用水平井与大斜度井结合，提高纵向储量动用程度；针对局部有底水的礁体(群)，采用水平井避开水层，以控制底水锥进，延长无水采气期(图5)。

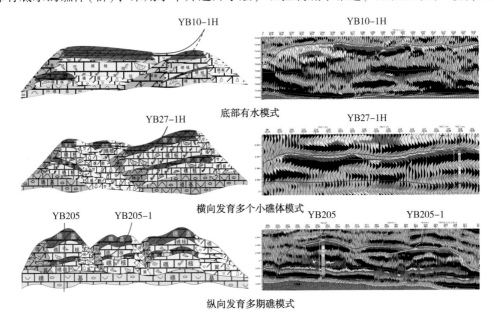

图5 不同类型生物礁储层井型优化设计模式图

根据礁体的连通性及动用储量优化水平段长度：连通性好、储量大的礁体，设计井间距2000~3000m，水平段长度800m；储量达不到2口以上井控储量指标的礁体部署一口井；单礁体储量小于极限经济储量的采用一井多礁。水平井方位主要沿礁带走向设计，多穿单礁体和礁相优质储层。

水平井方位主要沿礁带走向设计，确保钻遇更多的单礁体、更长的优质储层；对没有水的礁体，水平段A靶位于有利储层中上部，B靶位于有利储层中下部；对有水的礁体，水平段位置尽量靠近储层的中上部以有效避开水层。

3.4 超深薄储层水平井轨迹实时优化调整

针对元坝长兴组气藏埋藏超深，优质储层薄，非均质性强，构造起伏大，水平段长，井眼难以控制，采用X射线荧光分析和核磁共振分析新技术，解决了碳酸盐岩常规录井岩性识别与储层评价的难题，建立了碳酸盐岩岩性解释图版和储层核磁物性分类评价标准，形成随钻岩性快速识别技术和随钻储层快速评价技术。在此基础上，建立"找云岩、穿优质、控迟深、调靶点"的超深条带状小礁体气藏水平井轨迹优化调整模式，通过特殊录井准确跟踪分析钻遇地层岩性、物性和含气性的变化，及时优化调整设计轨迹，有效指导滑动导向工具进行增斜或降斜钻进。

4 应用效果

（1）在储层分布规律及生物礁发育与储层分布模式的指导下，根据礁体精细刻画与储层定量预测结果，并结合流体分布和单井产能，优选四条礁带、礁滩叠合区和元坝 12 井滩区为开发建产区，分试采和滚动两期各 $20×10^8m^3$ 编制了元坝长兴组气藏开发方案。方案设计生产井 37 口，其中利用探井 12 口，部署开发评价及开发井 25 口（水平井 17 口，大斜度和定向井 7 口，直井 1 口）。

（2）开发评价及开发井已全部完钻，实钻钻井成功率 100%，储层预测符合率近 95%，水平井储层钻遇率超 82%，实钻结果与地质认识及有利储层精细描述吻合程度高，进一步证实了地质研究、地球物理预测及轨迹实时优化调整的可靠性与准确性。

（3）已完成测试水平井和大斜度井口口高产，平均无阻流量（$297×10^4m^3/d$）是邻近直井（$156×10^4m^3/d$）的 1.9 倍，混合气产能可达 $40×10^8m^3/a$，建成了我国首个 7000m 深的高含硫生物礁大气田。

（4）气藏自 2014 年 12 月投产以来，各项指标均达到了设计要求，截至 2015 年底，累计投产 22 口井，配产 $880×10^4m^3/d$。2015 年产混合气 $17.69×10^8m^3$、净化气 $16.41×10^8m^3$、硫黄 $13.8×10^4t$，新增产值 24.87 亿元，新增利润 9.1 亿元。

（5）元坝气田的成功投产，一方面奠定了我国在高含硫气田开发领域的领先地位，另一方面，元坝气田成为"川气东送"工程的又一重要气源地，对保障"川气东送"沿线六省两市 70 多个城市的长期稳定供气，对促进中西部产业结构调整和沿江区域经济发展意义重大。

参 考 文 献

[1] 黄黎明.高含硫气藏安全清洁高效开发技术新进展[J].天然气工业，2015，35(4)：1~6.

[2] 李鹭光.高含硫气藏开发技术进展与发展方向[J].天然气工业，2013，33(1)：18~24.

[3] 杜志敏.国外高含硫气藏开发经验与启示[J].天然气工业，2006，26(12)：35~37.

[4] 贾爱林，闫海军，郭建林，等.全球不同类型大型气藏的开发特征及经验[J].天然气工业，2014，34(10)：33~46.

[5] 张光亚，马锋，梁英波，等.全球深层油气勘探领域及理论技术进展[J].石油学报，2015，36(9)：1156~1166.

[6] 贾承造，庞雄奇.深层油气地质理论研究进展与主要发展方向[J].石油学报，2015，36(12)：1457~1469.

[7] 戴金星，吴伟，房忱琛，等.2000 年以来中国大气田勘探开发特征[J].天然气工业，2015，35(1)：1~9.

[8] 赵文智，胡素云，刘伟，等.再论中国陆上深层海相碳酸盐岩油气地质特征与勘探前景[J].天然气工业，2014，34(4)：1~9.

[9] 黄福喜，杨涛，闫伟鹏，等.四川盆地龙岗与元坝地区礁滩成藏对比分析[J].中国石油勘探，2014，19(3)：12~20.

[10] 马永生，蔡勋育，赵培荣.深层、超深层碳酸盐岩油气储层形成机理研究综述[J].地学前缘，2011，18(4)：181~192.

[11] 马永生，牟传龙，谭钦银，等.关于开江-梁平海槽的认识[J].石油与天然气地质，2006，27(3)：326~331.

［12］徐安娜，汪泽成，江兴福，等．四川盆地开江－梁平海槽两侧台地边缘形态及其对储层发育的影响［J］．天然气工业，2014，34(4)：37～43．

［13］张兵，郑荣才，文华国，等．开江－梁平台内海槽东段长兴组礁滩相储层识别标志及其预测［J］．高校地质学报，2009，15(2)：273～284．

［14］范小军．元坝地区长兴组沉积特征及对储层的控制作用［J］．西南石油大学学报(自然科学版)，2015，37(2)：39～48．

［15］邓剑，段金宝，王正和，等．川东北元坝地区长兴组生物礁沉积特征研究［J］．西南石油大学学报(自然科学版)，2014，36(4)：63～72．

［16］马永生，蔡勋育，赵培荣．元坝气田长兴组－飞仙关组礁滩相储层特征和形成机理［J］．石油学报，2014，35(6)：1001～1011．

［17］王国茹，郭彤楼，付孝悦．川东北元坝地区长兴组台缘礁滩体系内幕构成及时空配置［J］．油气地质与采收率，2011，18(4)：40～43．

［18］赵文光，郭彤楼，蔡忠贤，等．川东北地区二叠系长兴组生物礁类型及控制因素［J］．现代地质，2010，24(5)：951～956．

［19］刘殊，唐建明，马永生，等．川东北地区长兴组－飞仙关组礁滩相储层预测［J］．石油与天然气地质，2006，27(3)：332～347．

［20］周刚，郑荣才，王炯，等．川东－渝北地区长兴组礁、滩相储层预测［J］．岩性油气藏，2009，21(1)：15～21．

［21］陈宗清．四川盆地长兴组生物礁气藏及天然气勘探［J］．石油勘探与开发，2008，35(2)：148～163．

［22］王一刚，文应初，张帆，等．川东地区上二叠统长兴组生物礁分布规律［J］．天然气工业，1998，18(6)：10～15．

［23］何鲤，罗潇，刘莉萍，等．试论四川盆地晚二叠世沉积环境与礁滩分布［J］．天然气工业，2008，28(1)：28～32．

［24］刘治成，张廷山，党录瑞，等．川东北地区长兴组生物礁成礁类型及分布［J］．中国地质，2011，38(5)：1298～1311．

［25］赵邦六，杜小弟．生物礁地质特征与地球物理识别［M］．北京：石油工业出版社，2009：29～30．

［26］马永生，牟传龙，郭旭升，等．四川盆地东北部长兴期沉积特征与沉积格局［J］．地质论评，2006，52(1)：25～31．

［27］马永生，牟传龙，郭彤楼，等．四川盆地东北部长兴组层序地层与储层分布［J］．地学前缘，2005，12(3)：179～185．

［28］李宏涛，龙胜祥，游瑜春，等．元坝气田长兴组生物礁层序沉积及其对储层发育的控制［J］．天然气工业，2015，35(10)：1～10．

［29］王一刚，张静，杨雨，等．四川盆地东部上二叠统长兴组生物礁气藏形成机理［J］．海相油气地质，2000，5(2)：145～152．

［30］郑荣才，胡忠贵，冯青平，等．川东北地区长兴组白云岩储层的成因研究［J］．矿物岩石，2007，27(4)：78～84．

采油（气）工程

采油(气)工程是指把原油(天然气)经生产管柱和井口设备采出地面的一系列工程技术，采气二厂经过近十年的发展，由陆相原油开采逐步发展为高含硫天然气开采。采气二厂技术人员针对川北油田清蜡检泵周期短、气井井筒积液、含硫气井环空窜气等问题，开展采油配套工艺、积液气井泡排工艺、高含硫气井环空空气治理等技术研究，在油井提高采收率、气井排水采气、高含硫气井环空治理、井解堵等技术的现场应用与实践中取得了丰硕成果，积累了宝贵经验，形成了一套适合川东北地区油气井开采配套技术。本部分旨在为从事高含硫气田开发的工程技术人员、决策人员提供参考。

元坝含硫气井环空带压诊断方法与治理措施

骆仕洪　唐密　冯宴

（中国石化西南油气分公司采气二厂）

摘　要　环空带压现象在国内外高压气井中普遍存在，特别是高含 H_2S 气井如果环空出现了异常压力，会影响到气井的安全生产，需要对气井环空异常压力进行诊断与治理。元坝长兴组属于高含 H_2S、中含 CO_2 储层。本文结合元坝含硫气井的现场经验，对环空异常压力的诊断及判别方法进行了改进，并对含 H_2S 套压异常井的环空保护液加注治理方案制定提供了新思路，以保障气井的安全、稳定生产，也为国内外环空带压气井的诊断与治理提供借鉴。

关键词　元坝气田；环空带压；诊断方法；治理措施

环空带压的情况在国内外高压气井中多有发生。加拿大南阿尔伯特的浅层气井、东阿尔伯特的重油井和 ROCKY 山麓的深层气井由于环空封固质量不好，气窜引起环空带压。在国内，四川龙岗环空带压现象主要由固井初期和后期的气窜引起，采用斯伦贝谢的 GASBLOK * 防气窜水泥浆体系和 Flex STONE * 柔韧水泥浆体系及抗 CO_2 和 H_2S 腐蚀的水泥浆体系、FU-TUR 活性固化水泥等技术解决环空带压问题；塔里木的迪那气田 DN-A、DN-B 井环空带压主要由生产套管渗漏和内层技术套管渗漏引起，根据环空最大许可工作压力来监测生产解决环空带压问题；普光气田环空带压问题主要由生产过程中个别油管丝扣连接密封性失效、固井质量差的气井管外存在窜槽以及管外窜槽、套管渗漏同时存在这三方面引起，对套管高压异常井采取了环空卸压和环空保护液灌注等措施解决环空带压问题。元坝气田属于典型的高温高压高含硫"三高"气田，而在生产过程中环空起压的情况普遍发生。地层流体中含有的酸性介质——H_2S 和 CO_2，能够加快套管及生产管柱的腐蚀，影响安全生产。本文结合元坝含硫气井的现场经验，提出了含硫气井环空带压诊断方法与治理措施，以保证气井的安全稳定生产。

1　环空压力原因分析

根据带压的性质，可将套管带压的气井分为两种类型。

第一类为套管正常带压的气井。主要是因为投产后井筒温度升高及管柱产量、压力变化，导致油套压上升。少部分气井由于环空保护液可能脱气未彻底，当井筒温度升高时，气体上升，导致取样为气样。这类气井的主要特点是套压可控、套管取样不含 H_2S，套压一般小于最大允许套压值，即便套压升高至大于最大允许套压值也可通过安装泄压流程进行泄压等技术手段控制套压。

第二类为套压异常的气井。套管环空存在持续压力，且可能含 H_2S 气体的生产井。这

第一作者简介：骆仕洪，男（1986—），重庆人，毕业于西南石油大学石油工程专业。现工作于西南油气分公司采气二厂，高级工程师，主要从事油气田开发、采油气工艺方面的技术研究和管理工作。

类井的井筒或油管存在渗漏，H_2S 对套管强度、井筒密封性可能造成损坏，存在安全隐患，是治理的重点。所有投产井在投产时都验封试压合格，但由于投产后井况发生变化，尤其是井筒温度升高，生产管柱、套管的受力状况、工作环境发生变化，可能导致油套环空发生渗漏，地层流体进入油套环空。由于各井的井况各不相同，造成套压异常的原因可能也不相同。影响环空起压的的原因可分为以下几类：固井质量不合格，地层向环空窜气；环空压井液中溶解气逸出后在井口聚集，井口密封装置失效；投产管柱失效等。

2 环空带压诊断方法

如果出现环空起压，首要的是需要判断是由井筒温度、压力及产量引起的热膨胀和压力膨胀导致，还是由于异常的原因：如投产管柱泄漏、油层套管破裂或者溶解气、井口装置失效等。

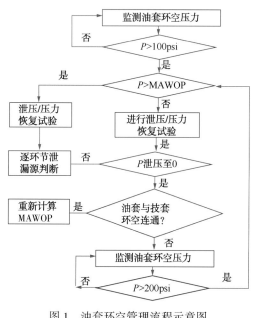

图 1 油套环空管理流程示意图

在常规井中，当环空压力满足以下三个条件时是可以接受的。首先，环空压力在 100psi 以内说明风险很小，此时应该加强监测。其次，如果环空压力大于 100psi，且为持续的环空压力，通过泄压能释放至零，这时对于人员、财产和环境安全也是可以接受的。第三，持续的环空压力、温度变化引起的套压以及操作者施加的套压要在最大的允许操作压力（MAWOP）范围内，以把内层管串的挤毁和外层管串的破裂风险降至最低。如果环空压力不满足以上条件，也并不意味着环空压力是不可接受的，而是环空压力需要通过风险评估等技术加强管理。在《海上油气井套管环空带压管理》中规定了环空压力管理流程，以固定平台的气井油套环空为例，推荐管理流程如图 1 所示：

元坝长兴组属于高含 H_2S、中含 CO_2 储层，且上部油层油套管属于普通抗腐蚀材质。相对于常规井来说，如果环空出现了异常压力，出现的危害性和风险更大，因此针对常规井，诊断及判断方法需要进行改进。

2.1 诊断方法

1. 卸压-压力恢复测试

（1）安装 1/2in 针形阀，用于环定控制卸压。

（2）通过卸压和自然升压诊断油套环空带压，按横坐标小时，纵坐标为环空压力做图。根据压力-时间曲线变化趋势判别是"物理效应"引起的环空带压，还是泄漏或渗漏的环空带压及邻近环空的压力反窜或窜通。

（3）不应将环空压力降至 0MPa 进行环空带压诊断，因为这可能"疏通"渗漏或泄漏通道。封隔器胶筒或密封圈在经历卸压后，一般都会出现不同程度的密封损坏或丧失密封性。推荐先将环空压力降低 20%~30%，后关闭环空，观察 24h。

（4）升压判别：

① 如果在 24h 内压力没有回升，应考虑为井筒"物理效应"引起的环空带压。

② 如果在一周内压力有回升，且十分缓慢，并稳定在某一允许值，说明在油管或封隔器有微小渗漏。

③ 如果缓慢卸压，压力不降低或降低十分缓慢，说明井口或靠近井口处有微小渗漏。

④ 如果压力"卸不掉"，说明油套环空有较大的泄漏点。

2．井筒完整性测井诊断

（1）被动超声波检测技术：对多层套管监听泄漏点和水泥环的纵向窜流剖面。

（2）主动超声波检测技术：对多层套管声发射和反射监测腐蚀和变形。

（3）电磁检测技术：对多层套管腐蚀、沟槽和裂缝。

3．环空液面监测

（1）环空液面监测前，应制定环空液面监测技术方案和安全预案。

（2）对环空泄漏井，推荐测环空液面。在补注环空保护液时，推荐同时监测动态液面，避免注入压力过高压漏环空。

（3）对环空带压的井，放出流体为气相时，推荐测环空液面。定量注入环空保护液，以便核对所测液面深度是否正确。

2.2 套压起压分析

如果通过关井，环空压力降至 0 或接近 0，这就能说明是由温度升高引起的套压而不是持续的环空压力。如果关井时环空压力降至 0，但恢复关井前的生产制度后，环空压力回升并超过了之前的压力，这说明气井温度降低时存在小的泄漏有流体进入了环空，这个泄漏速度可能较小，所有的压力控制屏障仍然认为是可用的。如果关井时环空压力稳定在大于 0 的一个压力，这就意味着在一个压力源和环空之间存在连通或者有环空外加的压力，在这种情形下，需要进行另外的诊断。

2.3 泄压/压恢实验判断流程

如果 24h 内压力泄至 0 但未能建立压力恢复，那么可认为环空不存在持续的压力（SCP），压力可能是由完井液的膨胀及微小的泄漏引起的。此时，可认为控制压力的屏障是完整有效的。如果 24h 内通过 1/2in 的针形阀小压差压力泄压至 0，又建立起了泄压前的套压，可认为环空存在小的泄漏，泄漏速度是可以接受的，控制压力的屏障是仍然有效的，此时需要改变工况加强监测，环空压力的持续增加并不一定说明泄漏的增加，这口井需要定期重新评估以判断压力控制屏障是否有效。如果 24h 内通过 1/2in 的针形阀小压差压力泄压至 0、又建立起了套压但低于泄压前的值，此时也可认为环空存在小的泄漏，控制压力的屏障是仍然有效的，导致压力没恢复至泄压前的值可能有以下的原因：泄漏速度很慢；在环空顶部有一个大气包；泄压前的套压部分是由于流体膨胀引起的；泄压后的压力恢复是在满环空的液体中进行的，随着小气泡慢慢地运移到环空顶部，套压降上升。

如果 24h 内通过小压差针形阀未能泄压至 0，压力控制屏障的约束能力部分失效，有些情况下，泄漏速度可能是不容接受的，这说明泄漏率大于在低压差下气体通过 1/2in 的针形阀孔板的速度，如果这是发生在油管与生产套管的环空，须开展进一步的调查找到泄漏途径和泄漏源，也需要制定相应的修井计划。如果这种情况发生在技术套管之间的环空，此时认为可做的选择很有限，需要考虑泄漏产生的后果和整套压力控制屏障失效的可能性，以决定是进行修井还是采取更进一步的措施。环空压力未能泄漏至 0 的气井应该通过安全隐患的逐个排查进行更深入的评估。

如果泄压或压力恢复过程中邻近环空出现了压力响应，套管环空之间可能存在连通，有可能存在另外的泄漏通道允许压力从一个泄漏源进入两个环空中的一个。如果是由油管柱泄漏进入生产套管环空，通过泄压/压力恢复测试的泄漏率可以确定泄漏路线，如果油管与生产套管的环空能通过 1/2in 的针形阀，小压差压力泄压至 0，控制流体流动的屏障可以认为是有效的，这口井需要定期评估以确定控制流体流动的屏障是否仍然有效。如果是油套环空和技术套管环空间连通，生产套管将不能再被作为阻挡地层压力的有效屏障，这是一种严重的、具有潜在危险的情况，此时地层压力可能窜至技术套管间的环空，但其设计的承压不能满足要求，油套环空和技术套管环空间连通的气井需通过安全隐患的逐个排查进行更深入的评估。更外层的套管环空之间的连通需要基于潜在的后果和压力控制屏障失效可能性进行评估。

3 含 H_2S 套压异常井治理措施研究

3.1 套压异常井环空保护液加注方案

环空保护液加注只能起到短暂作用，并不能从根本上解决问题。需要结合分析生产数据资料，模拟计算井筒压力状况，提出新的加注思路，具体如下：

（1）进行液面监测，落实液面深度，以确定环空保护液加注量和加注泵压。

（2）对于套压、油套硫化氢含量都比较稳定，且生产较为平稳的气井，在未落实环空液面深度和泄漏位置的情况下，原则上暂不加注。

（3）监测各井生产情况，若套压、油套含硫量等参数发生非正常突变，可以考虑采取加注方式以减少风险。

（4）根据气井生产数据、压力变化情况，调整施工参数、优化环空保护液性能。

（5）加注时应严格控制泵压、排量等参数，遵循"小排量、低泵压"的原则。同时及时、准确记录加注时间、加注量、排量、泵压等施工参数和加注后的压力、流体化验等数据。

3.1.1 加注思路

（1）套管四通安装加注管线和泄压管线。

（2）对环空适当泄压后通过加注管线加注，控制泵压，边加注边放喷，直至加满。

（3）加满后泄压至 0。

3.1.2 加注流程

加注流程如图 2、图 3 所示。

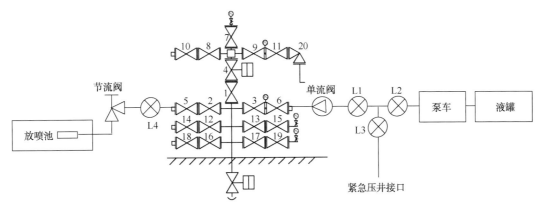

图2 泄压管线和加注管线异侧的加注流程

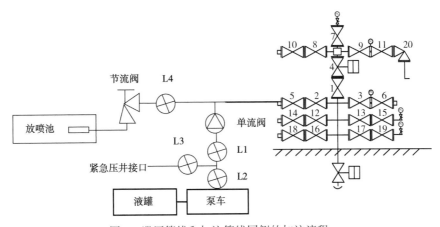

图3 泄压管线和加注管线同侧的加注流程

3.1.3 加注参数

加注排量不超过 $0.1m^3/min$，泵压应小于理论计算最大套压允许值，实际中应尽量降低泵压。采用边加注、边泄压的加注方法，泄压至0MPa，加满为止，加注完后泄压至0MPa。

3.1.4 施工步骤

（1）连接地面流程。

（2）按要求对流程试压。

（3）先将套压泄压至0MPa，开泵低排量 $0.1m^3/min$ 泵注环空保护液，泵注压力达到10MPa时，停泵1h，进行放喷泄压至0MPa，再进行加注和泄压，重复直至放喷出口无气体显示，完成施工。

（4）如果放喷出口一直有气，则另定措施。

（5）验证保护液漏失情况

3.2 设计安装套压泄压流程

环空高压异常压力井环空压力控制，主要通过井口泄压流程释放，达到环空压力低于允许限值。图4是以元坝1-1H井为例套压泄压管汇示意图。

图 4　套压泄压管汇示意图

应用结果表明，提出的环空带压诊断方法有效改善了元坝气田诊断环空带压的措施，方便了现场作业管理，降低了操作风险；新的加注方法具有一定的实用性，弥补了传统加注方法不能长时有效的缺陷。

4　结论

（1）基于元坝环空带压原因分析，提出了卸压-压力恢复测试、井筒完整性测井诊断和环空液面监测的诊断方法，并通过套压起压分析及泄压/压恢实验进行判断，能够快速判断环空起压井起压类型及漏点，以便采取对应处置措施。

（2）环空保护液加注只能起到短暂作用，并不能从根本上解决问题，所以提出了新的加注思路：套管四通安装加注管线和泄压管线；对环空适当泄压后通过加注管线加注，控制泵压，边加注边放喷，直至加满；加满后泄压至0。

参 考 文 献

[1] 朱仁发. 天然气井环空带压原因及防治措施初步研究[D]. 成都：西南石油大学，2011.

[2] 赵鹏，樊帆. DN-A、DN-B井生产阶段环空压力诊断分析[J]. 辽宁化工，2011，40(12)：1312~1315.

[3] 古小红，母建民，石俊生，等. 普光高含硫气井环空带压风险诊断与治理[J]. 断块油气田，2013，20(5)：663~666.

[4] 伍强，唐蜜，罗伟，等. 元坝高含硫气井环空起压诊断评价方法及应用[J]. 钻采工艺，2016，39(6)：38~41.

[5] 陈曦，孙千，徐岭灵，等. 元坝气田环空带压井风险级别判别模式研究[J]. 中外能源，2017，22(3)：57~62.

[6] 张智，顾南，杨辉，等. 高含硫高产气井环空带压安全评价研究[J]. 钻采工艺，2011，34(1)：42~44.

[7] 朱达江. 气井环空带压机理研究[D]. 成都：西南石油大学，2014.

[8] 陈正茂. 高含硫气田环空带压井的管理风险与安全评价[J]. 山东工业技术，2016(20)：35~36.

[9] 古小红，母建民，石俊生，等. 普光高含硫气井环空带压风险诊断与治理[J]. 断块油气田，2013，20(5)：663~666.

[10] 张智，黄熠，李炎军，等. 考虑腐蚀的环空带压井生产套管安全评价[J]. 西南石油大学学报：自然科学版，2014，36(2)：171~177.

[11] 耿安然. 高含硫环空带压井液面监测技术[J]. 大庆石油地质与开发，2017，36(1)：100~103.

高含硫气井井筒硫沉积预测新模型

朱 国　刘兴国　冯 宴

（中国石化西南油气分公司采气二厂）

摘　要　随着元坝高含硫气田逐步投入试采，井筒硫沉积问题受到关注。元坝气田井筒是否存在硫沉积，目前国内外硫沉积预测模型难以确定，本文在前人的基础上，对硫颗粒在气流中的受力进行分析，得到新的临界携硫速度，并将硫的溶解度、压力与温度耦合，进而提出一个新的硫沉积解析模型，为设计及生产提供理论基础。通过新模型对 YB204 井实例计算，计算结果合理可靠。

关键词　高含硫；气井；压力温度耦合；硫沉积

我国含 H_2S 天然气分布十分广泛，目前已经在四川、渤海湾、鄂尔多斯、塔里木和准噶尔等含油气盆地中都发现了含硫或高含硫天然气，而元坝气田长兴组气藏 H_2S 平均含量 5.53%，CO_2 含量为 3.12%~15.5%。气藏为高含 H_2S、中含 CO_2 气藏。随着元坝气田长兴组气藏 YB04、YB103H 等高含硫气井投入试采，井筒硫沉积问题受到关注。

1　硫沉积模型

1.1　固相硫颗粒在气流中的受力分析

固相硫颗粒在气流中的受力因状态的不同而不同，在运动状态下主要的作用力大致包括运动阻力、压力梯度力、视质量力、巴西特（Basset）力、马格努斯（Magnus）力、萨夫曼（saffman）升力以及重力和浮力等。当球形硫颗粒在垂向上的合力为零，即

$$F_d + F_p - F_m + F_b + F_{SL} + F_f = 0 \tag{1}$$

硫颗粒在垂向的受力保持平衡，在该方向上不产生沉降。考虑浮力 F_f，忽略巴西特力。硫颗粒在将被气流携带而向井口方向运移，当满足如下代数关系式时：

$$6.44(\mu\rho_g)^{\frac{1}{2}}r_p^2(V_f - V_p)\left|\frac{dV_f}{dy}\right|^{\frac{1}{2}} + C_D\frac{1}{2}\rho_f[V_f - V_P](V_f - V_P)S - \left(\frac{4}{3}\pi r_p^3\right)\frac{\partial p}{\partial r}$$

$$+ \pi d_p^3\rho_f/6 - \frac{2}{3}\pi r_p^3\rho_{mf}\frac{d}{dt}(V_f - V_P) = 0 \tag{2}$$

对式（2）进行求解，并舍去没有物理意义的根，从而得到临界携硫速度关系式：

$$V_f = \frac{-12.88(\mu\rho_g)^{\frac{1}{2}} - \sqrt{165.894\mu\rho_g - \frac{32}{4}C_D\rho_f\pi r_p(\rho_f - \rho_p)g}}{-2C_D\rho_f} \tag{3}$$

第一作者简介：朱国，男（1986—），四川阆中人，毕业于西南石油大学油气田开发专业，获硕士学位。现工作于西南油气分公司采气二厂，工程师，主要从事采气工艺、地面集输及污水处理方面的研究。

1.2 单质硫在高含硫天然气中的溶解度

关于元素硫在天然气中溶解度的研究，Roberts 在 Chrastil 基础上，结合 Brunner 和 Woll 的实验数据，推出了估计硫在酸气中溶解度的公式。根据气体状态方程，可以得到硫的溶解度与压力之间的关系式，并对压力 p 微分即可得到元素硫在天然气中的溶解度预测模型：

$$\frac{dc}{dp} = 4\left(\frac{M_a r_g}{ZRT}\right)^4 \exp\left(-\frac{4666}{T} - 4.5711\right)p^3 \tag{4}$$

得到井筒中压力和温度在井筒剖面上的分布规律后，将一定含硫量的天然气的饱和压力和饱和温度与井筒剖面上的压力和温度分布相结合，讨论在该温度下单质硫的溶解度。若天然气含硫量高于在该温度下的溶解度，就会发生硫的析出和在管道中沉积，在该压力温度下，对任意井段进行积分，可以大致判断井中元素硫是否沉积和沉积的大致部位，从而得到温度压力耦合的温度压力梯度沉积模型：

$$\begin{cases} \dfrac{dp}{dz} = \dfrac{-\rho_m g\sin\theta - f\dfrac{\rho v_l^2}{2D}}{1 + \rho_m v_m v_{sg}\left(\dfrac{1}{Z}\dfrac{\partial Z}{\partial p}\Big|_{T_f} - \dfrac{1}{p}\right)} \\ \dfrac{dT_t}{dZ} = -\dfrac{2\pi r_t U_t}{C_{pt} w_t}(T_t - T_a) - \dfrac{g}{C_{pt}} + \left(\beta\dfrac{dp}{dZ} - \dfrac{v_t dv_t}{C_{pt}}\right) \\ \dfrac{dc}{dp} = 4\left(\dfrac{M_a r_g}{ZRT}\right)^4 \exp\left(-\dfrac{4666}{T} - 4.5711\right)p^3 \end{cases} \tag{5}$$

2 实例计算

YB204 井位于四川盆地东北部元坝低缓构造带，2010 年 8 月 11 日对长兴组（6523～6590m）酸压后求产，稳定油压 24.5MPa，天然气产量 126.46×10⁴m³/d，获得了高产工业气流。该井套管外径 146mm，油管外径 88.9mm。

2.1 不同产量下压力计算

据电子压力计（E2444）实测井深 6364.74m 处的三个工作制度求产的流动压力，对比分析不同工作制度下的压力温度耦合模型计算流压与实测流压值，结果见表 1。

表 1 YB204 井流动压力一览表

工作制度	高温高压气井井底压力计算		
	测点井深流压/MPa	计算流压/MPa	误差/%
第一个工作制度	65.04	65.68	0.98
第二个工作制度	63.26	62.51	-1.18
第三个工作制度	61.04	57.59	-5.65

采油（气）工程

从表1可以看出，压力温度耦合模型计算出的流压与实测值基本吻合，误差最小为0.98%，最大为-5.65%，满足工程计算要求。

2.2 硫沉积预测

YB204井长兴组气样分析数据见表2，天然气相对密度根据取平均值0.5869，由于本井没有对硫颗粒直径的测得值，因此根据付德奎等文章中经验，取为0.000075m，压力温度根据耦合模型求得的值，代入式(5)计算临界携硫速度为0.11881m/s。并对不同的硫直径进行敏感性分析，其结果如图1所示。

表2　YB204井长兴组气样分析数据表

| 序　号 | 样品组分及含量/%(物质的量分数) | | | | | | | | | 相对密度 |
	CH_4	H_2	N_2	CO_2	He	O_2	C_2H_6	C_3H_8	H_2S	
1	91.88	0.01	0.58	4.72	0.01	0.05	0.05	0	2.7	0.5833
2	93.06	0.04	0.55	4.38	0	0.04	0.05	0	1.67	0.5893
3	92.07	0.02	0.6	4.63	0.01	0.04	0.05	0	2.58	0.5881

由图1可以看出，临界携硫速度与硫颗粒直径几乎呈线性关系，即临界携硫速度随硫颗粒直径增大而增加，较大直径的硫颗粒需要更大的流速携带。

运用公式(5)对不同压力、温度条件下临界携硫速度进行预测，并与其相应条件下的实际流速进行对比。由图2可以看出，实际流速远远大于临界携硫速度，即井筒中不会有硫沉积。

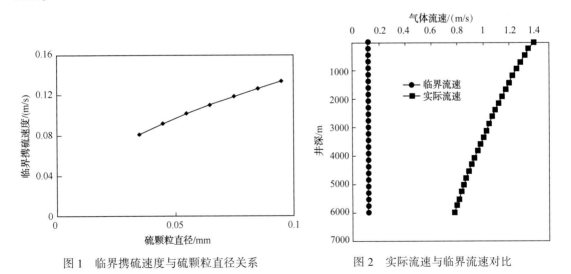

图1　临界携硫速度与硫颗粒直径关系　　图2　实际流速与临界流速对比

临界温度190.41℃，临界压力4.5986MPa，由硫饱和度公式计算其临界硫容量为64.9g/m³。在产量为$20\times10^4 m^3/d$制度下，硫溶解度随井深改变而不同，其关系曲线如图3所以。显然，在地层初始条件下，天然气中的硫容量远大于临界硫容量，地层在初始时刻就有硫的沉积。即随着生产的进行，压力和温度的不断下降，所以从地层到井底，井底到井口都将有

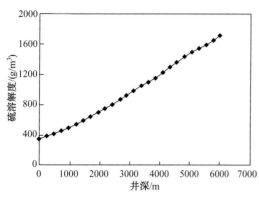

图 3　硫溶解度随井深变化曲线

硫的析出和沉积发生。

综上分析，虽然在井筒中有硫的析出，但是由于实际流速远远大于临界携硫速度，因此在该井井筒中存在单质硫，然而这些硫仅存在于一些井下接头和弯道处，其余的硫单质会随天然气的采出而被顺利带出。

3　结论

（1）将井筒压力温度模型进行耦合求解，对井筒中悬浮微粒进行了受力分析，得到新的临界携硫模型，最后将压力温度模型与及硫溶解度模型耦合。

（2）通过硫沉积新模型，对 YB204 井进行了实例计算，发现高含硫天然气中硫的溶解度主要与温度、压力有关，井筒有硫析出，但由于气体流速大于临界携硫速度，析出硫单质会随气体顺利带出。

参 考 文 献

[1] 黄士鹏，廖凤荣，等. 四川盆地含硫化氢气藏分布特征及硫化氢成因探讨[J]. 天然气地球科学，2010，21(5)：705~713.

[2] 杨学锋，黄先平，杜志敏，等. 考虑非平衡过程元素硫沉积对高含硫气藏储层伤害研究[J]. 石油与天然气地质，2007，26(6)：67~70.

[3] 王正和，邓剑，等. 元坝地区长兴组典型沉积相及各相带物性特征[J]. 矿物岩石，2012，32(2)：86~96.

[4] 陈丹，川东北地区元坝气田与普光气田长兴组气藏特征对比分析[J]. 石油天然气学报，2011，33(10)：11~14.

[5] 曹仲文，袁惠新. 旋流器中分散相颗粒动力学分析[J]. 食品与机械，2006，5：34~36.

[6] Chrastil J. Solubility of solids and liquids in suPereritieal gases[J]. J. Phys. Chem. (1982)86，301~306.

[7] Brunner, E., Place Jr., M.C., and Wo11, W.H, Sulfur Solubility in Sour Gas[J]. JPT(Dee.1988)1587~1592.

[8] Kunal Karan, RobertA. Heidemann, Leo A. Behie, Sulfur Solubility in sour Gas：Predietions with an Equation of State Model[J]. Ind. Eng. Chem. Res. 1998, 37, 1679~1684.

[9] 李颖川. 定向井气液两相压力计算数值方法[J]. 天然气工艺，2008，27(2)：24~27.

[10] 毛伟，梁政. 井筒压力温度耦合分析[J]. 天然气工业，1999，19(6)：66~69.

[11] 谷明星，里群，邹向阳，等. 固体硫在超临界随临界酸性流体中的溶解度(I)实验研究[J]. 北工学报，1993，44(3)：315~319.

元坝气田环空带压井风险级别判别模式研究

陈曦　孙千　徐岭灵　庄园　袁淋

(中国石化西南油气分公司采气二厂)

摘　要　气井环空带压是元坝气田面临的普遍问题，环空异常带压将严重威胁气井安全生产，需要进行完整性评价，判别风险级别，提出应对措施。基于环空带压的原因分析，结合元坝气田现场经验，提出影响气井完整性的21项因素。利用层次分析法逐一进行分级、评分、权重调整，建立了气井风险等级判别模式，可把气井的风险等级由低到高分为3类，Ⅲ类井需立即采取紧急处理措施。在生产过程中可通过对单井进行定期分析评价，及时掌握气井完整性的变化情况。

关键词　高酸性气井；环空带压；风险分析；完整性跟踪

1　气井各级环空带压机理分析

根据环空带压产生的原因，可将其分为：温度导致环空流体热膨胀诱发的环空带压，井下作业施加的环空带压、环空串流诱发的环空带压和密封失效导致的环空带压。

（1）温度效应诱发的环空带压。

在开井初期由于开关井和产量调整都会导致井筒温度变化，当井筒内温度升高时，会导致环空内的流体发生膨胀，最终导致环空带压。

（2）井下作业施加的环空带压。

对气井进行各种施工作业，例如环空保护液亏空时，补充环空保护液，可能会对套管环空施加压力。

（3）环空流体串流诱发的环空带压。

由于井筒屏蔽系统功能下降或者失效导致的环空带压，主要失效的形式有：油套管螺栓连接处渗漏，油套管管体部分穿孔漏失，或者由于固井质量差，这些因素都会导致产层高压气体串流至井口形成环空带压。

在高含硫气井生产过程中，油套环空带压情况较为常见，主要原因包括：①由于腐蚀或开裂等原因造成油管管体及连接处漏失而造成的环空带压。②封隔器及安全阀等密封件失效造成的环空带压。

其他环空带压的主要原因包括：①各级套管腐蚀或连接处漏失造成的环空带压。②水泥封固质量不理想存在微间隙或裂缝，高压气体由产层经水泥环串流至井口形成环空带压。③井口装置失效形成环空带压。

第一作者简介：陈曦，男(1986—)，四川西充人，毕业于重庆科技学院石油工程专业。现工作于西南油气分公司采气二厂，工程师，主要从事采气井控和地面集输的研究。

2 风险评价要素

风险是指在一特定环境下，某一特定时间内，某种损失发生的可能性及其可能引发后果的危害性的总和。对于高含硫气井如果不加以区分，都采取修井作业，作业费用非常高。因此，以气井本身特性、工艺措施及目前状况为评价要素，结合元坝气田实际工况，罗列出评价要素及具体的影响因素，以评价气井的风险级别。

1. 气井本身特性

气井本身特性指不可改变、与生俱来的属性，这些因素可导致管柱、井口装置及水泥环的腐蚀，进而影响强度与密封性，如果发生泄漏事故，则可影响次生灾害的危害性。其主要的影响因素有地层压力（C1）、H_2S 分压（C2）、H_2S 含量（C3）、井深（C4）、地层温度（C5）、Cl^- 含量（C6）、pH 值（C7）、气井地理位置（C8）、气井产量（C9）、井筒积液（C10）、建井年限（C11），具体影响因素如图1所示。

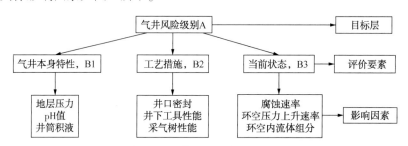

图 1　元坝气田环空带压井风险级别评价层次结构

2. 工艺措施

工艺措施指为确保气井完整性、保证气井安全生产的各种技术和管理措施，是为气井可能引发的危害而主动采取的应对措施。其主要的影响因素有井口密封（C12）、井下工具性能（C13）、采气树性能（C14）、管柱密封性（C15）。

3. 当前状态

当前状态是表征气井当前的风险状态的因素。是验证气井完整性最重要因素，也是最直接的因素。其主要的影响因素有腐蚀速率（C16）、环空内流体组分（C17）、环空压力与 MOP（最大井口允许操作压力）（C18）、环空压力上升速率（C19）、泄压分析（C20）、固井质量（C21）。

3 气井风险评估

3.1 层次结构构建

由于影响气井的风险等级影响因素较多，各影响因素相关性较为复杂，利用层次分析法对21项影响因素和3项评价要素构建如图1所示的气井完整性风险评估层次结构，以此来分析风险级别中各影响因素所占权重。最高层为目标层，即完整性的评价单元；中间层次为准则层，即3项评价要素；最底层为方案层，即具体的影响因素。

3.2 判断矩阵构建

根据递阶层次结构构造判断矩阵 A，确定元素与元素之间的隶属关系以及各个因素的权重。采用 1~9 标度方法，对不同情况的评比给出数量标度（表 1）。

表 1 判断矩阵中各标度含义

标 度	定义与说明
1	两个元素对某个属性具有同样重要性
3	两个元素比较，一元素比另一元素稍微重要
5	两个元素比较，一元素比另一元素明显重要
7	两个元素比较，一元素比另一元素重要得多
9	两个元素比较，一元素比另一元素极端重要
2，4，6，8	表示需要在上述两个判断的中间值
$1/a_{ij}$	若元素 i 与元素 j 的重要性之比为 a_{ij}，则元素 j 与元素 i 的重要性之比为 $a_{ji}=1/a_{ij}$

判断矩阵 A 具有如下性质（表 2）：判断矩阵 B1、B2、B3 见表 3~表 5。

（1） $a_{ij} > 0$；

（2） $a_{ji} = 1/a_{ij}$；

（3） $a_{ii} = 1$。

表 2 判断矩阵 A

A	B1	B2	B3
B1	1	1	1/2
B2	1	1	1/3
B3	2	3	1

$A=$

表 3 判断矩阵 $B1$

B1	C1	C2	C3	C4	C5	C6	C7	C8	C9	C10	C11
C1	1	1	1	5	3	1	3	4	1	1/3	2
C2	1	1	1	5	3	1	3	4	1	1/3	2
C3	1	1	1	5	3	1	3	4	1	1/3	2
C4	1/5	1/5	1/5	1	1/3	1/5	1/5	1	1/3	1/5	1/2
C5	1/3	1/3	1/3	3	1	1/3	1/3	1	1/3	1/5	1/3
C6	1	1	1	5	3	1	3	5	2	1/3	1
C7	1/3	1/3	1/3	5	3	1/3	1	1	1/2	1/4	1
C8	1/4	1/4	1/4	1	1	1/5	1	1	1/3	1/5	1/4
C9	1	1	1	3	3	1/2	2	3	1	1/3	1/2
C10	3	3	3	5	5	3	4	5	3	1	3
C11	1/2	1/2	2	2	3	1	1	4	2	1/3	1

$B1=$

表4　判断矩阵 *B2*

B2	C12	C13	C14	C15
C12	1	1/3	1	1/4
C13	3	1	3	1
C14	1	1/3	1	1/2
C15	4	1	2	1

$B2 =$

表5　判断矩阵 *B3*

B3	C16	C17	C18	C19	C20	C21
C16	1	1/3	1/3	1/3	1/3	4
C17	3	1	1	1	1	5
C18	3	1	1	1	1	5
C19	3	1	1	1	1	5
C20	3	1	1	1	1	5
C21	1/4	1/5	1/5	1/5	1/5	1

$B3 =$

3.3　评价要素的权重计算

利用判断矩阵的特征根求得目标层的相对权重，并通过一致性检验来判断其有效性，判断原则为 $CR<0.1$。

（1）首先计算一致性指标 CI；

（2）查找相应的平均随机一致性指标 RI，对 $n=1$，…，9，Saaty 给出了 RI 的值，如表6。

表6　*RI* 值

n	1	2	3	4	5	6	7	8	9	10	11
RI	0	0	0.58	0.90	1.12	1.24	1.32	1.41	1.45	1.49	1.52

RI 的值是用随机方法构造500个样本矩阵：随机从 1~9 及其倒数中抽取数字构正反矩阵，求得最大特征根的平均值 λ'_{max}，并定义：

$$RI = \frac{\lambda'_{max} - n}{n - 1}$$

则一致性比例：

$$CR = \frac{CI}{RI}$$

当 $CR<0.1$ 时，认为判断矩阵的一致性是可以接受的；$CR>0.1$ 时，认为判断矩阵不符合一致性要求，需要对该矩阵进行重新修正。

利用 Matlab 计算出判断矩阵 A 的最大特征根 $\lambda=3.0183$，由表6可知，$n=3$ 时，$RI=0.58$，$CR=0.0158<0.1$，满足一致性要求最大特征根对应的特征向量为 $W_{max}=(0.3778$ 0.3301 $0.8650)$标准化后的权重向量为 $W'=(0.2402$ 0.2098 $0.5499)$。

则气井本身特性、工艺措施与当前状态对气井风险级别的影响权重分别为 24.02%、20.98%、54.99%。

3.4 影响因素的权重计算

同理，可得影响因素的权重。首先用 Matlab 计算出判断矩阵 $B1$ 的最大特征根 $\lambda_1 = 11.7787$，由表 6 可知，$n = 11$ 时，$RI = 1.52$，$CR = 0.0512 < 0.1$，满足一致性要求最大特征根对应的特征向量为：

$$W_{max} = (0.3121\ 0.3121\ 0.3121\ 0.0687\ 0.0981\ 0.3164\ 0.1564\ 0.0832\ 0.2329\ 0.6613\ 0.2653)$$

标准化后的权重向量为：

$$W' = (0.1107\ 0.1107\ 0.1107\ 0.0244\ 0.0348\ 0.1123\ 0.0555\ 0.0295\ 0.0826\ 0.2346\ 0.0941)$$

权重分别为：11.07%、11.07%、11.07%、2.44%、3.48%、11.23%、5.55%、2.95%、8.26%、23.46%、9.41%。

用 Matlab 计算出判断矩阵 $B2$ 的最大特征根：权重分别为 11.72%、37.42%、13.99%、36.87%。

用 Matlab 计算出判断矩阵 $B3$ 的最大特征根：权重分别为 8.78%、21.84%、21.84%、21.84%、21.84%、3.86%。

将评价单元的权重与各具体影响因素的权重相乘，就可以得出每个影响参数占气井完整性评价的权重(表 7)。

表 7 环空带压井风险级别影响因素参数权重表

序 号	评价要素	具体影响因素	评价指标	所占权重
1	气井本身特性	地层压力	压力越高，风险越大，当地层压力大于 70MPa 时，得 0 分；若采用比地层压力高 1 个压力等级的管柱和井口装置，得 3 分	3
2		H_2S 分压	H_2S 分压大于或等于 0.0003MPa 时，应力开裂概率较大，此时得 0 分；采用镍基等抗硫材质可得 3 分	3
3		H_2S 含量	H_2S 含量越高，泄漏后对人的危害越大，当大于 150mg/m³ 时得 0 分	3
4		井深	气井越深，完整性失效的风险越大，生产层大于 7000m 得 0 分	1
5		地层温度	温度越高，完整性失效的风险越大，地层温度大于 100℃ 得 0 分	1
6		Cl^- 含量	具有较强的穿透能力，对于 316 等不锈钢抗腐蚀性能具有一定的影响，当含量大于 10000mg/L 时，得 0 分	3
7		pH 值	低 pH 值将增加对套管的腐蚀，当 pH 值低于 6 时，得 0 分；选用镍基等抗硫油管可得 1 分	1
8		气井地理位置	气井周围人口稠密且未进行拆迁得 0 分	1
9		气井产量	气井产量越大，发生泄漏后危害越大，分为小于 10000m³/d，大于 100000m³/d 和 10000~100000m³/d 三个等级	2
10		井筒积液	井筒积液将加剧油套管的腐蚀，有得 0 分	5
11		建井年限	建井时间越长，气井完整性越差，超过 7 年得 0 分	2

续表

序 号	评价要素	具体影响因素	评价指标	所占权重
12	工艺措施	井口密封	密封有效、压力等级满足要求得 2 分	2
13		井下工具性能	井下安全阀漏失量应小于 0.42m³/min 的要求，否则不得分	7
14		采气树性能	整体无泄漏、密封有效，各闸阀开关功能有效，压力级别满足要求得 3 分	3
15		管柱密封性	管柱密封良好，两相邻环空无窜气现象，得 8 分	8
16	目前状况	腐蚀速率	腐蚀速率满足 0.076mm/a，得 5 分	5
17		环空内流体组分	油套含 H_2S，得 0 分，技表套含 H_2S，直接采取修井作业	12
18		环空压力与 MOP	环空压力大于最高操作压力，得 0 分	12
19		环空压力上升速率	环空压力突然上升，证明有突发的泄漏源，得 0 分	12
20		泄压分析	泄压后环空压力降为 0，24h 内环空压力恢复较为缓慢，且处于较低水平得 12 分；24h 内恢复至泄压前水平 0 分，泄压 24h 后仍带压，则进行修井作业	12
21		固井质量	固井质量评价为好，得 2 分	2

3.5 风险级别判别模式

每个因素的权重分值得出后，确定对应的分值范围，把含硫气井的风险等级分为三类，提出环空带压井风险判别标准，见表 8。

表 8 带压气井完整性评价及对策表

风险分类	风险权重范围	完整性状态	对 策
I	>70	良好	定期监测，正常录取环空压力等资料，观察其变化范围，并可采取泄压措施
II	30~70	一般	需要连续监测各环空压力变化，并视情况开展动态分析，做好应急预案
III	<30	较差	风险较大，已受严重破坏的高风险井，需要采取修井或弃井作业

以环空带压井风险判别标准为基础，建立了风险级别判别模式(图 2)。对于含硫气井环空压力和技、表套流体性质是表征气井完整性最重要、也是最直接的参数，因此，如果日常环空压力高于 MOP，则进行泄压诊断，如果泄压后迅速恢复至泄压前水平(泄压后 24h 内恢复至之前水平或泄压后 24h 内仍然带压)，或检测出技、表套气样含 H_2S，则直接定义为 III 类井，进行修井或弃井作业；反之，则按照气井风险评估及对策表逐项分析评分，最终得出气井的风险级别。

4 现场试验

为了验证该风险评估模式在现场的适应性，选取元坝10-侧1井进行了验证。元坝10-侧1井技套2压力为41MPa，超过其最大允许井口操作压力33MPa，经过多次泄压后，压力在24h内恢复至41MPa，且套管头上四通多次发生漏气现象，不含H_2S，气井的完整性明显遭受破坏。

根据现场实际数据分析与计算，参照环空带压井风险级别影响因素参数权重表，元坝10-侧1井总得分为62分，属于Ⅱ类井，目前正在严密监测环空压力，若出现连续24h泄压后仍带压或技套2和技套1环空压力窜通现象，则应立即采取修井作业。

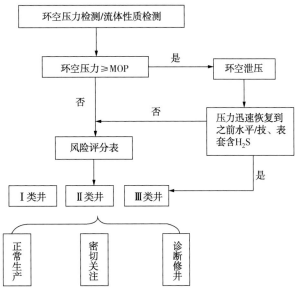

图2　元坝气田环空带压气井风险级别评价模式

5 结论

（1）初步建立了元坝气田环空带压气井的风险级别判别方法，制定了各影响因素的权重和评价标准。

（2）气井生产工况和工艺措施决定完整性失效发生的可能性和危害性，当前状态是判别气井完整性最重要的参数，环空压力、泄漏速率和技、表套含硫化氢可作为"一票否决"的参数。

（3）利用层次分析法确定各影响因素对气井完整性的权重，尽可能地减少人为因素对评价结果的的影响。

6 建议

（1）在带压气井井控管理过程中，应建立气井完整性跟踪制度，每月对各带压气井进行风险级别判别，与上月的评分值进行对比，及时发现导致评分值变化的原因并提出相应的对策。

（2）影响因素的评价指标需要经过大量的现场实验数据检验后，进一步优化修正，逐步建立完善的气井风险级别评价体系，以确保元坝气田安全、经济运行。

参 考 文 献

[1] 张智. 高含硫高产气井环空带压安全评价研究[J]. 钻采工艺, 2011(34).
[2] 王云. 高温高压高酸性气田环空带压井风险级别判别模式[J]. 石油钻采工艺, 2012(34).
[3] 李隽. 基于层次分析法的气井完整行评价模式[J]. 钻采工艺, 2013(36).

高含硫气井油管渗漏深度计算及应用

柯玉彪[1]　孙天礼[1]　李华昌[2]　骆仕洪[1]　陈彦梅[1]　陈 曦[1]

(1. 中国石化西南油气分公司采气二厂；2. 中国石化西南油气分公司联益石油天然气勘探开发有限公司)

摘　要　完井油管密封差，环空窜气，保护液漏失，套管腐蚀，且高含硫环境渗漏点检测难度大，成本高。利用流体力学，结合生产数据，判断油管—环空渗漏模式，推导渗漏点深度模型；以 YB1-xH 井为例，计算渗漏点深度，验证准确性，并应用于环空限压值计算。结果表明：该井油管在 4500m、6758m(封隔器)存在两个渗漏点；现场验证，结果准确性高；限压值受生产制度、环空液面深度及保护液密度影响大，限压值的确定能够很好地指导环空治理。

关键词　高含硫气井；油管渗漏；渗漏深度；环空限压值；环空保护液

引言

　　高含硫气井采用镍基油管+永久封隔器+循环滑套+井下安全阀完井管柱，环空充有碱性环空保护液，起到管柱防腐、平衡封隔器压差作用。若完井时封隔器坐封效果差或油管丝扣连接密封不严，导致环空窜气，压力异常上涨，保护液阵发性漏失，套管腐蚀加剧，严重制约着气井的正常生产。目前高含硫环境下，超声波、流量测井等油管渗漏点检测方法安全风险大和作业成本高。生产制度和环空条件对渗漏点压力影响很大，决定了保护液置换等环空治理时的限压值。本文通过关井、生产及环空泄压—压恢时压力、流体性质、液面变化情况，判断油管—环空间渗漏模式，利用流体力学推导油管渗漏点深度模型。以 YB1-xH 井为例，计算油管渗漏点深度，基于现场数据，验证计算结果准确性，并应用渗漏点深度计算结果，确定环空泄压和加注时的限压值，更好地指导环空保护液置换等异常治理。

1　模型建立

1.1　渗漏模式分析

　　无渗漏时，油管和环空不存在"U"形连通，油管压力剖面和环空压力剖面存在交点即等压点。存在渗漏时，渗漏点可能位于等压点上部或下部，或均存在(图1)。

　　(1)等压点下存在渗漏点时，渗漏点处环空压力大于油管压力，但一般油管渗漏点较小，环空保护液分子颗粒大，在小压差下穿透能力有限，对环空压力影响可以忽略，但压差达到突破压力时，保护液剧烈漏失，环空压力突降。

　　第一作者简介：柯玉彪，男(1989—)，湖北黄冈人，毕业于西南石油大学油气田开发工程专业，获硕士学位。现工作于西南油气分公司采气二厂，工程师，主要从事储层改造、气藏动态及采气工艺研究。

（2）等压点上存在渗漏点，渗漏点处油管压力大于环空压力，环空窜气，压力缓慢上升。

（3）等压点上下均存在渗漏点，上部渗漏点酸气向环空渗漏，而下部渗漏点压差达到突破压力时，保护液剧烈漏失，环空压力周期性波动。

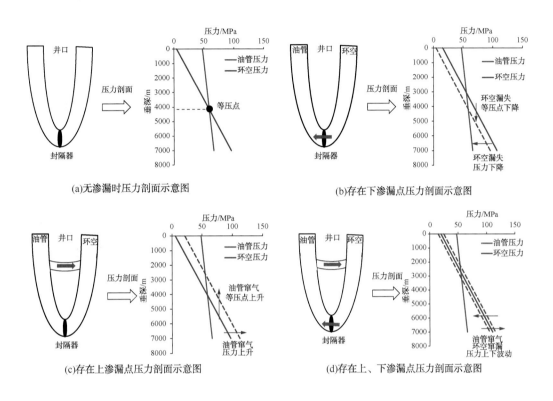

(a)无渗漏时压力剖面示意图　　　　　　　　　　(b)存在下渗漏点压力剖面示意图

(c)存在上渗漏点压力剖面示意图　　　　　　　　　(d)存在上、下渗漏点压力剖面示意图

图 1　油管和环空不连通压力剖面示意图

1.2　渗漏点深度计算模型

1.2.1　油管压力计算模型

忽略液态水和非烃类气体影响，由质量守恒和动量守恒定律，得单相气流油管压力梯度方程：

$$\frac{\mathrm{d}p_{油}}{\mathrm{d}z} = -\rho_g g \sin\theta - f_g \frac{\rho_g v_g^2}{2D} - \rho_g v_g \frac{\mathrm{d}v_g}{\mathrm{d}z} \tag{1}$$

其中摩阻系数 f_g 为：

$$\frac{1}{\sqrt{f_g}} = 1.14 - 2\lg\left(\frac{e}{D} + \frac{21.25}{Re_m^{0.9}}\right), \quad Re_m = \frac{\rho_g v_g D}{\mu_g} \tag{2}$$

当关井时油管气体流速为零，压力梯度为油管流体质量引起：

$$\frac{\mathrm{d}p_{油}}{\mathrm{d}z} = -\rho_g g \Delta z \sin\theta \tag{3}$$

边界条件:

$$p_{油z=x} = p_{环z=x} \qquad (4)$$

式中　$p_{油}$——油管压力,MPa;

　　　　z——油管深度,m;

　　　　ρ_g——气体密度,kg/m³;

　　　　g——重力加速度,m/s²;

　　　　v_g——油管气体流速,m/s;

　　　　D——油管直径,m;

　　　　e——油管壁绝对粗糙度,m;

　　　Re_m——雷诺数,无因次;

　　　　μ_g——气体黏度,mPa·s;

　$p_{油z=x}$——油管等压点压力,MPa;

　$p_{环z=x}$——环空等压点压力,MPa;

　　　　H——垂深,m。

1.2.2　环空压力计算模型

环空顶部为气体,底部为保护液,在静态条件下,压力梯度为常数,环空压力方程为:

$$p_{环} = p_{口环} + \rho_1 g(z - L) \qquad (5)$$

式中　$p_{环}$——环空压力,MPa;

　　$p_{口环}$——井口环空压力,MPa;

　　　ρ_1——环空保护液密度,kg/m³;

　　　　L——环空液面深度,m。

其中环空气体相对密度0.5,忽略环空气体密度引起的压力。

1.2.3　渗漏点深度计算

一般情况下油管渗漏点较小,环空保护液分子颗粒大,在小压差下穿透能力有限,对环空压力影响可以忽略不计,但当压差达到突破压力时,保护液剧烈漏失,环空压力快速下降,因此环空与油管压力差值等于突破压力点为下渗漏点深度。

气体分子粒径小,小压差下穿透渗漏点,环空达到"U"形平衡状态时,等压点与上渗漏点重合,油管压力等于环空压力,因此压力剖面中油管压力等于环空压力点为上渗漏点深度。

2　实例计算

以YB1-xH井为例,计算渗漏点深度,验证结果准确性。该井气体硫化氢含量达到7.4%(物质的量分数),环空压力异常上涨,环空保护液亏空,判断油管存在渗漏点,油管-环空"U"形连通。其生产阶段划分为:①投产初期环空不稳定阶段。②加注环空保护液后油管逐渐堵塞阶段。③油管堵塞形成稳定阶段。④解堵后环空不稳定阶段。⑤解堵后环空稳定阶段(图2)。

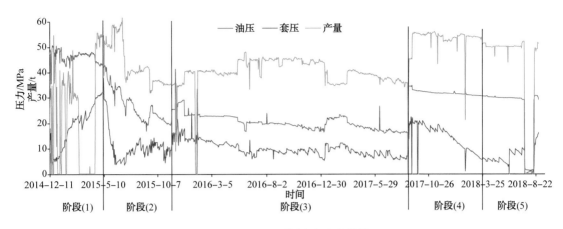

图 2   YB1-xH 不同阶段生产曲线

阶段(1)投产初期存在三种现象：①初期受温度效应影响，井口环空压力上涨到15.84MPa 时，突降至 4.5MPa，同时油压也由 48MPa 突降至 27MPa，表明存在下渗漏点，渗漏点压差达到突破压力时，大量保护液进入油管井筒，形成液柱，井口油管压力也突降。②温度稳定后，环空压力上涨速率达到 0.21MPa/d，环空硫化氢浓度达到 7.0%（摩尔分数），环空泄压压降速率低达 0.067MPa/min，全为气体，压力恢复速率高达0.10MPa/min，表明存在上渗漏点。③关井期间，环空压力整体上升，酸气向环空窜入，同时出现两次环空压力快速下降，分析为环空窜气后，下渗漏点环空压力与油管压力差值达到突破压力，形成保护液回灌，发生阵发性漏失。因此该井油管上下部均存在渗漏点(图 2)。

2.1   上渗漏点深度计算

阶段(2)油压和产量逐渐下降，表现出井筒堵塞特征，环空压力也同步下降，液面深度逐步减小(液面上升)，硫化氢浓度逐渐下降，表明上渗漏点窜气程度逐渐降低，油管压力逐渐减小，因此判断上渗漏点在井筒堵塞点以上(图 3，表 1)。

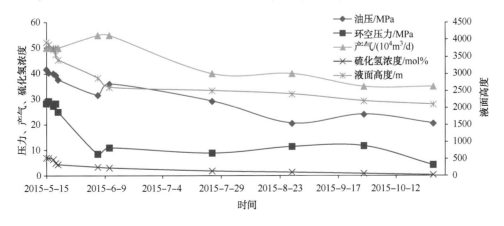

图 3   阶段(2)井口参数变化曲线

阶段(3)堵塞形成后，在35×10⁴m³/d、40×10⁴m³/d、45×10⁴m³/d的生产制度下，保护液均未发生剧烈漏失，环空达到"U"型平衡状态时，等压点和上渗漏点重合，计算压力剖面如图4所示，三种制度下等压点均在4500m附近，因此上渗漏点深度位于4500m左右。

表1　阶段③井筒堵塞形成后不同生产制度下环空平衡状态井口参数

生产制度/ (10⁴m³/d)	井口油管压力/ MPa	井口环空压力/ MPa	液面高度/ m	等压点位置 (上渗漏点)/m	备　注
35	27	15.7	2850	4600	阶段(3)井筒 堵塞形成后
40	23	10.5	2650	4500	
45	20	7.0	2400	4400	

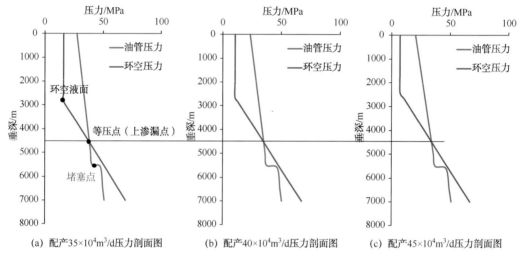

(a) 配产35×10⁴m³/d压力剖面图　　(b) 配产40×10⁴m³/d压力剖面图　　(c) 配产45×10⁴m³/d压力剖面图

图4　三种生产制度下平衡状态压力剖面

2.2　下渗漏点深度计算

下渗漏点环空与油管压差达到突破压力，环空压力突降，保护液窜漏。因此存在下渗漏点深度和突破压力两个未知数，需至少两组不同制度发生窜漏时的井口参数。

$$\begin{cases} [\rho_1 g(h - h_{环1}) + p_{口环1}] - (\Delta p_{油1} h + p_{口油1}) = p_{突} \\ [\rho_2 g(h - h_{环2}) + p_{口环2}] - (\Delta p_{油2} h + p_{口油2}) = p_{突} \end{cases} \quad (6)$$

式中　　ρ_1、ρ_2——环空保护液密度，kg/m³，通过取样获取；

　　　$h_{环1}$、$h_{环2}$——环空液面高度，m，通过液面监测仪获取；

　　　$p_{口环1}$、$p_{口环2}$——井口环空压力，MPa；

　　　$\Delta p_{油1}$、$\Delta p_{油2}$——井筒压力梯度，MPa/m，通过压力剖面计算模型获取；

　　　$p_{口油1}$、$p_{口油2}$——井口环空压力，MPa；

　　　　h——下漏点深度，m；

　　　$p_{突}$——下渗漏点突破压力，MPa。

根据阶段（1）投产初期两组保护液窜漏时井口参数（表2），计算得下渗漏点深度为6700m，结合前期完井封隔器发生偏磨现象，判断下渗漏点为封隔器处（6758m），计算解堵前封隔器突破压力为38.9MPa。

表2 两组环空保护液窜漏时井口参数

突降前		突降后		产气量/（$10^4 m^3/d$）	液面深度/m	保护液密度/（g/cm^3）
油管压力/MPa	环空压力/MPa	油管压力MPa	环空压力MPa			
48.43	15.84	27	4.5	35	0	1.0
50.5	24.82	47.08	21.08	0	744	1.0

2.3 计算结果准确性验证

阶段（5）井筒解堵后，关井期间最高关井油压35.1MPa，环空保护液密度1.0g/cm³，环空液面深度为0，达到平衡状态时，上渗漏点（4500m）油管压力等于环空压力，计算井口环空压力1.8MPa，与井口压力监测值1.4MPa接近，计算结果准确性高（图5）。

3 实例应用

环空窜气，需定期进行环空泄压和加注。生产制度、环空液面深度及环控保护液密度对

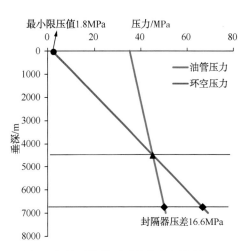

图5 解堵后关井时平衡状态压力剖面

渗漏点压力影响很大，决定井口环空最低、最高限压值。最低限压值为平衡状态下井口环空压力，最高限压值为封隔器承受突破压力时井口环空压力。以YB1-xH井为例，基于渗漏点深度模型，计算其限压值，更好地指导环空泄压和加注。

3.1 不同生产制度下限压值计算

在液面深度2000m，保护液密度1.0g/cm³条件下。针对$35\times10^4 m^3/d$、$40\times10^4 m^3/d$、$45\times10^4 m^3/d$、$55\times10^4 m^3/d$四种生产制度，计算最低、最高限压值（表3）。分析可知：提高配产，最低、最高限压值均降低。因此在高配产下，泄压压力可适当降低，加注压力不宜过高；在低配产下，泄压压力不宜过低，加注压力可适当提高。

表3 不同生产制度下最低、最高限压值计算结果

生产制度/（$10^4 m^3/d$）	最低限压值/MPa	最高限压值/MPa
35	20.7	42.6
40	19.7	41.95
45	18.05	40.95
55	16.5	39.65

3.2 不同环空液面下限压值计算

在 $55\times10^4 m^3/d$ 生产制度和 $1.0g/cm^3$ 环空保护液密度条件下，针对液面深度 0、400m、2650m、1000m、2000m、3000m，计算限压值(表4)。分析可知：增大液面深度(环空液面降低)，最低、最高限压值均增加。因此在高液面深度下，环空泄压压力不宜过低，加注压力可适当提高；在低液面深度下，环空泄压压力可适当降低。

表4 不同环空液面下最低、最高限压值计算结果

液面深度/m	最低限压值/MPa	最高限压值/MPa
0	-3.5	19.65
400	0	23.15
1000	6.5	29.65
2000	16.5	39.65
3000	26.5	49.65

3.3 不同保护液密度下限压值计算

在 $55\times10^4 m^3/d$ 工作制度、2000m 环空液面深度条件下，针对 $1.3g/cm^3$、$1.0g/cm^3$、$0.8g/cm^3$ 三种保护液密度，计算限压值(表5)。分析可知：降低环空保护液密度时，最低、最高限压值均提高。因此在高环空保护液密度下，可适当降低环空泄压压力，加注压力不宜过高；在低环空保护液密度下，泄压压力不宜过低，加注压力可适当提高。

表5 不同保护液密度下最低、最高限压值计算结果

环空保护液密度/(g/cm^3)	最低限压值/MPa	最高限压值/MPa
1.3	9.0	25.4
1.0	16.5	39.65
0.8	21.5	49.15

4 结论

(1) 结合生产数据，利用流体力学方法，分析油管渗漏模式，建立了油管渗漏深度模型。

(2) 通过 YB1-xH 井实例计算，油管在4500m、6758m(封隔器)存在两个渗漏点，并基于现场数据，验证了计算结果的准确性高。

(3) 为保障上渗漏点不发生酸气渗漏至环空，下渗漏点不发生保护液窜漏至油管，计算出了不同生产制度、环空液面深度和保护液密度下的环空限压值，建议：①高配产下，加注压力不宜过高，低配产下泄压压力不宜过低。②高液面深度下，泄压压力不宜过小，低液面深度下，加注压力不宜过高。③高保护液密度下，加注压力不宜过高，低保护液密度下，泄压压力不宜过小。

参 考 文 献

［1］何生厚，曹耀峰．普光高酸性气田开发［M］．北京：中国石化出版社，2010.

［2］郑友志，佘朝毅，刘伟，等．井温、噪声组合找漏测井在龙岗气井中的应用［J］．测井技术，2010，34（1）：60～63.

［3］曾韦．高含硫气井井筒完整性安全评价［D］．成都：西南石油大学，2014.

［4］古小红，母健民，石俊生，等．普光高含硫气井环空带压风险诊断与治理［J］．断块油气田，2013，20（5）：663～666.

［5］张宇，朱庆，何激扬，等．高温高压高含硫气井生产运行期井筒完整性管理［J］．天然气勘探与开发，2017，40（2）：80～85.

［6］刘锦．高含硫气井井筒温度–压力预测［D］．成都：西南石油大学，2017：38～52.

［7］罗伟．林永茂，董海峰，等．元坝高含硫气井油套环空正常起压规律［J］．岩性油气藏，2018，30（2）：146～153.

［8］郭建华．高温高压高含硫气井井筒完整性评价技术研究与应用［D］．成都：西南石油大学，2013：51～61.

［9］马发明，佘朝毅，郭建华．四川盆地高含硫气井完整性管理技术与应用—以龙岗气田为例［J］．天然气工业，2013，33（1）：122～127.

元坝气田井口装置平板闸阀故障分析及对策研究

袁淋　梁中红　肖仁杰　曹臻　权子涵　姜林希　曾志金

(中国石化西南油气分公司采气二厂)

摘　要　为了保障气井平稳生产，深入分析井口装置平板闸阀故障原因及研究下步对策是必不可少的。立足于元坝高含硫气田，以井口装置平板闸阀为研究对象，统计了平板闸阀外漏、内漏、开关不灵活以及开关不到位等故障问题，结合闸阀设计机理、外部条件以及人为因素详细分析了常见故障的原因包括阀门部件密封失效、阀门处高含硫环境、阀门长期未活动、阀门材质不合格以及水合物堵塞等，实践证明，通过更换阀门部件、注脂堵漏以及阀门解卡等方法可以进行故障处置，同时保障备品备件充足、加强阀门维护保养以及保持气井合理工作制度等作为下一步合理建议，可为减小元坝气田井口装置平板闸阀的故障率提供理论与实践依据。

关键词　元坝气田；井口装置；平板闸阀；故障；措施；对策

引言

元坝气田作为国内第二大高酸性气田，其表现出气藏埋藏深、硫化氢含量高以及地层压力高等特点，目前元坝气田气井井口虽然采用抗硫级别为 HH 级，压力级别为 105MPa 的采气树来缓解这一难题，然而投产 2 年以来，井口装置平板闸阀仍出现一系列故障，给元坝气田井控工作的正常开展带来了挑战。据不完全统计，目前元坝气田井口装置平板闸阀主要故障问题包括外漏、开关不灵活、内漏以及开关不到位，且外漏问题表现得更为突出，形式多样，影响了气井的平稳生产。针对以上故障问题，本文从阀门密封机理、外部条件以及人为原因出发，分析了故障的根本原因，并提出了相应的处置措施以及下步建议，以期为减小元坝气田井口装置平板闸阀故障率，保障元坝气田井控工作正常开展提供理论依据与技术支持。

1　井口装置

高含硫气井井口装置由套管头、油管头和采气树三大部分组成，作用是悬挂井下油管柱、套管柱、密封油套管和两层套管之间的环形空间以控制气井生产，以及进行回注和安全生产的关键设备。套管头安装在表层套管柱上端，由套管头本体和悬挂器组成，主要用于悬挂除表层套管以外的各层套管重量，实现内、外套管柱之间形成压力密封等。油管头安装在套管头的上部，由油管悬挂器及其本体组成，用于悬挂井内油管柱，并密封油管与生产套管间的环形空间。油管头以上部分称为采气树，高含硫气井采气树一般由平板闸阀、笼套式节

第一作者简介：袁淋，男(1990—)，四川南充人，毕业于西南石油大学，油气田开发工程专业，硕士学位。现工作于西南油气分公司采气二厂，工程师，主要从事油气藏动态、采气井控以及 HSSE 相关研究。

流阀和小四通组成。其作用是开关气井、调节压力、气量、循环压井、下井下压力计测量气层压力和井口压力等作业。目前元坝气田各场站采用井口装置包含采气树、油管头以及套管头，采气井口采用普通"十"字形双翼采气树，压力级别 105MPa，温度级别 P-U 级，主/侧通径为 78mm，材料为满足抗 H_2S、CO_2 腐蚀要求的 HH 级，本体为 4130 钢，堆焊 625 镍基合金，厚度±3mm，规范级别 PSL3G，性能级别 PR2。

2 平板闸阀常见故障

2.1 平板闸阀外漏

元坝气田及井口装置平板闸阀外漏表现形式主要分为三种：一是盘根密封处外漏；二是法兰连接处外漏；三是注脂阀处外漏。盘根、钢圈以及注脂阀均为平板闸阀本体或与上下游连接处的重要密封组件，同时与硫化氢直接接触，任何一道密封失效将导致硫化氢外漏，影响气井平稳生产。

元坝气田投产以来，井口装置平板闸阀出现了大量的盘根密封失效、钢圈密封失效以及部分注脂阀密封失效引起外漏，严重影响了气井的平稳生产（图1）。现场人员某次对元坝 A 井井口巡检时发现，采气树 7#阀门的注脂阀外漏，随后对该井 7#阀门注脂阀进行更换，从更换取出的注脂阀来看，注脂阀锥型密封面已经有明显的凹坑，从而造成密封失效（图 2）。

图 1　平板闸阀盘根及钢圈损坏

图 2　平板闸阀注脂阀损坏

2.2 平板闸阀开关不灵活

元坝气田井口装置平板闸阀开关不灵活的主要表现形式包括三种：手轮空转而阀板不动、阀门无法活动以及阀门活动困难等，造成这三种故障现象的直接原因为：平板闸阀安全销钉损坏、平板闸阀轴承损坏以及平板闸阀长时间未进行开关活动，给实际操作带来了较大的困难(图 3)。

图 3 平板闸阀轴承及销钉损坏

元坝 C 井泄套压过程中，采气树 2#闸阀出现手轮空转现象，现场更换销钉后阀门开关正常，同时取出来的销钉有明显的磨损痕迹，疑为活动阀门受阻后采用大力或者 F 扳手强制活动造成。除此之外，元坝气田井口装置平板闸阀使用过程中还经常存在阀门卡死，主要表现为开关不到位，甚至无法活动，特别是长期不进行开关操作的套压以及技表套阀门，更容易出现卡死(图 4)。

图 4 技套 12#、13#阀门无法活动

2.3 平板闸阀内漏

和节流阀一样，元坝气田采气树以及井口装置平板闸阀同样也存在内漏，即使内漏不会造成气体泄漏，但是阀门内漏容易给气井井下作业带来较大的困难。目前，元坝气田井口装置平板闸阀内漏主要表现在 7#、11#(10#)阀门，特别是 7#阀门作为井下作业的重要阀门，阀门内漏不仅增加了整个井下作业过程的复杂性，同时也给整个井下作业带来较大的风险。更值得一提的是，现场试图通过注密封脂的方式来缓解平板闸阀内漏，然后效果并不佳，内漏依然严重。

2.4 平板闸阀开关不到位

一般情况下手动平板闸阀不存在开关不到位的现象，这里主要阐述高含硫气田自控液动地面安全阀（SSV）。正常条件下，现场通过电机打压液压油的方式驱动阀板上下移动来达到开关地面安全阀的目的，阀杆的伸出长度作为判别地面安全阀开关的重要凭证，然而冬季开井过程中，地面安全阀经常出现不能全开和全关。正常情况下，元坝 A 井地面安全阀关闭状态时执行器阀杆伸出 112mm，打开时伸出 15mm，整个阀杆行程为 97mm。该井某次开井过程中，地面安全阀打开时阀杆伸出 45mm，即地面安全阀处于半开半关状态，现场对地面安全阀进行浇淋热水，充分加热后，多次活动阀门恢复正常（图5）。

图5　地面安全阀未开到位

3　平板闸阀常见故障原因分析

3.1　平板闸阀外漏原因分析

根据前文对元坝气田井口装置平板闸阀外漏故障的三种直接原因的分析，结合元坝气田的开发实际，以下将分别分析造成平板闸阀外漏的根本原因。

首先是盘根失效导致外漏，由于盘根长期处于高含硫环境中，且气体中存在杂质，引起盘根老化，密封失效；同时，盘根在高压、高流量条件下处于正常状态，但当关井后再开井，因盘根受力状态的改变，容易引起盘根失效。

其次是钢圈密封失效导致外漏，由于阀门对接时螺栓未紧固到位、更换阀门或生产时抖动造成密封不严以及涂抹密封脂过程中不均匀，随着井口温度升高，密封脂黏度降低，不能达到较好的密封效果。除此之外，目前元坝气田最为常见的是密封钢圈采用非抗硫材质，因长期与硫化氢接触被腐蚀，因而造成外漏。

最后是注脂阀外漏，根据注脂阀内部结构以及双重密封机理，结合正常生产条件下平板闸阀注脂阀内部承压情况（图6），分析认为造成元坝气田采气树平板闸阀注脂阀外漏的主要原因有以下三个方面：

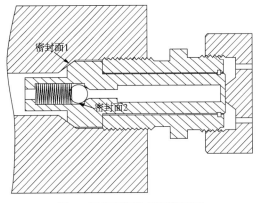

图6　平板闸阀注脂阀剖面图

（1）平板阀活动过程中阀腔内部杂质堆积使密封面堵塞，造成密封不严，介质外漏。

（2）注脂阀内部弹簧基本处于压缩状态，长期不活动或经常活动均可能导致弹簧失效，钢球活动不灵活，钢球或者斜面变形，介质外漏。

（3）钢球长时间承受高压，钢球或者斜面变形，密封面无法形成密封，介质外漏。

3.2 平板闸阀开关不灵活原因分析

引起平板闸阀开关不灵活的直接原因主要有三个，一是轴承损坏；二是销钉损坏；三是阀门卡死。以下将分别分析造成以上三种故障的根本原因：

（1）传动螺母通过在轴承端面上转动来引起阀杆的伸缩，进而达到开关平板闸阀的目的，但随着时间的推移，外部雨水、灰尘、杂质进入轴承内，造成轴承卡住无法转动，若强制活动阀门则会造成阀门轴承损坏。

（2）销钉损坏原因分析。

销钉是传递手轮扭矩的重要部件与桥梁，且不与流动介质接触，因此造成销钉损坏的根本原因来自于人为活动阀门过程中，从取出来的销钉有明显的磨损痕迹来看，判定为活动阀门过程中形成的，特别是在带压差操作阀门时，往往阀门比较笨重，不灵活，一般采取用F扳手进行开关活动，加大了销钉损坏的可能性。

（3）阀门卡死原因分析。

基于平板闸阀内部构造以及阀门开关的原理，且考虑到阀门内部与含硫介质接触，综合分析认为造成平板闸阀卡死的原因主要有四种：

① 阀板与阀座咬死。从平板闸阀结构来看，在阀板与阀座的结合面上可能会产生很大的正压力，从而形成很大的静摩擦力。当进行阀门关闭操作时，一旦使用的力矩过大，阀门重新开启时将要克服的静摩擦力非常大，甚至达到几十吨，造成了阀板与阀座咬死导致闸阀不能正常开启。

② 阀门运动件遭受腐蚀。气体介质中的硫化氢、产出水、空气及空气中的腐蚀成分，都会造成阀门运动件的腐蚀，这种腐蚀既降低运动部件的光洁度，又会产生锈蚀物，增大了开关阻力。

③ 阀门长期没有操作。由于阀门长期没有操作，在阀门的阀板与阀座之间、阀杆与填料之间、阀杆螺纹与提升螺母之间就会出现污垢物并堆积，增加了各运动面的阻力，这种阻力很可能导致闸阀不能正常开启或关闭。

④ 阀门关紧过度造成阀杆弯曲影响。过度的关紧阀门还会造成阀杆的弯曲变形，阀杆失去良好的直线度，与传动螺母产生很大的阻力，从而导致阀门卡死，无法开启。

3.3 平板闸阀内漏原因分析

元坝气田井口装置平板闸阀内漏现象较为常见，根据平板闸阀内部结构、开关原理以及所处的实际环境，分析认为造成平板闸阀内漏的主要原因有以下五个方面：

（1）人为原因导致阀门未关紧而内漏。

（2）阀门安装过程中导致阀门与阀座有擦伤，密封不严而内漏。

（3）阀门制造过程中所选阀板材质疏松，存在气孔，或者制造精度不够，导致内漏。

（4）阀杆螺母和阀杆滑牙对阀板关闭不严导致内漏。

（5）长期处在高含硫化氢介质中，容易引起阀板或阀座的腐蚀，微小的腐蚀也可造成闸板或者阀座刺漏。

3.4 闸阀开关不到位原因分析

根据前文对地面安全阀常见故障的探讨，这里仅分析由物理因素造成的地面安全阀故障，主要表现形式为开井过程中地面安全开关不完全或者关井过程中地面安全阀内漏，究其根本原因，皆为水合物堵塞引起，特别是冬季长期关井后进行开井操作，油温无法及时上升，加之井口节流阀节流带走大量的热量，导致地面安全阀周围温度过低，地面安全阀阀板处形成水合物。

4 平板闸阀常见故障处置措施

针对目前元坝气田采气树及平板闸阀常见故障问题，前文对造成以上故障的根本原因进行了详细的分析，在此基础上本文制定了更换平板闸阀部件、平板闸阀注脂堵漏以及巧用阀门解卡技术等常见故障处置措施。

4.1 更换平板闸阀部件

由前文对平板闸阀的故障研究可得，容易直接引起平板闸阀故障的部件主要包括盘根、钢圈、注脂阀、销钉以及轴承。

盘根、钢圈以及注脂阀与酸气直接接触，长期使用过程中容易密封失效导致平板闸阀外漏，通常情况下，针对此类外漏现象也采用更换盘根、钢圈以及注脂阀等方式处理；轴承与销钉虽不直接与酸气接触，若由于操作原因导致轴承损坏，同样需要采用更换操作（图7）。

图 7　更换注脂阀（左：旧注脂阀，右：新注脂阀）

4.2 平板闸阀注脂堵漏

在平板闸阀使用过程中，若出现密封失效导致平板闸阀外漏，若外漏较小，一般通过注密封脂来使得阀门内部重新达到密封效果；若外漏量过大或注密封脂方式无法达到恢复密封的效果，则一般采用更换密封件的方式。同时，元坝气田井口采气树平板闸阀内漏也是较为常见的现象，特别是井口生产翼9#、11#（或8#、10#）阀门，在开井过程中若笼套式节流阀也存在内漏，那么将会给开井过程中建压带来较大的困难，容易引起节流阀后端超压。目前，针对平板闸阀内漏一般采用注脂方式试图减缓内漏量，同时操作过程中密切注视后端压力以保证平稳开井生产的目的。

4.3 巧妙采用阀门解卡技术

除了销钉以及轴承损坏容易引起平板闸阀开关不灵活之外，还有一种最为常见的原因即为长期未进行开关活动，特别是对于井口装置中的技、表套阀门，此种故障更为常见。针对技、表套平板闸阀此类故障，根据国内外文献调研以及元坝气田现场实践，并借鉴普光气田的经验，可根据不同的故障程度选取不同的解卡方法。

（1）对阀杆进行震动解卡。利用橡胶锤敲击阀杆，对阀杆产生震动解卡。阀门的锈死主要是阀板和阀座、螺杆和螺母之间有较大的摩擦力，发生自锁现象。当阀板两侧压力相平时，橡胶锤的敲击对其自锁产生一定破坏力，从而能顺利开启或关闭阀门。

（2）用专用液体（清洗剂）浸泡运动件，溶解污垢。即在阀门正式解卡作业之前，对平板闸阀外部运动件进行浸泡，软化其中污垢、锈蚀物，时间一般 1~2 天。

（3）用专用工具解卡。一般情况下，开启阀门主要通过人力手动转动手轮或者使用管钳，或者在管钳上再套个加力杆，增加受力力臂，从而增加作用在阀门的力矩，增加开启阀门的可能。但是，就是这种正常的操作，可能会导致阀门手轮受力不均匀，直接作用在阀杆上的力臂仍然没有增加，还是不能正常开启阀门。为了确保其受力均匀，可以加工制作专用开启工具。

（4）设法平衡阀门阀板两端的压力。当阀门阀板一端受压而另一端不受压时，开启阀门较为困难。主要原因为：阀门阀板两端压力受力平衡时，开启时所需要的力矩小，而当阀板两端压力相差较大时，其力矩将成倍增加。同样，再考虑关闭锈死阀门解卡时，连接安装好临时高压注醇软管线，用加注泵设备加注甲醇以平衡阀板两端压力。由于阀门锈死无法观察目前油套压，以加注泵出口压力达到原油套压时停泵，此时锈死的阀门阀板两端压力应基本平衡。

5 结论与建议

（1）目前，元坝气田井口装置平板闸阀故障主要包括外漏、开关不灵活以及内漏等，分析得到造成平板闸阀故障的原因主要有密封组件失效、轴承以及销钉损毁、阀板材质疏松或杂质引起密封不严等。

（2）针对元坝气田采气树、井口装置阀门故障以及故障原因，目前常见的故障处置措施包括更换阀门、更换阀门密封件、更换轴承、注脂堵漏以及阀门活动解卡等方法。

（3）为了能够及时应对阀门故障，减小安全事故的发生率，应加强阀门维护保养，同时保证盘根、轴承、钢圈、注脂阀等与酸气接触的易损备件的充足，做到随时出现故障，随时更换。

（4）在气井生产过程中，保证合理的工作制度以及正确的阀门操作方式，既能延长气井的寿命，又能减小阀门的故障率。冬季气温低，尽量减少开关井，使阀门处于一个恒定状态，以免在开关过程中形成冰堵和水合物堵塞，同时备好热水发现堵塞后立即采取浇淋热水加热解堵。

参 考 文 献

[1] 陈丹. 川东北地区元坝气田与普光气田长兴组气藏特征对比分析[J]. 石油天然气学报，2011，33(10)：11～14.

[2] 陈琛，曹阳. 元坝气田超深高含硫水平井测试投产一体化技术[J]. 特种油气藏，2013，20(1)：129～131.

[3] 段金宝，李平平，陈丹，等. 元坝气田长兴组礁滩相岩性气藏形成与演化[J]. 岩性油气藏，2013，25(3)：43～47.

[4] 潘世维. 平板闸阀与密封脂[J]. 油气储运，1991(6)：54～54.

[5] 张元塑，梁乐恺. 平板闸阀防腐蚀防擦伤试验[J]. 石油机械，1995(3)：23～29.

[6] 艾德念. 阀门故障分析[J]. 阀门，1998(2)：26～26.

[7] 朱根民，王明. 平板闸阀阀杆密封结构与材料改进[J]. 阀门，2002(5)：36～37.

[8] 陈银忠，陈雪堂，李皓，等. 平板闸阀密封结构的改进[J]. 阀门，2005(3)：37～39.

[9] 黄燕，周密，黄卫星，等. 阀门故障分析及其分类[J]. 阀门，2007(6)：41～44.

[10] 杨波，王金全，刘启国. 阀门电动执行机构故障诊断研究[J]. 阀门，2007(1)：36～38.

[11] 李仕. 平板闸阀刮伤原因分析及对策[J]. 管道技术与设备，2008(3)：38～39.

[12] 杨启明，徐伟，王博. 平板阀密封失效分析与对策[J]. 化学工程与装备，2011(8)：118～120.

[13] 王烨炜，杨昭勇，陈增辉，等. 苏里格气田井口采气树常见故障原因分析及对策[J]. 石油和化工设备，2014(7)：87～88.

[14] 陈林，王兴松，张逸芳，等. 阀门故障诊断技术综述[J]. 流体机械，2015(9)：36～42.

[15] 魏莉岩，马贵阳，魏树刚，等. 阀门的常见故障及保养维护[J]. 石化技术，2016，23(3)：203～203.

[16] 朱明喜. 普光气田地面安全控制系统[J]. 石油化工自动化，2012，48(4)：80～82.

[17] 赵果，王洪松，陈刚，等. 井口控制系统用于普光气田[J]. 油气田地面工程，2011，30(12)：104～105.

[18] 朱瑞苗，闫纪良，朱虹，等. 高含硫天然气井口安全控制系统[J]. 油气田地面工程，2013(7)：50～52.

[19] 吴志欣. 普光气田地面集输系统堵塞原因分析与解堵措施研究[D]. 青岛：中国石油大学(华东)，2012.

[20] 叶青松. 高含硫气田地面集输系统堵塞原因分析及对策[D]. 成都：西南石油大学，2012.

元坝气田高含硫气井井筒堵塞物分析及解堵剂优化

杨云徽　龚小平

(中国石化西南油气分公司采气二厂)

摘　要　元坝气田自2014年底正式投产以来，陆续出现了井筒堵塞现象。通过地面流程堵塞物成分分析与堵塞物来源研究，针对性地研制了一种以溶剂油为主的高溶蚀有机解堵剂。该解堵剂在元坝2X现场应用效果较好，产量、油压得到恢复，累计天然气增产超过 $0.6 \times 10^8 \mathrm{m}^3$，取得了一定的效果和经济效益。

关键词　井筒堵塞；有机物；有机解堵剂；无机解堵剂

引言

元坝气田是中国石化开发的第二个大型酸性气田，是迄今为止国内外经济开发最深的碳酸盐岩气藏，主要生产层位为二叠系长兴组气藏。气藏埋藏深度 $6300 \sim 7200\mathrm{m}$，气藏压力系数 $1.00 \sim 1.18$，具有高含硫(平均5.53%)、中含二氧化碳(平均8.17%)的特征。有利储层以白云岩、灰质白云岩为主，孔隙度平均4.53%，渗透率几何平均为 $0.34\mathrm{mD}$。储集空间类型以粒间溶孔为主，并发育少量微裂缝，总体上属于低孔低渗、孔隙型储层。气井以水平井、大斜度为主，完井方式主要有射孔完井和裸眼完井，最大深度为 $7971\mathrm{m}$，采用完井、酸化、投产一体化管柱，管柱为 $3\frac{1}{2}\mathrm{in}$ 油管或与 $2\frac{7}{8}\mathrm{in}$ 油管的组合，主要井下工具包括井下安全阀、循环滑套、封隔器和球座。发生井筒堵塞的完井方式主要为衬管完井或半裸眼完井。截至目前共投产32口井，天然气产能达到 $40 \times 10^8\mathrm{m}^3$。投产以来已累计发生13口井27次堵塞，其中5口井8井次为水合物堵塞，通过泵注热水、环空加热、连续油管解除水合物堵塞；而8口井19井次为井筒复合堵塞，堵塞物呈墨黑色(图1)，并有沥青气味，井筒堵塞物造成气井难以正常生产。气井采用酸化解堵后有效生产期差异大、酸化后井筒及地面管线频繁堵塞等现象日益突出，其根本原因是井筒堵塞物成分不清楚、井筒堵塞机理不明确，酸化液体针对性不强。为此，结合元坝气田地质特征、气井的井身结构、钻完井方式和生产特点，开展了有关井筒堵塞的堵塞物成分分析、堵塞机理分析，并开展有机物解堵剂+无机物解堵剂+连续油管解堵工艺试验，在元坝2X井取得了较好的效果。

第一作者简介：杨云徽，男(1986—)，重庆北碚人，毕业于重庆科技学校，石油工程专业，学士学位。现工作于西南油气分公司采气二厂，助理工程师，主要从事采油气工艺研究。

(a)堵塞物前期呈黏稠黑色胶状　　(b)堵塞物后期呈黑色颗粒状　　(c)最大堵塞物颗粒

图1　地面流程堵塞物照片

1　堵塞物形态

1.1　宏观形态

现场从笼套式节流阀、分酸分离器位置分别取得了三口井堵塞物四个样品。根据堵塞物宏观照片可知(图1),堵塞物前期呈黏稠的黑色胶状物,随着时间的增加,堵塞物逐渐呈黑色颗粒状,含有较淡的硫化氢味道,原油味道较浓。堵塞物粒径大小差异较大,用游标卡尺测得最大堵塞物尺寸为28.10mm×9.22mm[图1(c)]。

1.2　微观形态

采用镜下宏观照相和粒径分析,样品呈黑色颗粒状,形状不规则,颗粒直径分布在80~280μm范围内,粒径中值为180.83μm(图2、图3)。

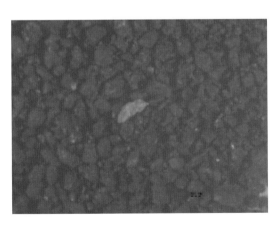 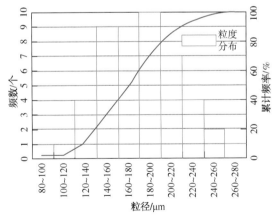

图2　堵塞物显微镜下微观照片　　　　　　图3　堵塞物样品粒径分布

根据扫描电子显微镜镜下观察结果,发现样品粒径分布不均匀,形状不规则,最大颗粒粒径可达400μm,部分颗粒因受到冲击作用而磨碎成细小颗粒(图4)。

图 4　堵塞物扫描电镜下形貌特征

1.3　井筒堵塞物不同温度下形态特征

在温度依次为室温（18℃）、40℃、60℃、80℃、100℃时，称取 5.0602g 堵塞物样品，在恒温干燥箱中加热 2h 后，取出堵塞物观察其宏观形貌。

从图 5 可以发现：堵塞物样品加热到 40℃后，开始在瓷坩埚底部胶结，且胶结物用小刀不易划离，瓷坩埚内开始形成粒径大小不均的黑色坚硬固体颗粒，加热过程中形成小气孔，且气孔大小不均。

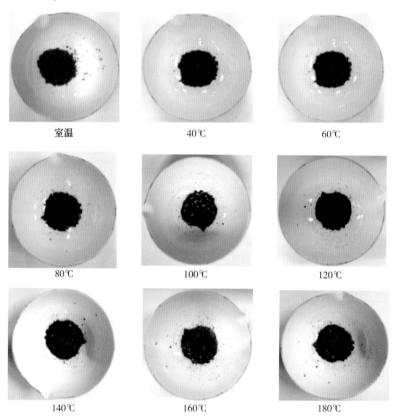

室温	40℃	60℃
80℃	100℃	120℃
140℃	160℃	180℃

图 5　不同温度时的样品形貌

随加热温度增加，瓷坩埚底部逐渐形成黑色胶结物，堵塞物逐渐黏贴在坩埚底部，用小刀很难将堵塞物进行剥离，不同粒径的堵塞物逐渐溶解，溶解物表面产生大量气泡。

堵塞物样品加热到100℃后，样品几乎完全融解并黏附在坩埚底部，形成凹凸不平、光滑发亮的黑色半固体物质，气孔较少。

堵塞物样品加热到120℃后，样品处于熔融状态，刚取出样品时，用镊子拨动，其质地柔软，呈流动性很差的黏稠状物质，表面有液化后形成的气孔。

堵塞物样品从120℃加热到140℃过程中，产生了极其难闻的烧焦气味。从干燥箱中取出该样品，发现样品呈完全熔融状态，为黏稠状黑色液体，其表面有少量的气泡，较前面几组实验，气泡明显减少。

堵塞物样品从140℃加热到180℃过程中，产生了极其难闻的烧焦气味，样品外观形态与140℃时基本一致。

2 堵塞物来源分析

从元素分析、无机物成分、有机物成分、热重比例四个方面开展堵塞物成分分析，将分析结果与地层矿物成分、入井液进行对比，明确出堵塞物成分和来源。

2.1 元素分析

在扫描电镜下开展了样品的元素分析，元素分析结果表明，堵塞物主要元素为 C、S、Fe、O、Na，其中 C 元素质量含量占比较高。其中只有元坝①号样品分析出含有铬、镍等金属元素，这可能与该井钻磨解堵，磨损油管壁有关系(表1)。

表 1 堵塞物 EDS 分析表

样品号	元素									
①	C	O	Fe	S	Ba	Ca	Cr	Si	Ni	Al
	63.64	13.7	5.39	3.35	3.59	3.61	0.49	1.14	0.89	0.33
②	C	O	Fe	S	Na					
	32.60	2.97	23.86	24.31	1.13					
③	C	O	Fe	S	Si					
	52.88	6.01	23.83	17.25	0.03					
④	C	O	Fe	S	Si	Na	Cl	Ca	Mg	
	70.61	6.14	4.67	16.97	0.11	0.08	1.39	0.00	0.03	

2.2 无机物分析

各个堵塞物样品中无机物成分并不完全一样，①号样品以重晶石粉、地层矿物为主(堵塞物粒径中值达 1451μm，远大于入井材料)；元坝 2X 井②、③号样品无机物以 FeS_2、$BaSO_4$ 为主，④号样品检测仅有 FeS_2，未检测到重晶石粉，说明在生产过程中，入井材料带入井底的物质随生产时间慢慢排出井筒(表2)。

表 2　堵塞物 XRD 分析表

样品号	无机物			备　注
①	$BaSO_4$	SiO_2	$CaCO_3$	
	17.55	5.52	76.93	
②	FeS_2	$BaSO_4$	—	
	86.53	13.47	—	
③	FeS_2	—	—	
	100%	—	—	
④	FeS_2	SiO_2	—	有机物成分多，未测出具体物质

2.3　有机物分析

从有机质分析来看，有机物类型主要由沥青质及高分子材料组成，①号样品以高分子材料为主，②号、③号、④号样品以沥青质为主。固体沥青在碳酸盐岩储层中分布广泛，根据李平平、胡安平、黄文明等的研究成果，固体沥青在元坝气田长兴组白云岩储层中发育（图6），白云岩的孔隙中有不均匀分布的固体沥青，在基质孔隙中有大量的充填，从而使得整个岩心呈现黑色。沥青包裹体在岩石薄片上也可以清晰看到，此外在高热演化的背景下，部分白云石的晶体裂纹中也可见少量的油包裹体。

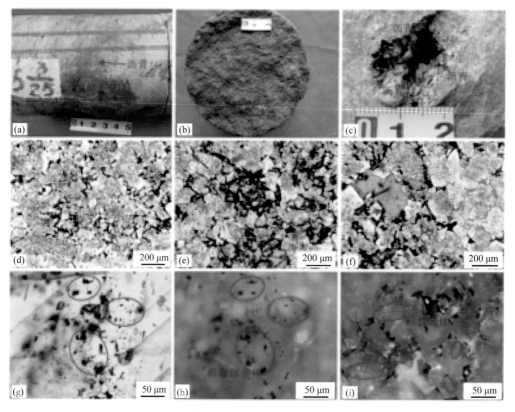

图 6　元坝气田典型有机物

采用红外光谱仪对堵塞物中的有机化合物进行定性分析（图7）。结合不同温度下堵塞物的形态特征，初步判断堵塞物有机组分主要为沥青。此外，钻井液中 SMC（磺化褐煤）、SMP-2（磺化酚醛树脂）、SPNH（磺化褐煤树脂）、DR-8（煤树脂类降滤失剂）、RH-220（液体润滑剂）以及暂堵纤维等有机物由于抗温能力有限，在井下可能发生高温降解并返排进入井底。

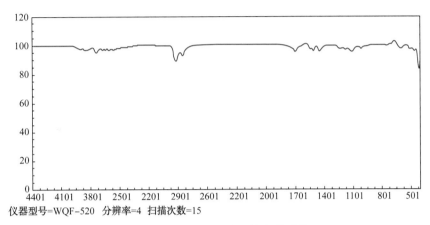

仪器型号=WQF-520　分辨率=4　扫描次数=15

图7　堵塞物有机成分红外光谱图谱

2.4　热重分析

采用热重分析法得到了各堵塞样品中有机物与无机物所占比例（表3），堵塞物主要来源如下：

（1）$BaSO_4$ 来源于钻井液中添加的加重剂；FeS_2、SiO_2 来源于岩石矿物组分，也有可能为铁离子与硫化氢的反应腐蚀产物。

（2）$CaCO_3$ 可能来源于岩石矿物组分、钻井液加重材料，但元坝1X堵塞物粒径中值达1451μm，远大于入井材料，该井 $CaCO_3$ 主要来自地层，且地层可能有垮塌。

（3）有机物中沥青质来自地层，其余高分子材料来自入井材料。

表3　堵塞物分析结果所占比例

样品号	无机物/%	有机物/%
①	93.525	6.475
②	46.36	53.64
③	68.46	31.54
④	41.15	58.85

2.5　井筒堵塞形成机理分析

1. 油管局部变径点是堵塞物形成的有利场所

根据完井方式，堵塞物从地层进入井筒后，最先停留在井筒的水平段，然后进入油管，赋存在油管壁，最有可能在油管变径位置黏附，形成井筒节流，而球座和球座芯上移最可能卡在坐封球的位置，加速井筒堵塞。从元坝102-1H连续油管实际探点来看，堵塞点位置为

6460m，位于球座（6534m）上方74m，因此球座之上200m到井底是堵塞物堆积的主要位置。

2. 高黏性有机组分是井筒堵塞形成的主要原因

当气井生产时，储层中存在的高黏性物质（沥青、暂堵纤维、降滤失剂等）在井筒运移过程中，由于地温梯度影响，运移过程中温度降低黏度增大，在井筒内壁局部变径点逐渐发生沉积，发生沉积后黏性物质在井筒内壁形成架桥。该黏稠性物质黏附于井筒后，捕获地层中返排出的粒径大小为 80~280μm 的无机物（无机垢、酸溶物、矿物碎屑、暂堵纤维等），导致堵塞物逐渐变大，堵塞节流效应也逐渐增强。

由于井筒堵塞位置主要为球座附近，该位置深度 5000~6000m，温度 150~170℃，根据堵塞物不同温度下形态特征可知，该温度下堵塞物处于熔融状态，黏稠性强，流动性很差。一旦堵塞物逐渐聚集，单纯依靠提产操作来解堵将难以达到预期的效果。

3. 频繁调产、关井操作加速井筒分级节流堵塞

元坝气田输送工艺采用改良的湿气输送模式，由于气体中含有大量的硫化氢，对管线存在腐蚀，因此需要定期对管线进行清管涂膜，从而降低管道的腐蚀速率。定期的清管涂膜需要降低气井的产量，因此气井频繁调产、关井作业，这些都是引起井筒激动的关键动作，井筒激动会改变井筒的流态，气流中携带的堵塞物会阶段性地发生运移→沉积→再运移→再沉积，油管中节流堵塞位置很可能不是一个点，而是分段沉积堵塞、逐级节流。从元坝气田气井生产过程中的堵塞情况看，堵塞井关井和调产次数均较多，是井筒堵塞第一推手，元坝2X井调产频率为 12 次/月，调产次数太多，引起了频繁堵塞。

3 解堵剂研究

元坝气田采用多级暂堵交替注入分流酸化工艺，前期酸化采用的闭合酸、胶凝酸、压裂液、滑溜水的配方如下：①闭合酸采用 20%HCl+0.4%胶凝剂+2.0%缓蚀剂+0.5%缓蚀增效剂+1.0%铁稳剂+1.0%助排剂+0.5%多功能增效剂。②胶凝酸采用 20%HCl+0.8%胶凝剂+2.0%缓蚀剂+0.5%缓蚀增效剂+1.0%铁稳剂+1.0%助排剂+0.5%多功能增效剂。③压裂液采用 0.3%杀菌剂+0.5%黏土稳定剂+0.5%助排剂+0.5%多功能增效剂+0.3% Na_2CO_3+0.40%瓜胶。④滑溜水：0.25%瓜胶+0.5%助排剂+清水。

元坝气田气井酸压后返排率主体为 70%~80%，部分酸液滞留储层，增加了储层流体的复杂性。本解堵剂的研究主要是前期酸压工艺和已有的解堵工艺基础上进行解堵液体优化设计，以满足不同堵塞类型井的解堵技术需要。

3.1 有机解堵剂研制

通过成分分析，元坝 2X 堵塞物以沥青质堵塞为主，需要对原来的酸液体系进行优化。在原有的酸液体系配方中增加有机物解堵剂或者沥青质清除剂，以溶解井筒沥青质复合堵塞物及井筒附近的地层。同时开展活性剂和有机物降解剂优选，形成高效解堵酸配方，在此基础上进一步进行酸液综合性能评价，包括解堵性能、有机物与无机物溶蚀率、高温缓蚀性能等，通过配方优选与多组溶蚀实验，研制出了一套复合有机解堵剂配方：5%盐酸+10%主乳化剂+0.4%助乳化剂+43%特效有机溶剂+0.1%有机盐+10%互溶剂+4%高温缓蚀剂+0.8%铁离子稳定剂+0.1%消泡剂+水。

该配方以 43% 的溶剂油为主，并配有 5% 的盐酸，通过乳化的方式，实现了油包水的效果，即溶剂油包裹盐酸，解堵剂注入井筒，油接触管壁，酸被隔离，防止了酸对管柱的腐蚀。溶蚀效果如图 8 所示。

图 8　常规酸与有机酸溶蚀效果对比图

3.2　无机解堵剂优化

常规采用的无机物解堵剂配方为：20%HCl+4% 高温缓蚀剂 +1.0% 铁离子稳定剂 +1.0% 助排剂。由于盐酸浓度高，且缓蚀剂比例低，容易对管柱产生腐蚀，针对这一情况，以"易返排、低腐蚀"为目标优化无机解堵剂配方。

由于盐酸具有较强的腐蚀性，无机解堵剂适当降低酸液浓度，优化配方为：10%～15% HCl+5.5% 高温缓蚀剂 +1.0% 铁离子稳定剂 +1.0% 助排剂。

4　现场应用

元坝 2X 井自投产以来，已分别进行了四次常规酸化解堵，酸化规模分别是 $25m^3$、$40m^3$、$20m^3$、$30m^3$，解堵后有效期最长为 73d，最短仅 28d。2017 年 9 月 15 日，本井再次出现油压突降、油温逐渐降低等现象，分析井筒出现节流问题。采用新研制的有机解堵剂 + 无机解堵剂 + 连续油管施工工艺，连续油管在 6380m 遇阻，反复开展上提下放、循环冲洗等均无法通过遇阻点。通过注入新研制的有机解堵剂，堵塞物迅速被溶解，连续油管顺利下放至 6438m（管柱底界 6408m），成功解除井筒堵塞。气井产量恢复到 $55×10^4m^3/d$ 左右，气井油压恢复到 40MPa 以上，截至目前已累计增产 $6000×10^4m^3$ 以上。

5　认识

（1）通过堵塞物成分、来源分析，元坝气田井筒堵塞物主要是由来自地层与入井液材料综合形成，从而导致气井段塞堵塞无法正常生产。

（2）采用多种方法分析堵塞物成分，并定量分析了堵塞物成分比例，考虑堵塞物中无机物与有机物所占比例，在前期酸液配方的基础上，针对性研制了有机解堵剂，有效解除井筒复合型堵塞问题。

（3）研制的有机解堵剂、无机解堵剂配合连续油管施工，在元坝 2X 井进行了现场试验，取得了较好的效果，为元坝气田气井稳定生产提供了有力的技术支撑。

参 考 文 献

［1］李华昌，等．元坝高含硫气田采集输系统常见故障判断与处理．北京．中国石化出版社，2018.

［2］黎洪珍，等．气井堵塞原因分析及解堵措施探讨．天然气勘探与开发，2010，33(4)：45~48.

［3］雷金晶，等．普光气田井筒解堵新技术及应用．内蒙古石油化工，2012，22：89~91.

［4］张耀刚，等．气井井筒有机解堵工艺技术的应用．天然气工业，2009，29(2)：95~97.

［5］刘晶，普光高含硫气井井筒解堵技术研究与应用[J]．内蒙古石油化工，2016(Z1)：117~119.

［6］胡安平，Li Maowen，杨春，等．川东北高含硫化氢气藏中储层沥青的特征[J]．石油学报，2010，31(2)：231~236.

［7］黄文明，徐邱康，刘树根，等．中国海相层系油气成藏过程与储层沥青耦合关系．以四川盆地为例[J]．地质科技情报，2015，34(6)：159~168.

［8］李平平，郭旭升，郝芳，等．四川盆地元坝气田长兴组古油藏的定量恢复及油源分析[J]．地球科学，2016，41(2)：452~462.

高含硫气井环空异常起压安全控制技术研究及应用

苏 镖

（中国石化西南油气分公司石油工程技术研究院）

摘 要 含硫气井生产中，由于硫化氢的腐蚀性和剧毒性，一旦突破安全屏障，给长期安全生产带来巨大风险。本文在对含硫气井井筒完整性分析的基础上，对环空起压的类型进行了辨识、分类；完善和细化了 B-Btest 流程，建立了环空起压诊断流程；通过对长期安全需要的分析，提出了配备含硫气井安全控制设备和方案；通过对不同环空异常起压类型，进行了治理方案研究。形成的综合性含硫气井环空起压判断、治理方案，为元坝气田及类似含硫气井的长期安全生产提供了借鉴意义。

关键词 高含硫投产；环空异常起压诊断；治理

引言

从国内外气井开发统计来看，油套环空起压极具普遍性，在国内多个气田中，油套环空起压比例均在 50% 以上。针对高含硫气田，由于 H_2S 的腐蚀性及剧毒性，一旦突破一级安全屏障，油套环空起压后，井控、安全面临巨大风险。

笔者针对含硫气井多种环空起压方式，进行治理技术研究，形成含硫气井环空异常起压治理技术，在安全可控的情况下，以经济可行的方式保证气井的正常运行，为同类含硫气井生产期间的安全控制提供经验。

1 异常起压的风险判断

1.1 环空起压的分类

含硫气井完井投产管柱中的井下安全阀+油管+永久式封隔器，以及尾管套管+固井水泥环构成了生产气井的一级安全屏障。一旦一级安全屏障的可靠性不能保证，需要对其处理，维护二级安全屏障的可靠性，即生产套管+固井水泥环+套管头+采气树，实现气井的安全可控。特别在含有腐蚀性气体的生产井中，二级安全屏障的维护至关重要。

环空起压可分为正常起压和异常起压。正常起压由于物理因素或者溶解气引起，能够不影响气井的正常生产。异常起压一般由于井筒某一道屏障的失效引起，又根据其危害性，可以分为含硫化氢和不带硫化氢。完井工程主要关注 A 环空起压且含有硫化氢的情况，因为

作者简介：苏镖，男（1983—），四川南充人，毕业于中国石油大学（北京），油气田开发专业，硕士学位。现工作于中国石化西南石油工程技术研究院，副研究员，主要从事完井测试方面的研究。

它危害性和风险性更大，处理难度和成本也更大(表1)。

表1　环空起压来源辨识表

起压分类	起压原因	含硫化氢	不含硫化氢
正常起压	温度效应、油管鼓胀效应		√
	溶解气聚集	√	
异常起压	固井质量	√	√
	油管丝扣渗漏	√	
	井口密封不严	√	
	工具可靠性	√	
	套管破损	√	√

1.2　含硫气井环空异常起压风险的判断

1. B-B test 诊断流程

根据多口井的作业总结，元坝气田对环空起压诊断流程进行了优化：①及时进行环空流体成分分析：环空卸压流体不含硫化氢，在允许环空起压的最大压力值的安全范围内，不进行处置。②泄压时环空压力控制：控制环空压力，禁止泄压到0，避免造成环空吸入氧气加剧腐蚀。推荐先将环空压力降低到10MPa以下，后关闭环空后观察24h，避免"疏通"渗漏通道。

2. B-B test 风险诊断

泄压流程安装针型阀，用于控制卸压。根据压力—时间曲线变化趋势判别是"物理效应"引起的环空起压还是泄漏及邻近环空的压力反窜。

(1) 如果压力"卸不掉"，说明油套环空有较大的泄漏点，如图1(a)所示。

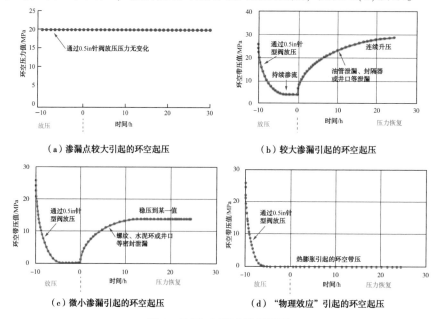

（a）渗漏点较大引起的环空起压　　（b）较大渗漏引起的环空起压

（c）微小渗漏引起的环空起压　　（d）"物理效应"引起的环空起压

图1　放压-压恢曲线判断图

（2）如果缓慢卸压，压力不降低或降低十分缓慢，或者泄压后，连续升压，与油管建立平衡，或者油压、套管有明显的联动性，说明是较大渗漏引起的环空起压，如图1(b)所示。

（3）如果在一周内压力有回升且十分缓慢，并稳定在某一允许值，说明在油管或封隔器有微小渗漏，如图1(c)所示。

（4）如果在24h内压力没有回升，考虑为井筒"物理效应"，即由于环空压力受到井筒温度、压力、产量的影响导致环空起压，如图1(d)所示。

2 含硫气井环空安全控制及治理方案

含硫气井由于其高风险，在长期生产过程中，应提前配备相应方案及设备，确保气井的安全生产。

2.1 安全管理措施制定依据

1. 理论分析

为了搞清楚受环空异常带压且含硫对油套环空腐蚀失效风险，开展了室内模拟环空异常带压腐蚀环境下110SS套管的腐蚀速率，实验表明：110SS抗硫套管在含H_2S、CO_2及水汽的复杂气相中的腐蚀速率远远大于工程设计允许的0.076mm/a，属较严重腐蚀；而液相的110SS材质的腐蚀速率则在选材控制线以下(图2)。

根据最大腐蚀速率，计算气井生产10年后的套管腐蚀剩余强度，壁厚总减薄2.5mm。按照API Specification 5CT计算其剩余强度，元坝气井所采用的ϕ193.7mm * 12.7mm 110TSS油层套管的剩余强度为抗内压69.89MPa，抗外挤45MPa。按环空带压35MPa生产，10年后套管的抗内压安全系数大于标准要求的1.1(图3)。

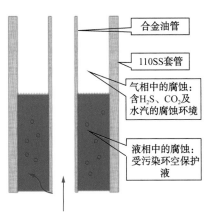

图2 含硫气井环空异常起压后管材的腐蚀环境

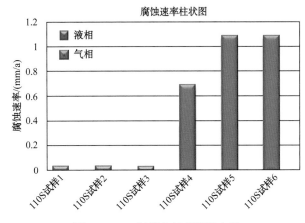

图3 110SS材质在气相液相中的腐蚀速率

可见，在材质已定的情况下，环空液面位置是影响气井安全与否的关键之一。因此环空异常带压井的安全管理措施要围绕保持环空液面尽可能靠近井口的原则下制定。

2. 腐蚀挂片检测

在理论分析的基础上，采用腐蚀挂片检测，是一种直观有效的监控方式。YB1-1H井在环空起压后，采用腐蚀挂片，实时检测评估腐蚀速率，表明该井得到有效控制，可以长期安全生产(表2)。

表2　腐蚀挂片检测情况

序　号	放入时间	取出时间	腐蚀现象	腐蚀速率/(mm/a)	备　注
1	2015-11-3	2015-12-8	坑蚀为主	0.1499	挂片材质 P110SS
2	2015-12-22	2016-2-26	无明显腐蚀现象		
3	2016-3-2	2016-5-3	无明显腐蚀现象	0.008	
4	2016-5-3	2016-8-2	无明显腐蚀现象	0.0011	

2.2　环空液面监测及泄漏点分析

1. 环空液面监测

对于环空异常起压气井，环空液面检测探测气液界面，能够更直观地判断环空泄露形式。

测试原理：采用气体瞬间压差产生声源、高精度微音器监测液面反射波，最后对液面波形曲线进行降噪滤波处理及解释得到液面深度。

YB1-1H 井进行了环空保护液液面深度测试。根据测试时套压 8.98MPa、环空气体相对密度 0.5980、井口温度 60.26℃，计算可得环空声速为 451.13m/s；液面波形开始反射时间约为 3.55s，计算可得液面深度约为 806m。后通过加注环空保护液环空压力变化，判断液面深度基本符合。

2. 泄漏点分析

对泄漏点位置、性质进行针对性分析，根据泄漏点再制定针对性方案。针对微小渗漏，漏点流量小、且气井产量大、测井找漏影响大，可采用压力平衡原理确定环空泄露点位置。

压力平衡原理确定环空泄漏点位置方法：假定在泄漏过程中，泄漏点处油管内的流动压力保持不变。环空(指油管与生产套管之间的环空)密闭，泄漏位置处环空内的压力不断增大，当泄漏位置处内外压力达到平衡时，泄漏停止，压力平衡方程为：

$$p_f = p_o = p_A + 10^{-6}\rho_L gh \tag{1}$$

式中　p_f——泄漏点处油管内压力，MPa；

$\quad\quad p_o$——泄漏点处 A 环空内压力，MPa；

$\quad\quad p_A$——井口处 A 环空压力，MPa；

$\quad\quad \rho_L$——环空保护液密度，kg/m；

$\quad\quad g$——重力加速度，m/s；

$\quad\quad h$——环空保护液液柱高度，m。

2.3　环空压力控制

1. 最大环空压力控制

最大环空压力控制需要根据生产期间油套压的变化，生产时间和地层流体对井口、油管腐蚀速率的预测进行调整。

API. RP90 规范对最大允许环空压力确定为：

$$P_{\text{SCP}} = \min\{0.5P_{\text{bcur}}, \ 0.8P_{\text{cout}}, \ 0.75P_{\text{cin}}\} \tag{2}$$

式中　P_{SCP}——井口允许最大起压值，MPa；

　　　P_{bcur}——待评价环空套管的抗内压强度，MPa；

　　　P_{cout}——上一层(外面)套管的抗挤强度，MPa；

　　　P_{cin}——下一层(里面)套管的抗挤强度，MPa。

规范中的最大环空压力值未考虑管串的冲蚀、腐蚀、磨损、封隔器耐压差等影响，若存在磨损、腐蚀时，则需通过剩余强度评价来确定合理的 MAWOP 值，因此需对 API. RP90 规范 MAWOP 值进行修正。

根据元坝含硫气井井身结构及流体腐蚀速率，修正后的 A 环空 MAWOP 值确定如下：

$$P_{\text{SCP}} = \min\{0.5P_{\text{mouth}}, \ 0.8P_{\text{pipeline}}, \ 0.5\alpha P_{\text{bcur}}, \ P_{\text{packer}}\} \tag{3}$$

$$P_{\text{packer}} = P_{耐压差} + P_{流压} - P_{环空液柱压力} \tag{4}$$

式中　P_{mouth}——井口额定工作压力，MPa；

　　　P_{pipeline}——生产油管抗外挤强度，MPa；

　　　P_{packer}——考虑封隔器耐压差环空允许最大压力，MPa；

　　　α——剩余强度系数；

　　　$P_{耐压差}$——封隔器耐压差，MPa；

　　　$P_{流压}$——封隔器位置处油管流压，MPa。

2. 有漏点的管柱环空压力控制

通过生产摸索控制井口油压能明显降低套压。考虑漏点存在"U 形"连通效应，在漏失点的油管流压与套管的静液柱压力保持一定平衡。因此适当控制产量和井筒流压，套压稳定值就越低，有利于控制硫化氢分压和窜气速度。

2.4　地面泄压/回注流程设计

鉴于油套窜压有含硫化氢的可能性，采用抗 H_2S 腐蚀材质，井口至泄压管汇台防硫级别为 EE 级，整个流程考虑抗硫性能，以确保整个泄压流程的长期安全运行，整个流程具备泄压、长明火、加注、放喷点火功能。

采用从采气树非生产翼端接出各级压力，经过泄压管汇台、针阀节流后至燃烧筒燃烧，为保证套管放喷气安全燃烧，在燃烧筒附近设置有长明灯。每次完成泄压放空后，用燃料气进行吹扫。

泄压/回注管汇台应考虑最大关井压力，地面采气树型号，以元坝海相为例，井口最大关井压力≤50MPa，地层温度±148℃，产量 $40\times10^4\text{m}^3/\text{d}$，因此采用 70MPa、EE 级、PSL2、PR1、P.U. 的撬装式管汇台，同时配备测温测压套，主体采用法兰/丝扣连接(图 4)。

2.5　井口密封不严治理

1. 难点分析

如果出现油管悬挂器密封失效导致油套压联通，或者采气树 1 号主阀失效，采气树需要更换 1 号主阀或采气树整体作业，该种情况施工复杂、风险大。常规采气树更换作业需要进行压井。压井作业不仅时间长、耗资大，而且作业后容易造成地层污染，导致气井减产、停产。

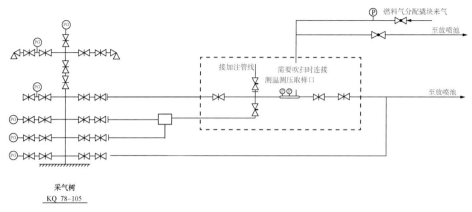

图 4　泄压/回注流程示意图

针对含硫高压气井，起压后更换采气树不仅要确保堵塞满足高压下安全可靠的要求，还需要考虑硫化氢的剧毒性，在施工中保证硫化氢气体不能泄露。

2. 判断方式

对于高含硫气井，油套压之间采用三道密封实现其间的压力分隔。可以通过油套压的相关性来判断油套压是否联通。如果不能准确判断，在可能存在微渗通道的情况下，可通过注脂验证或对油管头上的两个试压孔进行压力判断是否起压，若两个试压孔同时起压井口就可能存在泄漏。

3. 作业方案

1）井口封堵方式

按照规范要求，高含硫气井投产均安装井下安全阀，在紧急情况下，通过阀板井下关井。但是阀板上的锥面与密封座之间的密封方式使其密封面较窄，可能存在一定量的泄露。而且，考虑井口安全不能只有一层安全屏障，因此需要在井口设置另外一套安全屏障。利用与采气树配套的带压送取工具将背压阀拧入油管悬挂器内的背压阀座面，封堵油管。

2）安全保障措施

检测井下安全阀密封性：换装采气树施工之前，保持井下安全阀关闭状态，敞井观察不少于 24h，放喷口点长明火，若无气体外漏方可进行作业。

作业前将井下安全阀以上全部填充为乙二醇，确保上部无硫化氢气体。

先只安装 1 号手动平板阀，将井口 1 号主阀关闭后，再安装采气树剩余部分，以降低井控风险。

3　现场效果与应用

YB1-1 井是元坝气田的一口裸眼水平井，完钻井深 7629m，采用镍基合金油管+永久式封隔器进行完井投产。该井在产层中部 6842m（垂深）处流动压力 55.8MPa 的情况下获得天然气产量为 $90.53 \times 10^4 \mathrm{m}^3/\mathrm{d}$，其中 H_2S 含量 6.21%，属于高温、高压、高产、高含硫气井。

该井投产 4 个月后发现油套环空压力异常上涨，对环空和油管内气样对比分析，气样特征基本一致，压力异常情况如图 5 所示。

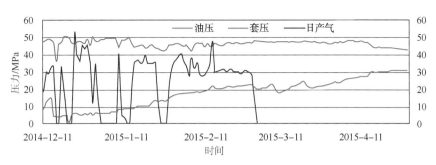

图 5　YB1-1H 井环空压力上涨情况

经过分析认为该井属于异常起压，且属于微小渗漏引起，利用压力平衡原理计算泄漏位置在 6520m 左右，判断泄漏位置为封隔器；通过环空加注保护液控制。先通过泄压流程将套压泄压至 29MPa，观察出口点长明火。后进行加注，在加注环空保护液过程中，排量不高于 0.1m³/min，启动泵车加注环空保护液，压力低于限压值 1MPa 停泵，通过泄压流程将套压泄压至 29MPa 后或者放喷见液再打压加注环空保护液，如此循环直至油套充满环空保护液，精确计量加注量。

通过长期生产总结，YB1-1H 井确定油压稳定在 20MPa 左右，套压保持在 9MPa，以降低套压腐蚀风险。

4　结论

（1）结合现场施工经验，对 API. RP90 规范及 B-Btest 流程进行了完善，建立了一套适合含硫气井的环空起压诊断流程。

（2）通过分析含硫气井长期生产的风险，建立了含硫气井常备方案，如环空液面监测、最大环空压力控制、地面泄压/回注流程设计、腐蚀挂片检测方案等，有效保证了含硫气井长期的安全生产。

（3）从环空起压的判断、方案配备、治理方案进行了论述总结，为解决类似气田的安全生产与经济开发的矛盾提供了经验。

参 考 文 献

[1] 车争安，等.高温高压含硫化氢气井环空流体热膨胀带压机理[J].天然气工业，2010，30（2）：88~90.

[2] 郭建华，等.高温深井封隔器完井生产过程环空压力预测方法.中国石油学会天然气专业委员会会议论文.2008.

[3] 黎丽丽，等.高压气井环空压力许可值确定方法及其应用[J].天然气工业，2013，33（1）：1~4.

[4] 张智，顾南，杨辉，等.高含硫高产气井环空带压安全评价研究[J].钻采工艺，2011，34（1）：42~44.

高温复合硫酸盐垢溶垢剂研制

刘徐慧　陈颖祎　杨东梅　潘宝风　刘多容

（中国石化西南油气分公司石油工程技术研究院）

摘　要　针对油气田开发过程中最难溶解的硫酸盐垢，由于常规螯合剂螯合作用有限，本文根据溶解机理研究了一系列溶解助剂，包括可有效包裹金属离子的活化剂，提高与垢接触面积的分散剂，改善垢表面润湿性与降低垢毛细管作用力的润湿剂，有效阻碍金属离子进一步生成硫酸盐垢的阻垢剂，通过以上溶解助剂与螯合剂的协同作用，在150℃条件下硫酸钡溶垢率从41%提高至72%，大幅度提升了硫酸钡溶垢率。

关键词　无机垢；硫酸钡；螯合剂

1　概述

1.1　油气井结垢概述

油气田开发过程中，油气藏中的流体由于温度、压力、油气水平衡等条件的变化，易发生无机盐类的析出、沉积，俗称结垢。结垢可能发生在地层、井筒及生产管线等各个生产环节。地层内结垢，由于地层温度与压力的双重作用，使得垢的结晶体质地坚固，这种高强度、不易溶解的垢在地层有限的空间内运移十分困难，会导致渗流孔道堵塞，影响采油气量和采油气速度，严重伤害储层；井筒结垢，可使井筒内流通通道缩小，导致油气的运移变得阻力重重；由于部分垢溶解度极低，在储层、井筒内形成垢之余，水中的难溶物也较多，会被继续运送至地面管线，进而在地面管线沉积继续形成垢，造成管线堵塞，并腐蚀设备。

结垢现象严重影响油气田正常生产运行，甚至被迫停产。据报道，美国油气井及地面设备每年因结垢而造成的经济损失就达10亿美元。在我国，如江汉油田某些井原油含盐（NaCl）高达10^5mg/L，油井或出油管线结盐，使油井不能正常生产；又如长庆油田采油厂因结垢问题，许多站点面临停产威胁。

1.2　溶垢剂需求分析

针对元坝气田油气井中已经形成的无机垢，通过收集多口气井固体或液体排出物，开展了成分分析（表1）。

第一作者简介：刘徐慧，女(1982—)，四川邻水县人，毕业于西南石油大学，应用化学专业，硕士学位。现工作于西南油气分公司石油工程技术研究院，副研究员，主要从事油田化学研究。

表1 气井排出物主要成分分析

井　号	样品类型	
	固　体	液　体
高庙 33-14 井	Al_2O_3、Fe_2O_3	—
高沙 309 井	Al_2O_3、$CaSO_4$、$BaSO_4$	Fe_2O_3、$CaSO_4$
广金 6-1 井	—	$CaSO_4$
江沙 104-3HF 井	FeS、$BaSO_4$	—
江沙 33-2 井	$CaSO_4$、Fe_2O_3、$BaSO_4$	—
联 112-1 井	—	$CaCO_3$、Al_2O_3
川孝 156 井	—	SiO_2、FeS_2
新 601 井	—	Fe_2O_3
绵阳 2 井	—	$CaCO_3$、$MgCO_3$、Al_2O_3
马蓬 67 井	—	FeS_2、SiO_2
联 104 井	—	$CaCO_3$、FeS_2、Fe_2O_3
新沙 21-47 井	—	$CaSO_4$
新沙 21-32 井	$BaSO_4$、SiO_2、Al_2O_3	—
新盛 1 井	—	$CaSO_4$、$MgSO_4$
知新 32D 井	Fe_2O_3、$BaSO_4$	—
河嘉 203 井	$BaSO_4$	—
元坝 27-3 井	FeS、$BaSO_4$	—
元坝 102-1H 井	$CaCO_3$、$BaSO_4$、SiO_2	—
元坝 101 井	FeS、$BaSO_4$	—

从表1可以看出，排出物主要成分是硫酸钙、硫酸钡、氧化铝及二氧化硅。其中氧化铝主要来源为支撑剂，二氧化硅主要是储层中的岩石成分，硫酸盐垢溶解实验结果表明这两种垢的溶解率极低，在25℃条件下 1000mL 蒸馏水仅溶解硫酸钡 2.3mg。

2 无机垢溶垢原理

普通的无机垢，比如碳酸盐，溶垢剂可采用酸溶的办法，遵循的是强酸制备弱酸的化学反应原理；而铝的氧化物为两性氧化物，与酸、碱均可反应生成可溶性盐，所以酸洗、碱洗均可除去；二氧化硅作为酸性氧化物，可与碱反应生成盐，一般情况下不溶于常规酸，但可与氢氟酸反应，因此，同样可以采用酸洗、碱洗方法（表2）。

表2 化学除垢法分类及针对垢型简介

化学除垢方法	针对垢的类型
酸洗	盐酸→碳酸盐垢（$CaCO_3$）
	盐酸→金属氧化物（Al_2O_3、Fe_2O_3）
	氢氟酸→硅酸盐及氧化物（SiO_2）

续表

化学除垢方法	针对垢的类型
碱洗	氢氧化钠→硅的氧化物(SiO_2) 氢氧化钠→铝垢(Al_2O_3)
螯合法	EDTA→硫酸盐垢($CaSO_4$)

采用酸洗或碱洗的方法，可除去90%以上的碳酸盐及金属氧化物。目前油田各类无机垢中，硫酸盐垢的防治是国内外的一个难题。针对酸碱均不溶解的硫酸盐垢，一般采用螯合法，而目前的常规螯合剂螯合能力十分有限，研究表明商品化溶垢剂只能除去不到20%的硫酸盐垢，不满足解堵施工需求。

3 实验部分

3.1 主要试剂

（1）乙酸类化合物；（2）多元有机酸；（3）活化剂；（4）润湿剂；（5）分散剂；（6）阻垢剂；（7）pH值调节剂。

3.2 主要仪器

（1）耐温耐压容器。（2）恒温烘箱。（3）电子天平。

3.3 主要实验方法

失重法：量取100mL溶垢剂于耐温耐压容器中，加入原始重量 m_0（硫酸钡1.5g，硫酸钙15g），充分搅拌溶解，加盖并充氮气保护，按照设计要求的温度、反应时间进行溶解实验，实验结束后，经过滤、烘干称量残留的硫酸钡质量 m_1，根据公式（1）计算硫酸盐溶解率 r。

硫酸盐溶解率计算公式：

$$r = \frac{m_1}{m_0} \times 100\% \tag{1}$$

4 硫酸盐垢溶垢剂研制

4.1 螯合剂优选

螯合剂溶解硫酸盐的溶解机理：螯合剂中的亲水基团与硫酸盐中的金属离子相结合，使得难溶的硫酸盐不断分离为可溶解的硫酸根离子、螯合剂包裹的金属盐。图1以硫酸钡为例，阐述了硫酸钡的溶解机理。项目选取了目前市面上应用较多的三种螯合剂，包括多元有机酸、乙酸类化合物等，开展了硫酸盐溶垢剂主剂筛选。模拟元坝海相地层条件，确定实验温度为150℃，反应时间4h，实验结果如表3所示。

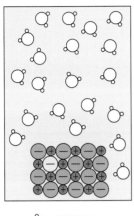 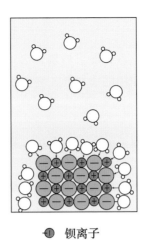 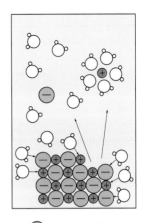

溶垢剂　　　　　　钡离子　　　　　　硫酸根离子

图 1　硫酸钡溶解机理

表 3　螯合剂优选

序　号	主剂类型	垢　型	溶解率/%
1	螯合剂 1	硫酸钙	溶液失去流动性
2		硫酸钡	11.38
3	螯合剂 2	硫酸钙	11.23
4		硫酸钡	4.58
5	螯合剂 3	硫酸钙	48.86
6		硫酸钡	41.26

　　从硫酸钡与硫酸钙的溶解实验结果可以看出，硫酸钙在螯合剂 1 的溶液中失去流动性，螯合剂 2 对硫酸盐的溶解率很低，螯合剂 3 对硫酸钙及硫酸钡的溶解率均高于 40%，三者中溶解性最好。因此，本文优选了螯合剂 3 为硫酸盐垢溶垢剂主剂。为进一步确定螯合剂 3 的最佳使用条件，开展了螯合剂 3 在不同 pH 值、含量及温度条件下溶解硫酸钡正交实验。通过表 4 中的正交实验结果，确定了螯合剂 3 溶解硫酸钡关键因素为 pH 值，推荐将螯合剂 3 用到溶垢剂中的含量为 10%，pH 值为 10。

表 4　螯合剂 3 溶解硫酸钡正交实验

序　号	pH 值	含量/%	温度/℃	溶垢率/%
1	9	10	90	23.36
2	9	20	150	21.08
3	10	10	150	41.26
4	10	20	90	24.84
均值 1	22.22	32.31	24.1	
均值 2	33.05	22.96	31.17	—
极差	10.83	9.35	7.07	

4.2　溶垢助剂研发

优选出性能最好的螯合剂后，重点开展了与螯合剂具有正向协同作用的溶垢助剂研制。溶垢助剂包括可以提升螯合剂溶垢作用的添加剂，它包括下述活化剂、润湿剂及分散剂等。

4.2.1　活化剂

解除地层硫酸盐垢时，由于地层温度高，分子热运动剧烈，金属离子可能在多羧酸的包裹中离解出，又和硫酸根离子形成硫酸盐难溶物。活化剂的作用是将乙酸类化合物、多元有机酸等多羧酸物质在活性剂的作用下形成大环装载体，能更有效地包裹金属离子，打破离子平衡条件，使硫酸钡垢溶解。

常用的活化剂有几下几种类型：

（1）无机酸类如硫酸、盐酸等。

（2）金属阳离子如铜离子。

（3）有机化合物类，如有机磷酸盐。

考虑到最终的溶垢剂为碱性，排除了无机酸类活性剂；同时，为避免引入新的金属阳离子形成新的垢型，也排除了金属阳离子类型的活性剂，本文选择了一种有机磷酸盐作为溶垢剂的活化剂。

4.2.2　分散剂

羧酸聚合物可利用有机酸聚合物分子链上相同电荷官能团（R—COO−）的排斥作用，使分子链舒张，改变分子表面的电荷分布，增加分子链与表面带正电的硫酸盐垢微晶的碰撞和吸附概率，增大吸附空间并起到分散的作用。本文采用牛磺酸和马来酸为原料，经过酰胺化、环氧化和阴离子开环聚合得到的 N−马来酰−2−氨基乙磺酸，在分子结构中引入磺酸基以提高分散性能，能大大改进溶解硫酸盐性能，也具有可生物降解性，弥补了螯合剂螯合能力强但分散性较差的缺点。

4.2.3　润湿剂

润湿剂可通过界面效应，降低垢的表面张力，改变润湿性，降低毛细管阻力，扩大螯合剂与垢的接触面积。通过表 5 中对四种润湿剂在常温及 150℃老化后的表面张力、毛细管自吸高度性能评价，优选了 GCY-3 作为硫酸盐溶垢剂的润湿剂。

表 5　润湿剂优选实验

润湿剂种类	常　温		150℃老化 4h	
	表面张力/（mN/m）	毛细管自吸高度/mm	表面张力/（mN/m）	毛细管自吸高度/mm
GCY-3	22.42	1.9	22.73	2.0
SW-5	27.61	2.0	28.45	2.2
WD-12	27.77	2.1	28.15	2.3
SPR-4	28.23	2.1	28.79	2.4

4.2.4 阻垢剂

除垢的同时，加入适量具有阻垢作用的阻垢剂，以达到螯合金属离子、致硫酸盐晶格畸变的作用，从而破坏硫酸盐垢的正常结晶，起到阻止形成硫酸盐垢的作用。目前市面上常用的阻垢剂仅在矿化度 30000ppm（$1ppm = 10^{-6}$）、pH 值为 7 左右的环境中具有较好的阻垢性能，在高矿化度和高 pH 值的条件下，阻垢性能显著下降，甚至不能起到阻垢的作用（图2）。为解决阻垢剂在高 pH 值条件下应用的技术瓶颈，本文自研了一种在高 pH 值条件下仍然能够有效防止和抑制结垢的用于阻垢剂的缀合物、阻垢剂组合物 GCY-6。

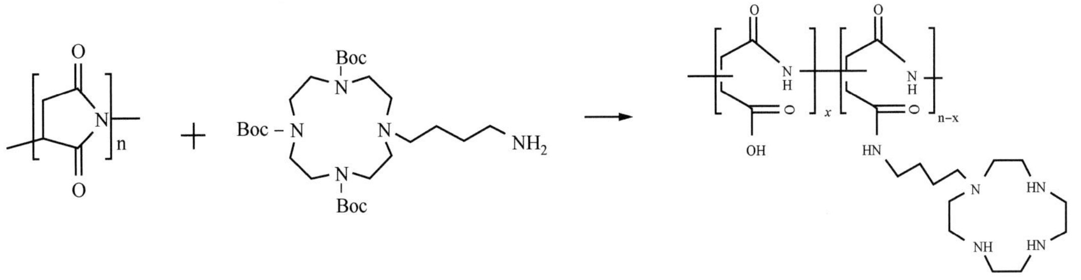

图 2 阻垢剂合成路线图（$6 \leqslant n \leqslant 8$，$5 \leqslant x \leqslant 7$）

按照《油田采出水处理用防垢剂技术要求》（Q/SH 0356—2010），对比了目前常用的阻垢剂与自研阻垢剂的阻垢能力，结果显示，本文研制的阻垢剂在同等加量条件下，阻垢性能明显优于目前常用的阻垢剂（表6）。

表 6 各阻垢剂阻垢性能实验数据

序　号	滴定样品	EDTA 标准溶液滴定体积/mL	EDTA 标准溶液平均滴定体积/mL	阻垢率 X/%
1	A 溶液/V	31.60 31.75	31.675	/
2	空白样/V_0	8.97 9.03	9.0	/
3	GCY-6/V_1	13.92 13.84	13.88	71.37
4	ZY-3/V_2	12.53 12.31	12.42	50.02
5	TKT-01/V_3	10.98 10.90	10.94	28.37
6	CXN-201/V_4	12.23 11.95	12.09	45.19

备注：阻垢剂加量均为500ppm。

4.3 螯合剂与溶解助剂复配实验

4.1 中确定了螯合剂 3 在硫酸盐垢溶垢剂中的含量为 10%，环境 pH 值为 10，在此基础上，开展了活化剂、分散剂、润湿剂及阻垢剂的加量正交实验，以确定硫酸盐垢溶垢剂的最佳配方。实验条件：150℃条件下，溶解 4h，优化指标为溶垢率。

表 7 溶解助剂加量正交实验

序 号	活化剂/%	分散剂/%	润湿剂/%	阻垢剂/%	溶垢率/%
1	3	2	1	5	5.76
2	3	5	2	10	35.77
3	3	8	3	15	72.78
4	5	2	2	15	38.54
5	5	5	3	5	53.29
6	5	8	1	10	16.44
7	8	2	3	10	49.55
8	8	5	1	15	5.28
9	8	8	2	5	19.74
均值 1	36.183	29.363	24.343	7.24	—
均值 2	36.09	31.447	33.92	31.35	
均值 3	24.857	36.32	38.867	58.54	
极差	11.326	6.957	14.524	51.3	

表 7 实验数据表明：阻垢剂的加入量对硫酸钡溶解率影响最大，而分散剂相对来说影响最小。通过正交实验，最终确定了硫酸盐垢溶垢剂配方为：10%螯合剂 3+3%活化剂+8%分散剂+3%润湿剂 GCY-3+15%阻垢剂，用 pH 值调节剂调至溶液 pH 值为 10。该配方对硫酸钡溶解率可达 72.78%。

4.4 溶垢剂腐蚀速率测试

对入井材料均需要检测其对管柱的腐蚀性能，本文对形成的硫酸盐垢溶垢剂配方开展了 P110 钢材 150℃、反应 4h 的腐蚀实验(表 8、图 3)。

表 8 溶垢剂对钢片的腐蚀速率

钢 片	表面积 S/cm²	钢片质量 m/g	实验后钢片质量/g	腐蚀量/g	腐蚀速率/[g/(m²·h)]	平均腐蚀速率/[g/(m²·h)]
124	13.650424	11.2524	11.2493	0.0031	0.5677	0.5516
131	13.570808	11.0638	11.0608	0.003	0.5526	
173	13.565404	11.1444	11.1415	0.0029	0.5344	

图 3　溶垢剂 150℃腐蚀 4h 后的钢片

由于硫酸盐溶垢剂的 pH 值较高，因此其对钢材的腐蚀性很小。从溶垢剂对钢片的腐蚀速率来看，平均腐蚀速率仅为 0.5516g/（m² · h），腐蚀速率极低，钢片腐蚀后没有出现点蚀、坑蚀等情况。

5　结论

（1）通过对硫酸盐垢溶解性能评价，优选出了一种螯合剂作为硫酸盐垢溶解剂的主剂，该螯合剂在 150℃ 条件下，与硫酸钡反应 4h 后的溶解率为 41%。

（2）根据溶解机理研发了一系列溶解助剂，包括可有效包裹金属离子的活化剂、提高与垢接触面积的分散剂、改善垢表面润湿性与降低垢毛细管作用力的润湿剂、有效阻碍金属离子进一步生成硫酸盐垢的阻垢剂，通过正交实验确定了硫酸盐垢溶垢剂的最佳配方为：10%螯合剂 3+3% 活化剂 +8% 分散剂 +3% 润湿剂 GCY-3+15% 阻垢剂，该产品在 150℃ 条件下对硫酸钡溶解率为 72.78%，对 P110 钢片腐蚀速率为 0.5516g/（m² · h）。

参 考 文 献

[1] 胡敏，等. 复合硫酸盐阻垢剂的研制. 油气田地面工程. 2016，30（2）：27~30.
[2] 单素灵，等. 两种硫酸盐清洗剂的研制. 清洗世界. 2017，33：27~29.
[3] 赵培. 无机和有机垢的形成及清洗方法评述. 中外能源[J]. 2006，92~95.
[4] 严思明，等. 新型抗温硫酸盐垢阻垢剂合成与性能评价. 石油与天然气化工[J]. 2017，46（1）：70~75.

元坝超深高含硫化氢气井井筒堵塞
机理分析及解堵措施应用

伍 强[1] 唐 蜜[2] 向 伟[3] 陈 波[4]

(1. 中国石化西南油气分公司石油工程技术研究院；2. 中国石化西南油气分公司采气二厂；
3. 中国石化西南石油工程有限公司井下作业分公司；4. 中国石化西南油气分公司工程技术管理部)

摘 要 元坝气田气井生产过程中，出现了部分井筒堵塞情况，严重制约了气井安全稳定生产；井筒堵塞主要有软堵和硬堵两类，软堵为复合物堵塞，通过对堵塞物成分分析，引起井筒堵塞的复合物主要有黄铁矿(FeS_2)、重晶石($BaSO_4$)、石灰石($CaCO_4$)、地层微粒(SiO_2)及地层沥青等；硬堵为座封封隔器的球及球座芯架桥形成的机械堵塞，根据气井不同的堵塞程度及堵塞类型，研制了以无机酸、有机酸为主的化学药剂，同时配套形成了连续油管冲洗、连续油管钻磨等组合工艺，成功解除了 8 口井井筒堵塞情况，日增产 $242.67 \times 10^4 \mathrm{m}^3$ 天然气，经济效益显著，同时可以广泛应用于其他类似堵塞井。

关键词 元坝气田；有机酸；地层沥青；连续油管

引言

元坝气田位于四川盆地中西部，地理位置位于四川省苍溪县及阆中市境内，主力产层为长兴组，气藏埋深 6500m 左右；地层压力 70MPa 左右；地层温度 150~157℃；硫化氢平均含量 5%，气井投产以来，出现了多口井井筒堵塞，由于堵塞成分不明，措施无针对性，解堵效果不理想，通过大量的实验评价分析堵塞成分、查找堵塞物来源，采取对应措施，解堵措施在实践中得到了不断完善。

1 堵塞机理

1.1 堵塞物成分及来源分析

1.1.1 复合物

通过元素分析，复合堵塞物主要元素为：C、O、S、Fe、Si、Na、Ca、Ba；通过粉末-X 射孔衍射仪对堵塞物样品无机成分进行了分析，无机物主要成分为：黄铁矿、重晶石、石灰石、地层微粒，采用红外光谱仪、单剂基团对比对有机物成分进行了分析，有机物成分主

第一作者简介：伍强，男(1983—)，四川德阳人，毕业于西南石油大学，油气田开发专业，硕士学位。现工作于西南油气分公司石油工程技术研究院，高级工程师，主要从事高含硫气井完井工艺技术研究。

要为地层沥青，含有少量酸化缓释剂。

黄铁矿：主要来自地层矿化物及 H_2S 与井下金属管材的腐蚀产物。

重晶石：来自于钻井及完井投产过程中的泥浆加重材料。

石灰石及地层微粒：均来源于岩石矿物组分。

由于样品的基团较多，成分复杂，很难准确判断有机物具体成分。采用物源法对有机物来源进行了判断，第一步寻找作业时入井液体中的高分子材料；第二步采用红外光谱仪对单剂高分子材料、堵塞物样品进行扫描，得到每一种材料的波长；第三步基于每一种基团都有其固定的波长原理，将扫描结果进行对比，确定有机物具体成分。

通过物源对比法，排除了钻井液高分子材料可能性，有机物主要来源于地层以及少量酸液遗留材料。

图 1　YB101-1H 返出的球及芯子

1.1.2　硬物堵塞

根据 YB10-1H、YB101-1H 两口井封隔器座封球及芯子返出地面情况，说明在气流带动下，球与球座芯子在井筒内可以向上移动，模拟计算表明：在某一稳定工作制度下，气流不足以带动钢球，如果提产，产生的压差足以推动钢球上行（表1），同时带着脏物向上运移在井筒某处架桥形成堵塞，球为钢球，球座芯子为 725 材质（图1）。

表 1　不同产量条件下气体流速、压差表

产气量/(10^4m^3/d)	流速变化/(m/s)	产生的压差/MPa	等效推力/kg
15↗20	1.1↗1.6	0.45	4.5
20↗25	1.6↗2.0	0.50	5
25↗30	2.0↗2.5	0.55	5.5
30↗35	2.5↗3.0	0.60	6
35↗40	3.0↗3.5	0.65	6.5
40↗45	3.5↗4.1	0.71	7.1
45↗50	4.1↗4.6	0.76	7.6
50↗55	4.6↗5.3	0.82	8.2
55↗60	5.3↗5.9	0.88	8.8
60↗65	5.9↗6.7	0.94	9.4
65↗70	6.7↗7.5	1.01	10.1

1.2　堵塞位置

根据地层堵塞物返出路径，从地层返出井筒后，最先停留在井筒的水平段，随生产进入油管，赋存在油管壁，最有可能在油管变径位置黏附，形成井筒节流，而球座和球座芯上移最可能卡在坐封球的位置，加速井筒堵塞。从现场连续油管实探堵点位置看，座封球座以上200m 至井底是堵塞物堆积的主要位置。

2 解堵工艺

2.1 井筒节流解堵

1. 酸液配方

以"易返排、低腐蚀、高溶蚀"为目标研制了无机解堵剂及有机物解堵剂，无机物解堵剂配方：10%~15%HCl+5.5%高温缓蚀剂+1.0%铁离子稳定剂+1.0%助排剂；有机解堵剂配方：5%盐酸+10%主乳化剂+0.4%助乳化剂+43%特效有机溶剂+0.1%有机盐+10%互溶剂+4%高温缓蚀剂+0.8%铁离子稳定剂+0.1%消泡剂+水，常温条件下，对应堵塞物10min溶蚀率100%。

2. 解堵工艺

采用井口直接泵注酸液解堵，液量按照油管鞋以下井筒容积的3倍准备，施工排量小于0.4m³/min，尽可能延长酸液与堵塞点堵塞物过酸时间。注酸结束后，采用一个油管容积的清水将酸全部挤入地层，解除井筒及近井地带酸溶性物质。

2.2 井筒完全堵塞

对于井筒堵死情况，完全由地层返出物架桥堆积引起可能性不大，应为金属硬物与地层杂质胶结在一起形成堵塞点，针对该类堵塞，首先采用连续油管探塞面后，冲洗解堵，若无效果，则进行钻磨，由于酸对生产管柱存在腐蚀，以上方法均无法解除堵塞才采用泡酸方式。

（1）探塞：连续油管+冲洗喷头采用边下边冲的方式将井筒灌满，逐级循环下探至堵塞面，下入过程中，井口附近控制放慢下放速度至5m/min，过300m后可控制下放速度至10m/min，避免突然遇到可能存在的堵塞物堵塞喷嘴或者下压吨位过大导致连续油管弯曲变形。

（2）冲洗：探得堵塞位置后，控制泵压以小排量泵注冲洗液，循环对油管壁进行清洗，排量以泵压不超过50MPa为限。

（3）钻磨：采用连续油管+螺杆马达+空心磨鞋对堵塞点进行钻磨。

（4）泡酸：将连续油管下至堵塞面，正注设计酸量，用冲洗液顶替连续油管内酸液，使连油内酸液面与连油–油管小环空酸液面平衡，再上提连续油管至酸液面以进行浸泡，浸泡时间4~6h。若沟通地层，则将酸挤入地层，否则下连续油管替出酸液。

冲洗液配方要求：由于连续油管内径受限，在井深超过6000m采用普通液体进行循环冲洗，排量0.3m³/min，摩阻超过50MPa，引起井口高压，为提高冲洗效率，设计采用了降阻水体系作为冲洗液，密度1.0g/cm³，考虑井筒中含有H_2S气体，加入2%的有机除硫剂降低腐蚀。

3 现场应用

通过对堵塞井堵塞机理分析，研制了冲洗液及解堵酸液，形成了注酸、连续油管冲洗、连续油管钻磨等组合工艺，成功解除了8口井井筒堵塞，恢复井筒与地层通道，产能得到了有效释放，解堵增产效果显著(表2)。

表2 解堵前后数据对比

井 号	堵塞前		解堵措施	堵塞后	
	产量/ ($10^4m^3/min$)	油压/ MPa		产量/ ($10^4m^3/min$)	油压/ MPa
YB102-3H	34	35.01	注酸	48.21	38.82
YB102-1H	0	0	连油钻磨、穿孔	64.67	33.22
YB204-2	31	33	注酸	32.84	34.86
YB10-2H	2.11	9	注酸	20.18	37.48
YB1-1H	11.2	22.4	注酸	35	22.4
YB205-1	35.24	26.54	注酸	60.18	34.15
元坝27-3	37.01	31	注酸+连油冲洗	60.09	41.29
元坝29-1	38.76	26	注酸	40.08	34.59
元坝103-1H	24.44	35.4	注酸	30.18	39.81

4 结论

（1）元坝井筒复合物堵塞无机物主要以黄铁矿（FeS_2）、重晶石（$BaSO_4$）、石灰石（$CaCO_4$）、地层微粒（SiO_2）为主，有机物成份主要为地层沥青、酸化缓释剂，硬物堵塞为座封球及球座芯子。

（2）以"易返排、低腐蚀、高溶蚀"为目标研制了无机解堵剂及有机物解堵剂，无机物解堵剂配方：$10-15\%$HCl+5.5%高温缓蚀剂+1.0%铁离子稳定剂+1.0%助排剂；有机解堵剂配方：5%盐酸+10%主乳化剂+0.4%助乳化剂+43%特效有机溶剂+0.1%有机盐+10%互溶剂+4%高温缓蚀剂+0.8%铁离子稳定剂+0.1%消泡剂+水，常温条件下，对应堵塞物10min溶蚀率100%。

（3）将堵塞分为节流堵塞与井筒完全堵塞两类，配套形成了井口注酸、连油冲洗、钻磨等措施成功解除了元坝8口生产井的堵塞，工艺成熟，可推广应用于类似井况条件下的气井井筒解堵作业。

参 考 文 献

[1] 刘晶. 普光高含硫气井井筒解堵技术研究与应用[J]. 内蒙古石油化工，2016（Z1）：117~119.

[2] 陈旺民，李德富，等. 热气酸解堵技术及其在大庆油田的应用[J]. 石油钻采工艺，1999，21（2）：89~90.

[3] 蒲洪江，伍强，杨永华，等. 8000m连续油管在超深高含硫气井的应用与实践[J]，钻采工艺，2015（2）：111~113.

[4] 梁金莺，张秀玲. 天然气水合物抑制剂注入量计算方法比较[J]. 中国石油和化工，2012（5）：57~58.

[5] 张耀刚，吴新民，等. 气井井筒有机解堵工艺技术的应用[J]. 天然气工业，2009，29（2）：95~97.

元坝超深高含硫气井积液预测
与排水采气对策

刘 通　张国东　倪 杰　黄万书　李 莉

(中国石化西南油气分公司石油工程技术研究院)

摘　要　排水是元坝高含硫气田维持边底水线均匀推进的重要手段之一，然而该技术在超深高含硫气田尚不成熟。首先开展了水平井携液临界气量实验，确定了元坝超深井携液薄弱点位置，绘制了积液预测图版，指导排水采气选井；其次分析了各项排水采气工艺在超深高含硫气井中的适应性，确定了现阶段适用的排水工艺为泡排和连续油管氮举；随后研制了抗温180℃、耐pH3～10的抗温耐酸泡排剂，建立了超深高含硫井泡排剂加注工艺；最后建立了超深井连续油管氮举施工参数优化模型，形成连续油管注氮气举施工程序，指导连续油管氮举作业。研究成果将为元坝高含硫气田的排水稳产提供支撑。

关键词　氮举；连续油管；泡沫；排水采气；积液

引言

元坝气田属于超深常压、局部存在边(底)水、受礁滩体控制的构造-岩性气藏，长兴组构造表现为①号、②号礁带和③号礁带东南部含底水；③号、④号礁带西北端产量高。目前已有10口井表现出明显产地层水特征，其中3口井处于长期关井状态，7口井处于连续或间歇生产状态。一旦气井积液，将严重威胁元坝气田稳产，为此需要开展超深高含硫气井排水采气技术攻关。

现有成熟的排水采气工艺包括泡沫排液、速度管、气举、柱塞、机抽、电潜泵等，但是该技术在超深高含硫气田尚不成熟。元坝气田超深高含硫气井超深(6300～7200m)、高温(149～164℃)、高含硫化氢(平均5.53%)、中含二氧化碳(平均8.17%)、永久封隔器环境，超出了大多数排液采气工艺的应用极限。

为此开展了水平井携液临界气量实验，确定了元坝超深井携液薄弱点位置，绘制了积液预测图版，指导排水采气选井；分析了各项排水采气工艺在超深高含硫气井中的适应性，确定了现阶段适用的排水工艺；研制了抗温180℃、耐pH3-10的抗温耐酸泡排剂，建立了超深高含硫井泡排剂加注工艺；建立了超深井连续油管氮举施工参数优化模型，形成连续油管注氮气举施工程序，指导连续油管氮举作业。

1　超深含硫井积液预测

根据弗劳德数相似准则，开展了不同管径条件下不同井斜角、不同压力、不同气流速对

第一作者简介：刘通(1986—)，博士，2014年毕业于西南石油大学并获博士学位；现在中国石化西南油气分公司博士后工作站从事油气井多相流理论以及采气工程技术研究。

液体携带的影响实验，确定液体反转时机。实验管段长 5m，内径 30mm，管斜角 -5°~90° 可调，实验气量 1~80m³/h、实验水量 0.016~0.4m³/h，对应了元坝气田气井压力 30MPa 以内、气量（1~30.0）×10⁴m³/d、液量 1~200m³/d 的工况条件。基于液泛模型，采用气、液高压物性公式，引入角度修正，建立了适用于不同井斜角的超深井携液临界气量预测模型。

$$v_{cr}\left[\frac{\rho_g}{gD(\rho_L - \rho_g)}\right]^{\frac{1}{2}} = 0.64\left[\sin(1.7\theta)\right]^{0.38} \tag{1}$$

式中，v_{cr} 为水平井携液临界气流速，m/s；ρ_g、ρ_L 分别为气体密度、液体密度，kg/m³；D 为管径，m；θ 为管斜角，（°）；g 为重力加速度，m/s²。

以 YB10-1H 井为例，利用临界气量模型对不同井深位置的携液临界气量进行预测，结合对压力、角度的敏感性分析，确定了携液薄弱点位置有两处：油管变径处、井斜角 55°（图1）。

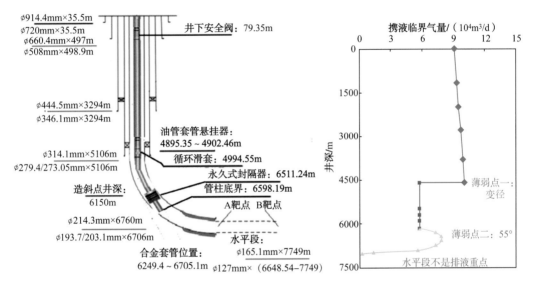

图 1 携液薄弱点位置计算

将元坝气田气井 2018 年 12 月的产气量、携液薄弱点位置处压力标入积液预测图版，并与携液临界气量曲线做对比，YB28 井濒临积液，元坝 121H 井水淹停产，如图 2 所示。

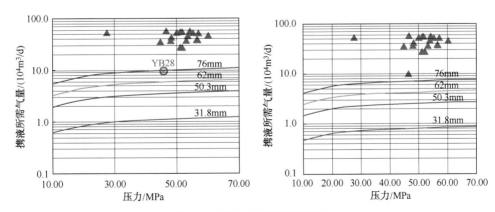

图 2 元坝气田积液预测图版

2 超深含硫井排水工艺优选

虽然国内在深井排液采气技术方面取得了一定进步，但是由于元坝气田具有超深（6300～7200m）、高温（149～164℃）、高含硫化氢（平均5.53%）、永久式封隔器完井等特点，在现阶段超出大多数排液采气工艺的应用极限，如表1所示。

表1　国内常用排液采气技术应用界限

对比项目		利用自身能量型（无法强排液）			人工补充能量型		
		优选管柱	泡排	柱塞	气举	机抽（钢杆）	电潜泵
最大排液量/（m³/d）		100（小油管）	120	20	400	70	500
最大应用井深/m		4951	5235	4957	5092	4200	4078
斜井或弯曲井		适宜	适宜	受限	适宜	受限	适宜
油套管连通性		无要求	无要求	要求连通	要求连通	要求连通	要求连通
高温（>120℃）		适宜	耐温不足	适宜	适宜	适宜	一般适宜
地面及环境条件		适宜	需要气源	适宜	适宜	一般适宜	需高压电
开采条件	高气液比	很适宜	很适宜	很适宜	很适宜	较适宜	一般适宜
	含砂	适宜	适宜	受限	适宜	一般适宜	一般适宜
	结垢	化防较好	适宜	受限	化防较好	化防较差	化防较好
	腐蚀	缓蚀适宜	缓蚀适宜	适宜	化防较好	较差	较差
	含油	适宜	抗油较差	适宜	适宜	适宜	适宜
维修管理		很方便	方便	方便	方便	较方便	较方便
投资成本		低	低	低	较低	较低	较高

从管柱类型看，超深高含硫气井为永久性完井管柱、环空含保护液，动管柱排液方式难度大、风险高，不适应于现阶段排液采气；而不动管柱排液方式中，除了泡排和连续油管氮举技术，其他排液技术在安全、排液量、举升效率、材质等方面不满足超深含硫井排液要求，见表2。

表2　各类排液采气工艺适应性分析

管柱类型	排液方式	适应性分析	结　论
动管柱	气举阀	1. 永久性完井管柱和环空保护液，动管柱作业难度较大； 2. 受地理环境限制，建设地面增压站成本较高	不适合
	电泵	1. 需增加电力设备、潜油电泵、电缆等的投资，费用较高； 2. 排液效率受供液能力、高气液比、下泵深度等影响较大； 3. 在高含硫气井中应用不成熟（环空受限、材质问题）	不适合
	有杆泵	1. 需增加动力设备及二抽设备投资，需要完善电网； 2. 排液效率受供液能力、高气液比、下泵深度等影响较大	不适合

续表

管柱类型	排液方式	适应性分析	结　论
不动管柱	连续油管氮举	1. 技术成熟，施工安全，不受井斜和介质条件影响； 2. 制氮和排液速度快、注气点及注气速度灵活可控	适合
	泡排	1. 技术成熟，应用范围广，经济、安全、加注方便； 2. 需根据产出水性质优选合适的泡排剂； 3. 排液量偏小，通常<10m³/d，不能用于强排液	适合
	毛细管	1. 材质寿命不满足要求，投资高； 2. 应用中不能关闭主阀和井下安全阀，存在安全风险	不适合
	柱塞	1. 排液量偏小，通常<20m³/d，不能用于强排液； 2. 需要环空能量，要求油套管连通； 3. 不适用于元坝气井变径组合油管	不适合
	射流泵	1. 需建立高压动力站与管线，投资成本高； 2. 举升效率低，且气液比太大时不适宜	不适合

综上所述，确定现阶段超深高含硫气田适用的排液方式为泡排和连续油管氮举。一方面针对超深高温酸性环境中泡排剂易热分解、稳定性差的问题，研制高效耐温抗酸泡排剂；另一方面针对连续油管氮举排液设计施工参数缺乏依据的问题，氮举排液参数优化与设计研究。

3　超深含硫井泡沫排水工艺研究

从高温影响泡排剂起泡效果的因素出发，提出了研制思路：①首选耐温180℃以上的官能团，选择含 C—C—N、C—C—O、C—C—S 等化学键稳定的结构分子，避免含 N—C≡O、C—O—S 等稳定性能较差的分子化合物，提高泡沫稳定性；②采用降低表面张力、增加分离压、增加黏度的方式，减缓高温泡沫析液，提高泡沫稳定性；③选择两个或两个以上的亲水基团，增强表面活性剂与水的相互作用，提高携带的结合水和束缚水量，从而提高携液量；④选择具有 pH 缓冲特征的官能团，在酸性条件下形成具有高表面活性的离子型表面活性剂，在中性条件下恢复为易于消泡的非离子型表面活性剂。

基于上述思路，优选水热稳定胺键、醚键和长疏水链基团，研制了"酸响应非离子、阴离子及两性离子"的新型三元复合泡排剂，180℃高温老化性能评价显示（图3），新型泡排剂具有抗温（180℃）、抗硫耐酸（pH 3~10）、高效（浓度 0.05% 的泡沫携液量达160mL）、稳定（半衰期>1h）、绿色（生物降解率100%）特点。为满足多种泡排剂加注方式需要，制备了液体泡排剂、固体泡排剂、以及自生气泡排剂。

为满足高温高压下泡排剂性能评价，研制了抗高温高压耐酸泡排剂性能评价装置，采用蓝宝石玻璃+聚四氟缓冲垫圈+固定压板密封方式，克服了传统石英+平垫密封预紧力要求高、筒体弹性变形易泄漏的问题，最高耐压 30MPa，最高耐温 200℃，耐酸性腐蚀，装置如图 4 所示。

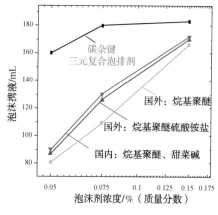
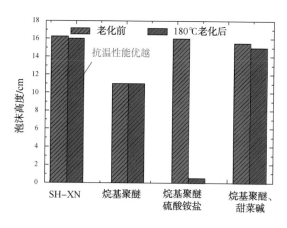

图3　新型三元复合泡排剂评价结果

图4　抗高温高压耐酸泡排剂性能评价装置

开展了不同井斜角、不同气液流速对泡沫流型、压降的影响实验，确定了泡沫破碎与滑脱加剧所对应的流型区间与角度范围，基于漂移模型，结合各个泡沫流型对应的临界含气率条件，建立了流型转换界限方程，绘制了泡排适用界限图版。确定了泡排的最佳加注时机应在气井产量高于泡排最佳气量下限时，最佳加注深度在井斜0°~45°范围内，如图5所示。

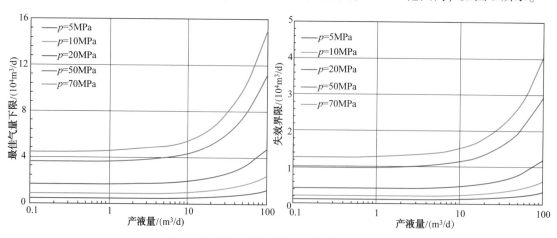

图5　抗高温高压耐酸泡排剂性能评价装置

提出了超深高含硫气井液体及固体泡排剂加注工艺。液体起泡剂是通过 70MPa 甲醇撬从采气树压力表考克处泵入井中，采用"关井、甲醇加注撬从油管加注泡排剂、闷井、开井放喷"的加注步骤，如图 6 所示；固体起泡剂是通过抗硫投药筒投入井中，抗硫投药筒耐压 70MPa、内径 76mm、材质 EE 级，如图 7 所示。消泡剂则在开井前提前连续注入生产流程。

图 6　甲醇加注撬

图 7　固体投药筒

4　超深含硫井连续油管氮举工艺研究

元坝超深高含硫气井油套不连通，无气举通道，一旦水淹停产，复产难度大，为此提出了连续油管+氮举排水采气工艺思路。该工艺是将一装有单向阀的连续油管通过生产管柱下入到预定排液深度，通过制氮车现场进行制氮增压来循环注氮气，管柱下井过程中可边下入、边注氮气，也可下到预定深度后再注氮气，利用气液混合卸压原理，将井筒中的积液带出井筒。当井筒内的残留液体逐渐被排出并被进入井筒的油气藏流体驱替时，油气藏中会产生较大的压降，当压降大到油气藏流体能以稳定的速度流入井筒时，停止氮气循环，将连续油管起出井筒，气井便依靠自身能量进行连续生产。该工艺具有安全、高效、精确度高、排液深度可调、排液速度快、使用简便等优势。

采用环空等效直径法，建立连续油管氮举环空携液临界气量预测模型，通过分析不同管径下环空临界携液气量和最大排液量，结合 API RP14E 模型分析最大注气量下的冲蚀速率比，推荐采用连续油管注氮气环空排液的模式，优选外径 44.5mm 的连续油管作为气举管柱，带井下工具及堵塞器入井；针对井口最大关井压力<30MPa 的水淹井，推荐采用 35MPa 的氮气车(图 8、图 9)。

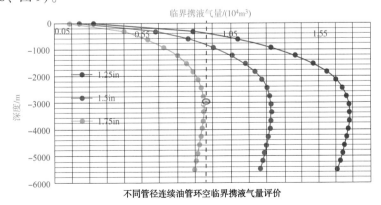

图 8　连油气举携液临界气量计算

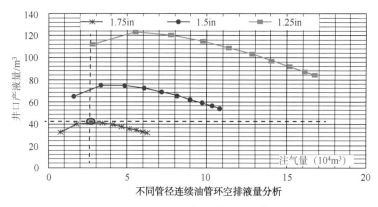

图 9　连油气举井口排液量计算

确定连续油管气举管柱下入深度是本工艺实施的关键点之一，下入太深则排液启动困难，下入太浅则达不到排液目的。因此首先测试液面深度，下入连续油管至液面以下实施气举，随后采用边下放、边排液的方式。进入液面以前，下放速度可根据现场确定，一般取 10~35m/min；进入液面后，下放深度可根据井口出液情况进行确定。不考虑地层供气能力、井口压力 0.1MPa 情况下，外径 44.5mm 连续油管环空临界携液气量为 8000m³/d，最大注气量 $2.5×10^4$m³/d 时，井口最大排液量为 40m³/d，满足气井复产需要。

5　结论

（1）确定了元坝超深井携液薄弱点位置在油管变径处、井斜角 55°，绘制了积液预测图版，预测表明目前 YB28 井濒临积液，YB121 井水淹停产。

（2）确定了元坝超深高含硫气井适用的排水采气工艺为泡排和连续油管氮举。

（3）研制了抗温 180℃、耐 pH3-10 的抗温耐酸泡排剂，研制了耐压 30MPa、耐温 200℃的高温高压泡排剂性能评价装置，确定了泡排最佳加注时机，提出了元坝气田液体及固体泡排剂加注工艺。

（4）建立了超深井连续油管氮举施工参数优化模型，形成连续油管注氮气举施工程序。

参 考 文 献

[1] 甘振维. 理论创新和技术进步支撑引领百亿气田建设[J]. 天然气工业，2016，36(12)：1~9.

[2] 李士伦. 天然气工程[M]. 第二版. 北京：石油工业出版社，2008：225~226.

[3] 田云，王志彬，李颖川，等. 速度管排水采气井筒压降模型的评价及优选[J]. 断块油气田，2015，22(1)：130~133.

[4] 赵哲军，刘通，许剑，等. 气井稳定携液之我见[J]. 天然气工业，2015，35(6)：59~63.

[5] ZHAO Zhejun, LIU Tong, XU Jian, et al. Stablefluid-carrying capacity of gas wells[J]. Natural Gas Industry，2015，35(6)：59~63.

[6] LEA J F, NICKENS H V, WELLS M R. Gas well deliquification[M]. Second Edition. Gulf Professional Publishing，2008：232~235.

超深水平井元坝103H井钻井技术

胡大梁[1]　严焱诚[1]　刘匡晓[2]　董成林[3]

（1. 中国石化西南油气分公司工程技术研究院；

2. 中国石化石油工程技术研究院；

3. 中国石化中原石油勘探局西南钻井公司）

摘　要　元坝长兴组气藏储量巨大，为增大储量控制面积，提高单井产量，在四川盆地川东北巴中低缓构造部署了第一口水平开发评价井元坝103H井，设计井深7841m。通过优化钻井工艺，在下沙溪庙至须家河组地层应用液体欠平衡钻井技术、水平段综合采用旋转导向、抗高温钻井液体系、防磨接头和减磨剂双效防磨等先进技术，克服了陆相深部地层硬度高、钻速慢、井底温度高、水平段井眼清洁难度大、起下钻摩阻扭矩大、钻具托压现象严重等多种技术难题。该井完钻井深7729.8m，水平段长682.8m，最大垂深6761.52m，创国内水平井垂深最深纪录；四开在井深6608m处一次性侧钻成功，创国内φ241.3mm井眼侧钻点最深纪录。该井的成功实施，为元坝超深水平井钻井积累了宝贵的经验，详细论述了该井的关键钻井技术，为同类井的钻井施工提供了重要参考。

关键词　元坝103H井；超深水平井；钻井技术；轨迹控制

元坝气田是川东北继普光气田之后又一个储量超千亿立方米的海相大气田，也是国内埋藏最深的海相气田，主力储层长兴组埋深超过7000m，面临高温、高压、高含硫、超深层、气水关系复杂、工程地质条件复杂等多项技术难题。元坝103H井是部署在四川盆地川东北巴中低缓构造的一口开发评价井，目的层是长兴组礁滩相储层，设计井深7841m、垂深6847m，是国内垂深最深的水平井，施工难度极大。

1　概况

元坝103H井A、B靶点垂深为6814m和6847m，采用斜导眼揭开储层后回填侧钻，造斜点选择在6370m，侧钻点井深6737m，造斜率15°/100m和13°/100m。井身结构采用五开制（表1），φ127mm衬管完井。该井于2009年10月29日开钻，2011年1月15日钻至井深7729.8m完钻，水平段长682.8m，钻井周期449.33d，全井平均机械钻速1.94m/h，是元坝完钻的第一口超深水平井，测试获无阻流量751×10⁴m³/d，显示了元坝巨大的资源潜力。

第一作者简介：胡大梁（1982—），男，河南省镇平县人，2004年毕业于西南石油大学机械工程专业，2007年获西南石油大学油气井工程专业硕士学位，高级工程师，主要从事超深井钻井工程设计和钻井提速工艺研究工作。

表1 设计与实钻井身结构

开次	钻头程序			套管程序			地 层
	外径/mm	设计井深/m	实际井深/m	外径/mm	设计下深/m	实际下深/m	
1	$\phi 660.4$	702	570	$\phi 508$	0~700	569.7	剑门关组
2	$\phi 444.5$	3102	3071	$\phi 346.1$	0~3100	3070	上沙溪庙组底部
3	$\phi 314.1$	4870	4894	$\phi 273.1/\phi 279.4$	0~4868	4893.5	须家河组底部
4	$\phi 241.3$	7072	7047	$\phi 193.7/\phi 203.1$	0~7070	7045	A 靶点, 长兴组
5	$\phi 165.1$	7861	7729.8	$\phi 127$	6970~7650	6971.06~7729.8	衬管完井

2 钻井主要难点分析

本井作为该地区第一口超深水平井, 具有井超深、水平段长、地层压力系统复杂等特点, 通过分析完钻邻井的实钻资料, 主要存在以下技术难点:

(1) 陆相下沙溪庙、千佛崖、自流井、须家河组地层总厚度超过 1500m, 砂泥岩互层、岩石硬度高, 尤其是自流井和须家河组地层, 研磨性强、可钻性极差, 导致机械钻速低、钻头使用寿命短, 缺乏有效的提速手段。

(2) 井底垂深 6847m, 井底温度高达 160℃, 属于超深、高温水平井, 对测量仪器耐高温要求高; 采用常规定向, 摆放工具面不易到位, 井眼轨迹控制难度大。

(3) 水平段长约 800m, 起下钻摩阻和扭矩较大, 托压问题突出, 严重制约了水平段延伸能力。产层岩性为灰岩、白云岩, 部分地区为鲕粒云岩和灰岩, 渗透性好, 易发生黏卡。

(4) 斜井段长、水平位移大, 如何保证良好的钻井液流变性、保证携岩效率, 避免井下复杂情况是一个难题, 钻井液润滑防卡、降摩减扭难度大; 并且由于钻井周期较长, 套管防磨要求高。

(5) 地层压力系统复杂, 海相地层 H_2S 含量超过 5%, 进入水平段将进一步增大气层裸露面积, 增加 H_2S 侵入概率。防止 H_2S 危害是保障元坝超深水平井安全钻进的关键。

3 钻井技术对策及实施

3.1 液体欠平衡钻井技术

下沙溪庙~须家河组地层硬度高, 常规钻井平均机械钻速一般低于 0.9m/h。根据对完钻井的统计, 元坝3、元坝6 等井在千佛崖~须家河组钻遇高压层, 发生溢流 6 井次。压井后安全密度窗口窄小, 漏喷共存, 施工难度加大; 而且由于该段地层对钻井液密度比较敏感, 压井后密度升高, 导致机械钻速显著下降(图1)。因此采用液体欠平衡钻井工艺, 通过降低钻井液密度, 减小钻井液对井底岩石的压持效应, 以提高机械钻速。

本井是元坝地区首次在 $\phi 314.1mm$ 井眼应用液体欠平衡钻井, 采用钟摆钻具组合, 钻至自流井组井深 3951.97m, 全烃值由 0.8% 上升至 1.01%, C_1 由 0.4% 上升至 1.76%。钻进期间火焰高度保持在 1~3m, 在每次下钻排后效期间, 燃烧筒火焰高度达 10~20m。在保证井控安全的前提下，继续实施欠平衡钻进至4894m，总进尺1627m，纯钻时间1565.75h，平均机械钻速1.04m/h。三开全井段井斜控制在1°以内，在保证井身质量的同时，机械钻速提高20%以上，节约钻头3~5只。液欠井段钻井液密度1.16~1.65g/cm³，井底欠压值基本控制在1~2MPa左右，随着密度升高，钻时呈上升趋势（图2）。可见在保证井控安全的前提下，降低钻井液密度是本井段提速的关键。

主要钻具组合：ϕ314.1mmHJT537GK/SJT637GG 钻头+浮阀+ϕ229mm 双向减震器+ϕ228.6mm 钻铤 2 根+ϕ311mm 扶正器+ϕ228.6mm 钻铤 4 根+ϕ203.2mm 钻铤 9 根+ϕ177.8mm 钻铤 3 根+ϕ139.7mm 钻杆 291 根+ϕ127mm 钻杆 231 根。

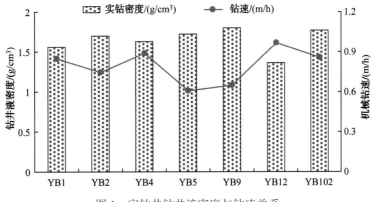

图1　完钻井钻井液密度与钻速关系

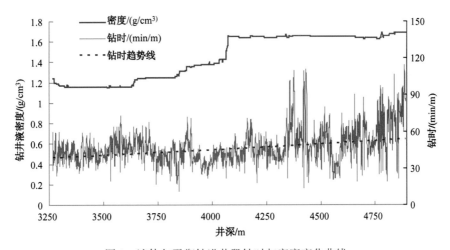

图2　液体欠平衡钻进井段钻时与密度变化曲线

3.2　超深水平井侧钻技术

由于本井目的层深，设计采用斜导眼揭穿储层砂体，确定砂体厚度及深度后回填侧钻。根据斜导眼实钻轨迹对原设计水平段轨迹进行修正，侧钻点选择在 6595m（井斜 34°、方位 290°），鉴于该井段钻时较慢，与大弯角螺杆钻具相比，旋转导向钻井系统侧向力相对较小；为了使新老井眼尽快分离，采取从老井眼的左下方侧出，然后再逐步的将方位调整过来（图3）。

侧钻钻具组合：ϕ241.3mmHCD506ZX+ϕ172mm 旋转导向短节（带近钻头井斜）+ϕ172mm 柔性短节（带 ϕ238mm 扶正器）+ϕ172mm MWD+ϕ238mm 模块扶正器+ϕ172mm 双向发电通信短节+断电保护短节+ϕ238mm 非磁扶正器+浮阀+ϕ127mm 无磁钻杆 1 根+ϕ127mm 加重钻杆 27 根+ϕ127mm 钻杆 432 根+ϕ139.7mm 钻杆 297 根。

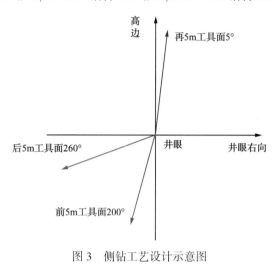

图 3　侧钻工艺设计示意图

分段循环下钻至井深 6595m（井斜 34°、方位 290°），发指令将工具的定向方向设为 240°，使旋转导向侧向施加 100%的力，然后在 6590～6595m 划眼 1h，在侧钻点处造槽。控时侧钻，前 3m 控时 3h/m，再提高到 2h/m，钻至井深 6601.23m（井斜 33.97°、方位 290°），新砂含量 20%，侧钻效果不明显。调整工具面控制在 200°左右，以提高侧向力；继续控时 3h/m 钻至 6606m，新砂含量增至 70%，至井深 6608.12m 处新、老井眼中心距为 0.29m，侧钻成功。元坝 103H 井从 6608m 处侧钻一次成功，是国内最深侧钻点。

3.3　水平段轨迹控制技术

针对井超深、水平段长的特点，五开水平段采用旋转导向钻井系统，旋转推进钻具，确保井眼轨迹平滑、井眼质量好，降低钻具摩阻和扭矩，保证钻压有效传递。

旋转导向钻具组合：ϕ165.1Q406H 钻头+ϕ121mm 旋转导向短节+ϕ162mm 模块扶正器+ϕ121mm 模块马达+ϕ121mmMWD+ϕ121mm 双向通讯及发电短节+ϕ121mm 断电保护短节+ϕ146.1mm 无磁扶正器+浮阀+ϕ88.9mm 抗压缩无磁钻杆 2 根+ϕ101.6mm 钻杆 354 根+ϕ139.7mm 钻杆 495 根。

钻井参数：钻压 20～50kN；排量 12～15L/s；泵压 16～18MPa；顶驱转速 40～80r/min；钻头转速 120～150r/min。

为提高水平段钻速，减少起下钻次数，优选 Q406H PDC 钻头，它采用最新力平衡稳定技术，配备了新一代 Quantec Force 耐磨齿。下钻到底后采取先向前钻进 4～6m 后再增斜的施工措施，钻至 7093m 时，旋转导向工具失去增斜能力，改为稳斜钻进；钻至 7099m，井斜偏低 1.75°，更换工具后以（2.6°～3.0°）/30m 的增斜率增斜，至 7177m 时井斜增至 93.6°，稳斜钻进至 B 靶点时，较设计偏上 0.06m，偏左 18m，满足中靶要求。水平段钻进井段 7047～7729.8m，总进尺 682.8m，平均机械钻速 1.68m/h。整个水平井段井眼轨迹平滑，大部分井段全角变化率控制在 2°/30m 之内，实钻过程中摩阻基本保持在 140kN 以内，而且未发生任何井下复杂事故（图 4）。

3.4　水平段钻井液润滑防卡技术

针对水平段摩阻大、井底温度高、携岩要求高的特点，选用 HTHP/TERRA-MAX 钻井液体系，它具有流动性好（动塑比 0.5 左右，携砂能力强）、润滑性好（摩阻系数<0.10）、采

用酸溶性加重材料，同时 MAX-SHIELD 和 MIL-CARB 添加剂可有效封堵微裂缝，有利于保护储层（表2）。

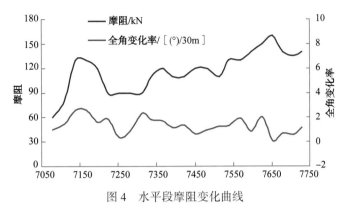

图4　水平段摩阻变化曲线

表2　水平井段钻井液主要性能参数

密度/（g/cm³）	漏斗黏度/s	塑性黏度/mPa·s	动切力/Pa	pH 值	K_f	HTHP 失水/泥饼厚度/（mL/mm）	润滑系数
1.26~1.30	69~107	31~41	7.5~25.5	10.3~11.6	0.068~0.097	8.5~9.2/2	≤0.1

现场施工中主要通过室内小型实验指导钻井液现场维护处理，主要采取了以下措施：

（1）润滑降阻技术：全程加入2%~4%的 Mil-Lube、TEQ-Lube 抗高温高效润滑剂，维持钻井液极压润滑系数低于0.1，保证钻井液含油量在4%~5%，提高钻井液润滑性能；保证大中小相对分子质量处理剂的合理搭配，形成薄而韧的泥饼；交替使用80~120目筛布，清除钻井液固相含量，以降低摩阻。

（2）防止压差卡钻技术：由于长兴组储层渗透性强，密度过高易导致压差卡钻，过低易发生溢流，因此本井段钻井液密度1.28~1.30 g/cm³，控制井底压力在15MPa以内，既保证了井控安全，又降低了粘附卡钻的风险。

（3）流变性控制技术：保持钻井液漏斗黏度70~80s、塑性黏度30~35mPa·s、动切力15~18Pa、6转下读数6~8，使钻井液流型处在弱紊流状态，阶段性配合采用打稠浆段塞的方式清扫井眼；严格控制井浆坂土含量在2%~2.5%之间，混合胶液以稀释剂 Drill-Thin 和 SMT 为主控制井浆黏度，以 Discal-D 和 Dris-Temp 为辅降低井浆失水、增强井浆热稳定性。

（4）高温稳定性技术：钻井液体系中的主剂，要求单剂抗温能力均大于150℃；随钻加入杀菌剂 X-cide102 等提高钻井液的高温稳定性；做好钻井液体系配伍抗温性评价工作，防止高温稠化。

3.5　套管防磨保护技术

针对水平井段长，施工周期长，为保护油层套管，采用 TF 非金属防磨街头+AFC7101 减磨剂双效防磨技术，防磨套采用非金属特种增强复合材料制造，具有表面硬度低、表面摩擦系数低、耐磨损、强度较高的特点；减磨剂由多种抗磨材料在高温下合成，耐温达200℃以上，含有多种活性基团能够迅速吸附在钻具和套管表面，形成高强度保护膜，从而降低钻具对套管的磨损。

根据实钻井眼轨迹，计算在 6500～7050m 钻柱的侧向力异常偏大，在 99～330～240～720N/m 之间变化(图5)，而且该段套管为镍基合金材质，故针对该段制定保护措施。每2根钻杆加1只 TF156/193-NC40 防磨接头，每只接头水力压耗约 0.05～0.1MPa，共安装 29只防磨接头，泵压增大不到 3MPa，不影响正常钻进。为充分发挥防磨接头的减磨效果，在钻井液中陆续加入 AFC7101 减磨剂共计 7.92t，基本维持减磨剂含量为 2%左右(图5)。

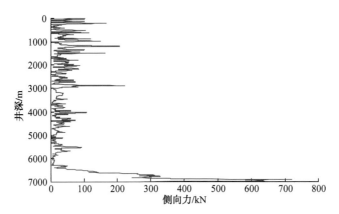

图5 五开钻进套管内钻柱侧向力分布

29只防磨接头入井使用时间约 960h(含起下钻、划眼等)，未发生脱落或撕裂落井造成井内复杂情况，由于防磨接头硬度低于套管，避免了金属防磨接头卡死对套管可能构成的伤害。完钻后全井筒清水试压 60MPa 合格，从磨损情况看，主要表现为防磨套和接头本体的磨损，表明防磨接头起到了很好的套管保护作用。

4 应用效果

通过综合应用液体欠平衡钻井、水平段旋转导向、钻井液润滑防卡、双效防磨等多种技术，克服了地层硬度高、水平段长等多项技术难题，安全高效地完成了元坝 103H 井的钻井任务，为元坝地区水平井钻井积累了宝贵经验。作为元坝完钻的第一口超深水平井，创造了多项纪录：

(1) 水平段最大垂深 6761.52m，创国内水平井垂深最深纪录。

(2) 四开在井深 6608m 处一次性侧钻成功，创国内 ϕ241.3mm 井眼侧钻点最深纪录。

(3) 四开 ϕ241.3mm 井眼下入 ϕ193.7mm+ϕ203.1mm 复合尾管至井深 7045m，创国内同尺寸套管水平井中下入最深纪录。

5 结论及建议

(1) 元坝 103H 井的成功实施，为元坝地区超深水平井钻井积累了宝贵的经验，为后续开发打下了技术基础。

(2) 下沙溪庙至须家河地层在未钻遇高压气层时，可采取控压降密度钻井技术提高钻速。

(3) 防磨接头配合减磨剂的双效防磨技术能够有效降低套管磨损。

（4）采用旋转导向技术成孔质量高、井眼轨迹平滑、摩阻扭矩小，能够满足元坝超深水平井钻井需要。但进口工具价格昂贵，建议大力开展国产化应用研究。

（5）HTHP/TERRA-MAX 聚合物钻井液理论抗温能力达 150~160℃，但实际应用中仍有高温增稠现象；国内的聚合物钻井液体系抗温性一般在 120~130℃，主要原因是钻井液处理剂的差别，建议吸收国外抗高温钻井液优点，形成国产化的超深水平井钻井液技术。

参 考 文 献

[1] 王萍，李文飞，张锐，等.川东北钻井复杂情况风险分析方法研究[J].石油钻采工艺，2012，34（2）：29~32.

[2] 张克勤.元坝地区钻井难题分析与技术对策探讨[J].石油钻探技术，2010，38（3）：27~31.

[3] 高航献，瞿佳，曾鹏珲，等.元坝地区钻井提速探索与实践[J].石油钻探技术，2010，38（4）：26~29.

[4] 刘小龙，靳秀兰，张津，等.冀东 3 号岛大斜度井钻井技术[J].石油钻采工艺，2012，34（4）：7~11.

[5] 吴国军，佟德水.辽河油田兴古 7 块水平井钻完井技术[J].石油钻采工艺，2011，33（1）：32~34.

[6] 周延军，陈明，于承朋.元坝区块提高钻井速度技术方案探析[J].探矿工程（岩土钻掘工程），2010，37（5）：1~4.

[7] 李伟廷，侯树刚，李午辰，等.元坝 1 井超深井钻井技术研究与应用[J].石油天然气学报，2009，31（3）：81~87.

[8] 金娟，刘建东，沈露禾.斜井水平井优势钻井方位确定方法研究[J].石油钻采工艺，2009，31（3）：26~29.

[9] 李子丰，张欣，王鹏，等.套管开窗侧钻中钻头弯矩分析[J].石油钻采工艺，2010，32（5）：13~16.

[10] 陈道元，赵洪涛.深部开窗侧钻井元坝 1-侧 1 井固井技术[J].石油钻采工艺，2009，31（1）：38~41.

[11] 王银生 李子杰.高平 1 大位移水平井钻井技术[J].石油钻采工艺，2010，32（6）：31~34.

[12] 张红生，郭永宾.套管防磨保护措施[J].石油钻采工艺，2007，29（6）：116~118.

[13] 刘书杰，谢仁军，刘小龙.大位移井套管磨损预测模型研究及其应用[J].石油钻采工艺，2010，32（6）：11~15.

超深水平井暂堵酸化优化设计
方法研究与应用

丁咚　刘林　王兴文　钟森　付育武

（中国石化西南油气分公司石油工程技术研究院）

摘　要　本文针对海相碳酸盐岩气藏长井段水平井采用暂堵酸化优化设计难度大的问题，以提高暂堵酸化设计的针对性和措施效果为目标，形成了暂堵酸化设计思路，建立了多级暂堵酸化优化设计方法。通过室内实验获取暂堵剂转向性能参数和酸岩反应参数，结合数值模拟，对暂堵位置和级数、酸化规模和排量、暂堵液用量和排量等关键参数进行优化完善。采用此方法对YB27-3H等24口井进行了优化设计，提高了酸化针对性，措施成功率100%，增产有效率100%，取得了极好的增产效果，为YB气田的合理、高效开发和川西海相的勘探突破提供了理论依据和技术支撑。

关键词　海相碳酸盐岩；长井段水平井；暂堵酸化；优化设计；关键参数

引言

YB气田长兴组碳酸盐岩储层非均质性强、层间矛盾突出，长井段水平井衬管完井无法实施机械封隔，采取笼统酸化时酸液主要进入高渗层，从而使储层难以得到充分有效改造而影响效果，因此酸液沿处理层段的均匀分布是此类长井段酸化成功与否和效果好坏的关键。由于长兴组大多为水平井衬管完井，采用酸化-投产一体化管柱进行改造，管柱只下至A点附近，考虑到机械封隔器分段、水力喷射分段以及连续油管拖动分段等布酸工艺在长兴组实施难度大、风险高、适应性不强，因此采用化学微粒暂堵转向酸化技术进行改造。

暂堵酸化技术是目前针对长井段油气井酸化时常用的布酸技术，该技术利用酸液优先进入高渗储层，在暂堵液中加入适当的暂堵剂，随着注液过程的进行，暂堵剂进入高渗储层，并对高渗井段形成暂堵，从而逐步改变吸酸剖面，让酸液充分进入渗透率较低或污染严重井段，以获得更好的酸化效果。

在暂堵酸化工艺技术研究中，暂堵剂的选取和关键参数的优化是能否达到暂堵酸化预期效果的关键。本文主要以YB气田长兴组气藏为例，通过室内实验获取暂堵剂转向性能参数和酸岩反应参数，结合数值模拟，建立暂堵酸化优化设计方法，对暂堵酸化关键参数进行优化研究。

第一作者简介：丁咚（1982—），2008年毕业于西南石油大学油气田开发工程专业，硕士研究生，现从事油气田提高采收率与增产技术研究工作，工程师。

1 暂堵酸化设计思路

暂堵酸化设计时首先要确定暂堵位置和暂堵级数，主要根据测井资料建立破裂压力和地应力剖面，选择地质和工程上的"双甜点"进行酸化和暂堵，地应力和破裂压力低的薄弱点先起裂，可以作为先酸化的层段，后进行暂堵；结合暂堵剂能够产生的压差，对地应力和破裂压力较高的储层段再酸化、暂堵，最后对整个井段进行笼统酸压。每一级酸化规模和排量在酸岩反应特征基础上，通过对裂缝参数的模拟进行优化。暂堵液和暂堵剂用量则根据上一级酸化所形成的裂缝体积和缝宽大小进行设计。整体设计思路如图1所示。

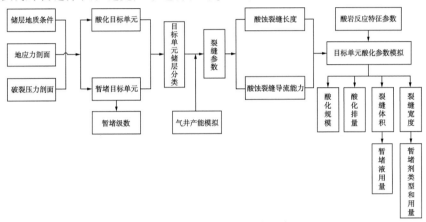

图1　暂堵酸化优化设计思路

2 暂堵剂转向性能

暂堵剂是实现暂堵酸化工艺的关键之一，许多化学微粒都可被用作暂堵剂，比如固体颗粒状暂堵剂、有机冻胶类暂堵剂以及纤维暂堵剂等，需要满足能有效暂堵和降解的性能要求。在暂堵酸化设计时，暂堵剂的转向性能是优化暂堵级数和暂堵剂用量时需要考虑的重要性能指标，通过室内实验模拟不同裂缝宽度下的暂堵能力来对其进行评价。模拟钻井和酸化时的诱导裂缝宽度为2~5mm，采用在压裂液中加入纤维暂堵剂和固体颗粒+纤维复合暂堵剂在不同裂缝宽度下进行了暂堵能力评价实验，从表1中可以看出，1.5%纤维暂堵剂在2MPa压力下初期有一定滤失，后期滤失减弱，而随着缝宽的变大，纤维的暂堵能力减弱导致滤失增加；而复合暂堵剂可满足10MPa的承压能力，复合暂堵剂的暂堵能力明显优于纤维暂堵剂。因此在设计暂堵和酸化位置时，若储层之间应力差异较小可采取1.5%浓度的纤维作为暂堵剂，应力差异较大可采取1.5%浓度纤维+固体颗粒作为暂堵剂。

表1　不同暂堵剂在不同缝宽下暂堵性能表

缝宽/mm	暂堵剂浓度和类型	压力/MPa	阶段滤失量/mL			漏失总量/mL
			1min	5min	10min	40min
2	1.5%纤维	2	850	0	0	850
	100kg/m^{3}固体颗粒+1.5%纤维	10	0	0	0	0

续表

缝宽/mm	暂堵剂浓度和类型	压力/MPa	阶段滤失量/mL			漏失总量/mL
			1min	5min	10min	40min
3	1.5%纤维	2	900	0	0	900
	100kg/m³固体颗粒+1.5%纤维	10	0	0	0	0
4	1.5%纤维	2	970	0	0	970
	200kg/m³固体颗粒+1.5%纤维	10	0	0	0	0
5	1.5%纤维	2	1000	0	0	1000
	300kg/m³固体颗粒+1.5%纤维	10	0	40	0	40

3 暂堵酸化关键参数优化

3.1 暂堵位置和级数优化

暂堵位置和级数是暂堵酸化设计的首要目标，YB长兴组水平段非均质性极强，Ⅰ类、Ⅱ类、Ⅲ类储层交替分布，对暂堵位置和级数的优化应首先建立水平段储层的破裂压力和地应力剖面进行分析，优选破裂压力和地应力相对薄弱点进行酸化和暂堵，同时结合储层地质条件，通过从测井曲线上读取声波时差、孔渗性、电阻率高的井段，以及录井显示总烃量、槽面显示、泥浆黏度等选择含气性高以及泥浆漏失的井段。

以YB27-3H井为例，通过计算水平段Ⅰ类、Ⅱ类储层比较的集中的两段6750~7000m、7100~7626m的破裂压力和最小水平应力如图2和表2所示。可以看出，两个单元的平均破裂压力和最小水平应力与其他储层单元相差1~2MPa，但其区间中最小值更低，破裂压力低值相差2~6MPa，最小水平应力低值相差2~3MPa，因此结合暂堵剂能够产生的压差，将这两个储层单元作为酸化和暂堵的主要目标单元，优化暂堵级数为2级。

针对长兴组水平井暂堵位置和级数的优化，应优选地质和工程上的"双甜点"作为暂堵的位置，从而确定暂堵级数，同时还需考虑提高暂堵作用效果和降低作业强度的因素，因此优化长兴组水平井暂堵级数不高于3级。

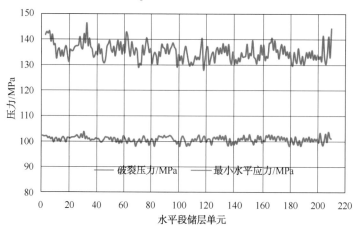

图2 YB27-3H井水平段储层单元破裂压力和最小应力剖面

表2 YB27-3H井水平段储层单元破裂压力和最小应力计算表

井段/m	破裂压力区间/MPa	平均破裂压力/MPa	最小水平应力区间/MPa	平均最小水平应力/MPa
6539~6750	131.3~143.3	137.3	99.7~102.5	101.4
6750~7000	129.2~146.5	136.0	98.1~103.9	100.7
7000~7100	134.4~138.7	136.6	101.2~102.4	101.9
7100~7626	128.3~144.4	134.2	98.1~103.8	100.7

3.2 酸化规模和排量优化

1. 储层分类

参考四川盆地川东北地区碳酸盐岩分类标准，根据对YB气田长兴组储层物性、岩性、储集空间类型及孔隙结构特征分析，结合储层裂缝分析、测井及测试成果，选取储层孔隙度和渗透率作为储层类型的判别指标，建立YB气田长兴组储层分类评价标准见表3。

表3 YB气田长兴组储层分类评价表

储层类型	岩石类型	孔隙度/%	渗透率/$10^{-3}\mu m^2$	排驱压力/MPa	中值喉道半径/μm	孔隙结构类型	测试状况	储层评价
I	残余生屑白云岩，晶粒白云岩	≥10	≥1	≤0.1	≥1	大孔粗喉	高产工业气流	好
II	残余生屑白云岩，晶粒白云岩	10~5	1~0.25	0.1~1.0	1~0.2	大孔中喉中孔中喉	中产工业气流	较好
III	灰质白云岩，云质灰岩	5~2	0.25~0.02	1.0~10	0.2~0.024	中孔细喉小孔细喉	低产气流	较差
IV	生屑灰岩，礁灰岩	<2	<0.02	≥10	<0.024	小孔微喉微孔微喉	无	非储层

2. 裂缝参数优化

根据不同的酸蚀缝长和导流能力，分别对长兴组I类、II类主力储层酸化后的产能进行模拟，得出三年累积产量与裂缝半长、裂缝导流能力的关系。对于I类储层，酸化所需的酸蚀裂缝半长短，优化裂缝半长为30~40m；但产量对裂缝的导流能力非常敏感，所需的导流能力为$(60~80)\times10^{-3}\mu m^2\cdot m$；同样，对于II类储层，优化裂缝半长为60~70m，裂缝导流能力$(30~40)\times10^{-3}\mu m^2\cdot m$。

3. 长兴组酸岩反应特征

通过室内实验测定酸液在不同酸液浓度、温度下与岩石的反应速率，从而获得酸岩反应动力学方程和酸岩反应活化能作为酸化规模和排量优化设计的基础。通过胶凝酸与长兴组白云岩反应实验得到酸岩反应活化能E_a为12484J/mol，频率因子K_0为$0.000093(mol/L)^{-m}\cdot mol/s\cdot cm^2$，从而根据阿伦尼乌斯公式确定了地层温度条件下胶凝酸与长兴组白云岩的酸岩反应方程为：

$$J = 0.000093\exp\left(-\frac{12483}{RT}\right)\cdot C^{0.864}$$

从而得出了不同温度条件下胶凝酸与白云岩酸岩反应动力学特征参数和方程如表4所示。

表4　不同温度下胶凝酸与白云岩酸岩反应动力学特征

温度/℃	反应速度常数 K/[(mol/L)$^{-m}$·s^{-1}]	反应级数/m	动力学方程
60	0.0000010237		$J = 1.02 \times 10^{-6} C^{0.864}$
70	0.0000011675		$J = 1.17 \times 10^{-6} C^{0.864}$
80	0.0000013217		$J = 1.32 \times 10^{-6} C^{0.864}$
90	0.0000014860		$J = 1.49 \times 10^{-6} C^{0.864}$
100	0.0000016603		$J = 1.66 \times 10^{-6} C^{0.864}$
110	0.0000018443	0.864	$J = 1.84 \times 10^{-6} C^{0.864}$
120	0.0000020378		$J = 2.04 \times 10^{-6} C^{0.864}$
130	0.0000022404		$J = 2.24 \times 10^{-6} C^{0.864}$
140	0.0000024519		$J = 2.45 \times 10^{-6} C^{0.864}$
150	0.0000026720		$J = 2.67 \times 10^{-6} C^{0.864}$
160	0.0000029003		$J = 2.90 \times 10^{-6} C^{0.864}$

4. 酸化规模优化

通过长兴组酸岩反应实验获取酸岩反应速度常数、反应级数和活化能，输入到 FracproPT 软件分别对长兴组Ⅰ类、Ⅱ类储层在不同酸化规模下进行模拟计算。根据长兴组储层分类标准，对于Ⅰ类、Ⅱ类储层，分别采用渗透率 2mD、0.5mD（1mD = 10^{-3} μm^2）、孔隙度 10%、6%，施工排量 2m^3/min 等主要参数，模拟 40m 厚度白云岩在不同酸量下所形成的裂缝参数，从图3和图4中可以看出：酸量越大，酸蚀裂缝越长，裂缝导流能力越高，当Ⅰ类储层酸液用量为 160～220m^3，Ⅱ类储层酸液用量为 300～360m^3 时，能够达到最优的裂缝参数要求。

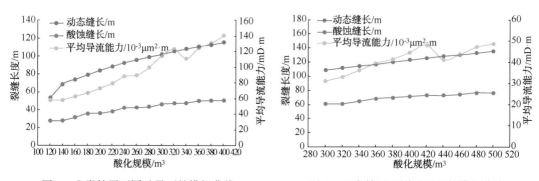

图3　Ⅰ类储层不同酸量下的模拟曲线　　图4　Ⅱ类储层不同酸量下的模拟曲线

5. 酸化排量优化

针对Ⅰ类、Ⅱ类储层，在酸化规模不变的条件下，采用 FracproPT 软件分别模拟排量从 1m^3/min 增加到 5m^3/min 的裂缝参数，从图5和图6中可以看出：随着排量的继续增加，动态缝长增加，但酸蚀缝长减小，裂缝导流能力急剧降低，这是由于排量增加，推动酸液在裂缝内更快的流动，虽然动态裂缝长度增加，但排量增大导致酸液滤失急剧增加、对岩石的溶蚀程度降低，造成酸蚀裂缝长度反而变小，导流能力也快速下降。因此优化Ⅰ类、Ⅱ类储层的酸化排量为 2～3m^3/min。

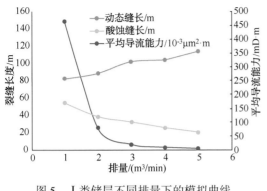

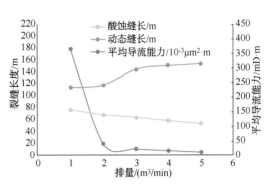

图 5　Ⅰ类储层不同排量下的模拟曲线　　　　图 6　Ⅱ类储层不同排量下的模拟曲线

3.3　暂堵液用量和排量优化

1. 暂堵液用量优化

暂堵液的作用主要是填充上一级酸化所形成的裂缝，而其中的暂堵剂暂堵缝口。暂堵液用量主要根据上一级酸化所形成的裂缝体积大小进行设计。裂缝体积随着规模和排量的增加而增大，在合理的酸化规模和排量条件下，Ⅰ类储层酸化形成的裂缝体积为 52~66m³，Ⅱ类储层酸化形成的裂缝体积为 93~109m³，因此设计针对Ⅰ类储层的暂堵液用量为 50~70m³，Ⅱ类储层的暂堵液用量为 90~110m³。同时由于采取多级暂堵，考虑到暂堵的有效性，应逐级增大暂堵液的用量。

2. 暂堵液排量优化

暂堵液排量的优化主要考虑裂缝宽度的影响，从前面暂堵剂的暂堵实验可以看出，裂缝宽度越大，暂堵效果越差，因此通过对诱导裂缝的模拟优化暂堵液的排量为 1~3m³/min，采取小排量暂堵的方式。

4　现场应用情况

YB27-3H 井采用暂堵酸化工艺进行了施工，根据该井水平段破裂压力和地应力特征，优化暂堵级数为 2 级，但考虑到本井水平段长达 838m，为进一步提高长水平段的暂堵效果，因此设计暂堵级数为 3 级。根据该井水平段储层条件，优化设计酸化总规模为 1080m³，采取小排量挤酸和暂堵，三级暂堵酸化结束后再大排量高挤胶凝酸，设计最大施工排量为 8m³/min。从图 7 和图 8 中可以看出，纤维暂堵液入地后在稳定施工排量 3.0m³/min 下，井口施工压力和井底压力最高提高了近 10MPa，后压力开始下降，说明暂堵液进入地层后有效地暂堵了高渗储层，使得酸液转向分流，从而提高了水平段的布酸效果，同时充分有效地改造了物性相对较差的储层。

该井酸化前诱喷后在稳定油压 35.5MPa 下获测试天然气产量 112×10⁴m³/d，计算天然气无阻流量 443×10⁴m³/d；采取暂堵酸化后，在稳定油压 42.3MPa 下获测试天然气产量 93.49×10⁴m³/d，计算天然气无阻流量 651×10⁴m³/d，增产倍比 1.47 倍，增产效果显著。

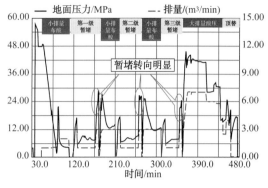
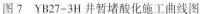

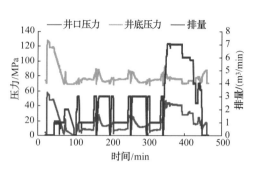

图 7　YB27-3H 井暂堵酸化施工曲线图　　　　图 8　YB27-3H 井井底压力计算曲线图

　　截至 2015 年 7 月，暂堵酸化工艺在 YB 气田长兴组水平井和直井中共应用 24 井次，通过优化设计，措施成功率 100%，增产有效率 100%，增产倍比 1.47~6.1，酸化后最高测试无阻流量 791.8×10⁴m³/d，暂堵酸化优化设计在 YB 气田取得了较好的应用效果。同时该工艺和优化设计方法也应用于川西海相雷口坡组勘探井取得较好的效果，为川西海相的勘探突破提供了重要支撑。

5　结论

　　（1）暂堵位置和级数是暂堵酸化设计的首要目标，需要根据水平段的破裂压力和地应力特征结合储层发育情况和暂堵剂的转向性能进行设计，优化长兴组水平井暂堵级数为 2~3 级。

　　（2）针对每一级酸化规模和排量优化时，需首先掌握长兴组的酸岩反应特征，通过模拟以达到最优的裂缝参数进行设计；而暂堵液的用量主要根据上一级酸化所形成的裂缝体积大小进行设计。本文中优化采用的储层特征参数是建立在长兴组储层分类标准基础上，具体设计时应根据单井的实际储层情况进行模拟设计，以提高针对性。

　　（3）优化形成的暂堵酸化优化设计方法通过在 YB 气田和川西海相的应用，其针对性和有效性得到了验证，取得了较好的增产效果。

参 考 文 献

[1] 李年银，刘平礼，赵立强. 水平井酸化过程中的布酸技术[J]. 天然气工业，2008，28(2)：104~106.

[2] 高鹏宇. 水平井酸化化学微粒分流工艺模拟研究[D]. 成都：西南石油大学，2012.

[3] 李国锋，刘洪升，张国宝，等. ZD-10暂堵剂性能研究及其在普光气田酸压中的应用[J]. 河南化工，2012，29(5)：23~26.

[4] 许观利，林梅钦，李明远，等. 交联聚合物溶液封堵岩心性能研究[J]. 石油大学学报：自然科学版，2001，25(4)：85~87.

[5] 齐天俊，韩春艳，罗鹏. 可降解纤维转向技术在川东大斜度井及水平井中的应用[J]. 天然气工业，2013，33(8)：1~6.

高含硫气井完井管柱多漏点泄漏规律与控制

罗 伟

（中国石化西南油气分公司石油工程技术研究院）

摘 要 恶劣的井下环境使高含硫气井油套环空往往以多漏点泄漏的形式存在，多漏点泄漏不仅会使环空压力上升，同时还会引起环空液面下降，严重威胁该类气井的井筒完整性和安全生产。基于完井管柱泄漏点组合的可能性，总结了三种多漏点泄漏模式，并对每种泄漏模式对应的环空压力上升规律和环空液面下降规律进行了分析。研究结果表明：当下漏点为过气不过液的丝扣泄漏时，其对于多漏点泄漏只起一个加速泄漏的作用；当下漏点为过气也过液的本体泄漏时，泄漏过程中会出现"环空上泄气下漏液同存"状态；当下漏点为封隔器泄漏时，环空压力上升过程中会多次出现明显的上升—突降模式，环空液面也会呈现阶梯式下降。结合高含硫气井的实际情况以及多漏点泄漏规律，创新性提出三种操作简单、现场易实施、成本较低的控制措施，包括井下节流技术、碳酸钙堵漏技术和高黏低密度环空保护液技术，通过现场应用，反映效果良好，可在类似高含硫气田推广应用。

关键词 高含硫气井；完井管柱；多漏点泄漏；控制措施

随着国内高含硫天然气资源的不断发现，大规模开发利用高含硫天然气资源是我国能源领域目前面临的重要课题，而大量高含硫气田在开发过程中，由于恶劣的井下腐蚀环境以及复杂的井况工况，使得完井管柱泄漏(包括油管丝扣/本体泄漏、安全阀泄漏和封隔器泄漏等)常见于其生产过程中，塔里木油田、普光气田、龙岗气田以及元坝气田均存在此类现象，完井管柱泄漏将直接导致油套环空出现持续环空压力，严重威胁该类气井的井筒完整性和安全生产。同时根据大量现场漏点检测资料以及生产情况反映，完井管柱泄漏往往不是以单漏点的形式存在，通常是同时存在多个漏点。对于多漏点情形，其环空压力上升规律并不是由某一个漏点单独决定，而是由所有漏点共同控制，相对于单漏点情形，多漏点泄漏还存在一个显著的特征，就是在引起环空压力上升的同时，油套环空液面也在不断漏失，这一点已经在多口高含硫气井中得到了证实。一旦环空液面下降，油套环空上部抗硫套管将处于无环空保护液状态，将面临在含 H_2S、CO_2 及水汽的复杂气相中的严重腐蚀，威胁生产。因此开展完井管柱多漏点泄漏规律分析并提出合理的控制措施对于保障高含硫气井的安全生产具有重要意义。本文首先对完井管柱多漏点泄漏模式及每种泄漏模式对应的泄漏规律进行了分析，然后结合高含硫气井的实际情况提出了相应的控制措施，最后将研究成果进行了现场应用，效果良好，为高含硫气井环空带压管理与井筒风险控制提供了一定参考依据。

1 多漏点泄漏规律分析

对于高含硫气井，普遍采用带永久式封隔器的一次性完井管柱，管柱上的风险泄漏点包

作者简介：罗伟，男(1986—)，博士后，工程师，主要从事油气井完井优化与井筒控制方面的研究工作。

括油管头、油管丝扣、油管本体、井下安全阀、循环滑套和永久式封隔器等，根据组合的可能性，将完井管柱多漏点泄漏模式分为以下几种情形。

1.1 上漏点+下漏点模式（下漏点为丝扣泄漏，过气不过液）

这种多漏点情形为完井管柱上存在两个漏点，其中下漏点为丝扣泄漏，过气不过液。对应的泄漏过程如图1所示：刚开始泄漏时两漏点处的油管流压都大于环空静压，两漏点同时向环空泄气，随着泄漏气体的进入，环空压力逐渐上升，漏点处两边的压差越来越小。当环空压力上升到下漏点对应的环空压力稳定值 P_1 时，下漏点处油管与环空两端的压力平衡，停止泄气，而上漏点处的油管流压还是大于环空静压，环空压力的持续上升就仅靠上漏点的气体泄漏来维持。当环空压力上升到上漏点对应的环空压力稳定值 P_2 时（$P_2 > P_1$），上漏点处的油管流压等于环空静压，整个气体泄漏过程结束，环空压力达到稳定状态。当环空压力在 P_1 和 P_2 之间时，下漏点处的环空静压虽然大于油管流压，但是由于下漏点为丝扣泄漏，过气不过液，所以不会出现环空保护液泄漏的情形。

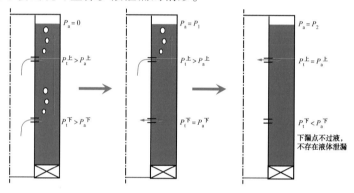

图1　上漏点+下漏点模式（下漏点为丝扣泄漏，过气不过液）对应的泄漏过程

由泄漏过程可以看出，这种多漏点情形当环空压力上升到 P_1 之前，环空压力的上升速度由上下漏点共同控制，当环空压力大于 P_1 之后，环空压力的上升速度就单独由上漏点控制，而最终稳定压力 P_2 的大小也是由上漏点控制，所以对于这种多漏点情形，下漏点只起一个加速泄漏的作用，环空压力的上升主要由上漏点控制，该模式对应的环空压力上升规律具体如图2所示。

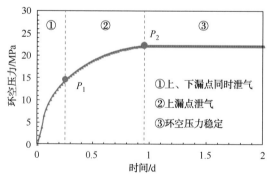

图2　上漏点+下漏点模式（下漏点为丝扣泄漏，过气不过液）对应的环空压力上升规律

对于这种多漏点情形，通过拟合现场压恢实测曲线，反演解释出的泄漏点深度为上漏点深度，反演解释出的泄漏点大小为上下漏点的一个综合反映。

1.2 上漏点+下漏点模式（下漏点为本体泄漏，先泄气后漏液）

这种多漏点情形类似于第一种，只是下漏点变为油管或循环滑套本体泄漏，过气也过液。对应的泄漏过程如图3所示：刚开始泄漏时两漏点处的油管流压都大于环空静压，两漏点同时向环空泄气，环空压力逐渐上升。当环空压力上升到下漏点对应的环空压力稳定值 P_1 时，下漏点两端处于压力平衡，停止泄气，而上漏点继续泄气。当环空压力继续上升，下漏点处环空静压大于油管流压，由于下漏点为本体泄漏，过气也过液，环空保护液就会通过下漏点泄漏出去，导致环空液面下降，此时上漏点还在继续泄气，这种状态被定义为"环空上泄气下漏液同存"状态。当环空压力上升到某个值 P_2 和环空液面下降到某个高度 L_s 时，上下漏点两端达到压力平衡，停止泄气漏液，环空压力和环空液面达到稳定状态。

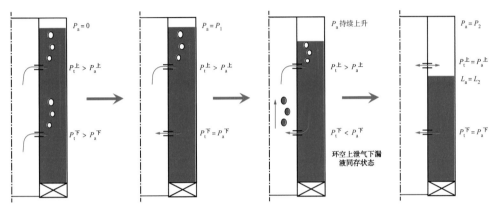

图3 上漏点+下漏点模式（下漏点为本体泄漏，过气也过液）对应的泄漏过程

对于这种多漏点情形，整个泄漏过程中，环空压力的上升速度和环空液面的下降速度由上下漏点共同控制，无论哪个漏点变大，环空压力的上升速度和环空液面的下降速度都会加快。最终稳定压力 P_2 的大小由上漏点控制，最终环空液面稳定高度 L_s 的大小由下漏点控制，该模式对应的环空压力上升规律和环空液面下降规律具体如图4和图5所示。

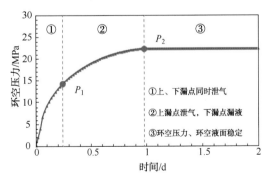

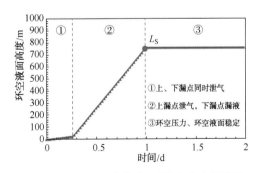

图4 上漏点+下漏点模式（下漏点为本体泄漏，过气也过液）对应的环空压力上升规律

图5 上漏点+下漏点模式（下漏点为本体泄漏，过气也过液）对应的环空液面下降规律

对于这种多漏点情形，通过拟合现场压恢实测曲线，可以首先反演解释出上漏点深度，然后结合环空液面监测数据，可以反演解释出下漏点深度，而反演解释出的泄漏点大小为上下漏点的一个综合反映。

1.3 上漏点+封隔器泄漏模式

这种多漏点情形为完井管柱上先存在一个漏点，而封隔器胶皮由于疲劳损伤和长期腐蚀环境服役材料性能退化，一旦环空压力上升到一极限值，封隔器处承压达到对应的突破压力，封隔器胶皮就会瞬时失效，环空保护液就会出现大漏。具体的泄漏过程如图6所示：上漏点先泄气，环空压力逐渐上升，当环空压力上升到某个值 P_1 时，封隔器处承压达到对应的突破压力，胶皮瞬时失效，此时环空保护液经封隔器发生大漏，环空液面迅速降低至 L_1，由于上漏点泄漏气体补充不及，环空压力将出现一个突降达到 P_2，此时封隔器处承压又将低于对应的突破压力，环空保护液停止泄漏。上漏点继续泄气，当环空压力上升到某个值 $P_3(P_3 > P_1)$ 时，封隔器处承压又达到突破压力，重复上一个泄漏过程，以此反复，直到环空压力上升到某个值 P_b 和环空液面下降到某个高度 L_s 时，上漏点处两端达到压力平衡，停止泄气，且封隔器处承压也小于对应的突破压力，停止漏液，环空压力和环空液面达到稳定状态。

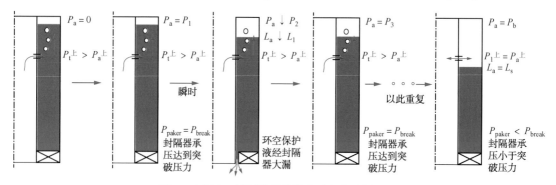

图6　上漏点+封隔器泄漏模式对应的泄漏过程

对于这种多漏点情形，在泄漏过程中，环空压力将出现上升—突降—上升—突降—以此重复—达到稳定这一规律，而环空液面也会出现稳定—突降—稳定—突降以此重复，最终稳定这一规律。最终稳定压力 P_b 的大小由上漏点控制，最终环空液面高度 L_s 的大小由封隔器对应突破压力控制，该模式对应的环空压力上升规律和环空液面下降规律具体如图7和图8所示。

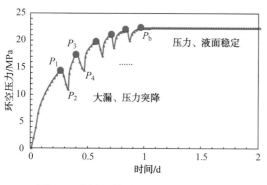

图7　上漏点+封隔器泄漏模式对应的
环空压力上升规律

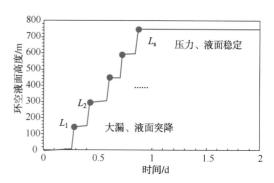

图8　上漏点+封隔器泄漏模式对应的
环空液面下降规律

对于这种多漏点情形，通过拟合现场压恢实测曲线，可以首先反演解释上漏点深度，然后结合环空液面监测数据，可以反演解释出封隔器对应的突破压力。

需要特别说明的是，这里仅以双漏点为例进行完井管柱多漏点泄漏规律分析主要是由于：①高含硫气井完井管柱下入时，都会进行气密封检测，完井管柱出现过多漏点的可能性不大；②如果漏点过多，距离相近的漏点可以当成一个漏点来处理。同时对于高含硫气井，技套环空水泥浆都是返至井口的，并且部分油层套管采用的是回接方式，套管磨损较少，地层气体想要穿过水泥环和套管破损点进入油套环空的可能性不大，因此本文在设定多漏点泄漏时并没有考虑套管泄漏点。

2 多漏点泄漏控制措施

多漏点泄漏最直接的控制措施即采用压差激活封窜剂将井下漏点修复，但其实施过程需开展压井、开循环滑套、循环顶替出环空保护液、泵注封窜剂至漏点位置等施工流程，而且还需找到井下漏点的精准位置，对于高含硫气井来说，采用这种堵漏技术成本高、风险大、容易产生次生事故，故难以实施。因此，根据高含硫气井的特殊情况，同时结合前面分析的多漏点泄漏规律，创新性提出三种操作简单、现场易实施、成本较低的控制措施。

2.1 井下节流技术

这里以第二种和第三种多漏点情形来说明井下节流技术对多漏点泄漏的控制作用。在上下漏点之间或上漏点与封隔器之间安装一井下节流器，具体如图9所示，从图中可以看出，当安装井下节流器后，上漏点处的油管流压迅速降低，由于油套窜通，环空压力就迅速降低，由于井下节流器在下漏点/封隔器之上，下漏点/封隔器处的油管流压一直保持不变，通过泄压/加注环空液面就会逐渐抬升，因此对于多漏点泄漏，井下节流技术不仅可以使环空压力下降，而且还可以使环空液面高度提升。同时井下节流技术对于高含硫气井来说还可以起到抑制水合物生成和降低井口压力的作用。目前井下节流器主要有两种类型，活动式和固定式，活动式井下节流器可根据需要下入任意井筒位置，坐封位置可调，投放打捞作业方便可靠，因此特别适用。

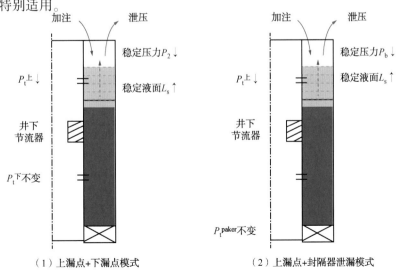

（1）上漏点+下漏点模式　　　　　　（2）上漏点+封隔器泄漏模式

图9 多漏点泄漏模式安装井下节流器示意图

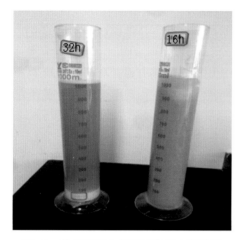

图10 黄原胶环空保护液体系中碳酸钙
颗粒的沉降变化

2.2 碳酸钙堵漏技术

将碳酸钙颗粒加入环空保护液中通过加注进入环空，碳酸钙颗粒自由沉降到达封隔器处产生堆积，起到提高封隔器承压能力的目的。对携带碳酸钙颗粒的环空保护液有两点要求，既要保证碳酸钙颗粒在输送过程中不沉降，又要使其能在一定时间内进行沉积堆积。通过实验评价，黄原胶环空保护液体系能达到以上要求，将100目碳酸钙颗粒（10%）加入黄原胶环空保护液体系中，观察碳酸钙颗粒在该体系中随时间的沉降变化，实验结果如图10所示，16h内碳酸钙颗粒不会发生沉降，输送时间充足，16~32h内碳酸钙颗粒发生沉降，32h时碳酸钙颗粒基本沉积到试管底部。

具体的环空保护液配方为：清水+2.5%缓蚀剂+0.25%除氧剂+0.05%氢氧化钠+0.25%杀菌剂+0.5%除硫剂+0.4%~1%黄原胶+10%100目碳酸钙颗粒。

2.3 高黏低密度环空保护液技术

高含硫气井投产时，由于压井需求，初始环空保护液密度往往大于$1.0g/cm^3$。对于多漏点泄漏，下漏点和封隔器处压力平衡时能承受的环空压力和静液柱压力总和是一定的，通过加注低密度环空保护液（$1.0g/cm^3$）可以在环空压力相同的情况下建立更高的环空液面高度。增加环空保护液的黏度，在发生多漏点泄漏时，可以使环空保护液泄漏速度更慢，环空压力的上涨速度也会相应降低。

3 现场应用分析

以某高含硫气田X井为例，该井的完井管柱上油管共有六种规格：φ89mm×9.52mm BGT1+φ88.9mm×9.52mm TP125－TDJ028 TPG2+φ88.9mm×9.52mm TP125－TDJG3 TPG2+φ89mm×6.45mmBG283 0－125 BGT1+φ88.9mm×6.45mm BG2532－125 BGT1+φ88.9mm×6.45mm BG2250－125 BGT1，变扣较多；井下工具包括：井下安全阀+循环滑套+永久式封隔器+球座。该井具体的井身结构和完井管柱如图11所示。

该井从投产至今的生产曲线如图12所示，根据生产曲线反映出的规律并结合现场实际所采取的动作将该井从投产至今分为了4个阶段。第一个阶段为开始生产至2015年5月9日，该阶段环空压力由8.57MPa

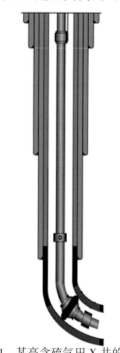

图11 某高含硫气田X井的井身
结构和完井管柱示意图

上涨到 37.72MPa，环空液面高度由井口下降到 3900m 左右（5 月 7 日通过液面测试仪对该井进行了 8 次液面监测，测得平均液面高度为 3917m），同时在环空压力上升过程中，出现了几次明显的突降—上升—突降—上升过程，通过这一特征可以明确判断封隔器在这个阶段发生了几次突破，出现了液体大漏，从液面监测结果也可以反映。同时环空压力也在持续上涨，环空气样成分与产出气样成分基本一致（表 1），根据与前面多漏点泄漏模式比对，初步判断完井管柱上部也存在一个漏点，属于典型的上漏点+封隔器泄漏模式。为了证实，现场采用井温测井技术显示在上提下放过程中井筒 2690m 左右有一个明显的温度突变，说明此处存在漏点的可能性很大，同时结合该井投产时下入的油管组合，2690m 刚好为 ϕ89mm×9.52mm BGT1 和 ϕ89mm×6.45mm BGT1 油管连接的变扣接头处，泄漏风险较大，因此综合判断完井管柱上部也存在一个漏点，且位于 2690m 左右。

表 1　X 井套管气与产出气成分对比

取样日期	取样部位	N_2/%	CO_2/%	H_2S/%	CH_4/%	C_2H_6/%	相对密度	真实密度
2015-5-1	套管气	0.264	5.910	7.156	86.607	0.037	0.6581	0.7926
2015-5-3	套管气	0.245	5.863	7.256	86.580	0.036	0.6582	0.7928
2015-5-1	三级截流	0.251	5.987	7.482	85.913	0.350	0.6624	0.7978
2015-5-3	三级截流	0.248	5.550	7.961	86.191	0.033	0.6596	0.7945

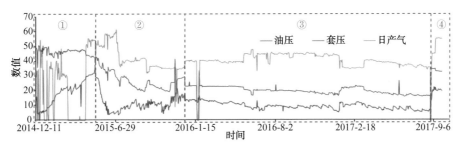

图 12　X 井投产以来的生产曲线

第二个阶段为 2015 年 5 月 10 日至 2015 年 12 月 21 日，这个阶段出现了油压快速降低，明显快于整个区块的平均油压衰减速度，而且在产量降低的时候油压没升反而降了，从这两点可以明确判断井筒里面正在逐渐形成堵塞（此阶段产水量基本不变），形成堵塞相当于设置了井下节流点，使上漏点处的油管流压越来越低，所以通过泄压，恢复的环空压力越来越小。同时为了加快建立更高的环空液面，现场还采用了碳酸钙堵漏技术和高黏低密度环空保护液技术，堆积的碳酸钙封隔层使封隔器的承压能力得到提高，通过泄压加注，环空液面得到了大大抬升，2015 年 12 月 23 日测得的平均液面高度为 2100m 左右。所以从这个阶段可以看出，三种多漏点泄漏控制措施起到了积极的作用，使环空由高环空压力低环空液面状态转变成了低环空压力高环空液面状态，风险降低。

第三个阶段为 2015 年 12 月 22 日至 2017 年 8 月 31 日，这个阶段开始时井筒里面的堵塞已经形成完成，达到了稳定状态，油压稳定在 20MPa 左右，环空压力稳定在 10MPa 左右，环空液面稳定在 2100m 左右，说明油套之间建立了动态平衡。

第四个阶段为 2017 年 9 月 1 日至今，在 9 月 1 日，该井进行了井筒解堵作业，解堵后油压上升到 33MPa，环空压力也随之上升到 20MPa，环空液面也下降到了 2500m 左右，从这点也反过来说明了井筒堵塞也就是设置井下节流点对于控制多漏点泄漏的作用，但当时为了进一步释放产能，并且经过两年多生产地层压力大大衰减，解堵后环空不可能恢复到第一个阶段那种危险状态，故现场开展了井筒解堵作业。

通过对该井整个生产过程的梳理和分析，验证了前面多漏点泄漏规律分析结果的合理性以及提出的多漏点泄漏控制措施的有效性。

4 结论

（1）高含硫气井井下完井管柱泄漏往往不是以单漏点的形式存在，而是同时存在多个漏点，根据泄漏点组合的可能性，将多漏点泄漏模式分为了三种类型：①上漏点+下漏点模式（下漏点为丝扣泄漏，过气不过液）；②上漏点+下漏点模式（下漏点为本体泄漏，先泄气后漏液）；③上漏点+封隔器泄漏模式。

（2）当下漏点为过气不过液的丝扣泄漏时，其对于多漏点泄漏只起一个加速泄漏的作用；当下漏点为过气也过液的本体泄漏时，泄漏过程中会出现"环空上泄气下漏液同存"状态；当下漏点为封隔器泄漏时，环空压力上升过程中会多次出现明显的上升—突降模式，环空液面也会呈现阶梯式下降。

（3）针对完井管柱多漏点泄漏，创新性提出三种控制措施：井下节流技术、碳酸钙堵漏技术和高黏低密度环空保护液技术，现场应用效果良好，可在类似高含硫气田推广应用。

参 考 文 献

［1］李鹭光. 高含硫气藏开发技术进展与发展方向［J］. 天然气工业，2013，33（1）：18～24.

［2］马永生，蔡勋育，赵培荣. 元坝气田长兴组—飞仙关组礁滩相储层特征和形成机理［J］. 石油学报，2014，35（6）：1001～1011.

［3］马永生. 四川盆地普光超大型气田的形成机制［J］. 石油学报，2007，28（2）：9～14，21.

［4］马发明，余朝毅，郭建华. 四川盆地高含硫气井完整性管理技术与应用—以龙岗气田为例［J］. 天然气工业，2013，33（1）：122～127.

［5］丁亮亮，杨向同，张红，等. 高压气井环空压力管理图版设计与应用［J］. 天然气工业，2017，37（3）：83～88.

［6］张波，管志川，张琦，等. 高压气井环空压力预测与控制措施［J］. 石油勘探与开发，2015，42（4）：518～522.

［7］Zhu H J，Lin Y H，Zeng D Z，et al. Calculation analysis of sustained casing pressure in gas wells［J］. Petroleum Science，2012，9（1）：66～74.

［8］Zhu H J，Lin Y H，Zeng D Z，et al. Mechanism and prediction analysis of sustained casing pressure in "A" annulus of CO2 injection well［J］. Journal of Petroleum Science and Engineering，2012，92～93：1～10.

［9］张波，管志川，张琦，等. 深水油气井开采过程环空压力预测与分析［J］. 石油学报，2015，36（8）：1012～1017.

［10］John J E，Cary D N，Dethlefs J C，et al. Locating and repairing casing leaks with tubing in place—ultrasonic logging and pressure-activated sealant methods［R］，SPE108195，2007.

［11］Singh A K，Patil B，Kishore K，et al. Casing leak investigation & successful repair by application of pressure activated liquid sealant in a newly completed well in offshore environment – a case study［R］，

SPE173826，2015.

［12］Cary D N，Chambers M J，Humphrey K J，et al. Rigless repair of subsea tubing leaks using pressure activated sealant［R］，OTC23941，2013.

［13］朱红钧，唐有波，李珍明，等．气井 A 环空压力恢复与泄压实验［J］．石油学报，2016，37（9）：1171～1178.

［14］车争安，张智，施太和，等．高温高压高含硫气井环空流体热膨胀带压机理［J］．天然气工业，2010，30（2）：88～90.

［15］张智，黄熠，李炎军，等．考虑腐蚀的环空带压井生产套管安全评价［J］．西南石油大学学报（自然科学版），2014，36（2）：171～177.

［16］Huerta N J，Checkai D A，Bryant S L. Utilizing sustained casing pressure analog to provide parameters to study CO^2 leakage rates along a wellbore［R］. SPE126700，2009.

［17］杨进，唐海雄，刘正礼，等．深水油气井套管环空压力预测模型［J］．石油勘探与开发，2013，40（5）：616～619.

［18］Valadez T R，Hasan A R，Mannan S，et al. Assessing wellbore integrity in sustained casing pressure annulus［J］. SPE Drilling & Completion，2014，29（1）：131～138.

［19］Nishikawa S. Mechanisms of gas migration after cement placement and control of sustained casing pressure［D］. Louisiana：Louisiana State University，1999.

［20］Xu R. Analysis of diagnostic testing of sustained casing pressure in wells［D］. Louisiana：Louisiana State University，2002.

［21］KINIK K. Risk of well integrity failure due sustained casing pressure［D］. Louisiana：Louisiana State University，2012.

［22］Julian J Y，King G E，Cismoski D A，et al. Downhole leak determination using fiber-optic distributed-temperature surveys at Prudhoe Bay，Alaska［R］. SPE107070，2007.

［23］Hull J，Gosselin L，Borzel K. Well integrity monitoring & analysis using distributed acoustic fiber optic sensors［R］，SPE128304，2010.

［24］Julian J Y，Duerr A D，Jackson J C，et al. Identifying small leaks with ultrasonic leak detection-lessons learned in Alaska［R］，SPE166418，2013.

［25］Johns J E，Aloisio F，Mayfield D R. Well integrity analysis in Gulf of Mexico wells using passive ultrasonic leak detection method［R］，SPE142075，2011.

［26］Jones P J，Karcher J D，Ruch A，et al. Rigless operation to restore wellbore integrity using synthetic-based resin sealants［R］，SPE167759，2014.

气体钻井 MMWD 随钻数据传输及试验研究

王希勇[1] 朱化蜀[1] 陈一健[2] 蒋祖军[1]

(1. 中国石化西南油气分公司工程技术研究院；
2. 西南石油大学"油气藏地质及开发工程"国家重点实验室)

摘 要 目前气体钻井过程中随钻测量和传输手段有限，电磁波测量和传输受地层电阻率影响，传输速率相对较低，传输深度相对有限，不适应现有气体钻井应用井段不断加深的客观需要。针对这一问题，提出了 MMWD 微波信号传输的理念，微波信号在钻杆内依靠钻杆内壁表面电流传输，传输速率快，不受地层电阻率影响。采用链式中继的传输原理，可以突破气体钻井过程中随钻测量和传输深度的限制，从而适应当前气体钻井轨迹监测和控制的需要。现场试验表明，研制出的微波通讯短节和井下测量短节能适应气体钻井过程中井下工况，且测得的井斜数据和实钻中电子单点测得的井斜变化趋势数据吻合，能够有效指导气体钻井过程轨迹监测与控制。它在一定程度上克服了电磁波测量技术的不足，在气体钻井中具有较强的推广应用前景。

关键词 气体钻井；MMWD；数据传输；衰减；中继短节；模块

在钻井过程中，需要对井下地层特性和各类钻井参数进行实时的监测与控制，这就需要应用一套随钻测量技术。随钻测量技术根据信号传输方式的不同可分为两大类，一类是有线传输，另一类是无线传输。有线传输虽然数据传输率高、信号传输稳定，但因其会影响钻井的正常进行，且装备成本高，在实际应用中使用的很少。无线传输对钻井工艺没有特殊的要求和限制，不会影响正常的钻井作业，且通信可靠，能够远距离传输。主要有泥浆脉冲、电磁波和声波三种传输方式。

目前市场上的随钻测量工具以泥浆脉冲和电磁波两种方式为主导。泥浆脉冲测量工具虽然技术比较成熟，产品种类丰富，但因其数据传输率低，并且需要以注入钻井液为动力，无法应用于气体钻井。电磁波测量工具是利用低频电磁波在地层中的传播来进行信号的传输，受地层特性影响较大，低电阻率地层会使信号大幅度的衰减，测量深度有限。并且这项技术受到美、俄两国的封锁，现有产品的服务费用昂贵。

基于此，开发一套适合于气体钻井的随钻测量技术就显得尤为重要。气体钻井微波MWD 随钻传输技术是在现有随钻测量技术的基础上，转变研究思路，在气体钻井环境下建立一条基于钻杆内的微波传输的信号遥测通道，并完善相应的配套技术，实现对井下地层特性和钻井参数的测量。

第一作者简介：王希勇(1974—)，男，博士，高级工程师，1998 年本科毕业于西南石油大学石油工程专业，2001 年硕士毕业于西南石油大学油气井工程专业，2005 年博士毕业于西南石油大学油气储运工程专业；现在中国石油化工股份有限公司西南油气分公司工程技术研究院从事钻井技术研究和科研管理工作。

1 微波信号传输理论及实验研究

1.1 理想圆波导理论及微波波型

气体钻井中可忽略气体介质的影响，将钻柱看作理想圆波导，产生微波功率衰减的主要因素就是波导内壁的表面电流。依据波导理论分析圆柱形波导管内的微波只能存在 TM 和 TE 两种。

TM 波及 TE 波衰减系数计算如下：

$$\alpha_{nm,\,TM} = \frac{R_s}{aZ_0} \frac{1}{\sqrt{1 - \left(\dfrac{\lambda}{\lambda_{c,\,nm}}\right)^2}} \tag{1}$$

$$\alpha_{nm,\,TE} = \frac{R_s}{aZ_0} \frac{1}{\sqrt{1 - \left(\dfrac{\lambda}{\lambda_{c,\,nm}}\right)^2}} \left[\left(\frac{\lambda}{\lambda_{c,\,nm}}\right)^2 + \frac{n^2}{(\rho'_{nm})^2 - n^2}\right] \tag{2}$$

式中　$\alpha_{nm,TM}$、$\alpha_{nm,TE}$——TM 波、TE 波衰减系数；

　　　　R_s——波导表面电阻；

　　　　Z_0——自由空间波阻抗；

　　　　$\lambda_{c,\,nm}$——截止波长；

　　　　ρ'_{nm}——第一类 n 阶贝塞尔函数导数的第 m 个根；

　　　　a——波导半径。

通过理论研究表明：钢制管材中可以传播 8 个波型，包括 3 个 TM 波型（TM_{01}、TM_{11}、TM_{21}）和 5 个 TE 波型（TE_{01}、TE_{11}、TE_{21}、TE_{31}、TE_{12}）。

某个波型在波导中存在的条件是该波型的截止波长大于微波的波长，波导中各波型的截止波长均随波导内半径的减小而减小，当波导内半径减小到使某个波型的截止频率大于微波的波长时，这个波型将消失，可见每种波型对应一个最小的波导内半径，为该波型的"截止内径"。

1.2 微波频率优选

依据波导理论计算的微波频率，只有少数频段在国家公开的频段上，除去在移动通信频段，和警方或军方频段的频率之外，只能在 2.4GHz 和 5.8GHz 频段开展研究。5.8GHz 频段一般用于高速远距离无线网桥通信，其功率收发模块体积较大，不便于安装到井下，需要特制。而 2.4GHz 频段有现成的中、大功率收发模块，而且体积较小可以安装到井下狭小的空间内，所以 2.4GHz 是适用于在钻杆中传输的频率。

1.3 钻柱及套管中波形及其衰减实验分析

为了验证微波在套管及钻柱中的传播特性，室内开展了以下实验研究：①钢质套管中 8 种不同微波波型衰减实验；②同一频率微波在不同钻柱尺寸的衰减实验；③管道内壁表面材质对衰减影响的实验。

实验分析表明：①8 种波型的衰减系数差别很大，TE_{11} 波型的衰减系数最小，TE_{12} 的衰减系数最大；②2.48GHz 载波频率，可以通过 4¼in 的方钻杆、3½in 以上的钻杆和 6in 以上的钻铤，可以满足大多数钻井要求；③各种波型的截止频率随管道内径的减小而增大；④只有载波频率大于截止频率的微波可以在波导中传播，钻具尺寸越大对应的截止频率越低；⑤内壁锈蚀影响导电性，从而微波衰减快。

2 气体钻井 MMWD 随钻数据传输方案设计

2.1 井下 MMWD 信号传输方案

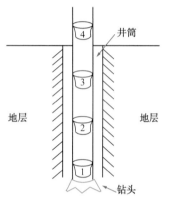

图 1 链式中继传输原理示意图

受井眼空间限制，钻柱内无线信号只能直线传输；选用链式网络传输方案，如图 1 所示。此方法的优点在于：①采用透明式传输方式利于降低功耗、延长工作时间、缩小中继体积；②采样频率可调，发射间隔时间内系统可进入休眠，以此减少电量的消耗。

2.2 MMWD 微波信号收发模块设计

信号收发模块的功能是采集钻具温度、压力和井眼轨迹参数，并且按照一定协议通过 ZigBee 无线方式将数据发送给中继节点，如图 2 所示。收发模块主要由以下模块构成：节点供电模块、温度监测电路、压力采集模块、井眼轨迹采集模块、ZigBee 无线模块(图 3)。

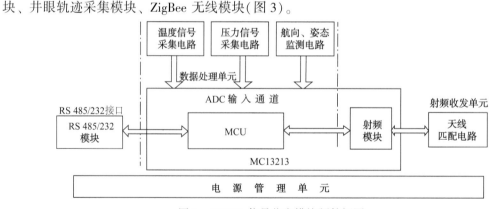

图 2 MMWD 信号收发模块硬件框图

(a)节点供电模块

(b)井下测量短节

(c)Zigbee通信模块

图 3 收发模块三大核心模块示意图

节点供电模块采用固体聚合物电池，加工成弧形，安装在不锈钢短节的外壁，用线缠绕将其固定，电池容量：3.6V 400mA·h；室内实验表明：9块固体聚合物电池就可使模块工作 100h；抗温性能好，可在 120℃时正常供电，无漏液现象；充电方便，充电时间 4~6h。

ZigBee 无线模块尺寸长 55mm、宽 19mm、厚 8mm；通信速度 100kbps，功耗低，成本低；温度 120℃时可正常工作；可实现变频，最大频率为 2.65GHz，用来穿越内径小的钻铤和方钻杆。

图 4 第四版微波通信中继短节总成示意图

井眼轨迹采集模块主要测量的参数：井斜角、方位角、转动角、井内温度、仪器电池电量，采用双路传感器设计，提高数据可靠性；数据输出速率：1~10 次/秒内可调；电池电量：可供正常工作 300h。

2.3 MMWD 微波随钻测量与传输样机总成

将通信模块、电池和天线组装起来构成信号发射/接收模块，设计合理的入井方式，不影响钻井正常进行，同时保证仪器的稳定性、防震性、耐高温性、防水。样机总成经历了四次更新和升级，形成了目前的第四版，如图 4 所示。它的优点在于：接单根时只需将短节直接挂在钻杆上就可完成入井；可根据钻具设计外壳尺寸，提升通用性。

3 MMWD 微波通信工具现场实验

3.1 现场试验目的和意义

本次现场试验的目的主要有以下几方面：

1. 中继短节的有效通信距离

将中继短节安装在钻杆连接处，随着气体钻井过程中进尺的增加，测量井口接收到的微波信号强度，与地面试验测得的最小通信信号强度值进行比对，在保证井下信号连续稳定传输的前提下，确定微波通信短节的有效通信距离。

2. 井下参数测量短节的性能

井下无磁钻铤中装入用于测量井斜、方位和温度的测量短节，实时采集井下参数，将数据与其他测量设备进行比对，检验测量结果的准确性，同时记录设备的工作情况，掌握设备在井下的无故障工作时间。

3. 实际工况下设备的性能

测试设备在气体钻井过程中的实际工作性能，包括通信天线的强度是否能够抵抗高压气体强烈的冲击，钻具的振动和井下的高温高压环境是否对信号传输有所影响，整套通信系统能够正常工作的时间。

3.2 试验基本过程

YL602 井是由中国石化西南油气分公司在元坝地区投资的一口定向开发评价井，以须家河组二段砂组（4425~4511m）为主要目的层。设计垂深 4560m，斜深 4643m，二开（702~3165m）采用气体钻井方式以提高机械钻速，采用 ϕ311.2mmPDC 钻头。

采用的钻具组合：ϕ311.2mmPDC 钻头×0.4m+接头 630×731×1.08m+减震器×3.76m（KPL229 型抗疲劳短节）+回压凡尔×0.48m+ϕ228.6mm 钻铤×3 根+731×630×1.07m+ϕ203.2mm 无磁钻铤×1 根+ϕ203.2mm 钻铤×2 根+631×520×0.63m+521×410×0.66m+ϕ177.8mm 钻铤×3 根（井下测量短节）+ϕ127mm 钻杆（每 3~5 柱加 1 个中继短节）+方保×0.51m+旋塞×0.39m+六方钻杆。

3.3 试验结果分析

2013 年 2 月在本井开始下入 1 只测量短节与 7 只微波 MWD 通信短节至井底 702m 开始二开气体钻进，钻进至 1043.51m 起钻，2013 年 2 月 22 日 12：00 起钻完毕，钻井进尺 341.51m，工具下井使用时间 46h。

3.3.1 中继通信短节性能分析

1. 中继传输距离分析

试验过程中测量短节及中继短节下入情况见表 1。

表 1　YL602 井微波 MWD 测量短节及中继短节入井数据统计表

短节序号		距离钻头位置/m	相邻两个中继间传输距离/m	备 注
测量短节		88.03		
中继短节	1	234.16	146.13	下钻过程中
	2	320.41	86.25	
	3	349.59	29.18	
	4	465.46	115.87	
	5	552.65	87.19	
	6	668	115.35	
	7	696.65	28.65	
	8	763.91	67.26	正常钻进过程中
	9	889.13	125.22	
	10	1004.65	115.52	

由表中看出在整个气体钻井中，井下单个中继传输最远距离 146.13m。由于钻杆内壁表面的清洁程度及钻杆丝扣等影响，部分中继传输距离仍不理想。

部分中继传输距离相对较短（最短仅为 1 柱），主要是由于部分钻杆内壁锈蚀严重［图 5（a）］及中继短节天线被钻柱丝扣铁屑所刺坏［图 5（b）］，从而限制了微波信号的传输距离。

（a）内壁锈蚀严重   （b）钻柱丝扣铁屑物

图 5　影响传输距离的主要来源

2. 中继耐冲蚀磨损分析

起钻后观察中继短节挂接处的磨损情况（图 6），擦掉表面的丝扣保护油在部分短节上可观察到一条轻微的环状细纹，这是由于钻井过程中的钻具振动引起的，从目前的磨损情况来看，中继短节的外结构强度足以满足气体钻井的需要。

图 6　中继短节挂接处磨损情况

3.3.2　测斜数据分析

试验过程中井下测量短节随钻测量的井斜数据与起钻后下入常规测斜仪器的比对如图 7 所示，可以看出两条曲线的走势基本相同，与现场起钻后单点数据测得的井斜变化趋势基本吻合，对气体钻井过程中轨迹监测具有一定指导作用，进一步验证了设备测量的准确性。

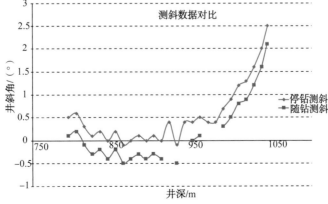

图 7　YL602 井 MMWD 井斜数据与单点测斜数据对比曲线

同时，在试验过程中配合使用的 KL229 型气体钻井专用抗疲劳失效短节，对减缓钻具的振动和冲击影响也起到积极的作用。

4 结论及建议

4.1 结论

（1）MMWD 随钻测量和传输技术在气体钻井中应用是可行的，它通过钻杆内壁表面电流传输。与电磁波随钻测量相比，它不受地层电阻率影响，因此在传输速率和传输深度方面，将会有新的突破。

（2）MMWD 随钻测得的井斜数据与常规测斜仪器测量数据基本吻合，测得温度符合地温梯度的变化规律，具备一定的可靠性。对气体钻井现场施工具有一定的指导作用。

（3）通过试验表明：MMWD 随钻测量和传输工具在气体钻井过程中能经受住气体介质高速冲刷，实际钻进过程中的各类工况并没有对设备造成损坏，说明设备强度足够满足气体钻井的需要。

（4）限制钻具内微波信号传输距离的主要因素就是内壁的锈蚀程度，相同尺寸的钻具，内壁锈蚀程度轻的微波信号传输距离要明显优于锈蚀严重的钻具，采用锈蚀程度低的钻具或对钻具进行除锈再配合多级中继的方法会有望突破 3000m 的传输距离。

4.2 建议

（1）为了确保信号传输的有效性，建议在入井前对内部锈蚀严重或钻具内壁的污染物进行处理，做好清洁工作。

（2）针对含硫气藏普遍采用的高抗硫双台阶钻杆，目前现有的中继短节无法下入，因此需要对中继短节的安装方式进行改进，以适应不同类型、尺寸的钻具，增强设备的通用性。

参 考 文 献

[1] 李林. 电磁随钻测量技术现状及关键技术分析[J]. 石油机械, 2004, 5, 32：53~66.

[2] 刘修善, 侯绪田, 涂玉林. 电磁随钻测量技术现状及发展趋势[J]. 石油钻探技术, 2006, 34, 5：4~9.

[3] 刘修善, 杨春国, 等. 我国电磁随钻测量技术研究进展[J]. 石油钻采工艺, 2008, 30, 5：1~5.

[4] 李晓, 姚爱国, 李运升. 新型电磁随钻测量系统信道传输特性研究[J]. 煤田地质与勘探, 2010, 38, 2：76~78.

[5] 孟晓峰, 陈一健, 周静. 钻杆中微波传输特性的分析[J]. 北京师范大学学报（自然科学版）, 2010, 46, 2：151~155.

[6] 宁平治, 闵德芳. 微波信息传输技术[M]. 上海：上海科学技术出版社, 1985.

[7] 熊皓等编. 无线电波传播[M]. 北京：电子工业出版社, 2000.

[8] 周希朗. 电磁场理论与微波技术基础[M]. 南京：东南大学出版社, 2010.

[9] 黄振兴. 微波传输线及其电路[M]. 成都：电子科技大学出版社, 2010.

元坝超深含硫水平井完井投产技术及应用

薛丽娜　许小强

（中国石化西南油气分公司工程技术研究院）

摘　要　元坝长兴组气藏埋藏深7000m左右，H_2S含量平均5.77%，投产面临安全环保风险大、开发成本高等技术难题。通过大量室内试验和现场实践，元坝礁相储层采用衬管完井实施多级暂堵交替注入酸化工艺技术，滩相储层采用裸眼完井分段酸化投产，有效释放产能；酸化测试投产一体化技术突破7000m深；完井物资国产化规模应用有效降低完井投产成本；井筒预处理技术、水合物和环空起压防治措施，满足了超深水平井投产作业需要。目前已成功实施32口井，突破了元坝超深含硫水平井经济性和安全性的技术瓶颈。

关键词　元坝；水平井；完井投产

元坝长兴组属礁滩体控制的岩性气藏，有利相带为生物礁带及部分生屑滩。储层物性礁相优于滩相：孔隙度礁相平均5.0%（滩相4.5%），渗透率礁相平均2.10mD（滩相0.68mD）（$1mD = 10^{-3}\mu m^2$）。气藏埋藏深（7000m左右）、温度高（160℃）、高含H_2S（平均5.14%）中含CO_2（平均7.5%），且储层较薄，非均质性强，大多为大斜度井、水平井，开发难度大、风险高。

1　超深含硫水平井完井投产难点分析

（1）井身结构复杂，小井眼条件下完井方法选择难度大。主体采用五开制井身结构，165.1mm钻头完钻，完井方法选择需要兼顾钻井、改造及长期安全生产，选择难度大。

（2）超深、高温高压高含硫、复杂工况等对完井管柱经济性和安全性设计要求高。①国内外对超过7000m以上的高含硫气井只进行了有限实践，尤其垂深超过7000m以上高含硫水平井管柱埋卡、管柱断脱和工具失效等安全性问题非常突出。②物性差产能差异大，高含H_2S/CO_2，投资风险大。元坝长兴组以Ⅱ类、Ⅲ类储层为主，前期测试表明，单井产能差异大，地层温度达到158℃且含有单质硫。按国外传统做法选G3及以上、井下工具选725材质，无法实现元坝长兴组的经济开发。③储层纵横向物性变化大，吸酸剖面不均衡，难以实现充分改造获得理想产能。

（3）储层改造不充分或井筒出现异常情况，制约元坝气井顺利投产。①井内有多个水泥塞，水泥塞下封闭有高压气柱，扫塞过程中存在井筒磨损、井涌、井喷、井漏等安全风险。②超深含硫气井出现井筒破损、井筒堵塞、环空起压等异常情况，严重影响了气井建产。

第一作者简介：薛丽娜（1980—），硕士，2005年毕业于西南石油大学并获得硕士学位；现在中国石化西南油气分公司石油工程技术研究院从事低渗气藏完井测试工艺技术研究。

2　完井方式优选

针对超深含硫碳酸盐岩气藏水平井，通过评价不同完井方式对平面及纵向地质特征、长期生产要求、复杂井筒条件对完井工艺的限制、分段改造对完井的要求、固井修井等工艺难度、产能及技术经济的适应性，优选完井方式。

1. 井壁稳定性分析

岩心力学实验和井壁稳定性计算结果，元坝长兴组井壁失稳风险随井眼轨迹与最大主应力方向夹角的增大而增大，酸化后岩石强度明显降低、临界生产压差减小，井眼方位与最大主应力夹角>20°后，出现井壁失稳风险加大(图1、图2)。

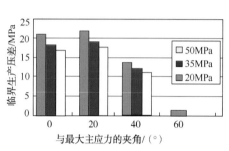

图1　酸化前压力衰竭对临界生产压差的影响　　图2　酸化后压力衰竭对临界生产压差的影响

2. 产能评价

元坝长兴组气藏水平井产能评价表明：Ⅰ类、Ⅱ类储层所占比例逐步增大，单井产量增加明显；在无Ⅰ类储层的条件下，当Ⅱ类储层达到30%，或者Ⅰ类、Ⅱ类储层达到20%(其中Ⅰ类10%)时，单井预测产量基本能够满足产能要求($40×10^4 m^3/d$)。因此对于礁相水平井(Ⅰ类、Ⅱ类较多)，酸化投产就能获得高产，同时避免因深度酸化沟通水层的风险，储层改造采用多级暂堵交替注入酸化。而叠合区或滩相储层水平井，品位较低储层(Ⅰ~Ⅱ类较少)自然建产或酸化解堵建产的可能性不大，笼统酸化改造效果差，采用针对性的改造。

3. 工程风险

射孔完井、裸眼完井和衬管完井各有利弊。①射孔分段改造面临超深水平井小井眼($\phi127mm$)射孔卡枪、射孔效果差、改造泵压高(滑套球座的限流效应下分段摩阻大)、排量小及投资成本大等风险，不建议采用射孔完井。②裸眼完井周期最短，节约建井成本，且储层损害最小。但是超深长水平段垮塌的风险大，裸眼井壁垮塌后、修井风险大、成功率极低、费用高。③衬管完井周期短，储层损害较小；支撑井壁，防止井眼垮塌；衬管加工周期短，待完钻后，可根据测录井资料优化衬管参数。但不适宜有水气藏；长水平段面临均匀布酸困难，储层改造效果差；较裸眼完井，增加尾管费用及下衬管作业时间。

综上，形成了元坝超深含硫碳酸盐岩气藏礁相、滩相、礁滩叠合区水平井完井投产方式优选方案：①礁相储层，有望自然达产，采用衬管完井，笼统酸化投产；②叠合区+滩相储层，难以自然达产，采用裸眼预置管柱完井，分段酸化投产。两种完井方式下的井身结构一致，可根据实钻情况及时调整，转换性好。

3 酸化测试投产一体化技术

为减少作业工序、降低作业费用，避免酸化后漏失、减少压井难度，最大限度保护储层，采用酸化-生产一体化管柱投产，配套多级暂堵交替注入工艺最大限度地释放产能。

1. 管柱结构设计

针对衬管完井和裸眼完井优化形成 2 套管柱。衬管井油管选择 125 钢级的 $\phi88.9mm \times 7.34mm + \phi88.9mm \times 6.45mm + \phi73mm \times 5.51mm$ 组合油管，空气中抗拉安全系数 1.81，酸化时抗拉安全系数 1.5，剩余抗拉 482kN，多级暂堵交替注入酸化施工最高排量达到 $6.0m^3/min$，在满足安全系数、酸化改造和采气要求的同时有效降低成本（与采用 $\phi88.9mm \times 9.52mm$ 厚壁油管的组合相比约 282×10^4）。管柱结构为：井下安全阀+循环滑套+永久式封隔器+球座（表1）。

表 1 储层酸化时管柱受力分析（$\phi88.9mm \times 7.34mm + \phi88.9mm \times 6.45mm + \phi73mm \times 5.51mm$）

外径/mm	壁厚/mm	抗拉强度/kN	段长/m	酸化时拉力/kN	酸化时抗拉安全系数	酸化时封隔器上部拉力/kN
88.9	7.34	1619	1000	1077.07	1.50	
88.9	6.45	1441	4500	959.40	1.50	72.63
73	5.51	1009	1500	306.09	2.89	

裸眼预制管柱完井管柱分两趟下入，结构设计为：安全阀+循环滑套+永久式封隔器+悬挂封隔器+分段封隔器+投球滑套+分段封隔器+双压差滑套+球座+引鞋。油管选择 125 钢级 $\phi88.9mm \times 7.34mm + \phi88.9mm \times 6.45mm$ 组合（表2）。

表 2 完井管柱储层改造时的强度校核结果

不同位置的受力情况			安全系数				封隔器压差/MPa	变形量/m	拟合井底温度/℃	评价
位置	拉力/kN	应力/MPa	抗内压/MPa	抗外挤/MPa	抗拉/MPa	屈服				
井口	1036	205	3.59	3.66	1.56	4.2				
变径	787	177	3.96	3.72	1.83	4.85	-0.62	-3.953	50	Y
封隔器	180	136	176	165	7.99	6.32				

采用 70MPa 级别具有自平衡功能的井下安全阀、下击开启式机械开关滑套、以及长期稳定可靠性能的永久式完井投产封隔器。封隔器座封位置在井斜角 45° 以内（稳斜段），考虑钢丝作业能力循环滑套下深不超过 5500m。

2. 管柱材质优选

为了实现元坝气田的安全经济开发，考虑经济性采用适用性设计 [GB/T 20972.1 中第 8 条（8.2 和 8.3）规定执行]，在模拟元坝 $H_2S/CO_2/S$ 气田环境（P_{H_2S}5MPa，P_{CO_2}11MPa，3g/L 单质硫、160℃）和酸液工作条件下，评价 4d（G-3）、4c 类（028、825）特别是国内产品的抗腐蚀性能。实验结果证实了国产镍基合金与进口相比同样具有良好的抗腐蚀性能，腐蚀速率低于 0.076mm/a，能够满足元坝 160℃ 的腐蚀要求。

根据 ISO 15156，4d 和 4c 类材质分别在 149℃ 和 132℃ 内使用条件不受限制，因此根据元坝配产情况（最高为 $60 \times 10^4 m^3/d$）进行了井温预测（计算不同产量下温度为 132℃ 时对应的井深)，因此推荐井深≤4000m 油管以上选用国产 4c 类，井深≥4000m 油管选用国产 4d 类。同理，完井工具中井下安全阀及流动短节选择 718，循环滑套和以下工具推荐使用 725，即 718 井下安全阀+725 滑套+725 永久式封隔器+725 球座。

3. 分流酸化-测试-投产一体化技术

为了Ⅰ类、Ⅱ类甚至Ⅲ类储层得到较为充分的改造，同时达到采气剖面均衡，延缓气井见水时间，通过采用裸眼分段以及多级暂堵交替注入工艺。为降低酸岩反应速率，酸液体系采用在高温下具有良好缓速能力的胶凝酸配方，暂堵剂采用高黏压裂液和可降解纤维相配合，同时纤维采用压裂液作为携带液。自主研制的高温转向酸 DGA-1 具有优良的变黏性能，在 140℃、170s-1 速率下剪切 120min 剩余黏度仍然达到 40mPa.s 以上。成功研发出一种适应川东北海相高温碳酸盐岩储层的低腐蚀性、低酸岩反应速度的深穿透自生酸液体系，150℃溶蚀 70%岩心需要时长是常规盐酸的 11.7 倍。

4 顺利投产保障技术

1. 井筒预处理技术

为保证顺利扫掉在井眼内的暂封水泥塞，优化了扫塞钻头尺寸，193.7mm 套管内采用 165mm 牙轮钻头，177.8mm 套管内采用 149mm 刮刀钻头；采用"控制排量、控制钻压、分段循环、反复划眼"的衬管段通井工艺，保障衬管段的井筒清洁、降低阻卡风险；采用双西瓜磨鞋对回接筒段和水泥塞井段单独进行专门打磨和修整。

针对不完善井筒，对井筒破损点适应性评价过后进行分级处理：首先通过"磨铣窗口、井筒清洁、模拟通井、井筒验通"等措施处理破损点，同时在封隔器上下及管柱尾部增加扶正器，确保了管柱到位和顺利投产。若破损点无法修复，则开窗侧钻。

2. 水合物防治工艺

针对开井初期元坝 29-1 等 8 口井出现不同程度冰堵，分析温度、压力和硫化氢对水合物形成的影响，采用高温软管往环空泵注 90℃热水和连续油管解堵等工艺，解除了井筒冰堵。同时，制定冰堵预防措施，控制放喷井口压力控制在最大关井压力的 60%以上，调控测试产量不小于 8×10⁴m³/d，投产前加注 4m³乙二醇、平衡井下安全阀、试压、井下安全阀打背压用乙二醇、液氮等。

3. 环空起压管理技术

根据对套压增量预测计算，不同产量下套压预测图版。通过图版能够快速判断环空起压类型。在 50~60W/d 的产量下，由于温度、压力产量影响，环空压力上涨为 15~18MPa。同时，配套环空保护液加注维护性生产方案，研制了一种具有 160℃高温高稳定性、低腐蚀速率及低成本特点的无固相环空保护液，性能获得第三方质检认证［密度 1.3 g/cm³（可调）］，抗长期高温稳定性好（1 年的高温稳定性实验），160℃对钢片腐蚀速率约为 0.0644mm/a，已成功应用 32 口井。

5 现场应用

元坝两期建设共 37 口井，已完成 33 口井投产作业，现场施工成功率 100%，在元坝 101-1H 井创造了斜深最深高含硫水平井完井投产记录（6946.44m/7971m）。在元坝 121H 井创造了垂深最深（6991.19m）的高含硫水平井完井投产记录。

多级暂堵分流酸化技术在水平井/大斜度井现场应用 18 井次，酸化后单井获平均绝对无阻流量 $291×10^4m^3/d$，增产 74% ~ 510%。实现了超深高含硫气井完井物资及装备国产化规模应用，镍基合金油套管国产化率 100%。元坝两期完井投产总体成本降低 4.97 亿元，实现了超深含硫气藏的安全经济开发。

6　结论和建议

（1）基于气藏地质认识及气井产能的定量预测，定量评价酸化及生产过程中的井壁稳定性，结合工程风险分析，借鉴类似气藏的完井经验，优选了衬管完井和裸眼完井。这两种完井方式下的井身结构一致，可根据实钻情况及时调整，转换性好。

（2）镍基合金管材国产化规模应用大幅降低了完井成本，打破了元坝超深井经济开发技术界限。超深含硫气井酸化-测试-投产一体化技术保障了 7000m 以深水平井安全生产。超深长水平段多级暂堵交替注入分流酸化技术，有效改善了吸酸剖面，实现了Ⅱ类、Ⅲ类储层改造。

（3）水合物和环空起压防治技术保障了元坝超深含硫水平井顺利投产。

参 考 文 献

[1] 龙刚，薛丽娜，熊昕东. 元坝含硫气藏水平井完井方式适应性评价与优选[J]. 钻采工艺，2013，36（3）：8~11.
[2] 陈琛，曹阳. 元坝气田超深高含硫水平井测试投产一体化技术[J]. 特种油气藏，2013，20(1)：129~131，138.
[3] 薛丽娜，陈琛. 元坝超深含硫气井防腐技术研究实践[J]. 天然气技术与经济，2014，8(5)，37~38.

元坝超深水平井储层保护钻井液技术研究

郑 义[1]　王剑波[2]　李 霜[3]　董 波[3]

(1. 中国石化西南油气分公司石油工程技术研究院；2. 中国石化西南油气分公司；
3. 中国石化西南油气分公司工程监督中心)

摘 要　元坝长兴组气藏埋藏深，地温高，且具有低孔、低渗，裂缝发育等特点，一直面临储层保护难度大的难题。根据该地区地层特点，通过大量室内研究，在前期聚磺钻井液基础上，引入高酸溶加重剂替代原有重晶石加重，并优选了高酸溶防漏堵漏材料和优化了级配方案，能有效控制钻井液向地层的侵入，并使储层保护钻井液体系泥饼酸溶率由 28.17% 提高到 71.62%，且酸洗解堵后渗透率恢复率达到 107.44%。现场应用也表明，优化后的储层保护钻井液体系暂堵能力强、泥饼酸溶率高、酸化解堵效果好，具有良好的储层保护效果。

关键词　元坝气田；超深水平井；高酸溶；储层保护

1　地质及工程概况

元坝气田二叠系长兴组气藏位于四川盆地东北部地区，是中国石化继普光之后开发建设的国内第二大酸性气藏，也是迄今世界上埋藏最深的酸性气藏之一，主力储层埋藏深度达 6500~7000m，H_2S 平均含量 5.41%。长兴组储层为常压地层，压力系数为 1.01~1.12，具有弱碱敏、强应力敏特征。储层岩性主要为溶孔残余生屑白云岩、溶孔白云岩，储集性能较好。根据岩心薄片观察，长兴组上部储层的细粉晶白云岩中以发育晶间孔、晶间溶孔及溶洞为主，孔隙度介于 3.5%~20.13%，平均值为 5.37%；下部储层主要为低孔、低渗储层，孔隙度介于 2.8%~10.8% 之间，平均值 6.81%。总体上长兴组储层表现为低孔、低渗特征，储层保护难度大。

元坝工区开发井井型主体为水平井/大斜度井，采用五开制井身结构。典型井身结构为：$\phi660.4mm$—$\phi444.5mm$—$\phi314.1mm$—$\phi241.3mm$—$\phi165.1mm$。四开 $\phi241.3mm$ 井眼封飞仙关组高压地层，五开飞仙关储层段专层专打。从前期施工经验看，储层段钻井液主体采用聚磺防卡钻井液体系，该体系具备良好的高温稳定性、润滑性、防漏能力，钻井液施工密度介于 1.25~1.35g/cm³ 之间。

2　储层保护钻井液技术难点及对策

2.1　储层保护钻井液技术难点

（1）储层孔隙结构复杂，类型多样。受岩性、成岩作用和构造作用控制，储层渗透率各

第一作者简介：郑义（1984—），硕士研究生，工程师，现从事钻井工程设计及相关科研工作。

向异性明显，就要求储层保护技术应适应不同渗透率级别和孔隙结构。

（2）元坝长兴组裂缝发育，渗透性强，容易发生漏失。从统计结果看，长兴组漏失属于中小型漏失，裂缝宽度大都在 1mm 左右，应避免钻井液流体大量侵入产层，形成固相颗粒的堵塞以及液相侵入污染。

（3）易发生水相圈闭损害。岩样毛管自吸实验指出，岩石具有较强的自吸水能力，水基钻井液易沿孔洞和裂缝侵入气层，并进入低渗透性的基块，使井底附近和裂缝周围含水饱和度升高，又因滤液的黏度大于地层天然气的黏度，所以水相圈闭损害的趋势明显。

（4）部分井存在高压盐水层或高压油气层，钻井液易造成多种损害。当钻遇高压盐水层或钻遇高压油气层时，钻井液密度高，对地层造成正压差后，钻井液中的滤液、固相不可避免的进入油气层，造成孔吼堵塞、水敏、盐敏等损害。

2.2 储层保护钻井液技术对策

钻井液对储层的损害主要发生在液相本身侵入储层和钻井液中的固相颗粒进入储层孔道后对储层的堵塞，因此制定以下防治措施控制钻井液固液相侵入：①降低钻井液的滤失量，可有效控制钻井液固液相的侵入量；②控制适当的密度，可减小井底压差，降低钻井液液相侵入速度和深度；③提高钻井液的抑制性，减小液相侵入后的水敏损害程度。④尽可能减少钻井液中非酸溶性固相的含量，提高酸化解堵效果；⑤采用屏蔽暂堵技术，加入与储层孔喉尺寸匹配的高酸溶暂堵剂，在近井壁地层形成致密屏蔽层，后期利用酸化解堵，可有效降低储层损害程度。

3 钻井液体系室内研究

3.1 基础配方建立

元坝长兴组气藏前期勘探井钻井液体系主要以抗温性能好的聚磺钻井液为基础，配合抗高温处理剂、高效润滑剂、封堵材料和加重剂等组成，要求钻井液具有良好的高温稳定性、抑制性、润滑性以及封堵性，以满足安全钻井需求。后期通过抗高温降滤失剂、流型调节剂、高效液体润滑剂等核心处理剂的持续优化，形成如下基本配方 1#：2%~3%膨润土+0.3%~0.5%增黏剂+3%~5%抗高温降滤失剂+3%~5%磺化酚醛树脂Ⅱ+1%~2%磺化褐煤+1%~2%磺化单宁+1%~3%井壁封固剂+1%流型调节剂+0.1%~0.3%乳化剂+0.5%~0.8%pH 调节剂+0.5%抗高温护胶剂+2%减磨剂+3%~5%高效液体润滑剂+1%~2%极压润滑剂+加重剂。

3.2 高酸溶钻井液体系优化

元坝长兴组气藏为碳酸盐储层，主要岩性为白云岩。后期主要通过酸压方式进行储层改造，因此为有效减轻或消除钻井过程中固相对储层的损害，确保储层保护效果，要求钻井液所有固相具备较高的酸溶率，以有利于后期酸化解堵，沟通储层。元坝工区水平段钻井液中主要的固相颗粒为加重剂和随钻堵漏材料，因此对这两类材料进行优选。

3.2.1 酸溶性加重剂类型优选及粒径级配优化

1. 酸溶性加重剂类型优选

目前国内外使用的可酸溶性加重材料主要有石灰石、菱铁矿粉、钛铁矿粉、碳酸钡等。室内对其主要性能进行评价。试验条件为：将烘干至衡重的酸溶性加重剂置于20%的盐酸溶液中，90℃下反应1h(不断摇晃玻璃容器，使反应完全)，然后过滤至滤液呈中性，烘干至衡重，对比酸溶前后质量的变化，得出各种加重剂的酸溶率，试验结果见表1。

表1 常用酸溶性加重材料与重晶石的综合性能对比

加重剂种类	密度/ (g/cm^3)	黏度效应/mPa·s		最大加重密度/ (g/cm^3)	增黏效果	增失水量效果	酸溶率/%
		加石膏前	加石膏后				
重晶石	4.0~4.5	50	51	2.3	中	中	11
菱铁矿粉	3.7~3.9	131	132	2.1	较强	中	88
赤铁矿粉	4.9~5.3	58	60	1.95	较强	中	64
钛铁矿粉	4.6~5.0	77	78	1.95	最强	强	75
碳酸钡	4.0~4.1	150	150	2.4	中	少	90
石灰石	2.6~2.8	—	—	1.68	强	中	99

从试验结果看，元坝工区前期选用常规重晶石作为加重剂，由于其酸溶率较低，侵入储层后难以解堵，不利于储层保护。铁矿粉具有较好的酸溶率，但其硬度较高，对钻具、套管、泥浆泵等的磨损较为严重，在超深井中应用受限。碳酸钡也具有较高的酸溶率，但与酸反应后生成氯化钡，为有毒有害物质，环保性较差。石灰石酸溶率最高，与盐酸反应后生成二氧化碳、水和可溶性盐，但密度较低，加重范围受限($<1.68\ g/cm^3$)。

考虑到元坝工区水平井采用五开制井身结构，水平段采用单独一开完钻，与上部层位的压力系统隔开；且长兴组地层压力较低，地压系数仅1.00~1.12。这两个条件为长兴组采用较低密度的钻井液体系提供了条件。因此综合考虑，优选石灰石为高酸溶钻井液体系的加重剂。

2. 粒径优选

室内收集了不同厂家不同粒径规格的石灰石粉，对其粒径进行优选，优选结果要结合现场筛布型号进行选择。目前在元坝长兴组水平段钻进过程中，振动筛使用150目筛布，为避免因为细颗粒含量太多，导致钻井液增稠，选择粒径尺寸小于6μm的石灰石颗粒含量应小于40%。因此优选200目石灰石粉作为体系的主加重剂，其粒度呈三段式分布，在25μm、100μm呈峰态分布，0.3~10μm呈均匀分布。通过Blake-Kozeny公式计算，200目石灰石堆积后形成的平均孔吼尺寸为6.59μm，室内选择1000目石灰石与之级配($d_{0.5}=6.94μm$)，从而可形成合理的粒级搭配，实现架桥封堵。通过计算，1000目与200目石灰石的配比为2∶8时体系封堵性能较好，满足现场施工需求(图1、图2)。

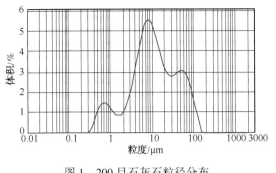

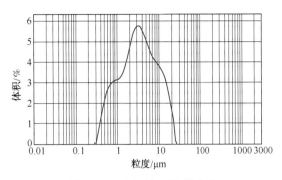

图1　200目石灰石粒径分布　　　　　　　　　　图2　1000目石灰石粒径分布

3.2.2　随钻堵漏材料及粒径优选

选取国内常用的多种可酸溶材料，对其不同酸液中的酸溶性能进行室内评价。试验方法同加重剂酸溶率的测定。结果见表2：

表2　常用屏蔽暂堵剂在酸中的酸溶率

序　号	样品代号	土酸中酸溶率/%	1∶1盐酸中酸溶率/%
1	SRD-2	24.49	99.98
2	SRD-3	23.41	99.95
3	SRD-5	22.61	99.77
4	DTR	85.36	32.40
5	FRD-1	41.40	81.16
6	FRD-2	37.60	90.37
7	QP-1	95.07	96.08
8	FLC-1	71.56	68.77
9	LF-2	42.75	79.20
10	LF-1	78.69	71.74
11	超细 $CaCO_3$	100%	100%

从评价结果中可以看出，部分常用的随钻堵漏材料在土酸中的酸溶率较低，但在盐酸中的酸溶率较高，主要是由于这些暂堵剂主要成分为碳酸钙，与氢氟酸反应会生成氟化钙沉淀，导致酸溶率低(表3)。元坝地区酸液体系主要以盐酸为主，因此选择盐酸中酸溶率较高的 SRD 系列、FRD 系列、QP-1、超细 $CaCO_3$ 等。

表3 常用屏蔽暂堵剂主要粒度分布表

序 号	样品代号	主要粒度分布/μm	形状描述
1	SRD3	2500~3500	白色不规则米粒状
2	FRD-2	1000~2000	灰色粉末与白色颗粒状混合物
3	SRD2	1500~2500	白色不规则米粒状
4	SRD5	4000~6000	白色不规则米粒状
5	QP1	—	灰色絮状物
6	LF-1	1~1000	
7	超细 $CaCO_3$	0.5~100	白色粉末

从几种材料的粒度分布可以看出常用的暂堵剂粒度分布从 0.5~6000μm，具有较好的互补相容性，可根据不同地层选择不同的暂堵剂和非渗透处理剂复配，从而使钻井液的粒度分布更好的适应地层要求，防止井漏等井下复杂情况。根据屏蔽暂堵技术中暂堵剂粒径优化方案，暂堵剂粒径与地层平均孔吼直径最合理的匹配关系为 2:3~1:1，在这一匹配关系下钻井液的滤失量小，屏蔽形成速度快并稳定，屏蔽层渗透率低。按此原则，最终形成随钻防漏钻井液配方 2#：基础浆 1#+2%FRD-1+3%LF-1+2%超细 $CaCO_3$。

3.3 体系性能评价

3.3.1 常规性能评价

通过对加重剂及随钻堵漏材料优选，在常规聚磺钻井液基础上形成元坝超深水平井储层保护钻井液配方 3#：基础浆 1#(不加重晶石)+石灰石(不同粒径)+2%FRD-1+3%LF-1+2%超细 $CaCO_3$。并对其高温老化性能进行评价(表4)。

表4 钻井液常规性能评价表

密度/ (g/cm^3)	AV/mPa·s	G10"/ G10'	PV/mPa·s	YP/ Pa	pH 值	FL_{API}/ mL	FL_{HTHP}/ mL	K_{HTHP}/ mm	黏附系数	润滑系数
1.32	32	4/9	19	13	9	2.6	10	2	0.1083	0.0962

注：1. 在160℃下老化 16h，性能测试温度60℃。2.160℃下，静止48h观察，上下层密度差 0.027 g/cm^3。

从评价结果可以看出，优化后的储层保护钻井液体系性能优良，粘切范围适宜；160℃高温高压滤失为 10mL。该体系在流变、滤失性能、润滑性能方面均能满足设计要求，沉降稳定性良好，为顺利施工提供保障。

3.3.2 泥饼酸溶率评价

采用川东北地区常用的酸液配方，评价储层保护钻井液泥饼的酸溶蚀率（表5）。由实验结果可以看出，常规聚磺钻井液体系泥饼酸溶率较低，为28.17%；而储层保护钻井液体系泥饼酸溶率高，平均可达71.62%，较常规聚磺钻井液体系高43.45%，有利于近井壁区域固相污染的解除。

表5　高酸溶钻井液酸溶蚀率实验数据

配　方	样品编号	溶蚀前质量/g	溶蚀后质量/g	溶蚀率/%	平均溶蚀率/%
1#	1	5.0054	3.6474	27.13	28.17
	2	5.0029	3.5421	29.20	
3#	3	5.0031	1.4404	71.21	71.62
	4	5.0017	1.3991	72.03	

注：①试验温度：90℃，反应时间：60min。②酸液配方：20%HCl+4.5%缓蚀剂+1%缓蚀增效剂+1.5%铁稳剂+1%增效剂+1%黏稳剂+1%助排剂。

3.3.3 封堵性能评价

本研究采用地层裂缝模拟装置代替常规DL-2型堵漏仪的钢制缝板，常规封堵评价装置采用带缝的钢板模拟地层裂缝，虽然知道准确缝板宽度，但光滑的缝面却无法模拟真实岩石裂缝面的粗糙度和岩心中不同位置的裂缝宽度变化（这两点对封堵材料能否有效卡喉封堵具有决定性作用），不能真实模拟地下裂缝情况。而地层裂缝模拟装置裂缝面采用真实的岩石裂缝面，可最大程度模拟地下裂缝的实际情况，评价结果更具有代表性。评价装置示意图如图3所示。

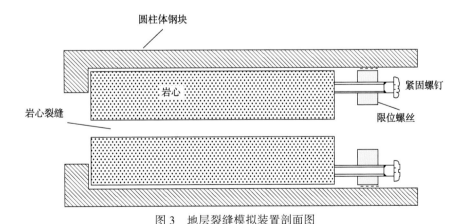

图3　地层裂缝模拟装置剖面图

试验选用元坝长兴组储层岩心进行造缝，以模拟真实地层中不同裂缝宽度条件下的漏失情况，评价不同缝宽条件下储层保护钻井液封堵性能。试验结果见表6。

表6　堵漏配方堵漏效果评价表

配　方	裂缝宽度/mm	实验压力/MPa	封堵时间/s	封堵漏失量/mL	稳压时间/min	稳压漏失量/mL	累计漏失量/mL	实验描述
3#钻井液	0.5	0	0	0	10	0	0	能堵住无漏失承压能力6MPa
		1	0	0	10	0	0	
		3	0	0	10	0	0	
		5	0	0	10	0	0	
		6	0	0	10	0	0	
	1	0	0	0	10	0	0	能堵住漏失量小承压能力6MPa
		1	8	42	10	31	73	
		3	10	12	10	19	104	
		5	0	0	10	0	104	
		6	0	0	10	0	104	
	2	0	10	10	10	5	15	能堵住漏失量小承压能力6MPa
		1	20	150	10	62	227	
		3	0	0	10	15	242	
		5	0	0	10	0	242	
		6	0	0	10	0	242	

从实验结果可以看出，形成的储层保护钻井液能有效封堵宽度为 0.5~2mm 的裂缝，从封堵参数来看，堵漏钻井液所用的封堵时间短、封堵漏失量和稳压漏失量都相对较小，并且承压能力可达6MPa，能有效阻止钻井液侵入裂缝，保护储层。

3.3.4　综合储层保护性能评价

试验采用测定标准盐水渗透率恢复率的方式来评价钻井液的综合储保性能。试验先在 3.5MPa 压力下正向驱替标准盐水，测定盐水渗透率；然后再反向驱替钻井液 120min，封堵岩心后酸洗解堵；最后再测定盐水渗透率，计算渗透率恢复率，从而评价钻井液的综合储保性能。

表7　钻井液储层保护能力评价

岩心号	直径/cm	长度/cm	实验流程	驱替量/mL	驱替时间/min	驱替压力/MPa	渗透率/$10^{-3}\mu m^2$
P09	2.540	3.527	正驱盐水	0.02	0.79	3.5	0.008077
			反驱钻井液		120	3.5	0
			反向酸液清洗		30	3.5	
			正驱盐水	0.02	0.71	3.5	0.008678
酸化解堵后渗透率恢复率/%							107.44

注：岩心选用元坝长兴组岩心，取心井深6907.22m。

由表7试验数据可以看出，钻井液对微裂缝的封堵率达100%，且酸洗解堵后渗透率恢复率达到 107.44%，能实现有效解堵。且从酸洗后岩心端面可以看出，岩心骨架轮廓清晰，附着的泥饼基本完全清除，可见该钻井液泥饼酸溶性好，酸化解堵效果好(图 4)。

图 4   与酸液反应后的岩心端面

4   现场应用情况

元坝超深水平井储层保护钻井液技术在元坝 204-1H 及 27-3H 井试验取得良好效果后，已经在气田后续试采井及滚动开发井全面应用。现场应用效果表明，该体系的封堵防漏堵漏效果明显，除元坝 27-1H 井由于邻井元坝 27 井因大型酸压影响发生了较大漏失外，其余井在储层钻进发生渗漏时均能实现自动快速封堵，可降低漏速或消除漏失，应用井中总渗漏量均小于 50m³。

该技术储层保护效果非常明显，现场应用井酸压施工后能迅速解堵并沟通地层，关井后一般经过 2~6h 井口压力即可保持稳定，应用井测试无阻流量一般在 (165.9~791.8)×10⁴m³/d 之间。而前期未应用该技术的井，酸压施工完成后，关井井口压力需经过 6~20h 才能基本保持稳定，测试无阻流量一般在 (127.2~366.3)×10⁴m³/d 之间(表 8)。

表 8   现场应用效果对比

序 号	井 号	关压恢稳定时间/h	天然气无阻流量/(10^4m^3/d)	备 注
1	元坝 204-1H 井	2.1	791.8	
2	元坝 205-1 井	2.5	689.4	
3	元坝 101-1H 井	4.0	239.2	
4	元坝 27-3H 井	3.0	651.0	
5	元坝 27-1 井	5.2	211.5	应用井
6	元坝 205-2 井	6.0	165.9	
7	元坝 27-2 井	4.1	672.2	
8	元坝 103-1H 井	5.8	321.8	
9	元坝 29-1 井	5.7	260.6	
平均值		4.3	444.8	

续表

序号	井号	关压恢稳定时间/h	天然气无阻流量/($10^4m^3/d$)	备注
10	元坝29井	10.8	231.3	
11	元坝272H井	19.8	127.2	
12	元坝121H井	18	134.2	未应用井
13	元坝10-1H井	7.5	366.3	
14	元坝102-2H井	12.1	244.4	
	平均值	13.6	220.7	

由此可见，该套技术能达到快速解堵，有效沟通产层，提高单井产量的目的。具有良好的现场适应性和减小储层伤害的能力，能有效保护储层，提高钻探成效。

5 结论与建议

（1）元坝超深水平井储层保护钻井液在原有聚磺钻井液基础上，通过高酸溶加重材料和防漏堵漏材料的引入，将前期常用聚磺钻井液体系的泥饼酸溶率由28.17%提高到71.62%，大幅提高了近井壁区域固相污染的解除程度，有利于储层后期酸压改造。

（2）利用地层裂缝模拟装置证明，通过高酸溶加重剂和防漏堵漏材料级配优化，使形成的储层保护钻井液体系具有良好的封堵能力，能有效封堵0.5～2mm的天然裂缝，承压达6MPa，且酸洗解堵后渗透率恢复率达到107.44%，能够大幅减少钻井液固、液相的侵入深度和侵入量，有利于储层保护。

（3）现场应用表明，元坝超深水平井储层保护技术能有效保护储层，经酸压后能迅速有效沟通储层，关井压力稳定时间由前期平均13.6h缩短至4.3h，平均无阻流量由220.7×$10^4m^3/d$提升至444.8×$10^4m^3/d$，储层保护效果明显。

参 考 文 献

[1] 张勇，陈奇元，周敏等.元坝超深水平井钻井液技术[J].中国化工贸易，2012，8，177.

[2] 罗朝东，王旭东，杨峰，等.元坝超深水平井钻井技术跟踪分析[J].重庆科技学院学报，16(4)：54～57.

[3] 雷鸣，瞿佳，康毅力，等.川东北裂缝性碳酸盐岩气层钻井完井保护技术[J].断块油气田，2011，18(6)：783～786.

[4] 任文希，李皋，孟英峰.深层致密气藏钻井液技术难点及对策[J].石油天然气学报，2014，36(8)：103～106.

[5] 董海东，林海，陈磊，等.长北气田储层保护钻井液技术研究与应用[J].西部探矿工程，2014，8：29～32.

[6] 彭商平，杨飞，罗健生，等.川东北地区复合型储层保护技术研究[J].钻采工艺，2012，35(2)：105～108.

[7] 刘大伟，康毅力，雷鸣，等.保护碳酸盐岩储层屏蔽暂堵技术研究进展[J].钻井液与完井液，2008，25(5)：57～61.

元坝含硫气井油套环空腐蚀行为及机理分析

潘宝风　杨东梅　刘徐慧　陈颖祎　李洪波

（中国石化西南油气分公司工程技术研究院）

摘　要　根据川东北元坝气田油套环空中存在腐蚀介质的现状，模拟开展了各种因素对钢片腐蚀行为的研究，并探讨了相关腐蚀机理。实验结果表明：Cl^-会导致钢材表面保护膜致密性降低，钢片腐蚀速率随Cl^-上升而增加；硫酸盐还原菌等细菌存在一个最佳活性温度，形成局部电池腐蚀钢片；当温度为160℃时溶解氧对钢片腐蚀速率达到0.734mm/a；环空材质之间电偶腐蚀受电极面积比影响，但总体上腐蚀速率较低；CO_2/H_2S对钢片存在腐蚀敏感区域为60~80℃，钢片腐蚀速率随酸性气体压力增大而增加。

关键词　元坝；油套环空；硫化氢；腐蚀

引言

川东北元坝气田是中石化在海相沉积组合中发现的规模大、储层埋藏深、硫化氢含量高的碳酸盐岩气田，比龙岗、普光等类似气藏完井作业风险更高。元坝长兴组储层属礁、滩体控制含硫气藏，埋藏深、储层薄，地层压力介于67.95~74.00MPa之间，地层压力系数介于1.09~1.18，地层温度为160℃左右，H_2S平均含量为5.59%，CO_2平均含量9.98%。油套管长期处于这种环境中，套管头或者封隔器所承受的压差大，容易产生化学腐蚀及应力损坏，影响了油气井长期安全生产。

本文以元坝气田长兴组为研究背景，通过相关腐蚀试验，主要研究了油套管在模拟长兴组储层环境介质下的腐蚀行为和腐蚀规律，探讨了主要腐蚀因素的作用机理，为制定元坝气田油套环空防腐对策提供借鉴。

1　油套管腐蚀实验及机理分析

1.1　Cl^-腐蚀

研究资料表明，溶液中如果矿化度较高，其中Cl^-会导致钢材表面保护膜致密性降低，抗腐蚀的保护性也随之下降。因此，当元坝油套环空介质中含有大量氯根时容易引起金属局部坑蚀，严重时则会发生腐蚀穿孔现象。

研究中采用挂片法考察了110SS试片在含不同浓度氯离子溶液中的腐蚀情况，结果如图1所示。实验结果表明：Cl^-的存在对碳钢腐蚀速率的影响十分明显，当水中Cl^-从空白液

第一作者简介：潘宝风（1973—），男，荆门人，博士研究生，主要研究方向为油气勘探开发。

增加 200 mg/L 时，腐蚀速率从 0.6885 mm/a 增加到 1.6157 mm/a，且腐蚀速率随 Cl⁻ 上升而增加。这种现象是由于 Cl⁻ 浓度高，迁移速度快，能够中和蚀坑或垢下腐蚀中形成的正电荷，形成的腐蚀产物 $FeCl_2$ 是可溶性强取极化剂，其水解产物 H^+ 使油套管局部阳极闭塞区（坑或缝隙）的 pH 下降，加速了孔蚀或缝隙腐蚀。

1.2 细菌腐蚀

1.2.1 不同温度下硫酸盐还原菌（SRB）活性

细菌腐蚀也是油套环空管柱腐蚀的主要因素之一。细菌腐蚀主要是 SRB 腐蚀，实验中根据 SY/T 5329—2012 将 SRB 菌种置于十个不同温度下培养 5d，通过考察阳性反应数量进行菌量检测，每个温度下进行多个样品测试，结果如图 2 所示。

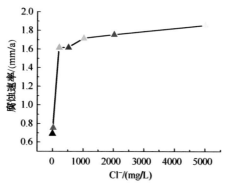

图 1 钢片在氯离子溶液中的腐蚀情况　　图 2 不同温度下 SRB 活性

由图 2 可以看出，SRB 不仅能在 -15~70℃ 下繁殖生长，而且在较高温度下也能存活。SRB 与温度的关系可分为四个温度区：①-15~50℃，对 SRB 的生长较为有利，在此温度范围内呈阳性反应的总样品数为 34~40，其中在 40℃ 培养的 SRB 菌量最高，所测试样品全部呈阳性反应，表明在此温度下最适宜 SRB 生长繁殖，活性最强；②60~70℃ 中温区，总阳性反应样品数达到 26 个，表明 SRB 在此温度区域内仍生长较快；③80~90℃ 高温区，测得样品中仍存在少量阳性反应，表明长期 SRB 在此温度范围内能存活，但活性大为降低；④100℃，实验中没有检测到阳性反应，表明此温度下 SRB 不能存活。

1.2.2 SRB 对钢片腐蚀速率影响及机理分析

将钢片置于蒸馏水、蒸馏水+1%SRB 中，设置实验温度为 40℃，充氮气加压进行静态挂片腐蚀实验，结果见表 1。从表 1 可以看出，当温度为 40℃ 时，体系引入 SRB 后钢片腐蚀速率增加明显，表明 SRB 在适宜温度下有促进钢片腐蚀作用。

表 1 SRB 对钢片腐蚀速率影响

温度/℃	钢片腐蚀速率/(mm/a)	
	蒸馏水	蒸馏水+1%SRB
40	0.131	0.289

R. A. King 等人提出由硫酸盐还原菌产生的 S^{2-} 与铁作用产生 FeS：

$$4Fe+SO_4^{2-}+4H_2O \longrightarrow FeS+3Fe(OH)_2+2OH^-$$

附着在铁表面上形成阴极，与铁阳极形成局部电池，阴极去极化的析氢反应在 FeS 表面上进行，使金属发生腐蚀。腐蚀过程开始是铁细菌或一些黏液形成菌在管壁上附着生长、形成较大菌落、结瘤或不均匀黏液层，产生氧浓差电池。随着生物污垢扩大，形成硫酸盐还原菌繁殖的厌氧条件，加剧了氧浓差电池腐蚀，同时硫酸盐还原菌去极化作用及硫化物产物腐蚀，使腐蚀进一步恶化，直至局部穿孔。

1.3 氧腐蚀

实验中将蒸馏水置于高温老化罐中，内衬为聚四氟乙烯，密封后充氧气加压至 1.5MPa，然后升温至 160℃ 老化，实验时间为 72h，结果如图 3 所示。从图 4 中可以看出，在类似油套环管这种封闭空间，随着温度升高，钢片氧腐蚀速率几乎呈线性增加，当温度为 160℃，钢片腐蚀速率达到 0.734mm/a。

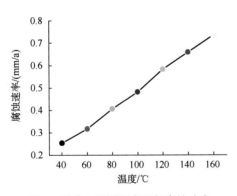

图 3　钢片在不同温度下氧腐蚀速率

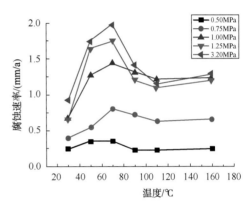

图 4　CO_2/H_2S 对钢片腐蚀速率

铁受水中溶解氧的腐蚀是一种电化学腐蚀，铁和氧形成腐蚀电池。铁的电极电位总是比氧的电极电位低，所以在铁氧腐蚀电池中，铁是阳极，遭到腐蚀，反应式如下：

$$Fe^{2+}+2OH^- \longrightarrow Fe(OH)_2$$
$$Fe(OH)_2+2H_2O+O_2 \longrightarrow 4Fe(OH)_3$$
$$Fe(OH)_2+2Fe(OH)_3 \longrightarrow Fe_3O_4+4H_2O$$

在上述反应中，$Fe(OH)_2$ 是不稳定的，使反应继续往下进行，最终产物主要是 $Fe(OH)_3$ 和 Fe_3O_4。氧腐蚀的形态一般表现为：溃疡和小孔型的局部腐蚀，其腐蚀的产物表现为黄褐、黑色、砖红色不等，对金属的强度破坏非常严重。

1.4 环空材质电偶腐蚀

在油气井生产管柱结构中，油管、套管及封隔器材质之间电化学性质的差异导致一旦其同时暴露于油套管之间环空内的完井封隔液介质中，且存在电接触时，必然引发电偶腐蚀。实验材料选用 718 镍基合金钢与 110SS 低合金钢，将这两种材料根据实验要求进行线切割加工成不同面积挂片偶合，实验介质选用蒸馏水，老化罐中置入聚四氟乙烯筒作为容器。

浸泡腐蚀实验中，偶合挂片阴阳极面积比分别为 3:1、1:1、1:3 和 1:6。718 试片与 110SS 试片之间叠合实现电接触偶合，同时进行两种钢的自腐蚀浸泡实验。浸泡实验周期根据标准 JB/T 7901—1999《金属材料实验室均匀腐蚀全浸试验方法》选择 7d，浸泡试样除锈后经丙酮擦拭后吹干，置于干燥器中 24h 后称重，计算腐蚀速率，实验结果见表 2。

表 2　718-110SS 电偶对不同面积比条件下材料的腐蚀速率

材　料	不同阴阳面积(S_{718}：S_{110SS})条件下的腐蚀速率/(mm/a)					
	不偶合	1：6	1：3	1：2	1：1	3：1
718	0.0612	0.0485	0.0481	0.0102	0.0064	0.0036
110SS	0.2194	0.1122	0.2083	0.2727	0.3257	0.3861

从实验结果可看出，110SS 低合金钢与 718 高合金钢偶合后，110SS 作为阳极会加速腐蚀，718 钢作为阴极会受到保护而腐蚀减缓，且电偶腐蚀速率均随阴阳极面积比的变化而变化。整体上看来，低合金钢阳极腐蚀加剧，高合金钢偶合后作为阴极受到保护，腐蚀速率变小。

1.5　H_2S/CO_2 腐蚀行为

采用高压釜在不同温度、不同酸性气体分压(CO_2 与 H_2S 比例为 2：1)下进行钢片腐蚀失重试验，即在含 3%NaCl 水溶液中评价温度及酸性气体浓度对 110SS 钢腐蚀的影响，结果如图 4 所示。

结果表明，在 CO_2/H_2S 比例一定的条件下，在相同温度下，钢片腐蚀速率随酸性气体总压力增大而增加。另外，在 60～80℃ 的温度区间内，两种共存的酸性气体对钢片的腐蚀速率较大，表明该温度区间是腐蚀易发生的敏感区域；温度低于 60℃，由于生成的硫化亚铁膜及碳酸亚铁膜对钢基体的保护作用，腐蚀速率较小；温度高于 80℃，存在生成的保护膜并不牢固致使局部腐蚀较严重现象。

2　结论

元坝长兴组油套环空环境介质腐蚀行为研究结果表明，硫酸盐还原菌、Cl⁻、溶解氧、不同材质之间电位差都是油套环空腐蚀的主要因素，而酸性气体如果渗入环空中也会按照特定规律对环空材质产生化学腐蚀，温度则会极大影响这些因素的腐蚀行为。根据这些因素的腐蚀机理，能够采取有效的措施极大地减轻油套环空的腐蚀程度。

参 考 文 献

[1] 郑义，陈馥，熊俊杰，等．一种适用于含硫油气田环空保护液的室内评价[J]．钻进液与完井液，2010.03，27(2)，37～39．

[2] 李晓岚，李玲，赵永刚，等．套管环空保护液的研究与应用[J]．钻进液与完井液，2010.11，27(6)，61～64．

[3] 黄建新，杨靖亚，张茜．硫酸盐还原菌对硫化物的分解作用研究[J]．西北大学学报(自然科学版)，2002，32(4)：401～405．

[4] 杨小平，郭元庆，樊松林，等．高密度低腐蚀无固相压井液研究与应用．钻井液与完井液，2010，27(5)：51～54．

[5] 霍绍全，唐永帆，黄红兵．高酸性油气田环空腐蚀控制[J]．第十三届全国缓蚀剂学术讨论会论文集，2000，154～157．

元坝气田钻井动态坍塌压力研究与应用

钟敬敏　胡永章　李勇　胡大梁

（中国石化西南油气分公司工程技术研究院）

摘　要　在钻井实践认识及坍塌压力理论分析的基础上，提出动态坍塌压力理论，认为动态坍塌压力是井壁坍塌宽度的函数，常规坍塌压力只是动态坍塌压力的一种特例，而动态坍塌压力则是常规坍塌压力的合理补充。在维护好井下安全的前提下，应用动态坍塌压力理论可以设计使用比常规坍塌压力更低的钻井液密度，以达到提高钻井速度、保护储层或获得更大的钻井液密度窗口等工程作业优势。根据井壁应力破坏规律建立了动态坍塌压力计算方法，应用于YB103H井钻井液密度设计中，有效解决了元坝地区陆相下部难钻地层因常规坍塌压力高而无法实施低密度钻井提速的难题；在允许井壁有一定程度失稳的情况下，安全地完成了欠平衡施工作业，机械钻速提高50.7%，节约纯钻时间763.8h，实现了安全提速的目的。动态坍塌压力的应用为高坍塌压力地区钻井液密度设计提供了一种新的思路。

关键词　元坝地区；动态；坍塌压力；井壁稳定；钻井液；密度

元坝气田位于四川盆地东北缘，勘探已发现自流井组、须家河组、雷口坡组及长兴组等天然气藏，并在YB27、YB204等井获得日产百万立方米以上的高产工业气流，展现了良好的勘探开发前景。但是，由于地质条件复杂，元坝地区钻井速度受到制约，尤其是3200～5000m井深的陆相下部地层，构造应力复杂、岩石致密、孔隙压力高、坍塌压力高，在平衡钻井的高密度条件下，平均机械钻速只有0.69m/h。严重影响了气田勘探开发进程的顺利推进。针对气田特定的地质条件，在深入工程地质特征研究的基础上，应用动态坍塌压力分析方法，优化了钻井液密度程序，实现了安全提速的目的。

1　技术现状及问题

1.1　元坝地区地质工程现状

根据水力压裂和岩心声发射资料分析，元坝气田地应力以走滑形式为主，总体上垂向应力居中，最大水平地应力>垂向地应力>最小水平地应力；地应力作用强，压实程度高，地层致密，微可钻级值达Ⅵ～Ⅸ，表现为中硬—硬地层；且地层孔隙压力高，在须家河组地层达到1.62～1.99MPa/100m。这些客观因素导致按常规坍塌压力和平衡钻井思路设计的钻井液密度较高，难以提高机械钻速。

1.2　围压对岩石破坏强度的影响

元坝地区须家河组岩心抗压强度实验表明，岩石破坏强度与围压关系密切，其岩石抗压

第一作者简介：钟敬敏（1978—），硕士，2004年毕业于西南石油大学油气井工程专业获硕士学位，现在中石化西南油气分公司石油工程技术研究院从事油气田地质力学研究工作。

强度 S_c 与围压 P_c 的关系如公式(1)所示。

$$S_c = 4.18 \times P_c + 128.393 \qquad (n=6, R^2=0.99) \qquad (1)$$

式中，S_c 为抗压强度，MPa；P_c 为围压，MPa。

当围压从 70MPa 降到 60MPa 时，岩石抗压强度将由 421MPa 下降至 379MPa，下降幅度近 10%。可见，钻井液密度越低，井底围压越小，井底岩石越容易破坏。钻井液密度的高低对钻井速度的影响不容忽视。

1.3 动态坍塌压力的提出

钻井液密度是钻井工程中非常重要而敏感的因素，如果能使用更低的钻井液密度施工则可以减少钻井液材耗，增加储层保护效果，较大幅度地提高钻井速度，并获得良好的经济效益。

坍塌压力是钻井液密度设计的重要依据，常规的坍塌压力计算要求井壁不发生应力坍塌与钻井实际情况并不一致。实际钻井施工中，井壁有一定程度的坍塌、扩径并不影响钻井安全，同时还可以适当放宽钻井液密度窗口，为储层保护、钻井提速、安全压力控制带来好处，因此有必要研究允许适当井壁失稳情况下坍塌压力的确定问题。不同井壁坍塌程度下对应的坍塌压力不是一个定值，称之为动态坍塌压力。

2 动态坍塌压力理论

2.1 传统坍塌压力理论

传统的坍塌压力定义为维持裸眼井壁不发生坍塌破坏所需要的最小井内液柱压力(MPa)或当量钻井液密度(g/cm^3)，常用符号 BF 表示。

根据岩石应力破坏准则，只有适当的钻井液密度才能维持井壁力学平衡，避免应力坍塌；当钻井液密度低于地层坍塌压力时，井壁就会发生失稳，且钻井液密度越低，井壁失稳就越严重。因此，为维持井壁稳定，预防井壁坍塌及相关复杂情况的发生，通常的钻井液密度都不低于地层坍塌压力。但是，在坍塌压力较高的地区，高钻井液密度往往给工程作业及储存保护等方面造成严重困难。

钻井实践表明，只要工程作业得当，在确保井眼净化的前提下，少量的井壁坍塌并不会对井下安全造成影响，只有当钻井液密度过低，井壁坍塌程度较高时，井壁失稳才会造成阻卡等复杂情况。因此，按传统坍塌压力设计的钻井液密度偏于保守，可以研究钻井液密度与井壁坍塌程度的关系，以适当的井壁坍塌为约束来优化钻井液密度参数。

2.2 动态坍塌压力理论及其意义

虽然钻井液密度低于坍塌压力会导致井壁失稳，但适当的井壁坍塌、扩径并不影响钻井施工安全。重要的是，在这个过程中，通过适当的降低钻井液密度，可增加钻井液密度窗口宽度，为简化井身结构、提高机械钻速、保护储层等问题的解决提供帮助。

据王金凤等人研究，钻井液密度低于地层坍塌压力后，井壁将失稳破坏并形成椭圆形井眼。在井壁失稳过程中会发生多期坍塌，且坍塌掉块的宽度以第一次为最大，之后的坍塌沿最小地应力方向向井壁深处发展，且掉块尺寸逐渐缩小，并最终稳定下来。

由于一方面，井壁坍塌深度受多次坍塌影响，边界条件复杂，无法用解析函数解答；另一方面，井壁坍塌宽度只受首次坍塌控制，并在后续坍塌中不再增加；因此，采用井壁坍塌宽度参数来描述井壁坍塌程度，将有利于建立使用钻井液密度和井壁坍塌程度的函数关系。

为方便描述，称一定井壁坍塌宽度条件下的钻井液密度为动态坍塌压力，并对相关术语作如下定义。

（1）动态坍塌压力：是井壁坍塌宽度的函数；用符号 $BF(\omega)$ 表示，其含义为允许井壁坍塌宽为 ω 时，所需要的最小钻井液密度（g/cm³）或井内液柱压力（MPa）。当 $\omega=0°$ 即井壁发生应力坍塌时，动态坍塌压力 $BF(0)$ 即等同于传统的坍塌压力 BF。可见，动态坍塌压力 $BF(\omega)$ 是对传统坍塌压力的扩展，传统的坍塌压力只是动态坍塌压力的一种特例，是一种考虑井壁坍塌宽度的坍塌压力理论。

（2）极限坍塌宽度：用符号 ω_s 表示，指特定地质环境及工程作业能力条件下，施工作业可安全应对的井壁坍塌宽度极限，单位(°)。

（3）极限坍塌压力：用符号 BFS 表示，定义为极限坍塌宽度条件下，井内的最低钻井液柱压力或当量钻井液密度，单位 MPa 或 g/cm³；$BFS=BF(\omega_s)$。极限坍塌压力值的大小与工程地质环境和工程作业能力有关。

动态坍塌压力理论意义在于，在维护好井下安全的前提下，寻求可使用的比常规坍塌压力更低的钻井液密度，以达到提高钻井速度、保护储层或获得更大的钻井液密度窗口等工程作业优势。

3 动态坍塌压力计算模型

3.1 井壁岩石坍塌破坏准则

判断井壁坍塌破坏的准则较多，如摩尔–库仑准则、DP 准则、虎克–布朗准则等，这些准则都可以作为井壁岩石稳定性判断的依据，且各有特点，但从地层岩石自身的复杂性、各准则参数的可操作性等方面综合考虑，摩尔–库仑准则仍是目前最好的选择。根据摩尔–库仑准则，井壁岩石破坏的判别如公式（2）所示。

$$\sigma_1 = \sigma_3 \tan^{-2}\left(45° - \frac{\varphi}{2}\right) + 2C \cdot \tan^{-1}\left(45° - \frac{\varphi}{2}\right) \tag{2}$$

式中，C 为岩石内聚力，MPa；φ 为岩石内摩擦角，(°)；σ_1、σ_3 分别为井壁岩石所受最大、最小有效主应力，MPa。

3.2 井壁主应力计算

从一般情况考虑出发，当井眼形成后，设其井斜角为 α，相对方位角为 β（井斜方向与最大水平地应力方向夹角）。建立井眼直角坐标 xyz 与地应力直角坐标 $\sigma_H\sigma_h\sigma_v$ 关系如图 1 所示。井眼坐标满足右手定则，其中 x 轴在水平面内，y 轴指向井眼高边方向，z 轴为井眼轴向。

求解图 1 所示井眼条件下井壁应力状态，可得当前深度点井壁任意位置（r，θ）处所受有

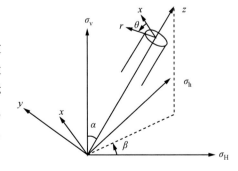

图 1　井眼坐标与地应力坐标关系

效主应力为一径向主应力 σ_{er} 和另外两个切向主应力 σ_{e1m}、σ_{e2m} 所构成，即：

$$\begin{cases} \sigma_{er} = 10^{-3}\rho_m g h_v - \eta \cdot P_p \\ \sigma_{e1m} = \dfrac{1}{2}(\sigma_\theta + \sigma_z) + \sqrt{\dfrac{1}{4}(\sigma_\theta + \sigma_z)^2 + \tau_{\theta z}^2} - \eta \cdot P_p \\ \sigma_{e2m} = \dfrac{1}{2}(\sigma_\theta + \sigma_z) - \sqrt{\dfrac{1}{4}(\sigma_\theta + \sigma_z)^2 + \tau_{\theta z}^2} - \eta \cdot P_p \end{cases} \tag{3}$$

其中：

$$\begin{cases} \sigma_\theta = S_{xx} + S_{yy} - 2(S_{xx} - S_{yy})\cos 2\theta - 4S_{xy}\sin 2\theta - P_w \\ \sigma_z = S_{zz} - 2\mu(S_{xx} - S_{yy})\cos 2\theta - 4\mu S_{xy}\sin 2\theta \\ \sigma_{\theta z} = 2S_{xz}\sin\theta + 2S_{yz}\cos\theta \\ S_{xx} = \sigma_H \sin^2\beta + \sigma_h \cos^2\beta \\ S_{yy} = (\sigma_H \cos^2\beta + \sigma_h \sin^2\beta)\cos^2\alpha + \sigma_v \sin^2\alpha \\ S_{zz} = (\sigma_H \cos^2\beta + \sigma_h \sin^2\beta)\sin^2\alpha + \sigma_v \cos^2\alpha \\ S_{xy} = \cos a \cos\beta \sin\beta(\sigma_H - \sigma_h) \\ S_{xz} = -\sin a \sin\beta \cos\beta(\sigma_H - \sigma_h) \\ S_{yz} = -\sin a \cos a(\sigma_H \cos^2\beta + \sigma_h \sin^2\beta - \sigma_v) \end{cases} \tag{4}$$

式中，α 为井斜角，(°)；β 为相对方位角，(°)；θ 为以 x 为始边的顺时针井周角，(°)；μ 为泊松比，无量纲；σ_H、σ_h、σ_v 分别为最大、最小水平地应力和垂向地应力，MPa；$P_w = 10^{-3}\rho_m g h_v$，为井内液柱压力，MPa；$\rho_m$ 为井内钻井液密度，g/cm³；g 为重力加速度，m/s²；h_v 为计算点垂直深度，m；P_p 为计算深度点地层孔隙压力，MPa；η 为 Biot 弹性系数，无量纲；其他各项为中间应力分量。

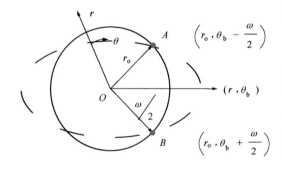

图 2　井壁坍塌截面示意图

3.3　动态坍塌压力计算方法

如图 2 所示，当钻井液密度较低，出现井壁坍塌时，在 A、B 位置岩石应力达到平衡状态，A、B 之间的井壁岩石由于其所受应力超过岩石承受能力而发生失稳坍塌。井壁坍塌区域 A、B 所对应的圆心 ω 为井塌宽度，坍塌区域中心在井轴坐标中的方位角 θ_b 为井壁坍塌方位。

令井壁上任意方位角 θ 处的差应力为 $f(\theta)$：

$$f(\theta) = \sigma_1 - \sigma_3 \tag{5}$$

其中，$\sigma_1 = \max(\sigma_{er}, \sigma_{e1m}, \sigma_{e2m})$、$\sigma_3 = \min(\sigma_{er}, \sigma_{e1m}, \sigma_{e2m})$ 为井壁 θ 方位角上的最大主应力和最小主应力。

差应力 $f(\theta)$ 是方位角 θ 的函数，具有正余弦函数特征。根据应力分布规律，在井塌方位角 θ_b 处，$f(\theta)$ 应当达到最大值，通过解析函数极值分析或者数值计算对比方法，即可求得井塌方位角 θ_b。

当井壁坍塌宽度为 ω 时，井壁坍塌的边界点 A 或 B（图 2）处应力满足公式（4）等式。此时，可以综合利用公式（2）～公式（5）建立井壁坍塌边界点的应力平衡方程：

$$\chi(\omega, \rho, C, \varphi, \mu, \eta, P_p, \sigma_H, \sigma_h, \sigma_v, a, \beta) = 0 \qquad (6)$$

可见，应力平衡方程 χ 是岩石力学参数 C、φ、μ、η，地应力参数 σ_H、σ_h、σ_v，孔隙压力参数 P_p，井眼轨迹参数 a、β，钻井液密度参数 ρ 及井壁坍塌宽度参数 ω 的函数。在获得具体的岩石力学、地应力、地层孔隙压力及井眼轨迹参数后，求解公式（6）即可计算获得一定坍塌宽度 ω 条件下的钻井液密度 ρ。此时，$BF(\omega) = \rho$ 即为允许井壁坍塌宽度为 ω 的动态坍塌压力。

4 动态坍塌压力在元坝地区的应用

4.1 动态坍塌压力特征分析

图 3 为 YB103H 井 4657m 动态坍塌压力计算结果。该深度上，$C = 27.84$ MPa、$\varphi = 38.15°$、$\mu = 0.193$ MPa、$\eta = 0.43$、$\sigma_v = 117.42$ MPa、$\sigma_H = 161.45$ MPa、$\sigma_h = 108.07$ MPa、$P_p = 83.89$MPa。分析结果显示：该层段地层在不发生井壁坍塌时，要求钻井液密度达 2.05g/cm³；允许井塌 $60°$ 时，需要钻井液密度为 1.65g/cm³；如果能让井壁坍塌宽度达到 $90°$，则钻井液密度可降低到 1.38g/cm³。

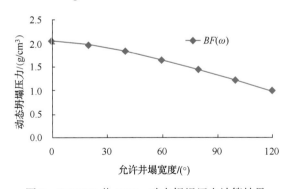

图 3 YB103H 井 4657m 动态坍塌压力计算结果

在元坝地区岩石力学参数、地应力及地层孔隙压力等参数剖面建立的基础上，按动态坍塌压力计算方法建立 YB103H 井允许井壁坍塌宽度分别为 $0°$、$60°$、$90°$ 的动态坍塌压力剖面如图 4 所示。

根据分析结果，动态坍塌压力剖面在 $3600\sim4962$m 的千佛崖组、自流井组和须家河组层段最高，且 $BF(0)$ 达 $1.9\sim2.2$g/cm³；若允许 $60°$ 的井塌宽度，则使用钻井液密度可以比常规坍塌压力低 0.3g/cm³ 左右；若允许井塌宽度为 $90°$，则钻井液密度可再降 0.3g/cm³ 左右。

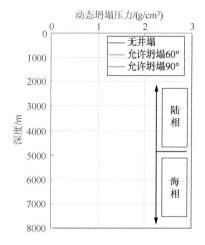

图 4　YB103H 井动态坍塌压力剖面图

4.2　YB103H 钻井液密度优化设计

应用动态坍塌压力剖面优化钻井液密度需要合理的井塌宽度参数，而允许井壁坍塌宽度和地质环境、工程作业能力相关。通过区域钻井实践及成像测井资料观察发现，在井壁坍塌宽度不超过 60° 的情况下，钻井工程作业无明显困难。另外，按模拟计算，井壁坍塌宽度大于 90° 后，井壁坍塌宽度较大，掉块将会较多，可能影响井下安全控制。因此，钻井液密度设计前计算了允许井塌宽度 60° 和 90° 时的动态坍塌压力剖面。现场施工中根据安全原则，首先使用相对安全的钻井液密度程序；然后，可根据实际情况进行适当调整。

根据 YB103H 井 $BF(60)$、$BF(90)$ 剖面成果，结合欠平衡要求，最终设计沙溪庙组–须家河组地层钻井液密度见表 1。整体上，设计钻井液密度以 $BF(60)$ 为高值，且设计最低钻井液密度不低于 $BF(90)$。各层位设计钻井液密度比常规坍塌压力最少低 0.18~0.27 g/cm³。

表 1　YB103H 井沙溪庙组–须家河组地层钻井液密设计表

层　位	井段/m	地层压力/ （g/cm³）	$BF(0)$ 均值/ （g/cm³）	$BF(60)$ 均值/ （g/cm³）	$BF(90)$ 均值/ （g/cm³）	设计钻井液密度/ （g/cm³）
沙溪庙组	3396~3657	1.11~1.46	1.33	1.15	0.99	1.05~1.15
千佛崖组	3657~3916	1.40~1.79	1.48	1.30	1.12	1.12~1.30
自流井组	3916~4410	1.56~1.88	1.92	1.65	1.34	1.34~1.65
须家河组	4410~4962	1.62~1.99	1.97	1.70	1.41	1.41~1.70

4.3　现场应用效果分析

在现场施工中，YB103H 井沙溪庙组–须家河组层段使用钻井液密度与设计基本一致（表 2）。液体欠平衡钻井井段达 1566m，平均机械钻速达到 1.04m/h，且划眼时间小于 27h。同等地层条件下，由低密度钻井液施工的 YB103H 井，较同区平衡钻井的平均机械钻速 0.69m/h 提高了 50.7%，节约纯钻时间 763.8h；同时，由于钻井液密度的下降，本井在最致密的须家河组地层使用钻头仅为 7 只，相比邻井常规钻井，节约钻头 3~5 只。由于钻井液密度的放开，YB103H 井有效地提高了最难施工井段的机械钻速，并减少了钻头数量及钻井液添加剂的使用，取得了良好的应用效果。

表 2　YB103H 井沙溪庙组–须家河组地层实钻情况统计表

地层	井段/m	实用钻井液密度/ （g/cm³）	实钻欠压值/（g/cm³）		机械钻速/ （m/h）
			欠压值范围	平均欠压值	
沙溪庙组	3396~3657	1.15~1.17	0~0.12	0.09	1.21
千佛崖组	3657~3916	1.16~1.35	0.12~0.34	0.23	1.26

续表

地 层	井段/m	实用钻井液密度/ （g/cm³）	实钻欠压值/（g/cm³）		机械钻速/ （m/h）
			欠压值范围	平均欠压值	
自流井组	3916～4410	1.38～1.65	0.18～0.34	0.28	0.96
须家河组	4410～4962	1.63～1.66	0.09～0.24	0.20	0.87

4.4 施工井段极限坍塌宽度分析

YB103H 井实钻中，千佛崖组、自流井组欠压值最高达 0.34 g/cm³，须家河组最高欠压值达到 0.24 g/cm³，主体欠压值维持在 0.2～0.3 g/cm³ 之间，本井实钻所采用钻井液密度高于 90°井塌条件下的动态坍塌压力值 $BF(90)$，低于地层孔隙压力剖面。

模拟显示，所使用密度在沙溪庙组-千佛崖组-自流井组地层内，井塌宽度在 75°左右；在自流井组中部-须家河组地层内，井塌宽度维持在 60°左右。其中，在千佛崖组底部，钻井欠压值最高达 0.34g/cm³，对应井塌宽度也最大，整体超过 75°，实钻中此井段出现遇阻划眼情况。根据实钻分析认为，在应用动态坍塌压力参数设计钻井液密度时，元坝地区沙溪庙组-须家河组地层极限坍塌宽度 $\omega_s \approx 75°$。

总的来讲，YB103H 井在陆相下部层段，最高使用 0.34 g/cm³ 的欠压值，在允许井壁有一定程度失稳的情况下，安全的完成了欠平衡施工作业，实现了安全提速的目的。

5 结论

（1）动态坍塌压力理论是常规坍塌压力理论的扩展，是一种考虑井壁坍塌宽度的坍塌压力计算方法，它符合现场钻井工程作业能安全应对适当井壁坍塌的实际情况，可为高坍塌压力地区钻井液密度的释放提供理论依据与技术支持。

（2）应用动态坍塌压力计算结果有效地指导了 YB103H 井沙溪庙组-须家河组层段的钻井液密度设计，并在现场实践中取得成功，在井壁有一定坍塌的情况下，实现了安全提速的目的。

（3）极限坍塌宽度与地质环境及工程作业能力有关，应用动态坍塌压力剖面设计钻井液密度时，应参考工区实钻情况。在缺乏可靠的极限坍塌宽度参数时，可先按较小的井塌宽度进行钻井液密度设计，然后，再根据实钻情况进行优化调整。

参 考 文 献

[1] 李士斌，窦同伟，董德仁，等. 欠平衡钻井井底岩石的应力状态[J]. 石油学报，2011，32（2）：329～334.

[2] 夏家祥. 川西深井提速的实践与认识[J]. 钻采工艺，2009，32（6）：1～4.

[3] 邓金根. 井壁稳定预测技术[M]. 北京：石油工业出版社，2008.

[4] 王桂华，徐同台. 井壁稳定地质力学分析[J]. 钻采工艺，2005，28（2）：7～10.

[5] 刘玉石. 地层坍塌压力及井壁稳定对策研究[J]. 岩石力学与工程学报，2005，23（14）：2421～2423.

[6] 王金凤，邓金根，李宾. 井壁坍塌破坏过程的数值模拟及井径扩大率预测[J]. 石油钻探技术，2000，28（6）：13～14.

地面集输工程

　　天然气集输工程是地面集输工程的核心内容，也是天然气工程技术中一个非常重要的生产环节。采气二厂成立以来特别是元坝海相气田建设以来，改良、优化了包括"全湿气加热保温混输工艺"在内的等诸多集输工艺。本部分内容包括天然气集输系统、天然气增压、天然气脱硫、天然气的计量、天然气系统集输安全技术、自动化控制、常用设备及阀门等，注重理论与实践的结合，在全面介绍天然气集输工程相关技术知识的同时，强调了这些技术在生产实际中的运用，能较好地体现高含硫气田生产运行及安全管理的技术水平。本部分内容既是对川东北气田地面集输系统技术成果的总结，也为同类气田地面集输系统的运行管理提供了良好的借鉴。

元坝高含硫气田笼套式节流阀损毁原因及改进措施

黄仕林　庄园　曹纯　任思齐

(中国石化西南油气分公司采气二厂)

摘　要　元坝气田投产初期，站场地面工艺流程的二级笼套式节流阀频繁出现"节流失效"现象，造成工艺管道超压触发站场三级关断。通过拆卸"节流失效"的二级节流阀，发现节流阀的内部阀件普遍存在严重损毁现象。为了查明节流阀损毁原因，本文从节流阀结构、阀套材质、生产工况条件和现场操作四方面进行了深入分析，并采取了更换新型节流阀、预防水合物形成、规范开井操作、调整气田联锁逻辑四项具体的改进措施，有效地降低了二级笼套式节流阀的损坏概率，保障了元坝气田安全、平稳生产。

关键词　元坝高含硫气田；笼套式节流阀；失效原因；改进措施

引言

元坝气田是迄今为止世界上气藏埋深最深、开发风险最大、建设难度最高的酸性大气田，具有超深、高温、高压、高含硫化氢、储层纵横向变化大、气水关系复杂等特点。元坝气田气藏平均埋深6673m，平均H_2S含量5.53%，CO_2含量8.17%。

为适应元坝气田"三高"的恶劣工况环境，地面集输管线的二三级节流阀均选取了国外某知名公司耐冲蚀的外套筒——内笼套式节流阀，节流阀由电动执行机构和阀体两部分组成，通过执行器带动节流阀中心轴运动(图1)。

元坝气田投产初期，二级节流阀曾多次出现"节流失效"现象，造成节流阀后端工艺管道超压，触发站场 ESD-3 联锁泄压关断。通过拆卸"节流失效"的二级节流阀情况来看，多次发现节流阀件损毁。而二级节流阀属于关键设备，当节流阀失效后，必须经过关井、燃气置换、拆卸、更换、试压等一系列复杂作业后才能重新恢复生产，极大地影响了元坝气田的平稳、高效生产。

图1　部分损毁的二级节流阀拆卸图

第一作者简介：黄仕林，男(1985—)，四川西充人，毕业于西南石油大学油气田开发专业，获硕士学位。现工作于西南油气分公司采气二厂，工程师，主要从事气田开发、采气工艺、地面集输技术等方面的管理和研究。

为了查明节流阀损毁原因，拟从节流阀结构、阀套材质、工况条件和现场操作四方面进行深入分析。

1 节流阀损毁失效原因分析

1.1 阀门内部结构不合理

图 2 为该节流阀的结构示意图，高压流体从节流阀入口进入笼套与阀芯之间的环形空间，并改变流体的流动方向，通过阀套的节流孔眼后膨胀进入阀套中心，流体相互撞击、挤压完成节流压降过程。

从该节流阀的内部结构图可知，阀套的固定方式为卡套式固定而非采用螺纹连接，同时阀套与阀芯之间的进气缓冲空间较小，最大仅 $\phi30mm\times50mm$。因此当节流阀受到较大的瞬时冲击力时，无法有效分散酸气对节流阀件的冲击，极易造成节流阀阀件损毁。

此外如图 3 所示，该节流阀阀套采用两组对称分布的 9 个 $\phi1mm$ 节流孔眼和 $\phi10mm$ 导流孔眼设计。当阀门开度偏低时，由于阀套的孔眼设计过小极易被杂质堵塞。

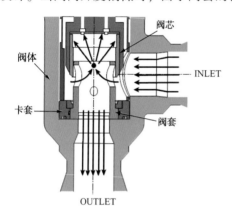
图 2　笼套式节流阀内部结构图

图 3　节流阀阀套孔眼分布结构

1.2 阀套材质塑性差

该节流阀与流体接触的外套筒、阀芯和阀套均选用 5CB 碳化钨材质，5CB 是指碳化钨合金内含有 5% 的复合黏结剂，主要为钴、镍、铬等添加物。

碳化钨具有极高的硬度，能抗磨损、抗腐蚀，因此常被用于制作硬质合金。但碳化钨为六方晶系结构滑移系少，即塑性变形困难，当碳化钨受到较强的拉伸应力或扭力的时候容易发生局部脆断现象。图 4 所示的节流阀阀套损毁情况，可明显地看出断裂破损现象。

1.3 生产工况条件

1.3.1 天然气水合物形成

天然气水合物形成与温度、压力以及天然气的组分等因素有关，一般要具备以下 3 个条件：

图 4 节流阀阀套损毁图

（1）天然气中有液态水存在或含有过饱和状态的水气——水分、小分子、烃类、H_2S、CO_2等。

（2）采输过程的低温和高压生产条件。

（3）气体压力波动或流向突变产生扰动或有形成水合物的结晶中心。

元坝气井投产初期，井筒具有油压高、油温低的特征。当井筒油温还未提升的情况下，各级节流阀后端的温度会出现低于0℃以下的情况，加上地层酸液的返排为天然气水合物的形成提供了必要条件。并且气体含有较高组分的 H_2S 和 CO_2，会进一步提高水合物的临界温度，致使水合物更易产生(图5)。

元坝气田自投产以来，井口一级后压力主要集中在 22~30MPa，二级后压力在 10~15MPa，三级后压力受外输气量和管网距离的影响控制在 5.5~8MPa。考虑气井天然气组分的差异，利用 HYSYS 软件对集输管线 5~35MPa，H_2S 含量 3%~10%时的天然气水合物形成条件进行模拟。

图 5 某气井节流阀前管道内
形成的天然气水合物

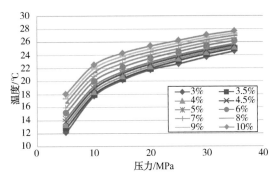

图 6 不同集输压力和 H_2S 含量下的
天然气水合物临界生成温度

根据图6拟合的结果，一级节流后压力对应水合物生成温度为 22~26℃，二级节流后压力对应水合物生成温度为 18~20℃，三级节流后压力对应水合物生成温度为 14~19℃。节流阀节流前后会产生明显的温降压降，而水套加热炉只对三级流阀前后的管线进行加热。二级节流阀前后的管线温度仅能通过酸气所携带的地层温度缓慢提升，当其管线温度未提升到水合物临界温度之上时有水合物形成的条件。

1.3.2 地层杂质返排

1. 地层入井液

气井在钻进储层的过程中存在泥浆漏失情况，酸化压裂后有未能及时返排的酸液、压裂液。这些滞留在地层内的液体使用了大量有机高分子聚合物，在地层中热降解困难，并且酸液、压裂液破胶后还会产生一定量的残渣。

2. 地层颗粒

元坝气田部分气井采用裸眼完井，酸压后地层裂缝尤其井筒附近的岩石较为疏松，裂缝

内部脱落的碳酸盐岩颗粒被酸气携带而出。同时产出液中硫化物、高矿化度地层水会由于压力和温度的降低而析出单质硫和盐垢。

如图7所示，由于节流阀阀套孔眼尺寸的限制，地层返排的单质硫滞留于笼套与阀芯之间的环形空间内堵塞节流阀，一方面减少了气体的流动通道，影响节流效果。另一方面会出现节流阀阀位开关不到位、力矩跳断的现象，影响气井的正常生产。

图 7　单质硫堵塞节流阀

1.4　现场操作不合理

由于元坝气田投产初期，对地面集输设备的工作性能以及开井建压规律尚不明确，在投产过程中较常出现以下几种典型的不合理操作：

1. 节流阀开度设置过低

因节流阀开度设置不合理，各级管线建压时速度过慢，节流前后压降过大。

2. 水套炉热效率低

开井前水套炉未提前预热，空气与燃料气混合比设置不合理，水套炉燃料气进气量调节过小等原因导致了集输管线温度长时间难以提升。

3. 频繁开关井

关井后会切断井筒与地面管线之间的热传递，井筒及集输管线温度会下降，静置在管道内的酸气更易积聚形成天然气水合物和硫沉积。

4. 复位联锁操作不合理

当水套炉二级节流阀或三级节流阀后端的管线压力达到18MPa、8.5MPa的高限值时会引起水套炉二、三节流阀联锁关断，关断过程中导致上游集输管线憋压，触发井口 ESD-3 泄压关断。此时二级节流阀后端的酸气会反向流动至井口高压放空管线。酸气管线的放空一方面会迅速降低管道内尤其是节流阀前后的温度，加速水合物的形成。另一方面又会迅速改变酸气流动方向，给节流阀造成较强的冲击力。当站场人员对手操台 ESD-3 紧急复位时，水套炉二、三级节流阀又会恢复到关断前的开度，若此时节流阀已出现堵塞时，该操作极易造成节流阀损毁。

1.5 失效原因总结

通过对节流阀内部结构、阀套材质、生产工况条件和现场操作四方面的深入分析可以得出，造成节流阀失效的原因是较为复杂的，但节流阀内部结构设置不合理，阀套材质塑性差是节流阀失效的最根本原因；投产初期天然气水合物的形成、地层杂质的返排、人为不合理操作是节流阀损毁的外在因素。

2 改进措施

针对元坝气田复杂的生产工况条件，为了有效地降低二级节流阀损毁，主要采取了以下五点改进措施：

1. 更换新型节流阀

由于节流阀阀套小孔眼的设计初衷是实现阀门小开度时（<40%）的小产量调节，而元坝气田气井产量较高（平均 $45 \times 10^4 \mathrm{Nm}^3/\mathrm{d}$），气井生产时节流阀

图8 新更换的阀套结构示意图

开度普遍大于 60%，现场小开度调节时主要用于集输管线流程建压。因此在不更换原节流阀阀体的情况下，适当牺牲节流精度，将原阀套更换为新阀套（图8、图9）。更换的阀套仅

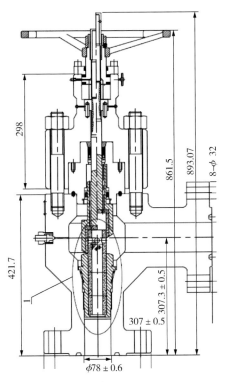

图9 新采用的笼套式
节流阀内部结构图

保留两大（$\phi15\mathrm{mm}$）和两小（$\phi5\mathrm{mm}$）的呈对称分布的节流孔眼，降低天然气水合物和杂质堵塞节流阀孔眼的可能。同时将节流阀的最大开关力矩由 95% 下调至 90%，增强节流阀力矩自保效果。

其次在元坝气田某气井试用了改进的国产化二级笼套式节流阀，该节流阀阀套采用螺纹连接，阀套孔眼均匀分布，且笼套与阀芯的环形缓冲空间较大。阀芯和阀套材质改为抗塑性能力更好的4130结构钢，避免高应力冲击脆断。目前该节流阀已在气井生产中使用一年，未出现损毁情况。

2. 预防水合物形成

开井前提前向井筒注入甲醇，将水套炉水温预热至 80~90℃；开井过程中合理调整水套炉燃料气用量和空气混合比，集输管线及时伴注甲醇，利用热水、蒸汽或者电伴热带对节流阀及前后的裸露管线加热，降低开井时水合物形成概率。

3. 规范开井操作

根据气井配产参数提前预设节流阀开度，开井过程中快开快调各级节流阀，在 0.5h 内完成气井配产，减少集输管线节流、建压时间。投产初期气

井产量可大于配产制度，利用高产量酸气所携带的地层热量迅速提升地面管线温度。

4. 更改联锁恢复逻辑

调整二三级节流阀联锁恢复逻辑，复位 ESD-3 按钮后不会触发节流阀阀门动作，避免节流阀出现力矩跳断。

上述 4 点改进措施在元坝气田的现场应用效果良好，有效地降低了二级笼套式节流阀的损坏概率，保障了元坝气田平稳、安全、高效生产。

3 结论

（1）本文从节流阀内部结构、阀套材质、生产工况条件和现场操作四方面深入分析二级节流阀失效原因。结果表明：节流阀内部结构设置不合理，阀套材质塑性差是节流阀失效的最根本原因；投产初期天然气水合物的形成、地层杂质的返排、人为不合理操作是节流阀损毁的外在条件。

（2）对元坝气田复杂的工况条件，采取了更换新型节流阀、预防水合物形成、规范开井操作、调整气田联锁逻辑四项具体改进措施，在元坝气田现场应用效果良好，有效地降低了二级笼套式节流阀的损坏概率。

参 考 文 献

［1］刘言，王剑波，龙开雄，等.元坝超深水平井井身结构优化与轨迹控制技术[J].西南石油大学学报，2014，36(4)：131~136.

［2］刘萍萍，李悦钦，王亚丽，等.笼套式节流阀冲蚀磨损计算研究[J].石油机械，2011，39(4)：53~56.

［3］陈赓良.天然气采输过程中水合物的形成与防止[J].天然气工业，2004，24(8)：89~91.

［4］王海秀.含（$CH_4 + CO_2 + H_2S$）酸性天然气水合物生成的影响因素[J].天然气化工，2014 (4)：13~15.

［5］陈蕊，姚麟昱，苏亮，等.HYSYS在元坝气田水合物预测方面的探讨.第三届全国油气储运科技、信息与标准技术交流大会[C].2013.

［6］张广东.高含硫气藏相态特征及渗流机理研究：以元坝地区长兴组气藏为例[D].成都理工大学，2014.

［7］朱义吾，赵作滋，巨全义，等.油田开发的结垢机理及防治技术[M].西安：陕西科学技术出版社，1995：95~102.

元坝高含硫气田水合物实验研究

朱 国　冯 宴　刘兴国

(中国石化西南油气分公司采气二厂)

摘 要 元坝气田天然气为高含硫过成熟干气，在采集输过程中容易形成水合物，而井筒、集输管线属于水合物形成的高发部位，一旦形成将严重影响正常生产。为此，开展元坝气田长兴组水合物生成及抑制剂实验，结果表明：压力小于 20MPa 时元坝气田长兴组含硫天然气水合物生成温度随压力增加明显，压力高于 20MPa 时水合物生成温度增加相对平缓。即在低压情况下水合物形成温度对压力的变化越敏感。天然气水合物生成温度随着甲醇和乙二醇在浓度增加逐步降低，压力较低时水合物生成温度较低，说明甲醇和乙二醇对水合物生成有明显的抑制作用。

关键词 元坝气田；高含硫；水合物；实验研究

元坝气田长兴组天然气组分含有 H_2S 102g/m^3、CO_2 6.06%。由于气藏 H_2S/CO_2 组分含量高，水合物研究比一般的干气气藏复杂得多，基础理论研究和实验研究的难度都很大。目前，国内外在常规天然气水合物生成实验、预测模型、防治技术方面做了大量研究工作，并取得了重大的发现。但是对于高酸性气藏，由于 H_2S 的剧毒性和对设备的腐蚀性，大大制约了高酸性气体水合物的实验与理论研究。目前高酸性天然气水合物的研究不能满足工业应用及有关实验和模型的开发。因此，有必要进行高酸性天然气水合物生成温度的实验研究，提出合理的防治措施，减少水合物堵塞事故和环境污染，确保高酸性气田高效、稳定开发。

1 实验简介

本实验采用自主研制的用于测试高酸性气体水合物实验装置，该装置最大工作压力为 100MPa，工作温度达到 $-50\sim200$℃。采用蓝宝石视窗抗硫合金高压釜，该釜用蓝宝石块作全观察窗，满足抗硫、高压和观察要求，不仅能用于测试高酸性气体水合物生成条件，还能开展高酸性气体水合物动态实验测试。该装置结构外形如图 1 所示。此套系统主要由可视化不锈钢筒、恒温空气浴、压力控制系统、注入系统、以及温度数据采集系统等组成，结构示意如图 2 所示。

测试元坝气田长兴组含硫天然气的水合物生成温度，在降温阶段因存在过冷现象，故以加热升温阶段水合物开始熔化温度判定水合物生成的临界温度更准确。实验步骤如下：

(1) 检查和清洗可视高压釜结构、高压管线，连接高压管线、可视高压釜、温度压力传感器、泵及中间容器，组成水合物生成温度测试系统。

第一作者简介：朱国，男(1986—)，四川阆中人，毕业于西南石油大学油气田开发专业。现工作于西南油气分公司采气二厂，工程师，主要从事采气工艺、地面集输及污水处理方面的研究。

图 1 装置结构外形

（2）以水为介质对水合物生成温度测试系统加压至 70MPa，测试系统承压性和密封性。

（3）泄压后将管线及高压釜抽真空后，从底部向高压釜内加入液样。

（4）打开进气阀向可视高压釜进气，利用手动泵加压，在此过程中，不断调节手动泵的微调，保持压力在预定值。

（5）设定加热温度，启动加热系统开始升温，使可视高压釜及其内部气液温度达到水合物生成温度以上，并保持 15min，使温度均匀。在加热过程中，通过压力传感器测量观察，调节手动泵调节可视高压釜内流体压力，来实现压力精确控制。

（6）启动冷却系统开始降温，使可视高压釜及其内部气液体系温度下降。在降温过程中，通过压力传感器测量观察，调节手动泵调节可视高压釜内流体体系压力，来实现压力的精确控制。

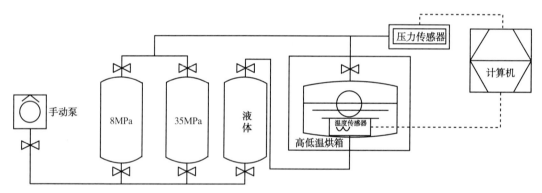

图 2 水合物生成温度测试示意图

（7）通过观察窗仔细观察高压釜内体系的变化，当反应釜中有微量水合物晶体，保持体系温度不变，待大量、足够的水合物生成，停止冷却。

（8）设定加热温度，启动加热系统开始缓慢升温，通过手动泵调节和保持可视高压釜内体系压力，仔细观察高压釜内水合物晶体变化。记录水合物晶体开始融化温度。

（9）继续升高体系温度、降低体系压力，直到确定高压釜中的水合物及其晶核全部消失。

（10）重复实验步骤，开始做下一个预计压力下水合物生成温度。

2 水合物生成条件实验

元坝气田长兴组根据 YB103H 井天然气组分按甲烷 84.50%、硫化氢 7.78%、二氧化碳 7.00%、乙烷 0.74% 的进行配样。实验采用自主研制的用于测试高酸性气体水合物实验装置，在不同压力下对元坝气田长兴组含硫天然气水合物温度进行了实验测定，结果见表 1，压力与水合物生成温度如图 3 所示。从观察视窗看，元坝气田长兴组含硫天然气在压力

8MPa、35MPa下形成水合物如图4、图5所示。

表1　不同压力下元坝气田长兴组含硫天然气水合物生成温度

压力/MPa	5.5	6.0	7.0	8.0	9.0	10.0	15.0	20.0	25.0	30.0	35.0	40.0	50.0	60.0
温度/℃	15.7	17.4	18.6	20.5	21.2	21.8	23.6	25.1	26.3	27.1	28.3	28.8	30.2	31.3

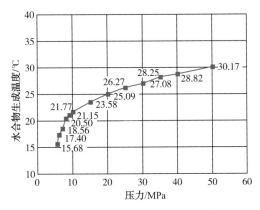

图3　压力与水合物生成温度关系

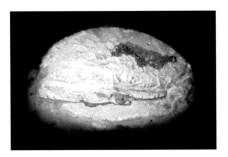

图4　8MPa下水合物形态

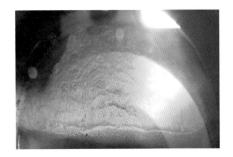

图5　35MPa下水合物形态

　　从图3可以看出，在压力≤20MPa下 H_2S/CO_2 天然气水合物生成温度随压力增加明显，压力≥20MPa时水合物生成温度增加相对平缓。也就是在低压情况下水合物形成温度对压力的变化越敏感。

3　水合物抑制剂筛选实验评价

　　通过水合物的生成条件、水合物相态平衡等方面的研究，认识和掌握元坝气田长兴组含硫天然气水合物的生成和分解规律，针对YB103H井天然气进行水合物抑制剂甲醇、乙二醇实验评价研究，分别对不同浓度和压力下甲醇和乙二醇抑制水合物生成温度进行实验测试。用自来水配制成不同质量浓度甲醇和乙二醇水溶液，测量8MPa和35MPa水合物生成的温度。数据采集系统记录温度、压力变化。

3.1 甲醇对元坝气田长兴组含硫天然气水合物生成温度的影响

在 8.0MPa 和 35.0MPa 压力下，按 2.22 m³/100×10⁴m³、7.00 m³/100×10⁴m³、8.00 m³/100×10⁴m³、9.00 m³/100×10⁴m³、9.60m³/100×10⁴m³、17.00 m³/100×10⁴m³ 加注不同浓度的甲醇抑制剂后，测定元坝气田长兴组含硫天然气水合物生成温度。元坝气田长兴组产水量按开发 100×10⁴m³ 原料气同时产出 20m³ 地层水考虑，甲醇密度 0.792g/cm³，水密度 1g/cm³，因此折算成质量浓度即为 8.09%、21.70%、24.10%、26.30%、27.50%、40.23%。水合物生成温度、甲醇浓度与水合物生成温度关系见表 2。

表 2　不同甲醇浓度下元坝气田长兴组含硫天然气水合物生成温度

甲醇浓度		水合物生成温度/℃	
m³/(100×10⁴m³)	%(质量分数)	8.0MPa	35.0MPa
0.00	0.00	20.50	28.25
2.22	8.09	17.31	24.16
7.00	21.70	9.50	15.43
8.00	24.10	7.78	13.69
9.00	26.30	6.49	12.62
9.60	27.50	5.36	11.56
17.00	40.23	−3.90	1.43

从图 4、图 5 可以看出，抑制剂甲醇在浓度增加时水合物生成温度逐步降低。8.0MPa 与 35.0MPa 压力相比较，水合物生成温度较低，相差 5.33～7.75℃，与压力对水合物生成温度影响趋势一致，即压力较低时水合物生成温度较低。

3.2 乙二醇对元坝气田长兴组水合物生成温度的影响

在 8.0MPa 和 35.0MPa 压力下，按 7.00m³/100×10⁴m³、8.00 m³/100×10⁴m³、10.0 m³/100×10⁴m³、15.0 m³/100×10⁴m³ 加注不同浓度的乙二醇抑制剂后，测定水合物生成温度。元坝气田产水量按开发 100×10⁴m³ 原料气同时产出 20m³ 地层水考虑，乙二醇密度 1.113g/cm³，水密度 1g/cm³，因此折算成质量浓度即为 28.03%、30.94%、35.75%、45.50%。水合物生成温度见表 3，不同甲醇、乙二醇浓度与水合物生成温度关系如图 6、图 7 所示。

表 3　不同乙二醇浓度下元坝气田长兴组含硫天然气水合物生成温度

乙二醇浓度		水合物生成温度/℃	
m³/(100×10⁴m³)	8.0 MPa	8.0 MPa	35.0 MPa
0.0	0.00	20.50	28.25
7.0	28.03	7.83	14.55
8.0	30.94	5.90	12.72
10.0	35.75	3.22	9.74
15.0	45.50	−2.78	3.75

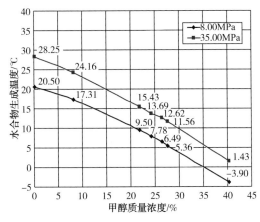 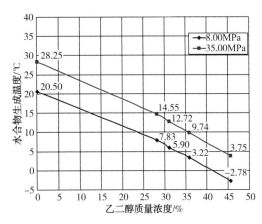

图6 不同甲醇浓度下天然气水合物生成温度　　图7 不同乙二醇浓度下含硫天然气水合物生成温度

从图6、图7可以看出，抑制剂乙二醇在浓度增加时水合物生成温度逐步降低，近似线性变化。8.0MPa与35.0MPa压力相比较，水合物生成温度较低，相差7℃左右，与压力对水合物生成温度影响趋势一致，即压力较低时水合物生成温度较低。

由此可以看出，甲醇对元坝气田长兴组含硫天然气水合物生成抑制效果较乙二醇明显，浓度越高，甲醇抑制效果较乙二醇越明显。

4　结论

（1）自主研制高酸性天然气水合物生成温度测试装置，采用蓝宝石视窗抗硫合金筒，用蓝宝石块作全观察窗，满足抗硫、高压和观察要求，工作温度为−50～200℃。

（2）在压力≤20MPa下元坝气田长兴组含硫天然气水合物生成温度随压力增加明显，压力≥20MPa时水合物生成温度增加相对平缓。即在低压情况下水合物形成温度对压力的变化越敏感。

（3）甲醇和乙二醇在浓度增加时元坝气田长兴组含硫天然气水合物生成温度逐步降低，压力较低时水合物生成温度较低。即甲醇和乙二醇对元坝气田长兴组含硫天然气水合物生成有明显的抑制作用。

参 考 文 献

[1] 李旭日，白晓弘，贾浩民，等．靖边气田H₂S含量对气井水合物堵塞影响研究[J]．石油地质与工程，2010.11（24）：129～131.

[2] 刘华，李相方，曾大乾，等．普光气田采气井口水合物预测与防止技术[J]．天然气工业，2007.05：88～90.

[3] 程浩，赵玉．涩北气田防治水合物堵塞浅议[J]．天然气工业，2010.12（28）：88～90.

[4] 梁晨．普光气田采气井口水合物预测与防止技术[J]．新疆石油天然气，2010.12（4）：92～96.

元坝气田高含硫气藏水合物防治技术研究

陈曦 孙千 叶青松 梁中红 黄元和

(中国石化西南油气分公司采气二厂)

摘 要 本文通过对国内外水合物的研究现状、元坝气田高含硫气藏水合物形成的危害进行了分析研究，明确了水合物堵塞现象对正常生产的危害：会使井筒和主流程产生冰堵现象，严重影响正常生产，形成安全隐患。从而对元坝高含硫气田水合物形成的各种因素从内因和外因上进行了充分的分析研究，包括天然气的组分、温度、压力、离子浓度、搅拌速率、生产系统情况等方面，同时分析了硫化氢对水合物形成的影响，包括硫化氢的体积分数对水合物形成温度的影响和硫化氢对天然气含水饱和度的影响两方面。最后对元坝高含硫气田的水合物形成提出了相应的防治措施，包括井筒水合物的防治措施和地面水合物的防治措施，同时对典型井的预防措施和应急处理效果进行了分析。

关键词 元坝气田；高含硫气藏；水合物；形成因素；防治措施

引言

人们对气体水合物的实质性研究始于对天然气管道运输中遇到的天然气水合物堵塞问题。由于在油气生产与运输及未来能源产业中的重大价值，近年来有关天然气水合物的性质及其生成和分解过程成了人们关注和研究的热点[1-2]。目前，关于水合物的相平衡理论、热力学性质、生成预测方法及其结构的研究已经相当深入；而关于其分解过程的研究相对来说起步较晚。国内天然气水合物分解动力学的研究基本上还处于空白状态，国外也是在1987年才开始。但是从实际生产的角度考虑，天然气水合物分解动力学的研究是很有实际意义的。水合物在正常生产过程中一但形成，会使井筒及流程管线内形成水合物冰堵现象，造成流程堵塞、超压，严重影响安全生产。随着越来越多的高含硫气藏投入开发，H_2S 对于水合物的形成影响也越来越受到关注，元坝气田长兴组气藏15口井18个层天然气分析资料统计表明：天然气主要成分 CH_4 含量 75.54%~91.88%，平均85.85%；C_2H_6 含量 0.03%~0.06%，平均0.04%；CO_2 含量 3.12%~15.51%，平均7.59%；H_2S 含量 1.42%~6.65%，平均为5.01%；N_2 含量 0.24%~2.89%，平均为0.81%。天然气相对密度 0.5614~0.7172g/cm³，平均 0.6455g/cm³。天然气临界压力 4.6923MPa、临界温度 194.01K。对高含硫气藏水合物形成机理的进一步研究，可以使我们充分认识水合物形成的过程，从而有效地指导开发生产和地面工程建设。

1 水合物的危害

在高含硫气井开井初期，油压比较高，在50MPa左右。同时由于气井长时间处于关闭

第一作者简介：陈曦，男(1986—)，四川西充人，毕业于重庆科技学院石油工程专业。现工作于西南油气分公司采气二厂，工程师，主要从事采气井控和地面集输的研究。

状态，刚开井时油温比较低，一般都在5℃以下。所以在初次开井时，一级节流后、二级节流后、三级节流后以及外输的温度都在0℃以下。在生产一段时间之后，流程上会出现冰堵现象，气流无法顺畅通过，甚至井筒中都会产生冰堵，导致一级节流后、二级节流后或者三级节流后压力超高的现象，严重的会引起集气站的三级关断。关断恢复后再次生产时，流程就被彻底堵死了，气流无法外输，严重影响正常生产，形成安全隐患。

2 水合物形成的影响因素

影响天然气水合物生成的因素有内因与外因，主要有以下几个方面：

2.1 天然气组分

天然气组分组成是决定是否生成水合物的内因，组分组成不同的天然气，水合物形成温度不一样，CH_4含量越高，其形成水合物的温度就越低；压力越高，组分组成对水合物生成的温度影响就越小，压力越低，影响就相对较大；组分组成差别越大的气体，其水合物生成条件也相差越大（图1）。

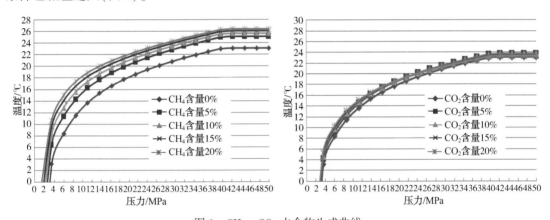

图1　CH_4、CO_2水合物生成曲线

元坝气田对水合物形成影响先后顺序：$H_2S \rightarrow C_2H_6 \rightarrow CO_2 \rightarrow N_2$，在相同条件下，$C_2H_6$比$CH_4$更容易生成水合物（图2）。随着$C_2H_6$含量的增加，对天然气水合物生成条件的影响程度却有所减小（图3）。

2.2 温度和压力

从图4（假设只有甲烷气体）可看出：甲烷气体生成水合物的温度与压力成指数关系，即压力越高，形成水合物的温度也越高。高压低温有利于水合物生成，从影响水合物形成的敏感程度而言：压力在20MPa以下时，压力的影响远比温度影响敏感；压力在20MPa以上时，温度的影响

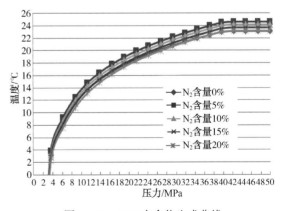

图2　N_2、H_2S水合物生成曲线

却远比压力影响敏感。含量为10%不同压力下水合物生成温度见表1。

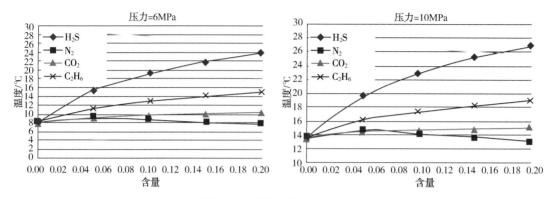

图3 相同压力下随含量增加水合物生成曲线

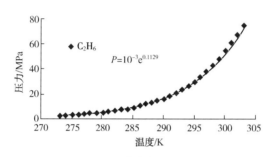

图4 CH₄水合物生成曲线

表1 含量为10%不同压力下水合物生成温度   ℃

组分(10%)	压力/MPa		
	6	10	20
硫化氢	19	23	26
乙烷	13	17	21
二氧化碳	9	15	19
氮气	8	14	19

2.3 离子浓度

实验证明：随着天然气从井中带出的地层水的矿化度越高，水合物形成温度越低。经分析，这与溶液中水的活度系数有关。在水溶液中含有相同物质的量的氯化物，随着离子电荷数的增多，水的活度系数降低，即 $AlCl_3 < CaCl_2 < KCl$。水的活度系数与水相中不同的盐离子引起的水的混乱度以及离子的表面电荷等有关。离子电荷数越多，表面电荷越大，离子与水分子之间的相互作用力越强，水的混乱度越明显，相应地水的活度越低。水的活度越低越不易形成水合物。因此，$AlCl_3$ 溶液中甲烷水合物的生成条件要比 KCl 的高，并且水合物稳定存在的范围也小。

地层水都具有一定的矿化度，即离子浓度。离子在水溶液中产生离子效应，可以破坏其电离平衡，改变水合离子的平衡常数，影响水合物的形成(图5)。

2.4 搅拌速率

搅拌速率是影响水合物生成的一个重要参数。搅拌速率越大，其水合物形成温度越高，这主要是由于一旦水合物中有晶核形成，增大搅拌速度，相当于增大晶种的堆积速度，因而其形成的时间越短，水合物形成温度越高。

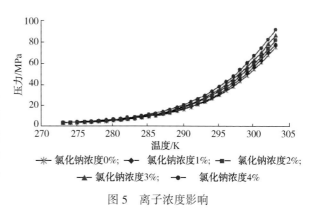

图 5 离子浓度影响

2.5 生产系统情况

在生产实际中，气体产量、地温梯度、油管直径以及螺纹连接处的密封好坏都与水合物的形成有关，油管内的温度随气体产量而变，因此，用调整产量的方法可改变水合物的形成温度，产量越高，井筒压力越低，水合物形成温度越低；另外，油管螺纹连接处的不密封性也能促进油管中水合物的形成，气流通过油管螺纹连接不密封处时，由于节流效应将使气流温度进一步降低，因此，在油管下井时采用液压油管钳上扣的方法对螺纹连接处密封是十分必要的。

2.6 硫化氢对水合物形成的影响

1. 硫化氢体积分数对水合物形成温度影响

实验运用元坝气田高含 H_2S 的气样，在实验室配制相关实验气样，研究 H_2S 含量对水合物形成温度的影响，气体组分测定结果见表2。

表 2 气体组分分析

样品	组分物质的量分数						
	He	H_2	N_2	CO_2	H_2S	C_1	C_2
1	0.02	0.06	2.08	6.12	8.30	83.36	0.07
2	0.02	0.01	0.40	5.32	8.34	85.83	0.08
3	0.02	0.02	0.75	6.97	11.68	80.52	0.04

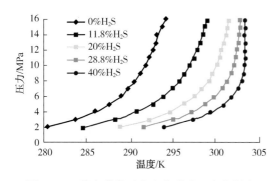

图 6 H_2S 体积分数对水合物形成温度的影响

实验结果表明：H_2S 体积分数越高，水合物的形成温度越高。当 H_2S 体积分数 <20%时，随着 H_2S 体积分数的增加，水合物形成温度增加越明显；而对于 H_2S 体积分数>20%的气体，水合物形成温度增加相对较小。天然气中 H_2S 体积分数超过30%时，水合物生成温度与纯 H_2S 基本相同。低压下水合物形成温度增加的趋势越大，在高压下增加的趋势相对平缓，说明水合物形成温度在低压情况下对压力的变化更敏感(图6)。

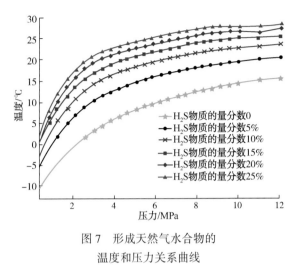

图 7　形成天然气水合物的
温度和压力关系曲线

另外，研究人员运用统计热力学方法评估高含硫天然气 H_2S 成分对形成水合物的影响。在通常的集输天然气管道压力范围内，水合物形成温度随压力升高，在 4MPa 左右上升速度较快，其后随压力升高，温度上升速度趋缓。随着天然气干基 H_2S 含量增加，水合物形成的温度显著提高，当压力为 10MPa，H_2S 物质的量为 25% 的天然气相比不含硫天然气水合物的形成温度上升 13.7℃。高含硫天然气组分见表3，形成天然气水合物的温度和压力的关系如图7所示。

表 3　高含硫天然气组分

天然气组分	物质的量分数%	天然气组分	物质的量分数%
CH_4	90.66	CO_2	8.63
C_2H_4	0.12	N_2	0.552
C_3H_8	0.008	H_2	0.02
He	0.01	H_2S	0

2. 硫化氢对天然气含水饱和度的影响

针对 H_2S 对天然气含水饱和度的影响展开了研究，以元坝气田天然气组成为原始数据运用 HYSYS 软件进行模拟计算，研究 H_2S 等酸性组分的含量对天然气饱和含水量的影响。建立计算含酸性组分的天然气饱和含水量的模拟模型，如图8所示：其基本原理是：天然气1与少量的水2混合，物流点3是天然气和水的混合物，经过分离器 V-100 进行气液分离，物流点4为含饱和水的天然气，物流点5为液相水，物流点4可以自动显示天然气的饱和含水量。运用此方法计算饱和含水量时加入的水应尽可能的少，能够使天然气饱和即可，以降低天然气中某些组分在液态水中的溶解度给计算结果带来的影响。

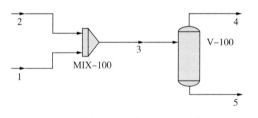

图 8　计算饱和含水量的基础模型

天然气的组成见表4，温度为30℃，压力为6MPa，流量为100kg/h，采用 PR 方程为计算模型。表5是通过 HYSYS 模拟计算的含水量结果。

表 4　元坝气田天然气组成

井 号	天然气组分含量/%							
	CH_4	C_2H_6	C_3H_8	N_2	H_2	He	H_2S	CO_2
YB1	75.29	0.11	0.06	0.18	3.447	0.013	10.49	10.41
YB2	84.68	0.08	0.03	0.71	0.274	0.017	8.77	5.44
YB3	84.5	0.08	0	0.56	0.018	2.578	7.13	5.13

井 号	天然气组分含量/%							
	CH_4	C_2H_6	C_3H_8	N_2	H_2	He	H_2S	CO_2
YB4	84.85	0.09	0	0.45	0.002	0.018	8.28	6.21
YB5	81.37	0.07	0	1.34	0.058	0.016	10.41	6.74

表 5　通过 HYSYS 模拟得到的含水量结果

井 号	YB1	YB2	YB3	YB4	YB5
含水量/%（物质的量分数）	1.048×10^{-3}	0.991×10^{-3}	0.979×10^{-3}	0.992×10^{-3}	1.019×10^{-3}

HYSYS 软件模拟计算表明，天然气中酸性组分的含量越高，饱和含水量越大，越容易形成水合物，与之前调研结果相吻合。

3　水合物防治措施

3.1　井筒水合物防治措施

在气井生产过程中，井流物中含有地层水、砂粒等，并沿油管不光滑内壁流动，一旦压力、温度满足条件，井筒中井流物便会附着在管壁上形成水合物，严重时将会堵塞整个管路。通过前一章水合物预测计算，元坝长兴组气井在井深小于 400m 的范围内，井筒温度低于水合物形成温度，存在生成水合物的风险。目前井筒水合物防治措施有加热法、化学抑制法、隔热保温法、油管内涂厌水层法、产量控制法、井下节流法等。

1. 加热法

目前常用的有热水循环法和电加热法，通过提高流体温度，而可防止水合物的形成。从图 9 中可以看出：ABCD 线以上为水合物生成区。在一定压力情况下，采用加热升温能够使天然气所在温度压力点向右移，从而在水合物线的右下方，进而有效地控制水合物的生成。

2. 隔热保温法

在油管上适当部位的外壁涂敷一层隔热层，或在环形空间充填隔热防冻层，可以减少油管气流向周围地层散热损失，提高气流至井口的温度，从而防止井筒水合物的形成。

3. 内涂厌水层法

这是一种降低工艺设备和管道内表面结晶水合物附着力的方法。这种方法不能阻止

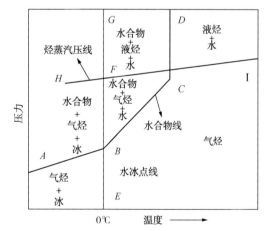

图 9　水-烃-水合物相态图

ABCD 线—水合物线，线上形成水合物；
HFCI 线—烃蒸汽压线，线上形成液烃；
EBFC—水的冰点线，线上形成冰

水合物结晶，但可以降低水合物晶粒在管壁上的附着力，使生产的水合物晶粒很容易被气流带走。可降低附着力的厌水材料有碳氢化合物冷凝液，轻质油以及基于有机硅的分子膜。

4. 化学抑制法

加入水合物抑制剂，水分子之间的结构关系被破坏，从理论上可以降低水合物界面上水蒸气压力和水合物生成温度。目前，甲醇、乙二醇是应用最为广泛的热力学抑制剂，研究表明，热力学抑制剂必须应用在高浓度下，低浓度的热力学抑制剂非但不能发挥抑制效果，事实上还很有可能促进水合物的形成和生长。此外，在注入抑制剂来预防水合物生成的过程中，抑制剂的加入量较多，在水溶液中的浓度一般为 10%~60%，成本较高，相应的存储、运输、注入等成本也较高；同时抑制剂的损失较大，并会带来环境污染等问题。

5. 产量控制法

调整气井产量，一方面降低井口压力及井筒压力，另一方面，利用气体的热量提高井筒上部及井口气流的温度，改变井筒中的压力、温度分布，使井筒中的压力和温度高于水合物生成温度。

6. 井下节流法

安装井下节流气嘴，利用地层热量对节流后低温气体加热，可降低井筒压力和井口压力，防止井筒内水合物形成。目前井下节流计算已在全国多个油气田得到推广应用，解决了油气井开采中出现水合物的难题，并对油气井提高采收率、缓解边水推进和防止井底激动有很大帮助。目前该技术在邻区高含硫气田的应用中取得了良好的效果。

3.2 地面水合物防治措施

控制水合物形成常采用的措施有加热、加抑制剂（注醇）和脱水三种方法[11]。元坝高含硫气田长兴组气田内部集输考虑湿气输送，故脱水法不作讨论。

1. 加热法

通过加热（保温），使流体的温度保持在水合物形成的平衡温度以上。对地面管道，常用蒸汽逆流式套管换热器、水套炉加热，也可通过绝热或掩埋管道降低管道热量的损失。

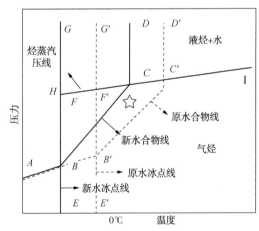

图 10　注化学剂法控制水合物形成原理图
ABCD—新水合物线，线上形成水合物；
AB′C′D′—原水合物线；
HFCI—烃蒸汽压线，线上形成液烃；
EBFG—新水冰点线，线上形成冰；
EB′F′G′—原水的冰点线

2. 化学剂法

向天然气中注入各种能降低水合物生成温度的天然气水合物抑制剂，是防止天然气水合物生成的一个有效措施。现场主要使用甲醇或乙二醇作为抑制剂。图 10 为注入化学剂控制水合物形成的原理图。从图中可知，未注入化学剂前，处于☆处为水合物形成区。当注入化学剂后，由于水的冰点线左移，处于☆处则为非水合物形成区，使水合物生成温度降低、生成压力升高。

3. 天然气脱水法

天然气中的含水量可用相对湿度表示，也可以用露点来表示。露点是在一定的压力下，与饱和含水量相对应的温度，低于这个温度就有游离水出现。脱水就是减少天然气中的含水量，也就是降低天然气的露点。天然气脱水不但可防止水合物生成，而且能提高管输效率和防腐，特别是天然气中含有 H_2S 和 CO_2 等酸性气体时更是如此。天然气脱水方法有低温分离法、化学反应法、容积吸收法、固体吸收法。

（1）低温分离法：天然气在高压、低温情况下饱和水气量较低。低温分离正是提高天然气压力降低温度，使其中的部分水冷凝析出，从而降低了水的露点，也就达到了防止水合物生成的目的。低温分离往往与轻烃回收一并实施。

（2）化学反应法：化学反应法是用化学剂直接与天然气中的水蒸气反应，达到脱水的目的。由于化学剂再生困难，此法只用于实验室中。

（3）溶剂吸收法：溶剂吸收法是天然气生产过程中使用得最普遍的脱水方法。常用的吸收剂有甘醇化合物——甲醇，甘醇胺溶液、二甘醇、三甘醇水溶液；金属氯化盐溶液（主要是氯化钙水溶液）。

（4）固体吸附法：常用的吸附剂有活性铝土矿、活性氧化铝硅胶、分子筛等。

4 典型井预防措施与应急处理效果

4.1 预防措施

（1）合理调节节流阀的开度，控制节流前后的压差。由于一、二级节流阀前后都没有高效的加热设备，所以在保证安全的情况下，开井时要尽量提高一、二级后的压力，使一、二级节流阀前后压差保持最小，减小节流作用，尽快地提升油温，利用油温减少水合物的形成机率。

（2）以最快的速度提升油温。在开发允许的情况下，以最大配产进行生产，借助高速的流体尽快的提升油温，从而达到提高后续流程的温度，避免水合物的形成。

（3）频繁的活动节流阀。通过阀门的活动以及气流的波动来破坏水合物的形成和壮大，减轻堵塞的程度。

（4）加注甲醇。根据生产的气量，合理配置甲醇的加注量，避免水合物的生成。

（5）利用热水，蒸汽或者伴热设备对流程加热，尤其是一、二、三级节流阀前后。

4.2 应急处理效果

元坝 X 井在 2014 年 12 月 10 日进行第一次开井操作，开井初期发现流程中温度过低，某些流程管线上温度低至零下 20℃，同时管线内伴有冰碴撞击的声音。针对此现象，严重威胁正常的安全生产，进行了以下操作：

（1）频繁的活动三级节流阀。将三级节流阀瞬间增大 10% 的开度，等压力下降后调回正常生产开度，来回操作。

（2）增加甲醇的加注量。

（3）对一级、二级、三级节流阀前后进行热水浇淋工作。

通过以上操作，管线内的水合物明显减少，管线内温度升高，降低了流程的堵塞风险。

5 结论

（1）影响元坝高含硫气田水合物形成的影响因素主要有：天然气组分、温度、压力、离子浓度、搅拌速率、生产系统情况等因素。

（2）硫化氢对水合物形成主要影响在硫化氢体积分数对水合物形成温度的影响和硫化氢对天然气含水饱和度的影响两方面。

（3）水合物的防治主要体现在井筒中和地面两方面，其中井筒中水合物的防治措施主要有加热法、隔热保温法、内涂厌水层法、化学抑制法、产量控制法和井下节流法；地面水合物的防治措施主要有加热法、化学剂法和天然气脱水法。

参 考 文 献

[1] 贺承祖，华明琪. 油气藏物理化学[M]. 成都：成都电子科技大学出版社，1995.

[2] 贺承祖. 天然气水合物[J]. 天然气工业，1983，3(3)：67~72.

[3] 史斗，孙成权，朱岳年，等. 国外天然气水合物研究进展[M]. 兰州：兰州大学出版社，1992：1~10.

[4] 方银霞，金翔龙，黎明碧. 天然气水合物的勘探与开发技术[J]. 中国海洋平台，17(2)：11~15.

[5] 卢振权，Sultan Nabil，金春爽等. 天然气水合物形成条件与含量影响因素的半定量分析[J]. 地球物理学报，2008，51(1)：125~132.

[6] 郝文峰. 天然气水合物生成过程及其反应器特性研究[D]. 大连理工大学博士论文，2006，(7).

[7] 程小姣，宫敬. 天然气管道内水合物形成的预测[J]. 油气田地面工程，2003，(2)：3~5.

[8] 贺承祖. 气体水合物生成温度下降与阻止剂水溶液冰点下降之关系[J]. 化工学报，1982，(4)：393~387.

[9] 陈赓良. 天然气采输过程中水合物的形成与防治[J]. 天然气工业，2004，24(8)：89~91.

[10] 田贯三，马一太，杨昭. 天然气节流过程水化物的生成与消除[J]. 煤气与热力，2003，(10)：583~587.

[11] 苏欣，张琳，袁宗明，等. 某气田集输管网水合物防治工艺分析[J]. 天然气技术，2007，1(4)：47~49.

含 CO_2 的高含硫气田水合物防治技术

冯宴[1]　胡书勇[2]　刘兴国[1]　罗国仕[1]　朱国[1]

(1. 中国石化西南油气分公司采气二厂；2. 西南石油大学"油气藏地质及开发工程"国家重点实验室)

摘　要　元坝气田长兴组气藏为高含硫化氢、中含二氧化碳、超深层、常压孔隙型岩性气藏，该气藏局部存在边(底)水、受礁、滩体控制。由于天然气中高含硫化氢，水合物形成温度较高，在采集输过程中容易形成水合物，而井筒、集输管线属于水合物形成的高发部位，一旦形成将严重影响正常生产。为此开展了水合物形成及抑制剂筛选实验，测定了13组压力下水合物形成温度，测定了两个压力下，9组甲醇、乙二醇不同浓度下水合物形成温度，优选甲醇为元坝气田水合物抑制剂。通过对元坝103H井井筒水合物实例分析，提出了元坝气田高含硫、高产气井井筒及集输流程水合物防治措施。

关键词　元坝气田；水合物；形成；预防措施

引言

天然气水合物是一种非化学计量型固态化合物，高含硫化氢天然气的生产过程中很容易形成水合物。水合物的形成会导致井筒、地面流程、阀门等流道的阻塞，造成气井减产或停产，高含硫化氢和二氧化碳的天然气会引起管道和采气设备的报废，也存在极大的安全隐患。研究分析高含硫气井水合物形成的规律，掌握水合物预测方法，采取有效的防治措施，对高含硫气田的安全高效开发具有十分重要的意义。

元坝气田长兴组气藏为高含硫化氢、中含二氧化碳、超深层、常压、孔隙型、局部存在边(底)水、受礁、滩体控制的岩性气藏。相对于常规气藏而言，在采气过程中更容易形成水合物。实践表明，开井初期井筒、集输管线属于水合物形成的高发部位，且一旦形成水合物而造成堵塞，处理难度大，将会严重影响气井的正常生产。根据元坝气田实际特征开展元坝气田长兴组水合物形成及抑制剂实验，旨在确定元坝气田有效预防水合物形成的方法，对气田开发方案的制定和地面工程建设具有重要意义。

1　高含硫化氢水合物形成温度及抑制剂筛选实验

1.1　水合物形成条件与抑制剂筛选实验评价

实验气样根据元坝103H井天然气组分配制，组分为甲烷84.50%、硫化氢7.78%、二

第一作者简介：冯宴，男(1972—)，四川射洪人，毕业于西南石油学院油藏工程专业。现工作于西南油气分公司采气二厂，工程师，主要从事油气田开发的研究。

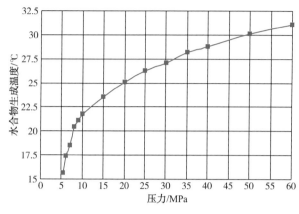

图 1 压力与水合物形成温度关系

氧化碳 7.00%、乙烷 0.74%。实验采用西南石油大学自主研制的用于测试高酸性气体水合物实验装置，该装置最大工作压力为 100MPa，工作温度达到 -50~200℃。采用蓝宝石视窗抗硫合金高压釜，该釜用蓝宝石块作全观察窗，满足抗硫、高压和观察要求，不仅能用于测试高酸性气体水合物形成条件，还能开展高酸性气体水合物动态实验测试。

在不同压力下对含硫天然气水合物形成的温度进行了实验测定，结果见表 1，压力与水合物形成的温度关系曲线如图 1 所示。从实验装置中的观察视窗可以看到含硫天然气分别在压力为 8MPa 和 35MPa 下形成水合物的形态，如图 2、图 3 所示。

表 1 不同压力下元坝气田长兴组含硫天然气水合物形成温度

压力/MPa	5.5	6.0	7.0	8.0	9.0	10.0	15.0	20.0	25.0	30.0	35.0	40.0	50.0	60.0
水合物形成温度/℃	15.7	17.4	18.6	20.5	21.2	21.8	23.6	25.1	26.3	27.1	28.3	28.8	30.2	31.2

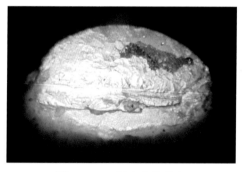

图 2 8MPa 下水合物形态

图 3 35MPa 下水合物形态

从图 1 可以看出，水合物形成温度与压力相关，随着压力增大，水合物形成温度升高，在 ≤20MPa 下水合物形成温度随压力增加明显，≥20MPa 时水合物形成温度增加相对平缓，在低压情况下水合物形成温度对压力的变化越敏感。

1.2 水合物抑制剂筛选实验评价

通过水合物的形成条件、水合物相态平衡等方面的研究，对元坝 103H 井天然气进行了水合物抑制剂甲醇、乙二醇的实验评价研究，分别对不同浓度和压力下甲醇和乙二醇抑制水合物形成温度进行实验测试。用自来水配制成不同质量浓度甲醇和乙二醇水溶液，测量 8MPa 和 35MPa 压力条件下水合物形成的温度，数据见表 2，甲醇和乙二醇质量浓度与水合物形成温度曲线如图 4、图 5 所示。

表2 8.0MPa与35.0MPa压力下不同质量浓度的甲醇和乙二醇天然气水合物形成温度

质量浓度/%	8.0MPa		35.0MPa	
	加注甲醇水合物形成温度/℃	加注乙二醇水合物形成温度/℃	加注甲醇水合物形成温度/℃	加注乙二醇水合物形成温度/℃
0	20.5	20.5	28.3	28.3
5	18.5	18.9	25.7	27
10	16.2	17	22.9	24.8
15	13.3	14.7	19.7	22.2
20	10.5	12.4	16.5	19.5
25	7.3	9.6	13.3	16.5
30	3.5	6.6	9.6	13.2
35	-0.1	3.7	5.6	10.2
40	-3.7	0.2	1.4	6.7

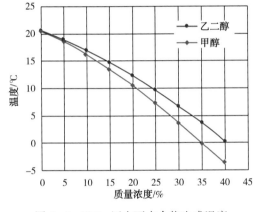

图4 8.0MPa压力下水合物生成温度

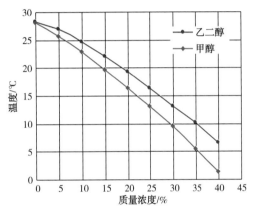

图5 35.0MPa压力下水合物生成温度的

由图4和图5可以看出，在相同压力下随着抑制剂浓度的增加，甲醇对元坝气田长兴组含硫天然气水合物形成抑制效果较乙二醇明显，浓度越高，甲醇抑制效果较乙二醇越明显。甲醇价格每吨3500元，乙二醇每吨8500元，结合抑制效果和经济性，元坝气田水合物抑制剂推荐采用甲醇。

2 井筒水合物堵塞实例分析

元坝103H井是西南油气分公司部署在川东北巴中低缓构造带元坝构造的开发水平井。2011年4月15~20日下完井管柱至井深6960.32m，在井口油压41.5MPa下求得天然气产量93.897×10⁴m³/d，无阻流量751.61×10⁴m³/d；关井，井口稳定压力为49.3MPa。

2011年8月15日中原濮能实业公司进行PVT取样作业，上提取样工具至井深77.55m处遇卡，绞车面板张力值由1.2kN（正常张力）迅速升至2.2kN，停止绞车，开始下放，下放不动，反复尝试后，最大张力上提至2.3kN，最小下放张力0.13kN未果，现场确认仪器遇卡。元坝气田开发建设项目部召集相关单位，并邀请中国石油专家召开本井复杂情况分析讨论会，分析仪器遇卡原因：管柱内形成水合物。

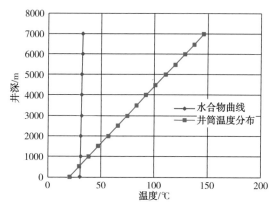

图 6　元坝 103H 井判断井筒水合物形成曲线

根据测试资料，利用专业软件模拟，取井底温度 156℃、压力 80MPa 时，天然气密度约为 328kg/m³；取井口气体温度 20℃，井口静压约 54MPa。假设井底与井口压力梯度为线性，计算得到的井筒内温度、压力变化曲线及水合物形成温度曲线如图 6 所示。

从图中可以看出，在关井状态下，假设井口天然气处于水气饱和状态，在 30℃、54MPa 下，元坝 103H 井口饱和水气浓度约 1%，水合物形成温度 31℃。由于地下浅层地温可能低于 31℃，井筒内产生水合物的深度可能达到 500m 左右，该井在井口附近温度更低，形成了水合物，造成取样工具遇卡。

8 月 19 日，用锅炉车对井口进行 90 ~ 100℃热水加温，累计使用热水 20m³，油压 46.2MPa 降至 45.2MPa，期间活动钢丝，钢丝活动范围 66.05 ~ 66.65m 未变，张力 2.4 ~ 0.13kN，未能解卡。8 月 20 日，注乙二醇，未能解卡。9 月 7 日，通过套管环空高温软管（外径 13mm，内径 8mm）下放至井深 70m，锅炉车将水加热 95℃左右，向井内连续注热水约 8.0 m³，泵压 3MPa，排量 1.4m³/h，试提取样器，解卡成功。

3　水合物防治技术

元坝气田所处区域气候温和，但冬季气温较低，平均温度约 10℃左右，由于天气寒冷，地表温度低，集输管线内天然气热量容易散失，当天然气温度降低至水合物形成温度，将出现管线堵塞事故。为了有效地避免水合物形成，采用水套炉间接加热、加注水合物抑制剂等方法来防治水合物形成。

3.1　水套炉加热

加热炉为水浴间接加热，燃料气在火管中燃烧，使火管升温，火管将热量传递给周围的软化水，软化水再通过对浸没其中的盘管进行加热，最后达到加热集输管线中天然气的目的。

通过水套炉加热提高天然气输送温度（高于水合物形成温度约 10℃），元坝气田集输工程采用 600kW、800kW 两种型号的水套炉。

3.2　加注抑制剂

3.2.1　井筒加注工艺

根据普光气田开发经验，高含硫气井开井初期，常常出现水合物堵塞油管事故。为了顺利开井，需向井内提前加入水合物抑制剂，避免水合物形成。结合元坝气田集输工艺特点，在井口安装临时高压加注流程，移动式加注泵及甲醇罐。加注流程示意图如图7所示。

图 7　元坝气田井筒加注甲醇工艺流程示意图

3.2.2　集输流程加注工艺

元坝气田集输流程采用两级加注水合物抑制剂甲醇，第一级加注点为井口笼式节流阀后，管网运行压力为35MPa，第二级加注点为分离器后，运行压力为5.8~8MPa，元坝气田集输流程甲醇加注流程示意图如图8所示。

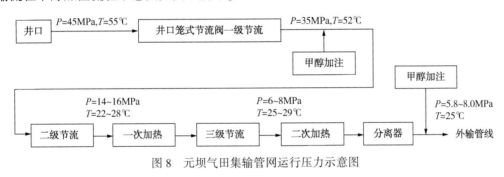

图 8　元坝气田集输管网运行压力示意图

3.2.3　甲醇加注量的计算

1. 井筒加注量

目前井筒加注甲醇主要采用套管和油管加注两种方式，元坝气田投产生产工术结构为抗硫复合油管+安全阀+封隔器，在气层以上80~90m处下入抗H_2S、CO_2腐蚀的永久封隔器密封油套环空，油套环空加注环空保护液，保护上部套管和油管。根据元坝气田生产管柱特点，由于套管与油管之间有封隔器，无法实现套管加注，故选择油管加注水合物抑制剂。在开井初期，向油管内泵入一定量的甲醇，降低井筒形成水合物温度，防治水合物堵塞井筒。

从图6中可以查出，在关井状态下，在井口压力54MPa下，井深550m处井筒温度为31℃，从图1中查出在54MPa下，水合物形成温度30.5℃。若不加入水合物抑制剂，井筒内产生水合物的深度可能达到550m左右，考虑井筒油管壁附着大量的酸液，井筒注入200L甲醇，甲醇可自流至600m，且充分附着在油管壁上，甲醇浓度度可达到30%以上，水合物形成温度可降至15.0℃左右，水合物就不会在井筒内形成。

2. 集输管线加注量估算

元坝气田集输工程采用气液分输工艺，是先将天然气集气站分离计量，然后气液分别外输，形成段塞流概率少，避免积液现象发生，减少了水合物形成概率。集气管线压力 5.8~8.0MPa，水合物形成温度为 15.68~20.5℃，输气管线采用全线聚氨酯泡沫保温方案，水套炉出站温度保证在 45℃下，各集气站进集气总站的气体温度为 30~40℃，管线内天然气温度高于水合物温度约 10℃，正常输气条件下不会形成水合物。

但在开井初期集输管线尽管经过了保温等措施，由于环境温度较低，将导致管线内天然温度沿程下降，极易形成水合物。元坝气田所处位置广元、南充地区，气候极端温度为 -3℃，管线所处地下温度约为 8℃，开井初期由于管线温度低，需进行加注水合物抑制剂防治水合物形成，从图 4-9 可查出，加注大于 23% 甲醇质量浓度后，水合物形成温度将低于 8℃，考虑开井初期天然气含水量为 $2m^3/10 \times 10^4 m^3$，推荐加注甲醇浓度为 $6.0m^3/100 \times 10^4 m^3$，当集气总站管线温度与天然气温度接近时，停止加注醇。

4 结论

（1）水合物形成温度与压力相关，随着压力增大，水合物形成温度升高，在 ≤20MPa 下水合物形成温度随压力增加明显，≥20MPa 时水合物形成温度增加相对平缓，在低压情况下水合物形成温度对压力的变化越敏感。

（2）通过对甲醇、乙二醇实验筛选评价，甲醇抑制效果较乙二醇越明显，甲醇每吨价格低于乙二醇 5000 元，结合抑制效果和经济性，元坝气田水合物抑制剂推荐采用甲醇。

（3）元坝气田水合物防治主要采用加热、注加抑制剂方法，开井初期井筒注入 200L 甲醇，集输管线加注甲醇浓度为 $6.0m^3/100 \times 10^4 m^3$。

参 考 文 献

[1] Hammerschmidt G. Formation of gas hydrates in natural gas transmission lines[J]. Ind Eng Chemical Physics, 1934；26(8)：851.

[2] Chen Gengliang. Hydrate formation and prevention of natural gas from oil field[J]. Natural Gas Industry, 2004，24(8)：89-91.

[3] Ross J S. Recent development and use of bottom hole choking[R]. SPE932332. 1932.

[4] Frostman L M. Succecsful applications of ante-agglomerant hydrate inhibitors[R]. SPE65007, 2001.

[5] Wang Li, Zhou Keming. Experimental investigation of hydrate forming mechanism in gas reservoirs with high sulfur content[J]. Natural Gas Industry, 2003, 23(3)：97~100.

[6] Liu Hua, Li Xiangfang, Zeng Dagan, et al. Technologies of wellhead hydrate prediction and prevention for gas producers in Puguang Gas Field[J]. Natural Gas Industry, 2007, 27(5)：88~90.

元坝超深高含硫气井投产关键技术

蔡锁德　孙天礼　朱国　侯剑锋

(中国石化西南油气分公司采气二厂)

摘　要　元坝气田是世界上已发现的埋藏最深的高含硫化氢的海相气田，针对元坝气田开井初期水合物堵塞严重、各级参数匹配关系复杂、场站附近人口稠密、调试投产安全环保风险高等不利因素，总结出试采工程及滚动建产场站调试经验，提出了"预加甲醇+辅助加热+脉冲式配产"的综合防堵技术；探索出了"预设节流阀开度，放大加热炉三级，控制节流阀二级，调井口采气树一级的方式设计阀门开度"参数控制模式，形成了一套适合高含硫气田调试投产一体化技术，大大减少了火炬放喷模拟外输造成的环境污染和天然气浪费，为国内同类气井调试提供了借鉴。

关键词　元坝气田；高含硫；水合物；调试投产；一体化

元坝气田地面集输工程建成后年产净化气 $34×10^8m^3$，开发井 33 口，单井站 19 座，采气井场 3 座，集气站 9 座，集气总站 1 座(在净化厂围墙内)，污水站 2 座(其中 1 座在净化厂围墙内，1 座与 YB29 站合建)，注水站 2 座，低温蒸馏站 1 座，酸气管道 129.1km，燃料气管道 99.81km，污水收集管道 73.85km。

元坝气田地面集输工程共有 5 条主干线，分别为 1#、2#、3#、4#和 5#主干线，其中 1#主干线包括 YB101-1~YB1-1—集气总站；2#主干线包括 YB27-1/2~YB204-1-YB205-YB205-1-YB29-YB29-1—集气总站；3#主干线包括 YB27-3~YB271-YB272H-YB29-YB29-1—集气总站；4#主干线包括 YB103H—集气总站；5#主干线包括 YB121-YB104-YB102-3—集气总站。集输管网共设置截断阀室 5 座。

阀室功能：紧急切断酸气管线，通信传输，生产流程以及辅助流程的数据采集和控制，并接收 SCADA 系统控制指令，火气监测等功能。

1　水合物防治技术

截至目前，元坝气田产能建设 32 口气井已全部投运。在投运及生产过程中，先后发生井筒和地面水合物堵塞 7 井次，其中井筒水合物堵塞 5 井次，地面流程水合物堵塞 4 井次，主要发生在气井投产初期或关井后再次开井过程中。针对水合物堵塞情况，开展了水合物防解堵技术研究，形成了水合物防堵、解堵系列技术。

1.1　水合物堵塞井特征

水合物是天然气和游离态的水结合，通过元坝高含硫气井历次水合物堵塞分析，水合物

第一作者简介：蔡锁德，男(1964—)，河北宁晋人，毕业于同济大学道路工程专业。现工作于西南油气分公司采气二厂，教授级高工。主要从事工程建设及油气田开发工作。

堵塞特点为瞬间形成。通过堵塞机理分析，气井发生水合物堵塞需要具备：井筒内有游离态水；开井初期井筒压力高、温度低，达到水合物生成条件；含硫、井筒有脏物更容易形成水合物三个条件。通过试验，元坝气田在井口 50MPa 情况下，水合物形成温度为 30℃，开井初期井温未带起的时候，井筒 650m 以上具备形成水合物条件(表1)。

表 1　元坝海相气藏水合物统计情况表

井 号	无阻流量/ ($10^4m^3/d$)	投产试气压力恢复情况	堵塞情况描述	堵塞位置	解堵措施
YB103H	602	2min 压力由 41.5MPa 升至 49.3MPa	12 月 10 日油压由 46.83MPa 降至 5.83MPa 关井；再次开井油压下降至 0MPa	井筒	连续油管解堵
YB29	251	关井 3mim 后涨平至 48.5MPa	12 月 17 日分酸分离器与二级节流后压差达到 3.0MPa，分酸分离器内部发生冰堵	地面	热水浇淋与管网气加热反吹
YB29-2	363	关井后 2min 油压涨平至 50.4MPa	12 月 15 日油压由 48.0MPa 降至 0MPa，关井后油压缓慢上涨至 48MPa，开井后油压再次下降至 0MPa，井筒及一级节流阀和二级节流阀堵死	井筒及地面	通过环空热水循环、热水浇淋节流阀及加注甲醇等解堵
YB205	318	关井后 80s 油压涨平 49.6MPa	12 月 10 日晚上三级节流后温度下降至 9℃，弯管处出现水合物堵塞，未堵死	地面	浇淋热水解堵
YB205-1	619	关井 2min 油压涨平 51MPa	12 月 10 日分酸分离器水合物堵塞，解堵后再次开井，发生一级节流阀至二级节流阀之间管线堵塞	地面	热水浇淋，井口燃料气，井筒加注甲醇解堵
			2 月 13 日油压由 47.66MPa 降至 7.00MPa，油温由 51.69℃ 降至 14.0℃，关井后采气树 10#平板闸阀有异常，油压上涨至 49.33MPa。再次开井后，13min 后油压降至 13MPa	井筒	注醇开井解堵
YB1-1	199	关井后 4.83h 油压涨平至 48.5MPa	12 月 15 日油压由 47.0MPa 下降至 22.4MPa	井筒	重新开井解堵
元坝 124-C1			2016 年 8 月 8 日开井 3h 油压由 40MPa 迅速下降至 10MPa 以下，井筒堵塞	井筒	井筒泵注热水、环空加热、连续油管解堵，其中连续油管解堵成功

1.2　水合物防治技术

1.2.1　井筒水合物防治技术

目前，预防井筒水合物行之有效的方法有两种：一是缓慢开井防止井筒激动，待产量恒定后再大产量生产，争取在尽可能短的时间内建立井筒温度场，能有效防治井筒水合物生成；二是向井筒加注抑制剂降低水合物生成温度。根据前期研究成果，在井口油压46MPa，结合气温，考虑天然气含水量为 $2m^3/10^4m^3$，确定了元坝海相 11 口井井筒甲醇加注量，并利用 70MPa 高压加注泵开井前加入井筒(表2)。

表2　元坝气井加醇加注量计算表

井　号	井筒加注甲醇质量/kg	井　号	井筒加注甲醇质量/kg
YB101-1	380	YB29-1	300
YB1-1H	335	YB205H	240
YB29-2	300	YB204-1H	277
YB29	280	YB271	225
YB205-1	270	YB272H	270

1. 加注设备

元坝气井油套环空由分隔器隔离，只能通过油管加注，现场采用移动式高压甲醇加注装置，主要参数为：额定排出压力 75MPa，额定排量 280L/h，配套电机功率 22kW，能够满足元坝区块加注甲醇的压力和排量要求。

2. 加注时机

开井前需要打开井下安全阀，打开井下安全阀前需要打背压时，禁止采用清水，此刻可加注甲醇进行打背压，建议在单井投产前一天，打开井下安全阀，并向井筒加注足够抑制剂。

3. 加注量确定

根据天然气含水量和井筒内储存天然气产量计算出所需甲醇加注质量(计算过程及加注量略)。

1.2.2　集输工艺流程水合物防治技术

1. 加注水合物抑制剂

元坝高含硫气井开采地面集输流程采用两级加注水合物抑制剂甲醇，第一级加注点为井口笼式节流阀后，管网运行压力为 35MPa，第二级加注点为分离器后，运行压力为 5.8~8MPa(图1)。

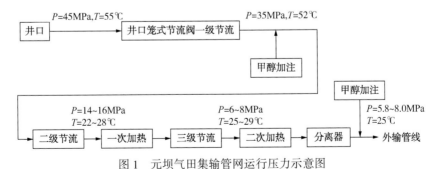

图1　元坝气田集输管网运行压力示意图

1)确定甲醇加注量

元坝气田集输工程采用气液分输工艺，先将天然气集气站分离计量，然后气液分别外输，形成段塞流概率少，避免积液现象发生，减少了水合物形成的概率。集气管线压力为

5.8~8.0MPa，水合物生成温度为 15.68~20.5℃，输气管线采用全线聚氨酯泡沫保温方案，水套炉出站温度保证在 45℃下，各集气站进集气总站的气体温度为 30~40℃，管线内天然气温度高于水合物温度约 10℃，正常输气条件下不会形成水合物。

元坝气田所处位置广元、南充地区，气候极端温度为 -3℃，管线所处地下温度约 8℃，开井初期由于管线温度低，需进行加注水合物抑制剂防止水合物生成，加注大于 23% 甲醇质量浓度后，水合物形成温度将低于 8℃，考虑开井初期天然气含水量为 $2m^3/10×10^4m^3$，推荐加注甲醇浓度为 $6.0m^3/100×10^4m^3$，当集气总站管线温度与天然气温度接近时，停止加注醇。

2）加注流程

甲醇罐中的甲醇分别由井口甲醇加注泵和外输管线甲醇加注泵输送至井口甲醇加注装置和外输管线甲醇加注装置注入管线。井口注入位置为井口一级节流和二级节流之间，甲醇加注主要为开井工况不稳定时使用，加注压力为 40MPa，加注量为 $0.6m^3/h$；而外输前注入位置为分离计量和外输之间，甲醇加注主要在集输管线温度未达标时使用，加注压力为 9.8MPa，加注量为 $0.52m^3/h$。

2. 安装电伴热带

在部分井站容易出现堵塞的部位（仪表阀组、节流阀、差压液位变送器、临时分酸分离器的排污管线和三级节流前后裸露管线外侧等）安装电伴热带。在未生产状态下，电伴热对三级节流前后裸露管线进行加热，能有效解决节流降温形成的水合物及杂质等堵塞节流阀问题；开井投产初期，电伴热起到了改善仪器仪表堵塞的状况，解决了投产以来仪器仪表的堵塞问题，避免了因开井初期温度过低导致水合物形成堵塞节流阀造成 ESD-3 的风险；到生产稳定时，油温已足够高，二三级节流后压力变送器不会再产生堵塞情况。

3. 水套炉提前加热

加热炉为水浴间接加热，燃料气在火管中燃烧，使火管升温，火管将热量传递给周围的软化水，软化水再通过对浸没其中的盘管进行加热，最后达到加热集输管线中天然气的目的。

元坝气田所处区域气候温和，但冬季气温较低，平均温度 10℃左右，由于天气寒冷，地表温度低，集输管线内天然气热量容易散失，当天然气温度降低至水合物形成温度，将出现管线堵塞事故。为了有效避免水合物形成，采用水套炉间接加热、管线保温的方法来防止水合物生成。通过水套炉加热提高天然气输送温度（高于水合物形成温度约 10℃）。

1.3 水合物解堵技术

1.3.1 井筒水合物解堵技术

1. 套管环空加热

元坝气田高含硫气井井身结构与投产管柱结构复杂，由于套管与油管之间有封隔器，无法实现套管与油管循环加热，根据测试期间，对气井井筒生成水合物的深度验证，元坝 103H 井在高压取样工具上提遇卡深度为 77.5m，元坝 29-1 井下连续油管探水合物深度为

86.4m。由此可见元坝气田井筒水合物形成深度为70~90m。鉴于井筒形成水合物深度较浅，通过现场试验，优选高温金属缠绕软管，可穿入井下80~120m，用泵入试压泵车泵入60~80℃热水，循环加热，待井筒出口水温度上升至30℃，使水合物完全溶解。

2. 连续油管解堵

针对井筒水合物堵塞严重，穿入高温软管进行套管环空加热，不能解堵的气井，采用连续油管加热，解除水合物堵塞。2014年12月10日，元坝103H井在开井过程中，油压从46MPa下降至15MPa，基本没有产气量，判断为井筒水合物堵塞。现场采用井口浇淋热水、套管环空穿入高温金属软管，最大深度120m，经多次加热，套管返出热水温度升至31℃左右，井口油压未上升，解堵不成功。2014年12月28日，进行连续油管解堵，下探水合物堵塞深度为74.6m，现场用锅炉车将水加热至80~90℃，通过压裂车泵注热水进行解封堵，泵入热水约40m³，油压开始上升，稳定后油压为36.90MPa，解堵成功。

1.3.2 集输系统水合物解堵技术

元坝气田气井开井初期井口压力45MPa左右，气井长时间处于关闭状态，刚开井时油温比较低，一般都在5℃以下。现场开井时，发现一、二、三级节流后以及外输的温度都在0~10℃以下。气井生产初期天然气中含有酸液、硫黄颗粒以及其他杂质，加剧了水合物的生成，造成集输系统的设备和管道发生堵塞。为了避免流程发生冰堵，影响正常生产，主要采取了以下措施：

1. 合理调节节流阀的开度，频繁活动节流阀

由于一二级节流阀前后没有高效加热设备，在保证安全的情况下，开井时要尽量提高一二级后的压力，使一二级节流阀前后压差保持最小，减小节流作用，尽快地提升油温，利用油温减少水合物的形成概率。待一级后温度上长到水合物形成温度以上时，可降低一级节流后压力，提高二级后和三级后的温度。以最快的速度提升油温，在开发允许的情况下，以最大配产进行生产，高速的流体尽快提升油温。达到提高后续流程的温度，避免水合物的形成。待温度上升到水合物形成温度以上后再进行调配产。

频繁活动节流阀，通过阀门的活动以及气流的波动来破坏水合物的形成和壮大，减轻堵塞的程度。来回活动笼套式节流阀，避免笼套式节流阀被堵死。或是为了避免三级后管道出现堵塞，可将三级节流阀瞬间增大10%的开度，等压力下降后再调回正常生产开度，来回地操作。

2. 热气反吹

开井初期容易出现分酸分离器冰堵，外输流程气经加热炉加热进行反吹，反吹气经放空系统燃烧，分酸分离器在热气加热下，水合物缓慢溶解。

3. 热水浇淋

通过用热水浇淋采气树、节流阀、分酸分离器，提高温度使水合物融解，解除水合物堵塞。

2　开井关键参数控制（预设节流阀开度）

根据元坝区块集输系统的特点，结合国内外高含硫化氢气田开发经验，元坝气田酸气集输系统采用了"改良的全湿气加热保温混输"工艺，即单井站—集气站采用湿气加热保温、气液混输工艺；集气站—集气总站采用湿气加热保温、气液分输工艺。气井开井初期预测为油压40~45MPa，井出口温度为40~60℃，一级节流后压力为35MPa，井出口温度为52℃。二级节流后压力为14~16MPa，温度为52℃，三级节流后压力为6~8MPa，温度为25~29℃（图2）。

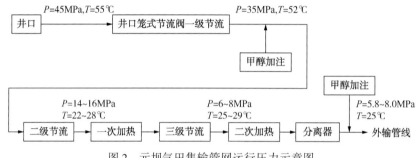

图2　元坝气田集输管网运行压力示意图

元坝气田气井开井主要风险存在压力、温度不匹配，会造成管线超压堵塞、气井关井等生产事故，主要风险分析见表3。

表3　开井风险分析表

序　号	活动点/工序/部位	风险分析
1	二级节流阀开度过小	造成一级到二级节流生产管线压力参数控制过低，开成水合物冰堵
2	二级节流阀开度过大	造成二级节流阀后生产管线压力参数控制过高，管线超压
3	三级节流阀开度过小	造成二级到三级节流阀之间管线超压运行，安全阀起跳，触发判断逻辑，气井自动关井
4	三级节流阀开度过大	造成二级节流阀后生产管线压力参数控制过低，管线冰堵

为了避免气井开井调产时，出现冰堵、超压等问题，对各井关键参数进行设计，实现气井平稳开井。

气井开井采用先建压，后调产的原则，首先设定节流阀开度，设定原则：采用放大加热炉三级，控制节流阀二级，调井口采气树一级的方式设计阀门开度。通过试采工程酸气调试对节流阀开度的总结分析，从而确定了气井的预设开度值。

开井主要关键步骤：

（1）启动甲醇、缓蚀剂加注系统，按照相关制度设置加注量。

（2）缓慢打开井口11#阀门（左翼生产为10#阀门）。

（3）预设二三级节流阀开度。

（4）缓慢打开生产翼笼套式节流阀，将一级节流后压力提升至15MPa，观察二级节流阀有无节流效应，若二级节流阀有节流效应，则将一级节流后压力提升至20~28MPa（一般在

1min 内完成，尽快提升一级节流后温度，防止水合物生成），一级节流后压力在建压过程中保持在 20~28MPa。

（5）当一级节流后压力升至 28MPa 后，适当调节二级节流阀开度，将二级节流后压力提升至 12~14MPa（每次调节原则上控制 1%~2% 开度，若由于预设开度过小导致一级节流后压力超过 30MPa，则可以采取关小一级节流阀或增大二级节流阀开度开进行调整）。

（6）当二级节流后压力升至 12~14MPa 后，适当增大三级节流阀开度进行三级节流后流程升压，当 ESDV 前后压差在 1MPa 后，打开出站 ESDV 进行外输（每次调节原则上控制 1%~2% 开度，若二级节流后压力超过 14MPa，则减小一级节流阀或增大三级节流阀开度进行调整）。

（7）各级压力建压完成后，按照"调大产量由外向内调节各级节流阀，调小产量由内向外调节各级节流阀"的原则将产量调整至各井配产量（每次调节原则上控制 1% 或 2% 开度），开井初期各级压力分配应为一级节流后压力 28~30MPa、二级节流后压力 14~15MPa，减小节流压降，尽量提高一级节流后和二级节流后温度。待油温上升至 40℃ 后，可将一级节流后压力调整至 27~28MPa、二级节流后压力调整至 13~14MPa，避免保压关断联锁触发井口压力高高报。

（8）待生产参数正常后停止甲醇加注泵（二级节流后温度达到 25℃ 停高压甲醇加注，下游进站温度达到 20℃ 后停上游井站低压甲醇加注），关闭流程各加注口球阀。

通过严格控制各级节流压力分配，2014 年 12 月 10 日，一次性成功投产气井 5 口：元坝 101-1H、元坝 1-1H、元坝 204-1H、元坝 205、元坝 272H 井。通过节流阀预设开度及与实际对比，误差最大为 -9.1%。

3 摸索出调试投产一体化模式

元坝海相初期开井投产模式为先利用站场放空火炬放喷进行酸气联调，以此检验设备的气密性和摸清各工作制度的生产参数，该方法优点是：在管线不具备投产条件的情况下可提前进行油气井的投产准备；不与管线连接，能充分卸掉后端压力，防止站场因设备泄漏造成的 H_2S 大规模扩散。缺点为：火炬放喷模拟外输造成的环境污染和天然气浪费，酸调后关井造成设备温度降低，重新开井需要进行燃料气置换，设备预热，造成重复工作量。

经过分析认为：酸气联调主要作用是站内设备及流程模拟生产，摸清生产运行参数；整改泄漏点。只要控制住这两点，后期在管线具备的情况下即可进行调试投产一体化作业，经过讨论，改变了之前井站酸气联调、投产分开进行的思路，对元坝海相气井调试投产方案进行了优化，具体措施为：①严格进行气密试压，采用三组人员依次验漏，对渗漏点进行及时处理，最终实现气密试压无一漏点，防止投产时设备泄漏造成 H_2S 大规模扩散；②利用氮气模拟气井生产时压力等生产运行参数，将超声波流量计提前进行调试；通过方案优化，2015 年投产的两口气井元坝 27-3、元坝 272-1H 井采用了调试投产一体化模式，并且均投产一次性成功。

元坝海相调试、投产一体化投产模式的摸索成功，大大减少由火炬放喷模拟外输造成的环境污染和天然气浪费，同时调试投产一体化也减少了酸调后燃料气置换、设备预热等工序，为后续气井调试投产提供了良好的借鉴。

4 结论

(1) 采取"预加甲醇+辅助加热+脉冲式配产"的综合防堵技术，解决调试投产初期井筒与地面流程水合物堵塞。

(2) 通过分析元坝气井前期调试的油压、产气量等参数，采用先建压，后调产的原则，预设节流阀开度，放大加热炉三级，控制节流阀二级，调井口采气树一级的方式设计阀门开度；对开井关键参数进行了较为准确的控制，达到了气井平稳生产的目的。

(3) 通过对前期试采工程的"酸气调试+投产"的总结，摸索出元坝海相调试投产一体化投产技术，大大减少由火炬放喷模拟外输造成的环境污染和天然气浪费，为国内同类气井调试提供了借鉴。

参 考 文 献

[1] 何生厚. 普光高含 H_2S、CO_2 气田开发技术难题及对策[J]. 天然气工业，2008，28(4)：82~85.

[2] 何生厚. 复杂气藏勘探开发技术难题及对策思考[J]. 天然气工业，2007，27(1)：85~87.

[3] 杨满平，彭彩珍，李翠楠. 高含硫气田元素硫沉积模型及应用研究[J]. 西南石油学院学报，2004，26(6)：54~56.

[4] 李颖川. 采油工程[M]. 北京：石油工业出版社，2009.

[5] 张广晶，吴明畏，陈纯见，等. 高含硫气田地面集输工程试运投产技术[J]. 油气田地面工程，2013，(7)：20~21.

[6] 曾学军，张鹏云，武喜怀，等. 天然气长输管道氮气隔离法投产置换工艺研究[J]. 石油工业技术监督，2006，(8)：24~28.

[7] 李仕伦. 天然气工程[M]. 北京：石油工业出版社，2000.

元坝高含硫气田地面集输工程工艺技术研究

朱国 冯宴 姚华弟

（中国石化西南油气分公司采气二厂）

摘 要 元坝气田属高含硫化氢、二氧化碳特大型海相气田气层埋藏深，地面集输工艺集输复杂，难度大等问题。针对以上问题，地面集输系统主工艺主要采用改良的全湿气加热保温混输工艺。"抗硫管材+缓蚀剂+阴极保护+智能清管"防腐工艺；"SCADA+ESD+激光泄漏监测"自动控制措施；"截断阀室+ERP+紧急疏散广播+应急火炬系统"安全措施；"光缆数字传输网络+5.8G无线通信"数据传输与应急通信方式；"污水集中分离、管道输送、低压处理、高压回注地层"的污水处理方法。

关键词 元坝气田；高含硫；地面集输工程；防腐工艺；污水处理工艺

引言

元坝气田建成后年产净化气 $17×10^8m^3$，开发井 14 口、单井站 7 座、采气井场 1 座、集气站 5 座、集气总站 1 座（在净化厂围墙内）、污水站 2 座（其中 1 座在净化厂围墙内，1 座与 YB29 站合建）、注水站 2 座；酸气管道 72.2km、燃料气管道 56.6km、污水管线 57.2km；酸气管道线路阀室 4 座，102 阀组区 1 座，燃料气阀室 1 座；16 芯光缆 151km，其中与集气管线同沟敷设 82km，与电力线同线路架空 55km，进站架空光缆 14km；矿场道路 53.13m；10kV 电力线路 51km；管线跨越东河 1 次，高速公路 1 次，等级公路 3 次（212 国道 2 次、苍旺公路 1 次），山体隧道 4 处、长约 2767m，大中型穿跨越 9 处，长约 982m。

1 集输管网

元坝气田地面集输管网共分 14 段管道，分别为：元坝 101-1～元坝 1-1、元坝 1-1～集气总站、元坝 103H～集气总站、元坝 27-1/2～元坝 204-1、元坝 204-1～元坝 205、元坝 205～元坝 205-1、元坝 205-1～元坝 29、元坝 27-3～元坝 271、元坝 271～元坝 272H、元坝 272H～元坝 29、元坝 29～元坝 29-1、元坝 29～元坝 29-1（复线）、元坝 29-1～集气总站、元坝 29-1～集气总站（复线），酸性天然气管线约 72.2km；同沟敷设燃料气返输管线 56.6km。集输管网共设置截断阀室 5 座。

阀室功能：紧急切断酸气管线、通信传输、生产流程以及辅助流程的数据采集和控制并接收 SCADA 系统控制指令、火气监测等功能。

第一作者简介：朱国，男（1986—），四川阆中人，毕业于西南石油大学油气田开发专业。现工作于西南油气分公司采气二厂，工程师，主要从事采气工艺、地面集输及污水处理方面的研究。

2 单井站、集气站和集气总站工艺流程及功能

（1）单井站具有加热、节流、计量和外输的功能，在站场设收发球筒，具有发送接收智能清管器的功能。

（2）集气站具有加热、节流、计量、分水与外输的功能，在站场设收发球筒，具有发送智能清管器的功能。

（3）集气总站为本工程的终点站，设置有收球筒、分离器、气提塔等设备。

单井站→集气站：采用湿气加热保温、气液混输工艺；集气站→集气总站：采用湿气加热保温、气液分输工艺，井口天然气经节流、分离、加热、计量后外输，其中外输原料气采用"加热保温+注缓蚀剂"工艺经集气支线进入集气干线，然后输送至集气总站，集气站分离出来的生产污水外输至污水站处理；输送至集气总站的原料气再次分水，生产污水输送至污水站处理，含饱和水蒸气的酸气则送至净化厂进行净化，经脱硫、脱水、脱碳处理后外输。流程描述如下（图1）：

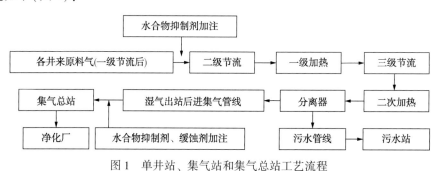

图1 单井站、集气站和集气总站工艺流程

3 自动控制系统

SCADA 系统主要负责地面集输工程的自动化控制工作，包括过程控制系统（PCS）与安全仪表系统（SIS）。PCS 主要负责正常的工艺流程控制和监控，SIS 则负责对超出 PCS 控制范围的工艺控制对象进行相应的联锁保护。SIS 包含火气监控系统（FGS）和紧急切断系统（ESD）两部分。火气监控系统是针对火灾和气体探测的安全管理系统，隧道内的火气检测信号传输至邻近的阀室或站场的控制系统。紧急切断系统是一种安全保护系统，实时在线监测装置的安全性。

4 通信系统

为了满足元坝气田开发地面集输工程行政管理和生产调度话音通信的需要，保证自动化 SCADA 系统数据传输及时准确、安全可靠，事故维修现场的指挥调度反应迅速，输气上下游的通信联络畅通，需建立完善的通信系统。

通信系统主要包括光传输系统、语音软交换系统及程控调度系统、工业以太网系统、站场 PA/GA 系统、工业电视监控系统、办公网络系统、5.8G 无线网桥、800M 数字集群、信息化管理系统、紧急疏散广播系统等。

5 腐蚀系统

元坝气田站场和天然气集输系统的防腐工艺分为内防腐和外防腐两个方面。内防腐主要为抗硫管材、站场缓蚀剂连续加注及站外管线缓蚀剂批处理等。外防腐主要为工艺管线涂外防腐涂料、强制电流阴极保护等。

6 残酸及污水处理工艺

气井返排残酸处理采用分酸分离器将酸液分离，用罐车拉之污水处理站进行残酸处理。元坝气田处理回注的污水主要由两部分组成：一部分为气井产凝析水和地层水，一部分为净化厂检修污水。含硫区规划建设 2 座污水处理站，每座污水站正常来水量为 $100 \sim 140 \mathrm{m}^3/\mathrm{d}$，考虑一定余量，确定每座污水站处理规模为 $180\ \mathrm{m}^3/\mathrm{d}$。

1. 残酸处理工艺

元坝气田长兴组气井，投产前均要进行酸压措施投产，每口井注入地层酸量约 $1000\mathrm{m}^3$，开井初期，大部分酸液随同天然气一起产出，在每井口安装临时分配分离器，将酸液分离，避免酸液对管道设备腐蚀，残酸通过密闭罐车拉至污水处理站，卸至残酸处理池。

污水在污水接收罐内与复合碱反应，再经 ClO_2 氧化将 H_2S 含量降至最低，同时与混凝剂、絮凝剂反应，混凝沉降后水质得到净化，达到滤前水质标准，再经二级过滤后达到注水标准(图 2)。

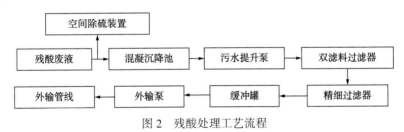

图 2　残酸处理工艺流程

2. 正常污水处理工艺

气井产出水中含泥浆、岩屑等杂质输送至污水两相接收罐内，在罐底通过管道自流至混凝沉降池中的污泥沉降格内，经过充分沉淀，污泥通过机械刮泥机集中到集泥槽内，再经过污泥压滤机干化处理(图 3)。

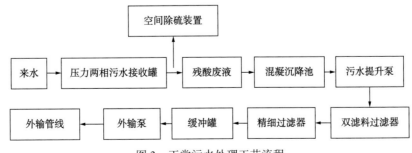

图 3　正常污水处理工艺流程

7 污水回注工艺

元坝气田污水回注准备井2口：回注1井、元坝2井，为了在注水过程中保护套管、便于测吸水剖面，回注井注水管柱建议采用封隔器+喇叭口管柱。管柱组合自上而下为：钢级P110ϕ88.9mm油管+ϕ114mmRTTS封隔器+ϕ114.3mm喇叭口。

采用"低压外输、高压回注"的方法，将污水处理站处理后的污水直接密闭输送至高架储水罐，经注水泵加压回注井口；若外输污水管线出现破裂等情况，采用污水罐车将污水拉至井场，卸入高架储水罐，然后经注水泵加压回注井口(图4)。

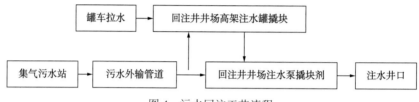

图4 污水回注工艺流程

注：1. 注入水为处理后污水，腐蚀性较强；2. 罐车拉水作为管线检修应急用，少量溶解的硫化氢和天然气，可通过与高架注水罐顶部中和碱液箱中碱液反应后排出。

8 结论

针对元坝高含硫气田地面集输系统存在的问题，主工艺主要采用改良的全湿气加热保温混输工艺。自动控制措施采用"SCADA+ESD+激光泄漏监测"；安全措施采用"截断阀室+ERP+紧急疏散广播+应急火炬系统"；数据传输与应急通信采用"光缆数字传输网络+5.8G无线通信"方式；防腐工艺主要采用"抗硫管材+缓蚀剂+阴极保护+智能清管"；污水处理采取"污水集中分离、管道输送、低压处理、高压回注地层"的方法。

参 考 文 献

[1] 何生厚. 普光高含H_2S、CO_2气田开发技术难题及对策[J]. 天然气工业，2008，28(4)：1~4.
[2] 何生厚. 复杂气藏勘探开发技术难题及对策思考[J]. 天然气工业，2007，27(1)：85~87.
[3] 杨满平，彭彩珍，李翠楠. 高含硫气田元素硫沉积模型及应用研究[J]. 西南石油学院学报，2004，26(6)：54~56.

元坝高含硫气田超声波计量问题分析及处置

唐均　鲜奇飚　陈曦　何欢　邹毅

(中国石化西南油气分公司采气二厂)

摘　要　元坝气田属于高含硫气田，气体具有强烈的腐蚀性，因此对酸气的计量采用非接触式的外夹式超声波流量计，防止酸气对仪表传感器的腐蚀。但是通过三年多的现场运用情况，发现存在数据无显示、显示值偏小或偏大、显示值一直保持不变、跳变、波动较大等问题，针对上述问题，从超声波计量原理出发，通过采用便携式流量计对比，更换超声波探头与管壁之间的降噪剂与耦合膜、通信及改变超声波安装位置，从而消除了90%以上场站计量误差问题，提高了超声波测量精度，为气田安全平稳开发提供了数据支撑。

关键词　元坝气田；高含硫；超声波；计量

引言

元坝气田属于高含硫气田，酸性气体具有强烈的腐蚀性，因此对酸气的计量采用非接触式的外夹式超声波流量计，防止酸气对仪表传感器的腐蚀。元坝气田分两期建设，即试采工程和滚动建产，共计年产 $34×10^8 m^3$ 净化气。试采工程井站采用 GE 公司生产的 GC868 型号单通道超声波流量计，滚动建产工程及集气总站采用西门子公司生产的 FUG1010 型号双通道超声波流量计。为校核产量，采购一台弗莱克森公司生产的 FLUXUS G608 型号手持式便携式双通道超声波流量计。这三类超声波流量计测量原理、安装方式、对现场安装条件均相同，在投入使用前，均送至有检定资质的法定检测机构检测，并取得合格证书。

1　超声波流量计存在问题

元坝气田试采工程各井站超声波流量计安装位置为多相流计量(分离)撬出口竖直管线上，由于该处管线壁厚超出超声波流量计的检测范围，按照设备说明书安装要求(尽量避免气流至上而下的竖直管段)，试采工程均竖直安装，如图 1 所示。

滚动建产工程超声波流量计安装位置调整为分水分离器出口水平管线上，如图 2 所示，该处管线壁厚未超出超声波流量计的检测范围。采用 SITRANS 公司提供的 FUG 1010 超声波流量计计量，该流量计使用两对传感器，每个传感器通过流体发射和接收超声波信号。当流体流动时，顺流方向信号的传播时间短于逆流方向，这个时间差正比于流体流速。FUG1010流量计测量这个时间差，结合设置的管径参数来计算流体的流速。投用初期多次出现跳变现

第一作者简介：唐均，男(1971—)，助理工程师，2000 年毕业于重庆市解放军后勤工程学院油料管理专业，大学本科学历，目前从事高含硫气田开发及地面集输工作。

场，通过多次现场查找原因，初步判断是前期酸气中固体或液体杂质过多附着管壁，造成流量计跳变。

图 1　试采工程设计安装在多相流出口　　图 2　滚动建产探头安装在分水分离器出口

主要存在的问题有无流量显示、显示值偏小或偏大、显示值一直保持不变、跳变、波动较大等，如图 3、图 4 所示，安装位置及存在问题详见表 1。

表 1　超声波流量计运行状态

井 站	超声波显示流量/(10⁴m³/d)	井口油压/MPa	安装位置壁厚/mm	备 注
YB103H	0	44.96	17.5	无流量显示
YB1-1	21.55	36.45	17.5	偏小
YB101-1	0	40.59	17.5	未投用
YB29-1	39.4	41.27	14.3	比较准确
YB29	62.45	42.15	17.5	数据保持不变
YB205-1	47.8	44.67	14.3	比较准确
YB205	68.85	42.49	14.3	波动较大
YB204-1	55.67	43.03	17.5	偏大
YB272	0	28.16	17.5	未投用
YB272-1	0	43.73	17.5	无显示
YB271	44.52	43.37	17.5	波动较大
27-3	56.43	47.30	17.5	比较准确
29-2	38.26	41.99	14.3	偏小

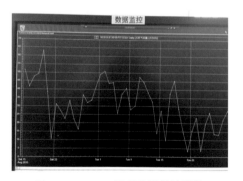
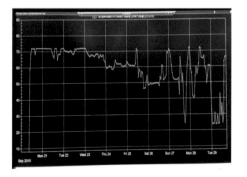

图 3　YB272-1 超声波流量计读数　　　　图 4　YB103H 超声波流量计读数

2016年10月27日至11月17日对元坝1-1H等开展了23井次的产量比对，其中13井次<10%，详见表2；10口井误差>10%，详见表3。

表2 13口井测试情况

序 号	井 号	绝对时间/min	便携式产量/(10^4m^3/d)	GE/西门子产量/(10^4m^3/d)	相差/(10^4m^3/d)	
					绝对值	比例/%
1	元坝29-1	57	41.87	38.55	3.32	7.93
2	元坝29-2	54	51.69	50.53	1.16	2.24
3	元坝29	8	55.5	53.43	2.07	3.73
4	元坝205	69	66.51	67.82	-1.31	-1.97
5	元坝272-1	34	50.87	51.73	-0.86	-1.69
6	元坝27-2	39	34.65	36.02	-1.37	-3.95
7	元坝104	68	59.89	60.87	-0.98	-1.64
8	元坝102-3	97	46.48	48.28	-1.8	-3.87
9	元坝103-1	75	33.39	32.95	0.44	1.32
10	元坝204-2	73	39.45	40.41	-0.96	-2.43
11	元坝102-2	70	44.95	48.16	-3.21	-7.14
12	总站A路	37	463.8	484.57	-20.77	-4.48
13	总站B路	68	495.04	540.74	-45.7	-9.23

从目前国内外超声波计量测试调研，及咨询厂家及相关专业人士了解到，外夹式超声波其测量精度在理想工况条件下<1%，而元坝气田实际情况较恶劣，推荐合理范围<10%。

表3 10口井测试情况

序 号	井 号	绝对时间/min	便携式产量/(10^4m^3/d)	GE/西门子产量/(10^4m^3/d)	相差/(10^4m^3/d)	
					绝对值	比例/%
1	元坝1-1H	33	32.01	48.53	-16.52	-51.61
2	元坝27-3	61	39.63	27.62	12.01	30.31
3	元坝101-1	61	56.13	71.96	-15.83	-28.20
4	元坝204-1	66	43.84	28.01	15.83	36.11
5	元坝205-1	67	42.35	29.69	12.66	29.89
6	元坝272	25	34.15	25.11	9.04	26.47
7	元坝271	72	46.69	39.85	6.84	14.65
8	元坝205-2	42	61.28	48.32	12.96	21.15
9	元坝10-1	72	27.53	19.87	7.66	27.82
10	元坝103H	69	63.97	59.16	间歇性存在满量程	

2 解决方案

2.1 原因分析

气田使用中的13台多相流有4台（YB29-2、YB29-1、YB205-1、YB204-1）为华川厂

家提供(气相出口壁厚为 14.3mm)，其余井站多相流为兰科厂家(气相出口壁厚为 17.5mm)提供。现有 5 台超声波流量计测量较为准确(YB29-1、YB29-2、YB205、YB205-1、YB204-1)，其余 8 套超声波流量计测量不稳定，多出现跳变、示数为 0、示数不随产量变化等情况，分析出超声波测量不准主要有以下原因：

（1）在 GE 的产品资料中特别要求了对于外径 114.3mm 的管线，其壁厚不能超过 17.2mm，而目前管道壁厚为 17.5mm。

（2）由于安装位置为垂直管段，管壁内可能附着液体或者结垢，影响超声波流量计的准确计量。

（3）外界因素会对流量计的测量造成干扰，如振动、噪声等。

（4）采气站之前使用单声程测量方式的超声波流量计，测量误差大但杂质对测量的准确性影响较小，目前已改为三声程测量方式，测量误差小但杂质对测量准确性的影响较大。

（5）现场超声波流量计需要温压补偿，现场压力补偿点在多相流罐顶，造成补偿滞后，补偿滞后会造成测量不稳定。

（6）维保人员在进行维护时发现模拟量输入卡有损坏现象，造成温压无法正常补偿，现已将损坏的模拟量输入卡全部更换，未出现故障。

（7）安装不规范等导致测量不准确，对于本次在元坝气田使用的超声波流量计是外夹式安装，此安装方式要求严格，必须按照规范安装才能确保测量准确。

经过分析后，得出降噪剂、耦合膜、壁厚过厚、垂直管段安装、声程数对测量准确性影响较大，故提出更换降噪剂及耦合膜、移动探头位置移至水平管段等措施。

2.2 解决措施

（1）检查超声波探头与管壁之间的降噪剂与耦合膜是否贴近，是否存在干裂情况，如果存在，及时更换。

（2）检查目前通信是否正常。

（3）更换超声波安装位置：

① 选择多相流出口到生产分离器之间一节水平管段，并避开管道焊口处，管段前后长度满足超声波流量计安装要求：上游大于 20 倍直管径，下游大于 10 倍直管径。

② 将选定管道处保温层剥离，剥离长度约 1m 左右，并将剥离后的管道表面处理干净。

③ 将 A 处管段的管径(168.3mm)和管壁厚度(11mm)输入超声波积算仪内，自动计算出新的探头间距为 100.1mm

④ 断开超声波流量计 24VDC 供电，位号：FIT-04301-DC。

拆除 RS485 通信信号，位号：FIT-04301-D。

拆除温度和压力信号：PIT-04301 和 TIT-04301。

拆除超声波流量计瞬时流量信号：FIT-04301-A。

⑤ 拆除超声波探头及其延伸电缆和夹套。

⑥ 在 A 处重新固定夹套，用新探头间距(100.1mm)算出探头固定位置，并做标记。

⑦ 将超声波流量计积算仪搬到二层平台探头安装位置处，固定并做好防水、防雷接地措施。

⑧ 用阻燃带屏蔽类控制电缆将超声波流量计电源信号、温度和压力信号、RS485 信号

和瞬时流量模拟量信号延伸到二层平台超声波积算仪处，按照接线规范将线接好。

⑨ 将安装超声波流量计 A 处管道用锉刀或砂纸将管道表面打磨光滑平整，并将探头安装处用锉刀或砂纸将管道外壁油漆清除干净。

⑩ 根据探头安装位置将抗噪膜裹到管道上，安装好夹套，并将探头安装位置处用刀划开相应的开口。

⑪ 将超声波探头表面清理干净，重新涂抹耦合剂，将探头固定。

⑫超声波流量计重新上电，检测相关参数调试正常后投用。

⑬ 清理现场。

3 效果分析

通过上述措施，主要针对前期普查的误差范围>10%的 10 口井，逐井进行了现场调试安装比对，并进行了后期数据分析。改造后，10 口测量不准井，目前已较准确计量的井达到 6 口，误差<10%，可以满足现场使用条件。剩余元坝 204-1、271、272、10-1H 四口井效果较差，与改造前基本一致，效果较差，详见表 4。

表 4　改造情况前后对比表

井 站	改造情况	绝对时间/min	便携式产量/($10^4m^3/d$)	GE/西门子产量/($10^4m^3/d$)	相差/($10^4m^3/d$)	
					绝对值	比例/%
元坝 1-1H	改造前	33	32.01	48.53	−16.52	−51.61
	改造后	58	33.15	34.45	−1.3	−3.92
元坝 27-3	改造前	24h	31.39	22.85	8.54	27.21
	改造后	54	52.2	47.9	4.3	8.98
元坝 101-1H	改造前	61	56.13	71.96	−15.83	−28.20
	改造后	133	56.38	57.9	−1.52	−2.70
元坝 205-1	改造前	67	42.35	29.69	12.66	29.89
	改造后	137	45.89	43.37	2.52	5.49
元坝 205-2	改造前	42	61.28	48.32	12.96	21.15
	改造后	59	46.23	44.84	1.39	3.00
元坝 103H	改造前	69	63.97	59.16	4.33	6.62
	改造后	56	65.09	62.03	3.06	4.70
元坝 272	改造前	25	34.15	25.11	9.04	26.47
	改造后	230	24.13	20.65	3.48	14.42
元坝 271	改造前	72	46.69	39.85	6.84	14.65
	改造后	191	67.29	53.84	13.45	19.90
元坝 10-1H	改造前	72	27.53	19.87	7.66	27.82
	改造后	46	25.08	19.22	5.86	23.37
元坝 204-1	改造前	79	46.35	34.25	−12.1	−26.11
	改造后	52	49.89	39.56	−10.33	−20.71

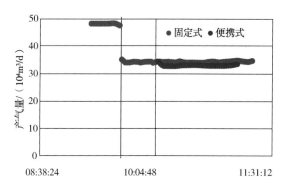

图 5　YB1-1H 措施维护前后效果对比图

3.1　元坝 1-1H

更换抗噪膜、耦合剂后，现场固定式与便携式基本一致，而系统上无变化，检查发现，超声波现场使用的是 IO 通道 B 通道，而机柜间使用 A 通道，使信号传输有误，将机柜间通道换至 B 通道后正常(图 5)。

3.2　元坝 27-3

2016 年 12 月 4 日更换抗噪膜，重新涂抹耦合剂，安装支架，通过比对，现场固定式与便携式误差减少到 8.98%(图 6)。

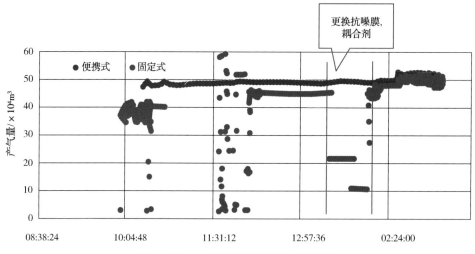

图 6　YB27-3 措施维护前后效果对比图

4　结论及建议

（1）通过更换超声波探头与管壁之间的降噪剂与耦合膜、通信及改变超声波安装位置，可以有效地提高超声波测量精度，但是不能 100%改变，主要是受到超声波计量的本身技术所限制。

（2）找准了超声波计量误差产生的主要原因：安装位置、降噪膜、耦合剂、产水量是导致计量偏差较大的外部原因，信噪比、声速比、信号强度会影响计量准确性内部原因。

（3）更换探头时必须进行"校零"操作，避免设备计算时出现误差。反射式可以在线校零，直射式只能进行"计算归零"，因此在更换探头后，必须对系统进行"校零"操作。

（4）建议超声波计量装置过程运行参数巡检确认表，一季度更换一次降噪膜、耦合剂，每月现场确认参数、双通道差异大小对比，差值小于 10%。

（5）建议采用新的"报表数据记录方式"，在日报填写过程中，对数据进行整理，剔除异常点后求取平均值。

参 考 文 献

［1］宋汐瑾；张丽娟．超声波频差法流量计关键技术研究［J］．信息记录材料，2018，（4）．

［2］孟令伟，孟德旭，孟莉珍，等．超声波流量计在注水井测试中的应用［J］．云南化工 2018，（45）．

［3］耿存杰，张东飞，李长武．管道材质及管径对超声波流量计计量精度的影响分析［J］．工业计量，2018（28）．

［4］朱玉杰，刘建新．超声波流量计的现场诊断［J］．中国计量，2011（5）．

［5］王建．气体流量测量的温度与压力补偿［J］．科技信息，2011（18）．

［6］牛朋恩，薄秀江，程浩．时差法超声波流量计原理及应用案例［J］．自动化应用，2011（6）．

元坝高含硫气田气动单作用球阀故障分析及建议措施

曹　臻[1,2]　权子涵[1]　唐　均[1]　梁中红[1]　黄仕林[1]

(1. 中国石化西南油气分公司采气二厂；2. 西南石油大学石油与天然气工程学院)

　　摘　要　元坝高含硫气田地面集输工程应用了大量球阀作为生产工艺流程的截断功能阀使用。元坝气田的球阀采用了手动、电动、气动单作用以及气液联动等方式的执行机构。其中，气动单作用执行机构的球阀是地面集输工程中应用最多的自控球阀，也被称为紧急切断阀(简称 ESDV)。在生产过程中，气动单作用球阀与安全仪表系统(SIS)进行联动，能够接收 SIS 系统的关断命令，并在 5s 内触发关闭，从而保证在管道爆管、压力超高等异常情况下的运行安全。元坝气田气动单作用球阀在生产运行过程中，出现过阀门内漏、执行机构漏气、手动屏蔽失效等故障。针对气动单作用球阀存在的各种问题，开展相应的结构、材质等方面的故障分析及改进措施研究，对今后气田的正常生产以及酸性气田气动单作用球阀的设计、制造等有较大的推进作用。

　　关键词　高含硫；球阀；气动单作用；执行机构

1　概况

1.1　地面集输流程概况

　　元坝气田地面集输工程采用三级节流进行生产，气井中的天然气经过一级节流阀节流至 20~25MPa，再经过二级节流阀节流至 10~15MPa，二级节流后的天然气经过水套加热炉加热后，再通过三级节流阀节流至外输管线压力，再经过加热炉二次加热后外输(图 1)。

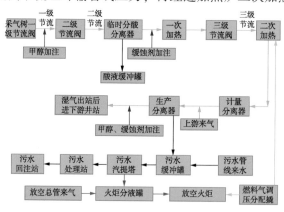

图 1　元坝气田地面集输系统流程示意图

　　第一作者简介：曹臻，男(1989—)，四川南充人，高级工程师，2011 年毕业于西南石油大学油气储运工程专业，本科学历(工学学士)，现就职于中国石油化工股份有限公司西南油气分公司采气二厂，从事元坝气田地面集输技术管理、生产运行管理、集输设备及安全管理等工作。

1.2 元坝地面集输系统气动单作用球阀基本情况

元坝气田地面集输系统气动单作用球阀采用抗硫及非抗硫两类，主要用于出站酸气管线、过站酸气管线、进站燃料气管线、排污管线上，具体参见表1。

表1 元坝气田气动单作用球阀基本情况

序 号	应用位置	压力等级	材 质	厂家	
				阀门	执行机构
1	出站酸气管线	600LB	A352 LCC	ATV	DVG
2		600LB	Inconel625	纽威	Bettis
3	过站酸气管线	600LB	A352 LCC	ATV	DVG
4		600LB	Inconel625	纽威	Bettis
5	进站燃料气管线	300LB	A105	ATV	DVG
6		300LB	A105	纽威	Bettis
7	生产分离器排污管线	600LB	A352 LCC	纽威	Fisher
8		600LB	A350 LF2	超达	Fisher
9	分水分离器排污管线	1500LB	Inconel625	超达	Fisher

1.3 气动单作用球阀结构

气动单作用球阀由三部分组成，即球阀、气动单作用执行机构缸体以及仪表风气路板。

1. 球阀

球阀主要由阀体、阀盖、球体、阀座、阀杆、排污阀等部分组成（表2、图2）。以球体作为启闭件，通过绕阀杆90°旋转，来实现球体的开启和关闭，进而导通或切断介质流动。

表2 元坝气田气动单作用球阀材质

序 号	部件	材质		备注
		一期	二期	
1	阀体及阀盖	A352 LCC	Inconel625	
2	球体	A350 LF2+0.2mmTCC	Inconel718+0.2mmTCC	
3	阀座	A350 LF2+0.2mmTCC	Inconel628+0.2mmTCC	
4	阀杆	718	Inconel718	
5	排污阀	A350 LF2	Inconel625	
6	弹簧	Inconel X-750	Inconel X-750	

2. 气动单作用执行机构

气动单作用执行机构是通过仪表风推动气缸中的活塞运动，活塞带动缸体的导块运动，并压缩气缸中的弹簧，导块再带动拨叉运动，通过拨叉将线速度转换为角速度，使球阀90°旋转，而处于开位状态。当仪表风压力被泄放时，在弹簧的反作用力下，将缸体中的导块朝反方向运动，并带动拨叉发生90°反方向旋转，使球阀迅速关闭（图3）。

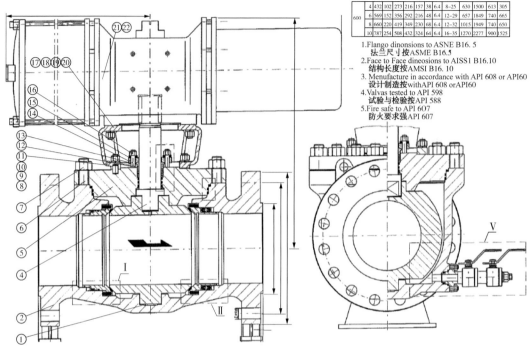

600	4	432	102	273	216	157	38	6.4	8~25	630	1500	613	305
	6	569	152	356	292	216	48	6.4	12~29	657	1849	740	665
	8	660	220	419	349	230	68	6.4	12~32	1015	1949	740	650
	10	787	254	508	432	324	64	6.4	16~35	1270	2277	900	1525

1. Flango dinonsions to ASNE B16. 5
   法兰尺寸按ASME B16.5
2. Face to Face dineosions to AISS1 B16.10
   结构长度按AMSI B16. 10
3. Menufacture in accordance with API 608 or API60
   设计制造按with API 608 or API60
4. Valvas tested to API 598
   试验与检验按API 588
5. Fire safe to API 6O7
   防火要求强API 607

图 2 球阀结构示意图

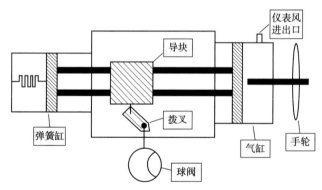

图 3 气动单作用执行结构示意图

3. 仪表风气路板

仪表风进入到气路板后，先经过过滤器，然后分为两路，其中一路给仪表风主管路进行供气，另一路给控制管路进行供气。主管路和控制管路上各设置一只两位三通阀，其中控制管路上的两位三通阀也是一只电磁阀。当 SIS 系统刀闸闭合时，控制管路上的两位三通阀带电，通过人工复位，使电磁阀处于吸合状态，并拉伸两位三通阀的弹簧，此时，控制管路气路导通。导通后，控制管路中的气使主管路两位三通阀受力，并压缩主管路两位三通阀的弹簧，此时，主管路气路导通，持续向气动单作用执行机构气缸供气；当 SIS 系统触发关断命令时，SIS 机柜中控制该 ESDV 阀的继电器断电，控制管路上的两位三通阀失去电磁力，在弹簧的反作用力下，朝反方向移动，将控制管路的仪表风压力泄放，而此时，主管路的两位三通阀在失去仪表风压力的情况下，在弹簧反作用力下，也朝反方向移动，将执行机构气缸中的气与大气连通，将气缸中的仪表风泄放(图4)。

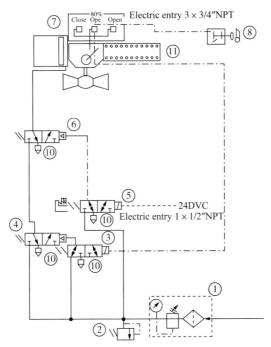

图4　气动单作用执行结构仪表风气路板流程示意图

2　气动单作用球阀生产期间出现故障

元坝气田地面集输工程在正常生产过程中，气动单作用球阀出现过阀门内漏、执行机构漏气、屏蔽手轮失效等问题，具体如下：

2.1　内漏

在生产期间，部分气动单作用球阀出现过内漏的情况。气动单作用球阀大部分时间处于开启状态，在站场检维修或故障处理需要隔断气源时，将球阀关闭。例如集气总站2#线来气管线更换600LB仪表阀垫片期间，关闭了总站2#线进站ESDV，并泄压至0MPa且打开放空管线阀门。在拆卸仪表阀根部阀时，发现管道中仍然有少量压力，并有硫化氢显示。

2.2　气动执行机构漏气

在生产期间，出现过气动单作用执行机构漏气的情况。例如集气总站去净化厂三四联合装置的DN450的ESDV阀执行机构出现大量漏气的情况，若泄漏进一步扩大或者仪表阀气路板出现堵塞，则容易导致仪表风压力不稳从而引发ESDV阀关断、大面积影响产量的风险。

2.3 执行机构手轮屏蔽失效

在生产期间，多个站场出现过气动执行机构手轮屏蔽失效的情况。例如元坝检维修集中期，很多站场在检维修期间，会停用站内仪表风管线，而为确保上游气井的正常生产，必须将过站 ESDV 进行手动屏蔽。屏蔽时，发现了手轮空转的情况。

3 故障分析及改进建议

3.1 内漏原因分析及结构改进

1. 球体与阀座密封面受损

球阀是地面集输工程常用的关断阀，其气密封等级要求较高，设计要求为 AA 级别。球阀的气密封主要通过阀球与阀座之间的金属密封实现（图5）。球体与阀座表面均喷涂了 0.2mm 的碳化钨。元坝气田集输工程采用的球阀为固定球、浮动阀座。当阀门处于关闭状态时，球阀上游的介质压力推动阀座，通过挤压球体与阀座表明的碳化钨实现硬密封；下游的阀座则主要通过阀座上的弹簧作用力来挤压阀座与球体。

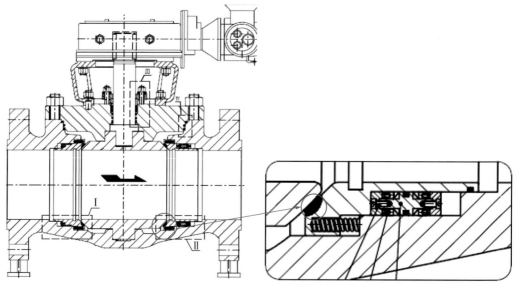

图 5　球体与阀座密封示意图

图 6　球体表面碳化钨有损伤

通过对内漏的一只球阀拆卸解体发现，球体表面的碳化钨有约 1.5cm 宽的划痕，阀座表面的碳化钨也有一定程度的损伤（图6）。当球阀处于关闭状态时，球体表面的划痕处无法与阀座处于闭合状态，含硫天然气通过球体和阀座之间的间隙泄漏至下游。

阀座采用刮刀式结构设计，若阀球或阀座上存在单质硫以及其他固体杂质，在阀门的启闭过程中能够自动刮除密封面上的黏结物，进而确保其不会影响阀门的密封性能(图7)。因此，排除了机械杂质在阀门开关过程中进入密封面而损伤碳化钨涂层的情况。初步判断为制造过程中，在喷涂碳化钨后，打磨过量而导致碳化钨涂层出现缺陷。

目前现场通过更换新的球阀，降损坏的球体或阀座返厂重新进行高音速喷涂碳化钨，并进行打磨等加工的方式得到解决。

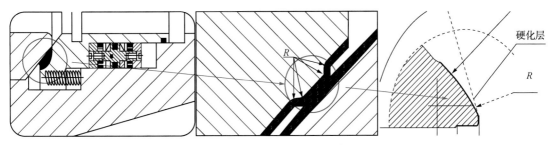

图7　球阀阀座刮刀结构示意图

2. 阀座与阀体之间的密封件受损

球阀的阀座是固定于阀体上，因此，为防止气体从阀座与阀体之间的金属间隙渗漏，在阀座与阀体之间还设置了一道密封。进口侧阀座采用唇式密封(PTFE+UNS 07718弹簧)+O形密封圈+柔性石墨密封，阀座具有防火功能。同时进口侧阀座具有中腔泄压功能，当中腔压力超过上游压力3.5MPa时，阀座在介质压力的作用下能够自动开启，将中腔的压力泄放到阀门进口侧(图8)。

阀座与球体之间的密封主要依靠唇式密封来实现。当有气体介质存在时，通过气体介质的压力将唇式密封张开，使得PTFE与腔壁紧密贴合；当无气体介质压力时，通过弹簧的张力使PTFE与腔壁贴合(图9)。

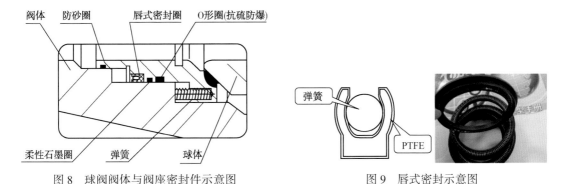

图8　球阀阀体与阀座密封件示意图　　　　图9　唇式密封示意图

对内漏阀门拆卸解体，发现阀座与阀体之间存在固体杂质，并且唇式密封PTFE表面出现损伤，进而导致上游端高压天然气通过阀座与阀体之间的间隙渗漏到下游。通过清理阀体与阀座之间的固体杂质，并更换新的唇式密封件得到了解决。

3. 球阀的安装方向问题

球阀的上游球体和阀座之间设置了一道唇式密封，成为单向密封；下游球体与阀座之间设置了两道唇式密封，称为双向密封。在球阀设计时，一般考虑上游端为气体介质压力来源：①上游带压，下游不带压时，上游的唇式密封通过介质压力张开，若上游密封失效，气体窜入到下游的第一道密封处，该道唇式密封张开，实现密封；②上下游端都带压(上游压力≥下游压力），上游密封和下游的第二道密封均能实现密封。无论以上哪种情况，至少有两道密封能够在介质压力下张开，起到密封效果(图10)。

而若长期下游带压，上游不带压时，只有下游端的第二道密封能够在介质压力下张开，另外两道密封由于背向压力端，只能通过弹簧的张力来打开，因此，在这种情况下内漏风险相对较大。目前元坝集输系统大部分场站的发球筒、井口燃料气吹扫气球阀由于下游端长期带压，将球阀进行了反向安装。

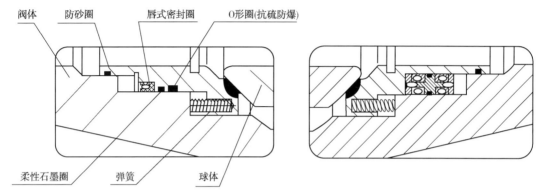

图 10　球阀上下游单双向密封示意图

在各个站场出站管线设置了出站 ESDV 阀。在站场需要进行泄压作业(例如：火炬检维修、安全阀更换等)时，通常将出站 ESDV 阀关闭，再将站内的压力进行泄放。此时，ESDV 阀处于上游无压力、下游带压的状态，仅靠下游的第二道唇式密封来实现阀座与阀体的密封，因此更容易发生内漏。

站场出站 ESDV 阀下游管线与过站管线连通，在正常生产时，大部分时间处于开启状态。而过站管线与上游所有气井连通，因此出站 ESDV 的下游很少会出现无压力的情况。因此，建议位于站场出站位置的 ESDV 阀在有检维修机会时，可以考虑与发球筒球阀一样，进行反向安装。

3.2　气动执行机构漏气原因分析及结构改进

集气总站去三四联合 ESDV 阀在执行机构缸体的排气口处发现大量仪表风气体泄漏。仪表风通过压缩气缸的活塞，推动缸体的导块进行运动。活塞一侧为 0.6~0.8MPa 的仪表风气体，另一侧则通过缸体的排气口与大气连通。因此，为防止仪表风气体泄漏，活塞周围通过 O 形圈作为活塞环实现密封。仪表风泄漏初步判断为活塞失效(图11)。

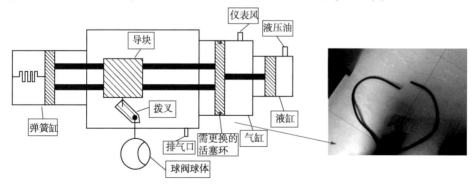

图 11　气动单作用执行机构气缸活塞示意图

通过现场拆卸、解体执行机构，发现活塞断裂，从轴向看被拧为麻花状。集气总站仪表风为干燥空气，气缸活塞环长期处于干燥的环境中，在阀门开关时，活塞承受较大扭矩，进而造成活塞环断裂。

对于此类情况，通过不停产拆卸执行机构，对活塞环进行了更换。经调研，建议在气动执行机构仪表风进口处增加一个三通，并设置一油杯，定期通过仪表风向执行机构里添加润滑油，减少活塞环与气缸壁之间的摩擦力，进而降低活塞环损坏的概率。

3.3 手轮屏蔽失效原因分析及改进措施

气动单作用执行机构手轮通过逆时针旋转，推动活塞压缩弹簧，来实现手动屏蔽。手轮的螺杆为外螺纹，在气缸内部，通过固定在气缸壁上的铜套的内螺纹来实现螺杆的转动。铜套通过6颗螺栓固定在气缸壁上。现场拆卸后发现，手轮屏蔽失效的执行机构铜套的固定孔出现拉裂，导致螺栓无法固定在气缸壁上，进而在手轮螺杆旋转时，铜套跟着旋转。通过测量发现，铜套上固定6颗螺的材质过薄，在拉力过大时容易拉裂（图12）。

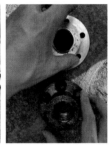

图12 气动单作用执行机构铜套

ESDV阀在有仪表风供气时，转动手轮的力矩很小，而在没有仪表风供气时，转动手轮时需克服弹簧的反作用力，转动手轮时的力矩较大，而铜套螺栓承受的拉力也更大，此时更容易导致铜套拉裂。

对于以上情况，从两方面进行改进：①重新加工铜套，增加固定孔螺栓受力部分的厚度，防止拉裂；②规范ESDV阀的操作规程，除特殊情况下，不允许在泄放仪表风的状态下，进行手轮的开关。

4 结论

通过对元坝气田气动单作用球阀出现的不同故障的收集、整理、判断、分析，取得了如下认识：

（1）导致气动单作用球阀内漏的原因很多，阀座与球体的密封、阀座与阀体之间的密封是影响内漏的主要因素。可通过维修阀座与球体的碳化钨涂层，以及更换阀座与阀体之间的唇式密封解决内漏问题。

（2）对于长期下游端带压的球阀，可通过将球阀反向安装的方式，减小球阀的内漏概率。

（3）气动执行机构活塞环在气缸干燥环境中，开关时容易受扭力而断裂。可通过向仪表风系统注入润滑油，通过仪表风将油带动到气缸中，加强润滑，减小活塞环与缸壁之间摩擦，进而降低故障率。

（4）对于手轮屏蔽失效的情况，一方面通过加强铜套厚度，增加受力强度；另一方面通过规范操作规程，减少手轮在受力情况下的活动来解决此问题。

参 考 文 献

［1］林元茂．管道球阀故障及应对措施［J］．茂名学院学报，2007(04)：21~24.

［2］余靓．集输管道球阀的故障与维护［J］．石化技术，2015，22(05)：41.

［3］张志彬，李程，刘海东．在用管道球阀的工作原理及常见故障分析［J］．石油和化工设备，2017，20(01)：53~54.

［4］刘少伟，高兵兵．气动高压球阀故障分析及处理［J］．设备管理与维修，2016(S1)：41~43.

［5］于洋．硬密封球阀故障分析及解决方案探讨［J］．许昌学院学报，2014，33(02)：51~53.

元坝气田试采工程排液系统关键技术优化研究

唐均 陈曦 崔小君 曾欢 徐岭灵

（中国石化西南油气分公司采气二厂）

摘 要 元坝气田试采工程井站已经运行3年有余，各井站采出水通过分离器进行气液分离后，进入污水管线输送至污水处理站，随着气田产水量的逐步增加，排液系统的重要性日益凸显。但在生产运行过程中逐渐暴露出LV阀不能实现自动排液功能、压差排液导致污水管线串气爆管和污水罐罐底泵振动剧烈等问题，影响气田的安稳长满优运行。为进一步优化排液系统，实现污水的安全高效输送，开展了LV阀控制方式优化、排液工艺流程优化、罐底泵安装改造等技改，实现了多相流LV阀高低液位联锁控制、气田水先脱气分离再外输和罐底泵平稳高效运行的需求。现场实践表明，技改后的排液系统故障率明显降低，并可实现自动排液，极大地节省了人力物力，降低了安全风险。

关键词 元坝气田；自动排液；优化改造；气液分离

引言

元坝气田试采工程场站井口湿气经气液分离器分离后，污水在压力驱动下进入污水管网，通过管网输送至集气总站和29井污水缓冲罐。试采工程气液分离设备主要有多相流、生产分离器；气液分离设备液相出口设有自动排液和手动排液两路。自动排液流程设有LV阀（液位调节阀）和ESDV阀（紧急切断阀），手动排液流程设有阀套式排污阀和手动球阀。

排液系统是天然气集输过程中重要的一环，其安全性、可靠性、稳定性直接影响到天然气集输和安全生产。若分离器液体排出不及时，污水进入酸气集输管网，会增加管网运行压力，加剧管道腐蚀；若液体排出过快，增加污水管网运行压力，严重者可能导致酸气串入污水管道，引发爆管、硫化氢泄漏等严重事故。主要存在问题如下：

（1）试采工程部分场站通过压差排液的方式将生产分离器或多相流分离器内污水排至污水管线，排液过程中由于液体压降较大（排液前压力6~8.5MPa，排液后0.5~3.3MPa），有较多溶解气析出，使污水管道内存在气柱。长期运行易导致污水管线超压运行，造成管线破损甚至爆裂。

（2）试采工程部分场站污水通过火炬分液罐、酸液缓冲罐等常压缓冲罐的罐底隔膜泵输送至污水管线，由于罐底泵选型和布局不合理，导致运行时污水管线震动过大，管线螺栓脱落、仪表受损，存在较大风险。

（3）试采工程气液分离器厂家较多，不同厂家分离器LV阀控制方式不同，LV阀不能实现高低限位、自动排液功能。

第一作者简介：唐均，男（1971—），毕业于重庆市解放军后勤工程学院油料管理专业，大学本科学历，工程师，目前从事高含硫气田开发及地面集输工作。

针对上述问题，本文开展自动排液系统的优化改造，提高系统的安全性和稳定性，避免人工操作不当引起的翻塔或串气，防止环境污染和安全事故，对天然气的平稳安全集输有重要意义。

1 LV 阀控制方式优化

多相流控制系统由 PLC 及其相关配套件、数字量输入输出模块、模拟量输入输出模块、触摸屏等构成。现场 PLC 自动采集设备运行状态和各种在线仪表的参数，通过 MODBUS 协议供 SCADA 系统调用。通过 SCADA 系统监控电脑可实时显示现场模拟量仪表的状态，可根据需要设置调节阀的开度，液位等参数。

针对元坝气田实际运行情况，LV 阀自动控制方式应为液位高低联动控制，实现高液位自动开启 LV 阀，低液位自动关闭 LV 阀，且 LV 阀的开度和高低液位可实现在线修改。

试采工程井站采用重庆华川和甘肃兰科两个厂家多相流，华川多相流 LV 阀仅能全开、全关，无法设置中间开度，在 LV 阀全开情况下，排液较快，易引发污水管线超压或因关闭不及时触发 ESDV 阀关闭，无法实现自动排液功能；兰科多相流 LV 阀仅支持恒液位联动，即通过不断调整 LV 开度，使多相流液位始终保持在一个固定值，这种方式会造成 LV 阀频繁动作，造成电机过热，影响使用寿命。

针对多相流撬块 LV 阀不能进行自动控制的功能缺陷，有三种改造方式。一是重新编写多相流 PLC 中的程序，使多相流 LV 阀达到预想功能；此方法需要将多相流 PLC 中程序全部导出并且逐句解析读懂，再增加新程序下载并调试，解析程序的过程较为复杂易出错且耗时较长，不建议采取；二是将多相流 LV 阀交由 PCS 系统控制器进行控制，在 PCS 控制器中增加 LV 阀自动控制程序块；此方法需在 PCS 控制柜中增加 AO 卡件用于发送模拟量信号，成本较高；三是利用 SCADA 数据库编写控制语句，通过 RS485 方式与多相流通信发送相应控制命令对 LV 阀进行自动控制，此方法无需增加任何硬件，可利用多相流机柜内的 AO 卡件发送信号，只需在 SCADA 数据库中编写相应控制语句，无需重新下载程序，操作过程简单，成本低。经对比，采用方法三进行改造更好(图 1)。

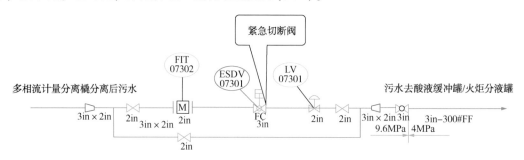

图 1 试采工程多相流液相出口工艺流程改造后示意图

利用 YB103H 井站进行多相流 LV 阀控制方式改造试验，将新的控制程序写入 SCADA 数据库中，由 SCADA 系统通过 RS485 的通信方式，利用多相流自身机柜内的卡件实现对 LV 阀控制信号的发送，使该 LV 阀具备高/低液位联动，可设置阀门高限(高液位按阀门高限自动开阀，低液位自动关阀)的自动控制功能。

2 排液工艺流程优化

由于排液过程中的压降，从气液分离器进入污水管网的液体会析出较多溶解气，使得污水管网压力增大，加剧管线腐蚀速率；若排液过程操作不慎，气体串入污水管网，可能导致污水管线爆管，引发安全事故。因此，气液分离器液相出口直接进入管网，存在较大安全隐患。

为实现污水安全集输，将气液分离后的污水接入常压容器(缓冲罐，图2)，在常压容器中，溶解大量的 H_2S、CO_2 等酸性气体以及 CH_4 天然气由于压降溶解度降低，气体析出后进入放空系统燃烧。再次气液分离后的污水，经罐底泵加压外输至站外管线。改造后的污水流程，出口压力稳定便于自动化计量，且降低了因窜气、析出气导致污水管线气锁效应的可能性，从而避免了因运行压力超高导致的管线爆管、硫化氢泄漏，引发安全事故。

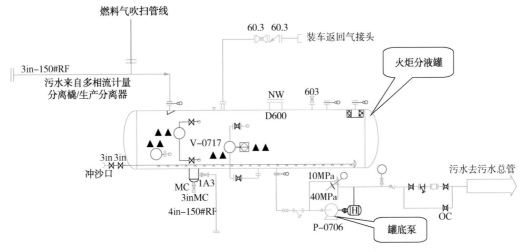

图2 试采工程污水外输工艺流程改造后示意图

3 罐底泵安装方式优化

排液系统改造后污水进入火炬分液罐、酸液缓冲罐等常压缓冲罐，通过罐底隔膜泵泵入外输管线。该泵初期运行时，污水管线震动大，管线螺栓脱落、仪表受损，存在安全隐患。通过对场站同类隔膜泵的对比，发现罐底泵剧烈振动原因主要有：

(1) 泵体自重大、重心高，进出口管线固定较少易将振动扩大。

(2) 泵与管线、罐体均为硬连接，易将振动传导。

(3) 泵吸排液过程中脉冲过大，且无法通过行程调节排量。

针对以上问题，对罐底隔膜泵进行全面改造(图3)。针对泵体自身固定基础较差，传递振动这一问题，现场重新开挖深度为 0.8m 基础，浇筑长 2.1m 宽 1.4m 高 1.6m 混凝土基础 (地面部分高 0.8m)，将泵移至基础上进行安装，并在水泥基础上铺设厚度 60mm、耐腐蚀老化、抗压强度大于 8MPa、扯断伸长率不小于 300% 的三元乙丙橡胶(EPDM)，用于缓冲泵与水泥基础之间的振动(图4)。为缓解泵运行过程中脉冲过大，根据场站实际产水量，经计算将原有 φ120mm—8000L/h 规格缸套组更换为 φ95mm—5400L/h 规格的缸套，既可满足低振动要求，又可满足气井产水需要。

图3　隔膜泵独立基础固定效果图　　　　图4　火炬分液罐按固定效果图

在改造过程中，尝试使用钢丝软管连接以减小振动强度，采用双相不锈钢软管进行连接后，试泵后软管振动幅度较大，运行2h后，因工作介质为含硫污水，软管连接抗疲劳程度差，出现管线因连续摆动而接头处渗漏的情况，并未明显消除振动。因此考虑重新加固泵后管线，将泵后管线埋地抱死，减小其振动幅度；对火炬分液罐原罐底管线全部拆除重新焊接，并通过埋地的方式制作水泥基础进行固定，进口管线预制水泥基础3座，出口管线预制水泥基础4座，管线与泵进出口单向阀仍然采用硬连接的方式进行法兰连接。

4　优化后的排液系统运行效果

1. LV 阀控制方式优化效果

将元坝 103H 多项流 LV 阀液位高，高设置为 850mm，联锁开阀(阀位高限 100%)，液位低，低设置为 500mm，联锁关阀。根据 YB103H 井自身排液情况，该 LV 阀每两个 0.5h 左右自动开 1 次，每次保持全开 5min 左右自动关闭，满足实际排液需求(图5)。

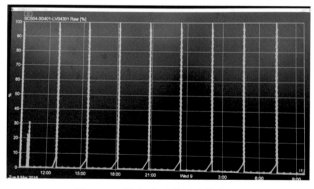

图5　LV 阀自动开关历史趋势图

2. 排液工艺流程优化效果

改造前陆续发生 9 次污水管线损伤现象，改造后尚未发生因运行压力超高导致的管线爆管、硫化氢泄漏，大大减小了场站、阀室探头报警而触发的场站 ESD-3、支线 ESD-2 级关断，起到了安全控制地面集输系统效果。

3. 罐底泵安装方式优化效果

改造过程首先选用了产水量较大的滚动建产井站作为试点，从现场运行情况来看，改造后罐底泵泵运行时管线振动得到极大幅度的减小，试运行期间管线、撬块设备未出现任何附件松动的情况；缸套组更换之后的隔膜泵，排量能满足高产水井 YB121H 井（日产水 $60m^3$）、YB10-1H 井（日产水 $80m^3$）的正常生产需要。同时，将泵启停控制引入 PCS 控制柜，实现远程手动启停，并设置液位高限 700mm 自动启泵，低限 300mm 自动停泵，陆续实现无人值守井站的高液位自动启泵、低液位自动停泵自动化控制，极大减少人力物力成本，而劳动强度减轻后更有效地减少由于疲劳误操、机械伤害等安全风险。

5 结论

（1）通过 SCADA 数据库编写控制语句，RS485 方式与多相流通信发送命令对 LV 阀控制方式改造后，能够实现 LV 阀自动控制方式应为液位高低联动控制，并可实现再修改 LV 开度和高低液位，可实现气液分离器安全自动排液。

（2）将气液分离器液相出口接入常压缓冲罐后，有效降低了污水中气体含量，降低了污水管网超压运行的风险。

（3）通过对罐底泵改造后，显著降低了泵运行带来的管线振动，并可实现高液位自启，低液位自停功能，减少了人力物力成本，降低了安全风险。

参 考 文 献

[1] 贾小江，杨陈. 集气站分离器排污系统分析及优化[J]. 中国石油和化工标准与质量，2014，(12)：269~271.

[2] 马春稳. 集气站分离器自动排液技术研究[J]. 低渗透油气田，2006，11(3)；133~139.

[3] 罗华，张光函，吕荣美. 气控自动排液系统在天然气集气站的应用[J]. 天然气工业，2008，28(11)：109~111.

[4] 徐宁. 浅析气控自动排液系统在天然气集输中的应用[J]. 中国石油和化工标准与质量，2013，(5)：263~263.

[5] 张书成，单新宇，蒋昌星. 长庆气田自动排液系统优化与改进[J]. 石油化工应用，2007，26(1)：40~43.

采气场站生产装置在线智能监测及远程自校技术研究

黄元和　何 忠　徐岭灵

(中国石化西南油气分公司采气二厂)

摘　要　为提升采气行业生产水平，实现行业生产智能化，落实"中国制造2025"和"创新、协调、绿色、开放、共享"的发展理念，通过开展采气场站信息化生产线的验证评价分析，梳理影响生产过程的关键控制参数，研究提出通过生产装置的在线智能诊断系统提升生产工艺的方案。通过大数据处理、分析，构建生产系统的远程自校数学模型，通过云服务器实现生产装置参数移动监测、远程检测校验技术。从而提高信息化生产线的运行可靠性；保障实时获取生产过程关键生产参数的大数据，提高采气装置管理效能，促进企业提质增效。

关键词　生产装置；在线监测；智能诊断；远程自校；云服务器

1　研究的意义

1.1　研究任务

为提升工业制造(生产)水平，实现工业制造(生产)智能化，基于互联网+的理念，德国提出了"工业4.0"，美国提出了"再工业化"，我国提出了"中国制造2025"。为了落实"中国制造2025"和"创新、协调、绿色、开放、共享"的发展理念，紧密衔接本行业的生产管理需求，以技术创新、管理创新为手段，加强重点领域、重点专业技术难题的研究和攻关，提升采气行业的技术能力和水平。

1.2　研究目标

通过开展采气场站信息化生产线的验证评价分析，梳理影响生产过程的关键生产参数，实现生产装置运行状态的在线移动监测和智能诊断，提高信息化生产线的运行可靠性；保障实时获取生产过程关键生产装置参数的大数据，有效支撑生产装置参数在线监测、远程检测校验的实施，提高采气装置管理效能，促进企业提质增效。

2　研究内容

本项目实施的重点在于生产装置参数的在线实时采集传输与远程自校的初步数学模型的建立。

第一作者简介：黄元和，男(1984—)，2008年毕业于西南石油大学学士学位，工程师；工作单位：中石化西南油气分公司采气二厂，开发研究所所长，从事油气开采地面集输技术研究。

2.1 生产装置参数的在线采集与传输

生产装置参数的在线采集有两种方式，对于有数据接口的生产装置，采用智能感知模块（数据采集节点设备直接与其通信）获取测量值，进行传输。对于不带数据接口的生产装置，则采用具有数据采集功能的智能感知模块（数据采集节点设备直接采集生产装置模拟信号），或带机器视觉识别智能感知模块，对生产装置进行数据的感知及传输。

数据采集节点完成生产装置的数据采集后，通过无线组网传输的方式，将数据传输到汇聚节点，再由汇聚节点处理，经过公网或者自主搭建的计量检测装置远程自校专用网络传输到仪表校准中心。

系统主要包括三个部分：主干节点、汇聚路由节点和计量检测装置无线感知网络节点。系统组成及工作方式如图 1 所示。

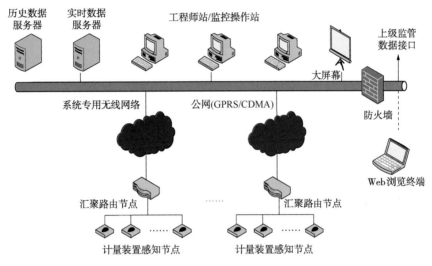

图 1 远程校准系统框架工作示意图

系统专用无线网络由传感主干节点组成。传感主干节点主要包括无线生产装置网络节点的接收与发射模块和天线，其作用是组成通信网络的主链路，节点之间通过无线信号连接，各节点与无线传感转接模块连接，通过汇聚路由节点接收无线传感网络获得的生产装置信息或发送由控制中心发出的控制指令。

2.2 远程自校的初步数学模型的建立

远程自校初步数学模型的建立，在于判断或者找出采集到数据中的异常数据，异常数据就是数据集中与其他数据明显不一致的数据或远离数据集中其余部分的数据。异常数据具体表现在数据提取过程中，可能存在一些数据，它们与其他数据的一般行为或模型不一致。

假设被监测的数据服从某种概率分布模型 $f(x)$，如正态分布、泊松分布等。然后由样本数据可以对均值 u 和方差 σ 进行参数估计，最后采用假设检验法来找出精确近似的概率分布模型。异常值通常出现在数据的极值处，因此可直接从极值处判断数据是否异常，通过极值异常判别公式来判别异常值出现的频率是否在可接受的频率范围之内，假设可接受的频率值为 2，而实际上求得的频率为 20，可以理解为，理论上该值出现不到 2 个，实际上出现了 20 个，认为是异常。若是探头本身出问题，异常值出现频率会很高，甚至数据一直异常。若被监测对象变化异常，异常值频率会低于探头本身出问题(还需要根据历史数据进行分析判断其特点再来寻找其规律)。

这种异常点检测的概率分布方法具有完善的数学理论基础，建立在标准的统计学技术(如分布参数的估计) 之上，现实中有很多待检测数据服从某种分布。当数据样本充分以及所用的检验类型确定时，这些检验可能非常有效。而且可以直接通过其异常值的频率来判断是否在可接受范围之内。

对于一些具备自校准功能的计量检测装置，在出现异常数据后，校准中心可以通过智能感知网络远程启动生产装置的自校准程序，并通过对后续采集到的数据进行分析，如果数据正常，则认为校准成功，若多次校准后数据仍然异常，则需要人工对其进行校准或维修。

通过采气场站生产装置，对温度、压力、流量等计量检测装置实施远程智能感知，并建立计量装置的自校数学模型，远程判断计量加测检装置的工作状态是否正常、是否异常或即将异常，通过远程的设置，实施生产装置的远程校准。

2.3 远程自校技术

远程自校借助于智能感知模块来完成。通过针对不同设备的适配，感知模块实现与检测装置的通信。智能感知模块除了获取检测装置的测量值之外，它根据不同的检测装置，发送相应的命令对检测装置进行配置(图 2)。

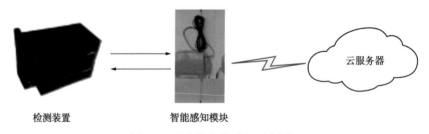

检测装置　　　　　　　智能感知模块

图 2　远程自校自能感知示意图

云服务器通过处理大量的测量数据，找出其中的异常。根据计算出来的偏差，对需要校准的检测装置，服务器发送命令到与其关联的智能感知模块实现校准。

2.4 移动监测技术

"互联网+"即"互联网+各个传统行业"，但并不是简单的相加，需要利用信息技术、通信技术以及互联网平台，让互联网与传统行业进行融合，创造新的发展生态。其中采用场(站)生产装置的移动监测正是采用这种模式，来设计生产装置的远程监测 Android 平台。其中移动监测技术的主要处理流程：用户通过手持 Android 端，向阿里云服务端发送请求，服务端接受请求，根据当前请求返回相关数据，并将数据结果返回给用户进行处理。同时阿里云服务器运行大数据 Hadoop 计算框架，对生产现场采集的数据进行大数据分析，并将分析的结果实时推送给手机端进行预警处理。

移动监测技术主要包括以下几个要点：

1. 大数据处理技术

Hadoop 是一个大数据软件框架，主要是使用 MapReduce 编程模型对大数据集进行分布式计算(图 3)。

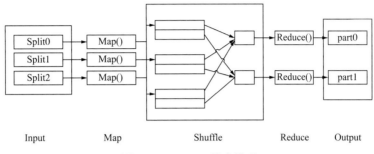

图 3　MapReduce 技术模型

该分布式计算框架操作简便，只需要实现相应的接口即可，基于 MapReduce 计算框架设计的计算模型，可以被运行在上千台商用廉价的计算机组成的集群上。运行在集群上的 MapReduce 计算模型既可靠而又高效地并行处理 T 级别的数据集。

HBase 一个面向列、高性能、高可靠性的非关系型的开源分布式存储系统，同时也继承了 HDFS 的优势：可以使用廉价的计算机搭建大规模集群，它可以随机访问、存储、检索数据，能够实现灵活的数据模型，HBase 体系结构图如图 4 所示。

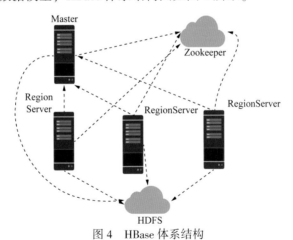

图 4　HBase 体系结构

2. 消息推送

所谓的消息推送技术是基于 C/S(客户端、服务端)机制，由服务器主动将信息发送给客户端的技术，其优点在于信息发送的主动性和及时性，可随时将信息推送到用户界面。

Android 平台的移动端为了解决与服务器数据同步问题，一般移动终端采用方式：移动端与服务器之间维护一个长连接，当服务有相关分析数据需要传给客户端时，直接将数据推送给客户端。为此使用 Websocket 技术解决长连接问题，使数据及时推送给客户端。

3. 客户端的设计

需要根据采气场站的生产装置的实际的监测需求，设计相关的功能，其中核心的监测界面如图 5 所示。

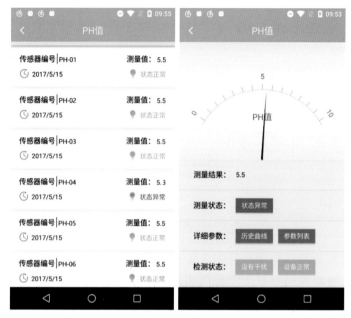

图 5　监测界面

3　结论

目前，国家质量技术监督局在大力提倡和推行生产设备的在线计量检测和动态校准。该项目正好契合这个时期，符合"中国制造2025"的内涵。该项目运用了在线检测的关键技术、自动识别技术、工业互联技术、CPS技术、大数据处理技术，数据的处理、存储在云端设备，数据的分析运用人工智能的神经网络算法，在数据的安全上运用了区块链的技术。通过这一系列新技术的实施，可提升现有采气场（站）的智能化水平，使整个生产过程"智慧"，不但能分析处理数据，而且能判断生产设备是否正常，并将固定可视化管理提升到移动可视化管理，而提高产品质量和生产效率。

参　考　文　献

[1] 杨发平，王贵波. 普光气田地面集输系统腐蚀监测及控制体系[J]. 天然气工业，2012，32（1）：92~97.

[2] 赵洪涛. 现代油气田中的信息化建设探讨[J]. 中国管理信息话，2016，19（8）：60~61.

[3] 李云松，任艳君. 智能诊断技术发展综述[J]. 四川兵工学报，2010，31（4）：122~125.

[4] 虞和济，陈长征，张省. 基于神经网络的智能诊断[J]. 振动工程学报，2000，13（2）：202~205.

[5] 李明. 信息化建设在高压油气田管理中的应用[J]. 信息技术与信息化，2013，（10）：27~28.

[6] 戴少军. 4G通信技术在油气田的应用研究[J]. 中国科技信息，2013，（14）：84~85.

元坝气田集输支线压力波动原因模拟分析

曾力　龚小平　曹臻　崔小君　柯玉彪

（中国石化西南油气分公司采气二厂）

摘　要　气液分输是含硫气田集输系统主要采取的输气模式，不仅可减缓酸性介质对集输管线的腐蚀，更能极大降低地形高程对管网压力的制约。气田实际生产过程中，混输酸气在支线集气站经卧式分离器分离后，频繁出现压力波动，极大制约了支线末端井站产能的释放。本文根据元坝气田支线集气站压力波动现象，深入分析产生原因，并模拟分析、理论计算佐证，最后给出有效的优化措施，以实现气田安全、高效生产。

关键词　压力波动；气液分离设备；分离效率；原因分析；优化措施

引言

元坝高含硫气田生产井站沿长兴组生物礁呈条带状分布于地貌复杂山区，管网呈大面积"辐射状+枝状"分布，单井站至集气总站输差超过3MPa。集输系统采用"单井站–集气站混输、集气站–集气总站分输"输送工艺，混输含硫天然气与气田水在支线集气站进行气液分离后，分输至集气总站和污水站。

在实际生产中，经支线集气站卧式生产分离器分离后的酸气频繁出现输气压力上升并波动现象，致使上游生产井站被迫降产或关井，以避免管网末端超压，极大制约产能高效释放的同时，形成一定的安全隐患。因此，有必要通过深入分析压力异常波动原因，制定有效措施，保障气田安全、高效生产。

1　压力波动与液位异常

X1与X2井分别为元坝气田2#支线、3#支线重要集气站，承担了沿线 $150\sim200\times10^4\mathrm{m}^3/\mathrm{d}$ 的产量任务。投产后X1与X2集气站生产分离器输气压力即频繁出现不同幅度波动，且与生产分离器液位呈一定相关性。

以3#支线X2集气站生产分离器某连续生产时段压力和液位变化为例，输气压力频繁波动，且与对应时段生产分离器液位呈明显规律性滞后吻合[图1（a）]。当液位降低，压力呈滞后正相关降低；液位走高，压力随之走高，滞后时间约15min。液位上涨至700mm（满量程1200mm）后无法继续上涨[图1（b）]。无独有偶，2#支线X1集气站生产分离器压力与液位存在同类异常，且液位上升至500mm后，便呈上下波动，不再继续上涨。

第一作者简介：曾力，男（1990—），重庆人，毕业于中国石油大学（北京），地质工程专业，硕士学位。现工作于西南油气分公司采气二厂，工程师，主要从事油气勘探地质及天然气开发。

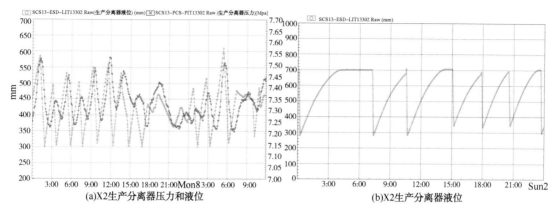

图1　X2生产分离器压力和液位异常

2　压力波动原因

探头损坏、系统失真和取压通道水合物堵塞是含硫气田压力和液位远传仪表显示异常最常见的问题。

通过换装探头和传输模块，并复位检查设置，首先排除了压力、液位变送器本体故障和系统程序错误原因。通过拆卸变送器与罐体连接法兰，检查变送器法兰膜片清洁度，发现膜片上仅附着少量黑色杂质，取压口内壁清洁，无堵塞现象，排除取压通道堵塞因素。

鉴于压力、液位的波动变化反映的是生产真实数据，判断参数异常应是分离器效率降低进而实际工况变化所致。当生产分离器液位上涨后，分离效率逐渐降低，液相无法有效地从气相中分离，或甚至被二次携出，使下游管线介质变"湿"，造成压力上涨现象。而排液后相对分离程度较高的"干气"将管线内"湿气"置换的时间差也刚好与15min滞后时间相吻合。

3　分离器分离效率分析

3.1　Pipesim模型建立

X2集气站至下游场站酸气管线采用φ219mm无缝钢管，水平长度5626m，实际长度6357m，最大高差287m。上游沿线气井日均产气量156.1×10⁴m³，产水量29.13m³，甲烷90.39%，硫化氢5.25%，二氧化碳3.43%，相对密度0.5614，利用Pipesim建立酸气管道模型(图2、图3)。

3.2　模型可靠性验证

选取某时段生产数据对模型可靠性进行验证。当X2集气站生产分离器液位300mm，压力为7.34MPa，下游压力6.51MPa；当液位500mm，压力为7.72MPa，下游压力为6.54MPa。

给定模型管线X2集气站压力7.34MPa，气量156.1×10⁴m³，无液，模拟管线下游站压力显示为6.58MPa(图4),与实际偏差1.07%。鉴于分离器300mm液位下实际分离效率低于100%,模型偏差满足模拟精度需求。

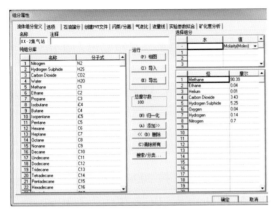

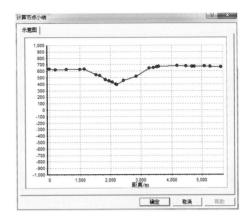

图2　生产分离器压力和液位　　　　　图3　模拟高程及管线模型

3.3　分离效率计算

在模型误差可控前提下,计算液相进入管道后压力变化。给定下游压力6.54MPa,气量156.1×10⁴m³,液量29.13m³,模拟管线在X2集气站压力显示为7.81MPa(图5),与实际偏差1.16%。由于分离器液位500mm时,管线实际压力应低于完全混输时压力,计算结果可信。

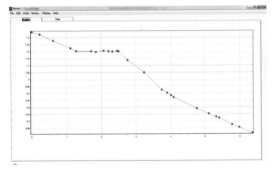

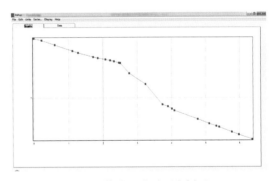

图4　管线无液时压力剖面　　　　　　图5　管线无液时压力剖面

故证实X2集气站压力与液位同趋势变化并往复波动的原因是分离器在液位上涨过程中分离效率逐渐降低,液相随气流进入集输管线所致。

3.4　低效分离原因

通过管线模型计算,证实了分离效率偏低,现进一步分析产生原因。

元坝气田X1、X2集气站所用卧式分离器理论效率高于立式分离器,但液位控制难度大。其有效容积5.9m³,规格φ1200mm×4800mm,内部分为初级分离、重力分离、集液和捕雾四大功能区。

多相介质进入初级分离区，经缓冲板改变流动方向，液滴在惯性作用下脱离气相并汇集；进入重力分离区，介质流动通道骤然变大，经 TP 板整流降速，较小液滴依靠重力沉降分离；分离后的气流与集液区析出溶解气在捕雾区与内置丝网除沫器撞击，实现再次气液分离。

因此，在既定尺寸下，气流越快，动能越高，分离效果越差，且更易搅动两相界面并将液相"破碎"，再次携液。

根据油气集输设计规范推荐卧式分离器公式，计算得 $D = 1.37$m 为该工况下分离器最小直径。因此，判断生产分离器分离效率较低为尺寸偏小所致。

$$D = \sqrt{\frac{1}{86400} \cdot \frac{K_3 Q_g T Z p_{sc}}{K_2 K_4 T_{sc} p w}}$$

式中，K_3（气体高度分率）= 42%，K_2（气体面积分率）= 40%，按 700mm 液位计算；K_4（长径比）= 4，T（流体温度）= 313K，Q_g（标况流量）= 1561000m³/d，P（压力）= 7.72MPa，按实际数据计算；根据 DPR 方法，计算 Z 偏差系数 = 0.93；结合气液密度，根据 L-G 方法，计算 w（沉降速度）= 0.041m/s。

4 结论及建议

通过建立管线模型，分析认为元坝气田支线集气站生产分离器分离效率随液位上升而降低，未完全分离的酸气进入集输管线是支线压力上升的直接原因，其波动规律与液位变化正相关，波形滞后约 15min。理论计算表明，目前所使用的卧式生产分离器规格变小，是导致低效分离的根本原因，在该工况下分离器直径应至少大于 1.37m。

鉴于更换大规格生产分离器成本高和生产影响大，可增加液位控制系统并联锁自动排液，并定期开展生产分离器冲砂以保证分离效率。从元坝气田目前生产应用效果来看，有效控制液位在较低范围内并开展周期性冲砂可极大缓解分离效率导致压力频繁波动问题。

参 考 文 献

［1］朱国，冯宴，刘兴国，等．元坝高含硫气田水合物实验研究［J］．化学工程与装备，2014（1）：46～52.
［2］张莉，柳立．浅析 H₂S 和 CO₂对特高含硫天然气水化物形成温度的影响［J］．天然气与石油，2006，24（4）：24～27.
［3］GB 50350—2015. 油气集输设计规范［S］.
［4］李士伦．天然气工程［M］．石油工业出版社，2008：110～112.
［5］吴志欣．普光气田地面集输系统堵塞原因分析与解堵措施研究［D］．青岛：中国石油大学（华东），2012.

元坝气田腐蚀挂片带压取放故障分析与对策

李怡　崔小君　黄元和　王芳

(中国石化西南油气分公司采气二厂)

摘　要　腐蚀挂片是酸性气田地面集输系统腐蚀监测的常用手段，原理简单易懂，监测数据可靠。但由于腐蚀挂片是一种插入式监测装置，常规取换挂片分析腐蚀速率需关井停产，对气井连续生产造成影响。元坝气田使用的艾默生公司的腐蚀挂片监测装置及带压取放工具可以实现在不停产的情况下更换挂片，利用液压泵提供腐蚀挂片回收和安装所需的动力源。带压操作过程中由于密封圈失效等原因，常常出现一系列故障，本文从结构原理、操作步骤等方面出发，分析故障产生的原因，提出解决方法。

关键词　腐蚀挂片；带压取换；液压泵；故障分析

引言

元坝气田为高含硫化氢、中含二氧化碳的酸性气田，平均硫化氢含量 5.55%，平均二氧化碳含量 8.13%。二氧化碳引起的"甜腐蚀"和硫化氢引起的应力腐蚀开裂、氢致开裂及氢鼓泡等，都增加了酸性气田的运行风险。元坝气田地面集输系统采用"抗硫管材+防腐涂层+缓蚀剂+阴极保护"的联合防腐工艺，采用"腐蚀监测+智能检测+水质分析"的腐蚀监测技术，其中腐蚀监测手段主要有腐蚀挂片、电阻探针、线性极化探针、电指纹和超声波五种。

腐蚀挂片是最原始也是最可靠的监测手段，将标准试片(腐蚀挂片)插入介质中，一段时间后取出，通过测量试片质量的变化，以单位时间内、单位面积上由腐蚀而引起的材料质量变化来评价腐蚀的程度，表征的是平均腐蚀速率，同时观察试片的腐蚀情况，分析判断腐蚀成因和机理，确定腐蚀类型(点蚀或其他局部腐蚀)。腐蚀速率的计算公式如下：

$$V = K\Delta m / (AT\rho)$$

式中，V 为平均腐蚀速率；K 为常数，当腐蚀速度的单位采用 mm/a 时，$K = 8.76 \times 10^4$；T 为试验周期，h；A 为试样初始面积，cm^2；Δm 为腐蚀试验中试样的质量损失，g；ρ 为试验材料的密度，g/cm^3。

目前，常规腐蚀挂片取换作业均需在管道停输、放空后进行，且安装、拆卸过程的操作较复杂。元坝气田使用的艾默生公司的腐蚀挂片监测装置及带压取放工具可以实现在不停产的情况下更换挂片，利用液压泵提供腐蚀挂片回收和安装所需的动力源。

第一作者简介：李怡，女(1990—)，毕业于西南石油大学工程材料腐蚀与防护专业，获学士学位。现工作于西南油气分公司采气二厂，工程师，主要从事酸性气田腐蚀与防护技术研究及运行管理。

1 设备结构及操作

腐蚀挂片监测装置主要由挂片、挂具、承载器、顶丝、安全盖、密封圈等部件构成，图1为安装图。顶丝将挂具固定在管道内，依靠挂具上的密封圈实现挂具与承载器的密封，避免原料气溢出。

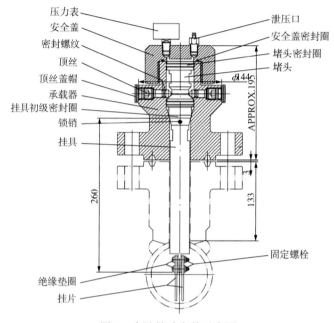

图 1　腐蚀挂片安装示意图

图 2　液压取放工具

液压取放工具主要由液压泵、取放杆、伺服阀、高压软管等构成，如图 2 所示。打开腐蚀挂片监测装置安全盖，将伺服阀安装在承载器上，再将液压取放工具安装在伺服阀上，连接液压泵、高压软管、中和罐等，即可实现挂片的带压取换。

取出挂片时，卸下腐蚀挂片装置安全盖，将伺服阀安装在挂片装置底部上，打开伺服阀的两个球阀，将液压取放工具放置到伺服阀上，使取放工具连杆与腐蚀挂片固定装置旋塞紧密连接，再使用液压泵，打压至取放工具内压力高于管线当前运行压力 100bar，确保挂具被压死。此时可旋松固定挂具的 4 个顶丝，再对取放工具内压力进行泄放回油，挂具将通过管道内压力被推送至取放工具内。关闭伺服阀的两个球阀，对伺服阀至取放工具间的压力泄压完毕后即可取下取放工具更换挂片。

安装挂片时，将装好挂片的取放工具连接在伺服阀上，平衡取放工具与管线内的压力后，使用液压泵打压至液压取放工具内压力高于管线当前运行压力100bar，此时挂具已被送至适合的安装位置，可对称均匀紧固4个顶丝将挂具固定，然后对取放工具内的原料气进行泄放。

为避免环境污染，泄放的原料气应通过中和罐充分反应后再排放。

2 作业风险及常见故障

硫化氢有剧毒，强腐蚀性，在腐蚀挂片带压取放过程中，由于密封圈失效、操作不当等原因往往使取放操作无法顺利进行，并存在含硫天然气泄漏、人员伤亡等风险。对带压取放操作过程分步进行风险分析，识别出每步可能存在的风险，见表1。

表1 腐蚀挂片带压取放操作主要风险分析

序 号	作业步骤	可能存在的风险	原因分析
1	作业准备	操作条件不清楚导致操作错误，影响井站正常生产；产生气体泄漏，人员伤害	管理因素
2	拆除承载器帽盖	承载器泄漏，帽盖憋压，人员伤害	设备因素、操作因素
3	安装伺服阀、挂片取放杆	作业过程配合不当，机械伤害	操作因素
4	松开承载器顶丝，回收挂片	未松到位，取放杆带出挂片支架时卡死；或过度旋松，气体逸散；伺服阀泄漏，人员伤亡	设备因素、操作因素
5	关伺服阀，卸下挂片取放杆	伺服阀关闭不严，中和罐超压，气体泄漏，人员伤亡	设备因素、环境因素、操作因素
6	对取放杆打压，使支架顶出挂片更换	操作错误，取放杆憋压，液压泵损坏	操作因素
7	安装挂片取放杆及挂片支架	伺服阀无法打开，顶针未安装到位，设备损坏，压力泄漏、人员中毒、环境污染	设备因素、环境因素
8	拆除取放杆、伺服阀，安装帽盖	伺服阀关闭不严，中和罐超压，气体泄漏，人员伤亡，机械伤害	操作因素

元坝气田投产至今近三年的腐蚀挂片取放过程中，共发生故障13次，其中作业步骤2发生故障2次，均由操作原因造成；步骤4发生故障4次，其中3次为密封圈失效造成；步骤5发生故障2次，均由杂质堵塞造成；步骤7发生故障5次，其中2次为杂质堵塞造成，3次为液压泵损坏造成。

3 风险控制及故障处理

3.1 取下安全盖后底座旋塞泄漏

腐蚀挂片监测装置运行过程中无泄漏，更换腐蚀挂片操作时取下监测装置顶部安全盖即发现底座旋塞泄漏，无法进行后续的取换操作。出现该情况有两种可能：

（1）顶丝未紧固到位。顶丝是固定挂具的重要部件，若顶丝未紧固到位，挂具未安装到合适位置，则会造成挂具上的密封圈未有效密封。

（2）挂具密封圈、堵头密封圈均失效。在顶丝安装到位、挂具密封圈安装到位的情况下，若从挂具到堵头的两级密封圈均由于腐蚀等原因失效，则管道内原料气可通过挂具与腐蚀监测固定装置的缝隙串入安全盖内。该情况一般伴随着安全盖压力表起压。

出现该种情况，首先重新对角紧固顶丝，保证密封圈密封到位，如若继续泄漏，则说明密封圈失效，需回装安全盖，停止作业，等待关井泄压后进行处理。

3.2 旋松顶丝回收挂具时，原料气从顶丝处喷出

在回收挂具时，需旋松固定挂具的4个顶丝，然后对液压取放工具内的压力进行泄放，此时挂具将通过管道内原料气压力将其顶入取放工具内。顶丝锥面暴露在原料气中，原料气与外界的密封主要依靠顶丝上的两层O形圈以及丝扣螺纹。若顶丝螺纹存在缺陷，或密封圈失效，或过度旋松顶丝，则可能发生顶丝处原料气泄漏或顶丝被气流冲出等事故。

为避免该情况发生，在取放腐蚀挂片前应逐个取出顶丝检查，检查顶丝以及顶丝上的"O"形圈是否完好，若存在损坏则进行更换，若完好则涂抹防卡剂后重新将顶丝紧固。检查顶丝时应逐个检查，确保一次只取出一个。在回收挂具旋松顶丝时，应保证顶丝头不得超过底座外侧，不得出现任何可视螺纹。若顶丝处发生原料气泄漏，立即打压将挂具重新安装回监测装置内，重新紧固顶丝。

3.3 回收挂具后，取放工具内压力无法泄尽

挂具回收到取放工具内后，管道内酸气通过伺服阀的球阀进行密封，将球阀与取放工具之间的原料气泄放完毕后方可取下取放工具更换挂片。若此时压力无法泄尽，存在两种可能：

（1）伺服阀球阀密封圈失效。

图3　伺服阀球阀被异物卡堵

（2）球阀关闭时被异物卡堵，未关闭到位（图3）。

为避免该情况发生，伺服阀使用前需对其进行室内试压，试压合格后方可使用；若在使用过程中被异物卡堵，导致球阀不能关闭到位，需反复活动球阀直至卡堵解除，若卡堵无法解除，重新打压将挂具安装至监测装置内，清理卡堵物。

3.4 安装腐蚀挂片过程中打压泵故障

安装新挂片时，取放工具、液压软管连接妥当，管道、伺服阀、取放工具已平压，即将利用液压泵打压直至取放工具压力高于管道运行压力10MPa，使挂具安装到承载器合适的位置上。因管道运行压力不同，目前元坝气田使用的手动液压泵打压时间约5~10min，但在操作过程中发现液压泵故障偶有发生，主要有以下两种情况：

（1）超过正常打压时间，液压泵不起压，挂具未向下移动。该情况在元坝气田出现过一次，因液压油油路泄露导致。

（2）打压初期起压较正常，但随后压力上涨过快。在液压泵压力显示大于管道运行压力10MPa时，尝试关闭伺服阀球阀，发现球阀无法关闭，挂具位于伺服阀中，未安装到位；或伺服阀球阀能关闭，但旋紧承载器固定顶丝时发现顶丝可轻易旋入4~5圈，或仅旋入1~3圈就突然停止，表明挂具也未安装到合适位置。该情况在元坝气田出现过两次，原因为液压油油路堵塞。

液压泵发生故障后，应先关闭取放工具顶部液压软管头部阀，快速更换液压软管及液压泵，重新打压，按操作步骤完成挂片安装的后续操作。

4 结束语

腐蚀与防护是酸性气田安全开发的关键之一，腐蚀监测往往利用挂片做主导，辅助其他监测系统综合进行腐蚀分析和评估。腐蚀挂片带压取放工具有效解决了不停输状态下，在管道、设备内部悬挂腐蚀挂片监测生产运行的难题，降低了员工劳动强度，节约了生产成本。其操作符合最常用国际标准，在元坝气田安全运行两年无事故。通过对常见故障进行梳理分析，进一步规范操作步骤，提高操作的安全性。

参 考 文 献

[1] Ogundele G I and White W E. Some observations on corrosion of carbon steel in aqueous environments containing carbondioxide[J]. Corrosion, l986, 42(2)：71~78.
[2] Lei Zhang, Jianwei Yang, etc. Effect of pressure on wet H_2S/CO_2 corrosion of pipeline steel1[J]. Corrosion/09, paper no. 09565.
[3] 潘敏. 高酸性气田集输系统的综合防腐[J]. 油气田地面工程, 2012, 31(1)：40~41.
[4] 欧莉. 普光气田地面集输系统的内腐蚀控制与监测[J]. 防腐保温技术, 2012, 20(2)：1~6.
[5] 史涛，梁爱国等. 油气管道腐蚀挂片悬挂装置的研制与应用[J]. 油气储运, 2012, 9：695~696.
[6] 王翀. 集输系统硫化氢腐蚀监测技术研究与应用[J]. 油气田地面工程, 2015, 34(2)：55~56.

FSM 腐蚀监测技术在高含硫气田的故障与处理

黄元和　徐岭灵　张艳　严黎

(中国石化西南油气分公司采气二厂)

摘　要　FSM 作为一个基于电导率的非侵入式的检测技术，又称电指纹监测技术。它安装在高含硫气田集输管道的进出站管段上，或者在极易发生腐蚀的低洼地段和介质流向发生改变的管段上，用于监测管段内部常规的和局限的腐蚀、磨蚀和裂纹。在使用过程中，FSM 腐蚀监测系统存在数据不能上传、平均腐蚀速率波动等设备故障，影响 FSM 的正常运行。通过研究，找到了相应的处理措施，保证了系统的稳定运行，为高含硫气田的防腐管理和腐蚀控制提供数据支撑。

关键词　FSM；高含硫气田；腐蚀监测；设备故障

引言

高含硫气田具有高压、高含硫化氢、高含二氧化碳等因素，具有较强的腐蚀性，同时高含硫化氢，也使高含硫气田开采具有极高的危险性。目前，高含硫气田集输管道大都埋于地下，致使它的腐蚀检测手段极其有限，监测成本也极高。FSM 作为一个基于电导率的非侵入式的检测技术，又称电指纹监测技术，主要用于监测工艺管线及管段内部常规的和局限的腐蚀、磨蚀和裂纹。它主要安装在高含硫气田集输管道的进出站管段，或者在极易发生腐蚀的低洼地段和介质流向发生改变的管段上。相比之下，FSM 腐蚀监测技术精度更高，成本更低，能够实现对监测管段的实时监控，数据量大，分析界面简单直观，对于气田的腐蚀管理和控制更有指导意义。

在实际使用过程中，FSM 腐蚀监测系统存在数据不能上传、平均腐蚀速率波动等设备故障，影响 FSM 的正常运行，导致不能有效的对高含硫气田的集输管道腐蚀情况进行实施的监控。通过研究，找到了相应的处理措施，保证了系统的稳定运行，为高含硫气田的防腐管理和腐蚀控制提供数据支撑。

1　FSM 的特性及系统组成

FSM 技术主要是输入一个可控的激励电流通过金属去建立一个唯一的电场图形(图 1)，产生的电压是可通过焊接在管壁的探针进行测量的。在给定区域内的任何电导率的改变均将

第一作者简介：黄元和，男(1984—)，四川资阳人，毕业于西南石油大学油过程装备与控制工程专业，学士。现工作于西南油气分公司采气二厂，工程师，主要从事气田地质、采油气、集输、自控、仪表、通讯、水处理技术等方面的管理和研究。

改变电场图形或者电场强度，例如：①均匀的金属损失将增强电场强度；②裂纹或者非均匀金属损失将导电场图形（强度）改变。它可以提供较高的灵敏性，及时反馈实时的管壁的实际变化，通过采用 FSM 腐蚀监控技术可以提供大量费用的节约，并且减少检测成本。

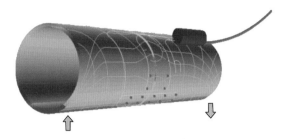

图 1　FSM 电场示意图

FSM 腐蚀监测技术具有 4 项特性：①超过实际管壁厚度千分之一（1ppt）的灵敏度；②探测实际管壁的真实改变；③提供腐蚀机理信息；④监测相对大的区域及特殊的几何区域，如焊缝等。

主要由 5 部分组成（图 2）：①从管壁到监测仪器的专用电缆；②探针矩阵，用来测量电阻；③电流源（输入/输出）；④电子元件组，用来读取记录数据信息；⑤专门软件，用来解读数据信息。

图 2　FSM 现场安装图

2　FSM 的工作原理

FSM 腐蚀监测技术主要采用欧姆定律。考虑 FSM 矩阵在管壁上的长度（L）和宽度（W），是已知的常数。而电流（I）是已知的，并且通过 FSM 仪器可以调整控制。因此只有管壁壁厚（T）和电压降（ΔE）两个可变变量（图 3）。这就意味着随着管壁的腐蚀（壁厚减薄）电压降将上升（FSM 读取数据信息），因此 FSM 仪器可以监测焊接在管壁上的每一对探针间的腐蚀情况。

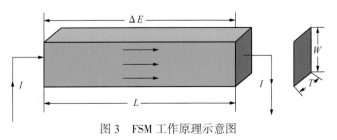

图 3　FSM 工作原理示意图

原理公式：

$$\Delta E = RI \tag{1}$$

$$R \propto \frac{L}{T \cdot W} \tag{2}$$

$$\Delta E \propto \frac{1}{T} \tag{3}$$

3 存在问题及处理措施

3.1 数据不能自动上传

腐蚀监测设备监测到的数据实时传到 corrLog 箱或者 FSMLog 箱中，Log 箱中的数据通过 Fieldbus 到场站的 FIU 再到 MOXA 串口服务器最后到场站的 PC 电脑，通讯环节中任何一个设置不匹配都可能导致腐蚀监测系统无法收取监测数据。从 2014 年调试运行开始，FSM 就频繁出现数据不能自动上传故障，截止到 2019 年 1 月 17 日，已出现以下 6 种原因导致数据不能自动上传。

1. corrLog 箱中的时钟出错，数据条出现 2095

腐蚀监测系统中的数据条时间由现场的 corrLog 随着电压值等原始数据上传至 PC 服务器，PC 与互联网连接，采用全球时区时间，而 corrLog 箱则为自校准时间，当 corrLog 箱中的时钟出错后数据条时间与 PC 时间不一致时，数据条停止上传，导致 PC 中无腐蚀监测原始数据。

解决方案：更改数据条接收存储方式，采取 PC 对现场设备发出测量指令的同时校准现场 corrLog 箱时间，保证数据及时上传至 PC 并保存。

2. 通信地址设置错误

场站内数据传输采用小型局域网，整体上采用"192"开头的本地局域网，而场站到中控室则采用"10"开头的办公网，故障处理过程中，发现 YBxx、YBxx-1 两个站的 MOXA 服务器 IP 地址占用办公网 IP 地址，导致数据接收端与发送端查找出错，出现中控室 PC 服务器无数据上传现象。

解决方案：核查场站 MOXA 串口服务器 IP 地址与 PC 端 IP 地址，避免出现占用现象导致数据停止上传。

3. 通信软件设置

每个 FIU 设置两路数据测量与接收通道，当 corrLog 箱数据线接入 FIU1 的 Loop1 而系统设置为 Loop2 时，现场原始数据条将无法上传至 PC 服务端，集气总站电阻探针数据停止上传即为此情况。

解决方案：核查场站 FIU 接入通道与系统设置。

4. 无线电指纹无数据上传

无线电指纹采用 GSM 卡通过 APN 专线上传数据，每月通信公司定时向指定用户充值，由于通信公司充值情况不确定无法核查，存在未及时充值现象，有时信号不佳导致当月数据积累在现场 FSMLog 箱中，下月月初重启 FSM 时上月数据上传而当月数据未上传现象，还有每月流量不够用现象，强制读取数据或者植入命令均需消耗流量，综上导致无线电指纹出现数据停止上传故障。

解决方案：修改充值方式，通信公司年初将本年度流量充值至用户卡，保障每月数据及时上传，年末时核查剩余流量，若存在不足现象则及时增补。

5. FIU mapper 服务未运行

现场 Log 箱中的数据通过 FIU 串口单元上传到机柜间的 MOXA 服务器，若 FIU mapper 服务文件丢失或停止运行，则数据无法正常上传至服务器，正常运行情况下，腐蚀监测系统中有四个服务器均处于运行状态，YBxx 场站腐蚀监测数据停止上传，则是由于该系统中的 FIU mapper 服务未运行。

解决方案：启动 FIU mapper 服务，若 PC 丢失该文件，则重新拷贝后启动运行。

6. 电源驱动模块损坏

电源驱动模块主要用于给电指纹现场的 FSMLog 箱中电池充电，当机柜 PC 处于休眠状态时，电源模块给主板提供 4~5V 左右的电压，而读取数据进行通讯时则提供 5.5V 左右的电压，电源模块损坏之后则无法给主板提供电源，如无线 FSM-17 的电源模块损坏，PC 休眠时测量到的电压只有 0.8V，通过 PC 服务器无法唤醒主板对电指纹矩阵进行电压测量，故无数据上传至 PC 端。

解决方案：更换电源驱动模块，重新运行系统。

3.2 平均腐蚀速率波动

1. 主板损坏

FSM 主板安装于现场的 FSMLog 箱中，负责测量和记录原始数据，若主板出现故障，则原始数据失真，平均腐蚀速率发生波动失真。

解决方案：更换主板。

2. 两块测量板插入位置不匹配

FSM 测量板有两块，线号 1 本应与线号 2 配对测量电压，当出现线号 1 与线号 3 配对时，则出现平均腐蚀速率波动的现象，如电指纹 FSM-7 则出现两块测量板插反现象导致平均腐蚀速率失真。

解决方案：将测量板 1 与测量板 2 对调回正确的位置。

3. 更换主板后系统参数未设置

FSM 的主板用于测量场区域所在的原始电压数据，每次更换主板之后均需重新做参考基准，以便系统数据处理，电指纹给出的平均腐蚀速率跟测量的原始电压、参考电压、基准、温度补偿以及原始壁厚有关，若更换主板后未及时将基准写入主板，则得到的平均腐蚀速率将与前期趋势不一致。

解决方案：更换主板后重新写入基准值。

4. 组态时基准选择与运行工况不一致

FSM 在初期设置时管道大多处于未投产状态，其基准选择值均是地表环境温度，当投产后，管道受介质影响温度较投产时变化，温度补偿往往过补偿导致最终的平均腐蚀速率波动变化。

解决方案：待管道平稳运行后重新选择参考基准值。

4 结论

（1）FSM 在高含硫气田的使用过程中，能够为生产提供有效的高精度的基础数据，指导生产。

（2）FSM 一直存在故障与技术员有关，主要表现在技术员对电指纹的结构、原理以及运作方式不够了解，对专业设备专研、排查与分析问题的能力有待进一步提升。可通过编写相应的操作系统的规程，同时开展相对应的培训达到提升问题辨识解决能力，实现该系统设备在高含硫气田的稳定运行。

（3）FSM 系统还是过于复杂，需要设置和注意的点很多，操作维护需要的专业化程度高，人性化设计不够，还有进一步优化的空间。

参 考 文 献

［1］李海凤．普光气田腐蚀监检测技术应用现状及效果分析［J］．石油化工腐蚀与防护，2018，35（4）：20~22．

［2］庞斌，姜胜利．电场指纹法腐蚀监测技术的工业化应用研究［J］．腐蚀科学与防护技术，2017，29（6）：628~632．

［3］李耕，廖俊必，万正军．基于电位列阵的 FSM 系统精度实验研究［J］．全面腐蚀控制，2017，31（1）：42~47．

［4］谈云骏，廖俊必，郝敏．FSM 数据分析与处理［J］．腐蚀与防护，2014，35（9）：876~916．

［5］肖丁铭，刘学勤，李锐．普光气田集输系统腐蚀监测评价及优化［J］．腐蚀与防护，2013，34（9）：835~838．

［6］黄万书，姚广聚．元坝长兴组高含硫气藏集输系统腐蚀控制对策研究［J］．低渗透油气田，2013，18（3）：128~134．

天然气长输管道的安全隐患及对策分析

陈伟[1] 肖仁杰[1] 刘圆[2] 宋玲[1] 陈伟[1]

(1. 中国石化西南油气分公司采气二厂；2. 中国石化西南油气分公司广元市天然气净化厂)

摘 要 目前，我国的经济在快速的发展，社会在不断的进步，天然气作为我们生活中的重要能源，伴随使用率的不断提升，对改善环境起着重要作用。天然气本身具有易燃易爆的特点，在输送过程中的安全问题被社会各界关注。天然气长输管道运输过程一旦出现安全问题，将会给人们的生命安全造成威胁，同时造成严重的财产损失，产生极坏的社会影响。因此，加强天然气长输管道运输安全问题的研究很有必要。本文对此进行了探讨，并提出了4点应对方法，希望对提高天然气长输管道的运输安全提供借鉴。

关键词 天然气；管道；运输；安全；措施

引言

随着我国天然气行业的快速发展以及应用范围不断扩展，我国能源需求总量中天然气所占比重在不断增加，管网建设也在进一步扩大。长输天然气管道有输量大、压力高等特点。作为易燃气体，天然气经常会引发安全事故，使民众生命与财产安全受到损失。因此，需对产生事故原因与对应措施进行研究与分析，以有效避免此类事故的发生。

1 天然气性质概述

天然气长输管道跟天然气化学性质有着很大的关联。了解天然气的化学性质有助于工作者分析可能存在的安全隐患，从而制定相应的对策。第一点，天然气是硫化氢和非碳氢化合物组成的混合复合物，它里面最主要的成分是甲烷。如果当空气中的甲烷浓度所占比例得到25%~30%时，它能够直接导致人们出现心跳加速、呼吸困难、身体乏力、头晕等症状，如果这些人员没有及时疏散的话，在甲烷的影响下，他们的精神就会快速衰弱，严重时可能导致窒息而死。因此可以看出，如果天然气长输管道发生泄漏等事故，那么将给周边居民的生命安全和生活环境造成严重的威胁。第二点，天然气的平均密度小于空气的平均密度，因此天然气在发生泄露时不会在空气的作用下向低洼地带堆积，而会是在气流的作用下分散在空气的周围，从而进一步扩大了其影响范围；第三点，天然气的成分中存在着一定比例的硫化氢、二氧化碳等气体成分，在时间的积累下，它们会加速天然气长距离管道的腐蚀速率，从而使得天然气长距离管道的安全风险大大增加。同时天然气成分中还含有一定的水分，在空气的作用下，也会加快长输管道的腐蚀速度。最后一点，天然气本身是一种可燃性气体，当

第一作者简介：陈伟，男(1984—)，毕业于重庆大学矿物资源工程，获学士学位。现工作于西南油气分公司采气二厂，工程师，主要从事油气田安全管理工作。

它的比例和氧气的比例混合超过一定比例时，如果在高温、明火的作用下等，那么很有可能发生爆炸、火灾等事故。

2 天然气长输管道的安全风险

2.1 天然气长输管道维护不到位

天然气长输管道在使用过程中，受到各种因素的影响，需要不断的进行日常维护。但是现阶段在实际的天然气管道维护中，常常发现工作人员没有充分认识日常维护的重要性，缺乏对管道维护的认识，在日常检查中不够仔细，难以发现长输管道的安全隐患，或者对一些存在的隐患问题视而不见，日积月累导致管道的安全性大大降低。

2.2 施工过程留下的安全隐患

为保证长输油气管道安全，国家对油气管道施工企业有严格的资格准入和等级划分，从企业规模、人员数量资质、自有设备种类数量等不同方面提出具体要求，但对辅助的土建施工力量几乎无任何要求。管道施工中配套的土建施工大多通过分包出去，有的甚至出现多层分包，最终具体施工者技术力量薄弱、风险承受能力小，这是造成很多安全隐患的根本原因。比如在施工过程中，许多有一定技术含量、精度控制要求高的土建施工，道路、河流穿越施工或定向钻施工，往往是起点满足设计要求，终点已有较大偏移等，这类偏差尴尬之处在于多数情况现场已不具备返工条件，施工单位作为过错方，考虑自身利益及工期等不愿提出设计变更，这时若监理、业主管理没跟上，施工企业多以通过工艺管道强行碰口、带应力焊接等不当措施予以处理，为工程留下安全隐患。

2.3 天然气生产的承压特种设备所发生的硫化氢应力腐蚀

天然气生产设备中的硫化氢应力腐蚀最大特点是种类繁多，视腐蚀物质的不同会形成不同的腐蚀体系，常见的包括只由硫化氢和水构成的腐蚀体系，特点是在低温状态下就会发生腐蚀；由氯化氢、硫化氢、水构成的腐蚀体系，其特点是液相部位的腐蚀比气相部位严重许多，而且氯化氢和硫化氢共同作用显著加快了腐蚀速度；由氰化氢、硫化氢、水构成的腐蚀体系，特点是多种应力腐蚀形式并存，而且其中的氰离子能破坏硫化亚铁保护膜，加剧腐蚀作用；由硫醇、硫化氢、水构成的腐蚀体系，特点是分活性腐蚀和非活性腐蚀两种，其中分解形成的活性硫在前期的腐蚀极快、极激烈，远胜普通硫化氢；由硫化氢、氰化氢、氨气、水共同构成的腐蚀体系，特点是危害范围广，对多种设备都会造成腐蚀，包括酸性水罐、冷凝器外壳、换热器筒体等。

3 加强天然气长输管道安全管理的途径

3.1 强化按图施工，减少工程隐患

按图施工，看似一个简单要求，但要完全做到按图施工却并非易事，按图施工的前提是图纸设计合理且通过审核。按图施工对天然气长输管道而言，在确定施工队伍时，除关注管

道主体的施工力量外还需考虑配套的土建施工力量，看其能否满足工程施工要求；要加强施工过程管理，尤其是关键工序必须随时对照设计图进行复核，及时纠偏，避免误差逐步放大；在条件允许的情况下，线路关键点可以进行一定的冗余设计，如定向钻出地角可以给定一个范围，而不是一个固定值，定向钻出地点位置给定一个区域，而不是一个点坐标，管道出地后的弯头也可以给两个或两个以上以备选择使用。

3.2　提高长输管道的安全性

避免天然气长输管道出现安全问题，需要广大工作人员加强对管道的巡检和维护工作，通过落实各片区的安全责任制，建立有效的人工巡检制度，通过日常的检查和维护，及时发现长输管道存在的各种小问题，避免问题恶化，同时预防附近施工单位和不法分子对管道造成的破坏。随着电气自动化的发展，自控系统在确保长输管道安全上贡献极大，人工巡检配合先进的电子巡检，能够及时、快速地发现存在的问题，尽量避免事故的发生。在长输管道运行中，超压和泄漏较为常见，通过系统可以监测运行中的各种参数，及时进行必要的调整，实现天然气的安全生产和长距离输送。管道很容易因腐蚀出现泄漏问题，因此在日常维护中要重视阴极保护的运行情况，对损坏的要及时修复或更换，确保防腐措施有效，提高管道的安全性和耐用性。

3.3　注重对天然气长输管道安全隐患的宣传

天然气长输管道的安全管理活动，通常由天然气公司以及政府共同主持，但受其分布范围的限制，其管理活动的开展常常受到很大的限制。这时就可以通过对长输管道沿线的居民，普及维护天然气长输管道安全重要性的知识，通过人民群众的力量来帮助管道安全管理活动的顺利开展。首先，有关管理人员需要通过对长输管道沿线进行实地考察，将维护天然气管道的重要性，以及相关的法律常识普及给群众，在帮助其了解天然气长输管道安全隐患危害性的同时，提高对保护天然气长输管道的意识。另外，政府或公司还可以建立相应的奖励机制，在提高沿线居民保护管道积极性的同时，潜移默化的完成对天然气长输管道安全性的提升。

3.4　通过质量控制防治承压特种设备在湿硫化氢环境下产生的腐蚀

设备的制造质量会影响硫化氢应力腐蚀中的应力要素，间接影响腐蚀情况，因此需要加强质量控制来防治腐蚀，尤其是设备的焊接和焊后的热处理，务必要严格管控。焊接质量会直接影响焊缝区硬度，进而影响残余应力，因此我们在焊接时往往选择尽可能窄的间隙、尽可能大的线能量，使焊缝区能以较慢的速度冷却，以达到抑制残余应力、稳固金相组织的目的。焊后热处理则对残余应力有消除效果，通过适当的焊后热处理，能大幅降低焊接产生的残余应力，提升接头性能和对应力腐蚀的耐性。

4　结语

天然气长输管道运输的安全问题关系着社会的发展和人们的生命财产安全，因此，加强运输安全问题的研究是保证天然气发挥更大作用的重要前提。我们要从长输管道的各个细节进行完善，减少安全隐患，提高天然气运输的稳定和安全水平。

参 考 文 献

[1] 郭绍忠，朱荣军，刘辉，等．针对油气管道运输泄露检测技术的研究[J]．化工管理，2017(22)：86.

[2] 赵连增，杜敏，芮旭涛．中国天然气管道运输价格管理新机制解读—《天然气管道运输价格管理办法（试行）》剖析之一[J]．国际石油经济，2017，25(02)：16~22.

[3] 奥云军．双头轨道车在隧道大管径管道运输和布设管道中的应用[J]．安装，2017(01)：34-35+48.

[4] 丁浩．天然气管道运输一体化定价分析[A]．国务院学位委员会、教育部学位管理与研究生教育司．可持续发展的中国交通—2005全国博士生学术论坛(交通运输工程学科)论文集(上册)[C]．国务院学位委员会、教育部学位管理与研究生教育司．2005：5.

元坝气田站外酸气管线完整性管理研究

姜林希

（中国石化西南油气分公司采气二厂）

摘　要　管道完整性管理起源于 20 世纪 70 年代，21 世纪开始进入中国，是一种对管道进行全面、系统管理的方法。西南油气分公司采气二厂下辖的采用湿气混输工艺的酸气管道介质腐蚀性强且失效后果严重，迫切需要提高集输管道安全管理水平。本文对管道完整性管理的步骤及方法进行了介绍，并对采气二厂的管道完整性管理现状进行了分析，指出了还存在的一些问题并提出了相对应的建议。

关键词　酸气管道；完整性管理

引言

管道完整性管理技术起源于 20 世纪 70 年代，当时工业发达的国家在二战以后兴建的管道已经进入老龄期，各种事故频发，造成了巨大的人员伤亡和经济损失，大大降低了各管道公司的盈利水平，同时也严重影响和制约了上游油气田的正常生产。美国首先开始借鉴其他工业领域的风险分析技术对油气管道进行风险评估，以期最大限度的减少油气管道的事故发生率，延长管道寿命，更为高效的分配管道维护费用，经过几十年的发展，许多国家都已建立起管道安全评价和完整性管理体系和各种有效的评价方法。

从 2001 年 API 1160《危险液体管道完整性管理系统》和 ASME B 31.8S《天然气管道系统完整性管理》颁布起，完整性管理理念开始在中国传播并引起中国油气管道管理方式的变革。目前油气管道完整性管理已经在我国长输管道上进行全面的推广应用，现正逐步向集输管网、站场管道、燃气管道、海底管道等对象上发展。

1　管道完整性管理内容

管道的完整性管理分为六个环节：①数据采集与评价；②高后果区识别；③风险评价；④完整性评价；⑤风险消减与维修维护；⑥效能评价。完整性管理各环节持续循环，覆盖管道从设计、建设、运行、报废的全周期。

1.1　数据采集与评价

管道数据采集与评价是管道完整性管理的基础，管道数据的采集在管道不同的生命周期

作者简介：姜林希，男(1991—)，四川遂宁人，毕业于西南石油大学，油气田开发专业，硕士学位。现工作于西南油气分公司采气二厂，助理工程师，主要从事油气田开发研究。

阶段不同。应对设计、采购、施工、投产、运行、废弃过程中产生的数据，还包括管道的测绘数据、周边社会资源数据、环境地貌数据及以前开展的完整性管理的数据进行采集和分析。对于采集的设施、环境等数据，应根据测绘或内检测得到的中心线或环焊缝坐标进行对齐，并采用线性参考系统对管道数学进行组织和维护，可以将采集数据结构化，并搭建基于数据结构的数据库进行存储管理。在管道的运行过程中对数据进行检查和更新，确保基础信息的有效性、一致性和完整性，数据更新宜保留历史数据，以便于对历史数据和现状的对比，反映管道情况的变化。

1.2　高后果区识别

高后果区识别是完整性管理的重要环节，对于管道失效会造成影响较大的环境污染、大量人员伤亡的区域，应采取针对性的防护措施并加强管理。高后果区识别依据见表1：

表 1　输气管道高后果区管段识别分级表

管道类型	识别项	分　级
输气管道	管道经过的四级地区，地区等级按照 GB 50251 中相关规定执行	Ⅲ级
	管道经过的三级地区	Ⅱ级
	如管径大于 762mm，并且最大允许操作压力大于 6.9MPa，其天然气管道潜在影响区域内有特定场所的区域	Ⅱ级
	如管径小于 273mm，并且最大允许操作压力大于 1.6MPa，其天然气管道潜在影响区域内有特定场所的区域	Ⅰ级
	其他管道两侧各 200m 内有特定场所的区域	Ⅰ级
	除三级、四级地区外，管道两侧各 200m 内有加油站、油库等易燃易爆场所	Ⅱ级

1.3　风险评价

风险评价首先是管道危害因素识别，并进行风险排序，然后再评价风险消减措施的投入和效果，最后是在完善风险消减措施后，评价管道的最新风险状况。风险评价可以选用一种或多种管道风险评价方法来进行，常用的风险评价方法有风险矩阵法和指标体系法，还有其他的一些风险评价方法如专家评价法，安全检查表法，场景模型评价法，概率评价法等，流程如图1所示：

危害因素识别应从管道历史失效原因总结分析常见的管道危害因素，常见的有腐蚀、制造缺陷、机械损伤等，对于识别出来的管道危害因素应进行失效可能性分析，在考虑已采取的风险消减措施的情况下，每段管道失效的可能性及其后果。对管道的失效的风险及后果的评价后还应判断风险的可接受性，针对风险不可接受的管段应进行更深入、更精细的风险评价或是提出风险消减措施来降低风险。风险评价的时间间隔根据不同管段的风险评价结果来确定，但不宜超过 3 年，当管段自身或这边环境发生较大变化时应重新开展评价。

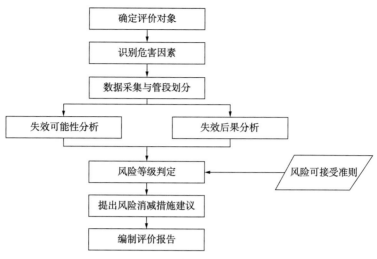

图 1 风险评价流程图

1.4 完整性评价

管道完整性评价是管道完整性管理的核心环节，是通过内检测、试压或直接评价等方法对管道的缺陷、腐蚀、形变等进行全面评价，了解管道自身的运行状况，并进行针对性的修复，保障管道安全运行的方法。完整性评价的方法有内检测、压力试验和直接评价法等。

开展内检测的承包商的检测工具及技术人员应符合 SY/T 6889—2012《管道内检测》和 SY/T 6825—2011《管道内检测星的鉴定》的要求。内检测的方法比较多样，应根据前期的风险评价结果及管道的缺陷特征、管道的检测条件和内检测的目的选择相匹配的内检测方法，可以通过检测器检测多种异常的能力、性能规格和置信水平、服务方使用这种检测方法的历史、检测的成功率和检测数据能否覆盖管段全长和全圆周来评价内检测方法的可靠性。内检测完成后，应通过开挖验证的方式检查内检测的检测精度是否满足要求。

选择压力试验方法时，试压前应考虑工艺参数变化的风险，注排水对管道腐蚀的风险，管道泄漏及其引起的后果的风险，试压对系统扰动的风险和试压后材料屈服及应力变化、材料退化、缺陷增长的风险。试压过程中应安排人员全程监护，观察地表有无泄漏情况，若出现泄漏应该进行切管分析，并针对性的制定应对措施。试压压力、稳压时间和合格标准见表 2：

表 2 试压压力、稳压时间和合格标准

输送介质	分 类		试压压力及稳压时间
输气管道	一般地区	压力/MPa	拟运行压力 1.1 倍
		稳压时间/h	24
	高后果区 I 级	压力/MPa	拟运行压力 1.25 倍
		稳压时间/h	24
	高后果区 II 级	压力/MPa	拟运行压力 1.4 倍
		稳压时间/h	24
	高后果区 III 级	压力/MPa	拟运行压力 1.5 倍
		稳压时间/h	24
	合格标准		压降≤1%试压压力，且≤0.1MPa

在管道完整性评价的基础上，还应进行管道的适用性评价。适用性评价的主要内容有：评价数据收集、缺陷数据统计和致因分析、评价方法选择、剩余强度评价、剩余寿命预测和再检测周期、预防措施等。

1.5 风险消减与维修维护

管道的风险消减包括第三方损坏风险控制、自然灾害风险控制、腐蚀风险控制等几个方面。应该根据高后果区识别、风险评价、完整性评价等的结果制定管道巡护方案，明确管线巡护的内容、频次和重点，对于管道巡护过程中发现的问题及时上报并跟踪处理，实现闭环管理。

1.6 效能评价

效能评价是指对某种事物或系统执行某一项任务结果或进程的质量好坏、作用大小、自身损耗和资源消耗等效率指标的量化计算和结论性评价。效能评价应包括针对具体的危害因素的专项效能评价和完整性管理项目的整体效能评价，包括管道完整性管理覆盖率、高后果区识别率、风险控制率及缺陷修复情况。

2 元坝气田管道完整性管理现状

2.1 高后果区识别

基于元坝酸气管道沿线居民家中的广播系统分布，烟管道中心线各200m范围内，任意划分成长度2km并能包括最大聚集户数的管道，统计居民户数。根据GB 05201—2015《输气管道工程设计规范》的相关要求，识别出元坝273到元坝273-1管段为高后果区并根据Q/SY GD 1067—2014《管道高后果区识别与风险评价手册》对管段失效可能性和失效后果进行了评估，并针对评估结果提出了风险消减措施，确定了下一次高后果区识别时间范围。

2.2 管道智能检测及合于使用评价

分别于2014年11月和2017年6月开展了元坝酸气管道的智能检测检工作，并进行了单项和对比分析。用"PRN多通道几何检测工具"和"MFL漏磁检测工具"对管道的变形、金属损失进、环焊缝异常进行了检测，对非焊接管道要素、管道的水平位置和高程进行了定位。在2014年管道刚建成时，管道未检测到金属损失、壁厚减小等缺陷，而在2017年再次进行检测时，管道均被检测到不同程度的出现缺陷，但检测到的缺陷均在可接受范围内，检测到的异常不影响管道的安全运行，均在可控范围内。

委托中国特种设备检测研究院对我厂下辖管道进行全面检验及合于使用评价，完成资料调查、潜在危险分析、风险评估、宏观检查、非开挖检测、开挖直接检测、跨越及隧道架空管段专项检测、根深植物危害分析、管道应力测试、管道合于使用评价等内容。

2.3 管道日常巡护及隐患治理

厂委托采气四厂对元坝酸气管道进行每日巡护，并及时上报、跟踪管道周边占压、垮塌、泄漏等异常情况，对管道沿线隐患进行排查，对管线沿线的施工作业进行现场监护，确保管道及附属设施安全、正常运行。

2.4 存在的问题

1. 各类检测评价未形成统一整体

各种手段自成一脉，未形成一个有机整体，对于前期的相关测试资料，未进行综合的评价分析。比如智能检测仅对管道进行了内检测，并对检测到的缺陷进行了适用性评价，明确了管道现目前及未来一段时间能够安全运行，并未对缺陷的形式及出现的位置等进行统计分析，未分析管道哪些部位容易出现腐蚀、出现哪种形式的腐蚀及造成这种趋势的原因并针对性的提出相应的预防措施。而管道的法检在针对管道的检测部分仅开展了管道防腐层检测及部分风险点的开挖直接检测，具有局限性，不能代表整个管段的情况，且未将前期智能检测得到的数据纳入评价范围之内。管道的每日巡护也没有结合已开展的各种检测及评价的结果进行针对性的强化管理。各项检测和评价也未对识别到的高后果区进行专项的更为精细的检测和评价。

2. 检测评价未实现全覆盖

现目前针对站外管线的检测和评价工作覆盖也还并不全面，还存在部分管线尚未开展智能检测，管线的法检工作也仅在试采工程管线中开展，对于尚未开展检测的管线存在的问题尚不清楚，存在隐患，新投运的管线也应尽快完成检测作为后期评价的基线，便于掌握管线的腐蚀规律，进行预防性的管理。

3. 专业人员匮乏

管道完整性管理人员匮乏。根据 GB 32167—2015《油气输送管道完整性管理规范》，完整性管理人员应经过培训，掌握数据管理、风险评价与高后果区识别管理、管道检测与适应性评价、管体缺陷修复管理、管道日常管理、效能评价与管理、管道完整性管理方法等技能技术，并通过考核合格，达到能力水平要求后，从事相对应的业务工作。目前我厂管道完整性管理的专业人才较为匮乏，导致管道完整性管理工作开展困难。

3 结论及建议

我厂酸气管道硫化氢含量较高，一旦出现泄漏后果严重，为加强管道完整性管理，确保管道安全运行，针对我厂管道完整性管理各种手段自成一脉缺乏联系、管线检测及风险评价覆盖不全面、管道完整性管理专业人员匮乏的现状，提出以下几点建议：

（1）组织人员参加管道完整性管理专项培训，掌握管道完整性管理的各项技术技能，并取得相应资格证，壮大我厂管道完整性管理人才队伍，为我厂管道完整性管理体系的建设打下基础、提供动力。

（2）建立健全管道完整性管理体系，制定管道完整性管理方案并根据实际情况及时进行调整和更新，确保方案的有效性和可行性，为我厂管道完整性管理提供方法，将从数据采集和整合到效能评价的各步骤有机结合起来，并进行周期性的循环，各循环、各环节互为支撑，相互促进，形成合力，使我厂管道安全管理迈上一个新台阶。

（3）大力推进我厂下辖管道检测与风险评价的全覆盖，将管道完整性管理落到实处，扫除盲区，实现对集输管网存在的问题和处理方法的全面掌握，在完成站外管线全覆盖后还可以逐步向站内管线延伸，达成管道完整性管理无死角。

参 考 文 献

[1] 黄维和，郑洪龙，吴忠良. 管道完整性管理在中国应用 10 年回顾与展望[J]. 天然气工业，2013，33（12）：1~5.

[2] 王铁刚. 天然气管道完整性管理及管理标准探究[J]. 中国石油和化工标准与质量，2017，37(24)：13~14.

[3] 郭磊，郭杰，韩昌柴，等. 基于漏磁内检测的输气管道金属损失缺陷适用性评价[J]. 石油规划设计，2017，28(04)：12~14.

[4] 于东升，罗建国. 基于漏磁内检测数据的管道完整性评价[J]. 管道技术与设备，2018(03)：16~17+40.

[5] 中华人民共和国国家质量监督检验检疫总局. GB 32167—2015《油气输送管道完整性管理规范》[S]//中国国家标准化管理委员会.

[6] 中华人民共和国住房和城乡建设部. GB 50251—2015《输气管道工程设计规范》[S]//中国计划出版社.

[7] 国家能源局. SY/T 6621—2016 输气管道系统完整性管理规范[S].

信息化在高压高含硫气田中应用及效果评价

柯玉彪　班晨鑫　曾 欢

（中国石化西南油气分公司　采气二厂）

摘　要　元坝气田位于川东北山区，井站点多面广，管理难度大，生产成本高，且气田压力 40~50MPa，平均硫化氢浓度 5.7%，安全风险高。为实现高效管理，降低生产成本，杜绝安全事故，气田应用了各类智能化系统实现了气田管理的信息化，主要包括：生产数据远程监控、气体泄漏安全控制、井口压力安全控制、井站安防联动控制等。本文以气田信息化功能为主线，阐述信息化在气田中的应用，并评价其应用效果，指出存在的不足及下步建议，为酸性气田安全、平稳、高效生产提供借鉴。

关键词　信息化；高含硫气田；生产成本；安全生产；应用效果

引言

气田生产信息化是以计算机为核心的生产监控与数据采集系统，对生产参数、设备运行、管道状态等监控和管理，是当前气田开发领域信息化技术应用的核心与标志。元坝气田是中石化开发建设的第二大酸性气田，位于川东北山区地带，井站点多面广、管道蜿蜒崎岖、生产管理难度大、信息共享差、生产指令传达不及时，且单井平均产量 $40 \times 10^4 m^3/d$，压力 40~50MPa，燃料气中硫化氢含量 5.7%，安全风险高。气田主要采用生产数据远程监控、气体泄漏安全控制、井口压力安全控制、井站安防联动控制和紧急广播疏散等信息化技术，用于井站远程数据采集、异常监测、生产控制与管理、场站及管道视频监控、周界防范及应急信息及时传达，从而实现气田生产运行信息化，保障气田安全、平稳、高效生产。

1　元坝气田信息化简介

元坝气田自动控制系统采用 ABB 公司提供的 SCADA 系统，实现对元坝集输系统工艺过程的压力、温度、流量、液位、设备运行状态等的监控和管理，包含过程控制系统（PCS）与安全仪表系统（SIS）。

过程控制系统负责站内的生产流程以及辅助设备的数据采集和控制，如图1所示，现场的各类变送器安装在生产现场采集生产数据，并将数据以电信号的方式传输至控制系统，控制系统经过逻辑运算并利用 OPC 协议将相应信号数据上传至数据库，并在人机界面显示，

第一作者简介：柯玉彪，男（1989—），湖北黄冈人，毕业于西南石油大学，油气田开发工程专业，获硕士学位。现工作于西南油气分公司采气二厂，工程师，主要从事储层改造、气藏动态、采气工艺研究及生产管理。

操作员通过查看人机界面便可得知当前的工艺运行数据。现场的各类远程阀门也可通过控制系统进行远程调节，实现远程调节工艺运行参数的功能，阀门的启闭状态也通过电信号的方式传输至控制系统，并最终在人机界面显示。同时，站内控制系统将所采集到的数据通过工业以太网传输至控制中心数据库服务器，用于控制中心的人机界面显示，实现在控制中心观看全气田生产数据的功能。

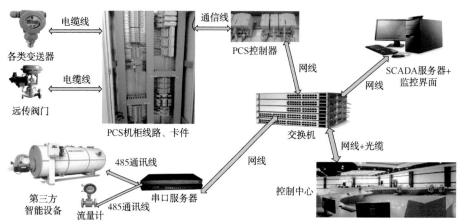

图 1 过程控制系统原理示意图

安全仪表系统负责站内安全仪表信号的采集和联锁控制，并接收控制中心发出的关断指令。如图 2 所示，生产现场的火灾探测器及气体探测器探测现场气体泄露或火灾情况，并将信息通过电信号传输至安全仪表控制系统，控制系统分析收到的信息并按照设计逻辑执行联锁，向相应切断阀或放空阀发送关断指令，向设备机泵等发出停止指令，从而实现异常情况自动关断的功能。

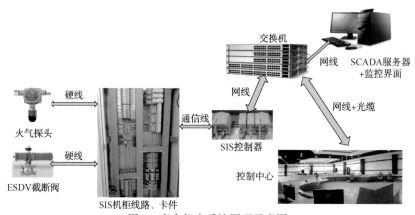

图 2 安全仪表系统原理示意图

2 元坝气田信息化应用

2.1 远程生产监控应用

在信息化系统中，利用光传输和工业以太网传输方式，将压力、温度变送器，产气、产水流量计，节流阀门开度及开关状态等生产参数，经过站控系统传输至中心控制系统，及时对气井、管网、装置、机组的压力、差压、天然气流量、温度、分离器液位等生产数据进行实时监控，形成平面布局、立体布防、全方位的多元监测体系。此外，利用系统实时/历史趋势曲线，分析管线、脱水装置、重点生产井等生产动态变化情况，以便及时调整生产制度，确保生产正常、平稳。

2.2 气体泄漏安全控制应用

井站各设备、撬块附近安装有固定式硫化氢、天然气探头，可实时监测周边环境有毒气体含量(图3)，并设置报警门限值，当撬块附近同时存在两组探头监测硫化氢有毒气体或火焰时，安全仪表系统(SIS)将按照预定的 ESD 逻辑立即对生产设备进行操作，一方面自动停用井站设备，关闭采气树安全阀，断绝起源，放空燃烧管线残余气体，另一方面发出报警警示现场作业人员，并将报警信号远传至中心控制室，提示现场问题，以便及时设备维护处理(图4)。

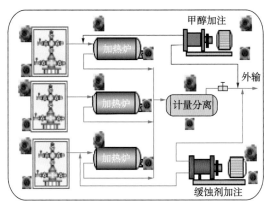

图 3　气体泄漏监测布点示意图

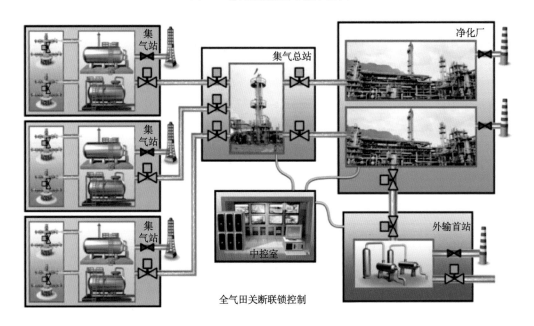

图 4　气田关断连锁控制示意图

2.3 井口压力安全控制应用

元坝气田采用井下+地面安全阀两级控制技术，并通过第三方485通讯连接至信息化系统中，当井口发生火灾、爆炸或压力超过门阀值时，通过中心控制室或井站控制室远程自动或手动关闭井下、地面安全阀，切断气源，满足高压、高含硫气田安全生产要求(图5)。

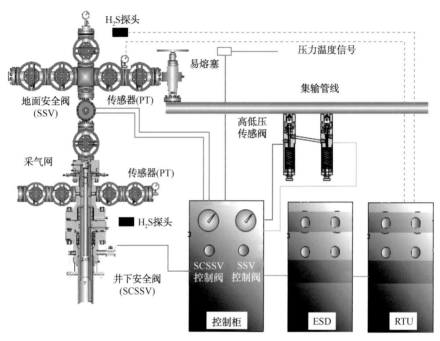

图 5 采气井口关断示意图

2.4 安防联动控制应用

视频监控、站场广播、周界防范、门禁等系统在安防技术中进行多方面联动，单方面系统触发报警，其他系统配合联动，对站场突发情况进行综合监控。周界防范和视频监控联动，当周界激光对射报警，接收到报警信号，摄像机转动至预定位置进行实时跟踪，实现及时捕捉事件、安全预警和应急处置。实现站场火灾联动摄像头，当站场某一区域火焰探测器检测到火灾并触发报警后，预置摄像头将联动转向至火灾发生处，第一时间监控火灾点，更快的控制火情。现场火灾联动站场广播和门禁系统，当站场火焰探头检测到火灾时，站场广播信号想起，提醒场内人员，同时迅速自动开启场站大门，方便人员及时逃生(图6)。

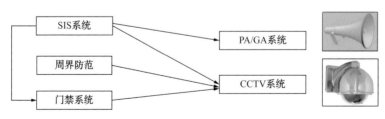

图 6 安防联动控制系统

2.5 信息化管理模式应用

针对点多面广、异常高压、高含硫井站，信息化主要目的是实现生产数据采集、传输、控制、视频监控和周界安全防护等，通过信息化安全生产管理，风险可控。气田正由"单点分散式"单井管理模式逐步过渡为"集中监控、片区巡检"新型管理模式过渡，在保障安全同时，降低生产运行成本，提高生产效益。气田分试采工程和滚动工程两期建设，设置中心控制室和集中监控室两个远程监控，两者互为沉余和备用关系，均汇集各系统数据采集、联锁操作、实时监控、语音报警、应急处置、生产调度等功能，实现无人值守。气田生产井站27座，生产井33口，划分5个片区(图7)，在中心控制室和集中监控室远程监控同时，各场站需8小时巡检一次，进一步现场安全确认和监护高含硫现场直接作业。

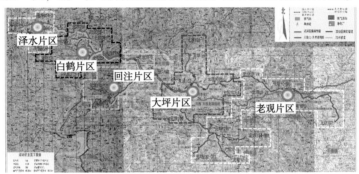

图 7　元坝气田"集中监控、片区巡检"管理模式下场站分布图

3　应用效果评价

高含硫气田信息化管理，主要特点是利用信息化技术、自动化技术，将分散井站的逐个多级的管理方式，转变为后方中心控制的集中管控，片区巡检管理模式。新管理模式下，巡井周期延长等大大提高了工作效率，同时信息化提供了更好的技术手段，保证人员、设备的安全和生产持续稳定运行。以往的每日巡井，录数据、加注药剂等重复机械的劳动被中控室监控界面的数据替代。生产数据实时显示、参数预警和事件记录、视频监控等信息化技术的应用，能够及时、准确、连续地掌握生产现场的生产动态，实现生产现场的自动连续监控，保证天然气采、输、配的持续稳定运行，效果主要体现在：

1. 生产参数远程监控及时准确

通过现场就地与远程监控的压力、温度、产气、产水、阀门开度对比，远程监控生产数据准确度高达100%，现场调节生产参数时，远程示数反应时间小于1s，完全实现远程监控，反之亦可根据远程示数完成参数调节。

2. 气体泄漏监测快速精准

就地硫化氢探头报警示数与检测仪检测数值对比差异在1ppm以内，且报警反应时间在5s以内，气田2014年投产至今发生10余次硫化氢泄露事件，第一时间检测到报警值和发现报警信号，使得泄露得到及时有效处理，硫化氢泄露扩大事件导致中毒事故0发生。

3. 异常分析手段可靠

当气井发生异常时，通过系统历史数据曲线，及时分析判断异常存在位置及产水、能量不足、井筒堵塞、节流阀堵塞、集输流程堵塞或节流阀失效等异常原因。例如：2017 年 4 月元坝 271 突然地面安全阀异常关闭，查询历史数据，发现井口压力达到 38MPa 高限值，而二级节流压力明显降低，分析二级节流阀堵塞，造成憋压，引起井口压力高高报警，同时连锁井口地面安全阀关闭，切断气源，保障安全，并及时传达现场异常信息。

4. 新管理模式降本增效

以白鹤片区为例，含 5 座井站，在"单点分散"单井管理模式下，每座井站白班 2 人、夜班 2 人，每天巡检 6 次，每天车辆耗时 30h，每年人力、车辆成本 350 万元；在"集中监控、片区巡检"管理模式下，每座井站白班 3 人、夜班 2 人，每天巡检 3 次，每天车辆耗时 15h，每年人力、车辆成本 150 万元，通过管理模式改变，白鹤片区每年减少巡检费用 200 万元(表 1)。

表 1　单井管理模式和集中监控片区巡检管理模式效果对比

管理模式	巡检模式	人　数	每天车辆耗时	人力、车辆耗时成本/万元
单井管理(5 集气站)	白班："0+2"、3 次 夜班："0+2"、3 次	4×5	6×5×1	350
片区巡检	白班："1+2"、2 次 夜班："0+2"、1 次	5×1	5×3	150

4　存在问题

元坝气田具有高压、高含硫特征，直接作业频繁，安全风险高大，安全监管难度大，需明确"该谁干、干什么、怎么干"，开展元坝高含硫气田生产安全监督管理系统信息化建设非常关键。

5　结论与建议

（1）通过信息化应用，实现中心控制室集中远程监控压力、温度、产量等生产参数，远程管理气井、管网、装置等设备的运行状态，提高管理效率下，大大减少人力、物力成本。且系统历史数据为气井、管线的生产动态分析提供及时、便捷的大数据支撑，也成为未异常井问题剖析有利工具。

（2）将信息化应用于井站、管网气体泄漏和压力安全控制，远程及时有效检测场站硫化氢状态和管网运行压力，并快速做出切断气源放空残余气体反应，在保障安全受控同时，减小巡检验漏频次，实现降本增效。

（3）信息化技术为异常高压、高含硫气田生产管理带来质的飞跃，实现了气田气井的安全受控、自动化管理；同时，为实现井站"集中监控、片区巡检"创造了条件。

（4）建议尽快建立完善安全生产监督管理系统的信息化建设，中心控制室利用信息化将井站设备维保、异常处置指令，传达至维保人员，通过二维码扫描，确定作业步骤和完成标准，在远程视频监控条件下，逐步完成作业，很大程度减少作业信息传达周期，安全、高效完成作业任务。

高含硫气田站外酸气管道泄漏监测技术应用实践

高凯旭　陈　曦　班晨鑫　赵温富　罗　俊

(中国石化西南油气分公司采气二厂)

摘　要　元坝气田位于四川盆地川东北部，井站点多面广，站外酸气管道人工巡线难度大，巡检存在诸多盲区，陡坡及危险地形无法覆盖，生产成本高，且气田压力 40~50MPa，平均硫化氢浓度 5.7%，站外酸气管线微小泄漏难以及时发现，一旦泄露安全风险高。为实现高效管理，降低生产成本，杜绝安全事故，进一步加强对天然气管网的安全管控与防护，缓解人工巡线的问题，元坝气田不断引进各类技术加以实验应用，主要包括：开放式红外对射气体监测技术、分布式声波气体泄漏监测技术、无人机油气管线智能巡检技术、地灾监测系统，并不断分析总结各类技术在实践中的问题并加以改进。

关键词　高含硫气田；泄漏监测；安全管控；生产成本

1　元坝气田简介

元坝气田投运初期，站外管线巡检主要依靠人力，但由于元坝气田地处山区，管线分布范围内地势起伏较大，集输管线巡线难度大，巡检存在诸多盲区，陡坡及危险地形无法实现全覆盖。

同时元坝气田高压高含硫，站外酸气管线过长，微小泄漏难以及时发现，爆管泄漏量极大。一旦无法及时发现并找到泄露点，轻则造成管网的损坏，重则造成人员伤亡。

随着滚动建产工程场站逐步投运，集输管网覆盖面积增大，对站外酸气管道安全性要求日趋严格，急需寻求安全高效的技术手段，缓解人工巡线的弊端。

2　酸气管道泄漏监测技术应用情况

为加强对天然气管网的安全管控与防护，缓解人工巡线的问题，元坝气田不断引进各类技术加以实验应用。

2.1　开放式红外对射气体监测技术应用

元坝气田作为高含硫海相酸性气田，输送介质具有易燃、易爆、有毒特点，保障气体泄漏报警的准确性和及时性尤为重要。元坝气田各集输场站和隧道使用了大量可燃气体检测仪，其中开放式红外对射可燃气体检测仪安装在各隧道出入口用以监测隧道运行状态。

第一作者简介：高凯旭，女(1995—)，山西大同人，毕业于西南民族大学，软件工程专业，学士学位。现工作于西南油气分公司采气二厂，助理工程师，主要从事电控仪讯专业方面工作。

开路式可燃气体检测仪利用红外激光二极管激发红外原理和红外吸收探测原理对可燃气体浓度进行实时监测(图1)。元坝气田的气体监测仪回讯信号引入元坝气田 SIS 系统,参与支线关断连锁逻辑:当气体浓度触发高高连锁值时,在触发声光报警的基础上会触发单支线上游全部生产场站和下游距离最近场站三级关断,截断气源来源,最大限度减少有毒气体泄漏范围和人员伤亡(图2)。

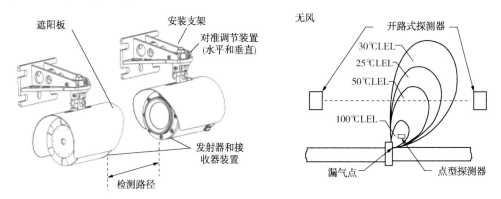

图 1　开路式检测仪结构及气云检测原理

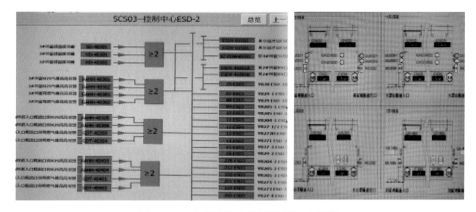

图 2　SIS 系统开路式检测报警连锁逻辑

2.2　分布式声波气体泄漏监测技术应用

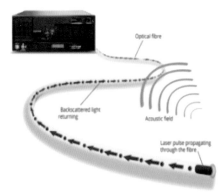

图 3　DAS 系统工作原理

元坝气田引入光纤分布式声波监测(DAS)技术对集输管道进行实施监测,以期实现入侵点、泄漏点的快速、准确定位,提升天然气管道的安全防护能力。DAS 技术利用物体产生或结构内传播的声波信号进行监测和监控,针对声波进行频率、相位和振幅的实时采集。分布式声波监测系统具有易布设、性价比高、能大范围测量等独特优势(图3)。

2.3 无人机油气管线智能巡检技术应用

利用无人机搭载图像正摄校正、GPS 坐标映射、预警区域选取技术，实现管道异常的智能检测，从而使信息系统能够自动判断，及时发现威胁安全生产的异常目标事件，进而跟踪异常目标的处理状态。油气管线智能分析系统可实现图像检测、图像拼接、数据管理、数字地球四大功能(图4)。

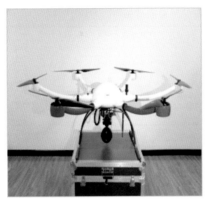

图 4　无人机智能管线巡检技术应用

2.4 地灾监测系统应用

地灾监测系统主要分为感知、网络、应用三个层次，有效融入局、分公司的信息化系统，确保管网地灾监测工作高效、有序、可靠开展，确保监测数据保密性和安全性，为实现智能化气田建设、应急救援体系建设做好重要支撑。在地灾风险点安装北斗监测站、拉线式位移计、雨量计、深部位移计、水位计等设备，通过网络/GPS 等方式传输至监测软件。

3　应用效果

3.1 开放式红外对射气体监测技术

1. 功能性评价

开放路径检测仪在评估可能存在的气体浓度时，考虑可能存在的气体云大小，并相应地设置警告级别。故开路式可燃气体检测仪采用的计量单位为 LEL/LFL.M，代表检测路径内一定距离长度内的气体浓度(爆炸下限的百分比衡量)，其值的大小不仅与气团气体浓度有关，同时还与光路所经过衰减距离有关。如图5所示，开路式检测仪对 1m 范围内 100%LEL 的气团与 10m 范围内 10%LEL 气团的检测结果是一致的。此种检测方式与单位设置增加了测量的灵敏度与准确性，更加适应隧道类窄长型地形。

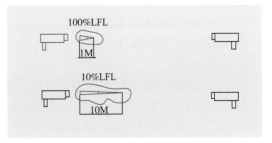

图 5　无人机智能管线巡检技术应用

2. 可靠性评价

在开放环境下进行了检测仪检测可燃气体的性能测试对比实验，采用模拟触发报警条件从响应报警时间、灵敏度、测试范围等方面分析其在各类条件下的报警可靠性。测试结果见表1，测试结果显示开放式气体检测仪模拟气体浓度报警及设备故障报警率均保持在99%以上，响应时间少于1s，可在紧急情况下实现报警连锁触发，实时监测管线运行状态(图6)。

表1　开路式气体检测仪报警测试结果

模拟报警类别	故障原因	测试次数	报警率/%	连锁触发情况	报警响应时间/s
气体正常报警	模拟高浓度气体泄漏、飞虫、大雾、水汽环境条件	82	99	正常	0.8
光束阻挡/信号弱设备故障报警	发射端电压低、光源衰减、安装距离过远、镜面脏污、光束遮挡	65	100	正常	0.7

图6　开路式气体检测仪报警测试

元坝气田投产以来，开路式红外对射可燃气体检测技术总体运行平稳，针对大雨大雾以及飞鸟等异常情况下的报警准确率达到96%，每次的报警响应时间及灵敏度均符合酸性气田集输管线报警连锁要求，监测距离长、可靠性高的优势将会大大提升大型酸性气田集输管线泄露监测质量与效率。

3.2　分布式声波气体泄漏监测技术

由于光纤分布式声波监测项目涉及元坝气田总长超过129.1km的酸气管道，地理环境复杂，山区较多。故项目前期选取YB28至YB273间长约8.546km的酸气管线进行试验，通过在管道附近埋设实验泄漏管道模拟真实气体泄漏情况，验证光纤分布式声波监测(DAS)技术在元坝气田严峻工况下的功能性和可靠性(图7)。

1. 功能性评价

模拟发生泄漏的管道为不锈钢无缝管，共安装4根，如下图所示。为360°模拟真实气体泄漏，4根漏气管道分别位于输气管道的水平上方0°(A点)，管道底部90°(B点)，管道侧方180°(与光缆同侧C点)，管道侧方270°(背向光缆一侧D点)，漏气孔直径5mm。使用氮气来模拟发生泄漏的气体产品，统计系统设备内报警位置及报警时间等信息(图8)。

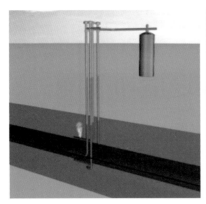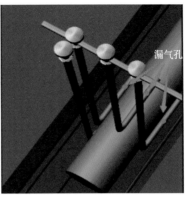

图 7　气体泄漏部署原理图

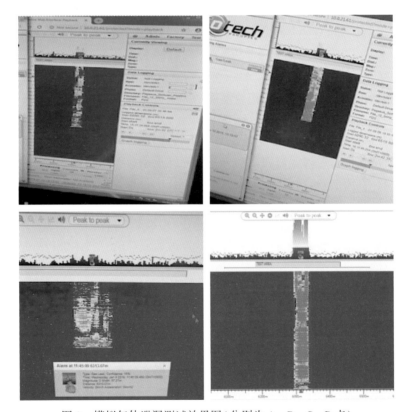

图 8　模拟气体泄漏测试效果图(分别为 A、B、C、D 点)

　　同时，考虑到元坝气田试采工程污水管线未安装压力监测装置，无法直接监测污水管线压力，希望 DAS 技术在对酸气管道监测的同时监测污水管线实时状态的目的。故模拟污水管线泄漏事件，查看系统设备内是否出现报警信息并且统计报警响应时间。

　　(1) 分别从四个不同方位释放不同压力等级的氮气，DAS 系统均能测到气体泄漏并准确指出报警泄漏位置，报警响应时间均小于 1s。压强越大、泄漏点距离光纤越近，能量越强，测试效果越好。

　　(2) ①选用 A 点进行灌注水流模拟污水管线渗漏，由于管道周围土壤较为夯实，无法产生明显水流声,故无法监测污水管线渗漏情况;②用水流直接冲击管道上方地面模拟污水管线爆管,可以产生报警信息并准确指出报警位置,且报警响应时间小于1s,但系统报警能量较低,远低于模拟酸气管道泄漏时的报警能量(图9)。

图9 模拟污水管线爆管测试效果图

2. 可靠性评价

技术的可靠性由报警响应时间、报警准确率等因素共同决定,鉴于前期试验限制,仅对以上两项主要因素进行评价。

(1)在模拟气体泄漏、污水管线爆管两项事件多次试验中,报警响应时间均低于1s,优于目前国内石油化工行业内普遍使用的分布式光纤振动(DVS)技术的报警响应时间5s。

(2)①在模拟气体泄漏、污水管线爆管两项事件中,报警位置与实际泄漏发生位置偏差小于10m。②在试验期间在管线周围进行挖掘机作业、汽车行驶等可能造成系统误报的操作,系统均在模式识别后未产生报警信号。

综合现有实验数据,整体来看。光纤分布式声波监测(DAS)技术能较好适应元坝气田工况,实现泄漏点的快速、准确定位。

3.3 无人机智能巡检技术

油气管线智能分析系统可实现图像检测、图像拼接、数据管理、数字地球四大功能。利用无人机巡检加大数据分析开展管道巡检与维护工作,可以省去耗时耗力的人工测量,航测成图速度快,信息反馈及时,提高工作效率。通过开展实地天然气管线巡检测试并形成巡检报告,针对飞行报告、软件检测准确率和异常目标明细等方面对无人机巡检技术进行功能性和可靠性评价(图10~图12)。

图10 车辆异常目标现场检测图

1. 功能性评价

(1)图像分析系统:图像分析包含目标检测、对比检测及人工复检,实现管道航拍数据的系统化管理与分析,从而使信息系统能够自动检测。目标检测包括利用智能检测,判断异常目标。对比检测包含对比两次飞行时序在大致相同位置上,图像发生的变化。

（2）目标定位系统：智能检测功能基于深度学习架构，利用多层神经网络通过样本学习实现精确的目标识别与定位(图13)。

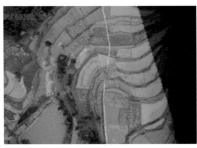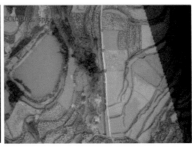

图11　坑洞/裂缝目标现场检测图

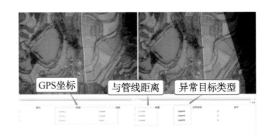

图12　山体滑坡/土壤翻动目标现场检测图　　　　　图13　异常目标识别定位

（3）数据管理系统：数据管理系统分为四大模块：管线数据、平台数据、载荷数据及算法数据管理。可完成对井区，所有管线、气井、集气站、测试桩、标记桩等桩类信息、平台上无人机、照相机、摄像机型号参数信息、飞行任务，关联相关参数；查阅历史飞行记录、检测结果等信息管理。实现数据统一管理，利用大数据分析的思维提高巡检质量与智能系统运行效率。

2. 可靠性评价

开展了系列天然气管线巡检实验，对飞行控制质量、软件检测准确率和异常目标明细度进行实地考核评估，形成巡检监测报告，报告内容如下：

（1）2017年3月2日第一次天然气管线巡检(图14、图15)：本次天然气管线巡检，共发现12个异常目标，车辆、房屋以及孔洞检测准确率均可以达到100%，误检目标数为0。

（2）2018年3月2日第二次天然气管线巡检(图16、图17)：本次巡检，共发现10个异常目标，房屋检测准确率为83%，其余检测目标准确率均为100%。综合两次巡检质量以及异常目标发现准确率可得出，无人机智能管线巡检技术可实现天然气管线异常检测功能，检测准确率达90%以上，可靠性较高。

无人机巡检技术在大型酸性气田无人巡检模式下的应用效果良好，综合每月巡检质量以及异常目标发现准确率可得出，无人机智能管线巡检技术可实现天然气管线异常检测功能，检测准确率高达90%以上，可靠性较高，巡检覆盖率基本达到100%。

天然气管线巡检报告
(2017.03.02第一次巡检)

2018年3月18日

一、飞行报告

线路名称	保湿
飞机型号	多检测(YN4-1000)
飞行时间	2017.03.02 15:58~16:09
航线距离	×× km
异常目标个数	12

二、软件检测准确率

检测异常目标数	软件检测	人工复检	检测准确率
工程车辆	1	1	100%
房屋占压	4	4	100%
孔洞	2	2	100%
裂缝	3	4	75%
检验异常	1	1	100%
漏检目标量	1	0	75%
误检目标量	0	0	100%

图 14   第一次巡检监测准确率

二、异常目标明细

序号	目标图	经度	纬度
图1	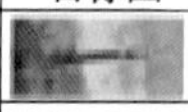	117.412(东)	31.8509(北)
	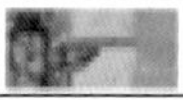	117.412(东)	31.8509(北)
		117.412(东)	31.851(北)

序号	目标图	经度	纬度
图2		117.412(东)	31.851(北)

图 15   第一次巡检异常目标查找图

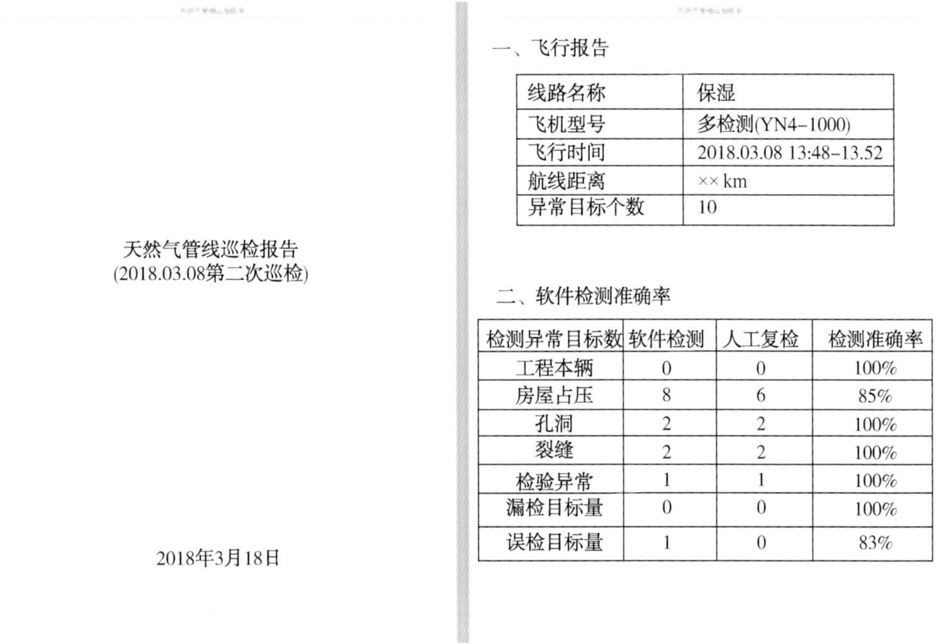

天然气管线巡检报告
(2018.03.08第二次巡检)

2018年3月18日

一、飞行报告

线路名称	保湿
飞机型号	多检测(YN4-1000)
飞行时间	2018.03.08 13:48~13.52
航线距离	××km
异常目标个数	10

二、软件检测准确率

检测异常目标数	软件检测	人工复检	检测准确率
工程本辆	0	0	100%
房屋占压	8	6	85%
孔洞	2	2	100%
裂缝	2	2	100%
检验异常	1	1	100%
漏检目标量	0	0	100%
误检目标量	1	0	83%

图 16　第二次巡检监测准确率

二、异常目标明细

序号	目标图	经度	纬度
图1		117.406东	31.8517北
		117.406东	31.852北

序号	目标图	经度	纬度
图1		117.404东	31.8517北

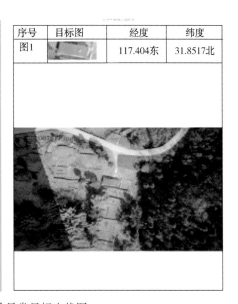

图 17　第二次巡检异常目标查找图

3.4 地灾监测系统

目前优选出元坝酸气管道黄家坡、雪洞村 2 个发生概率极低、危害较大、治理困难的地灾风险点开展先导性试验。通过近半年的现场试验，北斗卫星、拉线式位移计、深部位移计、雨量计、水位计在线监测结果与现场人工勘察结果一致，同时几种位移检测装置相互之间的监测结果一致，水位监测、雨量监测与实际降雨状况相关联，应用效果良好。

4 目前运行中显露出来的问题及下步改进方向

1. 开放式红外对射气体监测技术

元坝气田投产以来，开路式气体检测仪总体运行平稳，但随着设备运行时间的推移，相继出现了误报警、通道故障、光源损坏、固态传感器故障等设备故障问题。下步计划将故障按类划分，分析各类故障问题的发生频次、影响范围以及处置措施，从改善运行环境、提高设备性能、严格把控调试质量、完善管理/巡检制度等方面降低开路式可燃气体检测仪故障率保证气田平稳运行

2. 分布式声波气体泄漏监测技术

（1）由于前期模拟气体泄漏、污水管线爆管两项试验均在固定管道的固定点位上进行，试验结果可能存在偶然性。计划再选取 2~3 段酸气管线周围环境差异较大的管段进行试验，提高实验数据的可信度。

（2）由于管道周围土壤、岩石的组分不同会影响 DAS 技术准确性，在全面开展应用前务必需要对全气田所有酸气管段周围土壤组分进行标定，减少外界干扰。

3. 无人机智能巡检技术

在图像分析过程中仍存在着一些肉眼无法分辨的类似坑洞、裂缝的物体，提高了分类检测难度。后期测试需选取更加全面的地貌类型与不同的山坡走势进行分析测绘，通过影像生成分析与实地考察对比结合，准确的将树木、草堆以及各类阴影进行判别并录入图片分析对比数据库中，不断完善数据管理类型，提高异常目标分析准确率（图 18）。

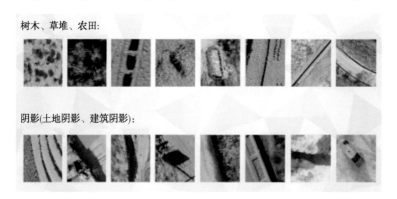

图 18 部分分析难度较大的目标

4. 地灾监测系统

地灾监测系统各设备均存在各自的优缺点，例如北斗民用精度相对较低，拉线式处测量

范围有限(3m以内),目前采用在风险点交叉布设监测点的方式开展地灾监测,短期应用效果较好,长期应用效果有待于进一步观察。

5 结论

本文从元坝气田站外酸气管道巡检现状出发,跟进目前引进的开放式红外对射气体监测技术、分布式声波气体泄漏监测技术、无人机油气管线智能巡检技术、地灾监测系统实践情况,不断分析总结各类技术在实践中的问题并提出进一步改进方向。总的来说,本文通过研究,得出了以下认识:

(1)目前,元坝气田站外酸气管道采取人工巡检为主,开放式红外对射气体监测技术、分布式声波气体泄漏监测技术、无人机油气管线智能巡检技术、地灾监测系统等监测手段为辅的巡检模式。满足正常生产过程中对集输官网的安全管控需要。

(2)技术手段的引进为集输官网的安全管理带来质的飞跃,在降低生产成本的基础上实现了站外集输管网的安全受控,同时,为实现全气田的"集中监控、片区巡检"奠定了基础。

(3)针对目前酸气管道巡检模式下暴露出的问题,例如酸气管道周围土壤成分对光纤分布式声波监测(DAS)技术的干扰、无人机智能巡检技中数据识别准确度等,后续将持续加以优化改进,并作进一步评价,争取成为酸性气田无人值守模式下的集输管道管理范本。

元坝气田产出水集输系统腐蚀特征及防护措施实践

徐岭灵　青　鹏　黄元和　周　锋　崔小君　李　怡　龚小平

（中国石化西南油气分公司采气二厂）

摘　要　元坝气田是我国首个超深高含硫生物礁大气田，高产量的同时也伴随大量的产出水，随着开发的进行腐蚀问题日渐明显。为此，本文介绍了元坝气田产出水集输系统的腐蚀问题及防护措施实践：按腐蚀破坏形态分类，目前元坝气田产出水集输系统的腐蚀属于局部腐蚀；抗硫碳钢无法在高含硫气田产出水集输系统单独使用，添加缓蚀剂可以使抗硫碳钢的使用寿命延长；管道停运期间因介质不均匀性增强易导致腐蚀加剧。此外，气田开发生产过程中，因传统的定点在线腐蚀监测技术对点蚀、孔蚀等局部腐蚀受限，应全面引入射线检测、超声波测厚等无损检测手段，弥补定点监测的缺陷。

关键词　高含硫气田；防腐；局部腐蚀；产出水集输系统

引言

根据钻井、测试、试采情况，元坝长兴组气藏高含硫化氢以及二氧化碳，东部滩相储层普遍存在底水，无论构造位置高低投产后气水同产，开发生产过程中，原料气携带大量地层水或因前期储层酸化改造注入的残酸返排到集输流程中，加剧集输管道腐蚀，甚至穿孔。

元坝气田滚动建产工程均在井口二级加热之前设置分水装置，缓蚀剂加注位于分水装置之后，故产出水集输系统无缓蚀剂保护，投运后仅8个月即开始出现腐蚀穿孔，截至目前先后出现20余处不同程度的腐蚀穿孔，直接或间接影响气井平稳运行。据统计，我国1995年腐蚀损失达1500亿元，2002年腐蚀损失达4979亿元，占国民生产总值的5%，腐蚀是必然的，但如果措施得当，可以将腐蚀对生产的影响降到最低。为此，本文总结了元坝气田产出水集输系统的腐蚀问题及防护措施，为后续高含硫气田的开发以及日常生产运行管理提供一些帮助和参考。

1　腐蚀现状

元坝气田产能建设分为试采和滚动建产两期工程，试采工程因站内分水设备位于缓蚀剂加注流程后，产出水集输管线有缓蚀剂保护，暂未发现腐蚀穿孔现象，而滚动建产工程站内部分产出水集输管线因无缓蚀剂保护，腐蚀穿孔概率相对偏高，如井口分水分离器至火炬分

第一作者简介：徐岭灵，女(1991—)，四川南充人，毕业于长江大学资源勘查工程专业，获工学学士学位。现工作于西南油气分公司采气二厂，工程师，主要从事油气开采地面集输技术研究。

液罐或酸液缓冲罐管段，而这两期工程站内产出水集输管线材质均为抗硫碳钢，仅在出站处管线材质为双相不锈钢。

1.1 抗硫碳钢加缓蚀剂

元坝气田试采工程产出水集输系统采用 L360QS 抗硫碳钢(ISO 3183)或 A333 Gr.6 抗硫碳钢对分离器液相产出介质进行输送，根据产气量及产水量，在分离器上游进行缓蚀剂加注，在缓蚀剂保护下，该产出水集输管道的腐蚀速率为 0.005mm/a，该管道上腐蚀挂片检测结果相对完整，未见腐蚀坑(图1)，试采工程自 2014 年 12 月投产以来，产出水集输系统至今未发生腐蚀穿孔现象。

图 1   试采工程产出水管道
腐蚀挂片(添加缓蚀剂)

1.2 抗硫碳钢

滚动建产工程产出水集输系统采用同样的管材对井口分水分离器的液相介质进行管输，该系统内无缓蚀剂，其腐蚀速率为 0.16mm/a，且产出水集输管道上的腐蚀挂片肉眼即可见到腐蚀坑(图2)，滚动建产工程自 2015 年 11 月相继投产以来已先后发生 20 余处腐蚀穿孔。

碳钢的耐蚀性较差，在潮湿大气和水中均不耐蚀，极易锈蚀(图3)。由此可见，输送含硫产出水等腐蚀性液相介质的管道单独使用碳钢，容易发生腐蚀穿孔。

图 2   滚动建产工程产出水
管道腐蚀挂片(无缓蚀剂)

图 3   X-1 井碳钢管道外表面锈蚀

1.3 不锈钢

元坝气田试采工程与滚动建产工程站内产出水外输流程进入埋地前一小段均采用双相不锈钢 S31803(图4)与外输埋地复合管连接，该段管线未设置在线腐蚀监测点，故采取每季度超声波测厚的方式进行监测，从投运至今，未发生腐蚀穿孔以及壁厚明显减薄现象。

根据 NACE MR0175/ISO 15156-3 中表 A.24 的规定，在温度不超过 232℃，硫化氢分压不超过 0.01MPa 时，双相不锈钢 S31803 可耐任何氯离子及任一 pH 值。

图4　滚动建厂工程 X-2 井产出水外输管道(双相不锈钢)

2　腐蚀特征分析

2.1　腐蚀形态

目前产出水集输系统的腐蚀属于局部腐蚀中的孔蚀，腐蚀的破坏集中在局部区域，金属大部分表面腐蚀轻微，形成一种从金属表面向内部扩展形成蚀孔(图5)或蚀坑状(图6)的局部腐蚀形态[4]。

图5　X-2 井分水分离器液相管线腐蚀穿孔

图6　X-2 井该穿孔管线内部坑蚀

蚀孔或者蚀坑主要沿重力方向发展，也有沿横向发展的，目前元坝产出水集输系统发生的20余处腐蚀穿孔，其中18处发生在管道水平位置段(图7)。

2.2　化学成分分析

采用 PMI-MASTRT Smart 便携式光谱仪对产出水集输管道母材进行化学成分分析，检测结果见表1，均符合 ISO 3183—2012 对抗硫碳钢的要求。

表1　穿孔管道化学成分分析结果　　　　　　　　　%(质量分数)

内　　容	C	Mn	P	S	Si
ISO 3183—2012 要求	≤0.12	≤1.35	≤0.01	≤0.002	≤0.45
实际测量	0.07	1.21	0.01	0.0019	0.269

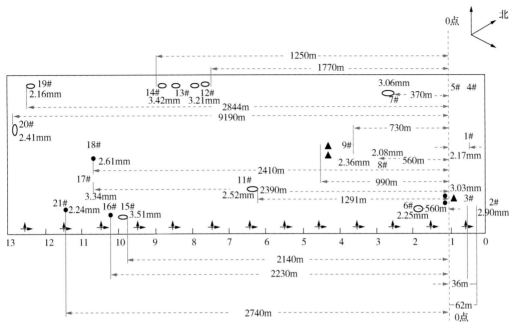

图 7　水平放置管道穿孔位置分布图

3　腐蚀环境分析

3.1　气质组分

原料气中的硫化氢、二氧化碳是发生腐蚀的原因之一。元坝长兴组气藏高含硫化氢及二氧化碳等腐蚀性介质(表2)。

表 2　元坝长兴组气藏气质组分分析　　　　　　　　%(物质的量分数)

序　号	井　站	H_2	N_2	CO_2	H_2S	CH_4	nC_4H_{10}	nC_5H_{12}
1	X 井	0.002	0.276	4.091	4.717	90.865	0.001	<0.001
2	X-1 井	0.002	0.290	4.530	4.901	90.232	<0.001	<0.001
3	X-2 井	0.001	0.310	4.435	5.655	89.551	0.001	<0.001

硫化氢及二氧化碳均溶于水,提供阴极反应去极化剂 H+[2],使得阴极反应正向移动,阴极反应加强。目前,二氧化碳与硫化氢共存的腐蚀机理和规律的研究还未定论,主流观点认为二者共存的腐蚀存在竞争协同作用,二者共存时,主要形成硫铁化合物 Fe_xS_y、碳酸亚铁 $FeCO_3$ 以及铁氧化物 Fe_xO_y 等腐蚀产物,在 Cl^- 存在条件下,其腐蚀产物膜被破坏,从而加剧腐蚀。

3.2　产出水

高矿化度产出水是导致腐蚀的另一重要原因。以发生腐蚀穿孔的 X-2 井产出水为例,目前该井平均总矿化度为48510mg/L，Cl⁻平均含量为26424mg/L（表3），可见该气井产出水的矿化度高，导电性好，腐蚀电池中欧姆电阻小，加速腐蚀；同时Cl⁻含量高，目前主流观点认为因Cl⁻半径小使得其穿透性强，能够穿透腐蚀产物膜到达金属表面，并且Cl⁻具有很强的吸附性，均能加速金属的溶解。

表3 元坝长兴组气藏某井产出水化学性质

序号	水气比/(m³/10⁴m³)	Na⁺+K⁺/(mg/L)	Ca²⁺/(mg/L)	Mg²⁺/(mg/L)	Cl⁻/(mg/L)
1	>1	>10000	0~5000	0~2000	>20000

3.3 运行工艺

介质的流动状态对管道腐蚀有一定影响。元坝气田的气液分离器均为间歇性排液模式，即达到一定液位高度时才进行排液操作，致使产出水输送管线中的介质均呈间歇性流动状态。只有在分离器排液时，此段管线中的介质才进行流动，由于产出水中介质的不均匀性，导致管道与产出水的界面形成电位差，未排液时产出水集输管道均长期处于酸气、酸液不均匀分布的腐蚀环境中，形成局部腐蚀电池，最终形成腐蚀坑或腐蚀穿孔。

4 防护及监控措施

4.1 防护

金属的腐蚀是一个自发过程，无法抗拒，但可以改变金属的性能以及添加防腐化学药剂等方式减缓腐蚀。从腐蚀构成的体系来分析，腐蚀控制可以从金属材料、环境以及接触界面三方面来考虑。

管材的选择上，从元坝气田产出水集输系统的腐蚀现状及穿孔统计来看（表4），目前发生腐蚀穿孔的均为无缓蚀剂保护的碳钢，添加了缓蚀剂的碳钢、添加了缓蚀剂双相不锈钢以及未添加缓蚀剂的双相不锈钢均暂未发生腐蚀穿孔，同时产出水管道上腐蚀挂片挂杆也采用的是316L不锈钢（图8），运行至今未见挂杆表面有点蚀情况。

图8 X-1产出水管道腐蚀挂片杆（316L不锈钢）

根据NACE MR0175/ISO 15156-3中表A.2的规定，在温度不超过60℃，pH值≤4.5时，316L可耐硫化氢分压1MPa，Cl⁻含量50000mg/L[14]，对于Cl⁻含量低于50000mg/L的产出水井可选择使用316L不锈钢。

表 4　元坝气田产出水站内集输管道腐蚀穿孔统计情况

场站	穿孔日期	穿 孔 管 段	管 材	穿孔数	工　艺
X-1	2017-7-26	产出水分离器汇集点至分液罐水平管道	L360QS	1	无缓蚀剂
	2018-2-28	产出水分离器汇集点至分液罐水平管道	L360QS	2	无缓蚀剂
		产出水分离器至汇集点水平管道	L360QS		无缓蚀剂
	2018-3-2	产出水分离器至汇集点水平管道	L360QS	1	无缓蚀剂
	2018-3-3	产出水分离器至汇集点水平管道	L360QS	5	无缓蚀剂
		产出水分离器至汇集点水平管道	L360QS		无缓蚀剂
		产出水分离器汇集点至火炬分液罐水平管道	L360QS		无缓蚀剂
	2018-5-12	产出水分离器汇集点至火炬分液罐水平管道	L360QS	1	无缓蚀剂
	2018-5-25	产出水分离器汇集点至火炬分液罐水平管道	L360QS	2	无缓蚀剂
X-3	2017-8-6	产出水分离器至火炬分液罐竖直管道	L360QS	1	无缓蚀剂
X-2	2018-3-18	产出水分离器至火炬分液罐水平管道	L360QS	1	无缓蚀剂
X-4	2018-5-7	产出水分离器至火炬分液罐竖直管道	A333 Gr. 6	1	无缓蚀剂
X-5	2018-5-16	产出水分离器与收发球筒排污汇合点至火炬分液罐水平管道	L360QS	1	无缓蚀剂
MGG	2018-6-6	产出水进站阀组区至污水缓冲罐水平管道	A333 Gr. 6	1	无缓蚀剂
	2018-6-14	产出水进站阀组区至污水缓冲罐水平管道	A333 Gr. 6	1	无缓蚀剂
X-6	2018-4-19	气田水接收罐 B 至 1#、2#处理池	A333 Gr. 6	1	无缓蚀剂

由此可见，元坝气田产出水集输管道腐蚀控制采取"抗硫碳钢+缓蚀剂"以及"双相不锈钢"进行防腐是有效的。

4.2　监控

目前管道在线监测技术有腐蚀挂片失重法、电阻探针、线性极化探针、电指纹等（表5），不同的腐蚀监测技术因其监测原理具有差异性[15]，这类在线监测技术因其安装位置固定而存在共同的缺陷即无法实现集输管道全覆盖监测。通常情况下，监测点属于整个工艺管道上腐蚀环境较好位置，因此不能及时预测管道薄弱点的腐蚀情况，如元坝产出水管线穿孔点均未设置在线腐蚀监测装置，只有当穿孔后漏水人工才能发现。

表 5　目前管道在线监测技术

序号	监测点位置	腐蚀环境特征	监测方法	监测周期
1	井口缓蚀剂加注管线前	高温、高压、多相(无缓蚀剂)	电阻探针、腐蚀挂片	一月一次/每季度一次
2	三级节流后管线	湿气(有缓蚀剂保护)	电阻探针、腐蚀挂片	一月一次/每季度一次
3	出站	湿气(有缓蚀剂保护)	电阻探针、腐蚀挂片	一月一次/每季度一次
4	分水分离器至火炬分液罐间液相管道	含硫产出水(无缓蚀剂保护)	无	无
5	生产分离器/多相流液相管道	含硫产出水(有缓蚀剂保护)	电阻探针、线性极化探针、腐蚀挂片	一月一次/每季度一次

续表

序号	监测点位置	腐蚀环境特征	监测方法	监测周期
6	出站产出水管道	含微量硫化氢产出水（无缓蚀剂保护/有缓蚀剂保护）	电阻探针、腐蚀挂片	每季度一次
7	站外埋地管道	湿气（有缓蚀剂保护）	电指纹	一月一次

经研究认为：全面应用无损检测可以解决传统腐蚀监测技术定点监测的缺陷，如超声波测厚、射线检测等，这些无损检测技术不受管道位置、工艺等的限制，具有便捷、探测速度快、覆盖全面等优点（表6）。

表6 腐蚀监测方法特点对比

序号	技术方法	响应时间	环境要求	信息	腐蚀监测类型	监测点位置
1	腐蚀挂片	慢	任意	腐蚀速率、腐蚀形态、腐蚀产物	全面腐蚀、局部腐蚀	固定
2	线性极化探针	快	电解质溶液	瞬时腐蚀速率	全面腐蚀	固定
3	电阻探针	快	任意	腐蚀失重	全面腐蚀	固定
4	电指纹	快	金属外表面	金属损失量	全面腐蚀、局部腐蚀	固定
5	超声波测厚	快	金属外表面	壁厚	局部腐蚀	根据需要
6	射线检测	快	金属外表面	壁厚	局部腐蚀	根据需要

5 结论及建议

（1）产出水量大的高含硫气田，单独在产出水集输系统使用抗硫碳钢其寿命较短，而含有缓蚀剂的抗硫碳钢管道则使用寿命较长，因此建议在综合考虑经济的前提下可采用双相不锈钢或奥氏体不锈钢316L（AISI）替换单独使用碳钢。

（2）静止状态的流体在管道中不均性强，集输管道停运期间的腐蚀较运行期间严重，且停运期间更容易发生孔蚀，故应尽可能避免长时间停工，同时停运期间尽可能排尽并清洗设备或置换管道内介质。

（3）腐蚀具有复杂性、突发性、集中性以及随机性，传统的在线腐蚀监测系统并不能覆盖整个采集输系统，为及时发现点蚀、孔蚀等局部腐蚀，降低设备破坏事故和环境污染的问题，应全面引入射线检测、超声波测厚等无损检测手段，弥补定点监测的缺陷。

参 考 文 献

[1] 龚敏，余祖孝，陈琳. 金属腐蚀理论及腐蚀控制[M]. 北京：化学工业出版社，2009.

[2] 林玉珍，杨德钧. 腐蚀和腐蚀控制原理[M]. 中国石化出版社，2014：138~146.

[3] 赵慧萍，赵文娟，张晓芳. 金属电化学腐蚀与防腐浅析[J]. 化学工程与装备，2013(10)：135~136.

[4] 魏宝明. 金属腐蚀理论及应用[M]. 北京：化学工业出版社，1989：1~38.

[5] 李湛伟，范洪远，吴华. H_2S/CO_2 及其共存条件下腐蚀研究进展[J]. 河南城建学院学报，2010，19(1)：59~63.

[6] 李自力，程远鹏，毕海胜，等. 油气田 CO_2/H_2S 共存腐蚀与缓蚀技术研究进展[J]. 化工学报，2014，

65(2)：406~412.

[7] 李群，倪金波，王丹. 输油站内管线腐蚀穿孔的控制[J]. 油气田地面工程，2012，31(10)：58~59.

[8] 杨建炜，张雷，路民旭. 油气田 CO_2/H_2S 条件下的腐蚀研究进展与选材原则[J]. 腐蚀科学与防护技术，2009，21(4)：401~405.

[9] 袁军涛，朱丽娟，宋恩鹏，等. 西部油田地面集输管线腐蚀穿孔及防治措施[J]. 油气田地面工程，2016，35(1)：86~88.

[10] 张春亚，张奇，李继高，等. 碳钢及低合金钢在氯离子溶液中夹杂物诱发点蚀位置显微腐蚀实验探讨[J]. 冶金分析，2014，34(1)：22~27.

[11] 郭瑞金，火时中. 小孔腐蚀诱发过程的研究[J]. 中国腐蚀与防护学报，1986，6(2)：113~121.

[12] 崔志峰，韩一纯，庄力健，等. 在 Cl^- 环境下金属腐蚀行为和机理[J]. 石油化工腐蚀与防护，2011，28(4)：1~5.

[13] 李群，倪金波，王丹. 输油站内管线腐蚀穿孔的控制[J]. 油气田地面工程，2012，31(10)：58~59.

[14] Petroleum, petrochemical, and natural gas industries-Materials for use in H_2S-containning environments in oil and gas production[S]. NACE MR0175/ISO 15156-3, 2015：13~34.

[15] 张强，袁曦，张东岳，等. 川渝含硫气田腐蚀控制方法[J]. 石油与天然气化工，2015，44(5)：60~72.

[16] 张强，黄刚华，江晶晶，等. 含硫气田天然气净化厂腐蚀控制与监/检测[J]. 石油与天然气化工，2018，47(2)：19~25.

[17] 张强，陈文，杨梦薇，等. 高酸性气田腐蚀监测技术研究[J]. 石油与天然气化工，2012，41(1)：62~69.

元坝气田场站污水管道腐蚀机理及防腐对策研究

龚小平　徐岭灵　曾力　陈曦　李怡　苏正远　李振鹏

(中国石化西南油气分公司采气二厂)

摘　要　元坝气田滚动建产场站污水管道腐蚀严重，采用"射线检测+超声导波+超声测厚"、扫描电镜分析等手段，从宏观与微观角度开展污水管道腐蚀分析。分析结果表明污水管道腐蚀特征：①腐蚀主要分布在水平管段底部，以点腐蚀为主，腐蚀位置随机分布；②腐蚀穿孔区域外观呈圆形，直径一般小于1cm，面积小于3cm^2；③腐蚀呈现典型的点蚀扩大化形成坑蚀和台阶状腐蚀。结合污水管道运行环境分析，揭示滚动建产场站污水管道缺少缓蚀剂保护是管道腐蚀的直接原因，污水管道腐蚀机理以 H_2S-CO_2 液相腐蚀、Cl^- 腐蚀为主，高 Cl^- 含量(>10000mg/L)是污水管道腐蚀的重要影响因素。为有效控制管道腐蚀速率，提出了污水管道"抗硫管材 L360QS+内涂+内衬式滑套"、优选 316L 材质管材、加强污水管道腐蚀监测等防腐对策。

关键词　元坝气田；污水管道；点腐蚀；腐蚀机理；防腐对策

引言

高含硫气田管道腐蚀对人身及财产安全影响深远，做好高含硫酸性气田"三防"(防堵、防漏、防腐)至关重要。国内外学者对含硫气田酸气管道腐蚀机理及腐蚀控制技术开展了大量的研究工作，对含硫污水管道腐蚀研究相对较少。

元坝高含硫气田具有"三高一深二复杂"特征，场站污水管道自 2017 年开始多次发生腐蚀穿孔，给气田安全运行及环保带来重大影响。笔者对元坝历次污水管道腐蚀穿孔基本情况进行统计整理，在分析污水管道材质、污水管道运行环境(气质组分、产出水离子组分、运行工况等)基础上，采用宏观统计分析和微观电镜观察相结合的方式，对污水管道腐蚀特征进行深入研究，揭示了污水管道腐蚀机理，并在此基础上有针对性地提出含硫气田污水管道防腐对策，对污水管道腐蚀控制乃至含硫气田安全平稳运行提供指导作用。

1　场站污水管道运行现状

1.1　场站排污系统

元坝气田采用改良的全湿气加热保温混输工艺，场站具有节流、分离计量、加热与外输的功能，并设有收发球筒，具有发送及接收智能清管器的功能。

滚动建产场站在二级节流阀后设置分水分离器进行气液分离，分离之后的酸液通过排污

第一作者简介：龚小平，男(1990—)，四川富顺人，毕业于西南石油大学，矿产普查与勘探专业，硕士学位。现工作于西南油气分公司采气二厂，工程师，主要从事油气田地面集输防腐技术研究。

管道(抗硫管材 L360QS)输送至火炬分液罐。高压缓蚀剂加注口在分水分离器出口位置，因此站内缓蚀剂没有进入排污管道，设计时考虑应用 5 年后整体更换污水管道。然而自 2016 年滚动场站投运以来，污水管道已累计发生 15 次排污管道腐蚀穿孔，穿孔主要发生在水平管道上(图 1 及表 1)。YB10-C1 于 2018 年 3 月 12 日整体更换污水管道，2 个月后再次发生穿孔，折算出污水管道腐蚀速率高达 27mm/a(远高于腐蚀控制标准 0.076mm/a)，表明污水管道腐蚀穿孔严重，目前污水管道腐蚀穿孔为爆发期。

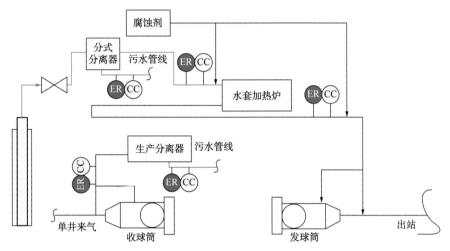

图 1　元坝滚动区排污管道位置布置图

表 1　污水管道腐蚀穿孔情况统计表

场　　站	投产时间	穿孔时间	穿　孔　管　段	穿孔量
YB10-C1、YB10-2H	2016-11-20	2017-7-26	两分水分离器汇集点至火炬分液罐水平管道	1
		2018-2-28	两分水分离器汇集点至火炬分液罐水平管道	1
			YB10-2H 分水分离器至汇集点水平管道	1
		2018-3-2	YB10-2H 分水分离器至汇集点水平管道	1
		2018-3-3	YB10-2H 分水分离器至汇集点水平管道	3
			YB10-C1 分水分离器至汇集点水平管道	1
			两分水分离器汇集点至火炬分液罐水平管道	1
		2018-5-12	分水分离器汇集点至火炬分液罐水平管道	1
		2018-5-25	分水分离器汇集点至火炬分液罐水平管道	2
YB28	2015-11-9	2017-8-6	分水分离器至火炬分液罐竖直管道	1
YB10-1H	2016-1-23	2018-3-18	分水分离器至火炬分液罐水平管道	1
YB104	2016-1-31	2018-5-16	分水分离器至火炬分液罐水平管道	1

1.2　污水管道材质及性能

元坝气田污水管道材质为抗硫无缝钢管 L360QS，采用 PMI-MASTRT Smart 便携式光谱仪对污水管道母材进行化学成分分析，检测结果符合 ISO 3183—2012 对抗硫碳钢的要求(表 2)。L360QS 力学性能：屈服强度 360~460MPa，抗拉强度 460~570MPa，屈服比≤0.9，伸长率≥22%。

表2 污水管道母材化学成分分析结 %(质量分数)

元 素	C	Mn	P	S	Si
ISO 3183—2012 要求	≤0.12	≤1.35	≤0.01	≤0.002	≤0.45
实际测量	0.07	1.21	0.01	0.0019	0.269

1.3 污水管道运行环境

1.3.1 气质组分

元坝长兴组气藏气质组分以 CH_4、H_2S、CO_2、N_2 为主(表3),含有少量 H_2、C_2H_6 等气质组分,其中 CH_4 含量 85.872%~90.271%、平均 88.637%,H_2S 含量 4.612%~7.920%、平均 5.982%,CO_2 含量平均 4.306%~5.882%、平均 5.035%,具有高含 H_2S 中含 CO_2 的特征。气质组分中 H_2S、CO_2 能够溶于产出水,因此产出水中存在一定的溶解气。

表3 元坝长兴组气藏气质组分分析 %(物质的量分数)

井 号	H_2	N_2	CO_2	H_2S	CH_4	C_2H_6
YB10-C1	0.002	0.278	5.882	7.920	85.872	0.036
YB28	0.002	0.310	4.306	5.066	90.271	0.033
YB10-1H	0.001	0.321	5.024	4.612	89.996	0.036
YB104	0.001	0.281	4.927	6.331	88.409	0.040
平均	0.002	0.297	5.035	5.982	88.637	0.036

注:气质组分数据为2018年取样数据平均值

1.3.2 产出水离子组分

元坝气田产出水以 $CaCl_2$ 水型为主,离子组分主要包括 Na^+/K^+、Cl^-、Ca^{2+}、HCO_3^-、硫化物(含溶解气 H_2S),目前产出水可分为地层水、凝析水类型,产出水类型不同,离子组分差异大。发生腐蚀穿孔的气井(YB10-1H、YB28、YB10-C1、YB10-2H)其产出水以地层水类型为主,具有离子浓度 Na^+/K^+ 高于 10000mg/L,Cl^- 浓度高于 10000mg/L,水气比>$1m^3/10^4m^3$ 的特征(表4)。

表4 元坝长兴组气藏产出水化学性质

井 号	水气比/($m^3/10^4m^3$)	离子组分/(mg/L)						水 型	产出水类型
		Na^++K^+	Ca^{2+}	Mg^{2+}	Cl^-	HCO_3^-	SO_4^{2-}	硫化物	
YB10-C1	4.5	16904	1377	71	26587	3320	240	1976	$CaCl_2$	地层水
YB10-2H	5.0	16785	1485	299	26720	2973	1266	2000	$CaCl_2$	地层水
YB28	16	17720	1212	54	27024	2396	53	1662	$CaCl_2$	地层水
YB10-1H	4.8	15949	950	45	23303	5009	261	15949	$CaCl_2$	地层水
YB205-2	0.25	901	2214	161	4714	1374	357	560	$CaCl_2$	凝析水

续表

井 号	水气比/ (m³/10⁴m³)	离子组分/(mg/L)							水 型	产出水 类型
		Na⁺+K⁺	Ca²⁺	Mg²⁺	Cl⁻	HCO₃⁻	SO₄²⁻	硫化物		
YB102-3H	0.14	1450	7193	1456	17814	604	1411	930	CaCl₂	地层水
YB103-1H	0.25	1237	179	18	2005	411	46	1288	CaCl₂	凝析水
YB104	0.98	16241	1495	103	26083	2914	287	1808	CaCl₂	地层水
YB205-3	0.16	77	3	4	40	118	36	762	NaHCO₃	凝析水
YB273-1H	0.36	1439	509	64	2998	455	62	1505	CaCl₂	凝析水
YB273	0.14	1019	2551	270	6298	681	241	852	CaCl₂	凝析水

注：产出水离子组分数据为 2018 年数据平均值。

1.3.3 运行工况

元坝气田滚动建产场站分水分离器排污管道设计压力 1.6MPa，操作压力 0.4MPa，设计温度 60℃，操作温度 40℃，污水管道排液时压力一般低于 0.3MPa，温度小于 40℃。污水管道采用间歇性排液模式，即达到一定液位高度时才进行排液操作，污水管道中的介质呈间歇性流动状态；其次，若分水分离器排液时液位过低，分水分离器排液过程中可能会携带部分气质组分通过排污管道输送至火炬分液罐。

2 污水管道腐蚀机理

2.1 腐蚀特征

2.1.1 腐蚀特征宏观分析

滚动建产场站污水管道发生 15 次腐蚀穿孔，穿孔主要发生在水平管道上(14 次)，腐蚀穿孔位置一般在管道底部区域，以点腐蚀为主；点腐蚀集中于金属表面的局部区域范围内，并深入到金属内部形成孔(点蚀和坑蚀)腐蚀的形态(图 2)。腐蚀穿孔区域外表面显示呈圆形，直径一般小于 1cm，面积小于 3cm²。

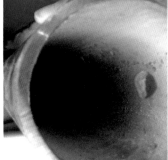

图 2　污水管道腐蚀穿孔宏观照片

选择 YB104 井腐蚀穿孔段进行腐蚀缺陷分析，采用"射线检测+超声导波+超声测厚"方式进行检测，检测思路如下：①对腐蚀穿孔位置两侧管段一定距离进行射线检测和超声导波检测，识别缺陷具体位置；②对识别出的缺陷位置进行精确测厚，确定缺陷位置的壁厚大小；③根据腐蚀缺陷位置分布及壁厚数据，完成腐蚀缺陷分布图。

腐蚀缺陷检测结果显示：①YB104 井 3m 长污水管道共计发现 17 处腐蚀缺陷（壁厚小于设计壁厚 4.5mm 的 87.5%），表明污水管道腐蚀严重；②腐蚀缺陷集中在 5 点钟至 7 点钟方向，具体腐蚀位置随机分布；③除腐蚀穿孔位置外，腐蚀缺陷处实测最小壁厚 1.72mm（图 3）。

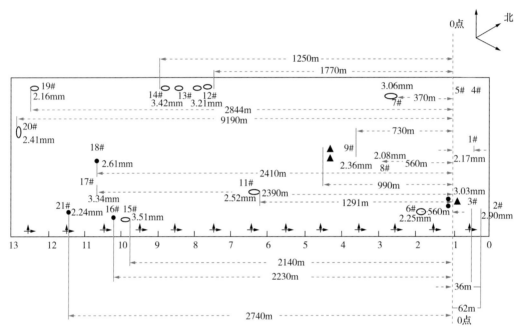

图 3　YB104 井腐蚀缺陷分布图

2.1.2　腐蚀特征微观分析

选择 YB28 井污水管道上点蚀严重的腐蚀挂片，进行腐蚀微观形貌检测及能谱分析。从腐蚀微观形貌上来看，腐蚀呈现典型的点蚀扩大化形成坑蚀和台阶状腐蚀，腐蚀最大坑宽度为 1978.859μm，深度 847.361μm，长度 2152.650μm，腐蚀坑角度为 23.181°（图 4）。腐蚀坑的横向与纵向分布如图 5 所示。通过腐蚀深度折算最大腐蚀速率达 0.41mm/a，远超过腐蚀控制标准 0.076mm/a。

2.2　腐蚀机理

高含硫气田管道腐蚀以电化学腐蚀为主，结合元坝气田污水管道运行环境（高含 H_2S 中含 CO_2、产出水离子矿化度差异大、管道间歇性排液等特征），污水管道腐蚀机理主要包括以下 5 种。

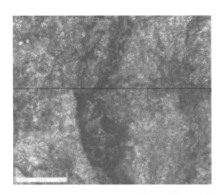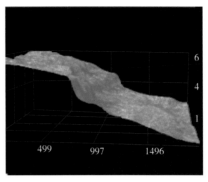

图 4　腐蚀坑周边腐蚀微观形貌

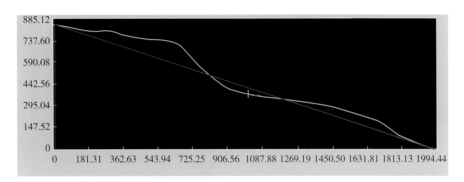

图 5　腐蚀坑横向与纵向分布

2.2.1　静态 H_2S-CO_2 液相腐蚀

H_2S 与碳钢(主要是 Fe 元素)发生析氢腐蚀，生成 Fe_xS_y 腐蚀产物并附着于碳钢表面，作为阴极与钢基构成一个腐蚀电池，继续对碳钢腐蚀。腐蚀程度受 H_2S 浓度、酸液温度和 pH 值等影响，在不同的 H_2S 浓度、温度、pH 值条件下，腐蚀产物 Fe_xS_y 膜结构性质，腐蚀程度也不同；酸液中 CO_2 会与碳钢(主要是 Fe 元素)反应生产 $FeCO_3$ 和 H_2(析氢腐蚀)，Fe 不断被腐蚀，加速阴极反应速度。因此，增加任何能使 CO_2 在水中溶解的条件(如压力、温度)都能使管材腐蚀速率增加。CO_2 与 H_2S 共存时会发生竞争协同作用，主要形成硫铁化合物 Fe_xS_y、碳酸亚铁 $FeCO_3$ 以及铁氧化物 Fe_xO_y 等腐蚀产物。

图 6 中显示的挂片腐蚀形貌(局部壁厚减薄、蚀坑或穿孔)与电化学腐蚀破坏一致，基本确定是 H_2S 腐蚀过程阳极铁溶解造成。为进一步确认，对 YB28 井腐蚀挂片腐蚀坑中的部分开展能谱分析(图 7)。根据实验结果，除去能谱分析中 O 元素的干扰作用(O 元素的存在是实验操作环境导致)，Fe 元素的含量占 59.52%，S 元素含量 7.49%(管材 L360QS 中 S≤0.002%)，也就是 Fe_xS_y 的存在，为典型的阳极反应产物：$Fe^{2+}+S^{2-}\rightarrow FeS\downarrow$。

2.2.2　Cl^- 腐蚀

在高含硫气田 H_2S 和 CO_2 共存条件下，水中 Cl^- 和元素 S 含量是影响管道腐蚀的主导因素[2]。Cl^- 可以将钝化金属转变为活化状态，主要作用机理为 Cl^- 具有半径小、穿透能力强、易被金属吸附的能力，能够优先被金属吸附；在 H_2S 和 CO_2 协同作用形成硫铁化合物 Fe_xS_y、

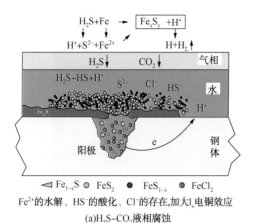

Fe^{2+}的水解、HS$^-$的酸化、Cl$^-$的存在,加大I$_e$电铜效应
(a)H$_2$S-CO$_2$液相腐蚀

(b)Cl$^-$液相腐蚀

图6　腐蚀机理示意图

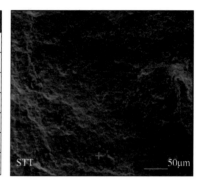

Element	Wr%	Ar%
OK	22.61	45.21
NaK	06.54	09.10
SiK	03.07	03.50
SK	07.49	07.48
KK	00.76	00.62
FeK	59.52	34.09
Matrix	Correction	ZAF

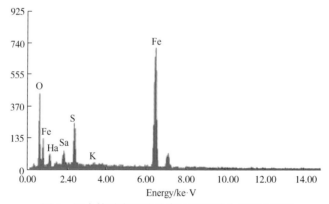

图7　污水管道腐蚀挂片腐蚀坑能谱分析实验结果

碳酸亚铁 FeCO$_3$ 以及铁氧化物 Fe$_x$O$_y$ 等氧化膜后,Cl$^-$ 能够从金属表面把氧化膜中的氧排掉,并且可以取代吸附中的钝化离子与金属形成氯化物(可溶性物质),由于氯化物与金属表面的吸附并不稳定,这样氯化物连同氧化膜又溶于水中,破坏能够抑制腐蚀加剧的氧化膜,进而加剧了腐蚀。Pots 等[9]指出 Cl$^-$ 超过临界浓度(10000mg/L)后,会破坏有保护性的 FeS 膜并加快腐蚀速率。

滚动建产场站腐蚀穿孔井站(YB10-C1、YB10-1H、YB28、YB104)Cl$^-$ 含量高于 20000mg/L(远超过临界浓度),高 Cl$^-$ 含量对管道腐蚀产生了很大影响。

2.2.3　管道内壁沉积物的垢下腐蚀

垢下腐蚀其腐蚀机理是：由于受污水管道几何形状、腐蚀产物及沉积物的影响，使得酸液在金属表面的流动和电解质的扩散受到限制，被阻塞的空腔内酸液化学成分、pH 值发生较大变化，形成阻塞电池腐蚀；沉积物结垢后使得产出水中的某些腐蚀成分（如 Cl^-、OH^-）在垢下金属表面逐渐富集并发生化学腐蚀，腐蚀导致局部金属减薄，甚至发生管道穿孔泄漏，元素硫的垢下腐蚀在含硫气田比较常见。

2.2.4　残酸腐蚀

酸液腐蚀属于析氢腐蚀，其腐蚀速率与金属的析氢电位关系密切，增加酸液浓度会加速阴极反应，提高腐蚀速率。气井投产初期，钻完井压裂酸化返排液（盐酸、有机酸、添加剂、聚合物等）酸性较强，返排液进入污水系统后对污水管道造成腐蚀；随开采的进行，残酸返排量逐渐降低，残酸腐蚀影响逐渐降低。滚动建产场站气井已生产 2～3 年，压裂酸化后的残酸返排液基本已排尽，后期残酸废液的腐蚀比较微弱。

2.2.5　间歇性排液

气井间歇性排液，在排液过程中因瞬时的压力变化会导致液相中 H_2S、CO_2 浓度升高，腐蚀加剧。其次，间歇性排液导致产出水中介质的不均匀性，管道与产出水的界面形成电位差，未排液时产出水集输管道均长期处于酸气、酸液不均匀分布的腐蚀环境中，形成局部腐蚀电池，最终形成腐蚀坑或腐蚀穿孔。

气井产水量越高，排液越频繁，腐蚀影响越大。按单口井产水量 $60m^3/d$ 计算，分水分离器平均每小时排液约 3～4 次，导致高产水井腐蚀严重。统计显示发生腐蚀的气井（YB10-C1、YB10-2H、YB104、YB28、YB10-1H）满足日产水量高于 $40m^3$、累计产水量高于 $7000m^3$ 的特征（图 8）。

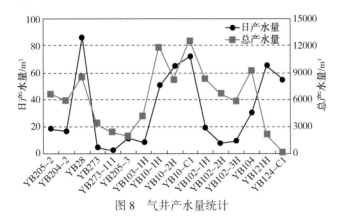

图 8　气井产水量统计

3　防腐对策

研究显示，未做任何防腐措施的抗硫管材 L360QS 不适用于元坝工区，在目前工况下，污水管道防腐建议措施如下。

3.1 抗硫管材 L360QS+内涂+内衬式滑套

管道内涂是一种能够保障管道腐蚀的方法，在未加缓蚀剂的情况下，可以考虑对抗硫管材增加内涂，通过内涂减缓污水管道腐蚀速率。需要开展涂层优选试验，通过评价涂层质量（涂层抗酸、抗碱性能）优选适合元坝工区的涂层，由于元坝工区现场部分管道需要就地焊接，焊口位置很难保障涂层效果，建议在污水管道焊口位置内增加内衬式滑套，污水管道采取"抗硫管材 L360QS+内涂+内衬式滑套"处理。

3.2 优选更符合元坝工区的管材

污水管道内涂效果需要时间验证，为了污水管道长久安全，建议优选更符合元坝工区的管材。目前能选用的管材包括合金材料（316L、S31803、镍基合金）、复合管等，复合管施工难度相对较大，根据 NACE MR0175/ISO 15156-3 的规定，在温度不超过 60℃，pH 值≥4.5 时，316L 可耐硫化氢分压 1MPa，氯离子含量 50000mg/L，符合目前元坝工区的含硫环境，且价格相对 S31803、镍基合金便宜（表 5）。

表 5　标准规定的材料使用限制

材　料	温度/℃	P_{H_2S}/MPa	Cl⁻/（mg/L）	pH 值
316L	≤60	≤1	≤50000	≥4.5
S31803	≤232	≤0.01	不限制	不限制
镍基合金	不限制	不限制	不限制	不限制

3.3 加强污水管道腐蚀检测

针对分水分离器至火炬分液罐污水管道穿孔频繁穿孔，有必要优化污水管道腐蚀检测技术，加强污水管道的腐蚀监测。

（1）优化污水管道"监测点"为"监测面"。充分考虑污水管道腐蚀的随机性，污水管道壁厚监测由原来的"三通+弯头"位置优化为"水平段+竖直段+三通+弯头"；

（2）优化检测方法。替换常规的超声壁厚检测，采取"射线检测+超声导波+超声测厚"方式进行腐蚀缺陷检测。该方法腐蚀缺陷检出率较高，能较准确地发现和统计管道内部腐蚀缺陷的数量、位置、剩余厚度等，检测结果能为管道腐蚀分析提供数据依据。

（3）优化改造污水管道腐蚀监测系统。在分水分离器底部排污管道阀套式排污阀下游增设腐蚀挂片（CC）、腐蚀探针（ER）、线性极化探针（LPR）等腐蚀监测手段，以便对污水管道腐蚀进行在线监测。

3.4 优化缓蚀剂加注方式

对比试采工程场站有缓蚀剂保护的污水管道，其腐蚀受控，表明元坝气田在用缓蚀剂能够有效起到保护管道的作用。建议滚动场站优化缓蚀剂加注方式，可在缓蚀剂高压加注撬高压出口与原甲醇高压加注管线进口间新增一根连接管线，并将缓蚀剂泵更换为高压加注泵（40MPa），将原水套加热炉前缓蚀剂加注改为井口一级后缓蚀剂加注，使得分水分离器以后的排污管线中含有缓蚀剂成分。

4 结论

(1) 元坝气田滚动建产场站污水管道缺少缓蚀剂保护是管道腐蚀严重的直接原因，污水管道腐蚀特征为：①腐蚀主要分布在水平管段底部，以点腐蚀为主，腐蚀穿孔位置随机分布；②腐蚀穿孔区域外观呈圆形，直径一般小于1cm，面积小于3cm²；③腐蚀呈现典型的点蚀扩大化形成坑蚀和台阶状腐蚀。

(2) 污水管道腐蚀机理主要是静态 H_2S-CO_2 液相腐蚀、Cl^- 腐蚀，H_2S-CO_2 液相腐蚀生成硫铁化合物 Fe_xS_y、碳酸亚铁 $FeCO_3$ 以及铁氧化物 Fe_xO_y 等腐蚀产物，气井高 Cl^- 破坏腐蚀产物形成的氧化膜，加剧腐蚀。

(3) 为有效减缓或控制管道腐蚀速率，提出污水管道"抗硫管材 L360QS+内涂+内衬式滑套"、优选 316L 材质管材、加强污水管道腐蚀监测、优化缓蚀剂加注方式的防腐对策。

参 考 文 献

[1] 赵伟等. 高含硫气田管道腐蚀原因分析与防护措施[J]. 化学工程与装备，2010，(3)：66~69.

[2] 胡永碧，谷坛. 高含硫气田腐蚀特征及腐蚀控制技术[J]. 天然气工业，2012，32(12)：92~96.

[3] 陈明，崔琦. 硫化氢腐蚀机理和防护的研究现状及进展[J]. 石油工程建设，2010，36(5)：1~5.

[4] 刘伟，蒲晓林，白小东，等. 油田硫化氢腐蚀机理及防护的研究现状及进展[J]. 石油钻探技术，2008，36(1)：83~86.

[5] 杨建炜，张雷，路民旭. 油气田 CO_2/H_2S 共存条件下的腐蚀研究进展与选材原则[J]. 腐蚀科学与防护技术，2009，21(4)：401~405.

[6] 李湛伟，范洪远，吴华. H_2S/CO_2 及其共存条件下腐蚀研究进展[J]. 河南城建学院学报，2010，19(1)：59~64.

[7] 申乃锋，蒋光迹，苏孔荣，等. 高含硫气田 A333 管材腐蚀情况及防护措施[J]. 腐蚀与防护，2016，37(5)：430~433.

[8] 崔志峰，韩一纯，庄力健，等. 在 Cl^- 环境下金属腐蚀行为和机理[J]. 石油化工腐蚀与防护，2011，28(4)：1~5.

[9] Pots F M, John R C, Rippon I J, et al. Improvements on Dewaard-Milliams corrosion prediction and applications to corrosion management[C]//Corrosion 2002, Houston：[s. n.]，2002：235.

[10] 林玉珍，杨德钧. 腐蚀和腐蚀控制原理[M]. 北京：中国石化出版社，2014，138~146.

元坝长兴组含硫气井硫沉积预测
及防治技术研究

李 莉

(中国石化西南油气分公司石油工程技术研究院)

摘　要　针对高含硫气藏开采过程中，硫的大量沉积引起井筒和采输管线堵塞，导致气井停产，甚至由于"硫堵"，导致管线和设备腐蚀、憋压而遭到破坏的现象，本文采用统计图版法和热力学方法对元坝长兴组硫沉积发生情况进行了预测，同时针对该气藏的实际井况提出了防治工艺及措施。

关键词　元坝气田；硫沉积；预测方法；防治技术

引言

在天然气开采过程中，随着气体的产出，地层压力不断下降，气体中的元素硫逐渐趋于饱和状态，元素硫将以单体形式从载硫气体中析出，且在适当的温度条件下以固态硫的形式存在，当析出的元素硫达到一定值且流体水动力不足以携带固态颗粒的硫时，元素硫可直接在地层孔隙或井筒及地面设备管线中沉积并聚集起来，影响气井的产能。

1　硫沉积的影响因素

通过对大量资料的统计分析认识到，元素硫沉积与天然气组分、采气速度、压力、温度等因素有关。在气井生产过程中，随着压力、温度的下降，单质硫形态将发生变化，随之单质硫析出。

1.1　天然气组分的影响

甲烷含量与元素硫沉积相关性不强。而乙烷、丙烷、丁烷、以及戊烷以上含量与元素硫沉积有比较明显的相关关系，乙烷、丙烷、丁烷含量超过1%时，一般不发生硫沉积，戊烷以上的含量超过0.5%，一般不发生硫沉积。一般而言，硫化氢含量越高越容易发生硫沉积，但这并不是充分条件，从统计角度看，硫化氢含量高于30%以上气井大部分都发生硫沉积。

1.2　地面产量对硫沉积形成的影响

统计发现产气量与元素硫沉积有粗略的关系，在据统计的气井中，产气量低于28.3×

作者简介：李莉，女(1981—)，四川绵阳人，毕业于西南石油大学，技术经济及管理专业，硕士学位，现工作于石油工程技术研究院采输工艺所，高级工程师，主要从事采气工艺研究。

$10^4\,\mathrm{m^3/d}$ 时易发生硫沉积，气产量大于 $42.5\times10^4\,\mathrm{m^3/d}$ 时不易发生。产水量与元素硫沉积没有明显的关系，凝析油产量与元素硫沉积有明显的关系，一方面凝析油能够溶解元素硫，另一方面凝析油对元素硫有携带作用，因此产量低易形成硫沉积，产量高不易形成硫沉积。

1.3 井底到井口压力、温度差对硫沉积形成的影响

统计的 30 余口气井中，压力、温差较大的几口均出现了硫沉积，部分温差较大而没有出现硫沉积的气井大部分属较高产量的气井（$80\times10^4\,\mathrm{m^3/d}$ 以上），高产量能够携带一部分单质硫，降低硫沉积发生的概率。井底条件下硫在含硫气体中的溶解度接近或处于饱和状态，开发过程中随着压力和温度的变化，硫在含硫天然气内的溶解度随着压力和温度的下降而降低，致使发生元素硫及固体的高级多硫化物析出，沉积在井筒及地面设备表面，导致气井堵塞，影响气井的正常生产。

2 单质硫实验测定结果

西南石油大学在 YB204-1H 和 YB121H 井开展了井口高压物性取样，并完成了单质硫室内试验分析，利用实验测定了两口井井气体单质硫含量和饱和硫含量单质硫含量，见表1，由表中数据可以看出，两口井的井口气样中单质硫含量均小于地层条件下饱和硫含量，说明地层中天然气没有饱和单质硫，在压力降到 $25\sim28\,\mathrm{MPa}$ 以下时，会析出液态单质硫；同时井口气样中单质硫含量大于井口取样条件下的饱和硫含量，说明在取样时井口天然气中单质硫已经以固体形式析出。

表1 单质硫含量测定

YB204-1H			YB121H		
地层条件下饱和硫含量/（g/m³） （P: 64.88MPa, T: 152.5℃）		6.1669	地层条件下饱和硫含量/（g/m³） （P: 66.2MPa, T: 152.6℃）		9.098
井口气样中单质硫含量/（g/m³） （P: 46MPa, T: 56℃）	溶解	1.0977	井口气样中单质硫含量/（g/m³） （P: 31.8MPa, T: 56.6℃）	溶解	1.5974
	析出	0.025		析出	0.018

3 硫沉积预测方法

3.1 统计图版法

1. 图版原理

J. B. HYNE 在《The oil and gas journal》发表了基于 100 余口井的硫沉积形成情况统计结果，表明含硫气井元素硫沉积与不沉积存在明显的分界线，元素硫沉积受含硫气井生产参数影响，主要影响参数有井底温度、井底压力、井口温度、井口压力、戊烷以上含量。

通过描点法形成的图版法（图1），该图版法将井底温度、井底压力、井口温度、井口压力、戊烷以上含量进行相关计算描点，得到元素硫沉积统计分区图，若处在元素硫沉积区，判定该条件下井筒内发生元素硫沉积；否则，判定该条件下井筒内不发生元素硫沉积。

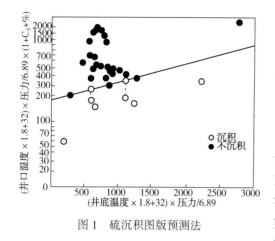

图1 硫沉积图版预测法

2. 模拟计算及验证

基于图版法以 P301-1、P301-2、P301-3、P301-4、P301-5 井为例，对图版法进行了验证。在地层压力 53.88MPa，地层温度 135℃ 条件下，绘制了井口温度压力 A 点（井口）、B 点（分离器），如图 2 所示，由图可以看出 A 点（井口）未产生硫沉积，随着井口温度、压力的进一步降低，硫沉积逐渐形成 B 点（分离器），节流阀后、分离器内均有硫沉积现象发生，这与普光气田硫沉积发生的实际情况也是比较吻合的，验证了图版预测法的可行性。

因此，基于图版法，模拟了元坝气井的生产过程（表2），并对硫沉积的发生进行了预测。

由图3可以看出，在投产初期，工况①②，压力温度比较高时，未发生硫沉积。到了中后期，随着压力温度的降低，工况③硫沉积逐渐形成，到地面环节，压力温度的进一步降低，工况④硫沉积发生的可能性更大。

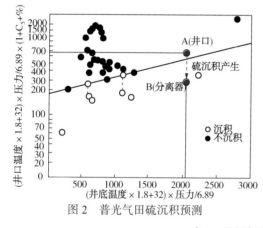

图2 普光气田硫沉积预测

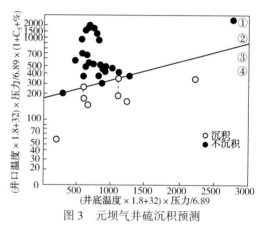

图3 元坝气井硫沉积预测

表2 元坝气井不同工况模拟

序 号	井底压力/MPa	井底温度/℃	井口压力/MPa	井口温度/℃
①	70	150	55	80
②			45	70
③			30	60
④	出站前压力/MPa		出站前温度/℃	
	10		30	

3.2 热力学方法

1. 硫沉积发生位置预测

根据PVT实验及硫的溶解度实验数据分析，对硫沉积发生位置进行预测，初步预测 YB204-1H 井和 YB121H 井分别在井筒 3000m（P：54MPa，T：118℃）和 4000m（P：

57.8MPa，T：119.77℃）有单质硫以固态析出，如图4和图5所示，随着后期生产过程中压力温度的降低，析出点位置将下移。

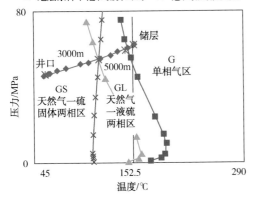
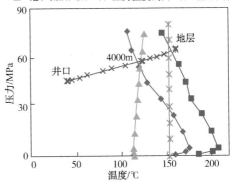

图4　YB204-1H井单质硫析出情况预测　　　图5　YB121H井单质硫析出情况预测

2. 单质硫溶解度预测

硫沉积模型多是以热力学方法为主，从1982年至今，国内外诸多的学者在这方面展开了研究，由于硫沉积是个很复杂的过程，需要确定的环境参数很多，因此计算过程都较为复杂。热力学模型发展至今，国外很多学者作了更为深入的研究，如Roberts和Nicholas Hands等人建立了达西渗流和非达西渗流时的元素硫沉积模型。

目前应用最多的还是Roberts和Woll等人提出的硫的溶解度与压力温度之间的关系式（1）。将每个压力下的溶解度曲线进行回归，分别得到YB204-1井（3000m）和YB121H（4000m）井位置硫的溶解度分别为0.985g/m³和0.781g/m³。

$$C_s = \left(\frac{M_a \cdot \gamma_g}{ZRT_f}\right)^4 \exp\left(\frac{-4666}{T_f}-4.5711\right)p^4 \tag{1}$$

式中　C_s——硫在天然气中的溶解度，g/m³；

M_a——干燥空气中的相对分子质量28.97；

p——压力，MPa；

T_f——温度，K；

r_g——天然气的相对密度；

Z——天然气的偏因子；

R——通用气体常数。

4　硫沉积防治工艺及措施

单质硫不溶于水、微溶于酒精、易溶于二硫化碳等有机溶剂，熔点120℃左右，这就决定了单质硫一旦析出，单独采用加热、水溶等物理手段很难有效去除硫堵。因此，有效防治硫沉积的方法可采用化学和物理相辅助的方法。

4.1 双线设计和定期清管

1. 双线设计,一用一备

对于站内地面管线,由于节流、转向、变径等设备很多,极易在这些地方形成硫沉积(图6、图7),而加注溶硫剂存在腐蚀设备、后期回收处理的困难问题,因此可以选择双线设计,定期清理的简易思路来处理,即在容易硫沉积的部位设计双线(一用一备),在发生硫沉积的时候,倒换阀门采用备用通道生产,而对硫沉积管线进行拆除清洗。根据国内某气田硫沉积情况调研,目前站内管线上发生硫堵的时间间隔为6个月至1年。采用这种工艺思路进行处理,虽然会增加一定的工作量,但是简化了药剂的研制费用,减少了腐蚀的发生,减少了回收溶硫剂的难度。

 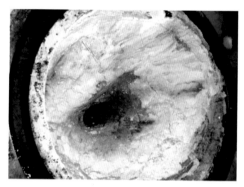

图6 节流阀筛孔沉积物图　　　　　图7 井口分离器出口内堵塞情况

2. 定期清管

对于站外管线,由于管线变径、转向、节流设备少,一般不易发生硫沉积,但是单质硫的析出会加剧管线腐蚀,因此也必须进行防治,考虑到站外管线尺寸大,距离长,不适宜采用药剂加注或加热等方式,定期清管是一种很好的方式。目前常见的清管设备主要有清管球、皮碗清管器、直板清管器、聚氨酯类清管器等,考虑到硫单质析出后,在外输环境下为固态形式存在,因此可以选择聚氨酯整体清管器或聚氨酯泡沫清管器,清管周期可结合清管排液周期进行合理合计(表3)。

表3 各种清管设备的适应性

种　　类	双向运行	重　量	耐磨性	启动压差/MPa	使 用 范 围	价　格
清管球	不可以	较轻	较差	0.005	清洗管道中的污垢,多种流体的置换及分离输送,管道中残留液体的清除	最便宜
刚体式单向皮碗清管器	不可以	较重	好	0.20	用于管道清洗、刮腊、除垢、除锈,但清理粉尘的效果不太好	贵
直板清管器	可以	较重	好	0.20	用于管道清洗、刮腊、除垢、除锈、清理粉尘的效果较好	贵
聚氨酯整体清管器	不可以	较轻	好	0.10	用于管道清洗、刮腊、除垢、除锈、涂内防腐层	较贵
聚氨酯泡沫清管器	可以	最轻	较差	0.05	可清除软性沉积物、冷凝物、排除潮气,具有良好的吸水性,清理粉尘效果好	较便宜

4.2 采取合理的工作制度

根据临界携硫速度公式(2)：

$$V_{cf} = \left[\frac{4gd(\rho_p - \rho_g)}{3C_d\rho_g}\right]^{0.5} \qquad (2)$$

式中　V_{cf}——临界携硫速度，m/s；

　　　d——硫颗粒直径，m；

　　　ρ_g——任意温度、压力条件下天然气密度，kg/m^3；

　　　ρ_p——在任意温度、压力条件下硫颗粒密度，kg/m^3；

　　　g——重力，$g = 9.8N/g$；

　　　C_d——阻力系数。

结合高含硫气井组分及生产特征，计算 YB204-1H 井和 YB121H 井临界携硫速度为 0.4932m/s 和 0.2459m/s。

由临界携硫量计算公式：

$$q_{ef} = 2.5 \times 10^4 \left[APV_{ef}/(ZT)\right] \qquad (3)$$

式中　q_{ef}——临界携硫量，$10^4 m^3/d$；

　　　A——油管截面积，m^2；

　　　P——压力，MPa；

　　　V_{cf}——临界携硫速度，m/s；

　　　Z——天然气的偏因子；

　　　T_f——温度，K。

结合高含硫气井组分及生产特征，在井口油压 45MPa、粒径 75μm 条件下计算元坝长兴组气藏临界携硫量为 $14.5 \times 10^4 m^3/d$。

4.3 加注溶硫剂

1. 溶硫剂加注类型

通过调研选择适合元坝地区高含硫气井的溶硫剂见表4。建议首选溶解能量强、无腐蚀、且低毒的二甲基二硫化物为主剂的溶硫剂，并与乙二醇等水合物抑制剂复配，达到既溶解单质硫堵塞，同时溶解水合物的作用。

表 4　溶硫剂性能

类　　别	溶剂名称	25℃时溶剂中硫增加量/%	备　　注
物理溶剂	正庚烷(C_7)	0.2	溶硫性低
	甲苯	2	溶硫性低
	二硫化碳	30	有毒
胺基溶剂	DTron's	10	挥发性组分
强碱性溶剂	66%NaOH 水基液	25	腐蚀性液体
硫化铵	20%$(NH_4)_2S$ 水基液	50	对酸不稳定

续表

类　别	溶剂名称	25℃时溶剂中硫增加量/%	备　注
二硫基溶剂	混合硫溶剂	40~60	混合体
	二甲基二硫化物	100	较贵
	二芳基二硫化物	25	低挥发性
烷基萘+锭子油		—	通常30%烷基萘，70%锭子油

2. 溶硫剂加注量

通过计算YB204-1H井和YB121H井的单质硫产量分别为0.55t/d和0.27t/d。通过调研，普光气田容易发生堵塞的位置为地面流程，堵塞物为单质硫、砂，井内返吐物等混合物，现场采用以加注解堵剂（包括溶硫剂）为主，辅以高压水、气清洗的方式解堵。发生堵塞加注溶硫剂（二甲基二硫化物）量为10kg左右。

因此，建议元坝气田加注溶硫剂10kg/d，可根据现场情况适当调整。

3. 溶硫剂加注工艺

1）井筒

对比普光气井与YB204-1H井和YB121H井的单质硫含量可知，相比而言普光气井更容易析出单质硫，而从普光投产气井的情况来看，正常生产时一般不会发生硫沉积堵塞，硫沉积堵塞多出现在关停井时，并且常伴有水合物堵塞。因此为了减少施工费用，减少施工难度，应以硫堵发生后解除为主，预防为辅（表5）。

表5　单质硫含量对比情况

井　号	取样方式	单质硫含量/ （g/m³）	取样压力/ MPa	地层条件溶解度/ （g/m³）	地层中单质硫 析出压力/MPa
普光2井	井口取样	1.36	11	2.04	45.76
普光6井	井口取样	1.17	17.8	2.08	42.06
元坝204-1H井	井口取样	1.0977	46	6.16	25
元坝121H井	井口取样	1.5974	31.8	9.098	28

考虑到井筒内下入毛细管、同心管费用较高，安全控制难度较大，因此建议当井筒发生硫沉积时，根据硫沉积严重程度，将溶硫剂沿生产管柱泵下，然后采用焖井的方式解除硫沉积。

2）地面集气站

地面集气站为硫堵常发生部位，每一级节流、每一个弯头处都可能发生硫沉积，因此应选择在节流流程上游（分酸分离器之后）采用药剂加注装置加注药剂。

5　结论和建议

5.1　结论

（1）调研国内外文献表明：温度、压力变化是硫沉积形成的敏感因素，戊烷以上含量的影响硫沉积的次要因素，而轻烃、H_2S、CO_2 含量与是否生成硫沉沉积没有明显的对应关系。

（2）统计图版法和热力学方法均可以用于简单的硫沉积预测，而用该方法进行预测的结果与 P301 等几口井的实际情况相符。

（3）单质硫析出情况：

地层：在压力降到 25~28MPa 以下时，会析出液态单质硫；

井筒：随着压力、温度（59MPa，150℃）的降低逐渐形成液态（5000m 左右），压力温度（56MPa，120℃）进一步降低，固态（3000~4000m）单质硫析出；

地面：在取样过程（40MPa，56℃）中已有固态单质硫析出。

（4）井筒和地面均有单质硫析出，但地面节流、变径处较多，为硫沉积的形成创造了条件，因此硫沉积防治的重点位置为地面流程。

（5）井筒和地面分别采用泵入和预留加注口的方式加注二甲基二硫化物溶硫剂。

5.2 建议

硫沉积形成的机理十分复杂，经验图版法和热力学方法作为两种用于预测硫沉积的方法，是否适应于某特定气藏还需要借助实验和现场试验的手段进行校正。

参 考 文 献

［1］杨继盛.采气工艺基础［M］.北京：石油工业出版社，1992.

［2］蒲欢，梁光川，李维.含硫气田地面生产系统元素硫沉积模型［J］.油气田地面工程，30，2：12~13.

［3］杨乐，王磊，王冬梅.高含硫气田生产系统的硫沉积机理及防治方法初探［J］.石油天然气学报（江汉石油学院学报），2009，4，31（2）：377.

［4］李时杰，杨发平，刘方俭.普光气田地面集输系统硫沉积问题探讨［J］.集输工程，2015，31，3：77~78.

减小联合装置烟气在线连续分析比对误差

高洋洋　陈　辉

(中石化广元天然气净化有限公司)

摘　要　随着国家绿色低碳发展战略，废气排放标准日趋严格。烟气在线监测系统作为核算污染物排放当量的数据支撑，越来越受到重视。地方环保部门对企业例行季度监督性环保比对检查，数据比对超过允许误差时，会对不合格企业立即下达限期整改通知。整改内容须在规定日期内完成，逾期未整改完成，将视为不正常运行污染防治设施。地方环保部门将依法实施环境保护行政处罚。所以如何发现比对误差的影响因素并采取改进措施，有效地减小比对误差，一次性通过地方监督性环保比对显得尤为重要。

关键词　烟气在线监测系统；环保比对；天然气净化

1　联合装置烟气在线监测系统及环保比对要求概述

天然气净化厂联合装置尾气焚烧炉配置有烟气在线连续分析系统，分别实时监测联合装置排放烟气中烟尘、二氧化硫、氮氧化物、二氧化碳、一氧化碳、氧气、湿度、流量等数据参数，并将实时监测数据连续上传至 DCS 系统及地方重点污染源自动监控与基础数据库(图1)。

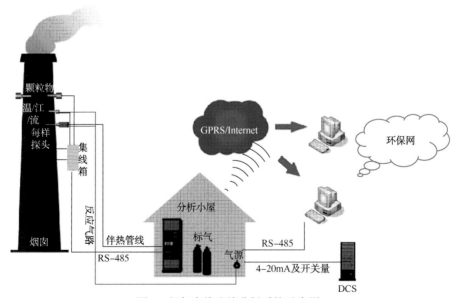

图 1　烟气在线连续分析系统示意图

第一作者简介：高洋洋，男(1987—)，湖北荆门人，毕业于长江大学，地球化学专业，本科学位。现工作于西南油气分公司中石化广元天然气净化有限公司，工程师，主要从事在线分析仪表技术管理。

烟气在线连续分析系统是一种对烟气成分(SO_2、NO_x、O_2)及相关烟气参数进行在线自动连续监测的设备,主要由样品预处理、气态污染物(SO_2、NO_x等)监测、烟气参数(流速、温度、压力、湿度)监测及数据采集与处理4个子系统组成(图2)。

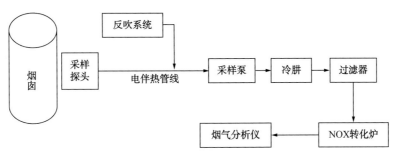

图 2　烟气分析流程图

联合装置烟气在线连续监测数据的准确与否直接面临地方环保部门季度监督性环保比对无法一次性通过风险。

地方环保部门对环保数据对比的误差要求见表1:

表 1　地方环保部门对环保数据对比的误差要求

项　目	平均值的浓度范围	判别指标	判别要求
二氧化硫	排放浓度≤57mg/m³ (排放浓度≤20ppm*)	绝对误差	≤±17mg/m³ (≤±6ppm)
	57mg/m³<排放浓度≤715mg/m³ (20ppm<排放浓度≤250ppm)	相对误差	≤±20%
	排放浓度>715mg/m³ (排放浓度>250ppm)	相对准确度	≤±15%
氮氧化物	排放浓度≤20μmol/mol (排放浓度≤20ppm)	绝对误差	≤±17mg/m³ (≤±6ppm)
	41mg/m³<排放浓度≤513mg/m³ (20ppm<排放浓度≤250ppm)	相对误差	≤±20%
	排放浓度>513mg/m³ (排放浓度>250ppm)	相对准确度	≤±15%
含氧量	—	相对准确度	≤±15%
烟温	—	绝对误差	≤±3%

注:* 1ppm=10^{-6}。

一旦监督性比对超过允许误差要求时,地方环保部门会对不合格企业立即下达限期整改通知,责令企业查找原因,并按照相关规定手工监测报送数据。上述整改内容须在规定日期内完成,如逾期未整改完成,将视为有效性审核不合格,不正常运行污染防治设施。地方环保部门将依法实施环境行政处罚。在有限期内整改后重新申请比对监测,重新监测费用由企业承担。

2 联合装置烟气在线连续监测比对误差现状

地方季度监督性环保比对与在线数据比对误差较大，2016—2018 年环保比时误差统计见表 2。

表 2 2016—2018 年环保比对误差统计

主要污染物	联合装置	环保比对误差统计/%								
		2016 年				2017 年				2018 年
		2016-1	2016-2	2016-3	2016-4	2017-1	2017-2	2017-3	2017-4	2018-1
SO₂	110	10.5	18.8	4.5	13.6	12	15	14.5	13.1	18.6
	120	18.9	13.4	10.9	5.8	10.5	12.5	12.9	11.4	18
	130	19.1	5.8	6.7	16.4	12.1	15.2	16.2	12.4	19.2
	140	13.5	17.6	12	10.8	13.8	17.5	14	18	19
NO$_x$	110	8	-14.5	16.6	14.5	10.5	16.6	4.5	15.1	6.5
	120	5.2	6.2	8.2	-9.1	9.1	-15.2	6.2	11.4	-7.8
	130	5.8	13.7	10.4	12.9	16.5	17.1	-6	16.4	8.6
	140	7.6	11.8	8.8	-7.8	13.8	10.5	9.2	8.5	7.4

从表中可以看出 2016 年至 2018 年一季度监督性比对数据 SO_2 相对误差范围为 4.5% ~ 19.2%。元坝净化厂联合装置 SO_2 排放浓区间为 200 ~ 400mg/m³，环保比对时 SO_2 浓度梯度相对误差不大于 ±20%（57mg/m³ ≤ 排放浓度 ≤ 715mg/m³ 时，相对误差 ≤ ±20%）。从上表可以明显看出每次比对相对误差不稳定，且存在多次误差处于超范围临界状态，比对不通过风险大。

NO_x 相对误差为 -15.2% ~ 17.1%，元坝净化厂联合装置 NO_x 排放浓度区间在 40 ~ 60mg/m³，按此浓度梯度相对误差不大于 ±20%（41mg/m³ ≤ 排放浓度 ≤ 513mg/m³ 时，相对误差 ≤ ±20%）。NO_x 比对误差相对 SO_2 相对好一些，但多次比对误差也已接近临界，存在超范围比对无法通过风险。

3 烟气在线连续监测比对误差影响因素分析

烟气污染物主要是 SO_2、NO_x，两者化学性质有所不同，影响其测量准确度的因素侧重点有所不同。如 SO_2 主要受烟气中水分影响，一旦样品中存在液态水，SO_2 测量值由于部分溶解于水就会失真。不同分析仪器由于测量原理不一致，导致的仪器间测量的系统误差也是很重要的因素。所以其主要因素为比对仪器间的系统误差、电伴热管线伴热效果、冷肼脱水效果，标准物质准确度及运维管理原因所影响。分析仪系统测量的虽然是 NO_x 总量，但实际上分析仪测量的是 NO 而非 NO_2，烟气中 NO_2 需要通过 NO_x 转化炉转化成 NO 后进入分析仪被测量，然后采集软件通过系统换算出 NO_x 总量。另外水分对 NO_x 影响小，从人、机、料、法、环全环节分析，影响比对误差的主要影响因素为比对仪器间的系统误差、转化炉的转化效率、标准物质的准确度、运维管理原因等。

3.1　冷肼制冷温度设置对测量值的影响

冷肼温度直接影响除水效果，因为 SO_2 易溶于水，除水效果的好坏直接影响 SO_2 的测量准确度。

冷肼温度设置过低，易造成气路冰堵，过高除水效果不彻底，SO_2 测量值失真。HJ75-2017《固定污染源烟气（ SO_2 、 NO_x 、颗粒物）排放连续监测技术规范》要求冷肼温度设置不高于 5℃ 。正常制冷情况下低于 5℃ 即能满足要求（图3）。

图3　烟气脱水冷肼实物图

满足条件不是我们最终追求的目标，在满足条件的大前提下，优化制冷参数。最大程度上将烟气中的水分脱除，保证测试值的准确性。

5月份对冷肼温度设置进行比对数据的统计，统计结果如图4所示。

冷肼温度 2~5℃ 设置，室内与在线测量值相对误差在 10%~11% 范围内小幅变化，误差相对稳定，波动区间在 1% 左右，间接证明冷肼温度设置对相对误差影响不大。

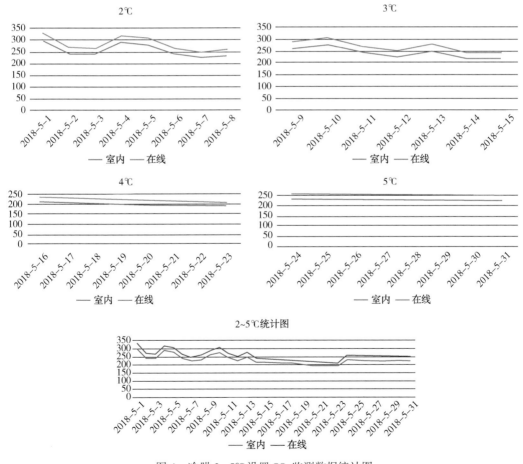

图4　冷肼 2~5℃ 设置 SO_2 监测数据统计图

图5 NO$_x$转化炉实物图

3.2　NO$_x$转化炉转化效率

烟气里面的NO$_x$，其主要来源有两个，一个是高温时N$_2$和O$_2$发生反应产生的；一个是燃料里的N元素，燃烧时产生的。NO与NO$_2$两者比例和氧含量，炉内温度、燃烧器的设计都有关系(图5)。

二联合转化炉催化剂有粉化现象，NO$_2$转化效果差，标准值为30mg/m³的NO$_2$标准气通过转化炉后，随催化剂失效，转化率直线下降，实测转化率见表3：

表3　NO$_x$转化炉转化效率统计表

测试时间	NO$_2$标准值/(mg/m³)	NO实测值/(mg/m³)	转化率/%
2018-1-21	50	31.8	97.3
2018-2-24	50	32.1	98.2
2018-3-25	50	31.9	97.6
2018-4-26	50	29.5	90.2
2018-5-20	50	26.3	80.5
2018-6-29	50	18.2	55.7

3.3　采样电伴热管线伴热效果

采样管线伴热温度测试数据统计见表4。

表4　采样管线伴热温度测试数据统计表

装置	电伴热/℃	标准要求/℃
一联合	158	>120
二联合	160	>120
三联合	164	>120
四联合	161	>120

采样电伴热温度测试均>120℃，满足HJ75-2017《固定污染源烟气(SO$_2$、NO$_x$、颗粒物)排放连续监测技术规范》第7.2.7条款中"烟气采样管线的伴热管线加热温度≥120℃"的要求。除非电伴热管缆故障停止运行，烟气中水分冷凝，SO$_2$溶解于冷凝水中，SO$_2$会严重偏小外，正常工作条件下电伴热温度完全满足条件。

伴热管线到冷阱的样品管线无伴热，肉眼看有明显水滴，测得管线温度为27.5℃；管线温度偏低，大量水蒸气还没有到达冷阱已经凝结成水滴，吸收部分SO$_2$，造成SO$_2$测试失真(图6)。

伴热管线至冷胼样品管线包裹保温层前后数据对比如图7所示，包裹保温层后，SO$_2$测量值在工艺未做任何调整的情况下相应有明显抬升，抬升幅度13%～34%，对测量结果影响明显。

图6　预处理样品管线温度测量图

3.4　标准物质准确度

实验室内控程序，对标准物质的采购、验收、入库、保存、验证、使用、标识和记录进行严格管理。实验室内部严格验证程序，接收标准物质室内分析，判定标准物质浓度是否准确，然后再进行使用。

严格执行标准物质验证程序，标准程序化管理，对发现误差超出允许范围的标准物质及时与供应商联系退换货，可以杜绝标准物质带来的误差(图8)。

3.5　运维管理原因

日常维护维修严格执行设备操作规程，标准化作业。

每日巡检记录对诸如冷肼制冷温度、转化炉温度、分析仪箱内温度及分析小屋内温湿度等重要参数均进行记录。值班及技术人员每天关注 DCS 历史测量数据，发现异常及时现场检查原因。

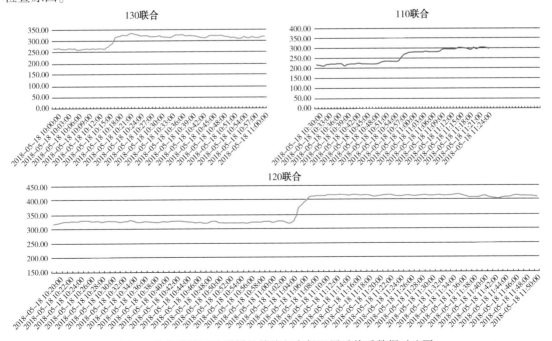

图7　伴热管线至冷肼样品管线包裹保温层后前后数据对比图

在线到货标气验证记录

序号	钢瓶编号	组分	SO₂/(mg/m³)	NO/(mg/m³)
1	DU11011	测定值1	288.73	28.95
		测定值2	289.21	27.34
		标准值	290.11	28.86
		平均值	288.97	28.14
2	L51014087	测定值1	429.43	71.31
		测定值2	428.21	70.76
		标准值	430.2	72.14
		平均值	428.82	71.03
3	L33903114	测定值1	428.53	70.76
		测定值2	427.78	70.45
		标准值	429.12	71.57
		平均值	428.15	70.6

图8 标准物质使用前验证程序截图

严格执行周期性标定计划，避免分析仪因自身零点及量程漂移问题影响测量值的准确度，及时修正测量误差。

目前烟气在线监测系统采取特护制度，班组成员严格执行，设备故障均能及时高效率解决，暂未发生因设备故障未能及时恢复或人为误操作原因造成的测量值失真的情况。四套联合装置烟气在线监测系统整体运行正常稳定。

3.6 比对仪器间的系统误差

地方环保部门所使用的测量仪器主要为青岛崂应及德国testo便携式烟气分析仪两种，SO₂及NO$_x$测量原理均为电化学法。我厂烟气分析仪SO₂及NO$_x$测量方法均为光学法，测量原理存在不同，虽其仪表测量检出限均指示能达到0.02ppm（1ppm = 10⁻⁶），重复性≤1%FS。但同种仪表个体间也存在差异，更何况不同仪表品牌及测量原理，理论上系统误差不可避免。

实际应用中，虽然环保部门为地方权威部门，仪表也定期送权威部门计量检定，标识有检定合格标识。但实际情况是由于操作及定期维护原因会造成现场比对时造成系统误差。现场比对时，我们通常采取这样的策略，当比对误差明显超出范围，我们会利用现场的标准物质同时核查环保部门的仪器，如果确实发现误差大，通过标准物资校准后在进行比对，这样使得两台不同仪器在同一标准物质条件下比对，即可消除系统误差。此种措施通常也会被环保部门认可。一般情况下，环保部门来现场前会对仪器进行校准。但实际比对工作中此类情况也确实存在，通过此种措施即可消除系统误差的影响。所以我们认为比对仪器间的系统误差为非要因。

4 减小在线连续监测比对误差的技术措施研究

4.1 取样管线伴热全覆盖

对进小屋的取样管线进行伴热（1.2m），观察取样管线无明显水滴，温度在69.7~72℃；

在一定程度上减小了SO_2溶于水失真，提高了SO_2测试值的准确性(图9)。

图9　伴热管线全覆盖

通过5~8月份与实验室内数据比对相对误差基本控制在-2%~12%范围内，达到目标控制在±15%以内，改进效果十分明显(图10)。

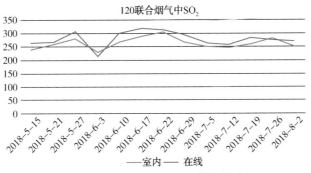

图10　伴热管线全覆盖后数据统计

4.2　NO_x转化炉转化效率(温度监控、催化剂使用期限对比)

通过每月对NO_x转化率的数据和使用时间分析发现，转化炉的催化剂失效时，转化率急剧下降，2018年二季度显示NO_x转化率已下降至55.7%，已严重影响NO_x测量准确度；联合装置的转化炉至少可以使用3年(表5)。

表5　元坝净化厂转化炉使用情况

一联合 NO_x 转化炉	2014-12—至今	三联合 NO_x 转化炉	2014-12—至今
二联合 NO_x 转化炉	2015-5—2018-7	四联合 NO_x 转化炉	2015-5—至今

为了将转化率牢牢控制在95%以上，转化炉使用2年后，定期进行更换催化剂，从源头保证了转化率(表6)。

表6　7月更换催化剂后，NO_x转化率统计表

测试时间	NO_2标准值/(mg/m³)	NO 实测值/(mg/m³)	转化率/%
2018-7-15	30	45.4	98.7
2018-7-27	30	45.5	98.9

测 试 时 间	NO$_2$标准值/（mg/m^3）	NO 实测值/（mg/m^3）	转化率/%
2018-8-10	30	44.9	97.6
2018-8-24	30	45.3	98.5
2018-9-1	30	45.1	98.0

从图 11 可以看出更换催化剂后，通过近 20 天的在线与室内比对，数据相对误差在 9.6%~11.4%，误差相对稳定，说明催化剂更换后 NO$_x$ 转化效率高，效果明显。

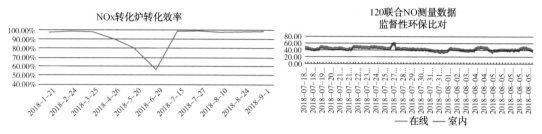

图 11　更换催化剂后 NO 比对数据统计

5　改进措施效果分析

通过以上两个方面的改进，从联合装置烟气在线连续分析准确度提升情况，统计数据结果可以明显看出改进效果。

SO$_2$相对误差-9%~-11%（温度在 69.7~72℃），取样管线全覆盖，达到预期±15%以内（图 12）。

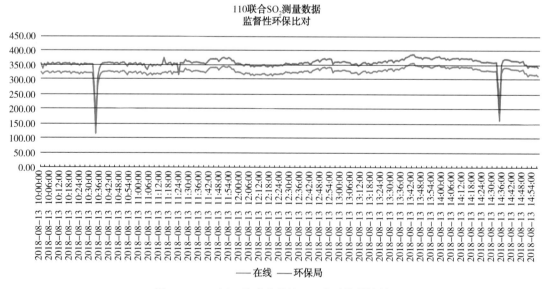

图 12　2018 年二季度监督性 SO$_2$ 比对数据统计

NO$_x$ 相对误差为-6%~-9%，通过加强转化率监控频率；定期进行更换转化炉，保证转化炉的转化效率大于等于95%，从而将相对误差稳定在±15%以内(图13)。

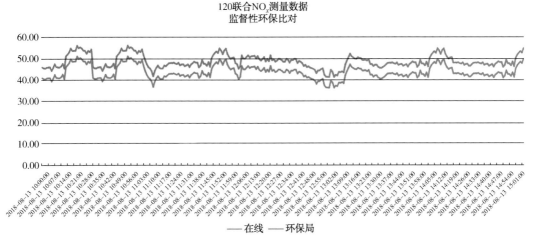

图 13　2018 年二季度 NO_x 比对数据统计

6　结语

通过对联合装置烟气在线连续分析准确度的重视程度，反应了元坝净化厂对环保工作的重视，环保无小事，管理主动要求更上层楼的积极态度。虽然投入的费用小，但极大的提高了联合装置烟气在线连续分析准确率，减小了比对误差，表明元坝净化厂认真接受社会监督的积极态度，赢得了地方环保部门对我厂环保工作的信任及认可，产生的社会效益可见一斑。

6.1　对生产运行方面的指导

联合装置烟气在线连续监测数据的准确与否直接反应分析仪及整个分析系统运行状态。通过数据间比对发现的异常情况也可直接诊断分析仪或分析系统的运行异常，指导班组自发的进行维护维修。

辅助工艺调控工艺参数，提高硫黄收率。

6.2　环保方面社会效益

烟气在线监测系统是尾气排放的主要依据，烟气分析仪的正常稳定运行，对环保达标、降本增效有很重要的意义。提高联合装置烟气在线连续分析准确率研究能够更为精准的计量烟气排放当量，具有实际环保效益意义。

参 考 文 献

[1] 王森，在线分析仪器手册[M]．北京：化学工业出版社，2008．

[2] 罗伯特 E. 谢尔曼，过程分析仪样品处理系统技术[M]．北京：化学工业出版社，2009．

[3] HJ 75—2017 固定污染源烟气(SO_2、NO_x、颗粒物)排放连续监测技术规范．

[4] HJ 76—2017 固定污染源烟气(SO_2、NO_x、颗粒物)排放连续监测系统技术要求及检测方法．

元坝高含硫站场排污管线腐蚀风险
及技术对策

姚广聚　肖茂　姚麟昱　陈海龙

（中国石化股份西南油气分公司石油工程技术研究院）

摘　要　元坝气田含硫气田高含硫化氢、中含二氧化碳，且产凝析水和地层水，气田水进入排污管道，腐蚀环境恶劣，存在较大的腐蚀风险。本文开展了排污管 A333 管材在室内和现场的评价，得出抗硫碳钢 A333 必须要有缓蚀剂配合使用才能满足腐蚀控制需求，无缓蚀剂保护下以局部腐蚀为主，腐蚀呈现点蚀扩大，坑蚀，腐蚀速率达到 1mm/a 以上。制定了下一步排污管线腐蚀控制的技术对策和方向。研究可为同类气田提供借鉴和参考。

关键词　元坝气田；排污管线；腐蚀风险；技术对策

元坝气田分两期建设，试采工程和滚动区工程。天然气组分中 H_2S 含量为 2.7%～8.44%，CO_2 含量为 3.12%～11.53%，具有高温、高压、高含硫、中含二氧化碳及产水的特性，天然气输送方案推荐"改良的全湿气加热保温混输工艺"。采集气站场通过抗硫碳钢 A333 排污管线收集气田水，经过滤、计量后通过站外非金属复合管外输到处理厂集中处理达标后回注。

普光气田近年来发现 A333 排污管线腐蚀减薄、穿孔，通过研究认为在役管线 A333 材质不能满足抗腐蚀要求，目前已对站场排污管线采用高压柔性复合管进行整体更换。与普光类似，元坝 A333 排污管线气田水中含有的氯离子、氢离子、溶解氧、细菌等腐蚀介质，腐蚀风险较大。

1　元坝站场排污管线腐蚀环境及风险

1.1　气田水分析

统计现有元坝气田产出水，其中 34% 为 $NaHCO_3$ 水型，有 62% 气井位 $CaCl_2$ 水型。产水主要为凝析水+残酸，小部分产地层水（表1）。

表1　元坝气田水组成统计表

产出液类型	井数/口	水气比/$(m^3/10^4m^3)$	化学性质/(mg/L)			
			Na^++K^+	Ca^{2+}	Mg^{2+}	Cl^-
凝析水	10	<0.2		少量	少量	<2000
凝析水+残酸	14	0.2~0.5		<5000	<2000	>90000
地层水	4	>0.5	>9000	<5000	<2000	>15000

第一作者简介：姚广聚，男（1979—），2008 年毕业于西南石油大学，工学博士，高级工程师，现就职于中石化西南油气分公司石油工程技术研究院，从事天然气集输工程、防腐脱硫工程方面的研究。

1.2 排污管线防腐设计

站内排污管线采用 A333 抗硫碳钢材质防腐，设计应用 5 年后整体更换 A333 材质排污管线。

试采工程在站内排污管线设计在多相流计量分离撬和生产分离器之后，两点均位于站内缓蚀剂加注点之后，排污管线中存在分离出的缓蚀剂配合防腐(图 1)。

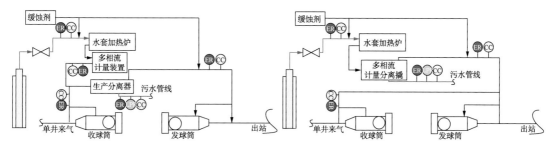

图 1 元坝试采期排污管线位置布置图

滚动区工程排污管线设计在分水分离器后，气田水直接进入火炬分液罐，站内缓蚀剂没有进入排污管线，全靠抗硫碳钢 A333 自身防腐(图 2)。

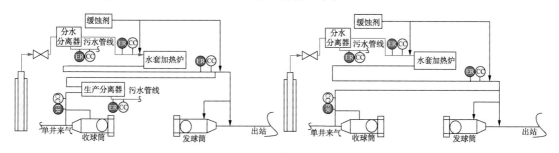

图 2 元坝滚动区排污管线位置布置图

1.3 排污管线腐蚀风险分析

与 CO_2 和 O_2 相比，H_2S 在水中的溶解能力最强。在 760mmHg、30℃ 时，H_2S 在水中的饱和浓度大约是 3000mg/L，溶液的 pH 值大约是 4，一旦溶于水立即电离呈酸性。H_2S 在溶液中的饱和浓度随温度升高而降低，随压力增加而增加。H_2S 水溶液对钢铁的腐蚀电化学反应过程：

水中电离： $$H_2S \longrightarrow H^+ + S^{2-}$$

阳极反应： $$Fe \longrightarrow Fe^{2+} + 2e$$

阴极反应： $$2H^+ + 2e \longrightarrow H\ 原子 + H\ 原子 \longrightarrow H_2 \uparrow$$
$$\downarrow$$
$$H\ 原子 \longrightarrow 钢中扩散$$

阳极反应产物： $$Fe^{2+} + S^{2-} \longrightarrow FeS \downarrow$$

硫化铁腐蚀产物附着于钢表面，作为阴极与钢基构成一个腐蚀电池，继续对钢铁腐蚀。在不同的 H_2S 浓度、pH 值、温度条件下，生成的腐蚀产物 Fex-Sz 膜结构性质也不同，将导致钢腐蚀的减缓或加速。

电化学腐蚀破坏主要表现为局部壁厚减薄、蚀坑或/和穿孔，它是 H_2S 腐蚀过程阳极铁溶解的结果。电化学腐蚀影响因素主要有 H_2S 浓度、pH 值、温度、暴露时间、流速、氯离子、CO_2。

2 腐蚀风险实验评价及机理分析

为评价站场排污管线 A333 管材的防腐性能，模拟现场工况开展了相关的动态实验评价，分析有无缓蚀剂保护下的腐蚀速率、腐蚀形貌。模拟极端工况条件，设计试验总压 10MPa、H_2S 分压为 1MPa、CO_2 分压为 1.2MPa；流速 2m/s，单质硫 1g，实验温度 50℃；实验周期 168h，缓蚀剂浓度分别为 200ppm（$1ppm = 10^{-6}$）和 0ppm。

实验结果可以得出，在不同的缓蚀剂加注浓度下，排污管线钢腐蚀速率分别为 0.0123mm/a 和 0.1326mm/a。没有缓蚀剂充分保护环境下，腐蚀速率增加一个数量级，超过 0.076mm/a 的标准规范要求（表 2）。

表 2　腐蚀速率综合分析表

工　况	缓蚀剂浓度/ppm	缓蚀剂浓度/ppm
液相腐蚀速率/（mm/a）	0.0123	0.1326

图 3　液相试样宏观样貌图
（左有缓蚀剂，右无缓蚀剂）

实现明显可以看出，缓蚀剂的存在可以有效的降低排污管线 A333 钢材在污水中的腐蚀速率。

宏观上，肉眼可以看出，无缓蚀剂保护的试样经清洗后表面出现了较大的腐蚀坑，腐蚀较为严重。有缓蚀剂保护的试样表面依旧可见金属光泽，几乎无腐蚀（图 3）。

为了进一步分析腐蚀类型和腐蚀形貌，开展了微观放大分析，有缓蚀剂保护的试件表面几乎无腐蚀，表面生成一层保护膜，无破碎，膜层完整性好，有效阻止了腐蚀介质与基体的接触，降低了腐蚀进程。

在没有缓蚀剂保护的情况下，试样上腐蚀产物膜破碎，呈团粒状分布，膜层完整性差，多空洞，生长不均，高低错落分布，并诱发电偶腐蚀或垢下腐蚀，进一步加剧腐蚀（图 4）。

图 4　液相试样 500 倍微观样貌图（左有缓蚀剂，右无缓蚀剂）

3 现场排污管腐蚀现状分析

1. 试采工程有缓蚀剂保护 A333 管材

试采区的站内排污管线设计在多相流计量分离撬和生产分离器之后，两点均位于站内缓蚀剂加注点之后，污水管线出站前平均腐蚀速率为 0.01mm/a，站内缓蚀剂进入排污管线，有效的保护了 A333 污水管线。

2. 滚动区工程无缓蚀剂保护 A333 管材

统计滚动区污水管线出站前平均腐蚀速率为 0.048mm/a，其中，2 口井污水管线出站前，腐蚀速率分别为 0.069mm/a、0.13mm/a，腐蚀速率相比试采区污水管线出站前管线，腐蚀速率大幅度增加。

3. 滚动区超标腐蚀特征及验证

从腐蚀速率上来看，腐蚀速率并不是很大，但是经过肉眼观察分析，该处腐蚀挂片呈现明显的台状、坑状腐蚀，表面清洗后呈现大面积局部腐蚀区域，简单处理后腐蚀坑中的腐蚀垢物呈块状和片状脱落，腐蚀深度约 1mm。

为进一步落实 B 井污水管线腐蚀风险，在现场进行了超声波测壁厚检测。在排污管线的弯头处，发现设计壁厚 4.5mm 的点最小厚度为 2.92mm，减小约 1.6mmmm，证实该处腐蚀严重。没有缓蚀剂保护下，现场环境下排污管线 A333 材质的腐蚀速率大幅度增加，且呈现局部腐蚀，腐蚀风险加大，需要提前更换管材或配套其他防腐手段(图 5)。

图 5 B 井污水管线腐蚀挂片

4 排污管线防腐技术对策

试采区气田采出水经多相流计量撬或生产分离器计量之后，通过气压将污水直接压进站外污水管线。由于这种输送方式存在串气，导致污水在输送的过程中易出现压力抬升，元坝气田排污管线曾达到约 5MPa。因此，滚动区增加了污水缓冲罐的设计，降低串气或污水溶解气，然后泵送至污水管线。

目前，试采区工程排污管线能满足防腐需求，滚动区工程存在较大的腐蚀风险，需要进一步加强腐蚀监检测，如果需要，可以从以下来开展工作。

4.1 缓蚀剂保护

元坝气田现场和室内试验中均表明，排污管线中加注缓蚀剂后，可以大幅度降低 A333 管材的腐蚀速率，将腐蚀速率控制在标准规范要求的范围内，因此，可以首先考虑现场增加缓蚀剂加注口，保护排污管线。

排污管线现场损毁之后，可以通过新材料和新技术来实现不加注缓蚀剂情况下的防腐，现场应用前需要开展室内评价和现场先导试验。

4.2 防腐内涂层

由各类高性能抗蚀材料与改性增韧耐热树脂进行共聚反应，形成互穿网络结构，产生协同效应，有效提高聚合物的抗腐蚀性能的功能涂层。因为热喷涂层都有必定的孔隙率，所以，各种涂层有必要进行填充密封处理。密封剂自身也有必要耐化学介质的腐蚀。按使用基材不同可分为环氧防腐涂层，鳞片防腐涂层，环氧聚酯混合型，户外纯聚酯等。按使用温度不同分为低温防腐涂层，常温防腐涂层及高温防腐涂层。

4.3 防腐电镀层

提高金属零件在使用环境中的抗蚀性能，主要作用是保护基体金属免受腐蚀，不规定对产品的装饰要求，如镀锌、镀镉、镀钨等。前期经过现场试验，镀钨合金挂片的腐蚀速率为 $0\sim0.0003mm/a$，能够满足防腐需求。

4.4 非金属复合材料管道

非金属复合管按其制造材质的成型工艺特点可划分成热固性增强复合管和热塑性增强复合管。热固性塑料复合材料是以热固性树脂为基体，以高强玻璃纤维为增强材料的复合管道。热塑性增强复合管是以热塑性树脂为基体，以钢丝或纤维丝增强材料的复合管道。优点耐腐蚀性能好、防污抗蚀；表面光滑、水力学性能优良；质量轻、安装运输方便；比强度高、力学性能合理、耐冲击；接头少、连接方式灵活、维修方便；保温性能好；成本低，与碳钢管道相比，RTP 管道可省下材料和加工的费用超过 25%。采用 RTP 管道的总体成本降低了 7%~8%，流量增加 5% 左右。

5 结论

（1）室内实验和现场应用效果表明，含硫排污系统中，抗硫碳钢 A333 必须要有缓蚀剂配合使用才能满足腐蚀控制需求。

（2）元坝气田排污管线 A333 没有缓蚀剂保护下，以局部腐蚀为主，腐蚀呈现点蚀扩大，坑蚀，腐蚀速率达到 1mm/a 以上的水平。

（3）元坝滚动区目前排污管线应及时配套缓蚀剂加注并加强监检测。当出现腐蚀泄漏管道需要更换，可以开展内涂层、镀层、非金属复合管的技术、经济对比优选适用的管材。

参 考 文 献

[1] 陈广，石海军. 普光气田集气站场设备管线腐蚀因素解析[J]. 油气田地面工程，2017(4)：90~92.

[2] 吴荫顺. 电化学保护和缓蚀剂应用技术[M]. 北京：化学工业出版社，2006，03.

[3] 裴智超，叶正荣，刘翔，等. 镀钨合金在 H_2S/CO_2 共存环境中的腐蚀试验研究[J]. 石油矿场机械，2014，43(2)：21~24.

[4] 刘佳. 非金属管道应用评价[J]. 产品视点，2011，30(6)：99~100.

[5] 赵小兵. 非金属管材在油田集输系统的应用探讨[J]. 油气田地面工程，2010，29(8)：55~56.

QITIANSHUI CHULI GONGCHENG

气田水处理工程

气田水是天然气生产过程中随天然气一起采出的地层水，如不经处理直接排放会造成土壤板结，引起地下水污染等环境问题。随着采气二厂天然气产量逐年创新高，气田水产出量也日益增加，面对类型复杂、含硫污泥产量大、资源化利用无成功借鉴先例、含硫污水泄漏危及百姓生命安全等难题，采气二厂技术人员开展了高含硫气田水处理工艺技术优化、绿色高效除硫及含硫污泥减量技术和高含硫气田水资源化利用技术研究，形成了高含硫气田水资源化利用系列技术，建成国内外首座高含硫气田水资源化利用站——元坝气田资源化利用站。本部分梳理了川东北地区气田水处理研究成果，对同类气田气田水处理有较高的参考价值。

高含硫气井残酸液处理技术研究

姚华弟　何琳婧　何 海

(中国石化西南油气分公司采气二厂)

摘　要　元坝高含硫气井投产前进行了酸化压裂改造以提高单井产能，滞留井底的残酸液投产初期随气流返排至地面，主要包括盐酸、胶凝剂及其他作业药剂、硫化氢、柴油、缓蚀剂、甲醇等采气工艺附加药剂，具有成分复杂、黏度大、酸性强、难处理的特点。元坝气田处理流程为单井站分离酸液→污水处理站集中处理→达标后回注地层。本文通过分析水质特征、优选药剂配方、优化工艺流程，残酸液处理出水达到《气田水回注方法》标准，并实现稳定回注。

关键词　元坝气田；高含硫气井；残酸液处理技术；药剂配方；污水回注

引言

元坝气田是目前国内最深的大型海相气田(气藏平均埋深 6673m)，也是第二大酸性气田(平均硫化氢含量 5.5%)。2014 年底 $17×10^8 m^3/a$ 净化气产能试采项目投运，投产的 13 口井大都采用过酸化压裂改造，大量盐酸、胶凝剂及酸压辅助药剂等作业液注入地层，虽经置换仍有部分残留，在气井开采初期随气流返排至地面，与硫化物及柴油、缓蚀剂、甲醇等采气工艺附加药剂混合形成酸性强、黏度大、成分复杂、难处理的残酸液，返排量约为 $130m^3/d$。

国内油气田常见的残酸液处置方法有严格处理后外排、高压混气焚烧、综合处理后回用及预理达标后回注地层，元坝高含硫气井残酸液首先利用单井站分酸分离器进行分离，然后管输或拉运至污水处理站集中处理，达到《气田水回注方法》水质标准后管输或拉运至回注站回注地层。本文通过跟踪分析残酸液返排规律及水质特征、优选处理药剂、优化现场工艺流程，实现了残酸液经济高效处理及达标稳定回注。

1　返排情况与水质特征

1.1　返排情况

为提高气井单井产能，元坝试采项目投产的 13 口高含硫气井，除 YB103H 井外，在投产前都采用了酸化压裂的储层改造措施，平均作业液量为 $610～1600m^3$。酸压后气井无阻流量为 $(180～620)×10^4 m^3/d$，增产效果显著。

第一作者简介：姚华弟，男(1982—)，四川乐至人，毕业于西南石油大学，石油工程专业，硕士学历。现工作于西南油气分公司采气二厂，高级工程师，主要从事气藏动态分析及采气工艺方面的研究。

由于酸化压裂作业之后的酸液置换不彻底、加之试气放喷求产时间较短，酸压作业过程中入井酸液返排率较低，大部分残酸（残留井底的酸压作业液）均在气井投产初期逐渐返排至地面。除 YB103H 井外，$17×10^8m^3/a$ 净化气产能试采项目 12 口高含硫气井自 2014 年 12 月 10 日投产，截至 2015 年 6 月 30 日，生产 202 天，考虑了采出液中凝析水的含量，残酸返排率为 34.8% ~ 99.7%。

1.2 水质特征

元坝高含硫气井酸压采用了 20% 的盐酸进行储层改造作业，盐酸与白云岩发生化学溶蚀作用，释放出 CO_2，生成 $CaCl_2$ 与 $MgCl_2$，导致气井返排残酸液中 Ca^{2+}、Mg^{2+} 含量升高，即：

$$CaCO_3(MgCO_3)+HCl \longrightarrow CaCl_2(MgCl_2)+H_2O+CO_2 \uparrow$$

因此，当残酸未返排完时所取液样中的 Ca^{2+}、Mg^{2+} 与 Cl^- 含量比其他离子含量高，总矿化度中也以上述几种离子起决定性作用，形成氯化钙水型的假象。生产监测中判断高含硫气井酸压作业滞留残酸是否彻底返排，对于合理调配分酸分离器、优化处理工艺等生产决策至关重要。根据碳酸盐岩储层酸压过程中的酸-岩反应机理，生产实际中可通过 pH 值及其变化情况、无机阴阳离子匹配关系及 Ca^{2+}、Mg^{2+} 和 Cl^- 含量综合判断，详见表 1 所示。

表 1 高含硫气酸压作业残酸返排情况综合判断指标表

项 目	酸压残酸返排过程	酸压残酸返排完
酸性（pH 值）	低于 5、中等矿化度 7~8、高矿化度 5~7、呈微酸性	趋于正常、值较稳定、基本上不产生变化
无机阴阳离子匹配	分析化验阴离子含量远大于阳离子	分析化验测得的阴阳离子含量达到平衡且稳定
Ca^{2+}、Mg^{2+} 与 Cl^- 含量	含量异常高、Ca^{2+} 甚至超过 Na^+、K^+ 含量	含量大大降低、Ca^{2+} 比 Na^+ 含量低一个数量级并趋于稳定

元坝气田气水关系复杂，部分气井有水层或含水层。产出水确定为地层水的元坝 9、元坝 123 井，其水样分析化验结果：阳离子以 K^+、Na^+ 为主，阴离子中 Cl^- 含量高，为氯化钙水型。如元坝 9 井 6836 ~ 6857m 井段水样：pH 值 6.47，$K^+ + Na^+$ 为 18023mg/L、Ca^{2+} 为 5070mg/L，Mg^{2+} 为 1118mg/L，Cl^- 为 37091mg/L、SO_4^{2-} 为 2209mg/L、HCO_3^{2-} 为 2216mg/L，总矿化度为 65727mg/L，水型为氯化钙型。

元坝高含硫气井残酸液中除酸化压裂作业液外，还包括采气工艺附加药剂，残酸液水质复杂。通过定期取水样进行分析，截至目前残酸返排率较低的 YB272H、YB101-1H 及 YB1-1H 等井 Cl^- 含量明显偏高，阳离子以 Ca^{2+}、Mg^{2+} 为主，同时阴离子总和远高于阳离子总和。例如元坝 101-1H 井 2015 年 5 月 15 日残酸液水质分析结果显示 pH 值为 5.5、$K^+ + Na^+$ 为 1506.9mg/L、$Ca^{2+} + Mg^{2+}$ 为 6460.9mg/L，阳离子总和为 7967.8mg/L；Cl^- 为 14053.2mg/L、SO_4^{2-} 为 537.6mg/L、HCO_3^- 为 556.9mg/L，阴离子总和为 15147.6mg/L。

目前，元坝高含硫气井残酸液处理出水执行《气田水回注方法》（SY/T 6596—2004）行业标准，考虑回注 1 井回注层位沙溪庙组为低渗储层，且未进行储层改造，也没有进行回注层的敏感性实验，为了有效防止储层受到污染甚至堵塞，对预处理后回注水的粒径中值执行了更严格的标准，详见表 2 所示。

表 2　元坝气田回注水水质标准

水质指标	《气田水回注方法》标准	元坝气田执行标准
悬浮固体含量/(mg/L)	≤15	≤15
悬浮物颗粒直径中值/μm	≤8	≤3
含油/(mg/L)	<30	<30
pH 值	6~9	6~9

2　处理工艺与效果评价

2.1　处理技术

经过酸压或酸化增产措施的气井，投产初期返排的残酸废液，作为气田污水的主要类型之一，目前国内各大油气田常用的主要处理技术有：严格处理后排放、综合处理后回用、焚烧炉混气焚烧、预处理后同层或异层回注，各种处理技术简况与优缺点详见表 3。

表 3　目前国内常见气田水处理技术对照表

序号	处理技术	简介	优点	缺点	备注
1	严格处理后排放	经过脱硫、中和、沉降、气浮、氧化等处理后，达到国家环保部门规定的外排标准	能保质、保量的处理、排放污水	水质要求很高、处理系统占地面积较大、系统装置较多、容易出故障、投资较大	执行国家《污水综合排放标准》（GB 8978—1996）一级标准
2	综合处理后回用	根据用途处理部分指标后再利用	油井调剖、制作稀酸等流程简单、建设运行成本低、残酸处理彻底、不会产生次生危废物	受限条件较多	油田调剖，制稀酸
3	焚烧炉混气焚烧	分离器分离→靠压力进入残酸缓冲罐→加压泵加压和压缩天然气混合→焚烧炉焚烧	处理量有限、处理效率低、炉体材料要求很高、设备运行噪声大、管路易堵塞甚至有爆炸风险		普光投产初期，处理部分了无法达标回注的残酸
4	预处理后异层或同层回注	预处理主要除硫化氢、油等，控制 SS 总量与粒径	集中处理、分散回注	处理不达标容易污染造成回注层位的污染甚至堵塞	气井返排残酸集中在元坝 29 井污水站处理

元坝高含硫气井每口井都有近千方残酸在气井开井生产后逐渐排出，残酸返排量大。此外，高含硫气井生产过程中会加注缓蚀剂、水合物抑制剂等采气工艺附加药剂，导致气井返排酸液成分非常复杂。气田所处地理区域人口稠密，一些高含硫气井采集输场站附近几百米距离内即有人居住，气田主体所在的苍溪县为四川省生态农业示范县，人畜饮用、农业灌溉用水的水源均来自横穿气田的江河，综合处理后达标外排的水质指标要求非常高，处理成本很高。元坝海相长兴组主力气藏埋深大，上部陆相沙溪庙组等非油气产层深度不小于1000m、封存条件良好、压力系数较低、砂体规模与储层物性条件较好，具备气田水回注对于回注层位的要求。

综合考虑上述因素，元坝高含硫气井残酸处理技术采用预处理后异层回注的方法，各井残酸集中到元坝 29 井污水站进行回注前的预处理；新钻回注井 1 口，残酸预处理达标后拉运或管输至回注井回注。

2.2 药剂配方

污水处理站接收的返排残酸液，同时混合有场站批处理废液，为了摸清原水中硫化物形态及乳化程度，用碘量法检测水中硫化物含量，结合水质分析化验结果，明确了原水含油量低、悬浮物含量高、液体悬浊、无乳化现象，硫化物基本以二价硫离子形态存在，不存在胶体硫和络合态硫。针对元坝高含硫气井残酸液特点，结合污水处理站接收原水类型，优选了处理药剂配方，详见表4。

表4 元坝高含硫气井残酸预处理药剂

加药顺序	药剂种类	加药量/（mg/L）
1	氢氧化钠	1500~2000
2	除硫剂-15SL	1500~3000
3	PAM（2‰）	20

综合考虑到原用的 Fe 除硫剂在溶解过程中会放出大量热，温度高达 70~80℃，存在安全隐患，且具有较强腐蚀性，易造成药剂罐的腐蚀穿孔，投加量不易控制，容易生成氢氧化亚铁胶体物质而造成出水的二次污染。

通过室内实验对比分析优选出 15SL 型除硫剂，该除硫剂为沉淀型除硫剂，对水质适应性强，在碱性条件下可有效去除硫离子，药剂投加量较低；且在除硫基础上，后期仅需投加少量 PAM 即可实现泥水分离，无需额外投加混凝剂 PAC，处理后水质澄清透明，放置不变化，污泥量相比现场目前使用的除硫剂减少 40% 以上。

2.3 工艺流程

元坝高含硫气井投产初期，在站场内安装了临时分酸分离器，及时对返排的残酸液进行分离，避免酸液对管道设备腐蚀，分离出来的残酸进入酸液缓冲罐，通过污水管线输送或密闭罐车拉运至污水处理站。污水处理站将对残酸进行预处理，直至水质指标达到回注水水质要求，然后通过输水管线输送或污水罐车拉运至回注井站，具体工艺流程详见图1所示。

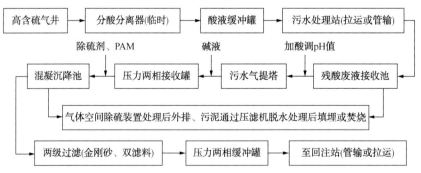

图1 元坝高含硫气井残酸处理工艺流程示意图

污水处理站内工艺流程为：密闭罐车拉运的残酸废液卸至接收池→根据来水的 pH 值适当添加盐酸，调节 pH 值至 5 左右（气提效率高）→提升泵将残酸废液泵至污水气提塔→气提塔出口处投加碱液调节 pH 值至 8 左右→进入压力两相接收罐，出口处加入除硫剂、PAM→进入混凝沉淀池进行沉淀、搅拌、曝气处理→废水通过提升泵进入过滤罐进行两级过滤，然后进入污水缓冲罐；池内的含硫气体经过空间除硫装置处理后外排；池底的污泥通过刮泥机送至压滤机脱水后，拉运到指定地点填埋或焚烧。

2.4 效果评价

按照元坝高含硫气井气田水回注执行的水质指标控制标准(表2)，每天对污水处理站残酸液预处理后的出水水质进行分析化验，从2015年3月10日至5月25日期间开展取水样分析化验7次，分析化验结果表明处理后出水pH值为6.6~9、悬浮物含量为6~13mg/L、硫化物含量为2.18~5.63mg/L、含油量为11.93~20.03mg/L、总铁含量为0.13~11.43mg/L，主要指标均控制在回注水水质标准之内。

回注1井前期采用间歇方式试注，日注水量100m³/d，回注压力相对稳定。元坝气田投产后，2014年12月5日起回注1井开始采用每天间歇方式回注水，截至2015年6月底已累计注水7242.51m³，平均日回注量66.45m³/d。2015年4月由于采出水总量上升，为增大回注量，回注1井适当提高了泵注压力，油压稳定为28~30MPa、回注量约120m³/d，回注压力稳定，回注情况良好。

3 结论与建议

(1)元坝高含硫气井返排残酸液所含的主要物质包括大量盐酸、胶凝剂与其他酸化压裂辅助药剂等酸压作业液及硫化物、柴油、缓蚀剂、甲醇等高含硫气井采气工艺附加药剂。残酸液具有"成分复杂、酸性强、黏度大、处理难度大"的特征。

(2)元坝高含硫气井返排残酸液在各单井站(或集气站)内经过分酸分离器将进行分离，管输或者罐车密闭拉运至YB29井污水处理站集中处理，处理后出水的悬浮物、粒径中值、含油量、硫化物及pH值等主要指标达到《气田水回注方法》(SY/T 6596—2004)(元坝气田悬浮物粒径中值执行了更严格的标准)标准后，拉运或管输至回注1井异层地层，回注1井累计回注处理后残酸7242.51m³，油压及回注情况稳定。

(3)开关井和气井调产会导致污水处理站接收的残酸液水质发生变化，需密切跟踪生产动态，及时优化药剂加注制度，甚至调整药剂配方或改进工艺流程，确保处理后出水水质达标。此外，定期对回注监测点取样分析，监测水质变化情况，防止回注水窜漏并把好注水施工各个环节，保证地表环境和生活用水不受污染。

参 考 文 献

[1] 韩玉坤，姚光明，肖盈，等.高含硫气田酸压气井残酸返排成都判别依据[J].断块油气田，2011，18(4)：530~532.

[2] 关云梅，王兰生，张鉴，等.地层水与残酸、钻井液混合液特征分析[J].天然气勘探与开发，2011，34(2)：62.

[3] 吴忠标，吴祖成，沈学优，等.环境监测[M].北京：化学工业出版社，2009：38~56.

[4] 李毅.高效废碱液处理技术[J].炼油技术与工程，2010，40(3)：60~63.

[5] 张雪光，陈武，梅平，等.国内油气田作业返排液处理技术进展[J].精细石油化工进展，2009，10(10)：41~43.

[6] 屈万忠.论返排液处理技术在压裂酸化中的应用[J].中国石油和化工标准与质量，2012，19(8)：38.

高含硫气田采气废水零排放技术研究

何海　青鹏　黄元和　汪旭东

(中国石化西南油气分公司采气二厂)

摘　要　高含硫气田开发过程中会产生地层水或凝析水、储层改造作业液、缓蚀剂与甲醇等采气工艺附加药剂、检修废水及方井池积水等，统称为采气废水，具有成分复杂、黏度大、含硫、难处理的特点。国内油气田常见的处置方法有严格处理后外排、预处理达标后回注地层、综合处理后回用。本文以元坝气田为例，结合高含硫气田配套净化厂的用水需求，在国内首次形成了"气田水综合处理站预处理→澄清预处理软化→预蒸发脱氨氮→多效蒸发脱盐→产品水达标回用"的成功案例，实现了气田内部处置和零排放的目的，为同类气田采气废水无害化、资源化处理提供了可借鉴的思路。

关键词　高含硫气田；采气废水；元坝气田；零排放

引言

元坝气田是目前国内最深的大型海相气田(气藏平均埋深 6673m)，也是第二大酸性气田(平均硫化氢含量 5.5%)。自 2014 年 12 月起，31 口生产气井已全部投产，单井产气($1\sim65$)$\times10^4m^3/d$，已达到 $1200\times10^4m^3/d$ 酸气生产能力，建成了 $34\times10^8m^3/a$ 净化气产能规模。元坝高含硫气田采气废水包括气井采出水、地面生产废水两大类，前者主要包括返排残酸、凝析水及地层水，单井日产水量 $3\sim58m^3/d$；后者主要包括批处理残夜、净化厂检修废水及方井池积液等，平均产量 $120\sim170m^3/d$。

国内油气田常见的采气废水处置方法有严格处理后外排、综合处理后回用及预理达标后回注地层等。元坝高含硫气井采气废水，利用单井站分离器分离，然后管输或拉运至污水处理站集中处理，达到《气田水回注方法》(SY/T 6596—2004)水质标准，管输或拉运至回注井站，异层回注于地层。但随着气田开发的不断深入，产水量逐渐增加，回注井回注量逐渐降低，采气废水处理成为气田连续稳定生产的制约因素。

1　采气废水来源与水质特征

1.1　废水来源及规模

高含硫气井为提高气井单井产能，元坝气田 31 口井大多在投产前采用了酸化、酸压等储层改造措施，平均作业液量为 $610\sim1600m^3$。由于作业后酸液置换不彻底、加之试气放喷

第一作者简介：何海，男(1984—)，四川巴中市，毕业于中国地质大学(北京)，硕士。现工作于西南油气分公司采气二厂，工程师，主要从事采油气工艺及气田水处理等方面的生产、科研工作。

求产时间较短，酸压作业过程中入井酸液返排率较低，大部分残酸液均在气井投产初期返排至地面，单井残酸返排率为34.8%~99.7%，目前单井返排量为50~100m³/d。

天然气从气藏井生产管柱到地面，由于温度、压力发生变化，天然气中的凝析水逐渐析出。元坝长兴组产凝析水气井的水气比为0.079m³/10⁴m³，气田31口气井的单井日产酸气（1~65）×10⁴m³/d，产水（凝析水、地层水）量为3~59m³/d。

此外，雨季方井池内存在一定的积水，根据生产统计约15m³/d；高含硫气井生产基于防腐蚀的需要，场站连续加注缓蚀剂，集输管道每月要进行批处理作业，每月大约有70m³的缓蚀剂残夜；与高含硫气田配套的净化厂，定期检修将产生大量的检修废水，检修周期为30~45天/次，产生检修废水5000m³。

1.2 水质特征

元坝高含硫气井酸压储层改造作业采用20%盐酸，盐酸与白云岩发生化学溶蚀作用，释放出CO_2，生成$CaCl_2$与$MgCl_2$，导致气井返排残酸液中Ca^{2+}、Mg^{2+}含量升高，生产实际中可通过pH值及其变化情况、无机阴阳离子匹配关系综合判断产出水是否为残酸。

元坝部分气井，测录井综合解释有水层或含水层，元坝9、元坝123井产出水确定为地层水，水样分析化验结果：阳离子以K^+、Na^+为主，阴离子中Cl^-含量高，为$CaCl_2$水型。凝析水主要特点：矿化度高，含盐量高（尤其Cl^-含量高，在温度、压力等条件发生变化时可能结垢产生沉淀，有的呈酸性、有的呈碱性，悬浮物含量超标。

净化厂检修废水一般集中在一年中的30~45天内，在检修期间集中产生，产量大，其水质特点：含有多种有机物，废水含有H_2S、具有高危险性，COD高，Fe含量高（表1）。

表1 元坝气田不同类型采气废水水质分析化验数据（2017年4月）对比表

项 目	残酸（元坝29井站）	气田水（大坪站）	检修废水
pH值	2~13.1(6.98)	6.3~7.3(6.9)	1.6~8.6(7.1)
悬浮物/(mg/L)	382~476(422)	216~484(343)	120~314(220)
硫化物/(mg/L)	366~1740(787.2)	802~1250(1049)	4~840(272)
油/(mg/L)	14.4~20.22(16.79)	9~13.7(10.59)	4~10(5.6)
总铁/(mg/L)	—	—	0.2~4.1(2.9)

残酸返排在一段时间内结束，凝析水是伴随天然气采出而一直存在，地层水会随着气田开发的深入而不断增加。此外，高含硫气井的防腐、防冻生产工艺，导致采气废水中混入柴油、缓蚀剂、甲醇等附加药剂；净化厂检修废水中Fe^{3+}含量很高；地层水和凝析水中含有一定量的硫化氢。这些不同类型的废水混合在一起，具有酸性强、黏度大、成分复杂、难处理等特点。

2 处理现状及存在问题

2.1 处理现状

2.1.1 处理工艺选择

元坝高含硫气田所处地理区域人口稠密、气田主体所在的苍溪县为四川省生态农业示范县，人畜饮用、农业灌溉用水的水源均来自横穿气田的江河，综合处理后达标外排的水质指标要求非常高，处理成本很高。气田主力气藏埋深大，上部陆相沙溪庙组等非油气产层深度不小于1000m、封存条件良好、压力系数较低、砂体规模与储层物性条件较好，具备气田水回注对于回注层位的要求。综合考虑上述因素，元坝高含硫气田采气废水采用预处理后异层回注的方法。

2.1.2　工艺流程简介

元坝气田共建有大坪、元坝29井2座污水综合处理站，单站处理规模为300m³/d。气井投产初期，处于残酸大量返排阶段，产出的残酸由密闭罐车拉运至元坝29污水处理站进行处理。大坪污水处理站主要处理净化厂检修污水及部分气田采出水。

元坝气田长兴组气井，投产前均要进行酸压措施投产，单井注入酸量约1000m³，开井初期，大部分酸液随同天然气一起产出。元坝高含硫气井投产初期，在采集输场站内安装了临时分水分离器，及时对气井产出液进行分离，避免酸液对管道设备腐蚀。分离出来的残酸进入酸液缓冲罐，通过密闭罐车拉运至污水处理站，卸至残酸处理池。污水处理站内工艺流程为：密闭罐车拉运的残酸废液卸至接收池→根据来水pH值适当添加盐酸，调节pH值至5左右(气提效率高)→提升泵将残酸废液泵至污水气提塔→气提塔出口处投加碱液调节pH值至8左右→进入压力两相接收罐，出口处加入除硫剂、PAM→进入混凝沉淀池进行沉淀、搅拌、曝气处理→废水通过提升泵进入过滤罐进行两级过滤，然后进入污水缓冲罐；池内的含硫气体经过空间除硫装置处理后外排；池底的污泥通过刮泥机送至压滤机脱水后，拉运到指定地点填埋或焚烧(图1)。

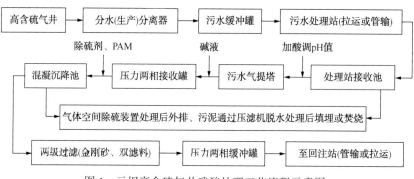

图1　元坝高含硫气井残酸处理工艺流程示意图

气田水的处理流程与残酸处理流程基本相同，只是在单井站内经生产分离器进行分离后管输至污水处理站，气井产出水中含泥浆、岩屑等杂质输送至污水两相接收罐内，在罐底通过管道自流至混凝沉降池中的污泥沉降格内，经过充分沉淀，污泥通过机械刮泥机集中到集泥槽内，再经过污泥压滤机干化处理。

2.1.3　回注水质控制

目前，元坝高含硫气井残酸液处理出水执行《气田水回注方法》(SY/T 6596—2004)行业标准，考虑回注1井回注层位沙溪庙组储层物性较差，且未进行储层改造，也没有进行回注层的敏感性实验。为了有效防止储层受到污染甚至堵塞，对预处理后回注水的粒径中值执行了更严格的标准，参考《碎屑岩油藏注水水质推荐指标及分析方法》(SY/T 5329—2012) 相关要求(表2)。

表 2　元坝气田回注水水质标准

水质指标	《气田水回注方法》标准	元坝气田执行标准
悬浮固体含量/(mg/L)	≤15	≤15
悬浮物颗粒直径中值/μm	≤8	≤3
含油/(mg/L)	<30	<30
pH 值	6~9	6~9

每天对污水综合处理站预处理后的出水水质、回注井站进水水质都进行化验，结果表明处理后出水 pH 值为 6.6~9、悬浮物含量为 6~13mg/L、硫化物含量为 2.18~5.63mg/L、油含量为 11.93~20.03mg/L、总铁含量为 0.13~11.43mg/L，主要指标均控制在回注水水质标准之内。

2.2　存在问题

回注 1 井 2014 年 12 月 15 日开始回注，初期注入水在砂体中扩散后井口油压维持在 15MPa，平均日注水时间约 15h，日均注水量>100m³/d；至 2015 年 7 月 12 日，回注压力超过地层破裂压力(31MPa)；截至目前，累计回注时间 12648h，累计回注水量 8.1846×10⁴m³，注水中平均油压 34.5MPa。

回注 2 井 2016 年 6 月 11 日开始回注，初期注入水在砂体中扩散后井口油压维持在 5.2MPa，平均日注水时间约 8h，日均注水量约 54m³/d；至 2016 年 10 月 9 日，回注压力超过地层破裂压力(26MPa)；截至目前累计回注时间 4554h，累计回注水量 1.939×10⁴m³，注水中平均油压 29.1MPa。

目前，回注 1 井、回注 2 井均已突破地层破裂压力，继续注入大量的地层水在回注层段砂体中难以扩散，停注后井筒与砂体储水空间被水灌满后，使得井口油压长期维持在高压水平，安全环保风险极高。

3　零排放处理方案

鉴于元坝高含硫气田采气废水处理的难点，立足元坝气田开发实施现状，根据气井产水预测，按照"零排放"的处理目标，综合考虑元坝气田试采工程和滚动建产工程污水产生情况，对试采工程阶段污水处理工程进行扩容，新建低温蒸馏站 1 座。

3.1　处理思路

净化厂检修废水经大坪污水站处理合格后管输至回注 1 井回注，气井返排残酸和批处理残液经元坝 29 井污水处理站处理合格后车拉至回注 2 井回注。元坝气田低温蒸馏站处理规模为 600m³/d，主要对大坪污水处理站和 YB29 污水处理站处理合格后的气田水进行深度处理，水质达到《炼化企业节水减排考核指标与回用水质控制指标》中污水回用于循环冷却水水质要求，作为净化厂和本站循环水系统的补充水，以降低净化厂原东河水源的原水攫取量，蒸发析出的 NaCl 达到工业盐标准，实现资源化利用的目的。

3.2 工艺流程

元坝气田低温多效蒸馏站工艺流程总体上分为：软化预处理系统、蒸发脱盐（包括预蒸发脱氨氮、多效蒸发脱盐）系统、干燥制盐系统、预蒸发冷凝水深度脱氨氮系统（预留回注出口）及循环冷却水系统等多个子系统。

低温蒸馏站充分利用附近大坪污水站污水、污泥处理设施，污水处理站处理后的气田水输送至低温蒸馏站预处理撬块，通过添加复合碱、混凝剂、絮凝剂进行软化，软化水返输至大坪污水处理站双滤料过滤器，然后进入脱氨塔脱除氨氮，产生的含氨冷凝液进入储罐储存，调节 pH 值后拉运回注；去除氨氮的料液补充至多效蒸馏撬块进行蒸发，一、二、三效产生的二次蒸汽通过冷凝后输送至成品水罐；三效产生的盐浆转排至盐浆罐，进入干燥制盐系统制备工业盐；蒸发母液转排至母液罐，进行深度处理，工艺流程如图 2 所示。

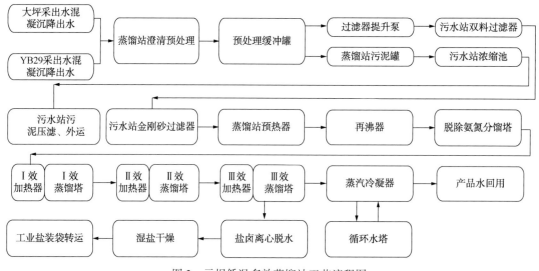

图 2　元坝低温多效蒸馏站工艺流程图

3.2.1 产品原料

（1）大坪污水处理站和 YB29 污水处理站提供经过混凝沉淀和空间除硫后的气田水，流量约为 25m³/h。

（2）蒸馏站所需的低压蒸汽由净化厂的 1.2MPa、温度 240℃中压蒸汽管网经减温减压后提供。

（3）蒸馏站所需的 0.6MPa 仪表风、生活水来自净化厂空分空压站和 301 单元。

3.2.2 主产品流向

（1）经污水资源化蒸馏处理站处理后污水水质达到《炼化企业节水减排考核指标与回用水质控制指标》(Q/SH 0104—2007)污水回用于净化厂循环水和本蒸馏站循环水系统。

（2）以气田水为原料制取的工业盐。

（3）蒸汽冷凝液返回净化厂凝结水站，经混床离子交换处理后作为锅炉给水。

3.2.3 副产品流向

（1）分馏装置产生的含氨氮、COD_{cr}的蒸汽凝结水、低温蒸馏除盐产生的母液在未深化处理前作车载回注处理。

（2）澄清预处理加药软化产生的污泥水浆 70m³/d(含水 99%)，经过污泥提升泵转输至采气厂污水站污泥浓缩池，再经螺旋压滤，污泥垢渣干化成泥饼作卫生填埋。

4 结论

（1）元坝高含硫气田开发采气废水大致分为采出水和地面生产废水两大类，前者主要包括凝析水、地层水和返排的残酸液，后者主要包括净化厂检修废水、方井池积水、采气工艺附加药剂(柴油、缓蚀剂、甲醇、批处理残液等)。

（2）因储层改造而残留地层的残酸液主要成分为大量盐酸、胶凝剂与其他酸化压裂辅助药剂等酸压作业液；凝析水和地层水含有一定的硫化氢；净化厂检修废水铁含量高；站内缓蚀剂连续加注、集输管道批处理残液混含柴油、缓蚀剂、单质硫等杂质。这些采气废水来源因气田集输工艺原因难以分开，具有"成分复杂、酸性强、黏度大、难处理"特征。

（3）结合元坝气田产水特征和地理环境，目前的处理方法是集中处理后异层回注。各类采气废水集中到污水处理站，对悬浮物、粒径中值、含油量、硫化物及 pH 值等主要指标处理达到《气田水回注方法》(SY/T 6596—2004)(元坝气田悬浮物粒径中值执行了更严格的标准)标准后，拉运或管输至回注井异层地层。

（4）回注 1 井、回注 2 井均已突破地层破裂压力，继续注入大量的地层水在回注层段砂体中难以扩散，停注后井筒与砂体储水空间被水灌满后，使得井口油压长期维持在高压水平，安全环保风险极高。随着气田开发的深入，全气田总产水量会逐渐增加，采气废水处理将成为制约气田连续稳定生产的瓶颈。在充分利用污水站现有设备的基础上，新建低温多效蒸馏站一座。

（5）元坝低温多效蒸馏站处理规模 600m³/d，充分利用了附近大坪污水站、元坝净化厂已有的设备和资源。低压蒸汽、仪表风均来自净化厂，采气废水经就近的污水处理站预处理后再进入蒸馏站软化处理系统；预蒸发脱氨氮系统产生的含氨冷凝液进入储罐储存，调节pH 值后拉运回注；多效蒸发系统产生的二次蒸汽通过冷凝后的成品水，达到《炼化企业节水减排考核指标与回用水质控制指标》中污水回用于循环冷却水水质要求，作为净化厂和本站循环水系统的补充水；三效产生的盐浆转排至盐浆罐，进入干燥制盐系统制备工业盐；蒸发母液转排至母液罐，进行深度处理后回注。

参 考 文 献

[1] 韩玉坤，姚光明，肖盈，等. 高含硫气田酸压气井残酸返排成都判别依据[J]. 断块油气田，2011，18（4）：530~532.

[2] 胥尚湘，周厚安. 国内外气田水处理技术现状[J]. 天然气工业，1995，15(4)：63.

[3] 吴忠标，吴祖成，沈学优，等. 环境监测[M]. 北京：化学工业出版社，2009：38~56.

[4] 李毅. 高效废碱液处理技术[J]. 炼油技术与工程，2010，40(3)：60~63.

[5] 张雪光，陈武，梅平，等. 国内油气田作业返排液处理技术进展[J]. 精细石油化工进展，2009，10（10）：41~43.

高含硫气田水处理工艺技术优化

姚华弟[1,2]　李 闽[1]　肖文联[1]　朱 国[2]

(1. 西南石油大学; 2. 中国石化西南油气分公司采气二厂)

摘　要　元坝气田高含硫气井在投产前大都进行了酸压改造,投产初期滞留于井底的酸压作业液随气流逐渐返排至地面,同时还含有硫化氢、油、缓蚀剂、水合物抑制剂等采气工艺附加药剂,形成酸性强、黏度大、成分复杂、难处理的气田水。本文通过对污水缓冲罐的篮式过滤器滤筒设置磁力芯,将汽提塔A、B塔并联使用、增加汽提泵变频装置及现场加酸装置等工艺优化措施,提高了现场污水处理工艺能力及水平,达到了高含硫气田水经济高效处理的目的。

关键词　元坝气田;高含硫;水处理工艺

引言

　　元坝气田是迄今为止我国最深的大型海相气田(气藏平均埋深6673m),也是国内第二大酸性气田(平均硫化氢含量5.5%),目前共有生产井31口,日产天然气约$1100 \times 10^4 m^3$,日产水约$270m^3$。

　　气井大都采用压裂酸化增产措施,作业过程中有大量的盐酸、胶黏剂等注入地层,在气井开采初期随气流返排至地面,同时还含有硫化氢、油、缓蚀剂、水合物抑制剂等采气工艺附加药剂,形成酸性强、黏度大、成分复杂、难处理的气田水。因此需要对气田水处理工艺流程进行优化,确保处理后的水质达到回注水水质标准,工艺流程如图1所示。

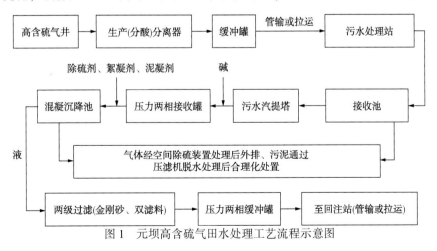

图1　元坝高含硫气田水处理工艺流程示意图

第一作者简介:姚华弟,男(1982—),四川乐至人,毕业于西南石油大学,石油工程专业,硕士学历。现工作于西南油气分公司采气二厂,高级工程师,主要从事气藏动态分析及采气工艺方面的研究。

1 工艺技术优化

根据元坝气田水水质特征及目前水处理工艺现状，结合水处理药剂配方，对现场水处理工艺流程进行优化，保证气田水经济、高效处理。

1.1 污水缓冲罐优化

污水缓冲罐负责接收各井站通过污水管线输送的污水，其设计压力 1.0MPa，设计温度 60℃，操作压力 0.4MPa，操作温度 30~40℃，处理量 140m³/d。

优化前污水缓冲罐运行过程中主要存在以下问题：①污水罐罐底存在一些黏稠物，黏度类似果冻状，易导致过滤器堵塞(图 2)。②过滤器堵塞，容易出现断流现象，导致过滤器下游的磁力泵轴承干运转，滑动轴承碎裂，轴承碎裂后碎片会进入隔离套内，使隔离套磨坏。③磁力泵内磁力转子表面吸附着一定量的金属铁屑，严重影响磁力泵的正常运行，恶化了机泵滑动轴承的工作环境，加剧了磁力泵的损坏(图 3)。

图 2　篮式过滤器堵塞物　　　　　　　图 3　磁力转子

为减少污水缓冲罐出口堵塞问题，降低磁力泵故障频率，在污水缓冲罐出口篮式过滤器的过滤筒中心设置磁力芯(图 4)，吸附介质中金属铁屑颗粒，从而起到保护设备的作用，同时定期开展冲砂清洗作业，减少堵塞物量。

图 4　篮式过滤器滤筒设置磁力芯前后对比图

1.2 汽提塔优化

元坝气田污水处理站的汽提塔设计压力 1.0MPa，设计温度 60℃，操作压力 0.4MPa，操作温度 10~30℃，入口介质流量为 140m³/d。

现场对原水中硫化物的检测，发现原水中硫化物含量变化较大，其值一般为 800~2500mg/L，远超过设计值(≤300mg/L)，因此造成汽提塔处理效果不好，其对污水中硫化氢的去除率仅为 20%~30%，汽提装置出水硫化物超标率达到 200%~700%，无法满足污水站进水水质的要求。因此对汽提塔进行了优化改造，主要采取了以下措施：

1. 将汽提塔 A、B 塔并联使用

在未将汽提塔并联使用之前，单塔处理量为 144m³/d，在废水量较大时处理能力不足。将进入 B 汽提塔提升泵后连接的止回阀进行了反装，实现汽提塔并联使用，从而使残酸能够顺利汽提(图 5)。在残酸量较小的情况下，汽提塔单塔使用；在残酸量较大时，A、B 塔同时汽提。汽提塔 A、B 塔并联使用后，汽提塔的日处理量可由原来的 144m³/d 提升为原来的两倍，达到 288m³/d。

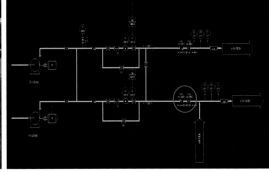

图 5　连接汽提塔 A、B 后的单流阀调向

2. 汽提泵增加变频装置

元坝气田污水站现有的返输汽提泵为非变频的螺杆泵，流量 18m³/h，为固定排量；但污水汽提塔的处理量约 144m³/d，返输汽提泵的流量大大超出了汽提塔的处理能力，使污水汽提塔汽提效果不达标，汽提后的污水硫化物超标，增加了污水处理的药剂成本。将使用的螺杆泵增加变频功能(图 6)，使流速可控，进汽提塔的污水流速稳定，提高汽提效果。

图 6　汽提泵变频装置

3. 增加加酸装置，调节进水 pH 值

针对现场汽提装置汽提效果不好的现象，在室内进行了汽提模拟实验，以验证汽提去除

水中硫化物的可行性及除硫效率。汽提实验主要对比不同硫化物浓度、pH 值条件下的汽提效果。分别取 200mL 气田水及残酸进行汽提实验。加酸调节 pH 值至 5~6，与原水同时做平行实验，采用简易曝气装置（气源为空气），底部曝气 5min，测定水中残余硫化物含量，具体结果如表 1 和表 2 所示。

表 1　气田水汽提实验结果

序　号	水　样	pH 值	硫化物含量/（mg/L）
1	气田水	11.50	2435
2	气田水+曝气	11.50	1336
3	气田水+酸+曝气	6.50	152

表 2　残酸废液汽提实验结果

序　号	水　样	pH 值	硫化物含量/（mg/L）
1	残酸	6.80	832
2	残酸+曝气	7.73	582
3	残酸+酸+曝气	4.97	401

图 7　加酸装置

实验结果表明：在适当条件下，汽提可以有效地降低残酸中硫化物的含量；汽提效果与污水 pH 值密切相关；在一定范围内，pH 值越低汽提效果越好，但酸性过强对设备的腐蚀性会加剧，因此，增加一套加酸装置（图 7），将进塔前污水的 pH 值控制在 5 左右，以提高汽提效果。

2　结论及建议

（1）通过对目前污水处理工艺技术分析，对污水缓冲罐的篮式过滤器滤筒设置了磁力芯，对汽提塔 A、B 塔并联使用、汽提泵增加变频装置及增加一套现场加酸装置等工艺优化措施，提高了现场污水处理工艺能力及水平，满足了现场气田水处理工艺技术要求。

（2）目前高含硫气田水成分复杂，且水处理工艺流程及药剂配方还具有一定的优化空间，建议加大此方面的研究，以达到降本增效的目的。

参　考　文　献

[1] 李定宁．高含硫污水处理脱硫新工艺的应用[J]．低渗透油气田，2010，3：139~142.

[2] 王霞．试论高含硫污水处理技术在油田污水处理中的应用[J]．科技风，2013(9)：99~99.

[3] 李丽，黄玲，等．高含硫污水处理系统稳定性影响因素及对策[J]．中国石油和化工，2015(2)：52~54.

[4] 万里平，等．油田酸化废水 COD 去除方法研究[J]．石油与天然气化工，2001，(6)：318~320.

[5] 杜丽民．残酸处理新技术．内蒙古石油化工[J]．2010，10(3)：121~123.

Fenton 工艺在元坝气田水资源化中的应用

何 海

（中国石化西南油气分公司采气二厂）

摘 要 为使元坝气田水最终处理出水达到《炼化企业节水减排考核指标与回用水质控制指标》（Q/SH 0104—2007）的要求。修建了一套流量为 600m³/d 的 Fenton 氧化+MF+RO 组合工艺对出水 COD、氨氮和挥发酚等超标的气田水低温蒸馏站出水进行深度处理。运行结果表明，在进水 COD 为 100~700mg/L 时，出水的 COD、氨氮、挥发酚等 15 项水质指标均能达到循环冷却水的要求，运行成本为 145 元/m³。出水全部回用至循环冷却水系统，年节省 1257t 标准煤能耗。

关键词 气田水；Fenton；RO；深度处理；回用

引言

我国天然气资源丰富，开采量在逐年增加的同时，也产生了大量的气田水，气田水中含有芳香族有机物、氨氮、S^{2-}、Cl^-、SO_4^{2-}、油、SS 等污染物，矿化度在几万到几十万毫克每升，污染物浓度高，处理难度大。目前气田水的回注矿井技术被严格限制，开展零排放处理气田水的技术研究成为必然趋势。

含有芳香族化合物废水的处理技术包括多效蒸发法、高级氧化法（臭氧氧化法、光化学氧化法、Fenton 氧化法、电化学氧化法等）、活性炭吸附法、膜分离法、生物法等。在气田开发过程中为减缓管线设备腐蚀，还会定期投加一些缓蚀剂等，这些难降解、抑制性成分的存在，使得气田水难以用生物法处理。而因气田水中污染物浓度高、含盐高、水量大，直接用高级氧化法、吸附法和膜分离法，处理成本高。

四川省元坝气田水在前期进行脱硫预处理后，进入低温多效蒸发装置，其蒸发出水中 COD、氨氮和挥发酚超标，出水水质仍达不到《炼化企业节水减排考核指标与回用水质控制指标》（Q/SH 0104—2007）的要求。本设计根据现场的实际情况，在前期小型实验的基础上，采用了 Fenton 氧化+MF+RO 组合工艺来处理蒸发出水。建成后，系统运行稳定，COD、氨氮、挥发酚等 15 项水质指标均能达到循环冷却水的要求。

1 工程概况

元坝气田低温蒸馏站建设初期采用低温多效蒸发处理工艺对脱硫后气田水进行处理，处

作者简介：何海，男（1984—），四川巴中市，毕业于中国地质大学（北京），硕士。现工作于西南油气分公司采气二厂，工程师，主要从事采油气工艺及气田水处理等方面的生产、科研工作。

理合格后作为元坝净化厂循环冷却水补充用水。由于元坝气田为高含硫酸性气田，在气田开发过程中为减缓管线设备腐蚀，保证气田平稳运行，需定期使用缓蚀剂进行批处理作业，造成气田水COD升高，低温蒸馏站的进水水质发生变化，COD在2500~9800mg/L之间波动，远远超出设计值（COD≤1200mg/L），出水COD为700~900mg/L，无法满足《炼化企业节水减排考核指标与回用水质控制指标》（Q/SH 0104—2007）对循环冷却水的要求。

因此，需对蒸发出水进行深度处理，使出水水质达到循环冷却水的要求。对低温蒸馏站出水进行可生化性研究分析，蒸发出水$BOD_5/COD<0.1$，采用特殊菌种进行生物降解，发现其对出水中的苯胺去除效果很小。高级氧化法在去除难降解有机物方面具有特殊的优势，其产生的自由基（如·OH）活性极强，可将难降解有机物降解成低毒或无毒的小分子物质。从工艺处理效果、占地面积、操作复杂程度、运行成本等多面综合考虑，确定采用Fenton氧化+MF+RO组合工艺深度处理蒸发出水。

设计进水、出水水质如表1所示。

表1 设计进水、出水水质

项　目	pH 值	$COD/(mg/L)$	氨氮/（mg/L）
设计进水	9.7~10.4	700~900	25~45
设计出水	6.0~9.0	60	10

2　工艺流程

针对蒸发工艺无法去除的共沸、易挥发且难生物降解的有机物，采用Fenton氧化工艺进行深度处理，该工艺是处理的核心部分。在酸性条件下，Fe^{2+}催化H_2O_2产生高活性的·OH，并引发自由基的链式反应。自由基作为强氧化剂氧化有机物，使有机物被矿化降解形成CO_2、H_2O等无机物质。Fenton氧化处理后的废水COD可降至100mg/L。Fenton氧化后再采用MF工艺去除大部分SS，减轻RO膜的污染堵塞。最后采用RO工艺进一步去除COD、氨氮和电导率，保证COD≤60mg/L、氨氮≤10mg/L、电导率≤1200mg/L，出水水质达标。工艺流程情况如图1所示。

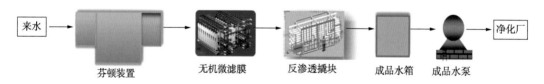

图1　现场工艺流程

3　主要构筑物规模和运行参数

3.1　Fenton 反应池

Fenton 反应池按两列并联设计，单列尺寸为6m×6m×4m，处理规模为30m³/h，反应池体是不锈钢结构内衬防腐材料。整个反应装置集 pH 值调节、氧化反应、混凝沉降及脱气于一体。在进水管线投加 10% 浓度的盐酸，调整 pH 值至 2~3 之间；随后在氧化反应区投加浓度 20% 的硫酸亚铁溶液和浓度 27.5% 的双氧水，药剂混合采用空气曝气方式实现，反应区采取完全混合推流式设计，反应时间为 4h 左右；反应完成后，在混凝沉降区投加浓度 30% 的氢氧化钠溶液，将出水 pH 值调整至 8~9，再加入少量 PAC 混凝沉淀，生成氢氧化铁沉淀；上清液进入脱气区进行脱气，主要是脱去剩余双氧水分解产生的氧气；脱气完成后的水进入到斜管沉淀箱，进一步去除水中的悬浮物。Fenton 反应区双氧水用量为 150~200L/h，硫酸亚铁溶液用量 330~500L/h。

3.2 MF 系统

MF 系统主要包括微滤缓冲水箱、微滤增压泵、无机微滤膜组件、中间缓冲水箱及微滤循环泵。无机微滤膜组件共 24 支膜，分为两组，每组 12 支，并联使用，单组进水流量 13~15m³/h，进水压力 0.11~0.21MPa，循环水量 210~240m³/h，循环压力 0.07~0.2MPa，产水流量 13~16.8m³/h，产水压力 0.07~0.1MPa，产水率为 90%。反冲洗水采用 RO 浓水，每次反冲洗水量约为 6m³。

3.3 RO 系统

RO 系统主要包括增压泵、保安过滤器、高压泵、RO 膜组件等主要设备。RO 系统进水流量 20~27m³/h。RO 膜系统采用一级两段的组合排列方式，增压后的水首先进入到一段 RO 膜系统，一段 RO 浓水进入到二段 RO 膜再次处理，二段 RO 膜产生的浓水约 6m³/h 进入到 RO 浓水箱，作为前端 MF 系统反冲洗用水。一段、二段 RO 膜出水则汇集在一起进入到后端的成品水输送系统，产水流量为 14~22m³/h，产水 pH 值为 6~8，电导率为 100~550μs/cm。此外，RO 系统设置了加药装置，在线投加阻垢剂、亚硫酸氢钠还原剂和 pH 值调节剂。

4 运行效果

该工程于 2018 年 4 月 18 日正式建成，2018 年 6 月至 8 月完成了满负荷 600m³/d 的正式运行。正式运行时，专门考察了冷却水的要求。

实际运行期间，对 Fenton、MF、RO 等各个单元 COD 的出水进行了考察(图 2)。在进水水质波动较大(COD 为 100~700mg/L)的情况下，Fenton 出水 COD 大多维持在 100mg/L 以下，RO 出水 COD 均小于 60mg/L，满足循环冷却水的要求。

除了考察各单元出水 COD 指标外，又对《炼化企业节水减排考核指标与回用水质控制指标》(Q/SH 0104—2007)要求的 15 项指标进行检测(表 2)，均能达到要求，出水水质良好，可以满足循环冷却水补充水水质要求。

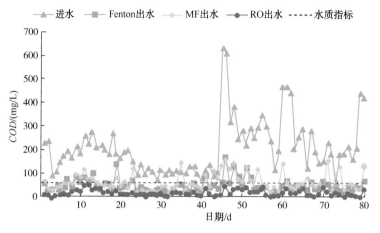

图 2　运行期间 COD 去除效果

表 2　出水水质和水质指标

序　号	项　目	出　水	水质指标
1	pH 值	6.96	6.0~9.0
2	氨氮/(mg/L)	0.90	≤10.0
3	COD/(mg/L)	13.9	≤60.0
4	悬浮物/(mg/L)	<0.40	≤30.0
5	浊度/NTU	1.2	≤10.0
6	硫化物/(mg/L)	<0.02	≤0.1
7	含油量/(mg/L)	<0.05	≤2.0
8	氯离子/(mg/L)	6.4	≤200.0
9	硫酸根离子/(mg/L)	5.6	≤300.0
10	总铁/(mg/L)	<0.005	≤0.5
11	电导率/(μS/cm)	96.0	≤1200
12	钙硬(以 $CaCO_3$ 计)/(mg/L)	<1.0	≤300
13	总碱(以 $CaCO_3$ 计)/(mg/L)	5.5	≤300
14	挥发酚/(mg/L)	<0.002	≤0.5
15	BOD_5/(mg/L)	4.4	≤10

5　技术经济分析

元坝气田全生命周期预计累产含硫气田水近 $1.5×10^6 m^3$，与回注相比，节约直接投资 40180 万元。处理后合格出水全部回用至元坝净化厂循环冷却水系统，减少地表淡水取水量 $1.7×10^5 m^3$。充分利用剩余蒸汽，年降低剩余蒸汽排放热污染 $3.7×10^7 kJ$，年节省 1257t 标准煤能耗。

6 结论

(1) 气田水低温蒸馏站蒸发出水 $BOD_5/COD<0.1$，可生化性差。主要含苯胺、苯酚等芳香族化合物质，难以用生物法降解。

(2) 高级氧化法可去除气田水低温蒸馏站蒸发出水中难降解有机物。

(3) 采用 Fenton 氧化+MF+RO 组合工艺能满足《炼化企业节水减排考核指标与回用水质控制指标》(Q/SH 0104—2007)的 15 项指标要求，出水达到循环冷却水的要求。

(4) 处理后合格出水全部回用至净化厂循环冷却水系统，总计减少地表淡水取水量 $1.7\times10^5\text{m}^3$，年节省 1257t 标准煤能耗。

参 考 文 献

[1] 马新华. 天然气与能源革命——以川渝地区为例[J]. 天然气工业, 2017, 37(01): 1~8.

[2] Ma Xinhua. Natural gas and energy revolution: A case study of Sichuan-Chongqing gas province[J]. Natural Gas Industry, 2017, 37(01): 1~8.

[3] 宋彬, 李静, 高晓根. 含硫气田水闪蒸气处理工艺评述[J]. 天然气工业, 2018, 38(10): 107~113.

[4] Song Bin, Li Jing, Gao Xiaogen. Technologyof flash gas treatment in sour water of sulfur-bearing gas fields [J]. Natural Gas Industry, 2018, 38(10): 107~113.

[5] 叶燕, 高立新. 对四川气田水处理的几点看法[J]. 石油与天然气化工, 2001(05): 263~265.

[6] Ye Yan, Gao Lixin. Some views on water treatment in Sichuan gas field[J]. Petroleum and Natural Gas Chemical Industry, 2001(05): 263~265.

[7] 杨贡林, 许景媛, 夏珊. 气田废水中高盐、高钙的多效蒸发综合治理工程技术的应用研究[J]. 中国井矿盐, 2018, 49(03): 7~10.

[8] Yang Gonglin, Xu Jingyuan, Xia Shan. Application research on multi-effect evaporation comprehensive treatment of high salt and high calcium in gas field wastewater[J]. China Wells Salt, 2018, 49(03): 7~10.

[9] 杨贡林, 彭传丰, 符宇航, 等. 气田废水多效蒸发脱盐综合利用的工艺研究[J]. 中国井矿盐, 2016, 47(01): 4~7.

[10] Yang Gonglin, Peng Chuanfeng, Fu Yuehang, et al. A technical research on comprehensive utilization of desalted multiple-effect evaporation gas field [J]. China Well Salt, 2016, 47(01): 4~7.

[11] 杨正庆, 杨丽霞, 候一宁, 等. 臭氧氧化法处理实验室苯酚废水[J]. 环境科学与管理, 2006(09): 119~122.

[12] Yang Zhengqing, Yang Lixia, Hou Yining, et al. Treatment of laboratory phenol wastewater with ozone oxidation method[J]. Environmental Science and Management, 2006(09): 119~122.

[13] 宗燕平, 刘宪华, 杜希文, 等. UV/H2O2 体系催化降解水中 2,4,5-三氯苯酚的研究[J]. 工业水处理, 2013, 33(05): 47~49+56.

[14] ZongYanping, Liu Xianhua, Du Xiwen, et al. Experimental study on the catalytic degradation of 2, 4, 5-trichlorophenol in water with UV/H2O2 system[J]. Industrial Water Treatment, 2013, 33(05): 47~49+56.

[15] 顾春红, 董庆华. Fenton 试剂氧化芳香硝基化合物的研究[J]. 污染防治技术, 2018, 31(01): 12~15.

[16] Gu Chunhong, Dong Qinghua. Study on the oxidation of aromatic nitro compounds by Fenton reagent[J]. Pollution Control Technology, 2018, 31(01): 12~15.

[17] 翟峰. 电化学催化氧化法处理生物难降解制药废水的研究[J]. 化工管理，2018(05)：109.

[18] Qi Feng. Study on the treatment of bio-refractory pharmaceutical wastewater by electrochemical catalytic oxidation[J]. Chemical Industry Management，2018(05)：109.

[19] 武晓娜，刘有智，焦纬洲. 旋转填料床中活性炭吸附含酚废水研究[J]. 含能材料，2016，24(05)：509~514.

[20] Wu Xiaona, Liu Youzhi, Jiao Weizhou. Adsorption of phenol on activated carbon in rotating packed bed[J]. Journal of Energetic Materials，2016，24(05)：509~514.

[21] 刘润泉，姚立忱，刘伟. 絮凝沉淀-膜分离法处理云南解化含酚焦化废水的实验研究[J]. 广东化工，2014，41(07)：163~164+170.

[22] Liu Runquan, Yao Lizhen, Liu Wei. Flocculation—membrane separation processing Yunnan people´s liberation army chemical experimental study of coking wastewater[J]. Guangdong Chemical Industry，2014，41(07)：163~164+170.

[23] 王莹，陈虎，王衍旺，等. 生物法处理酚类废水的研究进展[J]. 现代化工，2017，37(03)：58~62.

[24] Wang Ying, Chen Hu, Wang Yanwang, et al. Study on the biological treatment of phenolic-containing wastewater[J]. Modern Chemicals，2017，37(03)：58~62.

[25] 魏令勇，郭绍辉，阎光绪. 高级氧化法提高难降解有机污水生物降解性能的研究进展[J]. 水处理技术，2011，37(01)：14~19.

[26] Wei Lingyong, Guo Shaohui, Yan Guang-xu. Enhancing biodegradability of bio-refractory organic wastewater by advanced oxidation processes：an overview[J]. Water Treatment Technology，2011，37(01)：14~19.

元坝气田采出水除硫工艺技术应用实践

宋玲　程志强　蓝艳　曾力　陈伟

(中国石化西南油气分公司采气二厂)

摘　要　元坝气田采出水硫化氢含量高，成分复杂，原采用的化学沉淀法除硫会产生较多危废污泥。为解决此问题，改用氧化法除硫，通过试验确定了最佳氧化剂为双氧水，及其投加量计算公式。现场应用表明，使用双氧水处理元坝气田高含硫采出水，不仅能够减少除硫过程中危废污泥的产量，同时大大提高了除硫效率。

关键词　元坝气田；高含硫；采出水；氧化除硫；双氧水

引言

元坝气田位于川东北地区，为高含硫气田，其采出气以及采出水必须进行脱硫处理。含硫污水的处理技术主要有汽提法、氧化法、沉淀法、电化学法、生物法等。元坝气田脱硫采用化学沉淀法，先后使用过硫酸铜、硫酸亚铁、氯化锌等药剂，但沉淀除硫导致气田产生大量的危废污泥。2016 年仅大坪污水处理站污泥产量就高达 653.49t，平均每吨水产泥量约为 0.0226t。因此，急需改变除硫工艺，以减少污泥产量。由于氧化法除硫产生污泥量较少，因此本研究对几种氧化剂进行了比选，确定了最佳药剂及其投加量公式，并应用于生产现场，取得了良好的处理效果。

1　水质概况

元坝气田采出水的水质属于氯化钙型地层水，具有高矿化度、高硫化物、高硬度的特点。采出水水质如表 1 所示。

表 1　元坝气田采出水水质

pH 值	硫化物/(mg/L)	Fe^{2+}/(mg/L)	Fe^{3+}/(mg/L)	阳离子			阴离子			总矿化度/(mg/L)	水型
				K$^+$+Na$^+$/(mg/L)	Ca^{2+}/(mg/L)	Mg^{2+}/(mg/L)	Cl$^-$/(mg/L)	SO$_4^{2-}$/(mg/L)	HCO$_3^-$/(mg/L)		
7.5	1750	0.45	0.09	13958.51	2052.67	119.48	24200.92	51.90	2175.71	42559.20	CaCl$_2$

第一作者简介：宋玲，女(1986—)，四川眉山人，毕业于中国石油大学(北京)矿物学岩石学矿床学专业，硕士。现工作于西南油气分公司采气二厂，助理工程师，主要从事气田职业健康管理、清洁生产、节能减排等方面的管理和研究。

元坝气田采出水首先经过汽提塔，将硫化物质量浓度降至 500~800mg/L 后，再投加除硫剂生成难溶的硫化物沉淀，最后经过深度处理，如混凝沉降、双滤料过滤，去除水体中的悬浮物和油，使水满足回注指标。元坝气田处理后的气田水大部分进行回注，处理后的回注水水质指标如表 2 所示。

表 2　元坝气田回注水水质

pH 值	硫化物/(mg/L)	总铁/(mg/L)	含油/(mg/L)	悬浮物/(mg/L)	中值粒径/μm
6~9	<6	<15	<30	<15	<3

2　氧化除硫药剂选择

目前使用的氧化除硫技术的主要区别是采用不同的氧化剂，由于原水水质存在差异，可选用的氧化剂及加药方式也会有差别。前人研究了亚硫酸钠、空气以及双氧水 3 种氧化剂，得出含硫废水最佳的氧化除硫药剂为双氧水。针对元坝气田的含硫废水，可供选用的氧化除硫药剂有臭氧、双氧水、次氯酸钠、三氯异氰尿酸钠等。次氯酸钠的氧化机理与双氧水稍有差别；三氯异氰尿酸钠属于高级氧化剂，氧化效果好，但是其固体在水中的溶解度很小。

2.1　最佳药剂实验

实验用水为经过汽提后的采出水，pH 值为 6.5，硫化物质量浓度为 664mg/L，悬浮物质量浓度大于 30mg/L，水体泛绿浑浊，COD_{Cr} 质量浓度为 5174.46mg/L，含有大量的易于被氧化的未知有机物。

实验取汽提后的水样倒入 4 个烧杯，每个烧杯的水样体积为 100mL。实验所用的臭氧发生器使用 220V/50Hz 交流电，电流可以调节，装置额定功率 150W，额定臭氧产量为 10g/h，以 0.5L/min 的流速生产臭氧，5L 臭氧需要运行 10min。实验所用次氯酸钠为 40% 的液体次氯酸钠溶液，双氧水的质量分数为 27.5%，三氯异氰尿酸钠为圆饼状白色固体，实验前研成粉末。

按照各药剂氧化还原反应条件，计算将硫化物去除所需要使用的药剂量，加入各反应药剂，反应时间控制在 20min。反应结束后，将 pH 值调至 6~8，加入 2mL 质量分数为 10% 的 PAC 溶液，以及 0.3mL 质量浓度为 0.2% 的 PAM 溶液，搅拌 1min 后静沉至水体澄清，观察水体颜色以及测量硫化物的去除率，结果如表 3 所示。

表 3　不同氧化剂除硫效果

药剂名称	计算加药量	反应后硫化物/(mg/L)	除硫率/%	上清液外观描述
臭氧	5L	23.24	96.5	浑浊、黄色
次氯酸钠	0.43mL	180.62	72.8	浑浊、黄色
双氧水	0.48mL	2.66	99.6	浑浊、偏黄色
三氯异腈尿酸钠	0.35g	17.26	97.4	浑浊、白色

由表 3 可知，使用计算的加药量氧化除硫，使用臭氧、双氧水、三氯异腈尿酸钠均能去除含硫污水中的硫化物，去除率均在 96.5% 以上，次氯酸钠的去除率相对较低。臭氧反应通入气量较大；三氯异氰尿酸钠虽然氧化效果最好，但是该药剂过度氧化使得水体中易于被氧化的有机物也大量参与氧化反应，使得水体澄清困难。因此，最佳药剂为双氧水，其硫化物去除率高，适合用于元坝气田采出水的氧化除硫。

2.2 加药量计算公式

按双氧水完全与硫化物反应恰好生成硫单质计算，根据氧化还原反应原理，27.5% 双氧水的理论投加公式为：

$$M = 0.003864 \times V \times C$$

式中　M——双氧水投加量，kg；

C——水中硫化物质量浓度，mg/L；

V——处理水量，m^3。

但由于气田原水中含有大量的易于被氧化的未知有机物，实际投加量远大于该计算值。因此，需要在理论计算加药量的基础上，进行室内实验得到合适的双氧水投加量计算公式。

在 5 个烧杯中分别倒入汽提后水样 100mL，其硫化物质量浓度为 664mg/L，pH 值为 6.5。向各烧杯内分别加入 27.5% 双氧水 2mL、4mL、6mL、8mL、10mL，并调节 pH 值至 6~8，分别在处理 3min、6min、9min、12min、15min、18min 时取上清液，加入 PAC、PAM 搅拌 1min，絮凝沉淀 5min 后测量硫化物浓度。反应时间对硫化物去除率的影响如图 1 所示。

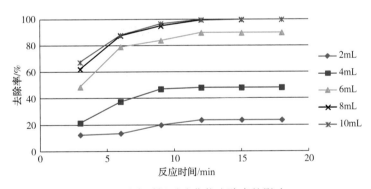

图 1　反应时间对硫化物去除率的影响

由图 1 可知，硫化物的去除率主要受双氧水投加量和反应时间的影响，随着反应时间延长，除硫率逐渐增加，反应 12min 后趋于稳定。考虑水中易于被氧化的 COD_{Cr}、细菌等还原性物质的干扰，取 100mL 含硫化物质量浓度为 664mg/L 的采出水，依次加入 27.5% 双氧水 2mL、3mL、4mL、5mL、6mL、7mL、8mL 进行实验，对硫化物的去除率进行线性拟合，结果如图 2 所示。

由图 2 可知，拟合的线性系数 K 为 13.193，则双氧水的实际投加量计算公式为：$M = 0.007579 \times V \times C$。可以看出，拟合结果增大了 96.1% 的双氧水投加量。

对于某一确定的气田产出水，易于被氧化的未知有机物种类基本确定，但是水质每天变化，这给加药处理带来了不小困扰。现场生产采取的方式为：依据该拟合公式计算基础加药量，加入处理池后，测量硫化物含量，若硫化物含量在水质指标以内，则开始使用混凝沉降药剂，澄清水体；若水质发生变化，加药反应后硫化物含量不满足要求(使用此拟合公式一般超出指标在20%以内)，则仅使用少量的氯化锌微调，使水体满足指标要求。

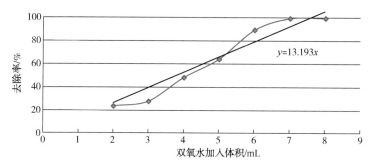

图2 双氧水投加量对硫化物去除率的拟合结果

3 现场应用实践

元坝气田污水站处理从2017年3月15日开始试用双氧水氧化除硫，试验在污水站综合池进行，综合池尺寸12.6m×3.6m×4.8m，向该综合池放入160m³汽提后的采出水，液位为4.5m，综合池原有池底液体约40m³。综合池内混合均匀后，取综合池内水样测量硫化物含量以及pH值，加入浓度为27.5%的双氧水，确保双氧水反应的条件在弱酸性环境中进行。考虑到综合池没有搅拌器，综合池体积大，采用综合池一端曝气，另一端加回流泵的方式，让药剂在池内充分反应30min。反应结束后取样测量硫化物含量，同时调节pH值至7~8，依次加入PAC、PAM反应30min后，关闭曝气装置和回流泵。使用双氧水除硫效果如表4所示。

表4 双氧水除硫效果

序 号	原水水质			出水水质		
	pH 值	悬浮物/(mg/L)	硫化物/(mg/L)	pH 值	悬浮物/(mg/L)	硫化物/(mg/L)
1	7.56	276	560.12	7.78	33	4.69
2	8.25	316	919.20	7.84	20	2.64
3	6.99	202	768.15	7.77	21	2.59
4	6.88	260	718.47	7.36	17	1.41
5	7.42	246	569.65	8.06	21	4.19
6	7.23	218	448.00	7.51	18	3.6
7	7.36	262	360.00	7.91	20	4.32

双氧水脱硫处理后的上清液与综合池原液对比效果如图3所示。

由现场实践可知，根据加药量计算公式确定双氧水的投加量，对元坝气田采出水中的硫化物有着良好的去除效果，能够满足生产要求。

(a)综合池原液　　　　　　　　(b)脱硫后上清液

图3　双氧水脱硫处理前后水样外观对比

4　药剂成本分析

以处理 100m³ 含硫化物质量浓度为 1283mg/L 的采出水为准，对比双氧水氧化除硫和氯化锌沉淀除硫的药剂成本，结果如表 5 所示。药剂价格以当前市场均价计，PAC 为 1.25 元/kg（折合 2% 溶液为 0.25 元/L），双氧水（27.5%）为 2.75 元/L，氯化锌为 8.50 元/kg，氢氧化钠为 4.00 元/kg，PAM 为 20.00 元/L。

表5　处理药剂成本对比

配方编号	双氧水		氯化锌		氢氧化钠		PAM		总成本/元
	1	2	3	4	5	6	7	8	
	加量/L	药剂成本/元	加量/kg	药剂成本/元	加量/kg	药剂成本/元	加量/L	药剂成本/元	
原配方	0	0.00	709	6026.50	350	1400.00	2	40.00	7466.50
氧化配方	972.38	2674.05	100	850	150	600.00	2	40.00	4164.05

由表 5 可知，氧化除硫比沉淀除硫的药剂成本降低了约 44.23%。同时根据污泥反应原理，每 100m³ 含硫化物质量浓度为 1283mg/L 的采出水，沉淀除硫的污泥理论产生量（含水率为 80%）为 1924.5kg，而氧化除硫的理论污泥产生量（含水率为 80%）仅为 1012.8kg，其污泥产生量也降低了 47%。

5　结论

(1) 针对元坝气田的采出水水质，使用双氧水作为氧化药剂进行氧化除硫，与原沉淀除硫方式相比，大大降低了药剂成本和污泥的产量，能够满足处理要求，操作简单，工艺可行。

(2) 现场实践表明，考虑到受易氧化的细菌、有机化合物等成分的影响，使用拟合后的双氧水投加量计算公式 $M = 0.007579 \times V \times C$，能够保证氧化剂的投加量，出水水质达到除硫要求。但是考虑到水质变化，需要使用少量的氯化锌进行微调。

（3）元坝气田采出水水质复杂，采用氧化法除硫并非药剂加入量越多越好，必须考虑到气田水中易于被氧化的 COD_{cr} 被过度氧化的情况，过量的加入氧化剂，反而会使水体难以澄清。

参 考 文 献

[1] 任世林，张翠兰，蓝辉，等．元坝气田高含硫污水处理及回注方案优选[J]．重庆科技学院学报，2016，18（3）：40~42.

[2] 屈撑囤，沈哲，扬帆，等．油气田含硫污水处理技术研究进展[J]．油田化学，2009，26（4）：453~457.

[3] 张超，李本高．石油化工污水处理技术的现状与发展趋势[J]．工业用水与废水，2011，42（4）：6~11.

[4] 陈忠喜，舒志明．大庆油田采出水处理工艺及技术[J]．工业用水与废水，2014，45（1）：36~39，46.

[5] 陈丹丹．含硫废水受控氧化与絮凝研究[D]．成都：西南石油大学，2016.

[6] 盛梅，马芬，杨文伟．次氯酸钠溶液稳定性研究[J]．化学技术与开发，2005，34（3）：8~10.

元坝气田含油污泥破乳技术应用实践

郭威　侯肖智　何海　崔英　杨伟

(中国石化西南油气分公司采气二厂)

摘　要　元坝高含硫气田集输管线作业产生的油性污泥，直接压滤效果差，无法实现污泥的减量化。通过实验研究，使用新型复合破乳剂 EEA，添加到高含硫的油泥中，使油泥充分破乳，实现油水固三相分离，絮凝沉降后的油性污泥体积减少在 1/2 以上，能够直接压滤。应用实践表明，新型复合破乳剂 EEA 能够大大减少油性污泥的体积，破乳后的油泥上部澄清为清水，水处理合格后回注地层，下部分离的非油性污泥，实现直接压滤。

关键词　元坝气田；批处理；压滤；集输管线；油泥

引言

元坝高含硫气田地面集输管线批处理作业过程中，管线添加的缓蚀剂、地层采出物以及管线沉积物，通过长时间的乳化、深度老化与落地土等形成复杂的、高黏度的膏状油性污泥。这些存积在管线内的油性污泥易堵塞集输流程的管线、阀件连接部位，减少过流面积等。若不及时清理管线内的油泥，将给气田生产以及周围环境带来很大危害。

元坝气田污水处理站对接收的油泥不能实现直接压滤，文献调研发现，针对油田出现的集输管线产生的油性污泥，主要采取的处理方法有热化学清洗、原油洗脱与固化技术、溶剂萃取技术、焚烧焦化处理、生物处理技术等，但由于受到环境、地理的限制，这些技术并不适用于元坝气田的油性污泥处理。大量堆积的油性污泥无法实现直接压滤以实现减量化，不但堵塞了压滤管线、压滤机，而且容易烧毁污泥提升泵。

1　油性污泥破乳

元坝气田产生的油性污泥化学结构复杂，主要为深度乳化、老化的油与落地土、气田采出物之间的相互包裹、物理吸附、物理包裹、化学结合形成复杂的油包水、水包油的复杂混合物，外观上为黏度大、切力高、疏水强的膏状物。元坝气田污水站的主要处理目的是有效压滤油性污泥，实现污泥的减量化。

1.1　处理难点

元坝气田集输管线批处理管线作业频繁，批处理油泥产量平均每月 100m³ 左右。而元坝

第一作者简介：郭威，男(1988—)，四川绵阳人，毕业于西南石油大学，环境工程专业，硕士学位。现工作于西南油气分公司采气二厂，工程师，主要从事污水处理方面研究。

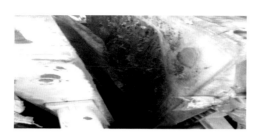

图 1 油性污泥直接使用板框
压滤机压滤堵塞滤布照片

气田并没有设计专门接收处理批处理油泥的处理站和容器，现场指定某水处理的综合池为存放池。进入该综合池的批处理油泥不断堆积，占用了大量的池内空间，液位不断上升。批处理油泥直接压滤的效果如图 1 所示，其为使用板框压滤机压滤效果。

元坝气田油性污泥处理有以下五个难点：

（1）由于元坝污水站设计建造的缺陷，地面污水处理站只在池底部安装了刮泥机，以及污泥提升泵，相对于容积 160m³、池深达到 4.8m 的综合处理池，很容易被大量油泥埋入底部。

（2）由于批处理油泥的特性，如高黏度、高切力、强疏水等，这就造成了刮泥机难以运行，污泥提升泵憋泵、甚至电机烧毁、堵塞污泥提升泵管线等现象。

（3）由于批处理油泥难以有效压滤，需要与大量的普通污泥相混才能勉强实现压滤，但并不能使得油性污泥真正的压缩减量，压缩后的油泥仍然呈膏状，且批处理油泥黏附在板框压滤机的滤布上，堵塞滤布。

（4）每日处理水产生的新普通污泥有限，甚至 3 天的水处理量才能产生约 10m³ 污泥，因此批处理油泥压滤进度缓慢，油性污泥堆积越来越多，综合池处理难度越来越大。

（5）累积在综合池底部的批处理油泥太多，严重影响刮泥机、污泥提升泵的使用。

针对批处理油泥存在的问题，如何实现批处理油泥的正常压滤，减量化污泥产量，保障元坝气田的正常生产，成为污水处理站亟待解决的问题。

当前批处理油泥进一步处理优化的方向主要为：实现批处理油泥的有效破乳，油水固三相自然分离，通过压滤减量化油泥产量，降低压滤的泥饼含水率。

1.2 油泥破乳药剂

元坝气田 YB29 井批处理油泥至少存在四种油泥样品，每种样品的含油量不同，乳化程度不同，成分不一，处理起来也会不同。如图 2 所示为四种油泥的照片。

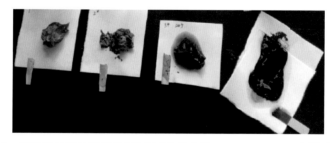

图 2 四种批处理油泥样品（从左至右依次为 1#、2#、3#、4#油泥）图片

针对批处理油泥的特殊性状，研发新型复合破乳剂 EEA，EEA 药剂为针对油状物的小分子破乳剂、针对落地土包裹结构添加的絮凝药剂以及针对油状物形成的乳化物的添加萃取药剂，以及针对整个药剂加入的阻燃药剂复合成 EEA 的药剂。使用针对油泥体积加量为 10%～15%。

室内实验应用复合破乳剂 EEA 对以上四种油泥进行破乳实验，取 4 个烧杯，分别放入 40mL 油泥，加入少量破乳剂 EEA，破乳效果如图 3 所示。

1#油泥　　2#油泥　　3#油泥　　4#油泥

图 3　四种油泥样品处理后图片

从图 3 可以看出，1#、2#、3#油泥处理后，上部澄清，下部油泥实现了油水固三相分离，处理后的油泥体积减少了 1/2。而 4#油泥含油最高，较难处理，但也实现了有效破乳。综合池内的油泥为这四种油泥的混合物，4#油泥虽难以处理，但含量较少，主要以 1# 和 2#油泥为主。

进一步取油泥混合物，使用 EEA 做破乳实验，效果如表 1 所示。

表 1　选择破乳剂 EEA 与油泥比例均为 1∶1 的实验效果

步骤	油泥(40mL)	加 EEA/水(1∶1)	搅拌(5min)	静置(5min)	过滤(底部污泥)
现象	高黏度膏状油泥	油泥缓慢溶解并出现絮状物	油泥迅速溶解，呈细小均匀的分散体	分散颗粒不再呈膏状，油、水、泥分离	类似普通污泥，不再具有高黏度、大切力、强疏水等特征

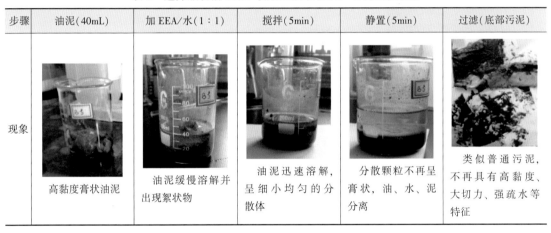

破乳剂 EEA 成功实现了油泥的油水固三相的自然沉降和分离，底部沉降的固相体积小于原油泥体积的 50%，烧杯底部的固相满足压滤条件。

2　现场应用实践

2017 年 9 月大修期间，在元坝某污水站开展批处理油泥的破乳和压泥工作，油泥综合池存有批处理油泥约 80m³，其中水相占 40%，使用 EEA 为复合破乳剂，碱加量为 0.5%，控制溶液的 pH 值为 9~10。油泥综合池的一端加螺杆回流泵以及曝气装置，加速混合搅拌药剂和油泥的接触，反应时间 120min。反应效果如图 4 所示。

| 反应前 | 反应后 |

图4　综合池反应前后对比

反应完成后，将综合池上部上清液直接转至水处理池进行水处理，下部油泥仅有不到 $10m^3$，处理后压泥的效果如图5所示，压滤后的污泥含水率至 35% 左右。

上部上清液进入水处理系统水处理至合格，反应后的出水pH值为 8.5，硫化物含量 0.24mg/L，含油控制小于 6mg/L，悬浮物小于 8mg/L，粒径小于 $3\mu m$，满足生产回注要求，而污泥减量化效果明显。

图5　破乳后的油泥使用
板框压滤机压滤照片

3　结论

通过元坝气田含油污泥破乳压滤的研究和现场应用实践，得出以下结论：

（1）元坝气田油性污泥的成分比较复杂，难以直接进行普通压滤，效果差，油泥将会黏附滤布，堵塞压滤机，影响压滤机的正常工作。

（2）使用破乳剂 EEA 破乳后，油泥实现油水固三相自然分离，油泥体积降低 50% 以上，且不再影响压滤机正常工作，压滤的泥饼含水率在 35% 左右。

（3）破乳剂 EEA 能够很好地适应元坝气田油泥的破乳压滤工艺，澄清后的上部液体方便进行水处理至合格。

参　考　文　献

[1] 沈喜洲，王道楠，尹先清，等. 渤海油田含油污泥处理效果的改进[J]. 武汉工程大学学报，2015，37（6）：1～4.

[2] 张爱华，周德峰，卢运良. 热萃取技术在油泥处理中的应用[J]. 石油化工安全环保技术，2010，26（5）：56～59.

[3] 闫栋栋. 油田含油污泥原油洗脱及固化研究[D]. 济南：山东大学，2012.

[4] 杜杰，张帆，徐建蓉，等. 热化学洗涤–超声波分离技术处理油田含油污泥[J]. 油气田环境保护，2006，19（1）：9～10.

[5] Kuriakose A P，et al. Liquid sludge disposal process [P]. US：4786401，1987.

[6] 薛涛. 含油污泥无害化处理与资源回用技术研究[D]. 西安：长安大学，2003.

[7] 李建柱，李晓鸥，封瑞江，等. 油泥及其处理工艺现状[J]. 炼油技术与工程，2009，39（12）：1～4.

气田水处理站污水卸车安全技术应用研究

肖仁杰[1]　陈 伟[1]　侯肖智[1]　崔 英[1]　孙成江[1]　刘 圆[2]

(1. 中国石化西南油气分公司采气二厂；2. 中国石化西南油气分公司天然气净化厂)

摘　要　根据目前含硫采气地层水安全问题增多的现象，对元坝气田水处理站污水卸车过程进行风险识别，利用鱼骨分析法针对含硫气体泄漏进行原因分析。结合现场实际问题，对含硫污水卸车装置进行优化利用，并基于原因分析提出了安全对策措施。

关键词　含硫污水卸车；风险识别；原因分析；安全对策措施

引言

　　元坝气田产出水主要分为气田水、返排残酸、批处理残液，分别采用密闭罐车拉运和管线输送的方式将各采集气井站分离出来的残酸及气田水就近外输至气田水处理站处理，采用汽提+混凝沉降+过滤的密闭处理工艺，处理合格的污水再通过管线输送至低温蒸馏站或回注站进行回注。目前，由于天然气行业的蓬勃发展，采气地层水随着产气量的增长逐年提升，特别是含硫污水收集、拉运、装卸等也发生了一些安全生产事故。因此，确保含硫污水的安全转运与处理，减少人员伤害和环境污染，研究气田水处理站含硫污水卸车风险并提出对策措施有重大的意义。

1　风险识别

1.1　危害特征

　　1. 硫化氢危害特征

　　元坝气田地处山区，地形复杂，人口密集，硫化氢浓度高、压力大，居民疏散困难，硫化氢泄漏易产生大范围危害。当其被吸入人体时，首先刺激呼吸道，使嗅觉钝化、咳嗽，严重时将其灼伤；其次，刺激神经系统，导致头晕，丧失平衡，呼吸困难，心跳加速，严重时心脏缺氧而死亡。硫化氢进入人体后，将与血液中的溶解氧产生化学反应。

　　2. 火灾爆炸危害特征

　　元坝气田地处山区，地形复杂，人口居住密集；集气站场实行24h值班操作，一旦发生火灾爆炸易对人员产生危害。集气站周边是山林；整个集输、净化上下游一体化，设备、管

第一作者简介：肖仁杰，男(1990—)，毕业于西南石油大学化工安全工程专业，获硕士学位。现工作于西南油气分公司采气二厂，工程师，主要从事油气田安全管理工作。

线大部分密集、相连，一旦发生火灾爆炸，易造成连锁反应，财产损失巨大。天然气、硫化氢等燃烧产生大量的二氧化硫和二氧化碳，对周边环境造成极大污染。

1.2 事故类型

1. 气体泄漏

在装卸酸液过程中，出现酸液泄漏时，环境硫化氢浓度会达到安全临界浓度以上，超过危险临界浓度，甚至达到更高的浓度，若现场作业人员和周边环境人员采取的措施不当，易引发中毒和窒息，导致人员伤亡。

2. 交通事故

车辆在行驶过程中，需注意安全，严格按照交通法规执行，若驾驶操作不当易发生交通事故造成人员及设备安全。

2 原因分析

鱼骨图（Fishbone Analysis Method）是由日本管理大师石川馨设计的找寻出某一问题所有原因的方法。鱼骨图又名特性因素图，因其形似鱼骨而得名。鱼骨图将要分析的问题置于鱼头，与问题相关的一级原因置于鱼骨，与鱼骨相连的鱼刺是下一层次的原因。鱼骨图直观地表明了各个原因以及构成关系，使决策者对问题有整体的把握。

利用鱼骨分析法对气体泄漏产生的原因进行分析，得出以上6点一级原因，即：风险识别不到位、污水卸车的安全预防措施欠缺、操作规程不完善、现场装卸装置不可靠、应急处置程序不完善、应急技术措施不完善（图1）。针对现场装卸装置不可靠分析得出3点二级原因：设计和安装问题、腐蚀、材质缺陷等。

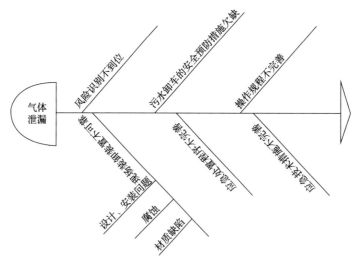

图1 气体泄漏鱼骨图

气田水处理站在进行卸车时，因污水车卸车口与卸车管线采用快速公母接头进行连接。卸车完毕后，拆卸管线与封上堵头的时间段（20s），管线内残余硫化氢溢出到空气中（图2）。

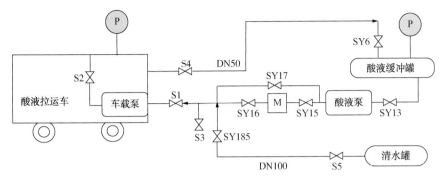

图 2　残酸废液装车图

注：SY13—酸液缓冲罐底阀；SY15、SY16—酸液泵出口阀；SY17—酸液泵出口旁通阀；SY18—清水冲洗阀；
S5—清水罐出口阀；S1—车载泵进口阀；S2—车载泵出口阀；S3—进水放空阀；S4—污水车回气阀；SY6—缓冲罐回气阀

3　卸车装置优化

在卸车管线活动段加装阀门，卸车完成后，先将阀门关闭，然后拆除管线，堵上堵头，有效控制管线内硫化氢溢出。

由于材质涉硫，考虑轻便，采用 UPVC 塑料蝶阀。管线段采用 E 型公头，污水车卸车口段采用 C 型公头，中间用法兰连接，管线采用 316L 材质。由于卸车口离车辆保险杠距离较远，采用增加直管段300mm。装置较重（12kg），直接在卸车口使用，会导致连接处密封不严，管线容易脱落，且搬运较重，因此采取在底部加装小车方式。由于每辆车的高度不一样，采取在小车上端支撑架以利用螺杆进行升降的方式调整。为有效防止车辆移动，底部小轮采用带刹车的装置进行固定（图3）。

图 3　气田水卸车阀门装置

4　安全对策措施

4.1　作业前安全条件确认

确认酸液缓冲罐液位满足装车要求；确认电磁流量计工作正常；确认酸液缓冲罐压力、污水车压力正常；确认酸液缓冲罐底部出口阀 SY13、酸液泵出口阀门 SY15、SY16 关闭；确认酸液缓冲罐返回气阀门 SY6 关闭；确认流量计旁通阀门 SY17 关闭；确认防爆排风扇在上风口摆放到位，插好电源待用；记录电磁流量计累计流量初始值。

4.2　应急处置

在装卸车作业过程中发生残酸泄漏事故的，装卸人员形成现场自救小组；管理人员、调度人员及后勤人员。井站作业人员形成事故增援小组(图4)。

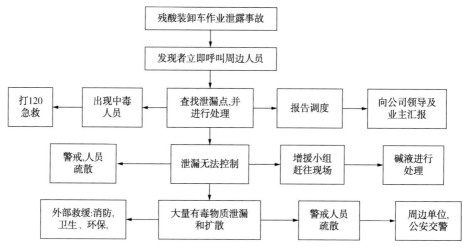

图 4　应急处置程序

4.3　其他管理措施

在作业区域设置警戒带,实行区域管制,实行准入证制度,无关人员严禁入内;进入现场人员禁止携带手机、烟火等违禁物品;加强监测报警系统的管理。随身佩戴硫化氢检测报警仪;车上消防器材配备到位;对气体检测仪、灭火器等气、消防设施要进行认真检查,确保处于良好状态;进入施工现场人员必须佩带硫化氢检测仪、安全帽,劳保着装;作业过程中使用防爆工具、防爆设备设施等有效措施,避免火花产生;拆卸前,强风措施落实到位,并且确定应急作业人员就位;严格执行涉硫管理规定;严格入站教育,安全教育填写确认书,禁止私自开关任何阀门;拆卸过程中,作业人员和监护人员,必需正确穿戴劳保用品,佩戴便携式硫化氢检测仪。

参 考 文 献

[1] 袁淋, 梁中红, 姜林希, 等. 元坝气田笼套式节流阀故障及处理措施[J]. 油气储运, 2018(8): 941~946.

[2] 姚华弟, 李闽, 肖文联, 等. 高含硫气田水处理工艺技术优化[J]. 化学工程与装备, 2017(2): 104~105.

[3] 黄献智, 杜书成. 全球天然气和 LNG 供需贸易现状及展望[J]. 油气储运, 2019, 38(01): 18~25.

[4] 吴超, 杨洋, 孟波, 等. 含硫油气田污水收集风险及对策研究[J]. 天然气与石油, 2016, 34(5): 85~88.

[5] 王秀军, 秦泗平. 油气田开发与炼化企业硫化氢危害分析与预防[J]. 安全、健康和环境, 2006, 6(12): 16~20.

[6] THOMPSON, H. W. Explosions of Hydrogen Sulphide-Oxygen Mixtures. [J]. Nature, 1931, 127(3208): 629~629.

[7] Xi C, Wen-Qiang L I, Yan L I, 等. Integrated analysis of fishbone and evolution laws on product failure prediction and problem solving[J]. Chinese Journal of Engineering Design, 2014.

[8] 李怡, 崔小君, 黄元和, 等. 元坝气田腐蚀挂片带压取放故障分析与对策[J]. 化学工程与装备, 2018.

提高含硫气田水汽提效率技术研究与应用

刘鹏刚　龚小平　苏正远　曾力　何海

(中国石化西南油气分公司采气二厂)

摘　要　针对目前元坝气田汽提塔工艺参数不合理、汽提效率远低于设计要求、存在极大优化空间的现象，开展了含硫气田水汽提效率影响因素分析研究，确定出主控因素为气液比、进液量、进液 pH 值和填料比表面积，以此指导汽提塔汽提效率优化。现场应用表明，优化后汽提塔汽提效率达到 76.6%，比优化前提高 29.2%，年节约成本 146.96 万元，降本增效效果显著，也为同类海相高含硫气田的现场应用提供一定的参考。

关键词　元坝气田；高含硫气田水；汽提效率；原因分析；主控因素优化

引言

元坝气田属于高含硫生物礁气藏，气田采出水具有硫化物含量高、杂质及悬浮物含量复杂等特征，水中硫化物含量高达 3000mg/L，而注水水质要求硫化物含量低于 6mg/L，这就增加了气田水处理的难度。含硫气田水从地层通过井筒进入地面，再通过集输管网输送至集气总站进行集中处理，元坝气田采用三级除硫技术，包括一级汽提除硫、二级氧化除硫、三级絮凝沉降除硫，处理后的气田水达到地层回注或低温蒸馏回用的条件。一级汽提除硫是整个污水处理系统的关键，汽提效率越低，二级药剂加注量越大、三级污泥产生越多，生产成本越高。目前元坝气田高含硫气田产水量 450~500m³/d，汽提进水硫化物含量平均为 1960mg/L，出水硫化物含量平均为 984mg/L，汽提效率 15.34%~62.7%，平均为 47.4%。汽提效率低，汽提后出水硫化物含量高，导致污水深度处理时药剂用量增加，处理费用高，同时影响污水处理能力和气田水正常回注，严重制约气田的最高生产能力。因此，结合气田生产实际，对影响含硫气田水汽提效率的原因展开深入研究，并采取针对性的措施加以优化，对降低水处理成本、减少环保风险、最大化释放气田产能及提高开发效益具有重要作用，也为同类海相高含硫气田的现场应用提供一定的参考。

1　高含硫气田水汽提原理

元坝气田含硫气田水采用汽提塔脱出水中硫化氢，汽提塔为填料塔，塔顶安装捕雾器，设置液体分布器，填料为陶瓷鲍尔环。汽提塔工作原理为：高含硫气田水从汽提塔顶部进入，氮气从汽提塔底部进入，气田水与氮气在塔内逆流接触(图1)。由于硫化氢在水中溶解

第一作者简介：刘鹏刚，男(1990—)，四川广安人，毕业于西南石油大学，油气田开发工程专业，硕士学位。现工作于西南油气分公司采气二厂，助理工程师，主要从事高含硫气田开发及污水处理研究。

度不大，氮气流可降低含硫气田水上部空间中硫化氢的分压，硫化氢在水中溶解度下降(亨利定律)，使硫化氢与水分离，同时在逆流接触过程中氮气的激烈搅动作用也加速分离进程。分离出的硫化氢被氮气汽提，混合废气从塔顶进入低压放空系统，最终去克劳斯炉，脱硫后的气田水则从塔底流出，进入污水处理系统。

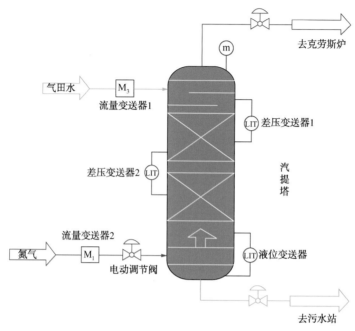

图 1　汽提工艺流程图

2　汽提效率影响因素分析

通过对汽提塔整个汽提过程调查、工艺参数分析、现场试验和室内汽提模拟实验，明确了元坝气田汽提塔汽提效率的影响因素。

2.1　气液比对汽提效率的影响

为研究气液比对汽提效果影响，在汽提塔塔压 0.40MPa、进液量 10m³/h 的条件下开展不同气液比下的氮气汽提，汽提数据如表 1 所示。结果表明，进液量保持不变的情况下，随气液比从 4 增加到 20，汽提效率从 43.38% 提高到 61.90%，表明气液比对汽提效率影响大。这主要是由于气液比增加，进入汽提塔内的氮气量增大，氮气与气田水接触过程中搅动作用越剧烈，被氮气带出的硫化物增多，汽提后气田水硫化物含量减少，汽提效率提高。

表 1　气液比与汽提效率关系

气液比	进水含硫量/(mg/L)	进水 pH 值	出水含硫量/(mg/L)	出水 pH 值	汽提效率/%
4	1625	6.5	920	7.5	43.38
8	1675	7.0	890	7.5	46.86
12	1600	7.0	625	8.0	60.94

续表

气液比	进水含硫量/(mg/L)	进水 pH 值	出水含硫量/(mg/L)	出水 pH 值	汽提效率/%
16	1550	6.5	575	8.0	62.90
20	1575	6.5	600	8.0	61.90

2.2 进液量对汽提效率的影响

为研究进液量对汽提效果影响，在塔压 0.40MPa、气液比为 8 条件下开展不同进液量下的氮气汽提，汽提数据如表 2 所示。当进液量低于 10m³/h，随汽提进液量增加，汽提效率呈缓慢下降趋势，但不明显；当进液量高于 10m³/h 后，汽提效率明显降低，表明进液量过高对汽提效果影响较大。这是因为进液量越大，流速越快，含硫气田水在汽提塔内与氮气的逆流接触时间越短，被氮气带出的硫化物越少，汽提后气田水硫化物含量越高，汽提效率降低。

表 2　进液量与汽提效率关系

进液量/(m³/h)	进液含硫量/(mg/L)	进水 pH 值	出水含硫量/(mg/L)	出水 pH 值	汽提效率/%
4	1725	6.5	850	8.0	52.72
6	1825	6.5	875	7.5	52.05
8	1650	7.0	785	7.5	52.42
10	1750	6.5	825	8.5	52.86
12	1725	6.5	900	8.0	47.83
14	1675	7.0	955	7.5	42.99

2.3 塔压对汽提效率的影响

污水汽提塔塔压按运行要求需要控制为 0.3~0.5MPa，在此压力范围内开展汽提塔塔压要因确认。采用氮气进行连续汽提，汽提结果如表 3 所示。在气液比为 12、进液量 10m³/h 的条件下，汽提塔汽提效率与塔压不成线性关系，并且随着塔压的增大，汽提效率变化不明显，表明塔压不是主要影响因素。这是由于汽提塔运行压力低，硫化氢在水中的溶解度不大，当气液比和进液量一定时，氮气与气田水接触过程中搅动的剧烈程度不变，因此，塔压的微小改变无法带来硫化氢与水分离速度的明显变化。

表 3　塔压与汽提效率关系

塔压/MPa	进水含硫量/(mg/L)	进水 pH 值	出水含硫量/(mg/L)	出水 pH 值	汽提效率/%
0.30	1950	7.0	725	8.0	62.82
0.35	1850	6.5	695	8.5	62.43
0.40	1875	7.0	780	8.0	58.40
0.45	1825	7.5	750	9.0	58.90
0.50	1850	7.0	700	8.5	62.16

2.4 进液 pH 值对汽提效率的影响

根据国内外学者研究结果(图2),气田水 pH 值小于 5.5 时,硫化物主要以硫化氢形式存在。元坝气田含硫气田水 pH 值一般为 6.5 ~ 7.5,呈弱酸性至若碱性,硫化氢物质的量比 20% ~ 90%,水中溶解大量硫化物。汽提时无法充分将水中的硫化物以硫化氢分子的形式汽提出来。

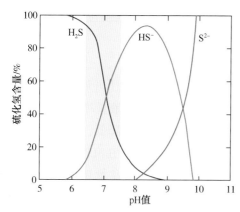

图 2　水中硫化氢含量与 pH 值关系

采用简易的汽提模拟实验:用两个量筒分别取 200mL 气田水,一个量筒通过加酸调节气田水 pH 值至 5~6,底部曝气 5min(气源为氮气),测定曝气前后水中硫化物含量,实验数据如表4所示。测定结果显示,酸性条件下气田水经曝气后硫化物含量明显降低,降低气田水 pH 值,可有效提高汽提效率。这是由于酸性条件下气田水中硫化物主要以硫化氢分子的形式存在,在曝气过程中氮气的搅动易把硫化氢带出,使得曝气后气田水中硫化物含量明显下降,汽提效率提高。

表 4　模拟汽提试验(曝气实验)结果

水　别	pH 值	硫化物含量/(mg/L)	汽提效率/%
气田水(原水)	6.80	1832	—
气田水+曝气	7.73	982	46.39
气田水+酸+曝气	4.97	701	61.73

2.5 汽提介质对汽提效率的影响

元坝气田集气总站汽提塔同时具备氮气汽提和燃料气汽提的功能,由于汽提介质分子量不同及其在水中的溶解度差异,采用不同的介质进行汽提,汽提效率可能存在不同。为此,采用单一要素分析法,在汽提塔塔压 0.4MPa、进液量 10m³/h、进液 pH 值等保持不变的条件下,采用燃料气、氮气介质分别进行汽提,汽提效率对比如图3所示。汽提结果显示:在不同气液比条件下,燃料气介质汽提效率为 50.41% ~ 63.44%,氮气介质汽提效率为 51.59%~62.67%;燃料气、氮气介质汽提效率变化不明显,表明汽提介质对汽提效率影响不大。

2.6 填料比表面积对汽提效率的影响

元坝气田汽提塔填料为陶瓷鲍尔环(图4),主要作用是将气田水分离成小水滴,增大气水表面接触面积,达到充分汽提的效果。鲍尔环尺寸越小,比表面积越大,气水接触面积越大,汽提后气田水硫化物含量越低,汽提效率越高。若鲍尔环填料比表面积太小,将不能起到增大气水表面接触面积的效果,因此填料比表面积大小对汽提效果影响较大。

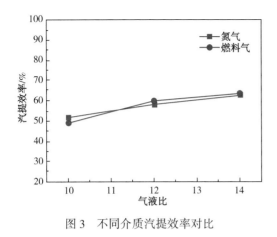

图 3　不同介质汽提效率对比

图 4　污水汽提塔内部鲍尔环堆积照片

2.7　进液硫化物含量对汽提效率的影响

汽提进液硫化物含量对汽提效率有一定影响，在进液量为 10m³/h、塔压 0.37 ~ 0.4MPa、气液比约 12 的条件下开展汽提实验，将连续 15 天测试结果绘制汽提进液硫化物含量与汽提效率关系图(图 5)。由图 5 可知，汽提进水硫化物含量为 1400~2100mg/L，汽提效率为 53%~60%，变化较小，且汽提效率与进液硫化物相关性较差($R^2 = 0.1429$)，表明汽提进液硫化物含量对汽提效率影响相对较小。

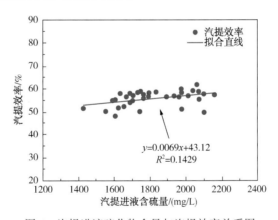

图 5　汽提进液硫化物含量与汽提效率关系图

3　汽提效率主控因素优化

采用单因素法进行汽提塔汽提效率影响因素分析，确定出主控因素为气液比、进液量、进液 pH 值和填料比表面积。

3.1　气液比和进液量优化

利用单因素法，在进液含硫量相对稳定的条件下(1600~1800mg/L)，控制汽提塔塔压为 0.36~0.37MPa，分别在进液量为 4m³/h、6m³/h、8m³/h、10m³/h、12m³/h、14m³/h 时，改变汽提塔气液比值，计算汽提效率，以得到最优气液比和进液量参数，实验数据如图 6 所示。结果表明：

（1）当进液量一定时，随着汽提过程中气液比的增大，汽提效果变好，汽提效率明显增加，当气液比为 12 时，汽提效率随气液比增长的趋势逐渐平缓，气液比超过 16 后，汽提效率很难提高。因此，最优气液比为 12~16。

（2）在气液比不变的情况下，进液量小于 $10m^3/h$ 时，随着进液量增加，汽提效率呈波动状态；当进液量超过 $10m^3/h$ 后，随进液量增加，汽提效率降低，汽提效果变差。根据元坝气田目前的产水量 $450m^3/d$，推荐汽提进液量为 8~$10m^3/h$。

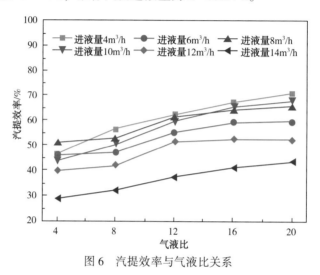

图 6　汽提效率与气液比关系

3.2　进液 pH 值优化

针对汽提塔进液 pH 值高、汽提效率低，对集气总站污水管道进行优化改造，在原汽提流程上增加加酸装置，通过加注酸液调节汽提塔进液 pH 值，优化后的工艺流程如图 7 所示。加药点位于已污水缓冲罐进水管道混合器前端，连续投加。酸剂采用 31%HCl 溶液，加注前加水稀释至 10%，药剂加注量根据进水 pH 值进行调节。

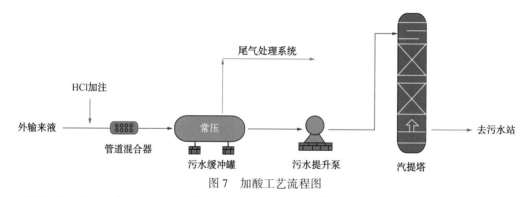

图 7　加酸工艺流程图

在进液量为 $10m^3/h$、气液比为 12 的条件下，采用盐酸调节气田水 pH 值进行汽提，汽提效率与进液 pH 值关系如图 8 所示。结果表明，pH 值从 6.0 下降到 2.0 时，汽提效率从 58% 上升到 83%，进液 pH 值越低，汽提效率相对越高。当进液 pH 值小于 5.0 时，随着进液 pH 值降低，汽提效率仅有小幅上升；同时进液 pH 值低于 3.0 时，对汽提塔有很大的腐蚀风险。综合考虑盐酸药剂成本和设备腐蚀，推荐进液 pH 值控制为 3.0~5.0。

3.3 增大填料比表面积

对汽提塔陶瓷鲍尔环填料进行更换，将原来 $DN50mm \times 50mm \times 8mm$ 的鲍尔环更换为 $DN25mm \times 25mm \times 5mm$（图 9），更换后比表面积由 $134m^2/m^3$ 提高到 $219m^2/m^3$，单个鲍尔环比表面积增大 63%。更换前污水汽提塔出水硫化物含量 800~950mg/L，更换后污水汽提塔出水硫化物含量 700~820mg/L，汽提出水硫化物含量降低约 90mg/L，汽提效率提高约 5%，表明增大填料比表面积对汽提效率有一定提升。

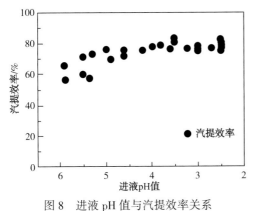

图 8　进液 pH 值与汽提效率关系　　图 9　汽提塔鲍尔环填料优化前后对比

4 现场应用与效益分析

4.1 现场应用效果评价

实施优化措施后，在气液比 12~16、进液量 $10m^3/d$、进液 pH 值 3.0~5.0 条件下进行汽提，连续 25 天对现场气田水汽提效果进行跟踪，汽提数据如图 10 所示。汽提塔进液硫化物含量平均 1810mg/L，汽提后硫化物含量 320~480mg/L，平均为 419mg/L，汽提效率平均为 76.6%。

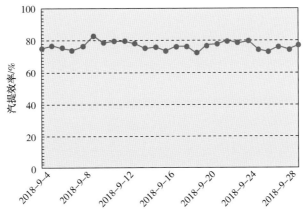

图 10　优化后汽提效率

485

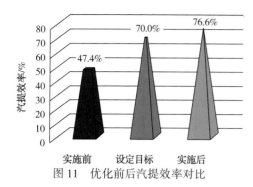

图 11　优化前后汽提效率对比

对比优化前汽提效率平均值 47.4%，优化后汽提效率提高 29.2%，汽提效率达到 76.6%，达到了目标要求的汽提效率 70%（图 11）。一级除硫效果提升，对降低二、三级除硫工艺中水处理成本，提高气田水处理能力，最大化释放气田产能具有重要作用。

4.2　经济效益分析

1. 节约 H_2O_2 药剂加注费用

实施优化措施后，气田水汽提效率提高 29.2%，降低了汽提塔出水硫化物含量。有效节约 H_2O_2 药剂加注，节约药剂费用计算公式为：

$$Q_1 = 0.007658 \cdot V_{水} \cdot C_{进水} \cdot (\eta_2 - \eta_1) \cdot M_1 \cdot T \tag{1}$$

式中　Q_1——H_2O_2 药剂节约费用，元；

　　　$V_{水}$——汽提塔汽提水量（取目前汽提水量 240m³），m³；

　　　$C_{进水}$——汽提进水硫化物含量（取目前进液硫化物平均值 1800mg/L），mg/L；

　　　η_2——措施实施前汽提效率，无量纲；

　　　η_1——措施实施后汽提效率，无量纲；

　　　M_1——H_2O_2 药剂单价（取单价 3.5 元/kg），元/kg；

　　　T——计算周期（取 1 年，共 365 天），d。

计算表明优化后 H_2O_2 药剂节约 966.01kg/d，年节约药剂费用 1234077 元。

2. 节约污泥处理费用

汽提优化后有效减少污泥产生量，污泥处理节约费用计算公式为：

$$Q_2 = 0.001 \cdot V_{水} \cdot C_{进水} \cdot (\eta_2 - \eta_1) M_2 \cdot T/(1-\varphi) \tag{2}$$

式中　Q_2——污泥处理节约费用，元；

　　　$V_{水}$——汽提塔汽提水量（取目前汽提水量 240m³），m³；

　　　$C_{进水}$——汽提进水硫化物含量（取目前进液硫化物平均值 1800mg/L），mg/L；

　　　η_2——措施实施前汽提效率，无量纲；

　　　η_1——措施实施后汽提效率，无量纲；

　　　M_2——污泥处理单价（取单价 4.5 元/kg），元/kg；

　　　T——计算周期（取 1 年，共 365 天），d；

　　　φ——污泥含水率（取目前含水率 50%），无量纲。

计算表明优化后污泥处理量节约 252.29kg/d，年节约污泥处理费用 414381 元。

3. 增加盐酸加注成本

汽提优化后增加了盐酸加注成本，盐酸加注成本计算公式为：

$$Q_3 = V_{盐酸} \cdot M_3 \cdot T \tag{3}$$

式中　Q_3——盐酸加注成本，元；

　　　$V_{盐酸}$——盐酸日加注量（取目前日加注量平均 0.7m³），m³；

　　　M_3——盐酸加注成本（取单价 700 元/m³），元/m³；

　　　T——计算周期（取 1 年，共 365 天），d。

计算表明年增加盐酸加注成本 178850 元。

经济效益：$Q_总 = Q_1 + Q_2 - Q_3 = 123.41 + 41.43 - 17.88 = 146.96$ 万元。

综合 H_2O_2 药剂节约成本、污泥处理节约成本及盐酸加注成本，汽提效率优化后年节约总成本 146.96 万元，降本增效效果显著。

5　结论与建议

（1）采用单因素法进行汽提效率影响因素分析，确定出主控因素为气液比、进液量、进液 pH 值和填料比表面积，可更好地指导汽提塔汽提效率优化。

（2）通过对汽提效率主控因素优化，得到最优气液比为 12~16，推荐汽提进液量为 8~10 m^3/h，进液 pH 值控制在 3.0~5.0，选用大比表面积填料，有利于提高汽提效率，实现气田高效开发。

（3）现场应用表明，优化后汽提塔汽提效率平均为 76.6%，比优化前提高 29.2%。一级除硫效果提升，对降低二、三级除硫工艺中水处理成本，提高气田水处理能力，减少环保风险，最大化释放气田产能具有重要作用。此外，年节约成本 146.96 万元，降本增效效果显著。

（4）针对气田开发后期产水量增加，汽提难度大的情况，建议开展负压汽提攻关，进一步降低汽提塔出水硫化物含量，降低药剂及污泥处理费用。

参 考 文 献

[1] 张分电，洪祥. 高含硫化氢气田集输系统硫化亚铁形成机理及风险控制[J]. 钻采工艺，2012，35(3)：89~91.

[2] 何生厚. 普光高含 H_2S、CO_2 气田开发技术难题及对策[J]. 天然气工业，2008，28(4)：82~85.

[3] 刘倩，唐建荣，喻宁，等. 气田水回注处理工艺技术探讨[J]. 钻采工艺，2006，29(5)：58~60.

[4] 屈撑囤，沈哲. 油气田含硫污水处理技术研究进展[J]. 油田化学，2009，21(4)：21~23.

[5] 任世林，张翠兰，蓝辉，等. 元坝气田高含硫污水处理及回注方案优选[J]. 重庆科学院学报(自然科学版)，2016，18(3)：40~42.

[6] 任世林，刘兴国，冯宴，等. 元坝气田地面集输工程污水处理系统优化研究[J]. 中外能源，2015，20(11)：97~99.

[7] 王增刚，刘涛，彭龙，等. 高含硫气田水处理工艺优化改造及效果分析[J]. 油气田地面工程，2017，36(2)：41~44.

[8] 吕三雕，陆鹏宇. 含硫污水气提装置优化生产方案探讨[J]. 石油炼制与化工，2012，43(4)：64~67.

[9] 张海林，向敏，杨毅. 含硫气田污水三级除硫技术研究[J]. 广州化工，2015，43(21)：174~175.

[10] 张太亮，黄志宇，景岷嘉，等. 油气田含硫废水复合深度达标处理室内工艺研究[J]. 钻采工艺，2009，32(2)：68~70.

[11] 张卫，马勤红，韩爱均，等. 明二污水站高含硫污水处理技术改进[J]. 油气田地面工程，2009，28(4)：8~9.

[12] 范伟，高继峰，刘畅. 高含硫气田含硫污水三级除硫技术优化[J]. 油气田地面工程，2017，36(7)：55~58.

[13] 刘晓丽，原璐，王金昌，等. 油田污水脱硫气提塔的设计选型[J]. 油气田地面工程，2013，32(8)：46~47.

含硫污水处理负压汽提技术优化

朱 国

（中国石化西南油气分公司采气二厂）

摘　要　元坝高含硫气田在开发生产过程中会产生地层采出水，这部分地层采出水具有硫化物含量高、矿化度高、COD组分复杂等特点，其中硫化物含量高达1800mg/L。目前，污水脱硫采用"汽提+化学除硫+混凝沉降+过滤"的密闭处理工艺。随着设备的运行，该处理工艺暴露出一些不足，比如汽提后硫化物含量高，药剂除硫成本高等。本文通过对除硫工艺中的负压汽提技术运行条件的优化，包括汽提气种类的选择、待处理水的pH、气液比等，得到负压汽提技术的最优运行条件，脱硫率高达96%，且效果稳定，达到了高含硫气田水经济高效处理的目的。

关键词　元坝；高含硫；气田；负压汽提；脱硫

引言

元坝气田为高含硫气田，其采出水水质属于 $CaCl_2$ 型，氯根含量平均值 20000mg/L，具有高硫化物，高矿化度，成分组成复杂等特点。目前，除硫技术主要有气提法、氧化法、沉淀法、生物法、生物脱硫药剂法等。元坝气田对采出水经预处理后进行回注或低温蒸馏资源利用。目前，元坝气田已有预处理站 2 座，采出水处理工程处理规模 $600m^3/d$，其针对高含硫气田采出水使用的脱硫工艺为物理化学法，工艺流程为"汽提+化学除硫+混凝沉降+过滤"的密闭处理过程，如图 1 所示为元坝气田脱硫工艺流程图。

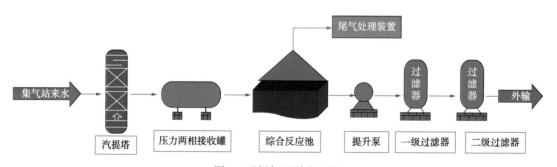

图 1　元坝气田脱硫工艺

但是，随着装置的运行，该工艺暴露出许多不足。主要存在以下几个问题：

作者简介：朱国，男(1986—)，四川阆中人，毕业于西南石油大学，油气田开发专业，硕士学位。现工作于西南油气分公司采气二厂，工程师，主要从事油气开发研究。

（1）元坝 29 处理站采用的锌盐除硫剂、大坪站使用的双氧水除硫，每吨水处理成本（元）分别为 33.2 元、53.06 元，占整个药剂成本的 70%、73%，除硫成本高。

（2）汽提后的硫化物含量很高，29 处理站经过汽提后的硫化物含量约 400~600mg/L，造成后续除硫成本高。

（3）氯化锌除硫污泥产量大、年产 70% 含水率污泥 1600t，污泥处理费用。

（4）双氧水除硫工艺用药剂带刺鼻性气味，储运和人身安全风险高。

为了降低污水处理成本，减少危废产生量，探索新的污水处理工艺技术，引进了负压汽提技术，同时对负压汽提技术进行了一系列参数条件的优化。

1 实验部分

1.1 实验仪器与试剂

（1）负压汽提装置（元坝气田自制设备）、pH 仪。
（2）实验所需药品盐酸为分析纯。
（3）处理污水主要为气田水（地层水+凝析水）和批处理废液，主要水型为 $CaCl_2$。

1.2 技术优化

针对现有技术不足，我们提出了负压汽提技术。负压汽提技术主要原理是利用文丘里效应，在污水汽提塔内形成负压，降低气体的饱和溶解度，通过负压抽吸作用，将产生的硫化氢气体及时抽走，打破气相和液相中硫化氢的分压平衡，降低气相中硫化氢分压，通过对污水 pH 的调整，使污水中硫化物向硫化氢分子态转化，提高污水中分离硫化氢的效率。如表 1 所示为不同 pH 值下的硫化物存在形态。

表 1 不同 pH 值下的硫化物存在形态

指标	pH≤5.5	5.8<pH<8	pH=8	8<pH≤9.8	pH>9.8
存在形态	H_2S	H_2S、HS^-	HS^-	HS^-、S^{2-}	S^{2-}

负压汽提可以以空气或燃料气为汽提，当以空气汽提时，鼓气风机风量：$0~100m^3/h$，风压 40kPa；以燃料气循环气提时，循环风机风量 $0~80m^3/h$，风压 ≥25kPa；利用循环风机将含硫尾气氧化塔中的燃料气回用于负压汽提塔。如图 2（a）为负压汽提技术流程图；图 2（b）为负压脱硫装置图。

1.3 工艺参数优化

探讨负压汽提技术的最优工艺参数，实验在不同进水量下，主要从汽提气种类，是否加盐酸调节 pH 值，不同气液比这几个方面的进行比对，从而得到脱硫效率最佳，效果最稳定的实验条件。

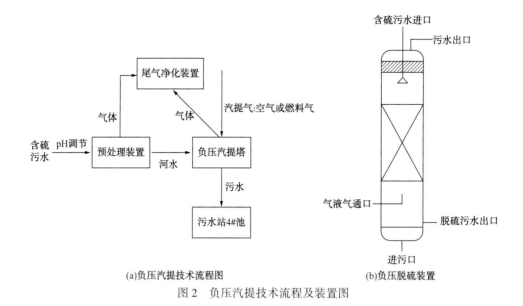

(a)负压汽提技术流程图　　　　(b)负压脱硫装置

图2　负压汽提技术流程及装置图

2　结果与讨论

2.1　进水 pH 对脱硫效率的影响

该阶段主要考察在不同进水 pH 条件下，pH 在哪个范围内对脱硫效果显著。考虑成本，采用空气作为汽提气源，由图3可知，当 pH 在 4.5~5.5 时，脱硫效率可达90%以上。

2.2　汽提气种类对脱硫效率的影响

主要对比以燃料气和空气为汽提气时，对脱硫效率的影响。保持进水 pH ≈ 5，以排除 pH 对脱硫效果的影响，对比以燃料气和空气作为汽提硫化物的气源时，对脱硫效率的影响。由图4可知，在不同进水量的情况下，当以燃料气和空气作为气提硫化物的气源时，脱硫效率总体差异变化不大，因此燃料气和空气均可以作为负压汽提气源。

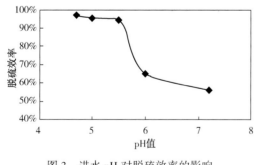

图3　进水 pH 对脱硫效率的影响

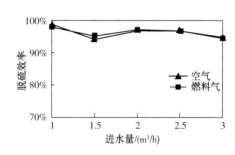

图4　不同气提气对脱硫效率的影响

2.3　加酸与否对汽提效率分析

由于实际情况的原水 pH 值在 6~8 变化，分析不加入盐酸是否可以达到汽提除硫的目的。如图 5、图 6 所示，是不同来源的进水且 pH 值在 6~8 不等的情况下，不加入盐酸和加入等量的盐酸的对比图。当水量从 1m³/h 增大到 3m³/h，可以看出不加酸调节 pH 值时，出水硫化物普遍都较高，脱硫效率都较低，平均只有 70%。对比可知，加入盐酸调节 pH 可有效提高脱硫效率。

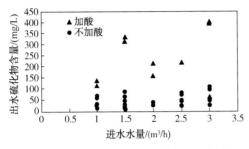

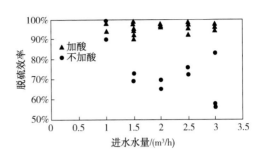

图 5　加酸与否对出水硫化物含量的影响　　图 6　加酸与否对脱硫效率的影响

如图 7、图 8 所示分别是在不同原水中加入盐酸，将 pH 值都调节至 5 左右的进水与出水硫化物含量对比图和脱硫效率图，由于原水来源不同，故原水中硫化物浓度与 pH 都不同。由图可知，当水量从 1m³/h 增大到 2.5m³/h，出水硫化物含量平均 42mg/L，最低 12.5mg/L，脱硫效率维持在 94% 以上，平均达到 96%。

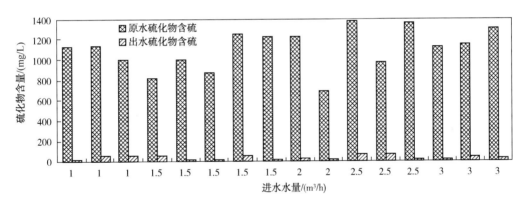

图 7　进水与出水硫化物含量的对比图

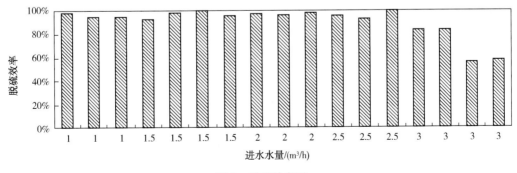

图 8　脱硫效率图

2.4 不同气液比脱硫效率分析

图 9 是对比分析气液比为 5∶1、6∶1、8∶1、13∶1 时的脱硫效果图。将不同来源且 pH 不同的进水加入盐酸调节 pH≈5 的条件下，由图 9 可知，当气液比 6∶1 时效率最好，高达 97%。气液比过大或者过小，脱硫效率相对略低，且脱硫效率稳定性略差。其中，气液比 8∶1 是未加入酸的实验结果，其出水硫化物含量 85mg/L(表 2)。

表 2　不同气液比的平均脱硫效率

气液比	平均脱硫效率/%	气液比	平均脱硫效率/%
13∶1	95.9	6∶1	97.0
8∶1	95.1	5∶1	95.2

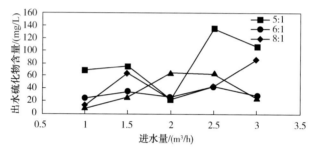

图 9　不同气液比对出水硫化物含量的影响

综上所述，通过对比优化一系列工艺参数，得到脱硫效率最佳、效果最稳定的条件为：汽提气源采用燃料气与空气汽提对脱硫效率影响不大，脱硫最佳的进水 pH 值为 5 左右；脱硫工艺最佳气液比为 6∶1~8∶1。负压汽提方式可以脱出气田水中的硫化物，技术可行，可以将原水中的硫化物降低至 50mg/L 以下。实验表明，当水量由 1~3m³/h 变化，加酸后脱硫效率维持在 94% 以上，进水最高硫化物含量 1358mg/L，出水最低硫化物含量 12.5mg/L。

3　现场应用效果分析

选择元坝 29 站进行现场试验，设备安装在现有的汽提塔 B 旁边，燃料气接入口采用汽提塔撬内低压燃料气，污水从汽提塔前的预留口处接入，经过试验装置后的水、尾气接入污水处理站的 4# 池。试验装置包含预脱硫装置、负压脱硫装置、含硫尾气氧化塔、脱硫再生塔等。按照上述最优工艺条件进行脱硫，经过 20 多天现场的试验，共进行了 35 次试验，总体脱硫效果较好，脱硫效率比较稳定，如图 10 所示。

图 10(a)是测得出水硫化物含量降低至 40mg/L，现场用便携式硫化氢检测仪测试硫化氢含硫 0ppm。图 10(b)是进水与脱硫出水后的水样对比图，由图可知，原水中悬浮物浓度较高呈黄色，脱硫后污水悬浮物浓度大幅降低，水质呈乳白色。经测定悬浮物由 418mg/L 降至 58mg/L。图 10(c)是脱硫液将硫化氢氧化为单质硫黄，分散在脱硫液中，由图可知，硫黄颗粒较大，分散性好，易分离。图 10(d)是硫黄颗粒经层叠过滤机分离后的硫黄图，经计算，过滤后分离出的硫黄(硫膏)中含水率 65% 左右。

(a)   (b)   (c)   (d)

图 10　现场应用效果图

4　结语

通过对汽提技术与目前污水处理技术的不足进行分析，本文探索了新的污水处理工艺技术，引进负压汽提技术，降低污水处理成本的同时，减少危废产生量，弥补了原污水处理工艺的不足。试验装置包含预脱硫装置、负压脱硫装置、含硫尾气氧化塔、脱硫再生塔等。

对负压汽提技术进行优化，参数调整后，得到设备运行的最佳条件，脱硫效果明显提升，具体如下：

（1）汽提可采用燃料气或空气汽提，两者对脱硫效率影响不大；当污水在 pH 为 5 左右时，脱硫最佳；气液比为 6：1～8：1 脱硫最佳，效果最稳定。影响负压汽提脱硫的关键因素是控制待处理污水的 pH 值与气液比。

（2）经实验，当工作压力为 -0.02MPa，pH≈5 时，对含硫污水的进行深度脱硫，硫化物含量从 200mg/L 左右降低到 50mg/L 以下，处理量每小时 $0.3\sim3m^3$。

参 考 文 献

[1] 范伟，高继峰，刘畅. 高含硫气田含硫污水三级除硫技术优化[J]. 加工处理，2017，36(7)：55～58.

[2] 姚华弟，李闽，肖文联，等. 高含硫气田水处理工艺技术优化[J]. 化学工程与装备，2017，(2)：104～118.

[3] 王增刚，刘涛，彭龙，等. 高含硫气田水处理工艺优化改造及效果分析[J]. 集输处理，2017，36(2)：41～44.

[4] 宋玲，程志强，蓝艳，等. 元坝气田采出水除硫工艺技术应用实践[J]. 工业用水与废水，2018，49(4)：43～46.